普通高等教育农业部"十二五"规划教材
全国高等农林院校"十二五"规划教材

花卉学

HUAHUIXUE

付玉兰　主编

中国农业出版社

内 容 简 介

本教材分为绪论、总论、各论三部分。总论部分重点介绍花卉分类、栽培环境及设施、繁殖与栽培管理、产后处理与保鲜、花卉应用及花卉文化、市场营销等相关基础知识。各论部分按一二年生花卉、宿根花卉、球根花卉、木本花卉、室内观叶植物、兰科花卉、仙人掌类及多浆植物、湿地花卉、香草植物与观赏草、草坪与地被植物对常见花卉的形态特征、生态习性、观赏应用等做了较详细阐述。

教材编写过程中注重贯彻"强化理论与实践相结合，突出应用性，加强实践性，强调针对性，注重灵活性"的基本原则；参考引用了国内外大量文献，信息量大，涵盖面广，反映了当前最新科研成果；体现了教材的完整性、系统性、科学性和先进性；文字简洁，图文结合，深入浅出，便于读者理解。为适应我国花卉生产发展形势的需要，教材在继承传统内容的基础上有所创新和拓展，努力做到与时俱进。如花卉产后处理、花卉营销、花卉文化、香草植物与观赏草等内容均顺应了时代发展的趋势。教材附有教学资源光盘供师生参考。

本教材适宜园林、园艺、林学等专业教学使用，也可供花卉生产者及业余爱好者参考。

主　编　付玉兰
副主编　赵祥云　王兰明　蔡建国
编　者　（按姓名笔画排列）
　　　　王　华（安徽农业大学）
　　　　王冬良（安徽农业大学）
　　　　王兰明（河北工程大学）
　　　　尹淑霞（北京林业大学）
　　　　付玉兰（安徽农业大学）
　　　　苏　军（西南科技大学）
　　　　李　玲（合肥师范学院）
　　　　李枝林（云南农业大学）
　　　　杨利平（长江师范学院）
　　　　赵祥云（北京农学院）
　　　　贾　军（东北林业大学）
　　　　陶　涛（安徽林业职业技术学院）
　　　　蔡建国（浙江农林大学）
审　稿　王莲英（北京林业大学）

前言

《花卉学》是普通高等教育农业部"十二五"规划教材，由安徽农业大学、北京农学院、河北工程大学等十一所院校的专业教师共同编写。编写过程中认真贯彻《教育部财政部关于实施高等学校本科教学质量与教学改革工程的意见》（教育部教高［2007］1号文件）的精神，注意将教学改革的成果和教学实践的积累体现到教材建设的实际工作中去，以满足不断深化的教学改革的需要。同时，为了适应中国和国际花卉业的发展变化及突飞猛进的发展势头，参编教师不但将自己多年教学工作中积累的教学成果和实践经验融于教材之中，而且参考了国内外大量相关文献资料，力求使本教材内容的涵盖面及质量适应我国目前花卉教学、科研及生产发展形势的需要。

教材编写中发挥了多校联合的优势，本着各编者"做什么，写什么"的原则，从大学生认知角度构建内容体系，力求融科学性、知识性、先进性、实用性于一体，根据花卉行业创新人才的培养要求，力求反映当前国内外有关花卉的新理论和新技术。教材内容丰富，适用面广，深入浅出，图文并茂，体系完整，为便于读者理解与拓展知识面，配套有教学资源光盘。

全书共分二十一章，具体编写分工如下：绪论由付玉兰编写；第一章由赵祥云编写；第二章由王兰明编写；第三章由蔡建国编写；第四章由王华编写；第五章由苏军编写；第六章由陶涛、王华、杨利平、付玉兰编写；第七章由付玉兰编写；第八章由杨利平、王冬良编写；第九章由赵祥云编写；第十章由赵祥云、李枝林编写；第十一章由贾军编写；第十二章由李枝林编写；第十三章由王兰明编写；第十四章由赵祥云编写；第十五章由蔡建国编写；第十六章由付玉兰编写；第十七章由王华、杨利平编写；第十八章由李玲编写；第十九章由苏军、蔡建国编写；第二十章由李玲、尹淑霞编写；第二十一章由尹淑霞编写。

全书附有大量墨线插图，部分引自同行专著，在此表示致谢！

安徽省林业科学研究院胡一民先生、安徽茂生香草有限公司为光盘制作提供了大量珍贵图片资料；教学资源光盘制作中得到了北京农学院陈之欢老师的精心指导；教材审改过程中得到河北工程大学李俊霞老师的大力支持和帮助。

在此,一并表示衷心感谢!

由于编者认识所限,本书难免存在遗漏和不当之处,诚望花卉界同仁和广大读者批评指正。

编 者

2012 年 10 月

前言

绪论 1
 一、花卉的基本概念和花卉学的研究范畴 1
 二、花卉产业的概念及范围 1
 三、花卉生产的意义 2
 四、我国花卉栽培简史及现代花卉业发展概况 3
 五、我国花卉业发展特点 6
 六、我国花卉业发展现状、趋势及面临的新形势 7
复习思考题 10

总 论

第一章　我国花卉种质资源及其分布 13
第一节　花卉种质资源基本理论 13
第二节　我国花卉种质资源的特点 14
 一、种类和品种极为丰富 14
 二、特有珍稀种类丰富 15
 三、品种优良，特点突出 15
第三节　我国花卉种质资源对世界园林的贡献 16
第四节　我国野生花卉及传统名花种质资源 17
 一、我国野生花卉种质资源 17
 二、我国传统名花种质资源 17
第五节　我国花卉种质资源开发利用 21
复习思考题 23

第二章　花卉的分类与命名 24
第一节　按生物学特性分类 24
第二节　按生态习性分类 26
 一、根据对温度的适应性分类 26
 二、根据对光照的适应性分类 26
 三、根据对水分的适应性分类 27
 四、根据对土壤酸碱度的适应性分类 28
第三节　按原产地气候特点分类 28
第四节　其他分类方法 29
 一、根据观赏部位分类 29
 二、根据用途分类 29

三、根据栽培方式分类 ··· 30
　　四、根据形态分类 ·· 30
　　五、根据经济用途分类 ··· 30
第五节　花卉的命名 ··· 30
复习思考题 ··· 31

第三章　环境条件对花卉生长发育的影响 ·· 32
第一节　温度对花卉生长发育的影响 ·· 32
　　一、气温对花卉的影响 ··· 32
　　二、地温对花卉的影响 ··· 34
第二节　光照对花卉生长发育的影响 ·· 34
　　一、光照度对花卉的影响 ·· 34
　　二、光照长度对花卉的影响 ··· 35
　　三、光的组成对花卉的影响 ··· 35
第三节　水分对花卉生长发育的影响 ·· 36
　　一、花卉对水分的要求 ··· 36
　　二、花卉不同生育阶段和水分的关系 ··· 36
　　三、水质对花卉的影响 ··· 37
第四节　土壤对花卉生长发育的影响 ·· 37
　　一、土壤的理化性质 ·· 37
　　二、设施土壤的特性 ·· 39
　　三、各类花卉对土壤的要求 ··· 39
第五节　营养元素对花卉生长发育的影响 ·· 39
　　一、主要营养元素对花卉的作用 ··· 39
　　二、常用肥料 ··· 40
第六节　气体对花卉生长发育的影响 ·· 41
复习思考题 ··· 41

第四章　花卉栽培设施 ·· 42
第一节　温室 ··· 42
　　一、温室的类型 ·· 42
　　二、温室设计的基本依据 ·· 46
第二节　塑料大棚 ··· 47
　　一、塑料大棚的类型 ·· 47
　　二、塑料大棚的结构 ·· 47
　　三、塑料大棚的棚膜及门、窗 ·· 49
第三节　温室（大棚）内常见设施设备 ··· 50
　　一、种植床 ·· 50
　　二、环境调控设施 ·· 50
第四节　花卉栽培常用器具 ··· 54
　　一、栽培容器 ··· 54
　　二、栽培常用工具 ·· 54
复习思考题 ··· 55

第五章　花卉的繁殖 ·· 56

第一节 有性繁殖 56
一、种子发芽的环境条件 56
二、花卉种子的寿命及贮藏 57
三、播种时期 58
四、播种前种子处理 58
五、播种方法 59
六、播种后管理 60

第二节 扦插繁殖 60
一、扦插繁殖的意义 60
二、影响扦插成活的因素 60
三、扦插繁殖的方法 61
四、扦插时期 63
五、扦插繁殖技术环节 63
六、扦插后管理 65

第三节 嫁接繁殖 65
一、影响嫁接成活的因素 65
二、嫁接繁殖的方法 65
三、嫁接后管理 66

第四节 分生繁殖 67
一、分株法 67
二、分球法 67
三、走茎繁殖法 67
四、匍匐茎繁殖法 67

第五节 压条繁殖 67
一、单枝压条法 68
二、波状压条法 68
三、空中压条法 68

第六节 孢子繁殖 68
一、孢子繁殖的特点 68
二、孢子人工繁殖 69

第七节 组织培养繁殖 69
一、组织培养的意义 69
二、组织培养繁殖的特点 69
三、组织培养繁殖的一般程序 69

复习思考题 70

第六章 花卉的栽培管理 71

第一节 露地花卉的栽培管理 71
一、整地做畦 71
二、间苗和移植 72
三、灌溉 72
四、施肥 73
五、中耕除草 74
六、整形修剪 74

七、越冬越夏 …………………………………………………………………………… 75
　　八、连作与轮作 ………………………………………………………………………… 75
　第二节　设施花卉的栽培管理 ……………………………………………………………… 76
　　一、设施花卉栽培的特点 ……………………………………………………………… 76
　　二、花卉栽培设施环境调控 …………………………………………………………… 76
　第三节　盆栽花卉的栽培管理 ……………………………………………………………… 78
　　一、花盆的种类 ………………………………………………………………………… 78
　　二、盆栽的形式 ………………………………………………………………………… 79
　　三、盆栽培养土的配制 ………………………………………………………………… 80
　　四、上盆与换盆 ………………………………………………………………………… 81
　　五、转盆、倒盆与松盆 ………………………………………………………………… 82
　　六、浇水 ………………………………………………………………………………… 83
　　七、施肥 ………………………………………………………………………………… 83
　第四节　切花的栽培管理 …………………………………………………………………… 84
　　一、整地做畦 …………………………………………………………………………… 84
　　二、定植 ………………………………………………………………………………… 84
　　三、张网设支架 ………………………………………………………………………… 84
　　四、整形修剪 …………………………………………………………………………… 85
　　五、切花的采收 ………………………………………………………………………… 85
　第五节　花卉无土栽培 ……………………………………………………………………… 85
　　一、花卉无土栽培及其意义 …………………………………………………………… 85
　　二、花卉无土栽培的方法 ……………………………………………………………… 86
　　三、常用基质 …………………………………………………………………………… 86
　　四、营养液的配制 ……………………………………………………………………… 87
　　五、水培花卉 …………………………………………………………………………… 88
　第六节　花卉的花期调控 …………………………………………………………………… 92
　　一、花卉的生长与发育 ………………………………………………………………… 93
　　二、花期调控措施 ……………………………………………………………………… 95
　复习思考题 …………………………………………………………………………………… 99

第七章　花卉的应用与装饰 …………………………………………………………………… 100
　第一节　花卉在园林中的应用 ……………………………………………………………… 100
　　一、花坛 ………………………………………………………………………………… 100
　　二、花境 ………………………………………………………………………………… 109
　　三、花卉立体装饰 ……………………………………………………………………… 114
　　四、花丛与花群 ………………………………………………………………………… 115
　　五、花台与花池 ………………………………………………………………………… 115
　　六、屋顶花园 …………………………………………………………………………… 116
　　七、花卉专类园 ………………………………………………………………………… 118
　第二节　室内花卉装饰 ……………………………………………………………………… 118
　　一、室内花卉装饰的原则 ……………………………………………………………… 118
　　二、室内花卉装饰的方式 ……………………………………………………………… 120
　　三、居家花卉装饰 ……………………………………………………………………… 121
　　四、宾馆、饭店花卉装饰 ……………………………………………………………… 123

五、会场花卉装饰 …………………………………………………………………… 124
　　六、插花装饰艺术 …………………………………………………………………… 125
　复习思考题 …………………………………………………………………………… 130

第八章　花卉病虫害防治
　第一节　常见花卉病害及其防治 …………………………………………………… 131
　　一、白粉病类 ………………………………………………………………………… 131
　　二、锈病类 …………………………………………………………………………… 132
　　三、灰霉病类 ………………………………………………………………………… 132
　　四、炭疽病类 ………………………………………………………………………… 133
　　五、叶斑病类 ………………………………………………………………………… 133
　　六、疫病 ……………………………………………………………………………… 134
　　七、猝倒病与立枯病 ………………………………………………………………… 134
　　八、枯萎病 …………………………………………………………………………… 134
　　九、病毒病 …………………………………………………………………………… 135
　　十、线虫病 …………………………………………………………………………… 135
　第二节　常见花卉虫害及其防治 …………………………………………………… 135
　　一、蚜虫类 …………………………………………………………………………… 135
　　二、螨类 ……………………………………………………………………………… 135
　　三、介壳虫类 ………………………………………………………………………… 136
　　四、蓟马类 …………………………………………………………………………… 136
　　五、粉虱类 …………………………………………………………………………… 136
　　六、蛾蝶类 …………………………………………………………………………… 137
　　七、蛴螬类 …………………………………………………………………………… 137
　复习思考题 …………………………………………………………………………… 137

第九章　花卉产后处理与保鲜
　第一节　切花分级与包装 …………………………………………………………… 138
　　一、切花分级 ………………………………………………………………………… 138
　　二、切花包装 ………………………………………………………………………… 142
　第二节　切花的贮运与保鲜 ………………………………………………………… 143
　　一、切花衰败的原因 ………………………………………………………………… 143
　　二、切花的贮藏与保鲜 ……………………………………………………………… 144
　　三、切花运输 ………………………………………………………………………… 146
　第三节　盆花的贮运与保鲜 ………………………………………………………… 147
　　一、盆花包装 ………………………………………………………………………… 147
　　二、盆花保鲜 ………………………………………………………………………… 147
　　三、盆花贮藏 ………………………………………………………………………… 147
　　四、盆花运输 ………………………………………………………………………… 148
　第四节　种球贮运与保鲜 …………………………………………………………… 148
　　一、种球贮藏 ………………………………………………………………………… 148
　　二、种球运输 ………………………………………………………………………… 149
　复习思考题 …………………………………………………………………………… 149

第十章　花卉营销
　第一节　我国花卉营销网络的建立 ………………………………………………… 150

一、花卉营销网络体系 ································· 150
　　二、花卉营销模式 ··································· 151
　第二节　花卉营销策略 ································· 152
　　一、花卉经营环境调查与分析 ·························· 152
　　二、影响花卉营销的主要因子 ·························· 153
　　三、目前我国花卉市场建设存在的问题 ···················· 154
　　四、调整花卉市场布局，充分发挥市场的功能 ················ 154
　　五、建立花卉营销人员持证上岗的制度 ···················· 155
　　六、花卉出口问题 ··································· 155
　　七、花卉信息网的建设 ······························· 155
　复习思考题 ······································· 156

第十一章　花卉文化 ······························· 157
　第一节　花文化概说 ································· 157
　　一、花文化的类别 ··································· 157
　　二、中国传统花文化提要 ····························· 158
　　三、西方花文化概览 ································· 159
　第二节　中国节庆花俗 ································· 160
　　一、中国传统节庆花俗 ······························· 160
　　二、现代节庆花俗 ··································· 161
　第三节　中国名花文化 ································· 161
　复习思考题 ······································· 164

各　论

第十二章　一二年生花卉 ······························· 167
　第一节　花坛类 ····································· 167
　　一、一串红 ··· 167
　　二、矮牵牛 ··· 168
　　三、万寿菊 ··· 170
　　四、大花三色堇 ····································· 171
　　五、夏堇 ··· 171
　　六、鸡冠花 ··· 172
　　七、羽衣甘蓝 ······································· 173
　　八、五色苋 ··· 174
　　九、彩叶草 ··· 174
　　十、美女樱 ··· 176
　　十一、百日草 ······································· 177
　　十二、金盏菊 ······································· 178
　　十三、福禄考 ······································· 178
　　十四、石竹 ··· 180
　　十五、半支莲 ······································· 181
　　十六、雏菊 ··· 182

十七、千日红 ·················· 182
　　十八、虞美人 ·················· 183
　　十九、勋章菊 ·················· 184
　　二十、蛾蝶花 ·················· 185
　　二十一、毛地黄 ················ 186
　第二节　盆花类 ·················· 187
　　一、瓜叶菊 ···················· 187
　　二、蒲包花 ···················· 188
　　三、四季报春 ·················· 189
　　四、长春花 ···················· 190
　　五、旱金莲 ···················· 191
　第三节　切花类 ·················· 192
　　一、金鱼草 ···················· 192
　　二、紫罗兰 ···················· 193
　　三、麦秆菊 ···················· 194
　　四、香豌豆 ···················· 195
　　五、翠菊 ······················ 196
　第四节　其他常见一二年生花卉 ···· 197
　复习思考题 ······················ 198
第十三章　宿根花卉 ················ 199
　第一节　园林绿化类 ·············· 199
　　一、芍药 ······················ 199
　　二、鸢尾 ······················ 201
　　三、荷兰菊 ···················· 202
　　四、宿根福禄考 ················ 203
　　五、何氏凤仙 ·················· 204
　　六、羽扇豆 ···················· 205
　　七、假龙头花 ·················· 206
　　八、大花萱草 ·················· 207
　　九、火炬花 ···················· 209
　　十、玉簪 ······················ 210
　　十一、大花金鸡菊 ·············· 211
　　十二、四季秋海棠 ·············· 212
　第二节　盆花类 ·················· 214
　　一、菊花 ······················ 214
　　二、君子兰 ···················· 219
　　三、丽格海棠 ·················· 221
　　四、新几内亚凤仙 ·············· 222
　　五、非洲紫罗兰 ················ 223
　　六、天竺葵 ···················· 224
　第三节　切花类 ·················· 226
　　一、香石竹 ···················· 226
　　二、非洲菊 ···················· 228

三、锥花丝石竹 ………………………………………………………… 230
　　四、洋桔梗 ……………………………………………………………… 231
　　五、花烛 ………………………………………………………………… 233
　　六、鹤望兰 ……………………………………………………………… 235
　　七、蛇鞭菊 ……………………………………………………………… 236
　　八、大花飞燕草 ………………………………………………………… 237
　第四节　其他常见宿根花卉 ………………………………………………… 238
　复习思考题 …………………………………………………………………… 239

第十四章　球根花卉 …………………………………………………………… 240
　第一节　园林绿化类 ………………………………………………………… 240
　　一、郁金香 ……………………………………………………………… 240
　　二、风信子 ……………………………………………………………… 243
　　三、欧洲水仙 …………………………………………………………… 244
　　四、大丽花 ……………………………………………………………… 246
　　五、大花美人蕉 ………………………………………………………… 248
　　六、蜘蛛兰 ……………………………………………………………… 249
　　七、葱兰 ………………………………………………………………… 250
　　八、石蒜 ………………………………………………………………… 250
　第二节　盆花类 ……………………………………………………………… 251
　　一、仙客来 ……………………………………………………………… 251
　　二、朱顶红 ……………………………………………………………… 253
　　三、大岩桐 ……………………………………………………………… 254
　　四、花毛茛 ……………………………………………………………… 255
　　五、球根秋海棠 ………………………………………………………… 256
　　六、中国水仙 …………………………………………………………… 258
　第三节　切花类 ……………………………………………………………… 259
　　一、百合 ………………………………………………………………… 259
　　二、唐菖蒲 ……………………………………………………………… 267
　　三、马蹄莲 ……………………………………………………………… 269
　　四、黄六出花 …………………………………………………………… 271
　　五、小苍兰 ……………………………………………………………… 273
　　六、球根鸢尾 …………………………………………………………… 274
　　七、晚香玉 ……………………………………………………………… 276
　　八、姜荷花 ……………………………………………………………… 277
　第四节　其他常见球根花卉 ………………………………………………… 278
　复习思考题 …………………………………………………………………… 280

第十五章　木本花卉 …………………………………………………………… 281
　第一节　园林绿化类 ………………………………………………………… 281
　　一、牡丹 ………………………………………………………………… 281
　　二、梅花 ………………………………………………………………… 283
　　三、蜡梅 ………………………………………………………………… 285
　　四、石榴 ………………………………………………………………… 286
　　五、栀子花 ……………………………………………………………… 286

六、凤尾兰	287
七、云南黄馨	288
八、紫藤	288
九、凌霄	289
十、铁线莲	290

第二节　盆栽类 … 293
一、杜鹃花 … 293
二、山茶花 … 296
三、一品红 … 299
四、八仙花 … 300
五、茉莉花 … 302
六、叶子花 … 303
七、扶桑 … 305
八、'金边'瑞香 … 306
九、朱砂根 … 308
十、倒挂金钟 … 309

第三节　切花类 … 310
一、现代月季 … 310
二、银芽柳 … 315
三、'龙'柳 … 316
四、'龙'桑 … 317

第四节　其他常见木本花卉 … 318
复习思考题 … 319

第十六章　室内观叶植物 … 320

第一节　蕨类 … 321
一、铁线蕨 … 321
二、肾蕨 … 322
三、鸟巢蕨 … 323
四、鹿角蕨 … 323

第二节　天南星科 … 324
一、广东万年青 … 324
二、花叶万年青 … 325
三、花叶芋 … 325
四、龟背竹 … 326
五、绿萝 … 327
六、喜林芋属 … 327
七、海芋属 … 328
八、'绿巨人' … 329

第三节　百合科 … 329
一、文竹 … 330
二、吊兰 … 331

第四节　龙舌兰科 … 331
一、香龙血树 … 332

二、银边富贵竹 …………………………………………………………………… 333
　　三、朱蕉 …………………………………………………………………………… 334
　第五节　棕榈科 ……………………………………………………………………… 334
　　一、袖珍椰子 ……………………………………………………………………… 335
　　二、棕竹 …………………………………………………………………………… 335
　　三、软叶刺葵 ……………………………………………………………………… 336
　　四、散尾葵 ………………………………………………………………………… 337
　第六节　凤梨科 ……………………………………………………………………… 337
　　一、美叶光萼荷 …………………………………………………………………… 338
　　二、果子蔓 ………………………………………………………………………… 339
　　三、铁兰 …………………………………………………………………………… 340
　第七节　竹芋科 ……………………………………………………………………… 341
　　一、天鹅绒竹芋 …………………………………………………………………… 341
　　二、花叶竹芋 ……………………………………………………………………… 342
　　三、紫背竹芋 ……………………………………………………………………… 342
　第八节　其他科 ……………………………………………………………………… 343
　　一、瓜栗 …………………………………………………………………………… 343
　　二、西瓜皮椒草 …………………………………………………………………… 344
　第九节　其他常见室内观叶植物 …………………………………………………… 344
　复习思考题 …………………………………………………………………………… 345

第十七章　兰科花卉 …………………………………………………………………… 347
　第一节　兰花的形态特征 …………………………………………………………… 347
　第二节　兰科花卉的分类 …………………………………………………………… 348
　第三节　兰科花卉的繁殖 …………………………………………………………… 349
　　一、播种繁殖 ……………………………………………………………………… 349
　　二、分株繁殖 ……………………………………………………………………… 350
　　三、扦插繁殖 ……………………………………………………………………… 350
　　四、组培繁殖 ……………………………………………………………………… 351
　第四节　兰科花卉栽培管理 ………………………………………………………… 352
　　一、栽培植料 ……………………………………………………………………… 352
　　二、肥水管理 ……………………………………………………………………… 353
　　三、环境调节 ……………………………………………………………………… 354
　　四、上盆 …………………………………………………………………………… 355
　第五节　常见兰科花卉 ……………………………………………………………… 356
　　一、兰属 …………………………………………………………………………… 356
　　二、蝶兰属 ………………………………………………………………………… 359
　　三、兜兰属 ………………………………………………………………………… 361
　　四、卡特兰属 ……………………………………………………………………… 362
　　五、石斛属 ………………………………………………………………………… 362
　　六、万带兰属 ……………………………………………………………………… 363
　　七、其他常见兰科花卉 …………………………………………………………… 364
　复习思考题 …………………………………………………………………………… 364

第十八章　仙人掌类及多浆植物 ……………………………………………………… 365

第一节　仙人掌类及多浆植物的分类 ……………………………………………………… 365
　　一、根据生态习性分类 ………………………………………………………………… 365
　　二、根据形态特征分类 ………………………………………………………………… 365
第二节　仙人掌类及多浆植物的嫁接繁殖 …………………………………………… 366
　　一、嫁接时间 …………………………………………………………………………… 366
　　二、砧木和接穗的选择 ………………………………………………………………… 367
　　三、嫁接方法 …………………………………………………………………………… 367
　　四、嫁接注意事项 ……………………………………………………………………… 368
第三节　仙人掌类及多浆植物的栽培管理 …………………………………………… 368
　　一、环境调节 …………………………………………………………………………… 369
　　二、施肥 ………………………………………………………………………………… 369
　　三、换盆 ………………………………………………………………………………… 369
第四节　常见仙人掌类及多浆植物 ……………………………………………………… 370
　　一、仙人掌 ……………………………………………………………………………… 370
　　二、量天尺 ……………………………………………………………………………… 371
　　三、金琥 ………………………………………………………………………………… 371
　　四、令箭荷花 …………………………………………………………………………… 372
　　五、昙花 ………………………………………………………………………………… 373
　　六、蟹爪兰 ……………………………………………………………………………… 374
　　七、落地生根 …………………………………………………………………………… 375
　　八、长寿花 ……………………………………………………………………………… 376
　　九、燕子掌 ……………………………………………………………………………… 377
　　十、石莲花 ……………………………………………………………………………… 378
　　十一、生石花属 ………………………………………………………………………… 379
　　十二、龙须海棠 ………………………………………………………………………… 380
　　十三、虎刺梅 …………………………………………………………………………… 381
　　十四、龙舌兰 …………………………………………………………………………… 382
　　十五、虎尾兰 …………………………………………………………………………… 383
　　十六、芦荟 ……………………………………………………………………………… 384
　　十七、树马齿苋 ………………………………………………………………………… 385
　　十八、八宝景天 ………………………………………………………………………… 386
　　十九、其他常见仙人掌类及多浆植物 ………………………………………………… 387
复习思考题 …………………………………………………………………………………… 388
第十九章　湿地花卉 …………………………………………………………………………… 389
　　一、荷花 ………………………………………………………………………………… 389
　　二、睡莲 ………………………………………………………………………………… 392
　　三、王莲 ………………………………………………………………………………… 393
　　四、黄菖蒲 ……………………………………………………………………………… 394
　　五、千屈菜 ……………………………………………………………………………… 395
　　六、水葱 ………………………………………………………………………………… 395
　　七、梭鱼草 ……………………………………………………………………………… 396
　　八、香蒲 ………………………………………………………………………………… 397
　　九、再力花 ……………………………………………………………………………… 398

十、大藻 ·· 398
　　十一、其他常见湿地花卉 ·· 399
　复习思考题 ·· 400

第二十章　香草植物与观赏草 ·· 401
　第一节　香草植物 ·· 401
　　一、薰衣草 ·· 402
　　二、迷迭香 ·· 404
　　三、美国薄荷 ·· 405
　　四、碰碰香 ·· 406
　　五、罗勒 ·· 406
　　六、紫苏 ·· 407
　　七、香蜂草 ·· 408
　　八、鼠尾草 ·· 409
　　九、牛至 ·· 410
　　十、留兰香 ·· 411
　　十一、神香草 ·· 412
　　十二、洋甘菊 ·· 413
　　十三、夜来香 ·· 414
　　十四、九里香 ·· 414
　　十五、香茅 ·· 415
　　十六、香叶天竺葵 ·· 416
　　十七、马鞭草 ·· 417
　　十八、百里香 ·· 418
　第二节　观赏草 ·· 419
　　一、狼尾草 ·· 420
　　二、拂子茅 ·· 421
　　三、蒲苇 ·· 421
　　四、'斑叶'芒 ·· 422
　　五、蓝羊茅 ·· 423
　　六、远东芨芨草 ·· 424
　　七、红叶白茅 ·· 424
　　八、大油芒 ·· 425
　　九、丽色画眉草 ·· 426
　　十、花叶芦竹 ·· 426
　第三节　其他常见香草植物和观赏草 ·· 427
　复习思考题 ·· 428

第二十一章　草坪与地被植物 ·· 429
　第一节　草坪 ·· 429
　　一、草坪的分类及品质评定 ·· 429
　　二、草坪草的分类及常见草坪草 ·· 431
　　三、草坪的建植与管理 ·· 434
　第二节　园林地被植物 ·· 438
　　一、园林地被植物的选择标准 ·· 438

二、园林地被植物的分类 ………………………………………………………… 439
　　三、常用地被植物及其特点 ……………………………………………………… 439
　第三节　其他常见草坪草和地被植物 ………………………………………………… 450
　复习思考题 ……………………………………………………………………………… 453

附录一　花卉学名索引 ………………………………………………………………… 454

附录二　花卉中名笔画索引 …………………………………………………………… 465

主要参考文献 …………………………………………………………………………… 476

绪　　论

一、花卉的基本概念和花卉学的研究范畴

1. 花卉的概念　"花卉"是指具有一定观赏价值，并经过人类精心栽培养护的草本植物和木本植物，包括观花、观叶以及观果、观芽、观茎的植物。只要植物体的某一部分具有较高的观赏价值，能美化环境，能给人们带来美的感觉和美的享受，这种植物便属于花卉范畴。另外，能给人们带来嗅觉享受的香花植物、香草植物也隶属于花卉。例如，菊花、芍药、鸢尾、蜀葵、石竹、金盏菊、凤仙花、鸡冠花、水仙、郁金香等观花草本植物，梅花、蜡梅、山茶花、牡丹、月季、杜鹃花、瑞香等观花木本植物，紫藤、凌霄、木香、金银花等藤本植物；棕竹、鱼尾葵、散尾葵、瓜栗、龟背竹、南洋杉等观叶植物，代代、金橘、火棘、冬珊瑚、乳茄、南天竹等观果植物，米兰、珠兰、茉莉、玫瑰、白兰花等香花植物，迷迭香、碰碰香、薄荷、薰衣草等香草植物，紫羊茅、高羊茅、黑麦草、结缕草、马蹄金、白三叶、红花酢浆草、麦冬、葱兰等草坪及地被植物，均属于花卉范畴。

2. 花卉学的概念和研究范畴　花卉学是以花卉植物为研究对象，主要研究花卉的分类、生物学特性、生长发育规律、环境因素对花卉生长发育的影响、栽培设施及其管理、繁殖方法、栽培管理技术、花卉产后处理及保鲜、病虫害防治、花卉装饰与应用、市场营销等方面的基础理论及基本操作技能的一门学科。花卉学也是一门综合性、实践性很强的学科，其理论体系是以生物科学、环境科学等有关学科为基础的，并与植物学、植物分类学、植物生理学、生物化学、植物遗传育种学、土壤学、肥料学、植物病虫害防治学、环境学、生态学、园林美学、贮藏运销学等多学科有着密切关系。

通过花卉学这门课程的学习，要求熟练掌握本地区常见花卉的生物学特性、主要繁殖方法及栽培管理技术、常见病虫害识别及防治、花卉装饰与应用、花卉产后处理等方面的基本知识和实际操作技能。并了解全国花卉生产现状及发展趋势，国内外花卉科研最新动态和发展信息。

二、花卉产业的概念及范围

花卉产业是指将花卉作为商品，进行研究、开发、生产、贮运、营销以及售后服务等一系列的活动内容。

花卉产业包含的内容极为广泛，鲜切花、盆栽植物、观赏苗木、种苗用花卉、种球用花卉、种子用花卉、食用与药用花卉、工业用花卉、草坪等的生产，花盆、花肥、花药、栽培基质等各种资材的制造，以及花店营销、花卉产品流通、花卉装饰与应用及花卉租摆等售后服务工作等均属花卉产业的范畴。

花卉产业化是将花卉产业的生产结构逐步优化，经营管理逐步规范化，不断提高花卉产

品科技含量的过程。通过花卉产业化运作，可以提高花卉产品质量，提高社会效益和经济效益。要达到花卉产业化，必须做好以下几项关键工作：①积极开发花卉新品种、新技术；②推广应用先进的生产技术；③大力发展花卉产品、种苗、种球的商品性生产；④做好贮运、营销及售后服务工作；⑤做好信息服务，包括种质资源信息、生产信息、市场信息、政策法规信息等。

花卉产业被称为"朝阳产业"，又是高投入、高科技、高效益的"三高产业"，同时还应认识到它的高风险性。发展花卉业必须做到专业化生产、规模化经营、一体化运作，以及社会化服务。同时，要坚持发挥资源优势的原则、以市场为导向的原则、可持续发展的原则和科教兴花的原则，走产、学、研相结合的道路。

三、花卉生产的意义

1. 美化生活环境　花卉色彩艳丽而丰富，花容千姿百态优美动人，且花叶季相变化鲜明，富有节奏感和动态美，是装饰美化人们生活和工作环境的良好素材。园林、绿地、道路、住宅区、机关单位、厂矿以至家庭居室、宾馆、酒店等各种环境的绿化美化都和花卉密切相关。花卉在各种环境中应用的形式也是多种多样，花坛、花境、花台、花丛、花群、花带、花廊、花架、花篱、盆花、插花花艺等将人们周围的环境装点得五彩缤纷、生机盎然。

2. 丰富精神生活　工作之余欣赏到花之美韵，享受到花之清香，人们不仅为之感动，为之陶醉，更丰富了人们的精神生活，有助于消除疲劳，增强人们对美好生活的向往和追求。花卉还被人格化，不同的花卉分别蕴涵着不同的寓意，渗透着浓郁的花文化。例如，松、竹、梅被喻为岁寒三友，梅、兰、竹、菊被喻为四君子，兰花被喻为空谷佳人，牡丹是吉祥富贵的象征，竹子寓高风亮节，梅花寓凌霜斗雪、不趋荣利，荷花则出淤泥而不染，菊花寓高洁、长寿等。人们通过对各种花卉的栽培、装饰及欣赏，从中得到许多有益的激励和精神享受。

花卉还是社会文明的重要标志，人们常将花卉作为美好、幸福、吉祥和友谊的象征，在各种庆典以及友好交往的活动中均有花卉陪衬，人们通过花卉寄托情怀、表达祝愿，已成为当今社会的一种时尚。

3. 改善生态环境　通过栽植花草树木、建植草坪等，可以防风固沙，净化空气，减少空气中的尘埃和病菌，吸收有害及有毒气体，减弱噪声，净化污水，并可庇荫降温，增加空气湿度等，因此可有效地改善生态环境。某些花卉还对环境污染有监测作用，提示人们及时对污染采取对策。例如，百日草、波斯菊对二氧化硫很敏感，唐菖蒲对氟化氢很敏感等。发展花卉栽培，有利于创造舒适、清新的生态环境，有利于提高生态环境质量和全民的身体素质。

4. 促进经济建设　发展花卉商品生产是调整农业结构的重要内容。花卉商品生产包括盆栽植物、鲜切花、种苗、种子、种球、绿化苗木、盆景的生产等，花卉商品生产的发展不仅可直接改善人民的生活，而且也为农业结构调整带来了新的生机。

人们对花卉消费的不断扩大和提高，有力地推动了花卉生产的发展，同时也促进了花卉市场的运营，带动了相关企业的兴起和发展。具体体现在花店业的发展、盆花市场的兴旺、室内观叶植物的热销以及花肥、花药、工具、花盆、基质、包装及运输、插花器具、花泥等相关企业也随之纷纷兴起，从而有利于推动国民经济的发展。

同时，许多花卉还具有多方面的价值，除供观赏外，还可入药、制茶、提取香精等，经济效益显著。

四、我国花卉栽培简史及现代花卉业发展概况

（一）我国花卉栽培简史

我国花卉栽培历史极为悠久，据宋代虞汝明《古琴疏》载："帝相元年（前2029），条谷贡桐、芍药，帝命羿植桐于云和，命武罗伯植芍药于后苑。"证明4 000多年到3 500年以前已经开始栽培芍药。

1. 战国时期（前475—前221）　屈原的《离骚》中有"朝饮木兰之坠露兮，夕餐秋菊之落英"，说明当时木兰与菊花已在人们的生活中不可忽视。

2. 秦汉时期（前221—公元220）　《西京杂记》载，"初修上林苑，群臣远方各献名果异树"，达2 000余种，其中梅花即有朱梅、紫花梅、同心梅、胭脂梅等很多品种。

3. 魏晋南北朝时期（220—589）　西晋嵇含《南方草木状》记载了岭南各种奇花异木约80种，如茉莉、睡莲、菖蒲、扶桑、紫荆等，并详细记载了各种花木的产地、形态、花期，这是我国历史上最早的一部地方花卉园艺书籍。东晋陶渊明诗集中有'九华菊'品种以及芍药栽培的记载。到南朝齐武帝时，已有佛前供荷花的记载。北魏时期，我国较早的一部花卉专著——《魏王花木志》问世。贾思勰《齐民要术》记载花木栽培技术已达到一定水平，如桃、梅、李、杏的移栽方法，"凡栽一切树木，欲记其阴阳，不令转移"，还提到木瓜压条、石榴扦插和梨树嫁接技术等。说明当时已经掌握了花卉繁殖栽培的主要技术，为以后花卉生产的发展奠定了基础。

4. 隋唐五代时期（581—960）　这一时期，花卉种植业已有较大的发展，帝王园苑花卉栽培已有很大规模。隋炀帝即位后，曾役使数万人在洛阳营造西苑，周二百里，并收集海内佳木异草以充实苑圃。唐开元年间，御苑沉香亭前栽有木芍药（牡丹）。由于受帝王园苑影响，社会上种花、赏花之风盛行。唐代出现了花卉方面的专著，李德裕将产自南方的花木约70种引种到洛阳郊外的别墅平泉庄，并著有《平泉山居草木记》；王方庆著有《园庭草木疏》等。除帝王、贵族广植花木外，民间种花也已渐成风气，甚至有些地方达到"家家有芍药"、"四邻花竞发"的地步。花卉种植技术、品种培育、嫁接技术也有较大的提高，同时还出现了早期的温室花卉栽培。

5. 宋元时期（960—1368）　宋代花卉业出现空前的繁荣，当时栽培花卉种类已达200多种，南宋都城临安（今杭州）有花卉行、花朵市、官巷花市，花卉已成为重要商品。当时关于花卉栽植技艺的著作有30多种。如周师厚的《洛阳花木记》，范成大的《桂海虞衡志》、《范村菊谱》、《范村梅谱》，欧阳修的《洛阳牡丹记》，陆游的《天彭牡丹谱》，王观的《扬州芍药谱》，刘蒙的《菊谱》，赵时庚的《金漳兰谱》，王贵学的《兰谱》，陈思的《海棠谱》等。宋代花卉栽培技术也有全面发展，如植树方面，当时强调种植一切树木根都向南，栽亦向南；移树不能伤根，须阔掘垛，不可去土，以免伤根。芍药繁殖已有播种、根插、分株等法。花木嫁接技术进一步推广，尤其是当时菊花栽培已经应用嫁接技术提早花期，正如《东坡杂记》所载："近时都下菊品至多，皆以他草接成，不复与时节相应，始八月，尽十月，菊不绝于市。"

元代由于战争频繁，花卉生产趋于低落。但菊花栽培还很盛行，杨维桢《黄华传》记载菊花136个品种，当时菊花种植已从江南扩展到甘肃平凉一带。

6. 明清时期（1368—1911） 明代花卉栽培已遍及全国，据《析津日记》记载，明初京师丰台栽培芍药甚盛。《帝京景物略》记载，明中叶，北京右安门外南十里草桥，居人以种花为业。"都人卖花担，每辰千百，散入都门。"牡丹原盛产于洛阳，明代栽培中心渐移向山东曹州（今菏泽）和安徽亳州。明代苏州虎丘已形成一定规模的茉莉花集。杭州盛产玫瑰，杭人常采之做香囊。至清乾隆年间，江浙一带逐渐成为兰花栽培中心，另据乾隆《福建通志》载：福建各府皆产杜鹃，漳州、泉州盛产水仙。

明清时期花卉著作剧增，不仅有大量花卉专类书籍出现，而且综述性著述也较多。明代有张应文的《罗钟斋兰谱》，黄省曾的《菊谱》，高濂的《草花谱》，杨端的《琼花谱》，王象晋的《二如亭群芳谱》，程羽文的《花小品》、《花历》，薛凤翔的《牡丹史》，王世懋的《学圃杂疏》等。大量花卉专著反映出不但当时花卉嫁接方法继续得到广泛应用，而且对栽培管理方法也多有研究，花卉育种技术也有进一步的发展。与此同时，花卉应用在民间得到发展，插花艺术研究进一步深化，并出现了我国第一部插花艺术专著，即袁宏道的《瓶史》。至清代花卉栽培亦盛，花卉专著也颇多，其中著名的有陆廷灿的《艺菊志》，赵学敏的《凤仙谱》，计楠的《牡丹谱》，刘灏的《广群芳谱》，陈淏子的《花镜》，李奎的《菊谱》等。

清末，由于腐败的统治，列强的入侵，以及战乱、灾荒等原因，花卉业日渐衰退，同时，我国大量栽培及野生花卉资源外流至欧美国家。当然，国外的大量草花品种及温室花卉也随帝国主义的入侵而传入我国，从而又丰富了我国的花卉资源。

7. 民国时期（1912—1949） 民国时期花卉业只在少数城市有局部的发展，如上海市以生产盆花、切花、种球、种苗为主，北京丰台花农、成都西郊花农、重庆江北静观场花农、昆明郊区花农、苏州光福及虎丘花农、漳州水仙花农、广东顺德陈村花农、菏泽牡丹花农、鄢陵姚家花农等，都有一定数量的花木种苗、盆花、盆景生产。这一时期花卉专著较少，主要有章君瑜的《花卉园艺学》，夏诒彬的《种兰法》，许心芸的《种蔷薇法》，陈俊愉和汪菊渊的《艺园概要》等。

8. 新中国成立初期 新中国成立初期，我国的花卉业得到了一定的发展，尤其是1958年在党中央的"大地园林化、美化全中国"的号召下，花卉生产得到了显著发展。1959年新中国国庆十周年，在广大花卉工作者的努力下，花期调控取得成功，实现了"聚百花于一时"的愿望。

"文化大革命"期间，花卉业受到严重挫伤，直至党的十一届三中全会后，我国的花卉业才得以重振旗鼓，再度发展。

中国花卉协会于1984年成立，这是我国第一个全国性的花卉行业组织。她担负着协调各方面的力量，研究我国花卉生产的发展和布局，组织各地花卉生产流通和经销，组织花展和技术培训，建立重要花卉生产基地，拟订花卉科研规划方案等工作。在中国花卉协会的领导下，经过数十年的努力，特别是1993年以来我国的花卉业得到了持续、稳步、健康的发展。

（二）我国现代花卉业的发展历程

自1978年至今，我国现代花卉业在改革开放中应运而生，并伴随着改革开放的深入而不断发展壮大。我国现代花卉业的发展主要分为三个阶段。

1. 第一阶段（1978—1990）：**恢复发展阶段** 在这个阶段的前五年，随着农村家庭承包经营制度的推行，农民在自己的责任田上开展花卉生产，其特点为规模小、品种杂、种植分散，产品质量不高。到1984年，全国花卉生产面积仅为1.4万hm^2，产值6亿元，出口额不到 200 万美元。之后，随着农村家庭承包经营制度的全面确立，特别是中国花卉协会和各地花卉协会的相继成立，花卉生产进入有组织的发展阶段，花卉生产、市场和流通日趋活跃。到 1990 年，全国花卉生产面积达到 3.3 万 hm^2，销售额为 18 亿元，出口额 2 200 多万美元，已初步形成了一定的产业规模。

2. 第二阶段（1991—2000）：**巩固提高阶段** 在这个阶段，随着社会主义市场经济体制的逐步建立和完善，国民经济的快速发展，城市绿化、美化要求的提高，以及人民生活的改善，对花卉产品需求迅速增长。各地将发展花卉业作为调整农业结构，发展"高产、高质、高效"农业，增加农民收入的重要途径之一，大大加快了花卉业的发展进程。到 2000 年，全国花卉生产面积达到 14.8 万 hm^2，销售额为 158.2 亿元，出口额 2.8 亿美元。在这个阶段，花卉生产快速发展，产品质量稳步提高，区域化布局初步形成，科研教育发展迅速，对外交流合作日益广泛。花卉业已经成为一项前景广阔的新兴产业。

3. 第三阶段（2001— ）：**调整转型阶段** 进入新世纪，随着经济全球化的逐步深入，花卉生产由高成本的发达国家向低成本的发展中国家进一步转移，特别是在我国经济社会不断发展、花卉需求不断扩大的新形势下，花卉生产面积大幅增长。但在我国花卉业迅猛发展的进程中，不可避免地会出现一些薄弱环节，质量效益不高、产业结构雷同、产品结构同质化、从业人员素质低和创新能力弱等问题便突显出来。面对这种形势，为了处理好速度、结构、效益和质量的关系，实现产业又好又快地发展，调整成为这一阶段的主旋律。全行业优化区域布局和产品结构，尽快实现产业增长方式由依靠增加投入、铺新摊子和追求数量的粗放型经营，转变为依靠科技进步和提高劳动者素质的集约型经营，在提高经济效益方面狠下工夫，并取得显著成效。

以 2009 年为例，全国花卉生产总面积为 83.4 万 hm^2，花卉销售总额为 719.8 亿元，出口总额 4.1 亿美元，与 2008 年相比，花卉生产面积增长了 7.6%，销售总额增加了 7.9%，出口额仅增加了 1.8%。总体上看，2009 年我国花卉生产面积、销售额及出口额均有不同程度上升，花卉产销继续保持一定的增长势头，但增长幅度明显趋缓。尤其是出口额增长缓慢，这和 2009 年全球性经济危机的影响不无关系。数据显示，销售总额的增长幅度稍高于面积增长幅度，说明我国单位面积产值已有所提高。这一可喜变化，表明我国花卉业正在由数量扩张型向质量效益型转变，花卉产品品质有了提高，花卉业的市场竞争力正逐步增强。

30 多年来，我国花卉产业生产总面积增长了 50 多倍，销售额增长了 90 多倍，出口额增长了 300 多倍。经过 30 多年的发展，我国已成为世界最大的花卉生产基地、重要的花卉消费国和花卉进出口贸易国。

在这 30 多年间，不但我国花卉业取得了惊人的成绩，而且花卉栽培及应用方面的论著如雨后春笋般涌现出来，学术交流频繁。

（三）"十一五"期间我国花卉业发展概况

1. 产业规模稳步扩大，产业布局不断优化，产业效益明显提升 我国花卉业经过多年的发展，产业规模稳步扩大，并实现了由数量扩张型向质量效益型转变的可喜变化。花卉龙头企业迅速崛起，花卉产业不断向优势区域集中，基本形成了以云南、北京、上海、广东、四川、河北为主的切花生产区域，以山东、江苏、浙江、四川、广东、福建、海南为主的苗木和观叶植物生产区域，以江苏、广东、浙江、福建、四川、湖北为主的盆景生产区域，以四川、云南、上海、辽宁、陕西、甘肃为主的种球（种苗）生产区域。

2. 科学技术平台逐步完善，研发创新能力显著增强，产业服务水平日益提高 "十一五"期间,花卉产前、产中、产后领域取得和贮备了一批科技成果。全国花卉标准委员会、国家花卉工程技术研究中心等全国性花卉科技平台逐步建立和完善。月季、香石竹、非洲菊、杜鹃花等花卉的一大批新品种相继自主培育成功。截至2009年底,国家林业局共授权花卉新品种167个;截至2010年底,农业部共授权花卉新品种76个。

3. 配套加工快速发展,产业链条不断延伸,产品出口明显增长 以菊花、玫瑰、薰衣草、茉莉、桂花为代表的众多花卉,开发出花茶、香袋、精油等系列深加工产品,涉及休闲旅游、医疗保健、食品、日用化工等众多领域。全国花卉产品主要出口日本、荷兰、韩国、美国、新加坡、泰国等。俄罗斯、乌克兰、东盟、中东、中亚等新兴出口市场正在形成。云南、广东、辽宁、福建已成为我国主要花卉出口基地。

4. 花事活动蓬勃开展,花卉文化日趋繁荣,引导消费能力明显增强 北京、上海以各种形式分别举办了迎奥运、迎世博的花事活动,精彩纷呈,影响深远。中国花卉协会各分支机构、地方花卉协会也积极组织各种形式的花事活动,极大地促进了全国各地花卉产业的发展。同时,各花卉主产区充分挖掘花卉文化内涵,将花卉产业园区建设、主题展览展示与休闲观光旅游相结合,以赏花为主题的旅游市场逐年升温。

5. 宏观指导不断加强,行业管理进一步规范,产业发展步入法制化轨道 "十一五"期间,中国花卉协会组织编写了《切花月季生产技术规程》(LY/T 1912—2010)等30多项花卉行业标准。很多地区也纷纷编制了区域花卉苗木产业发展规划以及花卉行业地方标准。

6. 对外开放加速推进,国际交流不断加强,国际影响力明显提升 中国花卉协会组织我国花卉行业积极参加国际园艺生产者协会和亚洲花店业协会等国际组织召开的会议及组织的活动;与韩国、美国、日本、荷兰、孟加拉国等多个国家的花卉考察团进行了会谈,从而加强了沟通与了解,促进了国际合作;2010年成功举办了第十届亚太兰展,2011年在西安成功举办了世界园艺博览会,扩大了国际影响。

五、我国花卉业发展特点

改革开放30多年来,我国花卉业的产业地位不断提高,作为一个朝阳产业,其经济效益、社会效益和生态效益日益明显,在优化农业产业结构、促进城乡统筹发展、建设社会主义新农村和改善人民生活环境、提高人民生活质量等方面,发挥出越来越重要的作用。同时,对"建设有中国特色的花卉产业"这一重大课题进行了努力探索。我国花卉业发展特点可概括为以下几方面:

1. 坚持与经济社会协调发展 花卉业集经济、社会和生态效益于一体,只有坚持将花卉业放在经济社会发展的大格局中统筹考虑,与农业产业结构调整、城镇化建设、生态环境建设等结合起来,花卉业才能持续、快速、健康、协调发展。

2. 坚持宏观指导和政策扶持 发展花卉业对于加强物质文明、精神文明和生态文明建设,建设社会主义新农村、构建社会主义和谐社会、全面建设小康社会,都具有十分重要的意义。有关部门和各级政府对发展花卉业也越来越重视,特别是一些花卉主产区制定出台了一系列扶持政策,对促进花卉产业发展发挥了积极的推动作用。

3. 坚持依靠科技进步 各地不断加大花卉科研,特别是花卉新品种培育的力度;重视人才培养和引进,逐步提高从业人员的综合素质;紧紧依靠科技进步,提升我国花卉业整体水平,努力实现花卉业又好又快地发展。

4. 坚持以市场为主导 我国花卉业发展始终以市场为导向,以社会化服务体系为依托,依靠政策扶持和科技进步,在市场竞争中生存和发展。

5. 区域布局明显优化 我国花卉业区域布局明显优化,形成了一些优势的切花生产区域、苗木和观叶植物生产区域、盆景生产区域、种球(种苗)生产区域。一些我国特有的传统花卉产区和产品,如洛阳、菏泽的牡丹,大理、金华的山茶花,漳州的水仙,鄢陵的蜡梅,天津的菊花等,也均得到了进一步巩固和发展。

6. 规模化水平明显提高 截至2011年,全国花卉设施栽培总面积达9.33万hm^2,其中温室面积为2.34万hm^2,大(中、小)棚的面积为3.94万hm^2。全国花卉市场、花卉企业、花卉从业人数齐增,花卉市场为3 178个,花卉企业达66 487家,从业人员467.70万人,同时还拥有了少数上市企业。我国花卉业规模化水平明显提高。

7. 花卉科研教育发展迅速 30多年来,我国花卉科研教育发展迅速。全国现有省级以上花卉研究单位100多个,200多所高等院校设置园林专业,不断培养和输出急需的花卉技术和管理人才。花卉科研成绩显著,特别是自主创新能力有了很大提高,一大批花卉新品种相继自主培育成功,新品种、新技术的推广应用取得了明显的经济效益和社会效益。

8. 花卉产品市场体系初步建立 30多年来,我国花卉产品市场体系初步建立。花卉产业链已经形成,并不断向上下游延伸。有形市场已成规模,流通体系不断完善,交易模式不断丰富。出现了一大批花卉贸易和物流企业,如昆明国际花卉拍卖交易中心。在国内花卉消费规模逐渐扩大的基础上,消费市场逐渐细分,消费服务体系初步确立,以花卉协会为代表的行业组织体系也得到了不断优化,花卉投资融资体系和保险体系正在建立。

9. 花卉产业地位不断提高 作为一个劳动密集、资金密集和技术密集的朝阳产业,花卉业的经济效益、社会效益和生态效益日益突显,在优化农业产业结构、促进城乡统筹发展、建设社会主义新农村和改善人民生活环境、提高人民生活质量等方面,发挥出越来越重要的作用。同时,全国各级花卉协会以灵活多样的服务手段和服务方式,为推动我国花卉业发展作出了不懈努力,充分发挥了行业组织的作用。

10. 国际交流与合作不断深化 我国花卉业坚持开展国际交流与合作,注重引进、消化国外一个多世纪积累的经验和技术成果,快速提高我国花卉业的综合实力。

六、我国花卉业发展现状、趋势及面临的新形势

(一)我国花卉业发展现状

1. 花卉种植面积呈平稳上升趋势 我国花卉生产涵盖内容广泛,包括鲜切花(含切花、切叶、切枝)、盆栽花卉(含盆栽植物、盆景、花坛植物)、观赏苗木、食用与药用花卉、工业及其他用途花卉、草坪植物、种苗用花卉、种子用花卉、种球用花卉等。据报道,我国花卉生产总面积2011年为102.40万hm^2,首次突破百万公顷,比2010年的91.76万hm^2增长11.60%。江苏省花卉生产面积居全国首位,达12.48万hm^2。花卉种植面积排在前五位的省份还有河南、浙江、四川、山东。

据统计,全国花卉种植面积中所占份额最重的五大种类是观赏苗木、食用与药用花卉、盆栽花卉、工业及其他用途花卉、鲜切花类。各类别花卉种植面积差异明显,其中,观赏苗木种植面积最大。

全国统计数据显示,2011年主要类别花卉种植情况如下:

(1)观赏苗木 2011年观赏苗木种植面积为56.17万hm^2,占花卉总种植面积的54.85%,比2010年(50.19万hm^2)增长11.91%。种植面积上万公顷的省、直辖市分别

是江苏、浙江、河南、山东、广东、四川、安徽、湖南、江西、福建、河北、辽宁、重庆、陕西，其种植面积总和为 50.79 万 hm^2，占全国总种植面积的 90.42%。

(2) 食用与药用花卉 食用与药用花卉种植面积为 18.84 万 hm^2，比 2010 年（16.38 万 hm^2）增长了 15.02%。湖南、河南、山东、四川、重庆、安徽、广西是食用与药用花卉生产大省。

(3) 鲜切花 鲜切花种植面积为 5.79 万 hm^2，比 2010 年（5.09 万 hm^2）增长 13.75%。月季、香石竹、百合、菊花、唐菖蒲、非洲菊的种植面积都有不同程度上升。鲜切花种植面积排在前五位的依次为云南、广东、辽宁、湖北、浙江。

(4) 盆栽花卉类 盆栽花卉类种植面积为 9.07 万 hm^2，与 2010 年（8.29 万 hm^2）相比增长 9.41%。统计数据显示，广东、江苏、云南、河南、福建、四川等省是盆栽花卉生产大省。

(5) 工业及其他用途花卉 工业及其他用途花卉全国种植面积为 5.91 万 hm^2，以万寿菊为主。黑龙江、云南是工业及其他用途花卉的生产大省。

2. 花卉销售额呈逐年上升趋势 据统计，全国花卉销售总额 2009 年为 719.76 亿元，2010 年为 862.1 亿元，同比增长 19.78%；2011 年为 1 068.54 亿元，同比增长 23.95%。

3. 花卉出口额平稳增长 统计数据显示，2010 年我国花卉总出口额为 4.6 亿美元，同比增长 12.2%，出口创汇已从 2009 年的低谷中走出，并开始上扬。2011 年花卉总出口额为 4.8 亿美元，比 2010 年增长 4.35%。鲜切花类出口额为 24 709.10 万美元，占全国花卉总出口额的 51.45%；鲜切花类出口额排在前五位的省份是云南、浙江、江苏、海南、广东。盆栽花卉出口大省是福建、广东。2011 年观赏苗木出口额为 4 273.80 万美元，比 2010 年增长 34.72%，苗木出口大省是广东，其次是云南、福建、山东。

4. 花卉生产经营实体稳步增长 据统计，2011 年我国花卉市场总数为 3 178 个，相比 2010 年增加 313 个。花卉企业为 66 487 个，主要分布在浙江、广东、江苏、山东、云南等花卉主产区。全国花卉从业人员 467.70 万人，其中，专业技术人员约 19.52 万人。

5. 花卉设施栽培面积增长平稳 据统计，2011 年全国花卉设施栽培面积达 9.33 万 hm^2，比 2010 年增加 7.61%。其中温室面积 2.34 万 hm^2，同比增加 5.81%，温室中的节能日光温室为 1.43 万 hm^2，同比增长 4.33%；大（中、小）棚面积 3.94 万 hm^2；遮阴棚面积 3.05 万 hm^2。江苏的花卉设施栽培面积最大，达 1.37 万 hm^2；辽宁的温室栽培面积最大，达 7 140.90 hm^2；云南的大棚面积最大；广东的遮阴棚面积最大。

(二) 我国花卉业的近期发展趋势

1. 我国花卉业正面临一场新的挑战 2008 年开始的全球金融风暴对我国的花卉业既是机遇，也是一场巨大的挑战。一些花卉业发达的国家，为了降低花卉科研和生产成本，开拓新市场，纷纷将花卉未来的发展空间转移到发展中国家，而他们不约而同地瞄准了中国这个巨大的消费市场。国外大批花卉企业进入我国必然会增加我国花卉企业的竞争对手和竞争难度。优胜劣汰的严峻形势，迫使我国广大花卉企业不得不认真思考，如何才能使自己的企业和品牌能逆势而上，获取更多的市场机会。首先必须保证产品质量，提高产品的科技含量。

2. 国家新政策将促进我国花卉业现代化步伐 2008 年 10 月 19 日发布的《中共中央关于推进农村改革发展若干重大问题的决定》，提出了新形势下推进农村改革发展的总体思路，赋予农民更加充分而有保障的土地承包经营权。并提出家庭经营要向采用先进科技和生产手段的方向转变，统一经营要向发展农户联合与合作，形成多元化、多层次、多形式经营服务体系的方向转变。国家新政策的出台，必将加速我国花卉业向集约化、规模化、现代化产业方向发展的速度。

3. 我国花卉企业将加速自身调整力度，不断提升自身的竞争力　经过30多年改革开放的历程，有些花卉企业顺应形势，得到了不断发展和壮大，表现出较强的市场竞争能力，成为我国花卉业的中坚力量。为了保证花卉产品品质、控制生产成本、提高生产效益，也有不少企业还需规范生产流程，改变企业管理理念，加速自身调整力度，有效提升自身竞争力。这些企业需以市场为导向确定生产项目，由以产定销向以销定产转变，由家族企业向现代企业过渡。

4. 资本市场更加关注花卉业　花卉苗木产品作为高投入、高产出、高附加值的产品，正在吸引风险投资者的关注。资本市场将瞄准花卉产业，对国内有潜力的优秀花卉企业投资，并从资本结构、品种研发、品质管理、品牌塑造等方面进行改造，进而帮助企业扩大规模、改进设施、提高品质。

5. 小型盆花及配套容器将产销两旺　随着社会的发展，市场需求也在悄悄发生变化，花卉产品开始向小型化、多样化发展，小型盆花受到更多消费者的青睐，逐步走进超市，走进千家万户，将逐步发展成为花卉产品的重要类型。与小型盆花相配套的容器的产销也必然得到推动和发展。

6. 家庭园艺产业将迅速崛起　随着社会的发展，百姓的经济实力显著提高，热爱生活、注重生活品质的人群越来越多，对家庭园艺的需求日益广泛，要求也越来越高，从而促进了家庭园艺产品消费市场不断扩大。

7. 花卉产品网络销售模式不断完善　当前，电子商务已成为主流销售方式之一，网上购物尤其为广大年轻消费者热衷。由于中国地域辽阔，实体花店覆盖能力有限，网络销售有助于及时为广大消费者提供服务。缘于社会发展趋势，花卉产品网络销售模式必将得到不断拓展和完善。

8. 品牌意识及科技创新理念更加强化　我国花卉企业已经普遍意识到，品牌是企业进入市场的入场券，同时也是现代企业产品质量和企业形象等综合能力的集中体现。花卉企业要做大、做强，必须培育自己的品牌。花卉企业之间的竞争归根结底就是科技实力的竞争，只有切实依靠科技进步提高产品的市场竞争力和劳动生产率，才能从根本上提高企业效益。

（三）我国花卉业发展面临的新形势

中国花卉协会的领导曾在2008年第五届中国花卉产业高峰论坛上指出："中国花卉业只要坚定不移地坚持改革开放，坚定不移地坚持以科学发展观为指导，就一定能够实现由传统花卉业向现代花卉业的根本性转变，把我国花卉产业建设成为赶上世界花卉业发达国家水平的真正意义上的现代花卉业。"

我国花卉业将发展成为以我国资源优势、劳动力优势和花文化优势为依托，以市场需求为导向，以现代物资装备和科学技术为支撑，以现代产业体系和经营形式为载体，以现代新型农民为主体的产业群体。

2011年中国花卉协会工作报告中指出，"十二五"时期正是加快花卉业发展、全面开创现代花卉业发展新局面的战略机遇期。其依据如下：

①落实科学发展观、推进现代林业建设，需要将花卉产业作为现代林业产业体系建设和生态文化体系建设的重要内容加快发展。

②转变经济发展方式，培育战略性新兴产业，需要发挥花卉产业消费潜力巨大的优势。

③提升生态文明水平,促进人与自然和谐,建设幸福家园,需要发挥花卉产业独有的精神文化产品特性,满足人们日益增长的文化需要。

④促进农村就业和农民增收,建设社会主义新农村,需要发挥花卉产业市场化程度高、比较优势明显的优势。

⑤应对气候变化、发展低碳经济,需要将花卉产业作为农林业主导产业加以发展。

⑥建立森林城市、园林城市,需要将花卉产业作为城市建设的基础产业加以发展。

◆复习思考题

1. 花卉产业与花卉产业化有何区别?
2. 简述我国花卉业的发展现状及发展趋势。
3. 我国花卉业的发展特点是什么?
4. 我国现代花卉业发展历程分为哪几个阶段?各有何主要特点?
5. 为什么说"十二五"时期是我国花卉业加快发展、全面开创现代花卉业发展新局面的战略机遇期?

总论

第一章
我国花卉种质资源及其分布

资源是一个国家拥有财富中最有价值、最有战略意义的宝贵财富，可以说谁掌握资源，谁就掌握未来。花卉种质资源是培育优良品种、发展生物科学、推动农业可持续发展的物质基础。花卉种质资源的重要作用已被越来越多的人所认识，因而普遍受到世界各国的重视。

第一节 花卉种质资源基本理论

（一）花卉种质资源的概念

1. 种质 种质是将亲代特定的遗传信息传给后代并能表达的遗传物质。种质又称基因。

2. 种质资源 携带各类种质的材料称为种质资源，又称遗传资源或基因资源。

3. 花卉种质资源 花卉种质资源是指在花卉品种改良和栽培中，能利用的遗传物质的总称。

4. 蕴藏种质的材料 从大的植株、种子、种球、芽、花、花粉，到小的细胞、原生质体、染色体、核酸片段等，均含有种质。

（二）种质资源的范围

1. 本地种质资源 本地种质资源是指在当地的自然和栽培条件下，经长期的栽培与选育而得到的植物品种和类型。

2. 外地种质资源 外地种质资源是指从国内不同气候区域或从国外引进的植物品种和类型。

3. 野生种质资源 野生种质资源是指未经栽培的自然界野生的植物。

4. 人工创造的种质资源 人工创造的种质资源是指人工应用杂交、诱变等方法所创造的育种原始材料。

（三）花卉种质资源的作用

1. 花卉种质资源是花卉育种工作的物质基础 确定的育种目标能否实现，首先取决于掌握的有关种质资源的多少。育种工作者掌握的种质资源越丰富，对它们的研究越深入，则利用它们选育新品种的成效就越大。大量的事实证明，育种工作者的突破性成就，决定于关键性资源的发现和利用。

2. 花卉种质资源是不断发展新花卉植物的主要来源 据不完全统计，全球已知高等植物约30万种，其中1/6具有观赏价值。这些花卉植物有许多还处于野生状态，尚待人们对其进行调查、收集、保存、研究和引种驯化，以满足人们日益增长的物质和文化生活的需要。

3. 花卉种质资源是植物造景的基础 我国地大物博，植物资源丰富多彩，仅种子植物就超过25 000种，其中乔、灌木种类8 000多种。通过引种驯化直接用于园林绿化，可以极大地丰富植物造景材料。

第二节 我国花卉种质资源的特点

一、种类和品种极为丰富

我国幅员辽阔，地跨寒带、温带、亚热带、热带四个气候带，自然生态环境复杂，形成了世界上最大的植物种质资源库，也是世界栽培植物最大的起源中心。据统计，我国有 3 万余种高等植物，其中观赏植物约占 1/6。我国原产而且适合园林应用的花卉种质在全球所占比例甚高，并以其丰富多彩、饶有特色而著称于世。在不少科属中，中国更是世界分布中心（表 1-1）。

表 1-1 我国重要的花卉种质及其在世界的地位

（鲁涤非，1998）

属　名	世界产种数	中国产种数	中国产种数占世界产种数的百分数（％）
翠菊属 Callistephus	1	1	100
金粟兰属 Chloranthus	15	15	100
铃兰属 Convallaria	1	1	100
麦冬属 Liriope	6	6	100
独丽花属 Moneses	1	1	100
紫苏属 Perilla	1	1	100
桔梗属 Platycodon	1	1	100
石莲属 Sinocrassula	9	9	100
款冬属 Tussilago	1	1	100
沿阶草属 Ophiopogon	35	33	94.3
鹿蹄草属 Pyrola	25	23	92.0
粗筒苣苔属 Briggsia	20	18	90.0
山茶属 Camellia	220	190	86.4
开口箭属 Tupistra	14	12	85.7
狗哇花属 Heteropappus	12	10	83.3
绿绒蒿属 Meconopsis	45	37	82.2
沙参属 Adenophora	50	40	80.0
结缕草属 Zoysia	5	4	80.0
报春花属 Primula	500	390	78.0
独花报春属 Omphalogramma	13	10	76.9
杜鹃花属 Rhododendron	800	600	75.0
吊石苣苔属 Lysionotus	18	13	72.2
梅花草属 Parnassia	50	36	72.0
蓝钟花属 Cyananthus	30	21	70.0
菊属 Dendranthema	50	35	70.0
含笑属 Michelia	50	35	70.0
棕竹属 Rhapis	10	7	70.0
獐牙菜属 Swertia	100	70	70.0
紫堇属 Corydalis	30	21	70.0
白芨属 Bletilla	6	4	66.7
大百合属 Cardiocrinum	3	2	66.7
石蒜属 Lycoris	6	4	66.7
马先蒿属 Pedicularis	500	329	65.8
金腰属 Chrysosplenium	61	40	65.6

(续)

属 名	世界产种数	中国产种数	中国产种数占世界产种数的百分数（%）
兰属 Cymbidium	40	25	62.5
蜘蛛抱蛋属 Aspidistra	13	8	61.5
瓦松属 Orostachys	13	8	61.5
点地梅属 Androsace	100	60	60.0
吊钟花属 Enkianthus	10	6	60.0
黄精属 Polygonatum	50	30	60.0
翠雀属 Delphinium	190	111	58.4
绣线菊属 Spiraea	105	60	57.1
荛花属 Wikstroemia	70	40	57.1
香蒲属 Typha	18	10	55.6
虾脊兰属 Calanthe	120	65	54.2
百合属 Lilium	90	47	52.2
射干属 Belamcanda	2	1	50.0
八角金盘属 Fatsia	2	1	50.0
十大功劳属 Mahonia	100	50	50.0
莲属 Nelumbo	2	1	50.0
吉祥草属 Reineckia	2	1	50.0
虎耳草属 Saxifraga	400	200	50.0

二、特有珍稀种类丰富

我国古代气候比较温暖湿润，植被十分茂盛，又由于我国地形复杂，第四纪冰川时代，我国没有直接受到北方大陆冰盖的破坏，基本上保持了原来比较稳定的气候，从而保持了丰富的植物资源，一些古老孑遗植物得以保存，成为我国特有的珍稀植物，如银杏属、金钱松属、银杉属、观光木属、夏蜡梅属、金花茶属、百合属、兰属等，其中有许多属于特有珍稀种类。

有些属我国所产种数虽不及世界半数或更少，却具有很高的观赏价值，如乌头属（Aconitum）、侧金盏花属（Adonis）、七叶树属（Aesculus）、银莲花属（Anemone）、耧斗菜属（Aquilegia）、紫金牛属（Ardisia）、紫菀属（Aster）、秋海棠属（Begonia）、小檗属（Berberia）、醉鱼草属（Buddleja）、苏铁属（Cycas）、杓兰属（Cypripedilum）、瑞香属（Daphne）、卫矛属（Euonymus）、龙胆属（Gentiana）、金丝桃属（Hypericum）、冬青属（Ilex）、凤仙花属（Impatiens）、忍冬属（Lonicera）、木兰属（Magnolia）、绣线梅属（Neillia）、芍药属（Paeonia）、独蒜兰属（Pleione）、万年青属（Rohdea）、唐松草属（Thalictrum）、络石属（Trachelospermum）、万带兰属（Vanda）、堇菜属（Viola）、蔷薇属（Rosa）、雀梅藤属（Sageretia）、景天属（Sedum）、野茉莉属（Styrax）等。这些属中都有一些种为常见的栽培种或是具观赏潜力有待进一步开发利用。

三、品种优良，特点突出

我国花卉种质资源所具备的优良品质和突出特长主要表现为：①早花性，如梅花、蜡梅、瑞香、香荚蒾等，开花极早，所需温度甚低。②连续开花性，如月季、香水月季、四季桂、常春二乔玉兰等。③香花多，如米兰、珠兰、兰花、桂花、茉莉、木香等。④突出而优异的品质，如金花茶、大花黄牡丹、梅花的黄香型及花心具台阁的奇品。⑤突出的抗逆性，如'耐冬'山茶的抗寒性、毛华菊的抗旱性、栀子花的耐热性等。

第三节　我国花卉种质资源对世界园林的贡献

我国丰富的花卉种质资源，不但为我国花卉业发展提供了物质基础，也为世界各国的花卉及园林绿化事业做出了巨大贡献。

早在5世纪，我国的荷花经朝鲜传入日本，8世纪，梅花、牡丹、芍药、菊花、山茶花等也相继传入日本。

从16世纪开始，欧洲尤其是英国的植物学家，纷纷来到中国的云南、四川、西藏、湖北、陕西、甘肃等地采集花卉种质资源。例如，1803年，英国皇家植物园丘园派汤姆斯·埃文斯引走了中国的多花蔷薇、棣棠、南天竹、木香、淡紫百合等；1818年又引走了中国的紫藤。罗伯特·福琼受英国皇家园艺协会派遣，在1839—1860年间，曾四次来华收集花卉种质资源，引走了秋牡丹、桔梗、金钟花、枸骨、石岩杜鹃、柏木、阔叶十大功劳、榆叶梅、溲疏、云锦杜鹃、12～13种牡丹栽培品种及2种小菊变种，并运走2 000株茶树小苗。亨利·威尔逊于1899—1918年间，五次来华采集引种，他走遍了中国的大江南北，带走了6.5万份植物标本、1 200种花卉植物以及大量种球、种子等。乔治·福礼士于1904—1930年间，曾七次来华采集引种，他引走了大量的报春花和杜鹃花类种质资源，其中杜鹃花类就有309种，并采集植物标本3万份、种子及种球数百袋。据统计，英国丘园引种全球的树木4 113种，其中1 377种来自中国及日本，占33.5%。英国爱丁堡皇家植物园有2.6万种活植物，其中来自中国的就有1 527种和变种。又如英国公园中的春景是由大量的中国杜鹃花、报春花、木兰属等植物美化装点而成，公园中除了普遍种植中国的杜鹃花、报春花、山茶花、玉兰、花楸、桦木、枸子、槭树、大花黄牡丹、绣球、紫藤、木香、落新妇之外，还常以有中国的血皮槭、紫荆、栾树、水杉、银杏、珙桐、棕榈、香果树、金缕梅、蜡梅等而自豪。大量的中国花卉种质资源大大丰富了英国的园林景观，英国人一致公认，没有中国的植物，英国的园林就不能称之为园林。

法国的戴维斯于1869年在我国四川首次发现珙桐，引起了各国植物学家的关注。接着英国、法国、美国、荷兰、日本以及俄罗斯等国，先后从中国引走了珙桐并栽培成功。据统计，北美引种我国植物在1 500种以上，意大利引种约1 000种，荷兰40%的花木引自中国，日本引自中国的植物更多。他们纷纷以其为亲本，培育出了许多性状优良的杂种。例如，欧美各国广受青睐的现代杂种茶香月季和多花攀缘月季，是由中国四季开花的月季（*Rosa chinensis*）、香水月季（*R. odorata*）及巨花蔷薇（*R. gigantea*）和野蔷薇（*R. multiflora*）做亲本与欧洲蔷薇杂交培育而产生的。一个多世纪以来，这些杂交月季品种群一直是欧洲花园中最重要的观赏品种。我国百合资源在世界百合育种方面也占有重要地位，世界百合杂种系统约44个，其中24个系统利用了我国的百合资源。世界山茶花育种也少不了我国的山茶花资源，特别是金花茶，在培育黄色山茶花品种上做出了贡献。

事实说明，我国的花卉种质资源不仅是我国的财富，也是世界的财富，对世界花卉业及世界园林的发展所做的贡献是巨大的，英国人亨利·威尔逊在1929年出版的《中国——花园之母》一书的序言中说："中国确实是花园之母，因为我们所有的花园都深深受惠于她所提供的优秀植物，从早春开花的连翘、玉兰，夏季的牡丹、蔷薇，到秋天的菊花，显然都是中国贡献给世界园林的珍贵资源。"

第四节 我国野生花卉及传统名花种质资源

一、我国野生花卉种质资源

我国地域辽阔，地形多变，气候复杂，兼有热带、亚热带、暖温带、温带、寒带以及湿润、半湿润、干旱、半干旱等多种气候类型，因此形成了极为丰富的花卉种质资源。1980年后北京、河北、山西、内蒙古、云南、四川、青海、西藏、广西、贵州、河南、湖北、湖南、广东、浙江、安徽、甘肃、新疆、陕西等地对野生花卉进行了初步调查，其中云南、贵州、四川种质资源最为丰富。云南省有18 000多种植物，观赏价值较高的花卉资源有2 040种以上，其中尤以杜鹃花属、报春花属、龙胆属、山茶属、兰属、石斛属、绿绒蒿属最为引人注目，且蕴藏量丰富；贵州6 000种，观赏价值较高的有311种，蕨类有700多种；四川约10 000种，观赏价值较高的有1 000种；青海、西藏有5 760种，观赏价值较高的有500余种；陕西秦巴山区有观赏价值的有85科152属327种；太行山区有53科132种；甘肃小陇山区有370余种；青岛崂山地区有600余种；舟山群岛有539种；新疆地区有54科152属1 000余种；湖南有1 987种；北京地区有160余种；另外，安徽、吉林、黑龙江等地区的野生花卉蕴藏量也相当丰富。

二、我国传统名花种质资源

自古以来，我国人民不断地对野生花卉进行引种驯化栽培，经过长期的选育工作，从万花中选出十大传统名花，它们不仅花美、花香，而且都具有独特而深厚的文化底蕴。

（一）梅花（岁寒三友之一）

梅花（*Prunus mume*）为蔷薇科李属落叶小乔木。

梅是我国特有的传统花果，已有3 000多年的应用历史。春秋时代开始引种驯化野梅成为家梅——果梅。据古书记载，当时梅子代醋作为调味品，是祭祀、烹调和馈赠等不可缺少的东西。观赏梅花的兴起，大致始自汉初。《西京杂记》载，"汉初修上林苑，远方各献名果异树"，朱梅、胭脂梅是当时的梅花品种。西汉末年扬雄作《蜀都赋》云："被以樱、梅，树以木兰。"可见约在2 000年前，梅已作为园林树木用于城市绿化了。

隋唐至五代是梅花渐盛时期。据说，浙江天台山国清寺的住持章安大师曾于寺前亲手植梅树。唐代名臣宋璟《梅花赋》中有"独步早春，自全其天"。

宋元是我国古代艺梅的兴盛时期。南宋范成大著《梅谱》是我国第一部梅花专著。元代王冕爱梅成癖，一生爱好梅花，种梅、咏梅、画梅，有闻名《墨梅》画和诗流传后世。

明清时期，艺梅规模与水平更有发展，品种也不断增多。明代王象晋的《二如亭群芳谱》记载梅花品种达19个之多，并分成白梅、红梅、异品三大类。清代陈淏子的《花镜》记有梅花品种21个，而其中的'台阁'梅、'照水'梅均为新品种。当时苏州、南京、杭州、成都等地，以植梅成林而闻名。

梅花原产我国，目前我国已栽培应用的梅花品种有300多个，并仍有野梅分布于山间。梅花的露地栽植区主要在长江流域的一些城市及其郊区。向南延至珠江流域，最南为海南岛的海口市；向北达到黄淮一带，现在其最北以北京为界。花木之中，梅花不仅色彩美，姿态美，而且尤以风韵美著称。著名的赏梅地点有杭州孤山、武汉磨山、无锡梅园、南京梅花山、成都草堂寺、苏州光福（邓尉山）与洞庭西山、昆明西山及黑龙潭、上海淀山湖及莘庄公园、安徽歙县及合肥、山东青岛及莱州、河南鄢陵、广州罗岗、江苏扬州及泰州、贵州贵阳以及台湾南投县雾社梅峰等地。

在国外，只有日本梅之风较盛，品种也较多。朝鲜也栽培一定数量的梅花，欧美仅在大植物园中可以见到梅花。

（二）牡丹（花中之王）

牡丹（*Paeonia suffruticosa*）为芍药科芍药属多年生落叶灌木。

秦汉之间，牡丹始从芍药中分出，称为木芍药。最初以药用植物记载于《神农本草经》。牡丹作为观赏植物栽培，始于南北朝时期，已有1 500多年的栽培历史。唐代牡丹的种植已开始繁盛。开元年间，宫中爱牡丹，唐明皇和杨贵妃在沉香亭前赏牡丹，李白作诗："云想衣裳花想容，春风拂槛露华浓。若非群玉山头见，会向瑶台月下逢。"白居易《买花》诗："帝城春欲暮，喧喧车马度。共道牡丹时，相随买花去……家家习为俗，人人迷不悟。"刘禹锡《赏牡丹》："唯有牡丹真国色，花开时节动京城。"北宋时，洛阳牡丹为"天下冠"。北宋诗人梅尧臣写道："洛阳牡丹名品多，自谓天下无能过。"欧阳修有诗"洛阳地脉花最宜，牡丹尤为天下奇"，还写了一本《洛阳牡丹记》。

牡丹原产我国西北部，欧阳修《洛阳牡丹记》中说："牡丹出丹州、延州，东出青州，南亦出越州。"又说："丹、延以西及褒斜道中尤多……土人皆取以为薪。"丹州、延州即今陕北延安一带，青州即今山东潍坊青州，越州即今浙江绍兴，直到现在以上地方还有野生牡丹的自然分布。牡丹以黄河流域、江淮流域各地栽培为宜。目前牡丹栽培品种1 000多个。菏泽种牡丹全行大田种植，栽培面积300多公顷，种植260多万株，有400多个品种。洛阳为牡丹花城，全市公园、机关、厂矿、学校，以及道路两旁，处处都栽有牡丹，全市种牡丹60多万株，有500多个品种。

（三）菊花（花中君子）

菊花（*Dendranthema* × morifolium）为菊科菊属多年生草本植物。

我国2 500年前就有关于菊花的记载。《礼记·月令》中有"季秋之月，鞠有黄华"的记载。战国时，爱国诗人屈原的《楚辞·离骚》中有"朝饮木兰之坠露兮，夕餐秋菊之落英"之句。至汉代，菊花又发展到作为药用植物。《本草经》中有"菊花久服利血气、轻身、耐老、延年"的论述。菊花不同于那些凡花俗卉，它不以妖艳的姿色取媚于人，而以素洁淡雅、性格坚贞深得人心；不与春天的百卉群芳同盛衰，却在霜寒到来,草木黄落时傲然独开。

我国民间一年一度的菊花展从宋代延续至今，艺菊大盛，出现了不少菊花专著和菊谱，如周师厚的《洛阳花木记》、刘蒙的《菊谱》都记载了当时的菊花品种。明清两代菊花又有发展，重要的菊花专著很多，如黄省曾的《艺菊书》、王象晋的《二如亭群芳谱》、陈淏子的《花镜》、计楠的《菊说》等都记载有菊花品种和栽培技术。

在菊属30余种中，原产我国的有17种。如野菊（*Dendranthema indicum*）全国均有分布，紫花野菊（*D. zawadskii*）分布在华东、华北及东北地区，毛华菊（*D. vestitum*）分布在华中、甘肃，小红菊（*D. chanetii*）多分布于华北及东北，菊花脑（*D. nankingense*）产于南京。我国现有菊花品种3 000多个，遍布全国，尤以北京、南京、上海、杭州、青岛、天津、开封、武汉、成都、长沙、湘潭、西安、沈阳、广州等地为盛。

（四）月季（花中皇后）

月季（*Rosa* cvs.）为蔷薇科蔷薇属落叶小灌木。

我国月季的栽培历史悠久，据说2 000年前就已开始作为观赏花卉广为栽培。宋代月季已成为当时最重要的观赏花卉之一，被名人墨客记载和歌颂，并且培育出了许多大花型、重瓣、色艳、芳香、四季开花的优良品种。明代王象晋的《二如亭群芳谱》中记载了很多月季品种。清代评花馆主的《月季花谱》中不但记载了'国色天香'、'飞燕新妆'、'洞天秋月'、'汉宫春晓'、'六朝金粉'、'西施醉舞'等数十种古代名贵品种，还记载了土肥水管理、整形修剪、扦插繁殖、杂交育种、病虫害防治等栽培管理技术。这是宋代至清代在月季育种和栽培上取得的成果，对现代月季育种起到了极为重要的作用。

在17世纪以前，欧洲各国花园中只有夏季开花的法国蔷薇（*Rosa gallica*）、突厥蔷薇（*R. damascens*）和百叶蔷薇（*R. centifolia*）等。大部分栽培品种都是一年一次开花、重瓣、不耐寒、花色单调、无香味。17世纪末，我国四季开花的中国月季（*R. chinensis*）、香水月季（*R. odorata*）、巨花蔷薇（*R. gigantea*）、光叶蔷薇（*R. wichuriana*）、玫瑰（*R. rugosa*）等原种相继传入法国，经与法国蔷薇杂交、回交，于1837年培育出具有芳香、四季开花的杂交品系'Hybrid Perpetual'。在19世纪末又用中国月季与麝香蔷薇（*R. moschata*）等进行杂交，培育出'Tea'品系，在欧洲广泛栽培。20世纪初，又由'Hybrid Perpetual'与香水月季进行杂交，培育出具有浓郁芳香、四季开花、大花型、花色丰富且具有耐寒性的'Hybrid Tea'品系以及'Floribunda'品系，成为今天世界月季的主要品系来源。事实证明，在现代月季的生命里流着中国月季的一半血液。

月季原产中国云南、四川、湖北、江苏、浙江、山东、河南、河北等地，天津子牙河和南运河一带是驰名世界的月季之乡。目前全国月季品种3 000多个，遍布全国。

（五）兰花（天下第一香）

兰花（*Cymbidium* spp.）为兰科兰属多年生草本植物。

兰花原产我国，是一种姿态秀美、芳香馥郁的珍贵花卉。中国兰在我国的栽培历史已有1 000多年，春秋末期，越王勾践已在浙江绍兴植兰。魏晋以后，兰花已用于点缀庭园，曹植就有"秋兰被长堤"的诗句。唐宋时期，栽培兰花日益普遍。唐代诗人王维总结了养兰的经验："用黄磁斗，养以绮石，累年弥盛。"宋代寇宗奭著《本草衍义》中有："兰叶阔且韧，长及一二尺，四时常青，花黄绿色。"赵时庚的《金漳兰谱》是流传至今的一本最早的兰花论著。明代是兰花栽培的昌盛时期，李时珍在《本草纲目》中对兰花有较完整的叙述，并考证了古代所谓兰是一种花叶俱香的兰草。明代末期，王象晋的《二如亭群芳谱》问世，又对兰花的种类及栽培等作了综合介绍。清代兰花栽培又有了进一步发展，此时艺兰家辈出，有关艺兰的记载在陈淏子的《花镜》和许多关于兰花的专著中均有描述。

我国是兰属植物分布中心，国兰品种500多个。附生兰主要分布在热带、亚热带，以花大色艳著称；地生兰主要分布在温带，以幽香秀姿取胜。春兰和蕙兰较为耐寒，分布靠北，浙江、江苏、安徽、江西、湖南、四川、云南、西藏、贵州等地有分布，尤以浙江、江苏蕙兰品种最多；寒兰、台兰、兔耳兰等分布偏南，主要在湖南、江西、福建、浙江、台湾、云南、广东等地；建兰、墨兰耐寒力较弱，自然分布仅限于福建、广东、广西、云南与浙江南部及台湾省。

（六）杜鹃花（花中西施）

杜鹃花（*Rhododendron simsii*）为杜鹃花科杜鹃花属落叶小灌木或常绿小乔木。

杜鹃花在所有观赏花木之中称得上花叶兼美，地栽、盆栽皆宜，用途最为广泛。在世界杜鹃花的自然分布中，中国乃世界杜鹃花资源的宝库。

492年，南北朝梁陶弘景在《本草经集注》中记载有"羊踯躅（即黄杜鹃花），羊食其叶，踯躅而死，故名"。有关种植的记载，最早有江苏镇江鹤林寺的杜鹃花，"相传唐贞元年有外国僧人在天台钵盂中以养根来种之"。北宋苏轼曾在诗中多次提及此事，如"当时只道鹤林仙，能遣秋光放杜鹃"。唐代白居易曾移种山野杜鹃于厅前，作《山石榴寄元九》。

明代李时珍在《本草纲目》中对羊踯躅和映山红有更详细的记载，《徐霞客游记》中记述了滇中的杜鹃花。

清代陈淏子在《花镜》中总结了杜鹃花的栽培经验："性最喜阴而恶肥，每早以河水浇，置之树荫之下，则叶青翠可观……切忌粪水，宜豆汁浇。"苏灵在《盆玩偶录》中将杜鹃花列为"十八学士"之第六位。

全世界800多种杜鹃花中，中国有600多种。我国杜鹃花的分布，长江以南种类较多，长江以北很少，云南最多，西藏次之，四川第三，离此中心越远，种类越少。新疆、宁夏属干旱荒漠地带，均无天然分布。各省、自治区杜鹃花种数大体如下：云南257种，西藏174种，四川152种，广西75种，广东35种，贵州43种，湖南37种，福建35种，台湾30种，江西27种，浙江18种，甘肃15种，陕西13种，青海13种，安徽9种，吉林3种，山东2种，河南、河北、山西各1种。

（七）山茶花（花中珍品）

山茶花（*Camellia japonica*）为山茶科山茶属常绿小乔木。

我国栽培山茶花的历史悠久，已有1 500多年。唐代山茶花已作为珍贵花木栽培，段成式著《酉阳杂俎》记载："山茶，似海石榴，出桂州，蜀地亦有。"到宋代，栽培山茶花已十分盛行。苏轼《邵伯梵行寺山茶》："山茶相对阿谁栽？细雨无人我独来。说似与君君不会，烂红如火雪中开"。明代《花史》中对山茶花品种进行描写分类。到了清代，栽培山茶花更盛，山茶花品种不断问世。

山茶花原产我国，广泛分布于长江以南各地。浙江、江西、福建、山东、安徽、江苏等地是山茶花原始分布和现代栽培的集中地。目前我国山茶花品种已有300个以上。在浙江、福建和江苏等地已开始批量生产，成为花卉市场冬季主要的盆栽观赏花木。

7世纪初，日本从我国引种山茶花，到15世纪初大量引种我国山茶花品种。1739年英国首次引种我国山茶花，以后山茶花传入欧美各国。至今，美国、英国、日本、澳大利亚和意大利等国在山茶花的育种、繁殖和生产方面发展很快，已进入产业化生产的阶段，品种间、种间杂种和新品种不断上市。

（八）桂花（金秋娇子）

桂花（*Osmanthus fragrans*）为木犀科木犀属常绿乔木。

我国桂花栽培历史达2 500年以上。《山海经》中有"招摇之山，其上多桂"的记载。屈原的诗篇中提到"桂浆"、"桂舟"、"桂栋"，说明桂花已用以浸酒、桂花树作为工艺用材。《西京杂记》载："汉初修上林苑，群臣远方各献名花异树……有掏桂十株。"唐、宋以后，文人墨客对桂花多有赞咏。如李商隐诗云："昨夜西池凉露满，桂花吹断月中香。"杨万里诗云："不是人间种，疑是月里来。广寒香一点，吹得满山开。"

元、明时期，桂花的栽培应用更广。如明代沈周《客座新闻》中记载："衡神寺，其径绵亘四十余里，夹道皆合抱松、桂相间，连云蔽日，人行空翠中，秋来香闻十里。计其数云一万七千株，真神幻佳境。"可见当时已将桂花作行道树了。

陕西汉中圣水寺院内现存汉桂，传为公元前206年西汉萧何手植。该树主干直径232cm，树冠覆地超过400m²，岁有华实，至今不衰。

（九）荷花（花中仙子）

荷花（*Nelumbo nucifera*）为睡莲科莲属水生花卉。

大约3 000多年前的西周，荷花已从湖畔沼泽的野生状态走进了人们的田间池塘。《周书》载有"薮泽已竭，即莲掘藕"。可见，当时的野生荷花已经开始作为食用蔬菜了。2 500年前，吴王夫差在太湖之滨的离宫为宠妃西施欣赏荷花修筑玩花池，这大约就是观赏荷花的开始。

秦汉至南北朝时期，荷花的栽培技艺有极大的提高。北魏贾思勰的《齐民要术》中记有种藕法："春初掘藕根节，头着鱼池泥中种之，当年即有莲花。"又有种莲子法："八月九日取莲子坚黑者，于瓦上磨莲头令皮薄，取墐土作熟泥封之，如三指大，长二寸，使莲头平重磨去尖锐，泥干掷于池中重头泥下，自然周皮，皮薄易生，少时即出，其不磨者，皮即坚厚，仓卒不能也。"可见，当时中原地区荷花的栽培技术已是相当高超了。

隋唐时期，长安慈恩寺附近有芙蓉苑。宋时有在塘中"以瓦盆别种，分列水底"的水培法种植。明、清时代，在江南私家庭园中，"开花若钱"的小花种荷花盛行。清嘉庆年间，我国第一部荷花专著《缸荷谱》问世，记述了33个品种，提出了品种分类标准，总结了民间盆栽经验。

目前我国荷花品种有200多个，分布遍及全国各地，尤以中国荷花研究中心（位于武汉市东湖风景区磨山）保存最多。随着荷花文化在全国的普及发展，以荷花为市花的城市日益增多。到目前为止，济南、济宁、许昌、孝感、洪湖、肇庆将荷花作为文化精神的象征。

（十）中国水仙（凌波仙子）

中国水仙（*Narcissus tazetta* var. *chinensis*）为石蒜科水仙属球根花卉。

中国水仙的栽培应用，已有1 300年以上的历史。据史书记载，中国水仙可能是在唐代从意大利传入的。水仙初盛于宋代，最早一首关于水仙的诗是北宋陈抟的《咏水仙花》，诗中有"金芝相伴玉芝开"的诗句，说明此时栽培的是较原始的品种'金盏银台'。宋代杨万里的《咏千叶水仙花并序》中有："世以水仙为金盏银台，盖单叶者。其中有一酒盏，深黄而金色。至于千叶水仙，其中花瓣卷皱密蹙，一片之中，下轻黄而上淡白，如染一截者，与酒杯之状殊不相似。"由此可见，先出现单瓣品种'金盏银台'，后出重瓣品种'玉玲珑'。

我国水仙主要栽培于福建、浙江两省。福建漳州水仙闻名中外，每年都出口创汇。

第五节　我国花卉种质资源开发利用

人类在发展生产的过程中利用了部分种质资源，同时也使相当数量的种质资源遭到破坏，甚至灭绝，这已成为当代最大的社会问题。我国丰富多样的野生花卉种质资源是宝贵的财富和重要的历史遗产，如何保护这些资源，科学合理地利用这些资源，使之服务于社会，造福于人类，这是摆在我们面前的一项重要课题。各级领导部门应积极组织有关科技人员对我国的野生花卉资源按地区、地域进行全面系统的调查研究，摸清家底，并依应用方式对资源进行分类。

（一）种质资源收集范围及原则

①必须根据收集的目的和要求、单位的具体条件和任务，确定收集的对象，包括类别和

数量。

②收集范围应该由近及远，根据需要先后进行，首先应考虑珍稀濒危种的收集，其次收集有关的种、变种、变型和遗传变异个体，尽可能保存生物多样性。

③种苗收集应遵照种苗调拨制度的规定，注意检疫，并做好登记、核对，避免材料的重复和遗漏。

（二）种质资源考察

1. 考察地点选择　大多沿路每隔一定的距离并根据植被的差异进行考察，也有的采用航空摄影，将植物分层，再按不同的层次选择考察地点。

2. 考察记录　种质资源考察记录项目包括考察者姓名，考察时间、地点，种名，亚种名，主要性状，海拔高度，坡向与坡度，土壤质地、厚度和湿度，根系伸展，地下水位，道路交通，生态环境，栽培条件，人为条件，伴生树种等，同时应拍摄植物的照片、环境照片。在现场鉴定植物有困难时，可压制植物标本。

3. 考察说明书的编写　考察说明书内容包括自然概况，种质资源的种类、分布、群落特性，今后保护、发展、利用和研究的方向等，并附分布图和有关照片。

（三）种质资源收集的方法

1. 直接收集　在考察的基础上直接收集有关物种资源。收集的材料可以是种子、枝条、植株、球根和花粉等，收集的数量应以充分保持育种材料的广泛变异性为原则。根据前人的经验，每个地方（或每个群体）以收集 50～100 个植株为宜，每个植株可采集 50 粒种子，也可根据调查收集目的及具体情况而异。对无性繁殖植物的采集，栽培种在一个采集区收集 50～200 份材料，野生种随机采集 10～20 份。

2. 交换或购买　各国植物园、花木公司、花圃等都有植物名录，可通过信函交换或购买，无需远涉重洋，快捷方便，节省人力物力。

（四）种质资源的保存

1. 自然保存法　野生花卉资源的开发和利用必须建立在加强保护的基础上，对于濒危种类和名贵种类，必须严格保护，建立自然保护区，严禁盲目乱采滥挖，以保证资源的可持续利用。对于有开发应用价值的资源，必须有组织有计划地在保护好资源的前提下合理开发。

2. 种植保存法　将一些生境遭到破坏或研究利用价值高的资源采用措施加以合理保护、保存和发展，选择环境条件适宜的地区，建立一定规模的野生花卉资源的迁地保护基地。

3. 组织培养保存法　积极应用生物技术手段，快速繁殖珍稀濒危野生花卉，既可有效地保存珍稀种质，又可扩大珍稀花卉种群数量，特别是用组织培养形成的胚状体贮藏种质资源，可保存特有种质并形成无性系，大大节约土地和劳力，繁殖系数高，还可免除病毒的感染。

4. 种子低温保存法　将含水量降到 6%～8% 的健全种子装在密封容器中，放在低温、干燥、黑暗的贮藏库中，可较长期地保存种子的生活力。库温分为两种：一种是 $-1℃$，可保存 150 年以上；另一种是 $-10℃$，可保存 700 年。

5. 超低温种质保存法　超低温是指 $-80℃$（干冰低温）乃至 $-196℃$（液氮低温），在这种温度条件下，细胞的全部代谢和生长活动都完全停止，因此，组织细胞在超低温保存过程中，不会引起遗传性状的变异，也不会丧失形态发生的潜能。超低温冰冻保存技术对各类花卉种质尤其是珍稀种类和濒危种类的种质保存具有十分重要的意义。

（五）种质资源的研究

1. 分类学研究　作为育种的植物原始材料，首先必须明确其分类地位，了解其所属分类单位的基本特点,特别是在有性杂交过程中,对原始材料亲缘关系的研究直接关系到杂交亲本的选配及杂交方法的确定。在鉴定和分析人工创造的杂种的特征与特性时,往往也是用分类学的性状作为主要依据。

2. 生态学研究　生态学研究生物与环境的关系,在研究和引种园林植物和原始材料时必须注意其生态型的不同。所谓生态型,是指同一物种长期生长在不同的生态环境中,在形态特征、生理机制和适应性等方面产生差别,这样就使种内群体划分为不同的类型。了解原始材料的生态型对引种驯化和选配杂交亲本具有很重要的意义。

3. 经济性状研究　经济性状研究是指对原始材料具有经济价值的相关性状的研究,如药用植物、香料植物、纤维植物、油料植物等的相关性状。以香料生产为例,如采用玫瑰、白兰花、茉莉、香叶天竺葵作为原料,需了解的经济性状包括精油含量、花的大小、花期长短、重瓣程度以及花的产量和质量等。

4. 观赏特性研究　如切花生产用的花卉,主要研究花朵的大小、色彩、香味、重瓣性、花梗坚硬性、耐贮运性等。

5. 抗性研究　各种植物对不同环境的反应都不一样,对恶劣环境条件的抵抗能力也不相同。在收集原始材料时应着重收集一些抗性强的野生种,对培育抗寒、抗旱、抗盐碱、抗病虫害的种质资源十分重要。

(六) 种质资源的利用

掌握各类种质资源的生物学特性、生态习性后,制定可行的引种开发计划。对一些应用前景较好的资源,摸索其驯化栽培技术,进而推广应用。

1. 用于园林绿化　积极倡导选用具有地方特色的野生宿根花卉和花灌木,以丰富园林植物种类,满足园林中造景的需要,且可突出园林的地方特色。

2. 用于育种材料　利用野生花卉及传统名花的种质作为育种材料,培育出更多抗性强、观赏价值高的花卉新品种,丰富花卉生产内容。

◆ **复习思考题**

1. 名词解释:种质　种质资源　花卉种质资源　野生种质资源
2. 为什么说我国是"世界园林之母"?
3. 我国十大传统名花是哪些?它们各自的民族文化和精神象征是什么?
4. 怎样合理开发利用我国的花卉种质资源?

第二章

花卉的分类与命名

花卉的种类繁多，习性各异，其栽培应用方式也多种多样。为了便于花卉的繁殖、栽培管理及科学应用，有必要对其进行分类。由于分类依据不同，花卉有多种分类方法。

第一节 按生物学特性分类

生物学特性是指花卉的固有特性，以此作为花卉的分类依据，不受地区和自然环境条件的限制。根据生物学特性可将花卉分为以下几种类型。

(一) 一二年生花卉

1. 一年生花卉 一年生花卉是指在一个生长季内完成整个生活史的草本花卉。一般在春天播种，夏秋开花、结实，然后枯死，故又称春播花卉。一年生花卉都不耐寒，大多为短日性。如鸡冠花、百日草、万寿菊、波斯菊、翠菊、凤仙花、半支莲、千日红、麦秆菊等。

2. 二年生花卉 二年生花卉是指需要跨越两个年度才能完成整个生活史的草本花卉。实际上其整个生活时间常不足一年，但因跨过了两个年度，故称二年生花卉。这类花卉一般在秋天播种，以幼苗状态越冬，翌年春夏开花、结实，然后枯死，故又称秋播花卉。二年生花卉有一定的耐寒力，但不耐高温，大都为长日性。如三色堇、金盏菊、雏菊、羽衣甘蓝、金鱼草、紫罗兰、桂竹香、虞美人、风铃草等。

(二) 宿根花卉

宿根花卉是指个体寿命超过两年，可连续生长，多次开花结实，且地下部分的形态正常，不发生变态现象的多年生草本花卉。

根据耐寒力不同可分为耐寒性宿根花卉和不耐寒性宿根花卉两类。

1. 耐寒性宿根花卉 耐寒性宿根花卉耐寒力甚强，在北方地区能露地越冬。越冬时，地上部茎叶全部枯死，地下部进入休眠状态，到春季转暖时萌芽、生长、开花。如菊花、芍药、鸢尾、蜀葵、荷兰菊、玉簪、萱草、景天等。

2. 不耐寒性宿根花卉 不耐寒性宿根花卉耐寒力较弱，没有明显的休眠期，冬季仍然保留绿色的叶片，在寒冷地区于温室内栽培。如秋海棠类、君子兰、花烛和鹤望兰等。

(三) 球根花卉

球根花卉是地下部分发生变态的多年生草本花卉，其地下根系或地下茎常膨大成球形或块状，成为植物体的营养贮藏器官，并以此来渡过寒冷的冬季或炎热的夏季，待环境适宜时，再度生长、开花。

1. 根据变态部分的形态结构分类 球根花卉种类很多，根据其地下变态部分的形态结构不同，可分为鳞茎类、球茎类、块茎类、根茎类和块根类。

(1) 鳞茎类 地下茎短缩呈扁平的鳞茎盘，肉质肥厚的鳞片着生于鳞茎盘上并抱合成球形，称为鳞茎。根据其外层有无膜质鳞片包被分为两类：有皮鳞茎，即鳞茎外层有膜质鳞片包被，如郁金香、风信子、水仙、朱顶红等；无皮鳞茎，即鳞茎外层无膜质鳞片包被，如百合、贝母、大百合等。

（2）球茎类　地下茎短缩呈球形或扁球形，肉质实心，有膜质的外皮，剥去外皮可以看到顶芽，也有节和节上的侧芽。如唐菖蒲、小苍兰、番红花等。

（3）块茎类　地下茎呈不规则的块状，其上茎节不明显，且不能直接生根，但顶芽发达。如马蹄莲、海芋、白头翁、花叶芋等。块茎类花卉包括一些非典型的具块茎的花卉，如仙客来和大岩桐的块茎是扁球形，没有分球能力，需采用播种繁殖。

（4）根茎类　地下茎肥大多肉，变态为根状，在土中横向生长。其上有明显的节、节间和芽，并有分枝，每个分枝的顶端为生长点，须根自节部簇生。如美人蕉、姜花、荷花、睡莲等。

（5）块根类　地下不定根或侧根膨大呈块状。如大丽花、花毛茛等。

2. 根据种植季节分类　根据球根花卉种植季节的不同，可分为春植球根花卉和秋植球根花卉两类。

（1）春植球根花卉　春植球根花卉春季栽植，夏秋开花，花后种球形成、膨大、成熟，冬季休眠。如唐菖蒲、美人蕉、大丽花、荷花、睡莲、晚香玉等。春植球根花卉花芽分化在生长期进行。

（2）秋植球根花卉　秋植球根花卉秋季栽植，翌年春至初夏开花，花后种球形成、膨大、成熟，然后休眠。如郁金香、风信子、水仙、小苍兰等。秋植球根花卉花芽分化在休眠期进行。

（四）木本花卉

木本花卉是指以观花为主的木本植物。为了避免与观赏树木学有过多重复，本教材中的木本花卉是以观花、观果为主的灌木或小乔木，以及传统的多以盆栽形式为主的木本花卉。按其用途分为园林绿化类，如牡丹、月季、栀子花等；盆栽类，如杜鹃花、山茶花、瑞香等；切花类，如切花月季、梅花、蜡梅、银芽柳等。

（五）室内观叶植物

室内观叶植物是以叶为主要观赏器官并多盆栽供室内装饰用的一类观赏植物。这类植物大多是性喜温暖、湿润的常绿植物，又具有一定的耐阴性，适于室内陈设观赏，其中有不少是彩叶或斑叶品种，有更高的观赏价值。室内观叶植物多原产于热带及亚热带地区，既包括草本植物也包括木本植物，其中草本观叶植物种类更为丰富，以胡椒科、秋海棠科、爵床科、百合科、天南星科、竹芋科、凤梨科、鸭跖草科及蕨类植物的种类最多。

（六）兰科花卉

兰科花卉泛指兰科植物中具观赏价值的种类，因其具有相同或近似的形态、生态和生理特征，可采用近似的栽培与繁殖方法而单独成为一类花卉。

兰科花卉都是多年生花卉，按照其生态习性不同，可分为地生兰类，如春兰、蕙兰、建兰、墨兰、寒兰等；附生兰类，如卡特兰、蝴蝶兰、石斛兰、兜兰等；腐生兰类，如大根兰等。

（七）仙人掌类及多浆植物

多浆植物是指茎、叶具有发达的贮水组织，呈肥厚多汁状变态的一类植物。这类植物抗干旱能力强，且形态奇特，具有很高的观赏价值。仙人掌科的多浆植物种类很多，观赏价值较高的主要有仙人掌、金琥、蟹爪兰、绯牡丹等。其他科常见的多浆植物如景天科的长寿花、玉树、景天、莲花掌，百合科的芦荟、条纹十二卷，番杏科的生石花，龙舌兰科的龙舌兰、虎尾兰，萝藦科的吊金钱，菊科的翡翠珠，大戟科的虎刺梅等。

（八）湿地花卉

湿地花卉是指适生于水体、沼泽地、低洼湿地、河湖岸边等潮湿环境中的具有一定观赏价值的植物。湿地花卉与其他花卉明显不同的习性是对水分的要求和依赖远远大于其他种类，由此也构成其独特的习性。

根据对水的要求不同，湿地花卉可分为水生花卉、沼生花卉和湿生花卉三种类型。

（九）香草植物与观赏草类

1. 香草植物 香草植物是指具有特殊香味的一类观赏植物，以草本植物为主，也包括灌木和亚灌木。常见的种类有美国薄荷、碰碰香、夜来香、香叶天竺葵、薰衣草、迷迭香等。香草植物的根、茎、叶、花、果实或种子能散发出香味，可作为药剂、食品、饮料之用，如薰衣草具有安神作用，迷迭香具有镇静作用。由于其对人类身心健康的作用，香草植物越来越受医学界的重视。此外，香草植物也是园林中布置芳香园的主体植物材料。

2. 观赏草 观赏草是指具有极高生态价值和观赏价值的一类单子叶多年生草本植物，以禾本科植物为主。这类植物具有适应性广、抗病虫能力强、养护成本低等特点，近年来应用面积不断扩大，正逐渐发展成为一类常规的园林植物。如狼尾草、蒲苇、花叶芦竹、斑叶芒、蓝羊茅、红叶白茅等。

（十）草坪与地被植物

1. 草坪植物 草坪植物是指园林或运动场中覆盖地面的低矮的禾草类植物，多属于多年生草本植物。常见的有草地早熟禾、高羊茅、日本结缕草、多年生黑麦草、狗牙根、匍匐翦股颖等。

2. 地被植物 地被植物是指株丛低矮、密集，用于覆盖地面、防止水土流失，并具有一定观赏价值和经济价值的植物。如红花酢浆草、麦冬、葱兰、蔓长春花、马蹄金、白三叶、金叶过路黄、吉祥草等。

第二节　按生态习性分类

一、根据对温度的适应性分类

1. 耐寒性花卉 耐寒性花卉具有较强的耐寒力，能耐0℃以下的低温，在我国北方寒冷地区能露地越冬。一般原产于温带和寒带。如萱草、牡丹、二月兰、郁金香等。

2. 不耐寒性花卉 不耐寒性花卉耐热性较强，耐寒力差，在我国华南、西南南部可露地越冬，在其他地区均需在温室越冬，故又称温室花卉。多原产于热带和亚热带地区。如米兰、扶桑、变叶木及许多竹芋科、凤梨科、天南星科、胡椒科的花卉。

3. 半耐寒性花卉 半耐寒性花卉是指耐寒力介于耐寒性花卉与不耐寒性花卉之间的一类花卉。多原产于暖温带，生长期间能短期忍受0℃左右的低温。在北方地区需加防寒设施方可安全越冬，在长江流域能保持露地绿色越冬。如二年生花卉中的三色堇、金盏菊、雏菊、紫罗兰、桂竹香、金鱼草等，部分常绿木本花卉如夹竹桃、棕榈等。

二、根据对光照的适应性分类

（一）根据对光照度的要求分类

1. 阳性花卉 阳性花卉必须在全光照下生长，不能忍受荫蔽，否则枝叶纤细、花小色淡、生长不良而失去观赏价值。它们多原产于热带及温带平原、高原南坡以及高山阳面岩石上。大部分观花、观果类花卉及沙漠型的仙人掌科、景天科多浆植物都属于此类。另外，少数观叶类花卉如加那利海枣、苏铁、小叶榕等也属于阳性花卉。

2. 阴性花卉 阴性花卉要求在适度荫蔽的环境下方能生长良好，不能忍受强烈的阳光直射，生长期间一般要求50%~80%的荫蔽度。它们多原产于热带雨林或分布于林下及阴坡，如兰科、苦苣苔科、凤梨科、姜科、天南星科、秋海棠科的花卉以及蕨类观赏植物等。

3. 中性花卉 中性花卉对光照度的要求介于阳性花卉和阴性花卉之间，喜欢阳光充足，但也能忍耐不同程度的荫蔽。草本花卉如萱草、耧斗菜、桔梗、白芨等，木本花卉如杜鹃花、山茶花、栀子花、八仙花、八角金盘、洒金东瀛珊瑚等都属此类。

（二）根据对光照长短的反应分类

1. 长日照花卉 长日照花卉是指在生长过程中的某一段时期内，每天的光照时数必须在12h以上才能形成花芽并开花的一类花卉，如百合、唐菖蒲、瓜叶菊、锥花丝石竹等。在自然条件下，春、夏季开花的花卉多属此类。

2. 短日照花卉 短日照花卉是指在生长过程中的某一段时期内，每天的光照时数必须在12h以下或每天连续黑暗时数在12h以上，才能诱导花芽分化，从而形成花芽并开花的一类花卉。这类花卉在长光照条件下不能开花，或延迟开花。一年生花卉及秋季开花的多年生花卉多属此类，如雁来红、秋菊、蟹爪兰、一品红、昙花等。

3. 中日照花卉 中日照花卉在整个生长过程中对日照时间长短没有明显的反应，只要其他条件适合，营养生长正常，一年四季都能开花。如月季、扶桑、香石竹、茉莉、非洲菊等。

此外，若细致划分，还有中长日照花卉和中短日照花卉。

三、根据对水分的适应性分类

1. 旱生花卉 旱生花卉具有较强的抗旱能力，在干燥的气候和土壤条件下能正常生长发育。为了适应干旱的环境，它们在外部形态和内部构造上都发生了许多相应的变化，如叶片变小或退化变成刺状、毛状、针状或肉质化，叶表皮层或角质层加厚，气孔下陷，叶表面具厚茸毛，以及细胞液浓度和渗透压变大等，大大减少了植物体水分的蒸腾，同时旱生花卉根系都比较发达，从而更增强了其适应干旱环境的能力。多数原产于炎热而干旱地区的仙人掌类等多浆植物即属此类。

2. 中生花卉 中生花卉是指在水分条件适中的土壤上才能正常生长的花卉。中生花卉既不耐干旱，也不耐水淹。大多数花卉都属此类，但不同种类对土壤干湿程度的要求与适应性略有差异。

3. 湿生花卉 湿生花卉是指适生于河湖岸边、低洼湿地等潮湿环境中的具有一定观赏价值的植物。如肾蕨、冷水花、红蓼、虎耳草、垂柳、水杉、落羽杉、枫杨、八仙花、大叶醉鱼草等。

4. 沼生花卉 沼生花卉是指能长期生长在沼泽地环境的具有一定观赏价值的植物。如千屈菜、芦苇、芦竹、伞莎草、沼生鼠尾草等。

5. 水生花卉 水生花卉是指生长在水体中的观赏植物，分为挺水植物、浮水植物、漂浮植物及沉水植物四类。挺水植物的根着生于水下泥土之中，茎叶与花高挺出水面，如荷花、香蒲、菖蒲、水葱、再力花、水生鸢尾等；浮水植物的根也着生于水下泥土中，但叶片漂浮于水面或略高出水面，花开时近水面，如睡莲、萍蓬草、芡实、王莲、菱、荇菜等；漂浮植物的根不入土，全株漂浮于水面，可随水漂移，如凤眼莲、水鳖、浮萍、大藻等；沉水植物整个植株全部沉没于水中，根入泥或不入泥，如金鱼藻、黑藻、莼菜、苦菜等。

四、根据对土壤酸碱度的适应性分类

1. 酸性土花卉　酸性土花卉是指在酸性或强酸性土壤中才能正常生长的花卉。它们要求土壤的 pH 小于 6.5。如蕨类植物芒萁、石松等，木本花卉山茶花、杜鹃花、栀子花及八仙花等都是典型的酸性土花卉。

2. 碱性土花卉　碱性土花卉是指在碱性土中生长良好的花卉。它们要求土壤的 pH 大于 7.5。如柽柳、石竹、天竺葵、蜀葵等。

3. 中性土花卉　中性土花卉是指在中性土壤（pH6.5～7.5）中生长最佳的花卉。大多数花卉属于此类。

第三节　按原产地气候特点分类

花卉的种类甚多，其原产地的自然环境条件差异很大。掌握各类花卉的世界分布及原产地的气候条件，给予相应的栽培环境和技术措施，以满足其生长发育的要求，是栽培成功的关键。

根据花卉原产地气候特点，可将花卉分为中国气候型、欧洲气候型、地中海气候型、墨西哥气候型、热带气候型、沙漠气候型、寒带气候型七类。

（一）中国气候型花卉

中国气候型又称大陆东岸气候型，以中国气候为代表，包括中国大部、日本、北美东部、巴西南部、大洋洲东南部和非洲东南部等地区。气候特点是一年四季分明，夏季炎热，冬季寒冷，雨季多集中在夏季，又可分为温暖型和冷凉型。

1. 温暖型　温暖型包括中国长江以南、日本西南部、北美东南部、巴西南部、大洋洲东部和非洲东南部等地区。主要花卉有中国水仙、中华石竹、石蒜、百合、杜鹃花、山茶花、矮牵牛、半支莲、凤仙花、美女樱、天人菊、一串红等。

2. 冷凉型　冷凉型包括中国华北及东北南部、日本东北部和北美东北部等地区。主要花卉有菊花、芍药、鸢尾、飞燕草、金光菊、翠菊、荷兰菊、紫菀、醉鱼草、贴梗海棠、丁香、牡丹等。

（二）欧洲气候型花卉

欧洲气候型又称大陆西岸气候型，包括欧洲大部分、北美西海岸、南美西南部和新西兰南部等地区。气候特点是冬暖夏凉，冬夏温差较小，降水量较少但四季较均匀，一般气温不超过 15～17℃。主要花卉有三色堇、雏菊、霞草、羽衣甘蓝、宿根亚麻、紫罗兰、剪秋罗、楼斗菜、喇叭水仙等。

（三）地中海气候型花卉

地中海气候型包括土耳其、意大利、以色列及南非好望角、大洋洲东南部与西南部、智利中部、北美加利福尼亚等地区。气候特点是冬不冷，夏不热，冬春多雨，夏季干燥。由于夏季无雨干燥，多年生草花多变态成为球根形态休眠，以防止水分损失，来渡过夏天，故球根花卉较多。主要花卉有郁金香、风信子、番红花、水仙、小苍兰、仙客来、酢浆草、唐菖蒲、瓜叶菊、香石竹、金鱼草、金盏菊、羽扇豆、天竺葵、君子兰、鹤望兰等。

（四）墨西哥气候型花卉

墨西哥气候型又称热带高原气候型，为热带及亚热带高山气候，包括墨西哥高原、南美安第斯山脉、非洲中部和中国云南等地区。气候特点是四季温差较小，周年温度近于 14～17℃，降水量因地区而不同，一般雨量充沛，且集中于夏季。主要花卉有大丽花、波斯菊、晚香玉、一品红、百日草、旱金莲、万寿菊和球根秋海棠等。

（五）热带气候型花卉

热带气候型包括亚洲、非洲和大洋洲热带地区、中美洲及南美洲热带地区。气候特点是周年高温，年温差较小，降水量大，有雨季和旱季之分。主要花卉有鸡冠花、彩叶草、变叶木、蟆叶秋海棠、美人蕉、大岩桐、紫茉莉、竹芋、水塔花、长春花和附生兰等。

（六）沙漠气候型花卉

沙漠气候型包括非洲北部沙漠、阿拉伯沙漠、黑海东北部沙漠、大洋洲中部沙漠、墨西哥西北部沙漠、秘鲁与阿根廷部分地区及我国海南与西南部沙漠。气候特点是周年降水稀少，气候干旱，日温差大。本区是仙人掌类及多浆植物的自然分布中心。主要花卉有仙人掌类、芦荟、条纹十二卷、落地生根、光棍树、龙舌兰、剑麻、霸王鞭、三棱箭等。

（七）寒带气候型花卉

寒带气候型包括阿拉斯加、西伯利亚、斯堪的纳维亚半岛等寒带地区及高山地区。气候特点是冬季寒冷而漫长。植物生长期只有 2～3 个月，植株低矮，生长缓慢，常成垫状。主要花卉有细叶百合、绿绒蒿、龙胆、点地梅和雪莲花等。

第四节　其他分类方法

一、根据观赏部位分类

1. 观花类　以观花为主的花卉，欣赏其艳丽的花色或奇异的花形，一般花期较长。如月季、牡丹、山茶花、杜鹃花、大丽花等。

2. 观茎类　观茎类花卉的茎、枝常发生变态，具有独特的观赏价值。如仙人掌类、竹节蓼、文竹、光棍树等。

3. 观叶类　观叶类花卉叶形奇特或带彩色条斑，富于变化，具有很高的观赏价值。如龟背竹、变叶木、花叶芋、彩叶草、五色苋、蔓绿绒、旱伞草、蕨类等。

4. 观果类　观果类花卉的果实形态奇特，艳丽悦目，挂果时间长且果实干净，可供观赏。如五色椒、金银茄、冬珊瑚、金橘、佛手、乳茄、钉头果、紫金牛等。

5. 观芽类　观芽类花卉主要观赏其肥大的叶芽或花芽，如银芽柳等。

二、根据用途分类

1. 花坛花卉　花坛花卉主要用于布置花坛，以一二年生草花为主，如一串红、鸡冠花、万寿菊、三色堇、金盏菊等。

2. 花境花卉　花境花卉主要用于布置花境，以宿根花卉和矮灌木为主，如萱草、芍药、毛地黄、矮蒲苇、金叶小檗、粉花绣线菊、狼尾草等。

3. 盆栽花卉　盆栽花卉主要用于盆栽观赏，如大花蕙兰、春石斛、仙客来、一品红、君子兰、蝴蝶兰等。

4. 切花花卉　切花花卉主要用于生产鲜切花供花卉装饰之用，如百合、唐菖蒲、香石竹、月季、菊花、非洲菊、马蹄莲、荷花等。

5. 岩生花卉　岩生花卉是指原产于山野石隙间的花卉，较耐干旱、瘠薄，主要用于布置岩石园，如白头翁、常夏石竹、景天、佛甲草等。

6. 棚架花卉 棚架花卉是指主要用于园林中篱、垣、棚架绿化的藤本花卉，如铁线莲、紫藤、凌霄、爬山虎、木香、藤本月季、观赏南瓜、观赏葫芦等。

三、根据栽培方式分类

1. 露地花卉 露地花卉是指主要生长发育阶段均能在露地完成的花卉，如牡丹、芍药、鸢尾、月季等。

2. 温室花卉 温室花卉是指必须利用温室条件进行栽培才能安全越冬、正常生长的花卉。如花烛、凤梨、仙客来、蝴蝶兰、卡特兰等。

四、根据形态分类

1. 草本花卉 草本花卉是指具有草质茎的花卉。按其生育期长短不同，草本花卉又分为一二年生草本花卉，如鸡冠花、三色堇等；多年生草本花卉，如菊花、芍药、郁金香等。

2. 木本花卉 木本花卉是指具有木质化枝干的花卉。如梅花、桂花、杜鹃花、山茶花、栀子花、牡丹、月季等。

五、根据经济用途分类

1. 药用花卉 药用花卉常见有芦荟、麦冬、芍药和桔梗等。
2. 香料花卉 香料花卉常见有薰衣草、玫瑰、桂花、茉莉花、美国薄荷等。
3. 食用花卉 食用花卉常见有菊花、百合、食用仙人掌等。
4. 其他花卉 其他花卉包括纤维、淀粉和油料用花卉等。

第五节 花卉的命名

每一种花卉都有普通名和学名。花卉的普通名是指被广泛接受但通常没有科学来源的名称。普通名的取名方式多种多样，有些是根据花朵的形态取名，像一串红、鸡冠花、金鱼草、跳舞兰、玉簪等，有些是根据开花季节取名，如春兰、寒兰等。花卉的普通名应用广泛，容易记忆，有些名称对花卉的识别也很重要，但是往往存在同名异花和同花异名的混乱现象，因而容易使人产生混淆，不利于交流和贸易。花卉的学名是以植物形态特征为主要依据，按照科、属、种、变种、品种等来分类，并给予拉丁文形式的命名。按照《国际栽培植物命名法规》，栽培植物的学名以属—种—栽培品种三级组成。属与种由拉丁文或拉丁化的词组成，在印刷体上为斜体字，如梅应表示为 *Prunus mume*，其中第一个词是属名，首字母大写，第二个词为种加词，首字母小写；品种名称不用斜体字，直接在品种名称上加上单引号，如'美人'梅应表示为 *Prunus mume* 'Mei Ren'。变种也是种之下的分类单位，变种的名称在印刷体上为斜体字，首字母小写，并且前面要加上缩写 var.，如斑叶君子兰应表示为 *Clivia miniata* var. *citrina*。变型的表示方式与变种类似，即变型的名称在印刷体上也是斜体字，首字母小写，前面要加上变型的缩写 f.，如羽衣甘蓝的学名为 *Brassica oleracea* var. *acephalea* f. *tricolor*，说明羽衣甘蓝是甘蓝的变种的变型。花卉的学名很规范，每一种花卉都只有一个学名，因此，在交流、贸易中就排除了被弄错的可能。

◆复习思考题

1. 名词解释：一年生花卉　二年生花卉　宿根花卉　球根花卉　湿地花卉　阳性花卉　阴性花卉　长日照花卉　短日照花卉　酸性土花卉　碱性土花卉　温室花卉
2. 花卉分类有何实际意义？
3. 按生物学特性和生态习性分别可将花卉分为哪些类型？各有何特点？并列举代表性花卉。
4. 按花卉原产地气候特点不同可将其分为哪几种类型？各气候型的气候特点如何？代表性花卉有哪些？
5. 按照《国际栽培植物命名法规》，栽培植物的学名如何表示？

第三章
环境条件对花卉生长发育的影响

花卉的生长发育除受遗传特性影响之外，还与环境条件密切相关，环境因子的变化直接影响花卉生长发育的进程和生长质量。环境因子包括温度、光照、水分、土壤、营养、空气等，不但直接影响花卉的生长发育，而且各种环境条件之间还互相影响和制约，花卉的生长发育实际上是各种环境条件综合作用的结果。花卉栽培成功与否，主要取决于花卉对这些环境条件的要求和适应以及人们对环境条件的调控，使之适应花卉生长发育的要求。正确了解和掌握各种环境条件对花卉生长发育的影响及其作用机理，对指导花卉栽培和生产具有重要意义。

第一节 温度对花卉生长发育的影响

温度是影响花卉生长发育的重要因子，影响花卉的地理分布，制约生长发育进程及体内的代谢活动。此处的温度包括气温和地温。

一、气温对花卉的影响

1. 气温日较差 一天之中最高气温和最低气温之差称为气温日较差。气温日较差大有利于花卉的生长发育，为使花卉生长迅速，白天温度应在花卉光合作用最佳温度范围内，夜间温度应尽量在呼吸作用较弱的温度范围内。昼夜温度有节奏的变化称为温周期，昼夜最适温度的周期性变温环境对大多数花卉的生长发育是有利的。一般热带花卉的昼夜温差为3～6℃，温带花卉为5～7℃，沙漠气候型花卉如仙人掌类多要求达到10℃以上。另外，一般观花类盆栽花卉的夜温宜保持10～15℃，热带观叶植物夜温宜保持15～20℃。不同花卉的昼夜最适温度也不相同，常见花卉的昼夜最适温度如表3-1所示。

表3-1 常见花卉的昼夜最适温度（℃）
（北京林业大学园林系花卉教研组，1995）

种类	温度	
	白昼最适温度	夜间最适温度
金鱼草	14～16	7～9
心叶藿香蓟	17～19	12～14
香豌豆	17～19	9～12
矮牵牛	27～28	15～17
彩叶草	23～24	16～18
翠菊	20～23	14～17
百日草	25～27	16～20
非洲紫罗兰	23.5～25.5	19～21
月季	21～24	13.5～16

2. 花卉的三基点温度 花卉在其整个生命活动过程中所需要的温度称为生物学温度，

生物学温度包括三个温度指标，即最低温度、最适温度和最高温度。最低温度是指花卉生长发育的下限温度；最适温度是指花卉生长发育最迅速，而且生长健壮，不徒长的最适宜温度；最高温度是指维持生命的上限温度。这三个温度指标合称为三基点温度。

不同种类的花卉，由于原产地气候型不同，因此其三基点温度也不同。原产于热带的花卉，三基点温度较高，不耐寒，要求温度不低于8～10℃，生长基点温度为18℃。如王莲的种子，在30～35℃的水温下才能发芽生长，开花适温为25～30℃，凤仙花（Impatiens balsamina）、鸡冠花（Celosia cristata）、半支莲（Portulaca grandiflora）等均属此类。原产于温带的花卉，三基点温度较低，能耐-5～-10℃的低温，生长基点温度为10℃左右。如芍药在北方栽培时，冬季地下部分不会枯死，翌春10℃左右时即可萌发再生。在长江流域一带露地栽培可保持绿色越冬的花卉，如大花三色堇（Viola tricolor var. hortensis）、金盏菊（Calendula officinalis）、雏菊（Bellis perennis）、紫罗兰（Matthiola incana）等，其开花适温为5～15℃。一些落叶宿根花卉，如玉簪（Hosta plantaginea）、紫萼（H. ventricosa）、萱草（Hemerocallis fulva）等开花适温为15～25℃。原产于亚热带的花卉，三基点温度介于热带花卉和温带花卉之间，生长基点温度为15～16℃。不同种类花卉的生长最适温度也与其原产地气候型有关，一般原产于热带、亚热带的花卉生长适温高于原产于温带的花卉。如瓜叶菊、仙客来、天竺葵的生长适温为7～13℃，月季、百合、石榴的生长适温为13～18℃，茉莉花为25～35℃。

3. 有效积温 每种花卉都有其生长的下限温度，温度高于下限温度时才能生长发育。花卉在某个或整个生育期内的有效温度总和，称为有效积温。只有满足了花卉发育所需要的有效积温，才能正常开花。如某种花卉从出苗到开花，发育的下限温度为0℃，需要经历600℃的积温才能开花，如果日平均温度为15℃，则需经历40d才能开花；若日平均温度为20℃，则经历30d就能开花。

4. 花卉发育阶段和温度的关系 花卉在其不同发育阶段对温度有不同要求，即从种子发芽到种子成熟，各个生育阶段对温度的要求是不断变化的。如一年生花卉种子萌发期需要较高的温度，幼苗期要求温度较低，开花结实期对温度的要求逐渐增高。二年生花卉种子萌发期要求温度较低，而幼苗期要求的温度较种子萌发期更低，大多需经过一段1～5℃的低温期，才能顺利通过春化阶段，进而花芽分化，开花结实期要求的温度稍高于营养生长期。

5. 温度对花芽分化和发育的影响 花卉种类不同，花芽分化和发育所要求的最适温度也不同。

（1）高温条件下花芽分化 许多花木类，如杜鹃花、山茶花、梅花、桃花、樱花、紫藤等均于6～8月气温升至25℃以上时进行花芽分化，入秋后进入休眠，经过一定的低温期后结束或打破休眠而开花。许多球根类花卉的花芽也在夏季高温期分化，如唐菖蒲、晚香玉、美人蕉等春植球根类花卉于夏季生长期内进行花芽分化；郁金香、风信子、水仙等秋植球根类花卉也在夏季休眠期进行花芽分化。一年生草花如凤仙花、鸡冠花、紫茉莉、一串红、百日草等也是在高温条件下进行花芽分化。

（2）低温条件下花芽分化 有些花卉需要接收一定时期的低温刺激才能开花，这种低温刺激和处理过程称为春化作用。

原产温带中北部地区以及高山地区的花卉，花芽分化多在20℃以下较凉爽的气候条件下进行。如八仙花（Hydrangea macrophylla）、卡特兰属（Cattleya）、石斛属（Dendrobium）的某些种类在13℃和短日照条件下可促进花芽分化；许多秋播二年生花卉，例如金盏菊、雏菊、金鱼草、飞燕草、石竹、花菱草、虞美人、三色堇、紫罗兰等花芽分化也要求低温条件。另外，某些秋植球根类花卉尽管花芽分化要求较高温度，但花芽分化之后的发育初期要求一定的低温条件，此期的低温最适值及范围因花卉的种和品种而异，如郁金香为2～9℃、风信子为9～13℃、水仙为5～9℃，必要的低温时期为6～13周。

6. 温度对花色的影响 温度是影响花色的主要环境因素之一，许多花卉均会随着温度升高和光照减弱，花色变淡。例如，落地生根属的一些品种在高温和弱光下所开的花几乎不着色，或者花色浅淡。又据Harde等的研究，矮牵牛的蓝白复色品种中，花瓣的蓝色部分和白色部分的比例受温度影响很大，在30～35℃条件下，花瓣完全呈蓝或紫色；在15℃条件下，花色呈白色；15～30℃条件下，则呈蓝白复色花，花瓣蓝色部分和白色部分的比例随温度的变化而变化。喜高温的花卉，在高温下花色艳丽；喜冷凉的花卉，遇30℃以上的高温，则花朵变小，花色暗淡。如荷花、半支莲、矮牵牛等花卉，夏季高温季节色彩鲜艳美丽。大丽花夏季高温季节常不开花，即使开花，其花色暗淡，秋凉后随温度降低花色渐变鲜艳。红色系月季花色在低温下呈浓红色，在高温下则明显退色。菊花、翠菊也常见类似的花色变化现象。

二、地温对花卉的影响

地温对花卉的种子发芽、根系发育及幼苗生长均有很大影响。不同花卉的种子发芽所需的最适温度不同。不耐寒花卉种子发芽需要较高温度，最适温度为20～30℃；耐寒性较强的宿根花卉及二年生花卉种子发芽最适温度为15～20℃。另外，当地温比气温高2～4℃时，扦插苗成活率最高，因为只有当土壤中有足够的热量时，根系才能先于芽发生并较好地吸收土壤中的水分和营养物质，从而提高扦插苗的成活率。因此，理想的繁殖床应设有提高地温的装置。月季扦插时，保持16～20℃的地温最适宜其根系的发育。

第二节　光照对花卉生长发育的影响

光照对花卉生长发育的影响主要表现在三个方面，即光照度、光照长度和光的组成。

一、光照度对花卉的影响

光照度是指物体单位面积上所接收的光的量，其单位为勒克斯（lx）。光照度一天之中以中午最大，一年之中以夏季最大，随纬度的增加而减弱，随海拔的升高而增强。花卉光合作用随着光照度的增大而加强，但超过一定的限值，光合作用就会减弱或停止。

1. 光照度对花卉生长的影响 一般花卉的最适光照度为全日照的50%～70%，不同花卉对光照度的要求和反应不一样，多数露地花卉在光照充足的条件下生长健壮，花多且大；而有些花卉如玉簪、铃兰、万年青等在光照充足的条件下反而生长不良，只有在半阴条件下才能健壮生长。因此，根据花卉对光照度要求的不同，又有阳性花卉、阴性花卉和中性花卉之分。

光照度不仅直接影响花卉的光合速率，还影响一系列形态和解剖学上的变化，如叶片的大小和厚薄、茎的粗细、节间长短、叶肉结构等。光照过强或不足均会引起花卉的光合作用减弱，光照不足时还会引起植株徒长，节间延长，分蘖力减弱，且易于感染病虫害。

2. 光照度与叶片色彩的关系 在观叶花卉中，有些花卉的叶片常呈现出黄、橙、红等多种颜色，有的甚至呈现白色斑块，这是由于光照度直接影响叶片中叶绿素、类胡萝卜素和花青素的含量及比例，从而影响叶片的呈色。叶绿素在栅栏组织细胞中含量的多少，决定了叶片绿色的浓淡,且这种浓淡又常与光照度成正比。如红桑、红枫、南天竹的叶片在强光下叶黄素合成多,在弱光下胡萝卜素合成多,因此,它们的叶片呈现出黄、橙、红等不同颜色。

3. 光照度与开花的关系 光照强弱对花朵开放时间有很大影响。如半支莲、酢浆草必须在强光下才能开放,日落后闭合;牵牛花在凌晨开放;月见草、紫茉莉、晚香玉等只在傍晚开放,第二天日出则闭合;昙花则在 21:00 以后开放;大多数花卉是晨开夜合。

瑞典植物学家林奈为了说明开花时间和光照度的关系,早于 18 世纪就按照不同花卉的开花时间,制作出了世界上第一个"花时钟"。几种常见花卉的花朵开放时间分别如下:

 3:00——蛇床　　　　4:00——牵牛花　　　　5:00——蔷薇
 6:00——龙葵　　　　7:00——芍药　　　　　8:00——睡莲
 9:00——半支莲　　　10:00——马齿苋　　　　16:00——万寿菊
17:00——茉莉花　　　19:00——剪秋罗　　　　21:00——昙花

4. 光照度对花色的影响 紫红色的花是由于花青素的存在而形成的,而花青素必须在强光下才能产生,在散射光下不易产生,如春季芍药的紫红色嫩芽以及秋季红叶均为花青素的颜色。花青素产生的原因,除受强光照的影响外,还与光的波长和温度有关。另外,光照度对矮牵牛某些品种的花色有明显影响,仍以蓝、白复色的矮牵牛为例,其蓝色部分和白色部分的比例变化不仅受温度影响,而且与光照度和光照持续时间有关,随着温度升高,蓝色部分增加,随着光照度增大,白色部分增加。

二、光照长度对花卉的影响

影响花卉生长发育的光照时间,是指一天之中从日出到日没太阳照射的时间。北半球夏半年(4~10月)昼长夜短,越往北方,白昼越长。夏至白昼最长,黑夜最短。冬半年(11~3月)昼短夜长,越往北方,白昼越短。冬至白昼最短,黑夜最长。这种昼夜长短交替变化的规律称为光周期现象。自然界中各种花卉的开花季节各有定期,主要受光周期制约。花卉对光周期的反应,主要取决于对黑夜长短临界值的反应。根据花卉的光周期特性,可将其分为长日照花卉、短日照花卉、中日照花卉三类。一般原产于热带、亚热带的花卉属于短日照花卉;原产于温带地区的花卉属于长日照花卉。例如,唐菖蒲是典型的长日照花卉,日照 13h 以上才能进行花芽分化;一品红及秋菊是典型的短日照花卉,日照减少到 10h 以下才能进行花芽分化。另外,以贮藏器官休眠的花卉,有些在短日照条件下可促进贮藏器官的生长与形成,如唐菖蒲、晚香玉、球根秋海棠、大丽花、美人蕉等;有些花卉则在长日照条件下会促使其进入休眠,如仙客来、水仙、郁金香、小苍兰等。

三、光的组成对花卉的影响

光的组成是指光具有不同波长的太阳光谱成分。太阳光的波长范围主要在 150~4 000nm,其中可见光(红、橙、黄、绿、蓝、靛、紫)波长在 380~760nm 之间,占全部太阳光辐射的 52%,不可见光红外线占 43%、紫外线占 5%。

可见光是花卉进行光合作用的能源,叶绿素吸收最多的是红橙光和蓝紫光,而绿光几乎全被反射,故叶片呈绿色。不同波长的光对花卉生长发育的作用不同。红光及橙光有利于糖类的合成,可促进长日照花卉的发育,延缓短日照花卉的发育。蓝紫光相反,能促进短日照花卉的发育,延缓长日照花卉的发育。蓝紫光及紫外线能抑制茎的伸长,并促进花青素的形成。蓝光有利于蛋白质的合成。花卉植物同化作用吸收最多的是红光和橙光,而蓝紫光的同化作用效率仅为红光的 14%。红光和黄光在太阳直射光中约占 37%，而在散射光中占 50%～60%，所以散射光对半阴性花卉及弱光下生长的花卉效用大于直射光。

紫外线中波长较长的部分能促进种子发芽、果实成熟和花青素形成，有利于花朵着色；波长较短的部分能抑制花卉徒长，杀死病菌孢子，提高种子发芽率。紫外线还可促进维生素 C 的合成。一般高山上紫外线较多，热带地区紫外线较多，因此，高山花卉和热带花卉色彩浓艳。

红外线是一种热射线，被地面吸收后可转变为热能，提高地温和气温，供给花卉生长发育所需的热量。

第三节　水分对花卉生长发育的影响

水是花卉植物体的重要组成部分，占草本花卉体重的 70%～90%。水也是花卉生命活动的必要条件。花卉生命活动所需要的元素中除碳和少量氧之外，其他均来自溶于水中的矿物质，光合作用也只有在水存在的条件下才能进行，所以花卉的生长发育和水有着密切关系。如果水分供应不足，种子不能萌发，插条不能生根，嫁接不能愈合，光合作用、呼吸作用及蒸腾作用均不能正常进行，更不能正常开花，严重时还会造成萎蔫甚至死亡。水分过多又会造成植株徒长、烂根、落蕾，甚至死亡。

一、花卉对水分的要求

水分条件包括土壤湿度和空气湿度。土壤湿度通常用土壤含水量百分数表示。花卉生长发育所需要的水分主要从土壤中吸收，因此，土壤湿度以田间持水量的 60%～70% 为宜。空气湿度通常用空气相对湿度百分数表示。一天之中，空气相对湿度午后最小，而清晨最大；一年之中，内陆地区冬季空气相对湿度最大，夏季最小。一般花卉所需要的空气相对湿度为 65%～70%。原产于沙漠地区的花卉，所需的空气相对湿度低于此值；原产于热带雨林的花卉，需要更高的空气湿度。

不同种类花卉由于原产地降水量及其分布状况的差异，对水分的要求和适应性也不同，按照花卉和水分的关系将花卉分为旱生花卉、中生花卉、湿生花卉、沼生花卉和水生花卉五种类型。

二、花卉不同生育阶段和水分的关系

同种花卉在其不同生育阶段对水分的需要量也不同。

（1）种子发芽期　种子发芽期需要较多水分，使种皮软化，有利于胚根和胚芽的萌发。

（2）幼苗期　幼苗期根系弱小、分布浅、抗旱力弱，需经常保持土壤适度湿润。

（3）成苗期　成苗期为保证苗株生长旺盛，需给予适当水分，保持较湿润的空气。但应注意水分不能过多，以防苗株徒长。

（4）花芽分化期　花芽分化期通过控制水分供给而抑制营养生长，达到促进花芽分化的效果。例如，梅花的"扣水"就是通过控制水分，使新梢顶端自然干梢，停止生长，进而转向花芽分化。球根花卉中，凡球根含水量少的，花芽分化就早，球根鸢尾、水仙、百合、风信子等球根进行 30～35℃ 高温处理，实质上就是促其脱水而达到提早花芽分化或促进花芽伸长的目的。

（5）开花结实期　开花结实期要求空气湿度较小，否则会影响正常授粉。开花后，如果土壤湿度过大，花朵易早落，对于观果类花卉，应供给充足水分，以满足果实发育的需要。

(6) 种子成熟期　种子成熟期要求空气干燥，可促进种子成熟。

(7) 休眠或半休眠期　当花卉处于休眠或半休眠状态时，植株生长缓慢，水分消耗减少，因此，应减少浇水，以防烂根。

三、水质对花卉的影响

花卉对水质的要求较高，以 pH6.0～7.0、电导率<0.5mS/cm 为适宜。当土壤 pH 偏高呈碱性时，需对其进行酸化处理，方法是在灌溉水中加入一定比例的有机酸如柠檬酸、醋酸，或酸性化学物质如硫酸亚铁等，使 pH 降至 6.0～7.0。另外，灌溉若使用自来水，应将自来水在池中放置一段时间，使自来水中的氯气散发掉，否则氯与土中的钠结合产生盐（NaCl），对花卉的生长不利，同时还可消除水与盆土之间的温差，增强根系的吸水能力。

第四节　土壤对花卉生长发育的影响

土壤是花卉生长的物质基础，它能不断地提供花卉生长发育所需要的空气、水分及营养元素，因此，土壤的理化性质及肥力状况对花卉的生长具有重要影响。

一、土壤的理化性质

1. 土壤质地　粗细不同的土粒在土壤中占有不同的比例，从而形成了不同的土质，又称为土壤质地。按土质可将土壤分为沙土、黏土和壤土。

(1) 沙土　沙土含沙粒较多，土质疏松，易于耕作，土粒间孔隙大，通气透水，但蓄水保肥能力差。土温高，昼夜温差大，有机质分解迅速，不易积累，腐殖质含量低，常用作扦插基质，或用作培养土的配制成分和改良黏土的成分。沙土适宜栽植球根类花卉和多肉植物类。

(2) 黏土　黏土含黏粒多，土质黏重，土粒之间的孔隙小，通气透水性能差，蓄水保肥能力强。土温低，昼夜温差小，有机质分解缓慢。黏土对大多数花卉生长不利。

(3) 壤土　壤土土粒大小适中，性状介于沙土和黏土之间，不松不紧，既能通气透水，又能蓄水保肥，水、肥、气、热状况比较协调，是理想的土壤质地。壤土适合大多数花卉的生长。

2. 土壤容重　土壤容重是指单位体积土壤或介质的干物重，常用单位是 g/cm^3。容重偏高时土壤紧密，田间土壤的容重常见范围是 $1.25～1.50g/cm^3$。盆栽花卉需要经常搬动，栽培基质的容重小于 $0.75g/cm^3$ 为宜。盆栽观叶植物由于植株较高大，为防止倾倒，基质容重控制在 $0.50～0.75g/cm^3$ 比较适宜。

3. 土壤持水量　土壤持水量是指土壤排去重力水之后所能保持的水分含量，一般用水分占土壤干重或体积的百分数表示。田间土壤持水量以干重百分含量表示，以 25% 为适宜；盆栽土壤或基质持水量一般以体积百分含量表示，其范围是 20%～60%。

4. 土壤孔隙　土壤孔隙主要指重力水排掉后所留下的大孔隙，亦即非毛管孔隙，又称为通气孔隙。通常通气孔隙应维持在 5%～30%。若通气孔隙过高，则持水量降低，盆栽土壤易于干燥。不同种类的花卉对通气孔隙的要求不同，表 3-2 为常见花卉对通气孔隙的要求。

5. 土壤酸碱度　土壤酸碱度是指土壤溶液的酸碱程度，用 pH 表示。土壤酸碱度与土壤理化性质和微生物活动有关，因此，土壤中有机质及矿质营养元素的分解和利用也和土壤酸碱度密切相关。pH 7 表示酸碱度呈中性，pH 大于 7 表示呈碱性，pH 越低则酸性越强。各种花卉由于原产地土壤条件不同，其对土壤酸碱度的要求也不同，大部分花卉生长适宜的

表 3-2 常见花卉根系对通气孔隙度的要求
(Johnson, 1968)

对通气孔隙度的要求	花卉种类
很高（20%）	杜鹃花、附生兰类
高（20%～10%）	金鱼草、秋海棠、栀子花、观叶植物、地生兰类、非洲紫罗兰
中（10%～5%）	山茶花、菊花、唐菖蒲、百合、一品红
低（5%～2%）	香石竹、天竺葵、常春藤、棕榈、月季、紫罗兰、松柏类、椰子、草坪草

pH 范围是 5.5～6.5。一般而言，原产于北方的花卉耐碱性强，原产于南方的花卉耐酸性强。多数露地栽培的花卉要求中性土壤，温室盆栽花卉要求酸性或微酸性土壤。各种花卉对土壤酸碱度的要求如表 3-3 所示。

表 3-3 常见花卉的适宜土壤酸碱度

类别	种类	适宜酸碱度	类别	种类	适宜酸碱度
球根花卉	仙客来	5.5～6.5	一二年生花卉	紫菀	
	大丽花	6.0～8.0		藿香蓟	6.0～8.0
	风信子	6.0～7.5		庭荠	5.0～7.0
	洋水仙	6.5～7.0		蒲包花	6.0～8.0
	郁金香	6.0～7.5		金鱼草	5.5～6.5
	花毛茛	6.0～8.0		大波斯菊	6.0～7.5
	朱顶红	5.5～7.0		彩叶草	5.5～6.5
	美人蕉	6.0～7.5		瓜叶菊	4.5～5.5
	唐菖蒲	6.0～8.0		百日草	6.0～7.5
	大岩桐	5.0～6.5		三色堇	6.0～8.0
	番红花	6.0～8.0		报春花	6.0～7.5
	水仙	6.0～7.5		西洋樱草	6.5～7.0
				牵牛花	7.0～8.0
花木类	西府海棠	5.0～6.6		万寿菊	6.0～7.5
	山月桂	5.0～6.0			5.5～6.5
	柏子	6.0～8.0	多年生花卉	灯芯草	6.0～7.0
	欧石楠	4.0～4.5		菊花	5.5～6.5
	樱花	5.5～6.5		铁线莲	5.0～6.0
	山茶花	4.5～6.5		芍药	6.0～8.0
	花柏类	6.0～7.0		仙人掌类	7.0～8.0
	八仙花（蓝）	4.0～4.5		天竺葵	5.0～7.0
	八仙花（红）	6.5～7.5		非洲紫萁苔	6.0～7.5
	广玉兰	5.0～6.0		吊钟海棠	5.5～6.5
	杜鹃花	4.5～5.5		秋海棠	6.0～7.0
	火棘	6.0～8.0			4.0～6.0
	栀子花	5.0～6.0	观叶植物	铁线蕨	4.0～4.5
	紫藤	6.0～8.0		凤梨	5.5～6.5
	贴梗海棠	5.5～7.5		花烛	5.5～7.0
	一品红	6.0～7.0		印度橡皮树	5.5～6.5
				喜林芋	6.0～7.0
				毛叶秋海棠	5.5～6.5
				龟背竹	5.0～6.5
				棕榈类	

6. 土壤含盐量和电导率（EC） 将土壤和水按一定的比例混合，使土壤中的盐类尽可能溶解出来，然后测定水溶液的 EC 值，便可比较土壤的盐类浓度。土壤电导率和硝态氮之间存在着相关性，因此可以通过 EC 值推断土壤或基质中氮素含量。不同种类的花卉以及同种花卉不同生育时期其适宜的土壤 EC 值也不同。根据报道，在土与水为 1∶2 的情况下，

几种常见花卉的土壤 EC 值香石竹0.5～1.0mS/cm、菊花 0.5～0.7mS/cm、月季0.4～0.8mS/cm 为宜。

二、设施土壤的特性

1. 土壤溶液浓度高 设施土壤盐分浓度通常达 10g/kg 以上，而一般花卉适宜浓度为 2g/kg，高于 4g/kg 时就会对花卉的生长产生抑制作用。

2. 氮素的形态变化和气体危害 由于设施土壤溶液的盐分浓度高，抑制了硝化细菌的活动，于是肥料中的氮生成大量的铵和亚硝酸，逐渐变成气体。加之设施条件下冬季换气困难，这些气体达到一定浓度时，就会对花卉产生气体危害。

3. 土壤微生物自洁作用降低 土壤中各种微生物的动态平衡作用又称为土壤的自洁作用。在设施条件下，由于高温高湿，土壤有机质分解迅速。在有机质缺乏、作物主要依赖化肥的情况下，异养微生物由于缺乏"食物"，种类及数量迅速减少，致使土壤中微生物单一化，因而土壤自洁作用变弱，有害微生物增多。

三、各类花卉对土壤的要求

露地花卉中一二年生花卉适宜排水良好的沙壤土、壤土或黏壤土，并要求表土深厚、干湿适中，富含有机质，而过于黏重或过于疏松的土壤均不适宜。宿根花卉由于根系较大，入土较深，要求土层厚度 40～50cm，而且下层土壤宜沙性强，以利排水，表土为富含有机质的黏质壤土最好。球根类花卉以下层为排水良好的沙砾土、表土为深厚肥沃的沙壤土或壤土最理想。

温室花卉大多为盆栽，由于盆土容量有限，盆花根系伸展受到限制，因此，培养土的质量是盆花栽培的关键。为满足盆栽花卉生长发育的需要，要求盆土富含腐殖质、通透性良好、酸碱度适宜等。

第五节 营养元素对花卉生长发育的影响

维持花卉植物正常生长发育的营养元素有大量元素和微量元素两大类。大量元素主要有 10 种，其中构成有机成分的元素有碳、氢、氧、氮 4 种，形成灰分的矿物质元素有磷、钾、硫、钙、镁、铁 6 种。其中氧、氢、碳占干物重的 90% 以上，氧和氢由水中获得，碳由空气中获取。矿物质元素均由土壤中吸收。氮、磷、钾虽然存在于土壤中，但其含量远不能满足植物生长发育的需要，必须通过施肥加以补充。因此，通常将氮、磷、钾称为肥料三要素。影响花卉植物生长发育的微量元素主要有硼、锰、锌、铜、钼 5 种。微量元素在植物体内含量极少，只占体重的 0.001%～0.0001%，在花卉栽培中通常用根外追肥的方式补充。

一、主要营养元素对花卉的作用

1. 氮 氮是合成蛋白质的主要元素，也是叶绿素的重要组成部分，是植物光合作用的基础。氮素在植物体内一般聚积在幼嫩部位和种子中，能促进植物营养生长，增进叶绿素的含量，使花叶增大，种子丰满。当氮素供应充足时，花卉茎叶繁茂，叶色深绿，延迟落叶；而氮素供应不足时，植株矮小，枝梢稀疏细弱，叶绿素减少，下部叶片首先缺绿变黄，逐步向上扩展，且叶片薄而小，易脱落。氮素过多时，尤其是磷、钾又不足时，会造成徒长，易倒伏，且阻碍花芽正常分化和发育，延迟开花，并降低对病虫的抵抗力。花卉在营养生长阶段需要较多氮肥，进入生殖生长阶段后，应控制氮肥。

2. 磷　磷是构成细胞原生质不可缺少的元素，在细胞质和细胞核中均含有磷。磷是很多酶的组成成分，它能促进细胞分裂，并参与植物体内一系列的新陈代谢过程，对花卉的呼吸作用、光合作用、糖分分解及运输等均起着重要作用。磷能促进种子发芽，有助于花芽分化，促使开花良好，并促进提早结实；还可促进根系发育，使根系早生快发；使茎干坚韧，不易倒伏；能促进体内可溶性糖类的贮存，因而增强抗寒、抗旱能力。磷缺乏时会影响正常开花，花朵变小，花瓣减少，花色不良；而且枝短，叶小，发芽力减弱，下部叶片叶色发暗呈紫红色。花卉在营养生长阶段需适量磷肥，而进入花芽分化期及开花期后更需增施磷肥。

3. 钾　钾是构成植物体灰分的主要成分，有蓄积糖分、强韧组织的效果。钾主要以离子状态存在，在体内移动性大，通常分布在生长最旺盛部位。钾可使花卉生长强健，茎干坚韧，不易倒伏；能促进叶绿素的形成和光合作用进行；促进根系发育，对球根花卉效果尤佳；还可使花色鲜艳；提高花卉抗逆能力。钾过量会诱发镁和钙缺乏，对花卉的生育有阻碍作用，因而造成植株低矮、节间缩短、叶子变黄，甚至在短时间内枯萎。钾不足时，体内代谢易失调，光合作用显著下降，茎干细弱，根系发育不良，老叶先端及边缘首先变黄直至枯死。

4. 钙　钙是植物细胞壁中胶层的组成成分，以果胶钙形态存在，钙易被固定，不能转移和再度利用。钙可促进根系发育和细胞分裂，钙不足时，会影响细胞分裂和新细胞形成，并使根系发育不良，植株矮小，幼叶卷曲，叶缘黄化，甚至逐渐枯死。

5. 镁　镁是植物中叶绿素的组成成分，镁对光合作用有重要意义，又是许多酶的活化剂，对磷的可利用性有很大影响。缺镁时，首先下部叶片黄化，且黄化出现于叶脉间，叶脉仍为绿色，叶缘向上或向下反曲形成皱缩，叶脉间还常出现枯斑。

6. 硫　硫是蛋白质和酶的重要组成成分，对叶绿素的形成有一定影响。硫在植物体内移动性不大。硫对植物的呼吸作用有重要作用，对土壤中微生物活动有促进作用，可增加土壤中氮的含量。硫含量不足时，植物叶片呈淡绿色，严重时呈黄白色，但叶脉色泽比相邻部位浅。

7. 铁　铁是形成叶绿素过程中所必需的，缺铁则叶绿素不能形成。铁在植物体内含量只占干物重的千分之几，其移动性很小，老叶中的铁不能向新生组织中转移，不能再度利用。缺铁时，下部叶片保持绿色，嫩叶的叶脉仍保持绿色，而叶脉间黄化，呈网状缺绿症。

8. 硼　硼虽然不是植物体的结构成分，但能促进糖类的正常运转，促进生殖器官的正常发育，影响花芽分化和落花落果的发生。硼还能改善氧的供应，促进根系发育。缺硼时，常造成嫩叶基部腐败，顶芽死亡，茎与叶柄变脆，根系死亡。

二、常用肥料

花卉生长发育所需的各种营养元素主要来源于肥料，肥料主要有有机肥、无机肥。

1. 有机肥料　凡是营养元素以有机化合物形式存在的肥料，称为有机肥料。有机肥料的特点是种类多，来源广，养分完全。使用有机肥料能改良土壤的理化性质，肥效缓慢而持久，但营养元素含量低。常用的有机肥有人粪尿、饼肥、堆肥、厩肥、鸡粪和腐殖酸类肥料等。

2. 无机肥料　无机肥料所含的氮、磷、钾等营养元素以无机化合物的状态存在，大多数要经过化学工业生产，因而又称为化学肥料或商品肥料。无机肥料的特点是养分单一，含量高，肥效快，体积小，便于运输，且清洁卫生，使用方便，不含有机物。缺点是若长期使用，会造成土壤板结，宜配合施用有机肥。常用的无机肥有氮肥、磷肥、钾肥和微肥等。常用的氮肥有硫酸铵［$(NH_4)_2SO_4$］、尿素［$CO(NH_2)_2$］、硝酸铵［NH_4NO_3］、硝酸钙

[Ca（NO₃）₂]等；常用的磷肥有过磷酸钙、磷酸二氢钾（KH_2PO_4）和磷酸铵等；常用的钾肥有硫酸钾（K_2SO_4）、氯化钾（KCl）和硝酸钾（KNO_3）等；此外还有微肥，如铁肥硫酸亚铁（$FeSO_4·7H_2O$）和硼肥等。

第六节 气体对花卉生长发育的影响

空气中的各种气体对花卉的生长发育有不同的作用，了解花卉与各种气体的关系，对于正确选择绿化用花卉，科学管理花卉栽培环境，以及花卉生产基地建设等均有重要意义。

1. 氧气 氧气为花卉植物呼吸所必需，呼吸过程中吸收氧气放出二氧化碳，产生能量，成为生命活动的动力。在正常栽培条件下，环境中的氧气足够供给花卉植物的呼吸需要，不存在缺氧问题。当土壤紧实或表土板结时，会造成氧气不足，根系呼吸困难，进而根系腐烂，土壤中氧气不足还会影响种子萌发。通过松土可保持土壤团粒结构，使空气流通，氧气可达到根系，同时可使二氧化碳散发到空气中。

2. 二氧化碳 虽然空气中二氧化碳含量很少，但对花卉植物的生长有重要影响，是花卉植物光合作用合成有机物的重要原料之一。在一定的范围内，增加空气中二氧化碳的含量，就能增加花卉光合作用强度，从而可增加产量。

3. 二氧化硫 二氧化硫是工厂燃料燃烧产生的有害气体，当空气中二氧化硫含量增至0.001%～0.002%时，便会使花卉受害，而且浓度越高，危害越严重。各种花卉对二氧化硫的敏感程度不同，出现的症状也不同，对二氧化硫抗性较强的花卉有金鱼草、蜀葵、美人蕉、金盏菊、百日草、晚香玉、鸡冠花、大丽花、唐菖蒲、玉簪、酢浆草、凤仙花、石竹、菊花等，对二氧化硫敏感的花卉有矮牵牛、波斯菊、百日草、蛇目菊等。

4. 氟化氢 氟化氢是氟化物中毒性最强且排放量最大的一种，主要来源于炼铝厂、磷肥厂及搪瓷厂等厂矿。氟化氢对花卉的危害首先在幼芽幼叶发生，叶尖及叶缘出现淡褐色病斑，然后向内扩散，逐渐出现萎蔫现象。氟化氢还能导致植株矮化、早期落叶、落花、不结实。对氟化氢抗性较强的花卉有凤尾兰、大丽花、一品红、天竺葵、万寿菊、倒挂金钟、山茶花、秋海棠等，对氟化氢敏感的花卉有唐菖蒲、郁金香、万年青、杜鹃花等。

5. 氨气 氨气是由氮肥散发出来的，在棚室栽培花卉时，如果经常使用氮素肥水，就会增加空气中氨气的含量。氨气含量达到0.1%～0.6%时，叶缘开始出现烧伤现象；氨气含量4%的条件下，经过24h后，大部分花卉便会中毒死亡。

6. 其他有害气体 在工矿比较集中的地区，空气中还含有许多其他有毒气体，如乙烯、乙炔、丙烯、硫化氢、氯化氢、一氧化碳、氯气、氰化氢等，它们对花卉植物都有严重危害。这些有害气体大部分来自工厂烟囱排放出的烟尘，有时也会从工厂排出的废水中散发出来。

◆ **复习思考题**

1. 影响花卉的环境因子有哪些？
2. 温度是如何影响花卉的生长发育的？
3. 光照是如何影响花卉的生长发育的？
4. 土壤对花卉的生长发育的影响表现在哪几方面？
5. 气体对花卉的生长发育有哪些影响？
6. 为何高山上的花卉植株低矮而花色艳丽？

第四章
花卉栽培设施

利用花卉栽培设施进行花卉生产称为花卉设施栽培或花卉保护地栽培。花卉设施栽培是根据花卉自身的生长特性和反季节生产、周年供应的特点，在不适宜花卉生产的季节或地区，利用特定的保护设施创造优化的、相对可控的小气候条件，从而达到优质高产的栽培目的的栽培方式。

花卉设施栽培常用的设施有冷床、温床、冷窖、荫棚、塑料大棚、温室等，其中温室和塑料大棚应用最广泛。另外，花卉栽培设施还包括以上设施的配套附件，如加温设施、降温设施、灌溉设施等。

第一节 温　　室

温室是覆盖着透光材料，并附有光照、温度、湿度等调控设备的建筑，是花卉栽培设施中最为完善的一种。应用温室调节和控制环境因子，可以满足花卉周年生产的需要；一些原产热带、亚热带的花卉，在北方栽培时必须有温室设施，以满足其对环境的要求。

一、温室的类型

花卉温室的类型很多，可根据用途、建筑形式、建筑材料、屋面覆盖材料、温室内温度进行分类。

（一）根据用途分类

1. 观赏温室　观赏温室专供陈列花卉供观赏之用，一般设置于公园及植物园内，外形要求美观、高大。一些国家的公园中有更为宽广的温室，内有花坛、草地、水池及其他园林装饰，冬季供游人游览，特称"冬园"。如美国宾夕法尼亚州的朗伍德花园（Longwood Garden）的大温室花园即属此类。我国南京中山植物园的花卉温室、北京植物园的大型观赏温室及合肥的丰乐生态园温室均属此类。

观赏温室之内通常根据花卉种类不同分别设置专类温室，如兰科温室、蕨类植物温室、多浆植物温室、秋海棠温室等。

2. 生产温室　生产温室以花卉生产栽培为主，建筑形式以适于栽培需要和经济实用为原则。一般建筑低矮，外形简单，热能消耗较少，室内地面的利用甚为经济。生产温室根据花卉的种类不同可分为切花生产温室、盆花生产温室等。

3. 繁殖温室　繁殖温室专供大规模繁殖花卉之用，温室建筑多采用半地下式，以便维持较高的湿度和稳定的温度环境。

4. 科研温室　科研温室一般供科学研究用，在建筑和设备上要求很高，室内配备有能自动调节温度、湿度、光照、通风等环境条件的一系列装置。

（二）根据建筑形式分类

1. 单屋面温室 单屋面温室屋顶一侧有向南倾斜的玻璃屋面，其北面为墙体，一般跨度为 6～8m（图 4-1）。

2. 双屋面温室 双屋面温室屋顶具有两个等大的玻璃屋面，一般跨度为 5～8m，通常南北延长，也有东西延长的（图 4-1）。

3. 不等屋面温室 不等屋面温室屋顶具有两个宽度不等的屋面，向南一面较宽，向北一面较窄，二者的比例为 4∶3 或 3∶2（图 4-1）。

4. 连栋式温室 连栋式温室是将几栋或十几栋双屋面温室连接成为室内连通的大型温室（图 4-1）。现代化温室均属此类。

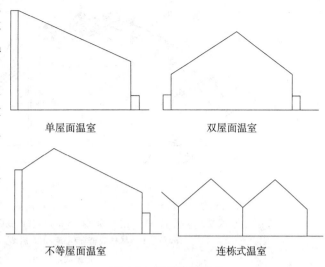

图 4-1 温室建筑形式

5. 现代化温室 现代化温室主要是指大型的（覆盖面积在 1hm² 以上），室内采用机械化作业，环境基本不受自然气候的影响、可自动调控，能全天候进行生产的连接屋面温室，是花卉设施的最高级类型。现代化温室主要分为屋脊型连接屋面和拱圆型连接屋面两类。在温室设计时，通常考虑 6 个荷载，即静载、雪载、风载、作物荷载、垂直方向的集中荷载和配套设施安装荷载。此外，现代化温室还配有先进的管理及附属设施，如加温、通风、灌水、施肥、CO_2 发生器、保温幕、蒸汽消毒、电控操作及检测装置等设施，通常在温室左右两侧墙上分别安装风机和湿帘，并在温室的顶部设置能够自动开闭的天窗。

现代化温室具有良好的透光性，又具有专门的通风、加温、遮阴及灌溉设施，能够有效控制环境条件，为花卉的生长发育提供良好的条件，是花卉栽培的理想设施。同时，各种设备都有计算机系统进行控制，还设有电动及手动设备，以备计算机系统发生故障时手动操作。现代化温室可运用生物技术、工程技术和信息管理技术，以程序化、机械化、标准化、集约化的生产方式，采用流水线生产工艺，充分利用温室空间对花卉进行工厂化生产，显示了现代化农业的先进性和优越性；投资费用高、消耗能量大是其最大缺点。

荷兰是现代温室的发源地，代表类型为文洛型温室（Venlo）。它有三种规格，每个单栋温室宽 3.2m、6.4m 或 9.2m，侧高 2.5m，脊高 3.05m 或 4.2m，屋面角度小于 20°或小于 30°。温室的长度为 100m。屋面装 0.5cm 厚玻璃。其内部以镀锌钢材做框架，每栋之间用天沟连接形成温室群，总面积为 1hm²、3hm² 或 6hm²。

6. 高效节能型日光温室 高效节能型日光温室也为单屋面温室，热量（包括夜间）主要来自太阳辐射，一般不需要配备加温设备，所以又称不加温温室，是一种高效节能的栽培设施。

节能日光温室为我国独创，主要类型有长后坡矮后墙日光温室、短后坡高后墙日光温室（图 4-2）、琴弦式日光温室、钢竹混合结构日光温室、全钢架无支柱日光温室[如改进冀优Ⅱ型节能温室（图 4-3）、辽沈Ⅳ型日光温室等]。其节能栽培技术居国际领先地位。

日光温室与其他温室相比，其结构具有以下特点：

（1）墙体（包括后墙和山墙） 墙体为异质复合多功能墙，共分为三层（内墙、外墙及

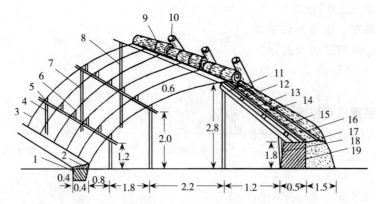

图 4-2 短后坡高后墙日光温室（单位：m）
1.防寒沟 2.黏土层 3.拱杆 4.前柱 5.横梁 6.吊柱 7.腰柱 8.中柱 9.纸被 10.草苫 11.柁 12.檩 13.箔 14.扬脚泥 15.细碎草 16.粗碎草 17.秫秸或整捆稻草 18.后墙 19.防寒土
（张振武，1999）

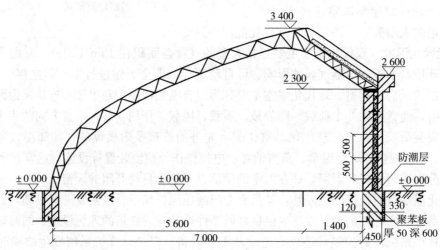

图 4-3 改进冀优Ⅱ型节能日光温室（单位：mm）

夹层）。内墙为载热体，应选用蓄热系数较大的材料，以利白天吸热、晚上放热，以延缓室内温度下降；外墙为隔热体，应选用导热系数小的材料，以阻止室内热量向外传导。通常墙体厚度与当地冻土层最大厚度接近，后墙高度一般为 1.6~1.8m。

（2）后屋面 后屋面又叫后坡、后屋顶，可由钢筋混凝土空心板为主要材料或因地制宜选用玉米秸、高粱秸、芦苇、稻草等做成，总厚度可达 60~80cm，主要起夜间保温作用。后坡仰角一般在 30°左右，长度一般为 1~1.2m。

（3）前屋面 前屋面主要用于采集白天太阳光，通常由 0.10~0.12mm 厚的防老化聚氯乙烯无滴膜或多功能三层复合的聚乙烯膜铺设而成。采光面多弯成拱形，以利冬季充分采光。夜间为了保温，前屋面要铺设不透明覆盖物，如草苫、蒲席、纸被、棉被等，较先进的采用复合型保温被、针刺毡保温被、腈纶棉保温被等。

（4）温室跨度 温室跨度为 6~7m。

（5）温室高度 6m 跨度的温室高度以 2.7~2.8m 为宜，7m 跨度的温室高度以 3.1m 为宜。

(6) 温室长度　温室长度一般为80～95m，大多建筑面积为667m²左右。

此外，在温室南面还应设防寒沟，从而使日光温室具备充分采光、严密保温、节约能源的特点。目前，日光温室是我国北方花卉生产中普遍推广应用的温室。在实际生产中，为了防止连续阴雪灾害性天气危害，在室内悬挂幕帘，增设炉火、烟道及太阳能地下贮热设备等，提高日光温室的太阳能利用率。

（三）根据建筑材料分类

1. 竹木结构温室　竹木结构温室结构简单，屋架、门框、窗框等都用竹木制成，所用木材以坚韧耐用、不易弯曲者为佳，常用的有红松、杉木、橡树、柳桉等。使用年限依所用木材种类及养护情况而定。竹木结构温室造价低，但使用几年后温室密闭度常降低，使用年限一般15～20年。

2. 钢架结构温室　钢架结构温室柱、屋架、门窗框均用钢材制成，坚固耐久，可建筑大型温室。其优点是遮光面积较小，能充分利用日光。缺点是造价较高，架构材料容易生锈，由于热胀冷缩常导致玻璃破碎，一般使用年限为20～25年。

3. 铝合金结构温室　铝合金结构温室柱、屋架、门窗框均用铝合金材料制成，结构轻，强度大，门窗与温室结合部位密闭度高。使用年限长，可达25～30年，但其造价高。铝合金结构温室是大型现代化温室的主要结构类型之一。

4. 钢铝混合结构温室　钢铝混合结构温室柱、屋架等采用钢制异型管材结构，门窗框等与外界接角部分是铝合金构件，具有钢结构和铝合金结构二者的长处。

（四）根据屋面覆盖材料分类

1. 玻璃温室　玻璃温室以玻璃为屋面覆盖材料，玻璃的透光度大，使用年限长。所用玻璃一般厚度为3～5mm。

2. 塑料薄膜温室　塑料薄膜温室以各种塑料薄膜为覆盖材料，用于日光温室及其他简易结构的温室，也可用于连栋式温室。保温性能好，而透光性能较差。常用塑料薄膜有聚乙烯膜、多层编织聚乙烯膜、聚氯乙烯膜等。

3. 硬质塑料板温室　硬质塑料板温室多用于大型连栋温室，常用硬质塑料板材有丙烯酸塑料（acrylic plastics）板、聚碳酸酯（PC）板、纤维强化塑料（玻璃钢，FRP）、聚乙烯（PE）波浪板等。其中聚碳酸酯板应用最广泛，玻璃钢应用也较广泛，多用于建大型温室，近20年来应用很普遍，尤其在日本和美国。硬质塑料板的特点是透光率高，平行光和散射光都可透过，新材料透光率可达90%以上，重量轻，不易破碎，可任意切割，导热系数小，使用寿命15～20年。缺点是易燃，易老化，易灰尘污染。

（五）根据温室内温度分类

1. 高温温室　高温温室冬季室温保持18～36℃，主要栽培热带花卉，也用于花卉的促成栽培。

2. 中温温室　中温温室冬季室温保持12～25℃，用于栽培亚热带花卉及对温度要求不高的热带花卉。

3. 低温温室　低温温室冬季室温保持5～20℃，用于保护不耐寒植物越冬。在北京常用于桂花、夹竹桃、山茶花、杜鹃花、柑橘类、桉树、棕榈、栀子花等花木越冬，也进行耐寒性草花栽培。

4. 冷室　冷室冬季室温保持0～15℃，用于晚花防霜御寒，早春提前育苗，保护不耐寒的观赏植物安全越冬，如常绿半耐寒植物。

二、温室设计的基本依据

(一) 设置地点及温室类型

温室设置的地点必须有充足的日光照射,不可有其他建筑物或树木遮挡,否则光照不足有碍植物的生长发育。在温室的北面和西北面宜有防风屏障,如高大建筑物或防风林,以防寒流侵袭,形成温室的小气候环境。要求土壤排水良好,地下水位较低,因温室加温设施通常在地面以下,而且在北方温室建筑多采用半地下式,如地下水位高则难以设置,日常管理及使用也较困难,在选择地点时还应注意水源便利,水质优良,交通方便。

温室类型要根据当地的自然气候条件、种植的花卉种类、生产方式(切花、盆花、育苗等)、生产规模及资金等情况而定。例如,在北方地区宜选用南向单屋面或不等屋面中小型温室,其保温性能良好,能充分利用太阳的辐射热,跨度小,抗压能力强;在南方地区一般不用温室,用塑料大棚即可,但若进行大规模的周年切花生产、观叶植物生产或名贵花卉如热带兰、花烛、鹤望兰等的生产时,则宜选用南北延伸的双屋面中大型温室,并且需具备良好的降温、通风和遮阴等设施。

(二) 温室的布局和间距

设计规模较大的温室群时,所有温室应尽可能集中,以利管理和保温,但以彼此不遮光为原则。东西走向温室的间距以冬至日前排的投影刚好映在后排前窗脚下最为理想。不同纬度地区建筑物的投影长度不同,最合理的间距可用下列公式计算:

$$W = \frac{T}{\tan\theta}$$

式中,W——东西走向温室前后排的间距(m);
T——前排温室的高度(m),若温室的最高点不在温室的最北端,计算时则应从屋面的最高点向下至地面的铅垂点算起;
θ——冬至日中午当地太阳高度角(°)。

例如,北京地区纬度是40°,冬至日太阳高度角为26.6°,其结果:

$$W = \frac{T}{\tan 26.6} = \frac{T}{0.5}$$

投影的长度约为高度的2倍,即东西走向温室的前后排间距(从最高点向下至地面的铅垂点算起),以保持前排高度的2倍为宜。南北走向温室的前后排间距,由于中午前后无彼此遮光的现象,在管理方便和有利通风的前提下,以不小于温室跨度、不大于温室跨度的2倍为宜。

(三) 玻璃屋面倾斜度

太阳辐射是温室基本热量来源之一。单屋面温室利用太阳辐射能主要是通过南向倾斜的玻璃屋面获得的。

由图4-4可见,当太阳光线与玻璃屋面交角为90°时,温室内获得的能量最大,约为太阳辐射能的86.48%(其中12%为玻璃吸收,1.52%为厚度消耗);交角为45°时,由于一部分能量反射掉(约为4.5%),温室得到的能量只为太阳辐射能的81.98%;交角为15°时,只有56.48%的能量进入温室。可见温室吸收太阳辐射能量的多少,取决于太阳高度角和南向玻璃屋面的倾斜角度。

太阳高度角一年之中是不断变化的,而温室的利用多以冬季为主,在北半球,冬季以冬至日的太阳高度角最小,并且日照时间也最短,是一年中太阳辐射能量最小的一天。所以通

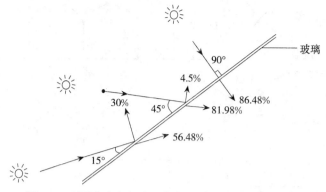

图 4-4 不同高度角的太阳辐射能透过玻璃的能量消耗

常以冬至日中午的太阳高度角作为确定南向玻璃屋面倾斜角度的依据。不同纬度地区太阳高度角不同，我国境内各纬度地区冬至日中午太阳高度角如表 4-1 所示。

表 4-1　我国境内部分纬度地区冬至日中午太阳高度角

纬度（北纬）	15°	20°	25°	30°	35°	40°	45°	50°
太阳高度角	51.6°	46.6°	41.6°	36.6°	31.6°	26.6°	21.6°	16.6°

由于太阳高度角不同，太阳辐射强度各异。就某一地区而言，南向玻璃屋面倾斜角度越大，即与太阳光线的交角越大，吸收太阳的辐射热量越多。北京地区（按北纬 40°计）冬至日中午温室南向玻璃屋面不同倾斜角度对所吸收的太阳辐射热量的影响如表 4-2 所示。

表 4-2　北京地区冬至日中午玻璃屋面不同倾斜角度的太阳辐射强度

温室南向玻璃屋面倾斜角度	0°	3.4°	13.4°	23.4°	33.4°	43.4°	53.4°	63.4°
太阳光投射玻璃屋面的投射角度	26.6°	30°	40°	50°	60°	70°	80°	90°
太阳辐射强度 [J/(cm² · min)]	1.38	1.76	2.30	2.72	3.10	3.27	3.52	3.56

第二节　塑料大棚

塑料大棚是用塑料薄膜覆盖的一种大型拱棚。和温室比较，具有结构简单，建造和拆卸方便，一次性投资较少等优点；与中小棚相比，又具有坚固耐用，使用寿命长，棚体高大，空间大，必要时也可根据需要安装加温、灌水等装置，便于环境控制等优点。因此，塑料大棚已经成为仅次于日光温室的主要设施。

一、塑料大棚的类型

目前生产中应用的单体大棚，从外部形态可以分为拱圆形和屋脊形，以拱圆形占绝大多数。拱圆形中又可分为柱支拱圆形、落地拱圆形等（图 4-5）。从骨架材料上划分，则可分为竹木结构、钢架混凝土柱结构、钢架结构、钢竹混合结构等。塑料大棚多为单栋大棚，也有双连栋大棚及多连栋大棚。我国连栋大棚屋面多为半拱圆形，少量为屋脊形。

二、塑料大棚的结构

塑料大棚的骨架由立柱、拱杆（架）、拉杆（纵梁）、压杆（压膜线）等部件组成。根据

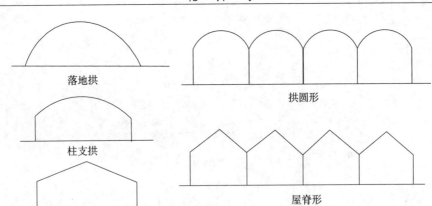

图 4-5 塑料大棚的类型
1. 单栋大棚 2. 连栋大棚

大棚骨架材料的不同，可分为竹木结构单栋拱形大棚、钢架结构单栋塑料大棚、镀锌钢管装配式大棚三种类型。

1. 竹木结构单栋拱形大棚 竹木结构单栋拱形大棚的跨度为 8~12m，高 2.4~2.6m，长 40~60m，每栋生产面积 333~667m²。由木立柱、竹（木）拉杆、木（竹）吊柱、棚膜、压杆和地锚等组成。有时，为了减少棚内遮阴面积，也可因地制宜采用悬梁吊柱形式。

2. 钢架结构单栋塑料大棚 钢架结构单栋塑料大棚的骨架由钢筋焊接而成，因结构不同又可分为单梁拱架、双梁平面拱架、三角形断面拱形桁架及屋脊形棚架等形式。

3. 镀锌钢管装配式大棚 镀锌钢管装配式大棚跨度一般为 6~8m，矢高 2.5~3.0m，长 30~50m（图 4-6）。用薄壁钢管制作拱杆、拉杆、立柱，用卡具、套管连接棚杆组装成

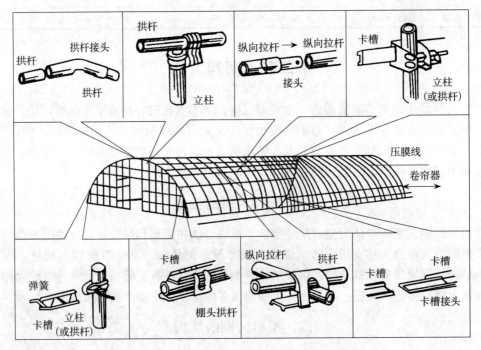

图 4-6 装配式镀锌薄壁钢管大棚及连接件示意图

棚体。镀锌钢管装配式大棚比竹木结构和钢架结构造价高，但它具有重量轻、强度好、耐腐蚀、易于安装拆卸、中间无柱、采光好、作业方便等特点，同时结构规格统一，可大批量工厂化生产，所以在经济条件允许的地区可大面积推广应用。

三、塑料大棚的棚膜及门、窗

（一）棚膜

棚膜可采用聚氯乙烯（PVC）薄膜、聚乙烯（PE）薄膜或乙烯—醋酸乙烯（EVA）多功能复合膜等。薄膜幅宽不足时可用电熨斗加热黏接。为了放风方便也可将棚膜分成3~4块，相互搭接在一起。

1. 聚氯乙烯薄膜 聚氯乙烯薄膜由聚氯乙烯树脂添加增塑剂经高温压延而成。这种薄膜具有透光性能好、保温性能强、耐高温、耐酸、扩张力强、质地软、易于铺盖等特点，是我国园艺生产中使用最广泛的一种覆盖材料。厚度一般为0.09~0.13mm，大型连栋式大棚多采用厚0.13mm、宽180cm的规格，也有的幅宽为230~270cm。

聚氯乙烯薄膜除普通膜外，还有长寿无滴膜、长寿无滴防尘膜等。

聚氯乙烯长寿无滴膜是在聚氯乙烯树脂中添加一定比例的增塑剂，再添加防老化助剂和防雾滴助剂压延而成。其薄膜表面不形成露珠，透光率高，可减少病害发生，使用寿命8~10个月。厚度0.12mm左右。

聚氯乙烯长寿无滴防尘膜是在聚氯乙烯长寿无滴膜的基础上，增加一道表面涂敷防尘工艺，使膜表面均匀附着一层有机涂料，并在涂料中加入抗氧化剂，从而阻止增塑剂向外析出，减弱薄膜表面的静电，起到防尘作用。特点是无滴持效期长，透光率高，防老化性能高。

2. 聚乙烯薄膜 聚乙烯薄膜由低密度聚乙烯树脂或线型低密度聚乙烯树脂吹制而成。聚乙烯薄膜透光性好，新膜透光率达80%左右；附着尘土少，不易粘连；耐农药性能强；耐低温性强；红外线透过率高，达70%以上。缺点是夜间保温性能较差，雾滴严重；扩张力、延伸力不如聚氯乙烯膜，耐晒性比聚氯乙烯膜差，使用寿命4~5个月。其厚度为0.05~0.08mm。聚乙烯薄膜多用在温室中做双重保温幕，在外面使用时多用于短期收获的作物的小棚上。

聚乙烯薄膜还有长寿无滴膜和多功能复合膜等。

聚乙烯长寿无滴膜以聚乙烯为基础原料，含有一定比例的防雾滴助剂、防老化助剂和抗氧化助剂。厚度0.10~0.12mm。使用寿命1.5~2年。

聚乙烯多功能复合膜采用三层共挤设备，将具有不同功能的助剂（防老化助剂、防雾滴助剂、保温助剂）分层加入制备而成。厚度0.08~0.12mm，无结露现象。使用寿命1.5年以上。

3. 乙烯—醋酸乙烯（EVA）多功能复合膜 乙烯—醋酸乙烯多功能复合膜是以乙烯—醋酸乙烯共聚物树脂为主体的三层复合功能性薄膜。其厚度为0.10~0.12mm，幅宽2~12m。乙烯—醋酸乙烯多功能复合膜透光性良好，雾度不超过30%；防尘效果良好，扣棚后透光率衰减缓慢；保温性和防雾滴性能良好；耐低温、耐冲击，不易开裂；具有弱极性，流滴持效期长；强度高，耐候性强，使用期可达18~24个月。适宜高寒地区使用。

（二）门、窗

大棚两端各设出入的大门，门的大小要考虑作业方便，太小不利于进出，太大不利于保温。塑料大棚顶部可设换气天窗，两侧设换气侧窗。

第三节　温室（大棚）内常见设施设备

一、种植床

种植床又称栽培床，在保护地内用于切花、盆花的栽培和繁殖。种植床分为固定式种植床和活动式种植床。固定式种植床根据其高度可分为地床和高床两种。地床与地面相平，内填基质；高床四周由砖或混凝土筑成，内填基质。活动式种植床是可以利用滚轴或滚轮平移推动的种植床，操作者在需要时推动栽培床，挪出走道，可以提高温室的利用率，也利于日常管理操作。

二、环境调控设施

（一）加温设施

1. 烟道加温　烟道加温是为了防止寒流对冬季日光温室和早春大棚内的花卉造成伤害而采取的临时加温措施。火炉通常设置于温室外间工作室内，近墙壁处挖深 130～160cm，设置炉身及炉坑，烟道设于温室地面上。通常 8m 长大棚或温室可用一个炉子，此法设置容易，费用少且燃料消耗也少。加温时应注意，避免炉子周围局部温度过高，避免烟道漏烟，防止一氧化碳和二氧化硫毒害作物。

2. 暖气加温　暖气是最理想的加温方法，目前生产中主要采用小型锅炉加热，有水暖和汽暖两种方式。水暖是将锅炉内的水烧到 60～65℃，在工作压力不超过 340kPa 的情况下，利用水泵将热水送入管道和暖气片，往返循环而散热。水暖方式升温比较慢，但温度恒稳，保温性也强。汽暖是利用水蒸气来供暖，不需要水泵，升温快，停火后降温也快。

3. 电热加温　电热加温可采用电热线、电加温管、电加温炉等进行小面积的加热，使用灵活方便。

电热线加温包括电热线和自动控温继电器两部分。加热线有两种：一种是加热线外套塑料管散热，可将其安装在繁殖床的土壤中或无土栽培的营养液中，用来提高土温和液温；另一种是裸露的加热线，用磁珠固定在花架下面，外加绝缘防护。控温部分的继电器可根据需要自动调节，低于所需温度时电路自动接通，超过温度指标后自动断电。

目前，利用红外线加温已经成功，比电热加温节电50%左右，已在一些科研温室中使用。

4. 热风加温　热风加温系统由加热器、风机和送风管组成。空气被加热到所要求的温度指标后由鼓风机送入温室，然后在温室内强制循环，达到提高温度的效果。根据燃料不同可分为燃油型、燃煤型和燃气型热风炉，目前主要应用的是农业部规划设计研究院研制的 WNL 系列热风炉。

5. 地热加温　地热加温是一种全新的加热方式，以 30～35℃的热水（温泉、地热水井）为水源，通过铺设在地下 10cm 深的绝缘层上的聚乙烯管道网络（传热性高，防垢性强，至少可用 50 年）循环，起热传递的作用，地温保持 15℃以上。地热加温系统释放的热量最接近理想状态，能耗节约 20%～50%，大大降低了运行成本。

（二）降温设施

1. 遮光降温设施　夏季温室内栽培花卉时，常由于光照太强而导致室内温度过高，影响花卉的正常生长，遮阴可减弱光照度，同时也有降温效果。

常用的遮阴措施有：覆盖遮阴物，如苇帘、竹帘、遮阳网、普通纱网、无纺布等；用石灰或专用涂白剂将温室玻璃涂为白色，或用变色玻璃、红外线吸收玻璃；搭建荫棚等。

荫棚是花卉栽培必不可少的设施，使用荫棚可避免日光直射，降低温度，增加湿度，减少蒸发。温室花卉大部分种类属于半阴性植物，不耐夏季温室内高温，一般均于夏季移出温室，置于荫棚下养护。荫棚应尽量建在温室附近，可以减少搬运盆花时的劳动强度，但不能遮挡温室的阳光。荫棚应建在地势高燥、通风和排水良好的地段，保证雨季棚内不积水，有时还需在棚的四周开小型排水沟。棚内地面应铺设一层炉渣、粗沙或卵石，以利于排出棚内多余的积水。

2. 湿帘风扇降温系统 湿帘风扇降温系统的降温原理是蒸发吸热效应。在温室北墙设置湿帘，湿帘通常垂直安装，也有水平安装的，宽度为1.5m。排风扇设在南面的墙上。工作时风扇将室内空气强制抽出，形成负压，同时水泵启动将水淋在湿帘上，室外空气经湿帘孔隙抽入室内，理论上湿帘中的水分蒸发从通过湿帘的空气中吸收热量。在外界湿度较低的情况下，进入温室内的空气比室外温度低。此系统适宜北方夏季使用，南方高温高湿地区，降温效果受到限制。

3. 屋面淋水降温设施 淋水降温是依靠井水直接冷却空气，一般降温效果可达4℃左右。淋水降温方法很多，常见的是在温室或大棚屋顶设置有孔的管道，水分通过管道小孔喷于屋面，水沿屋面流下，形成薄层水膜，将屋面的热量带走，同时水膜也阻碍了太阳光的透射，降低室内光强和空气温度。屋面淋水降温设备成本低，操作简单，但用水量大，还需有良好的排水装置，因屋面潮湿易生藻类等。

4. 室内喷雾降温设施 在高温季节，要使室内温度很快下降，可采用强制换气和喷雾相结合的方法。将水分通过喷头进行高压喷雾，水滴很小，在其降落过程中即蒸发，一般不会落在植物表面。其装置有两种：一种是由室内旁侧底部向上喷雾，另一种是从上部向下喷雾。需在天窗处装换气扇，以及时排气。

（三）通风设施

通风的目的是调节温室内的温度、湿度和二氧化碳及有害气体（NH_3、NO_2、SO_2、CO、C_2H_4、Cl_2等）浓度。用通风的方法进行换气，将室内高温高湿的空气以及有害气体排出去，换进新鲜空气。

1. 天窗换气 天窗换气为自然换气方式，在屋脊或屋顶面设置窗口，将室内高温高湿的空气从顶部排出去。天窗换气通常与侧窗换气相结合，将侧窗作为吸气口、天窗作为排气口则换气效率高。安装在屋顶前坡上端的天窗，面积为前坡面积的1/6~1/5为宜，如果温室较长，可设置若干个天窗。

2. 侧窗换气 侧窗换气也为自然换气方式，在温室侧面设置窗口，空气从与风向垂直的面流入，再由对面侧窗、天窗等处流出。侧窗换气可分为侧窗拉开式、侧窗开张式和卷开式（又称摺底裙式），前两种用于温室，后一种用于塑料大棚。在设计上，侧窗开张式要注意开张角度和开张面积，卷开式为了防止扫地风对花卉的危害，棚内要设围裙，其高度为1m左右。

3. 换气扇强制换气 换气扇强制换气是利用换气扇的动力强行将室内空气排出去或将外界空气吸进的方法。换气扇有离心式（压力型）换气扇和轴流式风机两类。离心式换气扇通过叶轮转动产生离心力，将气体甩出，适用于风压要求较高的场合。轴流式风机通过叶轮推挤作用，使气体在风机中沿轴向运动、排出，适用于流量大而风压不高的场合。通常大棚、温室换气多使用轴流式风机。

4. 其他自然换气方式

(1) 谷间换气　在连栋温室中，温室相邻的谷部容易停留高温空气，所以，在谷间设排气窗有利于排出室内热空气。

(2) 肩部换气　在温室和大棚两侧的肩部拉开缝隙进行通风，肩部换气可以保持棚膜的完整，对流通风效果良好。

(3) 开腔式放风　开腔式放风应用于塑料大棚。将整个大棚的棚膜纵向粘接成两大块，其接缝在棚的脊部。每块棚膜的顶部边缘粘成筒状，筒内穿一条绳子，绳子与薄膜可以固定。两块棚膜的粗绳互相交错压上20cm以上，绳两端绷紧。需要放风时，可以根据放风量的大小将顶部接缝拉开。

(四) 灌溉设施

灌溉设施是保护地栽培的主要设施之一，在合理利用水源，保证水质、水量、水压的前提下，要求灌溉均匀，操作控制方便，节约能源。

1. 灌溉系统组成　一套完整的温室灌溉系统通常包括水源、首部枢纽、供水管网、灌水器、自动控制设备五部分，不同要求的温室可根据需要选择其中的某些部分组成。

(1) 水源　江河湖泊、井渠沟塘等地表和地下水源，只要符合灌溉水质要求，并能够提供充足的灌溉用水，均可作为温室灌溉系统的水源。

(2) 首部枢纽　首部枢纽由多种水处理设备组成，用于将水源供水处理成符合灌溉要求的灌溉用水，并将灌溉用水送入供水管网中，以实施灌溉。主要包括水泵与动力机、净化过滤器、施肥（加药）设备、测量和保护设备、控制阀门等，有些温室还要求有水软化和加温设备等。

(3) 供水管网　供水管网主要由干管和支管两级管道组成，其材质为硬质聚氯乙烯、软质聚乙烯等。一般都要埋入地下一定深度以方便操作和管理。

(4) 灌水器　灌水器是直接向花卉浇水的设备，如灌水管、滴头、微喷头等。

(5) 自动控制设备　目前，先进的自动灌溉施肥设备不仅能够按预先设定的灌溉程序自动定时定量地进行灌溉，还能够按预先设定的施肥配方自动配肥并进行施肥作业。常用的自动控制设备利用压力罐自动供水系统或变频恒压供水系统控制水泵的运行状态，采用时间控制器配合电动阀或电磁阀对温室内的各灌溉单元按预先设定的程序自动定时定量地进行灌溉等。

2. 灌溉方式

(1) 管道灌溉　管道灌溉是直接在供水管道上安装一定数量的控制阀门和灌水软管，手动打开阀门用灌水软管进行灌溉，是目前温室中最常用的灌溉方式之一。灌水管一般采用软质塑料管或橡胶管等，可以在软管末端加上喷洒器或喷水枪以获得特殊的喷洒灌溉效果。管道灌溉具有使用简单、管理方便、投资低、对水质要求不高等优点，同时也存在着劳动强度大、灌溉效率低、难以准确控制灌溉水量等不足。因此，生产中常与其他灌溉系统结合使用。

(2) 滴灌　滴灌是将水增压（或利用地形落差自压）、过滤，通过低压管道送达滴头，以点滴的方式持续缓慢地滴入作物根部附近，使作物主要根区的土壤经常保持最优含水状态的一种先进的灌溉方法。滴灌系统主要由首部枢纽、管路和滴水器三大部分组成。常见的滴水器有滴头、滴箭、发丝管、滴灌管、多孔管等。在温室中滴灌系统常与管道灌溉系统结合使用，低温季节用滴灌系统灌溉，高温季节两者结合进行降温加湿。高档盆花生产常采用滴灌法供水（图4-7）。

(3) 微喷灌　微喷灌是指所用灌水器以喷洒水流状浇灌花卉的灌溉方式。温室中一般将喷头倒挂在温室骨架上实施灌溉,以避免对其他作业的影响。目前,在要求较高的温室中可用自行式喷灌机,在塑料大棚和日光温室常用微喷带。

(4)渗灌 渗灌是利用埋在地下的渗水管,将压力水通过渗水管管壁上肉眼看不见的微孔,像出汗一样渗流出来湿润其周围土壤的灌溉方式。渗灌与滴灌相似,只是灌水器由滴灌带换成了渗灌管,且滴灌带一般布置在地面,而渗灌管则埋在地下。渗灌采用地下管道输水,不破坏土壤结构,地表及作物叶面均保持干燥,花卉间蒸发量小,节水增产效益明显;其不足之处是渗灌系统抗堵塞能力差,检查和维护困难。

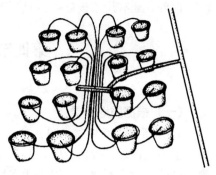

图 4-7 盆花滴灌

(五)补光设施

人工补光的光源主要有白炽灯、荧光灯、高压气体放电灯和生物效应灯等。白炽灯价格便宜,但光效低,光色差,只能作为一种辅助光源;荧光灯价格也较便宜,发光效率高,是目前最为普遍的一种光源;高压气体放电灯种类较多,其中金属卤化物灯的光色好,是目前高强度人工补光的主要光源;生物效应灯可发生连续光谱,但紫外光、蓝紫光和近红外光低于自然光,而绿光、红光、黄光比自然光高。常见补光光源见表 4-3。

表 4-3 常见补光光源

种类		发光原理	发光效率 (lm/W)	额定寿命 (h)	优点	缺点	用途
热辐射光源	白炽灯	钨丝白炽化,高温热辐射	7~16	1 000	构造简单,价格低,使用方便	效率较低,寿命较短	适用于照度要求较低、开关频繁的场所
	碘钨灯	白炽灯充入微量的碘,利用碘循环,提高发光效率	19.5~21	1 500	效率高于白炽灯,光色好,寿命较长	灯座温度高,安装要求高,价格高	适用于照度要求较高、悬挂角度较高的室内外照明
气体放电光源	荧光灯(低压水银灯)	水银和氩气放电,发出可见光和紫外光,后者刺激管壁荧光粉发光	46~60	3 000	效率高,寿命较长,发光表面的亮度和温度低	功率因数低,需镇流器等附件	适用于人工育苗及栽培床补光
	高压水银灯	水银和氩气放电,发出可见光和紫外光,后者刺激管壁荧光粉发光	38~50	5 000	效率高,寿命较长,耐震	功率因数低,需镇流器,启动时间长,价格高	适用于人工气候室及植物工厂、栽培补光
	高压钠灯	高压钠蒸气放电而发光	100	20 000	发光效率高,寿命长,透雾性好	电源电压变化会影响光效、光色,易引起灯自灭,功率因数低,需镇流器等附件	适用于大面积照明,温室补光
	氙灯(分长弧和短弧)	弧光放电	20~50		光色接近日光,高功率,寿命长	发光效率较低,需要启动触发器和冷却设备,成本高	适用于人工气候室,大面积照明
	金属卤化物灯	各种不同金属蒸气发出各种不同光色	50~80		光色好,光效高	电压波动会影响光效、光色	适用于人工气候室,大面积照明

此外，还有用于设施内二氧化碳施肥的设施如二氧化碳发生器等。

第四节　花卉栽培常用器具

一、栽培容器

（一）根据质地分类

1. 素烧盆　素烧盆又叫瓦盆，用黏土烧制而成，有红色和灰色两种，盆底留有出水孔。素烧盆透气性好，价格低廉，适宜种植各种花卉；但做工粗糙，色泽欠佳，易生青苔，且很容易破碎，运输不便，所以不适宜种植大型花卉。

2. 陶瓷盆　陶瓷盆由高岭土制成，上釉的为瓷盆，不上釉的为陶盆。根据应用要求，盆底或侧面有出水孔或无，如水仙盆为无排水孔陶瓷盆。瓷盆常带有彩色绘图，外形美观，适于室内装饰及展览用，但透气性不良，一般作套盆或短期观赏用。

3. 木盆或木桶　木盆或木桶由坚韧耐用且不易腐烂的红松、杉木、柏木等制成，以圆形为多，也有方形和长方形，盆底留有出水孔，用于栽植高大、浅根观赏花木，如南洋杉、橡皮树等。

4. 紫砂盆　紫砂盆以江苏宜兴产的质量最佳，质地有紫砂、红砂、乌砂、春砂、梨皮砂等。外形多样，有圆形、正方形、长方形、椭圆形、六角形、梅花形等，造型美观，外表常刻有装饰性的字画，多用于室内名贵花卉或盆景的栽培。

5. 塑料盆　塑料盆质地轻，色彩丰富，外形多样，底部可以留出水孔或无，用于花卉的育苗或栽培。透水、透气性差，可通过改善培养土的物理性状，使之透气，满足植物生长需要。

6. 营养钵　营养钵主要用于培育小苗，特别是不耐移栽的花卉，如香豌豆等。

此外，还有金属盆、玻璃盆等，主要用于水培花卉或种植水生花卉。

（二）根据使用目的分类

1. 水养盆　水养盆专用于水生花卉栽培或水培花卉，不留出水孔，如睡莲盆。球根花卉水养多用陶瓷盆，如水仙盆、风信子盆等。

2. 兰盆　兰盆专用于兰花及某些蕨类植物栽培，盆底有一个大排水孔，盆壁有各种形状的孔洞，有利于透气和辅助排水。

3. 盆景盆　盆景盆分树桩盆景盆和山水盆景盆。树桩盆景盆底部有排水孔，形状多样，如圆形、正方形、长方形、扇形等，色彩丰富，古朴大方。水石盆景盆底部无孔，多为浅口盆，椭圆形或长方形。盆景盆质地多样，有紫砂盆、釉盆、石盆、水泥盆等。

4. 育苗盘（空盘）　育苗盘主要用于花卉播种或扦插。其制作材料主要有聚苯乙烯、聚氯乙烯、聚氨酯泡沫等。规格有 50、72、128、200、288 孔等，孔深 3.5~5.5cm，外形尺寸多为 54.4cm×27.9cm。

二、栽培常用工具

1. 浇水壶　浇水壶有喷壶和浇壶两种。喷壶带有喷嘴，用于给花卉植株淋水；浇壶不带喷嘴，直接将水浇进盆内。

2. 喷雾器　喷雾器用于喷射农药，或用于给温室内小苗喷雾，或做叶面施肥。

3. 修枝剪　修枝剪用于整形修剪或剪取接穗、插穗、砧木等。

4. 嫁接刀　嫁接刀用于嫁接繁殖，有切接刀和芽接刀之分。

5. 切花网 切花网用于切花栽培，防止花卉植株倒伏。切花网用尼龙绳纺织而成，与栽植床规格相同，网眼规格多为 10cm×10cm。

6. 遮阳网 遮阳网由高强度、耐老化的新型网状塑料制成，具有遮光、降温、防雨、保湿、抗风等多种功能，不同规格的遮阳网遮阳效果不同，生产中可根据不同植物的需要加以选择。一般温室和连栋大棚又有内遮阳和外遮阳之分。遮阳网遮光率常见有 45%、75% 等几种。遮阳网的开闭结构分为钢丝绳牵引和齿条牵引两种。

7. 覆盖物 覆盖物主要用草帘或无纺布制成，冬季覆盖在温室或大棚屋面上，用于保温防寒。

此外，还有竹竿、铁丝、塑料绳等用于绑扎支柱，还有各种标牌、温度计和湿度计等。

◆ 复习思考题

1. 设施花卉栽培中有哪些必要的栽培设施？相应的设备有什么特点？
2. 节能型日光温室有什么作用？
3. 温室的遮阴设施有哪些？
4. 温室的灌溉设施有哪些？
5. 现代温室的发展趋势如何？
6. 生产中常采用哪些措施对温室内的生态环境加以调控，使之适应花卉生长的需要？
7. 你所在地区的温室和大棚应用状况如何？你认为有哪些需要改进的地方？

第五章
花卉的繁殖

花卉繁殖是繁衍花卉后代、保持种质资源的手段。只有将种质资源保持下来，繁殖一定的数量，才能满足园林绿化的需要，并为花卉选育新品种提供物质条件。

花卉的繁殖方法有多种，根据繁殖体来源分为有性繁殖和无性繁殖。

有性繁殖：有性繁殖又叫种子繁殖，就是用种子培育成新植株的方法。用种子繁殖的苗称为实生苗或播种苗，采用种子繁殖的花卉根系强健，入土深，生长旺盛，但易产生退化和变异。

无性繁殖：无性繁殖也叫营养繁殖，是利用花卉的营养器官（根、茎、叶、芽）的一部分，将其培育为新植株的方法。无性繁殖包括扦插繁殖、嫁接繁殖、分生繁殖、压条繁殖、孢子繁殖和组织培养等方法。无性繁殖可保持品种优良特性，提早开花；但植株根系分布较浅，主根无或不发达。无性繁殖在花卉生产实践中有着很重要的实用价值。

第一节 有性繁殖

有性繁殖（种子繁殖）是一二年生花卉最主要的繁殖方法，简单易行，一次可以获得大量幼苗。另外，有性繁殖还广泛用于培育花卉新品种以及部分多年生花卉繁殖上，尤其是杂种一代（F_1）制种技术的应用，大大提高了花卉的品质。

一、种子发芽的环境条件

1. 水分 花卉种子萌发需要充足的水分。种子吸水后种皮软化，种子膨胀后呼吸强度增大，胚乳贮藏的有机物进行分解，转化为新陈代谢的原料和能量。被分解的营养物质输送到胚，使胚开始生长。种子的吸水能力因种子构造不同差异较大。

2. 温度 花卉种类和原产地不同，种子发芽的温度有明显的差异。温度过低不能发芽，温度过高易引起腐烂。多数花卉种子萌发适温为 20～25℃，通常原产于热带、亚热带的花卉需要温度较高。一般来说，花卉种子的萌发适温比其生育适温高 3～5℃。

3. 氧气 种子吸水后，呼吸作用加强，需要充足的氧气供应和良好的二氧化碳排放条件。如果基质中的含水量过高，通气不畅，则发芽困难，甚至造成窒息死亡。充足的氧气能增强种子的呼吸作用，促进酶的活性，分解种子中的贮藏养分，供给种胚生长。

4. 光照 对大多数种子而言，在水分充足、温度适宜和氧气充足的条件下，有没有光照都可以发芽。但有一些花卉的种子必须在一定的光照下才能发芽，称为好光性种子，如报春花、毛地黄等。还有一些花卉的种子，必须在黑暗中才能发芽，在光照下反而不发芽，称为嫌光性种子，如雁来红、仙客来等。

二、花卉种子的寿命及贮藏

种子和一切生命现象一样，其生命期是有限的。种子成熟后，随着时间的推移，生活力逐渐下降。花卉种子寿命长短差异较大，有的寿命仅几个月，有的长达数年。按种子寿命长短，可将常见花卉种子分为三类：短命种子，寿命在 3 年以内的种子；中寿种子，寿命在 3～15 年间，包括大多数花卉种类；长寿种子，寿命在 15 年以上（表 5-1）。

表 5-1　常见花卉种子的寿命

花卉名称	种子寿命（年）	花卉名称	种子寿命（年）
藿香蓟	2～3	飞燕草	1
蜀葵	3～4	菊花	3
庭荠	3	石竹	3～5
三色苋	4～5	毛地黄	2～3
金鱼草	3～4	一点缨	2～3
耧斗菜	2	花菱草	
紫菀	1	天人菊	2
雏菊	2～3	非洲菊	1
翠菊	2	霞草	5
金盏花	3～4	向日葵	3～4
风铃草	3	麦秆菊	2～3
美人蕉	3～4	凤仙花	5～8
长春花	2	牵牛花	3
鸡冠花	4～5	鸢尾	2
矢车菊	2～3	香豌豆	2
桂竹香	5	花葵	3
醉蝶花	2～3	百合	2
波斯菊	3～4	花亚麻	5
蛇目菊	3～4	剪秋罗	3～4

花卉种子的寿命在花卉栽培以及种子采收、贮藏和交换上都具有重要意义。种子寿命除受遗传因素影响外，也受其他诸多因素的影响，其中种子含水量及贮藏温度为主要因素。大多数种子的含水量在 5%～6% 时寿命最长。另外，种子均具有吸湿特性，种子与贮藏环境的水分保持动态平衡。当空气相对湿度为 70% 时，一般种子含水量保持 14% 左右，是安全贮藏含水量的上限；在相对湿度 20%～25%、温度 2～5℃时，一般种子贮藏寿命可以延长。

（一）影响种子寿命的因素

花卉种类不同，其种皮构造、种子的化学成分不一样，寿命长短差别比较大。种皮坚硬能阻止氧气和水分通过，就能保持较长的休眠期。一般来说休眠期长的种子寿命亦长。种子寿命的长短除受遗传因素控制外，贮存条件对其影响也很大。

1. 湿度　对于多数草花来说，种子经过充分干燥，密封保存，可较长时期保持其生活力。充分干燥的种子还能忍耐较高的温度，由于水分不足，可有效阻止其生理活动，从而减少贮藏物质的消耗。对于多数花卉种子而言，贮藏期间的空气湿度维持在 30%～60% 为宜。

2. 温度　低温可以抑制种子的呼吸作用，延长其寿命。干燥种子在低温条件下能较长时间保持生活力，多数花卉种子密封后（用铝箔包装）置于 1～5℃低温条件下为宜。

3. 氧气　降低氧气含量可以抑制种子的呼吸作用，用氮或一氧化碳将种子与空气隔绝，均有延长种子寿命的效果，效果常根据花卉种类不同而异。

此外，花卉种实不宜长时间暴露于强烈的日光下，否则会影响发芽及寿命。

（二）种子贮藏方法

种子在贮藏之前首先需进行清选与分级。种子清选是利用种子物理特性与机械运动的相关性，通过风力、浮力、过筛等措施，清除种子中的菌核、虫瘿、杂草种子、病瘪种子和其他杂质，以保证种子的纯净度和整齐度。分级是指将清选后的种子按尺寸、形状、密度、颜色和品质特性等分成不同的等级。清选分级是改善种子物理特性、提高种子质量的一个重要手段。种子清选和分级可由机械完成。

花卉种子贮藏常用干燥贮藏法、干燥密闭法、低温贮藏法、层积贮藏法和水藏法等方法。

1. 干燥贮藏法 将耐干燥的一二年生花卉种子经自然充分干燥后，装入纸袋或布袋中，挂于室内通风凉爽处贮藏。

2. 干燥密闭法 将耐干燥的草花种子装入罐或瓶中，密封起来，放在冷凉处。

3. 低温贮藏法 将充分干燥的种子置于2～5℃低温条件下贮藏。

4. 层积贮藏法 牡丹和芍药种子采收后常采用沙藏层积。

5. 水藏法 某些水生花卉如王莲、睡莲等的种子，必须贮藏于水中才能保持其发芽力。

三、播种时期

播种是育苗工作的重要环节之一，播种时期影响到花卉的生长期、开花期、适应能力、养护管理以及土地使用等。适时播种能促进种子提早发芽，提高发芽率，而且出苗整齐，生长健壮，抗寒、抗旱、抗病虫能力强，同时节省土地和人力。

1. 一二年生花卉的播种期 我国南北各地气候差异较大，季节长短不一。因此，春播一年生花卉的适宜时期依各地气候而定。一般而言，南方地区在2月下旬至3月上旬播种，中部地区在3月上中旬播种，北方地区在4月上旬晚霜过后播种。二年生耐寒性花卉一般进行秋播，多在立秋以后天气凉爽时进行。在生产实践中，为了使草花四时开放，合理调节播种期，常进行分期分批播种或采用反季节栽培。

2. 宿根花卉的播种期 宿根花卉一般以种子成熟后即播为佳。一些要求低温与湿润条件以完成休眠的种子，如芍药、鸢尾、飞燕草等，必须进行秋播，在冬季低温、湿润条件下进行层积处理，种子休眠被打破，翌春即可发芽。

3. 温室花卉的播种期 温室花卉播种通常在温室中进行，发芽条件可控制，因此播种期没有严格的季节限制，常随观赏期而定。

四、播种前种子处理

播种前一般要对种子进行消毒处理和药物处理，以提高发芽率，促其早发芽，提高幼苗质量和抗性。

1. 传统处理法 花卉种子消毒可采用药粉拌种、药水浸种或温汤浸种。通常用种子重量3%的药粉进行拌种，如50%的退菌灵、90%的敌百虫、50%的多菌灵等药粉拌种可达到良好的消毒效果。也可用福尔马林100倍液浸种15～20min，或1%硫酸铜或10%磷酸三钠浸种5min，浸种后的种子必须用清水冲洗干净，风干后方可进行播种。在生产中，常用40℃左右的温水对种子进行温汤浸种，也能起到软化种皮、杀灭病菌的作用。

2. 种子包衣法 用包衣机将非种子材料包裹在种子外面的过程称为种子包衣。包衣后不改变种子形状的称为种子包膜或包衣，改变种子形状的称为种子丸粒化。种子包衣是一项先进的种子处理技术，经包衣的种子不仅体积增大，播种时容易操作，种衣剂还能提供充足的养分和必要的杀菌剂，利于提高种子活力及抗逆性。

种子包衣剂按其组成成分和性能不同，可分为农药型、复合型、生物型和特异型四种类型。包衣机按搅拌方式分为搅龙式和滚筒式两种，按雾化方式分为高速旋转甩盘雾化和压缩空气雾化两种机型。

种子包衣的优点如下：防治病虫害效果显著，提高花卉品质，节约成本，杜绝假冒伪劣种子充斥市场，减少环境污染，缓解劳动力紧张程度。

五、播种方法

（一）苗床育苗

露地育苗及保护地内育苗时，均可采用苗床播种。育苗量较大或者发芽比较容易、管理较粗放的花卉，宜采用苗床播种。

露地苗床应建在日光充足，排灌方便，空气流通，土壤疏松肥沃、富含腐殖质的地方。整地是播种前的第一步工作，进行整地时要求土壤适度湿润，深翻土壤30cm，细碎土块，清除杂草、石块等杂物。表层土壤要细碎平整，苗床的土壤应上松下实，上松有利于幼苗出土，下实有利于满足种子萌发所需的水分。上松下实的苗床可以为种子萌发创造良好的土壤环境，表土过于疏松时应进行适当镇压。

苗床播种常采用的方式为撒播、条播和穴播。

1. 撒播法　撒播是将种子均匀撒于苗床土面上。此法能充分利用土地，操作简单。这种播种方式在单位面积上播种量最多，幼苗密度大，易造成光照不足，空气流通不畅，出现徒长现象。

2. 条播法　条播是按一定的行距开沟，将种子均匀地撒在播种沟中。这种播种方式由于行间保持一定空间，通风透光好，幼苗生长健壮，适宜多数木本植物。

3. 穴播法　穴播是按一定的株行距将种子播于穴中。一般只用于大粒种子或不耐移栽花卉种类的种子，每穴播种2~4粒，发芽后留一株生长健壮的，其他的可移栽或拔除。这种播种方式光照及空气流通最充分，幼苗生长健壮，但所育幼苗数量较少。

播种量一般根据种子发芽率、气候、土质及幼苗生长速度而定。播种后大中粒种子覆土厚度为种子直径的2~3倍；小粒种子覆细土，以不见种子为度；细粒种子也可不覆土。播种后将床面压实，使种子与土壤紧密接触，便于种子从土壤中吸水发芽。床面镇压后及时覆草，以利保墒，并可防止雨水冲刷和杂草滋生。覆草后应及时浇水，浇水可用细眼喷壶或喷雾器喷雾，使播种床的土壤吸透水。也可覆盖塑料地膜保墒，种子发芽后及时揭掉。

（二）盆播育苗

盆播育苗是传统的温室花卉育苗方法。适用于细小种子和珍贵的种子，用浅盆或浅木箱播种。播种盆或箱内装入配制好的播种基质，用木板刮平，轻度镇压后，即可播种，撒播、穴播均可，覆土视种粒大小而定。用细眼喷壶或浸盆法供水，使基质湿润。然后盆（或箱）上盖玻璃或报纸、塑料薄膜均可，放置阴凉处。待种子萌发后，掀去覆盖物，逐步移到有光线处。

（三）穴盘育苗

草本花卉生产传统上多采用播种后分栽和地播，用种量大、土壤温度不易控制、出苗不齐，而且易遭地下害虫危害，成苗率低。目前传统的播种方法正逐渐被穴盘育苗所代替。穴盘育苗是用穴盘作为容器进行育苗的一种方式。育苗穴盘是一种模板式苗盘，穴盘育苗可以采用高精度点播生产线，便于机械化育苗、省工、省力，且管理方便。穴盘育苗能大量节约种子，很好地控制根系生长和发育，形成一个密度最大而又各自相对独立的生长空间。定植时只需将小苗从穴盘上拔出栽植即可，不损伤根系，定植后没有缓苗期或缓苗期很短。小苗能很好地适应栽植的新环境。穴盘育苗法的应用是花卉播种育苗技术的一次质的飞跃。

穴盘育苗的基质多采用泥炭、椰壳粉、珍珠岩、蛭石等材料。穴盘在温室中的摆放有高架苗床系统、固定苗床系统，也有移动式苗床和滚动式苗床。利用穴盘育苗可使温室空间利用率提高 10%～25%。

(四) 育苗丸育苗

育苗丸是由泥炭藓制成的一种压缩基质块，根据需要可在其内加入氮磷钾元素、复合肥、碱性物质等。育苗丸育苗有利于根系生长，提高成活率。育苗丸可以和小苗一起定植于露地或其他环境中。

(五) 直播育苗

对一些不耐移栽的花卉，如牵牛花、扫帚草、虞美人及霞草等，也可采用直播育苗。从播种育苗到开花结实都不再进行移栽，以免损伤幼苗主根，通常用于花坛或花境，播种量较留苗数多，待发芽后拔去多余苗株。

六、播种后管理

播种后进行适当的覆盖遮阴，以防止水分蒸发过快，适时浇水保持湿润，促进种子萌发。对于小粒种子，最好能用喷雾器喷水，切不可采用洒水法。待种子发芽后，逐渐增加光照，并尽量少浇水，以防止幼苗徒长，提高抗旱能力。

移栽时期因花卉种类而异，一般在幼苗具 2～4 片展开的真叶时进行，苗过小操作不便，过大又伤根太多，缓苗时间延长。阴天或雨后空气湿润时移栽，成活率高，以清晨或傍晚移苗最好，忌晴天中午移苗。起苗当天先给苗床浇一次水，当天分多少苗就浇多少苗，切不要在分苗前一天浇水，以免幼苗吸水后过嫩。分苗后要及时浇水，但水量不宜大。

第二节 扦插繁殖

扦插繁殖是将植物营养器官的一部分如根、茎、叶等，在一定的条件下插入基质中，利用植物的再生能力，使这部分营养器官在脱离母体的情况下长成一个完整的新植株的方法。扦插繁殖所得到的苗称为扦插苗。

一、扦插繁殖的意义

扦插繁殖在花卉生产中应用十分广泛，具有经济有效、管理方便等特点。扦插繁殖常用于观叶植物和部分多年生花卉繁殖，可进行多次多季育苗，能保持母体的优良特性，提早开花结果。扦插繁殖既适合于花卉的大量繁殖生产，也便于家庭少量繁殖之用。

二、影响扦插成活的因素

扦插成活受内在因素和环境因素综合影响。内在因素首先是插穗再生能力的强弱，这是能否进行扦插繁殖的前提条件。不同花卉种类，其再生能力差异较大，同种花卉的不同品种之间再生能力也有明显差异。其次是插穗的质量，一般来说，生长健壮、发育充实、营养物质丰富的插穗容易成活，且生长良好，插穗的成熟度也直接影响扦插成活率。例如，木本花卉要选择半木质化的枝条作插穗，否则极易萎蔫腐烂。草本花卉应选择健壮带顶芽的嫩梢。

影响扦插成活的外界环境因素主要是气象因素和土壤因素。气象因素主要包括温度、湿度、光照等，土壤因素主要是扦插基质的性质，即基质机械组成、水分含量、通气状况和病菌等。下面着重介绍影响扦插成活的主要环境因素。

1. 温度 花卉种类不同，扦插繁殖生根的适宜温度也不相同。在生产实践中应根据不同花卉对温度的不同要求，选择最佳的扦插季节或场所。一般而言，草本花卉嫩枝扦插的温度以 15~25℃ 为宜，温度过高插条容易腐烂。原产于低纬度地区的花卉，扦插温度以 25~30℃ 为宜；原产于高纬度地区的花卉，扦插温度为 15~20℃。插床基质的温度比气温高 3~5℃ 时，对插条生根极为有利。因为地温高于气温可以加强插穗下部的生理活性，促进根的分化和形成；而且相对低的气温还可有效控制地上部的生理活性，减少插条养分的消耗。

2. 湿度 湿度是指扦插基质的含水量和空气相对湿度。插穗只有在湿润的基质中才能生根。插床基质中的含水量一般应控制在 50%~60%。如果基质含水量过多，必然降低基质中空气的含量，如果再遇上过高或过低的温度就会造成插穗的腐烂。在扦插初期基质中水分稍多有利于插穗愈伤组织的形成，愈伤组织形成后适当降低基质中的含水量，可有效促进新根生长和根群壮大。这是因为在愈伤组织及新根发生时，呼吸作用旺盛，所需氧气较多。为了防止插穗失水过多，要保持较高的空气湿度，尤其是枝叶柔软的插穗，一般在温室、塑料棚内进行扦插容易维持较高的空气湿度。扦插初期的空气湿度应稍高，插穗生根后宜逐渐降低空气湿度，可促进根系的生长。

3. 光照 嫩枝扦插通常都带有叶片。叶片在阳光下能合成养分，在其光合作用过程中，所产生的生长素能促进生根。如果光照太强，会使插床内温度过高，叶片蒸发量过大，从而引起萎蔫，影响插穗生根。故在普通插床上，扦插初期要适当遮阴；在有自动设施喷雾的插床上扦插，强光有利于提高插穗生根及成活率，不必遮阴。有资料表明，夜间增加光照有利于插穗成活。

4. 氧气 扦插基质中的空气是插穗生根时进行呼吸作用的必需条件，尤其是在温度较高、愈伤组织和新根形成时，呼吸作用更加旺盛，消耗氧较多，因此要求扦插基质能供给充足的氧气。

三、扦插繁殖的方法

根据插穗的器官来源不同，扦插分为枝插、叶芽插、叶插和根插。

（一）枝插

1. 软枝扦插 软枝扦插又叫嫩枝扦插或绿枝扦插，在有温室的条件下，一年四季都可进行。木本花卉宜采用当年生半木质化的枝条作为插穗，过嫩容易腐烂，过老生根困难，不易成活。插穗长度依花卉种类、节间长短及组织软硬而异，一般长 5~10cm、2~3 节为宜。同时剪去插穗下部叶片，保留上部叶片，若叶片过大，可将保留的叶片剪去 1/3~2/3。插穗下部的切口应靠近节的下部，切口处需用锋利的刀削平，以促进愈伤组织形成和生根，这一点与成活关系甚大。多汁液花卉如一品红宜将切口蘸草木灰后扦插，多浆植物应使切口干燥半日至数天后扦插，以防腐烂。对大多数花卉而言，新鲜的插穗有利于提高成活率，而用枝叶萎蔫的插穗会极大地降低成活率。扦插深度为插条的 1/3～1/2，插后宜用手将插穗基部的土压实以固定插穗。

2. 硬枝扦插　硬枝扦插是利用已生长成熟完全木质化的枝或茎作插穗进行扦插。适用于各种木本花卉，如千年木、朱蕉、杜鹃花、山茶花、龟背竹、八角金盘、变叶木、橡皮树、月季、茉莉花等多用此法。扦插时插穗带叶或不带叶均可，长 6～15cm，3～5 节。扦插时短的插穗多直插，长的插穗多斜插，扦插深度长的插穗地上部分留 2 个腋芽，短的插穗地上部分留 1 个腋芽。枝条露出地面过多容易抽干，影响成活。扦插后一定要用手将穗条基部的基质压实固定。

（二）叶芽插

叶芽插属于枝插的一种变形，插穗上仅有 1 芽附 1 叶片，芽下部带有盾形短茎，插入沙床中，仅露出芽的尖部即可。叶芽插宜在较高空气湿度下进行，以防止水分过量蒸发。叶芽插适用于叶插不易产生不定芽的种类，如橡皮树、天竺葵、八仙花、山茶花等。其新根从保留的小茎段发生，地上部分靠腋芽萌发后形成（图 5-1）。

（三）叶插

叶插适用于可以从叶片上发生不定根和不定芽的花卉。可进行叶插的花卉大都具有粗壮的叶柄、叶脉或肥厚的叶片，由于叶片的水分多，应保持空气湿润、通气良好的环境条件，以免叶片腐烂。扦插应选用成熟叶片，可分为全叶插和片叶插。

1. 全叶插　全叶插是以完整叶片为插穗进行扦插，分平置法和直插法。

（1）平置法　以蟆叶秋海棠的叶插为代表，剪取生长健壮成熟的蟆叶秋海棠叶片，先将叶柄

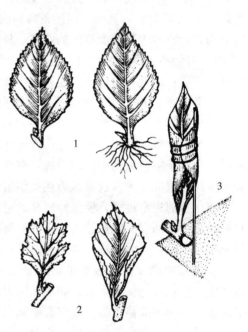

图 5-1　叶芽插
1. 山茶花　2. 菊花　3. 印度橡皮树

切去，并将几条主要叶脉切断数处，然后平铺在插床的沙或其他扦插基质上，叶片表面撒上少量的沙，平盖上一片大小与叶相近的玻璃，使叶片和沙密切接触，保持半阴湿润环境。在温度 18～25℃的条件下，6 周左右由伤口下部生根，上部产生新的芽丛。

（2）直插法（叶柄插法）　就是将叶柄插入沙中，叶片露于沙面上，叶柄基部发生不定芽和不定根，适宜直插法的花卉有豆瓣绿、大岩桐等。

2. 片叶插　片叶插以虎皮兰的扦插为代表，将叶切成 5～10cm 的小段，直立插在插床中，深度为插穗长的 1/3～1/2。其后，由下部切口中央部位长出一至数个小根状茎，继而长出土面成为新芽。芽的下部生根，上部长叶。用叶段扦插时叶片上下不可颠倒（图 5-2）。

（四）根插

一些宿根花卉能从根上产生不定芽形成新的植株。可用根插繁殖的花卉大多具有较为肥大的根，选用较粗壮的根进行扦插，有利于提高成活率，因为粗壮根所含营养物质丰富。根插多结合春秋两季移栽进行（图 5-3）。

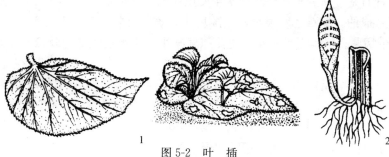

图 5-2 叶 插
1. 蟆叶秋海棠　2. 虎尾兰

四、扦插时期

扦插繁殖的适宜时期因花卉种类而异。我国地域差异大，扦插时期也多有变化。在花卉栽培中多以生长期扦插为主。

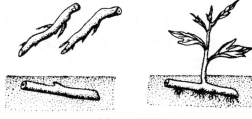

图 5-3 根插

1. 温室花卉　在温室条件下，四季均可进行扦插。但因花卉种类的差异，各有其最适时期。

2. 性喜凉爽的花卉　性喜凉爽的花卉宜在春秋季进行扦插，夏季高温期扦插极易腐烂，如秋海棠科植物。

3. 宿根花卉　宿根花卉的扦插从春季发芽后至秋季生长停止前均可进行，如菊花。

4. 作一二年生栽培的多年生花卉　多年生花卉作一二年生栽培常于春夏季进行扦插繁殖，有利于保持品种的优良特性，如一串红、金鱼草、藿香蓟等。

五、扦插繁殖技术环节

（一）扦插床

普通扦插床通常宽 1m 左右，长度根据场地和种苗需要量而定。四壁用砖砌成，高 30~50cm。床底需有多处排水孔。床下部铺 15~20cm 厚的卵石、炉渣等排水物，上面铺 20cm 左右的扦插基质。扦插床上方用竹片或其他材料搭建弓形支架，高度 80~100cm，支架上再盖塑料薄膜保湿。夏季顶部要用遮阳网或苇帘遮阴降温。扦插床在春、秋两季扦插繁殖时多数花卉成活都很好。夏季气温过高时，插穗容易腐烂，要注意通风降温；冬季需在温室中扦插，以满足插穗生根所需的温度。插床要细心管理，在干旱季节除注意密封塑料薄膜外，还需适当喷水，以提高床内湿度。总之，应调节好插床的温度、湿度和光照度。

全光照自动间歇喷雾扦插设施定时向床面喷雾，可在叶面形成一层水膜，使枝叶保持较低的温度，插条的水分蒸发降低到最低限度，有效保持插条内的水分。同时由于光照充足，叶片光合作用旺盛，合成有利于生根的大量激素和养分，从而极大地提高了扦插成活率。

（二）扦插基质

常用扦插基质有沙、蛭石、珍珠岩、泥炭、锯末和炉渣等。

1. 沙　清水沙是扦插繁殖常用的基质，沙粒大小应在 1~2mm。沙含水量恒定，不论浇水多少，只要周围排水良好，多余的水都能渗透出来；保水保肥性差，透气性好；来源丰富，成本低；安全卫生，很少传播病虫害，第一次使用时不必消毒。

2. 蛭石　蛭石是含镁的水铝硅酸盐次生变质矿物，通常是由云母类无机物加热至800～1 000℃膨胀后形成的。蛭石密度很小，孔隙度大，透气性好，吸水和保肥力强，且安全卫生，新蛭石不带病菌。但蛭石易破碎，使孔隙度减小，排水透气能力降低，不宜长期使用，要适时更换。

3. 珍珠岩　珍珠岩是由硅质火山岩形成的矿物质加热至1 000℃膨胀后形成的，因膨胀后形成珍珠状球形而得名。珍珠岩密度小，透气性好，含水量适中，孔隙度为93%，其中空气容积为53%，持水容积为40%。几乎所有植物都适宜用珍珠岩作扦插基质，尤其是喜酸性、根系纤细的花卉，也能在其中正常生根，如比利时杜鹃。

4. 泥炭　泥炭是由于地表过度潮湿和通气不良，大量死亡的植物堆积后，经过不同程度的分解、腐烂形成的堆积物。我国东北和西南林区泥炭储量很大。泥炭吸水量大，吸收养分能力强，保持湿润状态时，吸水能力是自身重量的5～14倍，但干燥时不易吸水，需要用热水或加入表面活性剂（润湿剂）促进吸水。泥炭质地松软，密度小，可漂浮于水面，有一定的弹性，干燥时可燃烧。

5. 锯末　锯末廉价，取材容易，质地松软，和珍珠岩、蛭石的密度相似。具有良好的吸水性与通透性，对于大多数根系粗壮的花卉易于满足其水气比要求；对于根系纤细的花卉种类，在空气湿度较大的地区，锯末水气比例也较适合。但在北方干燥地区，由于锯末的通透性过强，根系容易风干。

6. 炉渣　炉渣取材极为方便，保水保肥性差，透气排水性良好。在生产实践中也有应用。

对于一些扦插生根困难的花卉，常采用混合基质，如泥炭、沙按1：1混合，能显著提高扦插成活率。此外，如果扦插基质不洁，可用福尔马林400倍稀释液进行消毒后再使用。

（三）插穗的药剂处理

植物生长调节剂处理插穗在生产上应用很普遍，能促进生根的植物生长调节剂有多种，常用的有吲哚乙酸（IAA）、吲哚丁酸（IBA）、萘乙酸（NAA）和三十烷醇等。近年来，ABT生根粉应用广泛，效果突出。植物生长调节剂对插穗的处理方法有粉剂处理、液剂处理、采条母株喷洒以及在扦插基质中施用等。在花卉繁殖中经常采用的是粉剂和液剂处理。

1. 粉剂处理　粉剂处理是将生长调节剂混入滑石粉、木炭灰或豆粉中，以滑石粉应用最广。将插穗基部蘸上少许粉末后，再进行扦插。不同种类生长调节剂施用浓度为500～2 000mg/L。生根难的种类可加大浓度，或几种植物生长调节剂混合使用。在配制粉剂时，由于吲哚乙酸、吲哚丁酸及萘乙酸均不溶于水，应先溶于少量95%酒精中，然后再按浓度比例掺到滑石粉中，并充分均匀搅拌。在黑暗中晾干，密封保存在玻璃瓶中待用。

2. 液剂处理　液剂处理是将插穗浸在含有一定浓度的植物生长调节剂的水溶液或酒精溶液中进行处理。配制液剂时，先将称量好的植物生长调节剂溶于少量95%酒精中，然后再加水稀释至所需要的浓度。吲哚乙酸、吲哚丁酸及萘乙酸处理的适宜浓度，草本花卉插穗为5～30mg/L，木本半木质化的插穗为30～100mg/L，浸12～24h。液剂配制后容易失效，宜现用现配。也可用酒精配制成浓缩溶液，如吲哚丁酸酒精溶液，其浓度可达4 000～10 000mg/L，将插穗浸入1～2s，取出即可扦插。酒精液剂需密封低温保存。

另外传统生产实践中也常采用环状剥皮、软化处理、提高地温等物理方法，促进插穗生根。

六、扦插后管理

通常扦插后应立即灌一次透水,以后应经常保持基质和空气适度湿润,尤其是嫩枝扦插要求较大空气湿度。生长季节扦插适当遮阴十分重要,阳光过强会使插床温度增高,湿度降低,不利于插穗生根。扦插一段时间后可以检查生根情况,检查时切忌硬拔插穗,以免伤根。插穗生根后,应逐渐减少喷水,增加光照以促进插穗的根系生长。扦插后的管理重点是水分。一般来说扦插初期基质中的含水量稍多有利于插穗愈伤组织的形成,愈伤组织形成后,基质中的含水量应适当加以控制,有利于根的形成。新根呼吸作用旺盛,要求有充足的氧气。根形成后再降低基质的含水量,有效促进根的生长。插穗的根系长到2cm左右时应及时移栽。

第三节　嫁接繁殖

嫁接是人们有目的地将一种优良品种的枝或芽,接到另一种生长强健、抗性强的植物体上,使之愈合生长在一起,成为一个新的植株的方法。供嫁接用的枝或芽叫接穗,而承受接穗的植物体叫砧木或脚树。通过嫁接繁殖的苗称为嫁接苗,又叫他根苗,因为接穗借助了另一种植物的根。嫁接苗的砧木和接穗之间形成的是共生关系。嫁接苗能保持品种的优良特性,增强优良品种的适应性和抗逆性,如可提高抗寒、抗旱、抗病虫能力,又可提早开花结实。嫁接繁殖目前主要应用于菊花、月季、仙人掌类等花卉上。

一、影响嫁接成活的因素

1. 影响嫁接成活的内因　影响嫁接成活的内在因素是砧木与接穗亲和力大小。亲和力高嫁接容易成功,反之则成活率低或不能成活。一般砧木、接穗亲缘关系越近,亲和力越强。同种植物的不同品种间、同属植物的不同种之间亲和力一般都较强。另外接穗和砧木的质量和生长状况对嫁接成活也有显著影响。

2. 影响嫁接成活的外因　影响嫁接成活的外因主要是温度和湿度。嫁接成活所需的温度因花卉种类不同而有一定的差异,一般以15~25℃为好。空气湿度对嫁接成活的影响也较大,因接穗脱离了母体,失水过多就会枯死。

嫁接技术也是影响嫁接成活的关键环节。首先要使砧木和接穗的形成层良好接合,其次嫁接操作要熟练。此外,合理选择嫁接时期、嫁接后细心管理才能达到理想的嫁接成活率。

二、嫁接繁殖的方法

花卉繁殖中常用的嫁接方法是枝接和芽接。

(一) 枝接

用一段枝作为接穗嫁接于有根的砧木的茎上,使之愈合形成共生体,称为枝接。枝接常用的方法有劈接、切接、靠接等。

1. 劈接　在砧木离地面10~12cm处截去上部枝干,然后在砧木横截面的中央垂直切下3cm左右。选取带有2~3个饱满芽的枝条作为接穗,将接穗下端削成楔形,插入砧木的切口内,使形成层对齐,然后包扎接口(图5-4)。

2. 切接 将砧木平截,在截面的一侧纵向切下3~5cm,稍带木质部,露出形成层。将接穗的下端削成3cm左右的斜形,再在其背侧下端斜削一刀。然后将接穗下端插入砧木,对准形成层,包扎接口(图5-5)。

3. 靠接 将选作砧木和接穗的两植株置于一处,选取相互靠近且粗细相当的两枝条,在相靠拢的部位,接穗和砧木分别削去长3~5cm的一片,然后两枝相靠,对准切口处的形成层,切削面紧密靠合,包扎接口(图5-6)。

图5-4 劈接

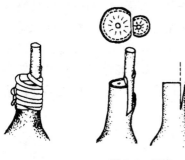

图5-5 切接

图5-6 靠接

(二)芽接

以芽为接穗的嫁接称为芽接。T形芽接最为常用。将枝条中段饱满的芽稍带木质部削取下来,长约2cm,剪去叶片,保存叶柄。然后将砧木的皮部切一T形切口,用嫁接刀的尾端将皮层挑起,芽片剔除木质部后插入切口,手握叶柄向下推入切口内使芽片上端与砧木T形上切口对齐,用塑料薄膜带扎紧,露出芽和叶柄(图5-7)。

三、嫁接后管理

1. 成活检查 枝接30d左右进行检查,接穗上的芽已经萌发或仍保持新鲜表明已嫁接成活。芽接15d左右进行检查,成活芽新鲜,芽下叶柄轻触即落,表明已嫁接成活。

2. 除萌抹砧 嫁接成活后,凡由砧木发出的萌蘖应及时抹除干净。

3. 去袋和松绑 枝接接穗成活后,芽长至4~5cm时,将所套袋上方剪一小口,使幼芽适

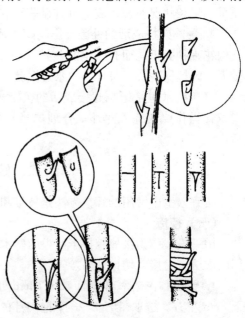

图5-7 T形芽接

应外界环境，3~5d后去袋。过早松绑，接口的愈伤组织还未长好，影响成活和新枝的生长发育，过晚会勒伤甚至勒断接穗。

4. 补接 如嫁接未成功则需要及时补接。

第四节 分生繁殖

分生繁殖是人为地将植物体分生出来的幼小个体（如吸芽、蘖芽）或植物特殊的营养器官（匍匐枝、地下茎、球根和块茎等）与母体分离或分割，单独栽植而成为独立的新个体的繁殖方法。分生繁殖是最简单、成活率最高的繁殖方式，广泛应用于宿根花卉、球根花卉和观叶植物。

一、分株法

大多数宿根花卉可从植株基部发生茎蘖（如菊花、萱草等）和根蘖（如蜀葵、宿根福禄考等），将其切下栽植、培育成独立的植株即为分株。分株通常在春季萌芽前进行。对于多年生温室花卉来说，一年四季均可进行，以春季出室时结合换盆进行较多。分株时先将母株从盆中倒出或从地里掘起，抖去部分土壤，露出新芽和萌蘖根系的伸展方向，然后用利刀将分蘖苗和母株连接部分割开，尽量带萌蘖根系，另行栽植。有些花卉不是为了繁殖而分株，通过分株对母株进行复壮更新。

二、分球法

球根花卉的繁殖主要应用分球法。分球比播种长得快，开花早，方法简便，又能保持母株的优良特性。无论是块茎、鳞茎或球茎，都有滋生新球根或扩大再生的能力。球根花卉休眠期植株地上部分枯萎，此时将母球和子球掘起，将不同大小规格的球分别晾干后保存，在栽种时分别种植。鳞茎花卉如水仙、郁金香等，栽培一年后，大球上再分生出几个小球，小球需经过2~3年培育成大球才能开花。球茎花卉如唐菖蒲一个老球可形成1~3个新球，每个新球下面还能生出很多小子球，分生的新球当年栽种就能开花，小子球需经2~3年培育才能开花。块根花卉如大丽花，由于肥大的根上无芽，在分离块根时需带根颈上的芽，否则分栽后不能萌芽。

三、走茎繁殖法

自叶丛基部抽生出来的节间长而横生的茎称作走茎，茎节上着生叶、芽和不定根，也能产生幼小植株，分离小植株另行栽植即能形成新株，如虎耳草、吊兰等常用走茎繁殖。

四、匍匐茎繁殖法

草坪植物如狗牙根、野牛草等，从根部发出横生地面的茎称为匍匐茎。茎节上生不定根扎入土中，不定根上长芽，将带根和节的匍匐茎切断栽到土中即可长成新植株。

第五节 压条繁殖

压条繁殖是将母株上的枝条埋入土中或包裹其他湿润材料，促使枝条的被压部分生长出良好的根群，再与母株割离，成为一个独立的新植株的繁殖方法。压条繁殖常用于叶子花、扶桑、橡皮树、米兰、白兰花、鹅掌柴、山茶花、桂花等用其他方法不易繁殖的木本花卉。压条繁殖简单易行，容易掌握，但繁殖系数小，短期内难以产生大量苗木。

压条繁殖的方法很多，常见方法有单枝压条、波状压条和空中压条等。

一、单枝压条法

以接近地面的枝条作为材料，在压条部位的节下予以刻伤，或做环状剥皮，然后曲枝压入土中，使其顶端露出土面，并用竹钩固定，覆土10~20cm，压紧。待刻伤部位生根后切离母体另行栽植（图5-8）。

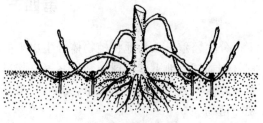

图5-8 单枝压条

二、波状压条法

波状压条适用于枝条细长而柔软的灌木或藤本。将枝条弯曲牵引到地面，在枝条上刻伤数处，每段刻伤处均弯曲埋入土中，生根后分别切离母体另行栽植，即成为数株单独新个体（图5-9）。

图5-9 波状压条

三、空中压条法

空中压条又称高空压条，多用于植株较直立、枝条较硬不易弯曲又不易发生根蘖的种类，如桂花、米兰、白兰花、橡皮树等。选取成熟健壮枝条，在其近基部位置环剥，再用塑料薄膜包住环剥处，内填湿度适中的水藓或其他保湿基质，将塑料薄膜两端扎紧。1个月左右待环剥处生根后，解掉塑料薄膜，将枝条自生根处下方剪断，另行栽植便成为一独立植株。在环剥处涂抹植物生长素，有促进生根的效果（图5-10）。

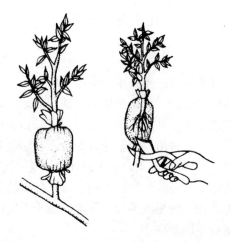

图5-10 空中压条

第六节 孢子繁殖

一、孢子繁殖的特点

孢子繁殖在花卉中仅见于蕨类。蕨类植物的孢子是经过减数分裂形成的单个细胞，含有单倍数的染色体，只有在一定的湿度、温度及pH条件下才能萌发成原叶体。原叶体微小，只有假根，不耐干燥与强光，必须在有水的条件下才能完成受精作用，发育成胚而再萌发成蕨类植物体（孢子体）。成熟的孢子体上又产生大量孢子，但在自然条件下，只有处于适宜条件下的孢子才能发育成原叶体，也只有少部分原叶体能继续发育成孢子体。

二、孢子人工繁殖

1. 孢子收集 蕨类的孢子囊群多着生于叶背。人工繁殖宜选用孢子成熟但尚未开裂的囊群。用手持放大镜检查,未成熟的孢子囊群呈白色或浅褐色。选取孢子囊群已变褐色但尚未开裂的叶片,放入薄纸袋内于室温(21℃)下干燥1周,孢子便自行从孢子囊中散出。除尽杂物后移入密封玻璃瓶中冷藏备播种用。

2. 基质准备 播种基质以保湿性强且排水良好的人工配合基质最好,常用清洁的水藓与珍珠岩按2:1的比例混合而成。

3. 播种和管理 将基质放在浅盘内,稍压实,整平后播入孢子。播后覆以玻璃保湿,放于18~24℃、无直射日光处培养。发芽期间用不含高盐分的水喷雾,保持较高的空气湿度,孢子20d左右开始发芽,原叶体生长3~6个月后,腹面的卵细胞受精后产生合子,合子发育成胚,胚继续生长便生出初生根及直立的初生叶,不久又从生长点发育成地上茎,并不断产生新叶,逐渐长大成苗。

4. 移栽 若原叶体太密,在生长期可移栽1~2次。第一次在原叶体已充分发育尚未见初生叶时进行,第二次在初生叶生出后进行。用镊子将原叶体带土取出,不使受伤,按2cm株行距植于盛有与播种相同基质的浅盘中。移栽后仍按播种后的要求管理,长出几片真叶时再分栽。

第七节 组织培养繁殖

一、组织培养的意义

组织培养是以植物生理学为基础发展起来的一门新技术,这项技术已在科学研究和生产上开辟了令人振奋的多个新领域,成为举世瞩目的生物技术。花卉采用组织培养繁殖的意义主要是:极大提高花卉的增殖率,获得花卉无病毒幼苗,利于花卉种质资源的保存,加速引种与良种的推广等。

二、组织培养繁殖的特点

1. 培养条件可以人为控制 组织培养的植物材料完全在人为提供的培养基质和小气候环境条件下生长,摆脱了自然条件下四季、昼夜的变化以及灾害性气候的不利影响,对植物生长极为有利,便于稳定地进行周年培养生产。

2. 生长周期短,繁殖率高 植物组织培养能够完全人为控制培养条件,根据不同植物、不同部位的要求提供不同的培养条件,因此生长较快。另外,植株也比较小,往往20~30d为一个繁殖周期,所以能及时提供规格一致的优质种苗或脱病毒种苗。

3. 管理方便,利于工厂化生产和自动化控制 植物组织培养是在一定的场所和环境下,人为提供一定的温度、光照、湿度、营养、激素等条件,既利于高度集约化和高密度工厂化生产,也利于自动化控制生产。植物组织培养繁殖是工厂化育苗的发展方向,与盆栽、田间栽培等相比省去了中耕除草、浇水施肥、防治病虫害等一系列繁杂劳动,可以大大节省人力、物力及田间种植所需要的土地。

三、组织培养繁殖的一般程序

1. 外植体选择和灭菌 组织培养繁殖最广泛而有效的外植体是茎尖,此外还有嫩叶、花瓣、茎段、子房、子叶、胚珠等。灭菌药剂常用的有漂白粉、次氯酸钠、升汞等。

2. 培养基配制　组织培养繁殖的培养基由大量元素、微量元素、维生素和植物生长调节剂等组成。根据使用元素的不同配比，产生了许多不同的培养基，有固体的也有液体的，其中最常用的培养基是 MS 培养基。

3. 接种　接种工作须在超净台上进行。接种用的工具（剪刀、镊子、解剖刀等）必须在火焰上消毒后使用。将消毒好的植物材料置于无菌培养皿中，用解剖刀将材料切成小块或小段后，用镊子将其置于培养基上，使材料与培养基密接，但不可陷入培养基中，封好瓶口，即可送入培养室。

4. 培养　接种完毕的材料置于培养室内培养。根据花卉种类不同，可将培养室的温湿度及光照调至最适宜的范围。对于大多数花卉，保持（25±1）℃、光照度2 000lx、每天光照 12h、空气相对湿度 60%～70%即可。接种材料经过一段时间培育便形成丛生芽。

5. 生根成苗　对于多数花卉，将无根芽苗移至生根培养基上，经 1～2 周便会分化出根，从而形成完整的小植株。

6. 试管苗移栽　已生根的试管苗应及时从试管中取出移栽于栽培基质中，进行驯化栽培。栽培基质常用蛭石、珍珠岩、泥炭等材料配制，栽植前先用多菌灵或百菌清将基质消毒，提前喷水润湿。试管苗取出后用自来水将根部带的培养基冲洗干净，栽植后在栽植箱上加盖塑料薄膜保湿，一般经 4 周驯化栽培后便可转向常规栽培。

◆ 复习思考题

1. 花卉有性繁殖与无性繁殖各有什么优缺点？
2. 无性繁殖包括哪些方法？各举一例加以说明。
3. 什么是分生繁殖？有哪些种类？
4. 影响扦插繁殖成活的环境因素有哪些？
5. 嫁接繁殖有哪些方法？
6. 压条繁殖常见有哪些方法？
7. 组织培养繁殖有何优点？

第六章

花卉的栽培管理

　　花卉整体的生命活动是在各项环境因素的综合作用下完成的。原产于不同地区的花卉，其生长发育所要求的最佳环境条件也不同，在自然条件下只要满足了必要的环境条件，便可保证其生长健壮、开花良好。花卉生产中常将不同类型、不同产地的花卉进行异地栽培，出现南花北移或北花南移的现象，为了满足人们的观赏需要，有时还会改变花卉固有的生长习性等。这种情况下，只依靠自然环境条件难以满足花卉生长发育的需要。为了使栽培花卉生长健壮、保持最佳观赏效果，发挥最大的生态效益和经济效益，花卉生产中必须采取相应措施加以调节，最大限度地满足花卉生长发育的需要，即所谓栽培管理。不同类型花卉其栽培管理的重点有所不同，本章将分别予以介绍。

第一节　露地花卉的栽培管理

　　露地栽培是花卉最基本的栽培方式。露地栽培花卉种类繁多，本节主要指用于花坛、花境及园林绿地的花卉，包括一二年生花卉、宿根花卉、球根花卉、木本花卉以及一些地被植物等。各类花卉分别有不同的生态习性，对环境条件的要求各异，完全依赖自然环境条件难以满足各类花卉的生长要求。因此，通过一些人为的栽培管理措施，使栽培环境尽可能达到或接近花卉的生态要求，对于露地花卉栽培的成功具有重要意义。

一、整地做畦

　　整地的目的在于改良土壤的物理性状，使其具有良好的通气和透水条件，便于根系伸展。整地还能清理土壤中的杂物，促进土壤分化，有利于微生物活动，从而加速有机肥分解和转化，便于花卉的吸收利用。同时，还可将土壤中的病菌及害虫等翻于地表，经日晒及严寒而杀灭，有效预防病虫害的发生。

　　1. 整地深度　整地深度决定于花卉种类和土壤状况。一二年生花卉的生长期短，根系分布较浅，一般翻耕 20～30cm 即可；球根类花卉由于地下部分肥大，对土壤的要求较严格，需翻耕 30～40cm；宿根花卉根系分布较深，需翻耕 40～50cm。另外，整地深度也因土壤质地不同而有差异，一般沙土宜浅耕，黏土宜深耕。

　　2. 整地方法　整地时应先清除杂草、残根、断株、砖块、石头等杂物，再翻耕土壤，细碎土块。若不立即栽种，翻耕后不必急于将土块细碎整平，待种植前再整平。整地时要求翻地全面，深度适宜，表土在下，心土在上。

　　3. 整地时间　一般春季使用的土地应于前一年秋季翻耕。翻耕时应注意土壤湿度，一般含水量 40%～50% 时进行最宜。因为土壤过干时翻耕困难，土块难以破碎，而土壤过湿时翻耕又易破坏土壤的团粒结构。黏重土壤应先掺沙或有机肥后再进行翻耕，以改良土壤的物理结构。

耙地应于栽种之前进行，土壤含水量约为60%时耙地最适宜。若土壤过干，土块硬不易破碎，应预先灌水湿润土块。土壤过湿时也不宜耙地，易造成土壤板结。

4. 做畦 花卉在圃地栽培时多采用畦栽方式，各地区由于花卉种类及降水量、地势、土壤性质等的不同，又有高畦与低畦之分。南方多雨地区及低湿地带均采用高畦，而北方干旱地区多采用低畦。

高畦的畦面高出地面20~30cm，以便排水，并可扩大土壤与空气的接触面积。一般畦面宽100~120cm，畦两侧排水沟兼做步道，宽40cm左右。低畦的畦面低于畦埂10~20cm，畦面宽100~120cm，畦埂宽30~40cm。低畦有利于灌水保湿。畦的走向根据地势而定，一般为南北走向。畦的长短则根据地块情况或栽植需要而定。

二、间苗和移植

（一）间苗

间苗主要对播种苗而言。播种后由于出苗稠密，影响幼苗健壮生长，应进行间苗，以扩大株距，保证花卉幼苗有足够的空间和土壤营养面积，利于通风透光，防止幼苗徒长，减少病虫害发生。间苗原则为选优去劣，选纯去杂，去小留大，间密留稀。间苗应在小苗具1~2枚真叶时进行，也可分几次进行。间苗应仔细，避免影响留床苗，应在雨后或灌水后进行。间苗之后应再浇一次水，使留床苗的根系与土壤密接。最后一次间苗称定苗。一般情况下，如果用杂交第一代种子进行育苗，为降低育苗成本也可采用芽苗移栽代替间苗。

（二）移植

移植是指将幼苗由育苗床移栽到栽植地。通过移植可使花卉苗株在花坛、圃地或园林绿地中得到合理的定位，并增大株行距，扩大营养面积，增加光照，使空气流通；通过移植，切断主根，促使侧根发生，形成发达的根系；还可抑制苗期徒长，增加分蘖，扩大着花部位。地栽苗在4~5枚真叶时进行第一次移植，盆栽苗出现1~2枚真叶时开始移植。

移植包括起苗和栽植两个步骤，而起苗又分裸根苗和带土苗两种情况。裸根苗多用于小苗或易于成活的花卉的大苗，带土苗则多用于移植不易成活的花卉。大部分花卉需进行2~3次移植，第一次是从苗床上移出来，先栽植于花圃内，第二次移植是将花圃中栽植的较大的花卉苗定植到花坛或绿地中。移植的株行距视苗的大小、生长速度和移植后留床期而定。

移植最好在无风的阴天或降雨之前进行，一天之中，傍晚移植最好，经过一夜缓苗，根系能较快地恢复吸水能力，避免凋萎。早晨和上午均不适合移植，因为中午高温、干燥，对幼苗的成活影响很大。

移植之前，苗床及栽植地均应浇足水，待表土略干后再起苗。移植穴要较移植苗根系稍大，保证根系舒展。栽植深度应与原种植深度一致或稍深1~2cm。栽植时要分清品种并按规格大小进行分级，避免混杂。栽植后要将苗根周围的土壤按实，并及时浇透水，小苗宜用细喷壶浇水，大苗可漫灌，幼嫩小苗还应适当遮阴。

三、灌　溉

水是花卉的主要组成成分之一，花卉的各项生理活动都是在水的参与下完成的。合理灌溉对于花卉生长发育非常重要。

(一) 灌水量及灌溉次数

花卉的灌溉用水量因花卉种类、生长阶段或季节及土壤质地而异。

就花卉种类而言，一二年生花卉、球根花卉根系浅，灌水量宜少，灌水次数可多些，渗入土层的深度30~35cm为宜；宿根花卉、木本花卉根系分布深，灌水量宜多，灌水次数宜少，灌水渗入土层45cm左右即可满足其生长需要，切忌"拦腰水"。

花卉不同生长阶段对水分的要求不同。一般种子发芽期需要水分较多，幼苗期应保持床土湿润，开花结实期要求空气湿度较小。不同季节对水分的需求也不同，一般春、秋两季干旱，空气干燥，水分蒸发量也大，灌水宜勤些，灌水量可大些。雨季应减少灌水次数和灌水量，以防苗株徒长。

就土壤质地而言，黏土灌水次数宜少，沙土灌水次数宜多。

(二) 灌溉方法

露地花卉灌溉的常用方法有漫灌、沟灌、喷灌及滴灌四种。栽培面积较大宜采用漫灌，如大面积的花圃。沟灌即干旱季节在高畦的步道中灌水，当行距较大时，也可行间开沟灌水，沟灌法可使水完全达到根系区。喷灌是利用喷灌系统，在高压下使水通过喷嘴喷向空中，然后呈雨滴状落在花卉植物体上。滴灌是利用低压管道系统，使水缓慢而不断地呈滴状浸润根系附近的土壤，能使土壤保持湿润状态，滴灌可节省用水，但滴头易阻塞，设备成本较高。

(三) 灌溉时间

每天灌水时间因季节而异，一般选择水温与土温最接近的时间进行。夏季高温宜在清晨或傍晚灌水，对花卉根系有保护作用，冬季宜中午前后灌水。

(四) 灌溉用水

灌溉用水应选用软水，避免使用硬水，最理想的是雨水、河水、湖水或塘水。种植面积较小的情况下也可使用自来水。使用地下水需经软化后储存于水池，水温与气温接近时使用。

四、施　肥

(一) 施肥的原则

施肥的原则是适时、适量、适当，薄肥勤施，少量多次。

(二) 施肥的方式及方法

施肥的方式分为基肥和追肥。

1. 基肥　在翻耕土地之前，将肥料均匀地撒施于地表，通过翻耕整地使之与土壤混合，或栽植之前将肥料施于穴底，使之与坑土混合，这种施肥方式统称为基肥。基肥多以堆肥、厩肥、人粪尿、饼肥、鸡鸭粪、腐殖酸肥等有机肥或颗粒状的无机复合肥为主。有机肥一般施用量为 $3.5~4.5 kg/m^2$，应充分腐熟后施用。

2. 追肥　为补充基肥中某些营养成分的不足，满足花卉不同生育阶段对营养成分的需求而追施的肥料，称为追肥。在花卉的生长期内需分数次进行追肥，一般花卉发芽后进行第一次追肥，促进营养生长，植株枝叶繁茂；开花之前进行第二次追肥，以促进花芽分化，多开花；多年生花卉在花后进行第三次追肥，补偿花期对养分的消耗。追肥常用无机肥或人粪尿、饼肥等经腐熟后的稀薄液肥。

追肥的方法常用沟施、穴施、环状施或结合灌水施，以及根外追肥等。

(1) 沟施　沟施是在花卉植株的行间挖浅沟，将肥料施放其内，覆土浇水。

(2) 穴施　穴施是在植株旁侧、根系分布区内挖穴，施放肥料，覆土浇水。

(3) 环状施 环状施是在植株周围挖环状沟，施入肥料，覆土浇水。

采用沟施或穴施时，施肥深度根据花卉种类不同而不同，一二年生花卉宜浅，多年生花卉、木本花卉宜深。

(4) 根外追肥 根外追肥是追肥的一种特殊形式，即将液态肥喷洒于叶面及叶背，营养成分通过气孔被吸收到体内的施肥方式。根外追肥宜使用易溶的无机肥，所用肥液浓度不可过高，应控制在0.3%~0.5%。尿素、磷酸二氢钾、微肥等常被用于根外追肥。

由于各种营养元素在土壤中移动性不同，不同肥料在土壤中施用的深度也不同。氮肥在土壤中移动性差，宜深施至根系分布区内。

(三) 施肥量

施肥量因花卉种类、土壤质地及肥料种类不同而异。一般一二年生花卉、球根类花卉比宿根花卉的施肥量少，球根类花卉需磷、钾肥较多。据报道，施用5-10-5的完全肥时，每10m²的施肥量为：球根类花卉0.5~1.5kg，花坛、花境花卉1.5~2.5kg，花灌木1.5~3kg。此外，施肥量还可参考表6-1。

表6-1 花卉的施肥量 (kg/hm²)

花卉种类	施肥方式	肥料种类		
		硝酸铵	过磷酸钙	氯化钾
一年生花卉	基肥	120	250	90
	追肥	90	150	50
多年生花卉	基肥	220	500	180
	追肥	50	80	30

(四) 施肥时间

一年之中，春季是多数花卉及花木类发芽时期，宜追肥促生长；春末夏初花卉生长迅速，有些花卉进入花芽分化孕蕾期，是追肥的重要时期；秋季开花的花卉，多从立秋之后开始进入花芽分化，因此9月上旬开始追肥促进花芽分化和发育。夏季和冬季多数花卉进入休眠或半休眠状态，应停止追肥。

五、中耕除草

1. 中耕 中耕是在花卉生长期间疏松植株根际土壤的工作。在阵雨或大量灌水后以及土壤板结时，应进行中耕。中耕可切断土壤表面的毛细管，减少水分蒸发；使表土中孔隙增加，增加空气含量，并可促进土壤中养分分解，有利于根对水分、养分的利用。在苗株基部应浅耕，株行间可略深。

2. 除草 除草的目的是除去畦面及畦间杂草，不使其与种苗争夺水分、养分和阳光。杂草往往还是病虫害的寄主，因此一定要彻底清除，以保证花卉的健康。除草的原则是除早、除小、除了。除草方式有多种，可用手锄和机械耕等，近年多使用化学除草剂，使用得当可省工、省时，但要注意安全，避免产生药害。

六、整形修剪

1. 整形 整形是指根据人们的需要，对植株实行修剪措施，使之形成美观的株形或冠形，以提高观赏性的栽培技术措施。整形是通过修剪等手段达到所需要的效果，而修剪是在整形的基础上进行的。露地花卉的整形主要有单干式、多干式、丛生式、悬崖式、攀缘式等形式。

（1）单干式　单干式整形保留主干，不留侧枝，使枝端只开一朵花，多见于菊花的独本菊。

（2）多干式　多干式整形保留 3~7 个主枝，其余侧枝全部摘除，使其开多朵花。菊花的三本菊、五本菊、七本菊等造形属于此类，大丽花也常见多干式整形。

（3）丛生式　丛生式整形是通过多次摘心，促其发生多数侧枝，全株呈低矮丛生状，开多朵花。大部分一二年生花卉均属这种造形，如矮牵牛、一串红、美女樱、四季秋海棠、藿香蓟等。

（4）悬崖式　悬崖式整形全株枝条向下方的同一方向伸展，多用于小菊造形。

（5）攀缘式　攀缘式整形多用于蔓性花卉，将花卉引缚在具有一定造形的支架上，如牵牛花、铁线莲、茑萝等常用这种整形方式。

2. 修剪　修剪是指去除植株体的一部分，主要包括摘心、除芽、去蕾、折梢、曲枝、修枝等，通过这些措施可使花卉的植株形成或保持理想的株形或冠形。摘心即摘除枝梢的顶芽，促发侧枝。一二年生花卉及宿根花卉常用摘心法使其增加分枝，使株丛低矮紧凑。但要注意，对顶生花卉及自然分枝能力很强的花卉可不必摘心，如鸡冠花、观赏向日葵、凤仙花、三色堇等。除芽、去蕾指除去过多的侧芽、侧蕾，以保证养分集中供给留下的花朵，如菊花及大丽花常用此法。折梢、曲枝、修枝等方法常用于木本花卉的整形修剪。

七、越冬越夏

（一）越冬

原产于热带、亚热带地区耐寒性差的花卉，不能忍耐冬季的低温，北方地区栽培时，在冬季到来之前必须及时做好防寒工作，以保证其安全越冬。露地花卉常用的防寒措施有如下几种：

1. 灌水法　冬季封冻前灌足防冻水有防寒效果。灌水后可提高空气湿度，空气中的蒸汽凝结成水滴时放出潜热，可提高空气温度。

2. 包草埋土法　冬季到来之前，对于不耐寒的木本花卉，清除枯枝烂叶后，用草绳将枝条捆拢，其外再包 5~8cm 厚的草帘并捆紧，最后在草帘基部堆 20cm 高的土堆并压实。

3. 设风障　栽培面积大、数量多的草本花卉，常在种植畦的北侧设 1.8m 高的风障，具有防风保温的效果。

4. 设席圈　植株高大且不耐寒的木本花卉，可在其西面和北面设立支柱，柱外围席，防风御寒效果突出。

5. 地面覆盖　露地宿根花卉常于入冬前在株间的地面上覆盖一层 3~10cm 厚的覆盖物。覆盖物最好采用有利于花卉生长发育，且资源丰富、价格低、使用方便的材料，如堆肥、秸秆、腐叶、松针、锯末、泥炭藓、树皮、甘蔗渣、花生壳等。地面覆盖不仅可防止水土流失、水分蒸发、地表板结及杂草产生，而且冬季对土壤有保温作用，覆盖物分解后还能增加土壤肥力，改良土壤物理性质。此外，用地膜覆盖地表也有较好的保温保湿效果。

（二）越夏

夏季温度过高会对部分花卉产生危害，可通过叶面或畦间喷水、架设遮阳网、草帘等措施进行降温。

八、连作与轮作

（一）连作

在同一块土地上，连年重复栽培同一种花卉称为连作。花卉连作易造成病虫害的蔓延危害,使产量逐年下降。不同花卉耐连作的程度不同,应区别对待。

(二)轮作

在同一块土地上,按一定的时间轮换栽种几种不同的花卉称为轮作。轮作的目的是最大限度地利用地力和防除病虫害。不同种类的花卉对于营养成分的吸收不同,浅根系与深根系花卉病虫害的危害程度也不同。例如,前作花卉需氮量较多,对磷和钾需要量较少,土壤中氮肥多被消耗,磷、钾消耗少;后作花卉应栽培需氮少,磷、钾需要量较多的花卉。

合理轮作能有效避免或减轻病、虫、草害,保持地力,降低成本,提高产量,增加效益。轮作周期主要根据各类花卉主要病原菌在栽培环境中存活和侵染危害的情况而定。

第二节 设施花卉的栽培管理

近年来,我国设施花卉栽培面积不断扩大,据统计,截至 2011 年,全国花卉生产总面积 102.40 万 hm^2,其中设施栽培总面积 9.33 万 hm^2,设施花卉已成为我国花卉生产的重要组成部分,对我国花卉业的发展起到了促进作用。因此,做好设施花卉的栽培管理工作意义重大。

一、设施花卉栽培的特点

设施花卉栽培是指在以大棚、温室等为主体的栽培设施内,完全或部分人为控制环境条件的一种生产方式。

设施花卉栽培具有以下特点:①设施环境条件便于人为或自动控制,因此易实现花卉的周年生产、均衡供应;②有利于提高花卉生产的技术含量;③有利于实现花卉的工厂化生产,促进"三高"农业的发展;④有利于开拓市场,目前我国花卉生产正处于由露地粗放栽培向设施生产转型时期,设施花卉栽培面积正逐年增加。

栽培设施虽然为花卉栽培提供了比较有利的基础条件,但其内的环境条件并不能完全满足花卉生长发育的需要。因此,必须对设施内环境进行科学调控,使之满足花卉各生育阶段的要求,才能提高花卉的产量和质量,达到设施栽培高产高效的目标。在诸多设施环境因子中,温度、光照、水分、气体及土壤等对花卉生长发育的影响尤为重要。

二、花卉栽培设施环境调控

花卉栽培设施环境调控包括温度调控、光照调控、湿度调控、土壤消毒以及二氧化碳调控等。

(一)温度调控

温度是设施环境管理的关键问题之一。花卉栽培设施温度调控的重点是越冬和越夏温度的调节,减少花卉生产的季节性损失。

花卉栽培设施温度管理的原则是以花卉生育的三基点温度为标准,使大部分时间维持在最适温度范围内,夏季炎热及冬季严寒时期,使设施内温度不超过最高临界温度和不低于最低临界温度。各种花卉原产地不同,对温度的适应能力也不同,因此在温度管理上有所差异。如热带花卉越冬要求温度不低于 16~18℃,亚热带花卉要求不低于 8~10℃,温带花卉要求不低于 3~5℃,冬季休眠的花卉要求不低于 0℃,方可保证安全越冬。花卉栽培设施温度调控常采用加温和降温措施。

1. 加温措施 现代化设施花卉栽培加温设备有多种,散热器的形式主要有两类:一类是金属散热器，固定于四周墙壁，以蒸汽或热水为传热介质供热；另一类是以金属管或塑料管并排平铺于地面或栽培床下，管内通以热水。较大规模切花生产提倡采用中心锅炉统一供热的采暖系统；小规模生产可使用冬季采暖炉，可用一栋一炉或两栋一炉的采暖方式。较简易的设施加温采用煤炉加火道，是传统的方法；另外，还可采用电热加温、红外线加温、燃油或燃煤热风加温等方法。设施花卉栽培中也常采用保温措施，小规模设施可外侧加盖草帘、保温被、薄膜和玻璃等覆盖物，减缓室内热量向外传导。

2. 降温措施 夏季日照强烈，气温高，设施内的温度往往升至40℃以上。设施内夏季降温常用以下措施：第一种是通风降温，通过开启天窗、侧窗、排气窗或将塑料薄膜打开，也可利用排风扇，促使空气流通而降温。第二种是遮阳降温，通过挂设遮阳网，可降低光照度，具有良好的降温效果。遮阳降温又分内遮阳和外遮阳，外遮阳即将遮阳网挂设在设施外侧屋顶上方，内遮阳即将遮阳网挂设在设施内。第三种措施是喷淋降温，即风扇加水帘系统，利用水帘的循环水不断蒸发起到降温效果。对于喜湿性花卉还可利用喷雾降温，降温的同时还可增加空气湿度。也可采用屋面淋水降温等。

（二）光照调控

设施栽培的花卉有些种类要求较强的光照，如仙人掌及多浆植物类。有些种类能适应较充足的光照条件，如白兰花、茉莉花、含笑、扶桑等。大多数花卉不能适应夏季的强烈光照，要求进行一定程度的遮阴才能生长良好，如金粟兰科、秋海棠科、天南星科、兰科、蕨类等要求遮阴度50%～80%。遮阴不但可降低光照度，还有降温效果。

1. 遮阴与遮光措施 现代温室及连栋大棚均采用遮阳网或遮阳布遮阴，可根据需要自动开启调控遮阴度。一般春、秋季在中午前后光照度较高应适当遮阴，早晚给予较充足的光照，夏季晴天10:00～16:00应遮阴。屋顶流水遮阳系统是目前欧美流行的一种遮阴兼顾降温的新设施。

遮光是欲使短日照花卉在自然长日照季节开花常用的光照调控措施。遮光常用黑色塑料薄膜或黑色棉布加工成遮光罩，根据不同花卉对日照的要求，于日落或日出前几小时将其放下，人为创造短日照环境，从而促进短日照花卉提早开花。使一品红、秋菊于国庆节开花常用此法。

2. 补光措施 冬季或春秋的阴雪或阴雨天气，设施内往往光照不足，影响花卉光合作用的正常进行，尤其对喜光性花卉和长日照花卉的生长开花极为不利。这种情况下需要对设施内的花卉进行补光处理。另外，对设施内的花卉进行二氧化碳施肥时，补充光照有利于提高光合速率。补光常用的光源。见表4-3。400W的白炽灯距花卉2m处产生的光照度与日光相同，100～300W的白色荧光灯同样能达到一定的光照效果，近年流行的生物灯更适合用于植物的补光。此外，在自然短日照季节，通过补光也可促进长日照花卉提早开花。

（三）湿度调控

在花卉的设施栽培中，所说的湿度主要指空气相对湿度和土壤湿度。

1. 空气湿度调控措施 设施栽培的花卉大多原产于热带雨林，如热带兰花、天南星科、竹芋类、蕨类、凤梨类等，因此对空气相对湿度要求较高，一般在64%～85%为宜。空气干燥的季节对这些花卉的生育极为不利，不仅会引起叶片卷缩、叶尖干枯，降低观赏价值，严重者还会引起死亡。而仙人掌及多浆植物类，梅雨季节长期处于空气湿度大的环境中又会引起腐烂。气温低、空气湿度大时，对多数花卉生长不利，这种情况下必须降低设施内空气湿度。因此，应根据季节、天气及花卉种类不同，适当调节设施内空气湿度，使之适应花卉生长发育的要求。增加空气湿度的措施通常是弥雾,也可向地面喷水,在设施内设水池或水缸,以增加水分蒸发量。降低空气湿度的主要措施是加强通风和提高设施内的温度。

2. 土壤湿度调控措施 土壤湿度的调节是通过灌溉进行的。设施内的灌溉方式主要有三种,即漫灌、喷灌和滴灌。

漫灌溉水量以漫过畦面为度。喷灌分移动式喷灌和固定式喷灌两种,喷灌的优越性表现为:可人为控制喷水量;灌水均匀,节约用水;可增加空气湿度,降低温度,改善局部生态环境。滴灌系统由贮水池、过滤器、水泵、肥料注入器、输入管线、滴头、控制器等组成。滴灌直接将水送到花卉的根区,将花卉的根系包围起来,以利于集中供水。滴灌较其他灌溉方式有明显的优越性:可维持较稳定的土壤水分状态,有利于花卉的生长;可有效避免土壤板结,减少土壤表层的盐分积累;滴灌与施肥相结合,可提高无机肥的利用率,降低生产成本;同时,有利于控制环境污染。

(四) 土壤消毒

设施为花卉提供了适宜生育条件的同时,也为病菌和害虫提供了生存繁衍的良好环境。因此,设施内花卉换茬栽种之前,应先对土壤进行严格的消毒,以杀死病菌孢子和害虫及虫卵等。土壤消毒方法可分为物理消毒和化学消毒。

1. 物理消毒措施 物理消毒以蒸汽消毒为主,一般是将土壤或基质用塑料膜或篷布盖严,然后用金属管或胶管将蒸汽导入其内,使内部温度升至80～85℃,并保持30～45min。蒸汽消毒法几乎可以杀灭土壤中所有的病菌、害虫、杂草等。

2. 化学消毒措施 化学消毒即药剂消毒,常用甲醛400～500mL/m³,配成1:50或1:100的溶液与土壤或基质混匀,用塑料薄膜覆盖1周后,揭开覆盖膜,翻晾3～4d,待药剂挥发后便可种植。

(五) 二氧化碳调控

由于设施内长期处于密闭状态,通风换气受到制约,设施内的二氧化碳被大量消耗之后得不到及时补充,因此设施内二氧化碳浓度远低于室外空气。日出后1.5～2h,二氧化碳浓度由300mg/kg急速下降至70～80mg/kg,严重影响了花卉植物光合作用的正常进行。这种情况下必须向设施内补充二氧化碳。

一般设施内二氧化碳浓度的上限为1 000～1 500mg/kg,可参照此上限浓度增施二氧化碳气肥。通常二氧化碳气源通过有机肥腐熟法、燃烧含碳燃料法、固体二氧化碳、瓶装液体二氧化碳、二氧化碳发生器等途径获得。补充二氧化碳的时间随季节、光照、温度及花卉种类而不同,一般宜在晴天日出0.5h以后开始,最佳施放时间为晴天10:00～11:00、13:00～14:30。阴雨天或低温时不宜施用。

第三节 盆栽花卉的栽培管理

盆栽花卉是花卉生产的主要方式之一。盆栽花卉大多数原产于热带、亚热带或地中海沿岸地区,目前多在设施内培育养护。由于利用盆钵种植,花卉根系的伸展受到限制,水分和养分也受到制约。因此,栽培盆花不但要做好设施环境的调控,而且栽培用土或基质的选择与配制、上盆与换盆、日常肥水管理等工作均具有特殊性。

一、花盆的种类

花盆是盆栽花卉必需的器具。常用的花盆为素烧泥盆,此外还有塑料花盆、瓷盆、紫砂盆、水泥盆、木盆等。目前，塑料花盆广为流行，它具有轻便、不易破碎、色彩多样、保水能力较强等特点。瓷盆外形美观，但通透性差，一般多用于套盆。

二、盆栽的形式

（一）根据花卉姿态和造型分类

根据花卉姿态和造型，盆栽花卉可分为直立式、散射式、垂吊式、图腾柱式以及攀缘式等。

1. 直立式盆栽　花卉本身姿态修长、直立高耸或有明显挺拔的主干，可以形成直立型线条。如香龙血树、发财树、荷兰铁和南洋杉等。

2. 散射式盆栽　花卉株型松散，枝叶散开向外发散，占有空间较大。如苏铁、肾蕨、散尾葵、海枣等。

3. 垂吊式盆栽　植株茎叶细软、下垂弯曲或蔓生，可用于垂直绿化装饰。如常春藤、垂盆草、吊兰、绿萝、藤本矮牵牛等。

4. 图腾柱式盆栽　将一些攀缘性和具有气生根的花卉栽植后绑缚或缠绕在盆中的立柱上，以做垂直装饰，立柱上缠以吸湿的棕皮等软质吸水材料，全株呈直立型。如绿萝、喜林芋、圆叶蔓绿绒、合果芋等。

5. 攀缘式盆栽　蔓性和攀缘性花卉盆栽后经牵引，使之依附、缠绕在其他物体上做垂直装饰。如茑萝、牵牛花等。

（二）根据盆栽花卉种类组成分类

根据花卉种类组成，盆栽花卉可分为独本盆栽、多本群栽和组合盆栽等。

1. 独本盆栽　一盆中只栽培一株花卉的栽培形式。如鸡冠花、瓜叶菊、仙客来、苏铁、非洲茉莉等。

2. 多本群栽　两株或两株以上同种花卉栽植在同一花盆内的栽培形式。如一叶兰、肾蕨、文竹、兰花、散尾葵、棕竹等。

3. 组合盆栽　选择两种或两种以上生态习性相近的花卉，根据美学原理将其栽植在同一花盆内，以形成环境要求相近、色彩调和、高低错落、造型优美的栽培形式。一般一个容器可组合种植3~5种植物。近年来在欧美和日本相当风行，在荷兰花艺界还有"活的花艺、动的雕塑"之美誉。

（1）组合盆栽的取材　第一是取材容易，方便更换或换盆后仍能满足基本的观赏要求；第二是养护管理简单易行，存活率高；第三是有利提高观赏性和延长观赏时间。

（2）组合盆栽的设计　组合盆栽设计近似于盆景设计，一般讲究植物习性、色彩、平衡、层次、对比、韵律、比例等元素。在组合设计之初，应考虑植物配置持续生长的特性及成长互动的影响，并和摆设环境的光照、水分条件相配合。要设计出生动丰富的组合盆栽，需熟练运用各种设计元素，方能达到理想效果。

组合盆栽设计要点如下：

①植物习性基本一致：种植在同一容器中的植物应尽量选择生态习性一致的种类，其对温度、湿度、光照、水分和土壤酸碱度等生态因子要求相似，以便于养护管理，容易达到理想的效果。如喜光、耐旱的有仙人掌类、景天科、龙舌兰科花卉组合；喜阴、耐湿的有蕨类、天南星科、竹芋科花卉组合等。

②色彩搭配和谐：植物的色彩相当丰富，从花色到叶色，都呈现出不同风貌，在设计时必须考虑其空间色彩协调及层次变化，同时还要配合季节和空间背景，选择适宜的植物材

料。整体空间气氛的营造可通过颜色变化,引导观赏者的视线与环境互动而产生情绪的转换,使人有赏心悦目之感。色彩搭配时,一般以中型直立植物确定作品的色调,再用其他小型植物材料作陪衬。花形花色与叶形叶色匹配,使组合后的群体在色、形、姿、韵诸方面能创造出一种独特的美感。

③平衡稳重:影响组合盆栽稳定感的主要因素是重量感,组合盆栽各个组成部分的重量感是通过色彩、体量、形态、质地等表现出来的。例如,色彩浓艳或灰暗、形态粗壮、体量大则重量感重;数量少、质地光滑、薄软则重量感轻。在组合盆栽配置时,为保持稳定感和均衡感,要做到上轻下重、上散下聚、上小下大。

④层次分明:渐层是渐次变化形成的效果,含有等差、渐变的意思,在由强至弱、由明至暗或由大至小的变化中形成质或量的渐变效果。渐层效果在植物体上常可见到,如色彩变化、叶片大小、种植密度变化等。

⑤对比鲜明:将两种花卉并列栽植使其产生明显差异的视觉效果就是对比。如明暗、强弱、软硬、大小、轻重、粗糙与光滑等,运用的要点在于利用差异衬托出各自的优点。

⑥富有韵律:在盆栽设计中,无论是形态、色彩或质感等要素,只要在设计上合乎某种规律,对视觉感官能产生韵律感,则可显著提高盆栽的观赏价值。

⑦比例协调:比例指在一特定范围中存在于各种形体之间的相互比较,如大小、长短、高低、宽窄、疏密的比例关系。各种或各组植物在组合盆栽中需遵循一定比例关系而变化,否则作品便会显得呆板无味。

(3) 组合盆栽基质的选择 组合盆栽基质应选择泥炭土、河沙、蛭石、珍珠岩、发泡炼石、水草、树皮、腐叶土等材料配制而成的营养土。根据植物对基质的保水性、透水性和通气性要求混合配制,保证多种植物正常生长发育。

(4) 组合盆栽的肥水管理 组合盆栽的管理要统筹兼顾各种植物,营养需求差异较大的植物组合时,大体以中性程度较妥,即对光照给予半阴半阳,对水分保持潮润,对肥料实行薄肥淡施,从而达到同一种管理模式下各种植物均能获得生长发育所需求的基本条件,取得和谐共处的效果。

三、盆栽培养土的配制

(一) 配制培养土的原料

由于盆栽花卉根系受到容器的限制,因此盆土的通透性及营养状况对花卉的生长发育影响很大,是盆栽花卉生长的重要限制性因素。盆栽花卉的用土不同于一般园土,而是根据花卉生长发育需要,经过人们精心选择,按照一定比例配制而成的培养土。配制培养土常用的原料有园土、腐叶土、河沙、塘泥、泥炭、珍珠岩、蛭石、堆肥土、砻糠灰、水藓、椰子纤维等。

1. 园土 园土是指菜园、果园、花圃或种过豆科植物的苗圃表层的沙壤土。园土具有一定的肥力,是配制培养土的主要原料之一,但易板结,透水性较差。园土的pH因地区而异,一般北方的园土pH 7.0~7.5,南方的园土pH 5.5~6.5。

2. 腐叶土 腐叶土是由树叶、杂草、稻秸等与一定比例的泥土、厩肥层层堆积发酵而成。腐叶土质地疏松,有机质丰富,保水保肥性能良好,呈酸性反应,pH 5.5~6.0,是配制培养土的优良原料。

3. 河沙 河沙不含任何养分,通透性良好,pH 6.5~7.0,在培养土中主要起通气排水的作用。

4. 塘泥 塘泥是指湖、塘、池底部的淤泥，是冲刷的泥土、残枝落叶、水生动物遗体及排泄物、水生植物的残体等汇集到湖、塘、池底部，经过长期的嫌气分解而形成的。塘泥含有丰富的有机质，呈酸性反应，但其内含有一些有毒物质，挖出后需经晾晒，待有毒物质分解后方可使用。

5. 泥炭 泥炭是低湿地带植物残体在多水少气的条件下，经过长期堆积、分解形成的松软堆积物。泥炭有两种，即褐色泥炭和黑色泥炭。褐色泥炭分解较差，含有机质丰富，pH 6.0～6.5，且含有胡敏酸，有促进插条生根的作用；黑色泥炭分解较好，含有机质少，含矿物质较多，pH 6.5～7.4。泥炭质地疏松，孔隙度在85%以上，密度小，透气、透水，保水性能良好，是配制培养土的优良原料。

6. 珍珠岩 珍珠岩是硅质火山岩加热至1 000℃时膨胀形成的具有封闭的泡状结构的轻团聚体。珍珠岩通气性、排水性良好，质轻，宜与蛭石、泥炭混合使用。

7. 蛭石 蛭石是由云母矿石在1 000℃高温炉中加热，其中的结晶水变为蒸汽散失，体积膨胀而形成疏松多孔体。蛭石通透性、保水性良好，pH6.2左右，是常用的培养土原料之一。

（二）培养土的配制

不同种类的花卉以及花卉不同生长发育阶段，对培养土的物理性状、化学成分、有机质含量及酸碱度的要求均不相同，因而要求培养土的成分也不同。常见使用的盆栽花卉培养土配制成分及比例（体积比）如下：

（1）大多数盆栽花卉的通用型培养土配方 园土、腐叶土、黄沙、骨粉6∶8∶6∶1混合，或泥炭、黄沙、骨粉12∶8∶1混合。

（2）一二年生花卉的培养土配方 腐叶土、园土、砻糠灰2∶3∶1混合。

（3）菊花及一般宿根花卉的培养土配方 堆肥土、园土、草木灰、细沙2∶2∶1∶1混合。

（4）常绿木本花卉的培养土配方 腐叶土、园土、河沙2∶2∶1混合。

（5）蔷薇类花卉的培养土配方 堆肥土、园土1∶1混合。

（6）山茶花、杜鹃花、秋海棠、兰花、八仙花的培养土配方 腐叶土为主，加黄沙少许，或泥炭、粗沙、骨粉6∶4∶0.5混合。

（7）多浆植物的培养土配方 腐叶土、园土、黄沙2∶1∶1混合。

（8）热带兰花等气生兰类的栽培植料 一般以水藓、椰壳纤维、树皮块、蕨根等作为栽培植料，也可以几种植料混合使用，例如水藓、蛭石、珍珠岩2∶2∶1混合。

（9）蕨类植物的培养土配方 水藓、腐叶土、河沙2∶2∶1混合。

另外，盆栽花卉从育苗至开花，不同生长发育阶段对培养土的适应性不同。如育苗基质常见使用的有：腐叶土、园土1∶1混合，泥炭、砻糠灰1∶2混合，泥炭、珍珠岩、蛭石1∶1∶1混合。扦插基质常用珍珠岩、蛭石、黄沙1∶1∶1混合。一二年生花卉播种用培养土为腐叶土、园土、河沙5∶3∶2混合；定植用培养土为腐叶土、园土、河沙、骨粉4∶5∶1∶0.5混合。

国外常用的U.C标准盆栽土主要成分是泥炭藓和细沙，泥炭藓需粉碎至大小为0.05～0.5mm的颗粒。一般盆栽用土的配比为细沙、泥炭藓1∶1。

四、上盆与换盆

1. 上盆 将花卉幼苗移植到花盆中的操作过程称为上盆。上盆首先应根据花卉植株的大小、花卉种类的生长速度选择大小适宜的花盆。一般大苗用大盆，小苗用小盆，而仙人球类、龙舌兰类则宜选用稍大盆。上盆时，首先在盆底排水孔处垫上瓦片、塑料瓦盆垫或窗纱等，以防盆土漏出和排水孔堵塞，有利于排水。然后向盆内填入少量粗粒培养土，再填入部分细培养土，其后将花苗放在盆中央，使苗直立，并将根系向四周展开置于土上，最后由盆的四周向内加入培养土，并埋至根颈部位，栽植完毕后需轻轻墩实盆土，使盆土与盆缘之间保持2cm左右，以便浇水、施肥，防止漏水。幼小嫩苗填土后不必按压盆土，以免损伤根系。

2. 换盆 换盆是指将原来盆栽的花卉由一个盆中换栽到另一个盆中的操作过程。随着花卉植株的生长，根系也不断增加，根系在原来的盆内已没有继续伸展的余地，或者植株分蘖能力强，植株长满花盆时，必须更换成大一号的花盆。此外，随着植株的生长，原来盆土中的养分已被消耗殆尽，物理性状变劣，也必须换盆，这种情况的换盆是为了修整根系和更换培养土，盆的大小可不变，又称翻盆。

换盆时，首先进行磕盆，使盆土与盆脱离，然后将花盆倒置，一只手张开托住植株茎干基部和盆土，另一只手旋转盆底或以拇指通过排水孔向下推压盆土，土球即可脱落。如盆土过于干燥而不易脱落时，应于前一天浇水湿润盆土，便可顺利操作。经过初期栽培的盆栽花卉，根据需要换盆时可去掉部分原土，剪除残根、老根、枯根、卷曲根以及无吸收能力的根系，以促发新根，同时对盆土上部影响观赏的部分进行适当修剪。由于花卉的种类不同，生长速度不同，换盆间隔的时间也不同。一二年生盆栽花卉由上盆到开花需换盆2~4次，宿根花卉1年换盆1次，木本花卉2~3年换盆1次。宿根花卉和木本花卉宜在春季开始生长之前或秋季停止生长后进行换盆，常绿种类可在雨季换盆，但在花芽分化期及盛花期不宜换盆。此外，部分花卉换盆时也可进行分株繁殖。

无论上盆还是换盆，植株栽植完毕后均应及时浇透水，然后置于阴凉避风处养护2~3d，再移到日光下管理。但对于部分具有肉质根系的花卉而言，栽植后一般在阴凉避风处放置1~2d再进行浇水，以防止植株根系腐烂。另外，上盆或换盆时，若使用旧泥盆，应洗掉附于盆壁上的泥土或青苔等污物，晾干后再用，以恢复泥盆的通透性。若用新盆，应先将其在水中浸泡退火，使盐类溶淋。

五、转盆、倒盆与松盆

1. 转盆 转盆是指置于设施内的盆栽花卉，为防止由于趋光性产生偏冠现象而将花盆转动180°的操作。一般每隔20~40d转动一次。生长快的花卉转盆间隔期短，生长慢的花卉转盆间隔期可稍长。转盆可使花卉株形完整、生长均匀。双屋面南北走向的温室或大棚，光线射入均匀，盆栽花卉常无偏向，不用转盆。夏季在荫棚下摆放的盆栽花卉，转盆除避免偏向生长外，还可防止根系自排水孔穿出，以及时间过久移动花盆造成断根而损伤植株的弊病。

2. 倒盆 倒盆是指在设施内不同位置摆放的盆栽花卉，经过一段时间的栽培后，进行调换摆放位置的操作。倒盆的作用有两方面：一是使不同的花卉和不同生长发育阶段的花卉得到适宜的光、温和通风条件；二是随着植株的长大，调节盆间距离，使盆栽花卉生长均匀健壮。通常倒盆与转盆结合进行。

3. 松盆 盆栽花卉因不断浇水，盆土表面往往板结，伴生有青苔，严重影响土壤的通气性，不利于花卉生长。用竹片、小铁耙等工具疏松盆土的操作称为松盆。松盆可改善盆土通气条件，促进根系发育，便于浇水，提高肥效。

六、浇　水

1. 浇水原则　对于大多数中生花卉而言，浇水的总原则是不干不浇，浇则浇透，干湿相间。

浇水量是根据各种花卉对水分的需求量决定的。如旱生花卉仙人掌类及多浆植物喜干燥环境，应做到干透浇透，浇水的基本原则是宁干勿湿。湿生花卉如蕨类植物、秋海棠、凤梨科植物、天南星科植物等喜潮湿的土壤，需水量较大，表土略显干燥就应浇水，浇水的基本原则是宁湿勿干。中生花卉对水分的要求介于旱生花卉和湿生花卉之间，浇水的原则是见干见湿。

另外，不同季节盆栽花卉需水量不同。一般冬季温度较低的低温温室浇水量宜少，4～5d浇一次即可；高温温室则需水量较多，宜1～2d浇一次水。夏季炎热天气浇水量较大，几乎每天早晚各浇一次水。梅雨季节由于空气湿度大，可减少浇水量。秋季天气渐变凉爽，浇水量可逐渐减少，宜2～3d浇一次。总之，要根据花卉种类、季节和天气情况综合决定浇水量和浇水次数。

盆栽花卉浇水的时间，夏季宜在早晨或傍晚，冬季则宜在中午前后，水温、气温、土温尽量接近时浇水，防止由于温差太大对根系造成损伤。

2. 找水、放水、勒水和扣水

（1）**找水**　设施内温度较高时，常易造成上干下湿，此时应及时进行适当补水，称为找水。

（2）**放水**　花卉生长发育旺盛期，为发枝或促进生长，结合追肥，加大浇水量，保持表土不见白，叶片不萎蔫，称为放水。

（3）**勒水**　休眠期或设施内温度较低时，或蹲苗防止徒长促进花芽分化时，适当控制浇水量，保持盆土潮润，并结合松土保墒，称为勒水。

（4）**扣水**　花卉植株上盆、换盆后，因根系损伤，宜用潮润的培养土栽培，栽后放置1～2d再浇水，以加快根系恢复、防止烂根、黄化脱水和植株萎蔫，称为扣水。

七、施　肥

1. 施肥方法　盆栽花卉的施肥也有基肥与追肥之分，其施用方法与露地花卉略有区别。

（1）**基肥**　盆栽花卉在上盆或换盆时，将肥料施入培养土之中，使其与培养土充分混合，或者将肥料置于盆底，其上再铺一层培养土将肥料与根系隔离。基肥多使用固体肥料，常用的有发酵腐熟的饼肥、鸡粪及过磷酸钙、骨粉等。

（2）**追肥**　盆栽花卉生长发育过程中，为补充培养土中某些养分的不足追施肥料。追肥多采用液体肥料，如腐熟的饼肥水、矾肥水；也可在盆土表面撒入发酵的饼肥、麻酱渣或尿素、磷酸二氢钾等速效无机肥料，然后扦松盆土，浇透水。

矾肥水的配制：以容量为200～250L的容器配制时，先后倒入麻酱渣或饼肥5～10kg、猪粪10～15kg、硫酸亚铁（黑矾）2.5～3kg、水200～250kg，再将容器口用塑料薄膜盖好，在阳光下暴晒发酵，20d后即可取上清液，稀释5～10倍后使用。矾肥水是盆栽花卉常用肥料，尤其是对喜酸性土的盆栽花卉效果更显著。

根外追肥是盆栽花卉追肥的一种形式。生长期内喷施氮肥可促进枝叶生长，喷施硫酸亚铁可防止叶片黄化；孕蕾期喷施磷酸二氢钾，可促进花蕾发育，使花大色艳。但应注意追肥使用的肥液浓度不宜过高，应控制在0.05%～0.3%，施用时间宜在晴天的傍晚。一般情况下，进行根外追肥后次日应及时浇水淋洗，防止叶片产生肥害。

2. 施肥时间　基肥应于春、秋结合上盆和换盆进行，追肥应于生长期和开花前后进行。

3. 追肥次数及施肥量　根据花卉种类、植株大小及生长发育阶段不同而异，一般观叶类花卉以氮肥为主，观花、观果类花卉以磷、钾为主，球根类花卉宜多施钾肥，一年多次开花的宿根花卉（香石竹）及木本花卉（月季）开花前后应施重肥，喜肥的花卉（如大岩桐）应薄肥勤施。另外，盆栽花卉生长旺盛期宜每1～2周施一次，休眠期或半休眠期少施或不施。幼苗期应以氮肥为主，孕蕾期应多施磷肥。

4. 缓控释肥　为了提高施肥效果和加强施肥安全，节约肥料，宜采用施肥新技术，提倡使用缓控释肥，包括缓释肥和缓控肥。缓释肥是指肥料施入土壤中后，其养分释放速率远小于速溶性肥料，具有缓效性或长效性。控释肥是通过各种调控机制使肥料中的养分释放延缓，延长作物对养分吸收利用的有效期，使养分按照设定的释放率和释放期缓慢释放或控制释放。

缓控释肥具有如下优点：①安全，微孔包膜，前期温和释放促发根，养分释放不受外界因素影响，水中溶解度小，营养元素在土壤中释放长期稳定，能源源不断地满足花卉在整个生育期的需要。②经济，肥料利用率高，用于基肥时，一次可以施下全量；用于追肥时，其用量为基肥量的一半。③施用简便，一个生长季只需施一次肥。

第四节　切花的栽培管理

切花是指从植物体上剪切下来的新鲜的植物离体材料，主要用于花卉装饰及鲜花礼品，包括切花、切叶、切枝、切果等。切花的用途与盆栽花卉、园林花卉不同，切花生产要求的环境条件及技术措施也与之相差甚远。切花栽培多为地栽，我国不同地区气候条件各异，切花生产方式也不尽相同，大部分切花生产均需在一定的设施条件下进行，尤其是要保证切花周年生产更离不开设施栽培。

一、整地做畦

设施切花栽培多为地栽，将经过消毒的土壤或其他基质整理做畦，畦宽一般为100～120cm。若设施内地势较高、排水条件良好，或者所种的切花较喜水湿条件，则宜做平畦；若设施地势低洼、地下水位较高，或者所种的切花不耐水湿、喜干爽，则宜做高畦。同时结合整地做畦施足基肥。

二、定　植

将预先培育或购入的切花种苗按生产计划分批分期进行定植。根据各种不同切花的生物学特性确定定植密度，例如，香石竹定植密度为30～40株/m^2，月季定植密度为9～10株/m^2，菊花定植密度为30株/m^2。定植宜在阴天或晴天下午进行，定植后及时浇透水。若为晴好天气，还应适当遮阴，以提高成活率。

三、张网设支架

定植后，当苗株长至20cm左右时，对茎秆易倒伏的切花类，要及时张网设支架。如香石竹苗高20cm左右时，在苗床两侧埋立木架或钢架，在苗上方张第一层网，网的两侧挂在支架上，张网应紧，防止松弛。以后随苗株长高再相继张第二层网和第三层网，网之间保持

20~25cm 间距。防倒伏网可用尼龙线编织而成。张网后将苗株限制在网格之内生长,四周得以支持,便可避免茎秆弯曲或倒伏,可提高切花品质。如菊花、百合、小苍兰、唐菖蒲切花栽培中常张网设支架。

四、整形修剪

切花栽培中,为了提高单株切花产量,必须及时进行整形和修剪。不同种类和品种的切花,其整形和修剪方法也不同。

草本切花类以摘心和剥蕾为主。以香石竹为例,定植1个月左右时进行第一次摘心。随后发生数支侧枝,每株只保留4支侧枝,其余抹掉。当一级侧枝长到20cm左右时,进行第二次摘心,促发第二级侧枝,最后每株保留8~10支侧枝,其余侧枝全部剥除。当茎端发生数个花蕾时,只保留顶端一个主蕾(大花品种),其余侧蕾宜尽早摘除,以免消耗养分,这样便可保证每株香石竹产8~10支高质量切花。

木本切花则以修剪和摘蕾为主。以月季为例,冬季休眠期或栽培初期,以培育开花母枝为主,应进行强修剪,只保留基部30~50cm,其余枯枝、弱枝、病枝、交叉枝等全部剪除。当开花枝生长、先端着蕾时,为了保证养分集中供给主蕾发育,每支花枝先端只保留一个主蕾,其余侧蕾、侧枝均应及时摘除。

五、切花的采收

切花是切取植物具有观赏价值的新鲜茎、叶、花、果等,用于花卉装饰,具有较高的商品价值。切花的适时采收是提高切花质量的重要保证之一。采收过早,发育不充分不能开花;采收太迟,会缩短切花寿命。不同种类的切花采收期与其花枝发育阶段紧密相关。

1. 蕾期采收　花蕾显色期采收,不仅花朵能正常开放,又便于包装和运输。如唐菖蒲在花序下端的花蕾显色时即可采收;芍药在花蕾显色时采收,吸水后即可盛开,且耐贮藏。对于蕾期采收后不能继续发育开花的切花种类,则不能在蕾期采收。

2. 初花期采收　多数种类的切花均于初花期采收。以月季为代表,花蕾紧包时剪切,花朵不易开放;盛花时剪切,则切花开放时间短。在1~2枚花瓣外展初开时采收最佳。菊花大花品种部分舌状花外展时采收。

3. 盛开期采收　切花开放持久的种类多于盛开期采收,如花烛、山茶花、向日葵等。切果应于果实充分成熟变色时采收。切叶类待叶片发育成熟后可随用随采。需要长期贮存和运输的花卉,可提早采收。

切花采收期还与季节有关,夏季温度高,要适当早采,冬季则应推迟采收。一天之中切花最适宜的采收时间应考虑不同的因素,最好选择晴天清晨或傍晚采切,避免在晴天正午和雨天采收。若鲜花采后直接浸入保鲜液中,采切时间就不是很重要。

切花采收后经整理分级,先暂时放入冷库贮存,然后取出按等级10支或20支扎成一束,用牛皮纸、瓦楞纸或透明玻璃纸等包裹后装入特制纸箱运往市场,一般每箱装200支左右。

第五节　花卉无土栽培

一、花卉无土栽培及其意义

凡是利用其他物质代替天然土壤的作用,并结合营养液为花卉提供水分、养分、氧气,使花卉能够正常生长并完成其整个生命周期的栽培方式称为花卉无土栽培。

与土壤栽培相比，无土栽培有许多优点，可以促进花卉生长、增加花卉产量、提高花卉品质、克服连作障碍、节约用水、提高肥效、减少肥料损耗、清洁卫生、减轻病虫危害、无需中耕除草，从而降低劳动成本、减轻劳动强度。此外，花卉无土栽培还便于发展花卉工厂化、自动化、集约化生产，推动花卉生产产业化发展。花卉无土栽培不受土壤条件限制，环境条件可以人工调控，所以在沙漠、盐碱地等天然恶劣环境下，也能利用无土栽培使鲜花盛开，美化环境。

二、花卉无土栽培的方法

（一）无基质栽培

无基质栽培又称非固体基质栽培，指花卉不通过任何固体基质供给营养，而是直接将根系浸泡在含营养液的水中或裸露在含有营养液的潮湿空气中进行栽培的方式。根据营养液的物相不同可分为水培和雾培两种类型。

1. 水培 水培是花卉部分或全部根系浸润生长在营养液中，一部分根系裸露在潮湿空气中。通过营养液不停流动或向营养液中泵入空气的方式达到水、肥、气的协调。花卉水培方式有深液流技术（deep flow technique，DFT）、营养液膜技术（nutrient film technique，NFT）、动态浮根法（dynamic root floating，DRF）等。

2. 雾培 雾培是指利用雾化器将营养液雾化，使花卉根系生长在雾状营养液环境中。雾培方式能使营养液和空气都得到良好的供应（图6-1）。

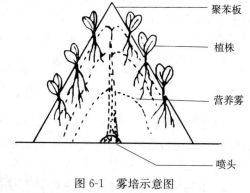

图 6-1 雾培示意图
（范双喜，2007）

（二）基质栽培

基质栽培是指将花卉用非土壤固体基质固定在一定的栽培容器里，通过灌施营养液的方式为花卉提供养分、水分和氧气的栽培方式。根据营养液的灌施方式不同可分为普通基质培和潮汐培两种。

1. 普通基质培 普通基质培是通过喷灌、滴灌等常规方法为基质培养的花卉灌施营养液。

2. 潮汐培 潮汐培就是像潮起潮落一样循环往复不断将营养液向花卉根系供应的一种方法。"潮起"时为花卉供给营养液；"潮落"时栽培基质排水，作物根系更多地吸收氧气。潮汐培很好地解决了水分与氧气的矛盾，基本不破坏基质的三相构成（图6-2）。

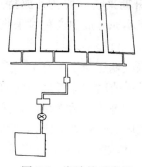

图 6-2 潮汐培示意图

三、常用基质

花卉无土栽培常用基质按组成分类，可以分为有机基质、无机基质和化学合成基质。有机基质包括泥炭、椰丝、锯末、树皮块、稻壳、玉米秆、葵花秆、棉籽壳、刨花、甘蔗渣、

第六章 花卉的栽培管理

酒糟、松针、树脂等；无机基质包括河沙、蛭石、珍珠岩、炉渣、陶粒、岩棉等，新兴材料水晶泥、彩虹砂等也属于无机基质；化学合成基质如泡沫塑料等。

四、营养液的配制

1. 营养液中的营养元素 花卉无土栽培的营养液中应含有花卉生长发育所需要的大量元素（氮、磷、钾、钙、镁、硫、铁）和微量元素（锰、硼、锌、铜、钼）等。正确使用营养液主要是保持各种离子之间的平衡关系，使之满足花卉生长发育的需要。这些大量元素和微量元素主要来自各种无机肥料。

2. 配制营养液常用的无机肥料 配制营养液常用的无机肥料有硝酸钙、硝酸钾、硝酸铵、硫酸铵、尿素、过磷酸钙、磷酸二氢钾、硫酸钾、氯化钾、硫酸镁、硫酸亚铁、硫酸锰、硫酸锌、硼酸、硫酸铜、钼酸铵等。

3. 营养液的配制原则 营养液是无土栽培花卉营养的主要来源，应含有花卉所需要的大量元素和微量元素；元素种类应搭配合理，既充分发挥元素的有效性又要保证花卉的平衡吸收；肥料应易溶于水且能被花卉吸收，在保证元素种类齐全且搭配合理的前提下，肥料种类越少越好；水源不含有害物质，无污染，如水质过硬，应事先加以处理；营养液应保持适宜的酸碱度和离子浓度。

营养液的酸碱度不符合要求时，应进行调整。pH 偏高时，可在营养液中加入无机酸如硫酸、磷酸、硝酸等加以调节；pH 偏低时，可加入碱类如氢氧化钠调节。

营养液的离子浓度是其养分高低的标志，其总离子浓度可通过测定其电导率（EC 值）来检测，但电导率不能反映个别元素的浓度，所以在营养液使用过程中，大量元素应每半个月检验一次，微量元素应每个月检验一次。

营养液内元素的种类、浓度因花卉种类、生长阶段不同而不同，也受季节及环境条件的影响而不同。生产上营养液一般分为浓缩储备液（母液）和工作营养液两种。为避免产生沉淀，又将母液分为 A、B 两种，母液 A 以钙盐为中心，凡不与钙作用产生沉淀的盐都可溶在一起，配成母液 A；母液 B 以磷酸盐为中心，凡不与磷酸根作用形成沉淀的盐都可溶在一起，配成母液 B。工作液则是根据不同的花卉植物，对 A、B 两种母液进行一定稀释后混合而成的营养液。一般水培营养液和雾培营养液浓度宜低，基质培营养液浓度稍高。营养液应避光保存，营养液储存器禁用金属容器。

4. 几种主要的花卉营养液配方 常见的几种主要花卉的营养液配方如表 6-2、表 6-3、表 6-4、表 6-5 所示。

表 6-2 道格拉斯的孟加拉营养液配方

（北京林业大学花卉教研组，1995）

无机肥料	用量（g/L）	
	配方 1	配方 2
硫酸铵	0.16	0.12
过磷酸钙	0.43	0.93
碳酸钾		0.16
硫酸钾	0.21	
硝酸钠	0.52	1.74
硫酸镁	0.25	0.53

表 6-3　营养液微量元素用量（各配方通用）

（郭世荣，2003）

化合物名称	化学式	化合物浓度* (mg/L)	化合物浓度* (mg/L)
乙二胺四乙酸钠铁（含铁 14.0%）	NaFe-EDTA	20～40	2.8～5.6
硼酸	H_3BO_3	2.86	0.5
硫酸锰	$MnSO_4 \cdot 4H_2O$	2.13	0.5
硫酸锌	$ZnSO_4 \cdot 7H_2O$	0.22	0.05
硫酸铜	$CuSO_4 \cdot 5H_2O$	0.08	0.02
钼酸铵	$(NH_4)_6Mo_7O_{24} \cdot 4H_2O$	0.02	0.01

* 易缺铁的植物选高用量。

表 6-4　菊花的营养液配方

（刑禹贤，2002）

无机肥料	用量（g/L）
硫酸铵	0.23
硫酸镁	0.78
硝酸钙	1.68
硫酸钾	0.62
磷酸二氢钾	0.51

表 6-5　唐菖蒲营养液配方

（刑禹贤，2002）

无机肥料	用量（g/L）
硫酸铵	0.156
硫酸镁	0.55
磷酸钙	0.47
硝酸钠	0.62
氯化钾	0.62
硫酸钙	0.25

注：表 6-2、表 6-4、表 6-5 中的配方均指大量元素，微量元素均可参考表 6-3。

五、水培花卉

（一）水培花卉概述

水培花卉采用无土栽培中非固体基质型的静止水培法，即以水为介质，将花卉直接栽植在盛水的透明容器中，并施以花卉生长所必需的营养元素，供室内美化、绿化装饰的一种典型花卉无土栽培方式。

水培花卉在栽入水溶液之前还需通过生物诱变技术，诱导非水生花卉组织产生类似于水生花卉的组织结构，使之对水环境具有较强的适应性，从而使花卉根部可以长期浸泡在水中而不出现烂根现象，并能保持与土栽时一样的生长特征。同时，还可以做到花鱼共养，具有看花、观根、赏鱼三位一体的独特效果。

1. 水培花卉的特点　水培花卉以其独特性，其应用范围已远远超过土栽盆花，是一种具有广阔应用前景的盆花形式。其特点主要表现在以下几方面：

（1）观赏性、装饰性强　由于水培花卉使用的是透明器皿，不但可观赏其上面艳丽的花朵、碧绿的叶片，而且能欣赏到飘散于下面水溶液中形态各异的根系，玲珑剔透，别有韵味。同时还可在水中养鱼，上面花艳叶翠，下面鱼儿游动，形成立体种养，动静结合，上下呼应，宛若一幅自然水彩画，令人心旷神怡。

（2）清洁卫生　水培花卉不以土壤为基质，不施传统的有机肥，通过土壤和有机肥传播的病毒、细菌、蚊虫等便无生存之地，由于施肥、打药带来的异味及空气污染也自然随之消失。水培花卉更利于创造清新、优雅、悦目赏心的生活和工作环境，因此水培花卉更适宜进入千家万户，也适合广泛应用于宾馆、酒楼、机关、医院、商场等场合。

（3）养护管理简便易行　水培花卉不用每天浇水，无需施肥，水分和养分全部由水培液供给。只需间隔半个月到一个月换一次水，或者加入几滴营养液便可，从而使养花变得轻松愉快、简单方便。

（4）环保效益突出　居室或办公场所摆置水培花卉，能够装饰美化生活和工作环境，带给人们视觉享受。在水培花卉生长发育过程中，其还具有净化环境、驱逐浊气、调节室内温度等环保功能，从而利于人们怡情养性、强身健体。例如，水培常春藤及水培吊兰等常被称为"高效空气净化器"，不但观赏价值高，而且对室内的甲醛、苯、一氧化碳、二氧化碳等有毒气体具有较强的吸收、净化效果。

（5）形式多样、生动活泼　水培花卉既可以一瓶一株，也可将三五种不同种类和品种的花卉错落有致地合栽于同一器皿之内，可灵活多变，表现多种植物的自然群落美，从而易于形成组合水培花卉艺术品，还可配插几支鲜切花，使有根花卉与无根花卉融为一体，自然美与艺术美相结合。

（6）科普教育的好教材　水培花卉通过营养液向花卉供应生长发育需要的水分和养分，因而便于对花卉各个生育阶段进行水分和养分调控，可人为调控水培花卉的茎叶生长和开花，在栽养过程中掌握其调控技术。同时，人们还可近距离观察新芽诞生、幼叶伸展的过程，以及白嫩的根系在水溶液中潇洒飘柔的姿态，让人们（尤其是儿童）直观地了解花卉生长开花的全过程。

2. 水培花卉的器皿　水培花卉的器皿不但具有置放及支撑花卉植株的作用，而且器皿本身也是水培花卉不可缺少的观赏内容之一。花卉与器皿及其内的水培营养液甚至游动的鱼儿共同构成水培花卉的观赏整体。因此，对花卉水培器皿的精心选择、艺术搭配，对提高水培花卉的整体观赏价值至关重要。为了便于观赏花卉形态各异的根系以及根系生长的过程，一般宜选用透明的容器。选择容器时应注意掌握以下几个原则：器皿应具有较高的透明度，器皿款式与花卉形体姿态相协调，器皿大小与花卉体量相匹配，器皿形态及大小与环境相协调，不宜使用金属器皿。依此原则普通玻璃器皿、废弃饮料瓶等均可用于水培花卉。

3. 适合水培的花卉　由于各种花卉的生态习性不同，对水的适应性差异也很大，对水中含氧量的需求也不同。那些根和茎具有发达的通气组织，或茎节部位有气生根，或性喜湿润的花卉均较易于适应水培环境；而那些性喜干旱的旱生花卉，必须经过催根和诱根两个技术处理过程，使其根系的组织结构发生变化，从而逐步适应水环境，达到能在水中正常生长的目的。一般常见适合水培的花卉主要集中在天南星科、鸭跖草科、景天科、百合科。

（二）水培花卉营养液配制及管理

1. 水培花卉营养液的用水　水培花卉一般为静止水栽培，属于严重的根系缺氧栽培类型。由于营养液中溶解氧随着含盐浓度的增加而降低，为了保证水培花卉正常生长，必须使用 EC 值低于 0.6mS/cm 的低电导率的营养液，否则易引发根腐病。配制营养液的水源应采用软水，一般以 EC 值≤0.5mS/cm、pH 5.5～6.5 的水源为宜。根据上述水培营养液水源的基本要求，纯净水是最理想的水源，其次，中性至微酸性的自来水也可用做水培营养液的水源。为了避免自来水中过量氯气对花卉根系造成伤害，在使用之前应将其在桶内或池中放置 2～3d，待氯气彻底挥发后再使用。

河水、湖水、塘水及井水由于存在不同程度的污染，且富营养严重，不宜直接用做水培花卉营养液水源。

水培花卉的用水不宜太深，一般将花卉根系下部 2/3 左右浸在水培液中，根系上部 1/3 左右露于水面之上，以利呼吸。

2. 水培花卉营养液的成分、配制及管理

（1）营养液的成分及配制　水培花卉营养液是由花卉生长发育所需要的各种矿物质营养元素组成，其中大量元素、微量元素、用以配制水培营养液的其他无机化合物、营养液的配制原则等基本同无土栽培普通营养液。

（2）营养液的管理

①营养液浓度：水培花卉营养液的浓度宜低不宜高，一般花卉的营养液盐分不能超过 0.4％，对绝大多数花卉而言，营养液盐分为 0.2％左右比较合适。

②营养液的电导率（EC）：营养液中离子浓度的变化可根据电导率的变化来判断，正常情况下，营养液的电导率是逐渐降低的，如果电导率居高不下，就应考虑更换营养液。

③营养液的温度：水培花卉应防止营养液温度急剧变化，控制其最低温和最高温。一般夏季不超过 28℃，冬季不低于 5℃。

④营养液的溶氧量：水培花卉以水为基质，而水中的含氧量极为有限，当营养液中溶氧量不足时，会造成根系呼吸困难而引起烂根，也往往是造成水培花卉失败的重要原因。一般解决水培营养液溶氧量不足常采用以下措施：

a. 更换营养液：新鲜的营养液中含氧量高，因此，在营养液中的养分消耗得差不多时就要更换。新更换的营养液比原营养液的溶氧量增加 70％～90％。一般情况下营养液中含氧量保持在 4～5mg/L 即可满足大多数花卉正常生长的需要。

b. 添加营养液：经过一段时间水培之后，向原营养液中添加新鲜营养液，或者加水均可增加溶氧量。

c. 增加空气氧溶入：将水培花卉放置在空气流通处，使环境中的空气充分流通，也有利于营养液中溶氧量的增加。

d. 利用加氧泵加氧：使用加氧泵直接向营养液中通气，利于空气的流通增氧，这是最直接有效的增氧方法。

e. 振动营养液：家庭水培花卉经常振动营养液，通过液体振动引起空气流动，也能增加营养液的含氧量。操作时，一手固定花卉，另一只手握住器皿，轻轻摇动 10 余次，营养液溶解氧含量可提高 30％以上。但应注意，营养液浑浊、根系发育不良的水培花卉，不宜采用振动增氧的方法。

（三）水培花卉的栽培

1. 水培花卉的选择　花卉能否在水中正常生长，取决于植物的习性和植物内部的结构。不同花卉由于习性不同，对水中溶氧量的需求也不同，如果水中的溶氧量不能满足其需要，这种花卉便不易水培成功。有些花卉体内具有通气组织，光合作用产生的氧气能够经过通气组织输送到植物的根系供其呼吸之用；有些花卉的茎节部生有气生根，气生根从空气中吸收氧气供植物所需，这些花卉适宜水培。

天南星科花卉易于生根，对水培环境适应性强，水培不但能在较短的时间内发生新根，生根后生长迅速，且易形成良好的株形。基质转换后，原有的根系大多能适应水环境，继续生长。部分花卉水培后发生水生根，继续生长，如龟背竹、绿巨人、绿萝、合果芋、喜林芋、海芋、马蹄莲等。鸭跖草科花卉适应性强，易于水培，能在水环境中很快发根生长，如紫叶鸭跖草、吊竹梅、白花紫露草等。百合科花卉大多能适应水培环境，如芦荟、条纹十二卷、吊兰、朱蕉、龙血树、富贵竹、虎尾兰、一叶兰、吉祥草等。景天科花卉属多肉植物，虽然耐旱性强，不喜水湿，但对水环境也具有一定的适应性，其中较适宜水培的花卉有宝石花、莲花掌、落地生根等。其他科的花卉中也有许多种适宜水培环境，如旱伞草、彩叶草、君子兰、蟹爪兰、仙人笔、常春藤、爬山虎、袖珍椰子等。

2. 水培花卉的获取途径 水培花卉的获取有三种途径：第一种途径为洗根法，即将土栽花卉根部的泥土冲洗干净后，直接进行水培；第二种途径为水插法，即剪取花卉枝条，将其直接扦插于水中，待生根后再进行水培；第三种途径为分株法，即将花卉母株基部萌发的吸芽、蘖芽或走茎上的小植株，连同根系一起剥取下来，清洗之后进行水培。

（1）洗根法　洗根法适用于较易水培的花卉，这类花卉在水培过程中，能够在原有自身根系的基础上，又长出新的白色根系，称为水生根。这种水生根系容易适应水环境，水培后也不易发生根腐病。朱顶红是此类花卉的典型代表。

①植株的选择及洗根方法：采用洗根法处理后直接水培的花卉，宜选择株形丰满美观，观赏价值高，生长健壮，无病虫害的植株。长势强健的植株基质转换后恢复得快，对水环境适应能力强，能较快长出新根，并能保持原有的观赏效果。若想对瘦、弱、差苗株进行水培，必须先将苗在固体基质中过渡培养一段时间，待其新根发生、根系发达后再转为水培。

洗根之前首先应对根系进行整理和修剪，剪除老根、弱根、病根、死根，疏剪过密过长的根，经修剪保留原有根系的 1/3～1/2 即可。为了避免根系修剪伤口处感染而引发烂根，在修根之后应及时对受伤根系进行消毒处理，常用 800 倍多菌灵液或 600 倍百菌清液浸泡根系，也可将根系在 0.05%～0.1% 的高锰酸钾溶液中浸 30min，然后再用清水将根系清洗干净，然后植入水培器皿之中。

②洗根水培花卉初期的管理：水培花卉经过洗根上盆后，第一周之内应每天换水，以防由于水质变劣而导致烂根。换水过程中发现烂根、死根，要随时剪除，并及时彻底地清洗器皿，冲洗根系，再注入清水，水量以没过根系的 1/2 左右为宜，根系的上端一定要裸露在空气中。此期间要反复换水，直至新根长出，再将清水换成水培营养液并转入正常管理。

洗根水培初期应将花卉放在背阴凉爽处，或用旧报纸为水培器皿遮挡光照，并经常向叶面喷水，待长出新根后，逐步移向正常光照处养护。

③洗根水培最佳季节：气温 20℃ 左右时进行洗根上盆最适宜，一般于每年的 4～6 月及 8～10 月进行洗根水培效果最好。少数天南星科花卉如绿巨人、绿萝、白掌、龟背竹等比较适应高温条件，宜在夏季高温季节进行洗根水培。

（2）水插法　水插法是利用花卉枝茎的再生能力，将其剪切下来直接插在水中，使其生根并继续生长成型的方法。水插法适宜于在水中容易生根，且生长迅速、成型快的花卉，如合果芋、龟背竹、洋常春藤、鸭跖草、绿萝、富贵竹、广东万年青、喜林芋、彩叶草等。这些花卉一旦水插生根成活，在其后的水培过程中，新生根对水环境表现出良好的适应性，观根效果更为突出。

（3）**分株法** 对于丛生性花卉和生有蘖芽、吸芽、匍匐枝的花卉也可采用分株法。将母株根际处萌生的小植株连同其上的根系从母株上切割下来，经过清洗之后直接进行水培。白掌、合果芋、万年青、旱伞草、棕竹等属于丛生性，采用分株法简便易行。有些花卉如吊兰、虎耳草、吊凤梨等在生长过程中会长出走茎，走茎上长有1~2株或多株小植株，这些小植株上大多带有部分发育完整的根，可以将这些带有根的小植株摘取下来，直接使用口径较小的器皿注入清水进行水培。生有蘖芽的花卉，如君子兰、凤梨、芦荟、虎尾兰等，可直接剥取植株基部的蘖芽进行水培。注意器皿内的水不可过深，保持根尖部位刚刚触及液面或稍稍伸入液面的深度即可。小植株的根系生长至10cm左右时，改用营养液水培。或者水培初期每周换一次水。经过3~4周培养，小植株的基部又长出新根，待新根长到一定长度便可改用营养液培养。

（四）水培花卉的养护管理

1. 营养补充 一般情况下，每换一次水，都应补充加入一些营养液，保证花卉生长发育各阶段对营养元素的需要，根据花卉耐肥性、观赏部位以及季节不同合理添加营养液。

2. 换水洗根 花卉水培过程中必须经常换水，保持清洁水质，增加溶氧量，使根系处于活水之中，才有利于花卉生长发育。换水间隔时间随季节而不同，春、秋季花卉生理活动旺盛，一周换一次水；冬季花卉生理活动缓慢，可10d换一次水；夏季气温高，水中溶氧量降低，一般每隔2~3d换一次水。遇到因施肥过浓引起烂根时，更应勤换水，并结合换水及时剪除烂根，清洗保留根系，直至新生根长出来，植株恢复正常生长之后，才能按照正常间隔时间换水。

3. 修剪与摘心 为了使水培花卉形成蓬松匀称、姿态优美的株形，对其枝茎进行修剪和摘心是必不可少的管理措施。一般木本花卉多采用修剪法、草本花卉多采用摘心法调整和控制株形。

水培花卉根系裸露，是重要的观赏部位，一般情况下，只要没有烂根现象，可不必修剪。根系过长、过密时，对根系的生长不利，还会引起对水中氧气过量消耗，而造成溶氧量不足，这时应对根部适度修剪，以促发新根。修剪时宜保留根系20~30cm，观赏效果最佳。修剪根系时还需注意，对于在水培中新长出来的水生根不宜修剪，而应加以保护。根系修剪应选择在春季植物生长旺盛期进行。

4. 抑制藻类滋生 为了预防藻类滋生繁衍，可在水培透明器皿外侧遮挡黑色的挡板或黑色塑料膜，也可将几层旧报纸折叠后遮挡在器皿外侧，阻挡阳光照射营养液，使藻类得不到生存必需的光照条件。水培过程中一旦有藻类发生，应立即进行彻底换水，将器皿壁上和花卉根部附着的藻类冲洗干净。

第六节 花卉的花期调控

花期调控又称催延花期，是指利用人为措施，使花卉按着人们的意愿提前或延后开花的技术。使花期比自然花期提前的栽培方式称为促成栽培，使花期比自然花期延后的栽培方式称为抑制栽培。

鲜花除了日常均衡需求外，在一年中有很多重要节日，如元旦、春节、情人节、清明节、五一、母亲节、十一和圣诞节等，其中，以广州的年宵花市最为典型壮观，此时市场需投入大量花卉供人们集中消费。这就使得花卉生产者必须采取相应措施，按时提供产品，以丰富节日或日常需要，获取最大利润。因此，花期调控技术具有重要的社会和经济意义。实现促成栽培与抑制栽培的途径主要有栽培技术措施，温度、光照等环境因子调节，植物生长调节剂的施用等。

一、花卉的生长与发育

各种花卉都有其独特的生长发育规律，这种规律的形成正是对原产地气候条件和生态环境长期适应的结果。花期调控技术正是在遵循花卉生育规律，总结花卉不同生育阶段对环境条件要求的基础上，通过人为创造和控制环境条件，使生长发育加速或延缓，从而达到控制花期的目的。因此，在了解花期调控措施之前，有必要先深入了解花卉生长发育的特点及规律性，掌握各种花期调控措施的理论依据。

生长是指花卉植物体重量和体积的增加，是通过细胞分裂和伸长完成的。发育是指在整个生活史中，植物体的构造和机能从简单到复杂的变化过程。在植物发育过程中，由于部分细胞逐渐丧失了分裂和伸长的能力，于是向不同的方向分化，从而形成了具有各种特殊构造和机能的细胞、组织和器官，如花、果实、种子等。

（一）花卉的生长发育规律

花卉和所有植物一样，在整个生活史中既有生命周期的变化，也有年周期的变化。在个体发育的生命周期变化中，大多数花卉均要经历种子休眠和萌发、营养生长、生殖生长这三个时期。各个时期的变化均表现出一定的规律性。由于花卉种类多样，原产地生态环境复杂，于是形成了各种生态型。不同种类的花卉其生命周期长短差异很大，如木本花卉的生命周期较长，为数年至数百年；草本花卉的生命周期较短，短者几天，长者一年至数年。花卉经过长期的人工栽培和选育，又形成了不同的发育类型，如春化型花卉、光照型花卉等。

在年周期中又分为两个阶段，即生长期和休眠期，这两个阶段呈现规律性变化。不同花卉种和品种休眠的特点和类型也不同。

1. 营养生长 花卉植物的发育首先要有一定的营养生长基础，即植株只有长到一定阶段才能进行花芽分化。不同种类花卉营养生长的程度也不同，如紫罗兰要长出15片叶，风信子的球根要达到19cm周径，唐菖蒲要长出4片叶，其后才有可能进入花芽分化阶段。

2. 春化作用 某些花卉在个体发育中必须经过一个低温周期，才能继续下一阶段的发育，即引起花芽分化，否则不能开花。这个低温周期称为春化阶段。

花卉在通过春化阶段时所要求的环境条件主要是低温，不同花卉在春化阶段所要求的低温值和低温时间长短各不相同，据此，可将花卉划分为冬性植物、春性植物和半冬性植物三种类型。

（1）冬性植物　冬性植物在0～10℃低温条件下，经过30～70d，才能完成春化作用，二年生花卉多属于这种类型。秋播之后以幼苗状态越冬，满足其低温要求，而后通过春化阶段，春天气温回升后便可正常开花。

（2）春性植物　春性植物在5～12℃低温条件下，经过5～15d，便能通过春化阶段。春性植物在较高温度条件下即能完成春化作用，且经历的时间较短。一年生花卉以及秋季开花的宿根花卉属于这种类型。

（3）半冬性植物　半冬性植物通过春化阶段时对温度不太敏感，在3～15℃条件下，经历5~15d即可完成春化作用。

不同种类花卉通过春化阶段的方式不同，一种是以萌发种子通过春化阶段，称为种子春化，如香豌豆。另一种是以达到一定生育期的植物体通过春化阶段，称为植物体春化。大多数花卉属于植物体春化类型，如紫罗兰、金鱼草等。

根据各种花卉通过春化阶段时对低温的要求分别给予相应条件，则可促使花卉提前开花，反之则延迟开花。

3. 光周期作用　光周期是指一天之中日出至日落的时数，或指一天之中明暗交替的时数。花卉的光周期现象是指光周期对花卉生长发育的效应。光周期与花卉的生命活动有着密切关系，它不仅可以控制某些花卉的花芽分化和花朵开放（又称成花），而且还影响着花卉的其他生长发育现象。有些花卉依赖于一定的日照长度和相应的黑夜长度的交替性变化，才能诱导花芽分化和开花。根据花卉对日长条件的要求不同，可将花卉划分为长日照花卉、短日照花卉、中日照花卉三种类型。

根据各种花卉的花芽分化对日照长短的要求，分别给予相应条件或相反条件，则可达到控制花期的效果。

（二）花卉的花芽分化与发育

1. 花芽分化　花卉由营养生长转为生殖生长的阶段称为花芽分化。对花芽分化机理的解释有两种学说，即碳氮比学说和成花激素学说。

（1）碳氮比学说　碳氮比学说认为，花芽分化的物质基础是糖类在花卉植物体内的积累。即花芽分化决定于花卉植物体内糖类与含氮化合物的比例（C/N），当糖类含量较多，而含氮化合物含量中等或较少时，可促进花芽分化。相反则花芽分化少或不能进行正常分化。当植物体内营养物质供应不足时，花芽分化也不能进行，即使能部分分化，其数量和质量也会受到影响。如菊花、香石竹栽培中的摘除侧芽、侧蕾等措施，就是为了使养分集中供给主花蕾，使花朵增大。

（2）成花激素学说　成花激素学说则认为花芽分化是植物体内各种激素达到某种平衡的结果。目前对于成花激素的研究仍处于探索之中。

另外，有些研究认为植物体内的有机酸含量及水分多少也对花芽分化有影响。

2. 花芽分化的阶段　由芽内生长点向花芽方向转化开始，到雌、雄蕊完全形成的花芽分化的整个过程，可以划分为三个阶段，即生理分化期、形态分化期和性细胞形成期。生理分化期是在芽的生长点内进行的生理变化，是肉眼无法观察到的。形态分化期进行着花部各个花器的发育过程，从生长点突起肥大的花芽分化初期到萼片、花瓣、雌雄蕊形成期，属于形态分化期。花粉、胚珠形成期为性细胞形成期。有些花木类的性细胞形成期是在第二年春季发芽之后至开花之前。

3. 花芽分化的类型　根据花芽开始分化的时间和完成分化全过程所需时间长短不同，可将花芽分化划分为夏秋分化型、冬春分化型、当年一次分化开花型、多次分化型和不定期分化型。

（1）夏秋分化型　夏秋分化型花芽分化一年一次，于6~9月高温季节进行，秋末花器主要部分已分化完成，翌春开花。多数木本花卉、秋植球根类花卉均属于此类型。

（2）冬春分化型　冬春分化型在春季温度较低时进行花芽分化。二年生花卉及春季开花的宿根花卉属于此类型。

（3）当年一次分化开花型　当年一次分化开花型于当年生新梢上或花茎顶端形成花芽，

于当年夏秋开花。

（4）多次分化型　多次分化型一年中能多次发枝，每次枝顶均能形成花芽并开花。在顶花芽形成的过程中，其他花芽又继续在基部的侧枝上形成，于是四季开花不绝。花木类如月季、茉莉花以及一些宿根花卉、一年生花卉等均属于此类型。

（5）不定期分化型　不定期分化型每年只分化一次花芽，但无定期，只要叶面积达到一定数量就能分化花芽并开花。如凤梨科、芭蕉科的某些种类。

4. 花芽的发育　有些花卉在花芽分化完成后，花芽即进入休眠，要经过一定的温度处理才能打破花芽的休眠。如许多花木类春末夏初花芽就已经分化完成，但整个夏季花芽不膨大，只有经过冬季低温期之后才迅速膨大起来。另外，光照不足时往往会促进叶子生长而有碍花芽发育。如月季在适宜的温度条件下，产花量随光照度的升高而增加。

（三）花卉的休眠

球根类花卉、宿根花卉及木本花卉，在不利的生长季节里为了适应逆境，保存自身，于是进入一种休眠状态，又称休眠期。在休眠期内，花卉的内部仍进行着复杂的生理生化活动，很多花卉的花芽分化活动就是在休眠期进行的。导致休眠的环境因素主要是温度、光照和水分。一旦环境条件适宜，又能迅速恢复生长。

能延长休眠的因素主要是低温，其次是干旱。延长低温时间，可使花卉继续休眠；将球根贮放在干燥环境中，也可延长休眠时间。人为延长或缩短休眠期是花期控制的主要措施之一。

所谓打破休眠，即通过调节环境条件，提高休眠胚和生长点的活性，解除营养芽的自发休眠，使之恢复萌芽生长能力。

二、花期调控措施

（一）温度处理调控花期

温度处理调控花期，主要是通过温度的作用调节休眠期、成花诱导以及花芽形成期、花茎伸长期等主要生育阶段的进程，从而实现对花期的控制。大部分冬季休眠的花卉都可采用温度处理法。

1. 增温处理调控花期

（1）增温处理，提前开花　冬季温度低，很多花卉均表现为生长缓慢，不能开花，或进入休眠状态。例如，二年生花卉、宿根花卉、落叶花灌木均属于这种类型。人为提前给予适宜花卉生长发育的温度条件，便可使花卉加速生长，提前开花。例如，经过春化阶段的二年生花卉，如石竹、桂竹香、三色堇、雏菊，以及经过一定的低温休眠期的春季开花的露地花木类，如牡丹、杜鹃花、桃花等，均可利用增温法，使其提前于春节前后开花，从而达到促成栽培的目的。

采用增温催花措施时，需注意首先应确定花期，然后根据花卉本身的习性，确定提前加温的时间。一般处理温度是逐渐升高的，要求保持夜温15℃，昼温25～28℃，并保持较高的空气湿度。例如，对牡丹催花处理室温升至20～25℃，空气相对湿度保持80%以上，经过30～35d，即可开花；以同样的温度处理，杜鹃花经过40～45d便可开花。郁金香促成栽培时，种球先经过一个增温过程，再经过一个相对低温过程，便可提前开花。起球后鳞茎经34℃1周，再放20～23℃条件下30d使花芽形成，然后转入17℃1～2周预藏，再于5℃或9℃冷藏7～9周以满足发根及花茎伸长的低温要求。芽开始伸长后逐渐升温，15～18℃条件下进行促成栽培。

(2) 增温处理，延长花期　有些原产温暖地区的花卉，开花阶段要求的温度较高，只要温度适宜就能不断开花，在我国北方地区的自然条件下，入秋以后温度逐渐降低，这类花卉便停止生长发育，进入休眠或半休眠状态，不再开花。如果人为增温处理，便可克服逆境，继续开花，并使花期延长。例如，茉莉花、白兰花、黄蝉、硬骨凌霄、非洲菊、大丽花、美人蕉、君子兰等常见温度型花卉可采用这种方法延长花期。

2. 低温处理调控花期

(1) 低温延长休眠，推迟开花　通过低温处理延长休眠期，从而推迟开花。在早春气温回升之前，将一些春季温度升高后开花的花卉，预先移入人为创造的低温环境中，使其休眠期延长，从而推迟开花。这种处理方法适用于比较耐寒和耐阴的花卉，低温范围为1～4℃，应注意选用晚花品种，做好水分管理，避免栽培土壤或基质过湿。根据预定的开花日期、植物的种类及当时的气候条件，推算出从低温处理结束后培养至开花所需的天数，从而确定停止低温处理的日期。一些耐寒、耐阴的宿根花卉、球根花卉及木本花卉均可采用此法推延花期，有的二年生花卉常采用此法。如瓜叶菊，在冬季正常温室养护条件下，春节期间便陆续开花，如果在早春时将其移入低温温室，4月上旬再移至中温温室，则其花期便可推迟到五一前后。如杜鹃花于早春花芽萌动前，将其移入3～4℃的冷室中，于需花日前2周移出冷室，给予20℃的温度条件，便可如期开花。唐菖蒲为冬季休眠的球根花卉，秋季起球时叶片枯干便开始进入休眠，抑制栽培时，一般将种球存放在3～5℃的冷库中干藏，可延长休眠期，抑制球茎萌芽生根，根据用花时间，按时取出栽培，一般早花品种栽植后约75d开花，晚花品种120d开花。要使梅花五一开放，则将晚花品种于1～2月份放入0～1℃冷藏，4月中旬取出置于荫棚下即可。

(2) 低温减缓生长，推迟开花　较低的温度能使花卉的新陈代谢减弱，可以使花蕾发育滞缓，从而延迟开花。这种处理常用于含苞待放和初花期的花卉，如二至三成开放状态的菊花移入3～5℃低温条件下，注意控制浇水，使植株处于微弱的生理代谢状态，花朵的展开进程极为缓慢，根据需要将其移入正常温度下养护管理，便可很快开花，从而可根据需要延迟花期。天竺葵、八仙花、水仙、月季等均可采用此法处理。

(3) 低温打破休眠，提前开花　对于冬季休眠、春季开花的花木类，给予一定时间的低温处理可使其提前通过休眠期，然后再给予适宜的温度条件，便可提前开花。例如，欲使牡丹十一开花，需提前50d左右进行2周低温处理（0℃以下），然后将其移入相当于4月份的温度条件下（25℃左右），并注意温度要逐渐升高。这样便可保证牡丹于十一前后开花。一些二年生花卉和宿根花卉接收一定的低温处理，可提前通过春化阶段，从而使花期提前，如桂竹香、桔梗等。秋植球根花卉通过低温处理提前开花是由于低温打破了花茎的休眠，促使其伸长，从而促进开花。最新研究表明，要想较长期保存百合种球，适宜温度为亚洲百合－2℃、东方百合及麝香百合－1.5℃。根据不同品种的生育期和用花时间，取出栽培。一般早花的亚洲百合品种栽植后约80d开花，晚花东方百合品种120d开花。百合促成栽培时，种球置3～5℃冷库中，亚洲百合和麝香百合的某些品种30d可打破休眠；东方百合的一些品种45～60d可打破休眠。菊花为冬季休眠的宿根花卉，在短日照而低温不足的情况下，呈莲座状。若将其在0℃冷库中放置5周或5℃冷库中放置3周便可打破莲座化。芍药也是冬季休眠的宿根花卉，在9月上旬经过0～2℃的低温处理，早花品种经25～30d、晚花品种经40～50d可打破休眠，然后再转入15℃下进行栽培，60～70d即可开花。唐菖蒲促成栽培时，种球置5℃冷库中5周以上可提前打破休眠。

(4) 低温消除高温障碍，延长花期　原产于凉爽地区的花卉，在夏季高温炎热季节往往生长不良，不能正常开花，甚至进入休眠或半休眠状态，如仙客来、倒挂金钟等。对于这类花卉，为了使其夏季照常开花，延长花期，常于夏季采取人为降温措施，创造适宜其开花的低温凉爽环境，便可克服夏季高温对开花的危害，从而延长了花期。

（二）光照处理调控花期

1. 延长光照，促成开花　用人工补光的方法，使每天连续光照的时间达到 12h 以上，可促使长日照花卉在自然短日照季节开花。如冬季栽培唐菖蒲，在日落之后加人工光照，使每天的光照时间达到 16h，并保证一定的温度条件，便可使唐菖蒲于冬季和早春开花。用同样的方法，使光照时间达到 14～15h，也可使蒲包花提前开花。人工补光可采用荧光灯，悬挂在植株上方 20cm 处。

2. 遮光处理，促成开花　用黑色遮光材料（黑布或黑色塑料膜）于每天早晨和傍晚进行遮光处理，以缩短光照时间，延长黑暗时间，当光照时间缩短到 12h 以下时，可使短日照花卉在自然长日照季节里提前开花。这种处理方法对典型的短日照花卉适用。如一品红通过遮光处理，使每天的光照时间缩短到 10h，经过 50～60d 便可开花；蟹爪兰每天保持 9h 的白昼，经过 2 个月可开花；秋菊每天白昼缩短至 8～10h，60d 左右便可开花。遮光处理促成栽培中，首先应注意选用早花品种；使用的遮光材料要严密，不透光；处理棚（室）内要注意通风降温，避免高温障碍；切花栽培中，遮光开始时要求苗株达到一定的高度；遮光处理要连续进行，不可中断，直至花蕾现色为止；遮光处理期间停施氮肥，增施磷肥。遮光处理开始的时间对于准确控制花期很重要，这要根据用花日期以及遮光开始至开花所需要的时间来推算。

3. 暗中断，推迟花期　短日照花卉在短日照季节里花芽分化，自然开花。为了使短日照花卉在短日照季节里推迟开花，则需在进入自然短日照季节之前，利用人工光照切断连续的黑夜，破坏短日照效应，便可抑制短日照花卉的花芽分化，从而延迟花期。停止人工光照处理之后，便自然恢复了短日照条件，自然地开始花芽分化直至开花。使秋菊、一品红等短日照花卉推迟于春节开花，常采用这种处理方法。

人工光照处理中断黑暗的抑制栽培中应注意选用晚花品种和花瓣多的品种，人工光照处理应开始于当地短日照开始之前，人工光照处理停止的时间决定于花卉从花芽分化到开花所需的天数。例如，晚花品种的秋菊若需元旦用花，人工光照处理停止后经过 70d 左右可开花；若需春节用花，人工光照停止后需经过 90d 左右开花。由此便可确定停止人工光照处理的时间。处理宜使用白炽灯泡照明中断黑暗，一个 100W 的白炽灯，加反射罩有效控制面积为 15.6m^2。人工光照停止后环境温度宜保持在 15℃ 以上，做好肥水管理，停施氮肥，增施磷肥。

4. 昼夜颠倒，调整花期　昙花正常情况下是夜间开花，为了提高其观赏价值，可通过昼夜颠倒，改变其开花时间，使之白天开花供人们欣赏。昙花的花蕾长 5～6cm 时，白天给予遮光处理，夜间给予电灯照明，连续处理几天，便可动摇其夜间开花的习性，使之白天开花，并能延长开花时间。

（三）药剂处理调控花期

利用植物生长调节物质控制花卉的生长发育，是花期调控的一种重要手段。植物生长调节物质包括生长素、赤霉素、细胞分裂素、脱落酸、乙烯、多效唑等。在科学实验和生产实践中发现，同种生长调节物质对不同植物种类或品种的效应不同，不同生长调节物质使用方法也存在较大差异，应注意使用植物生长调节物质的安全问题。

1. 赤霉素（GA） GA 具有促进成花的作用。例如，GA 对少数短日照花卉如波斯菊、凤仙花等成花有促进作用；用 GA_3 1～5mg/L 喷施仙客来花蕾，也可促进开花。

很多花卉通过应用 GA 打破休眠，从而达到提早开花的目的。如宿根花卉芍药的花芽需经低温打破休眠，用 5℃ 低温处理至少需经 10d；若促成栽培前用 GA_3 10mg/L 处理，可提早开花并提高开花率。

杜鹃花形成花芽后于秋季进入休眠，用 1 000～3 000mg/L 的 GA_3 喷施叶面 1～5 次，隔周进行，多数花蕾现色时立即停止，可打破休眠。

未经低温处理的小苍兰球茎在种植前用 GA_3 100～500mg/L 浸球，然后在 10℃ 中冷藏处理，经 35d 后定植，可提早 3 周开花。

2. 2,4-滴（2,4-D） 2,4-D 对某些花卉的花芽分化和花蕾发育有抑制作用。如用 0.1mg/L 的 2,4-D 喷施的菊花呈初花状态，用 1mg/L 的 2,4-D 喷施的菊花花蕾膨大而透明。

3. 矮壮素（CCC） 低浓度 CCC 可使花卉植株矮化、粗壮。也有报道称，在杜鹃花最后一次摘心后 5 周，叶面喷施 CCC 15.8～18.4mg/L 可促进成花。

4. 比久（B_9） 用 2mg/L B_9 于 7 月喷施桃花等木本花卉叶面，可增加花芽分化数量；5mg/L B_9 喷施一年生草本花卉可使其花期提前。

5. 乙烯利 500mg/L 乙烯利两次喷施天竺葵的实生苗，5 周后再喷 100mg/L GA_3，可提前花期。

6. 多效唑（PP_{333}） PP_{333} 具有延缓花卉生长、抑制茎秆伸长、缩短节间、增加花卉抗逆性等效应。叶喷时浓度在 80～150mg/L，浸根（种球）浓度在 70～90mg/L，浸泡 5～8h。木本花卉施药量及浓度可稍高，草本花卉用药量要低，对兰科花卉则需慎用。

（四）通过栽培措施调控花期

一般栽培技术措施包括调节种植期、修剪、摘心等。这些措施不但手段简单有效，容易掌握，还相对安全可靠，是花期调控常用的手段。这类技术措施需要与所调控的环境因子相配合才能达到预期目的。土壤水分及营养管理对开花调节的作用范围较小，可作为开花调节的辅助措施。

1. 调节种植期 通常在合适的环境条件下，只要生长到一定时间或大小即可开花的种类，可通过改变播种期来调节开花期。园林中最常见的一二年生草花，如一串红、万寿菊、矮牵牛、金盏菊等，经常采用调节种植期的方法调节开花期。通过调节种植期进行花期调节时，要注意以下问题：①育苗条件（主要是温度）；②花卉的生育期。

在温度适宜的地区或季节可分期进行播种，以实现不同时期开花。在温度不适宜的地区或季节，可在温室提前育苗，达到提前开花。如一串红的生育期为 90d，若五一用花，在育苗条件好的生产企业，如有加温温室等保护设施保证幼苗正常生长发育，播种时间应该在五一前的（90+10）d，即在 1 月中旬播种，这样既能保证节日花卉供应，又能尽量缩短管护时间，节省育苗成本。如果生产企业或花农育苗条件较差，播种时间则要比（90+10）d 还要适当提前。例如，在河北省保定市的窑上村，由于育苗数量不大，同时又考虑到煤炭加温的成本，花农在不加温温室中扣双层薄膜培育一二年生草本花卉。通常生产五一用一串红时，在前一年的 11 月育苗，到最寒冷的 1 月双层薄膜下夜间最低温度可达 4℃，幼苗基本停止生长，到五一前一串红能全部开花。

2. 修剪、摘心等措施 采用修剪、摘心等技术措施可使一串红、月季等多种花卉在一年中多次开花,从而达到调控花期的目的。一串红修剪 20d 后,新发育的侧枝上即可开花。如果 9 月初修剪一串红,可保证十一用花。月季从修剪到开花的时间,夏季 40~45d,冬季 50~55d。茉莉花开花后立即修剪并加强追肥,如果栽培温度在 20℃ 以上,一年可多次开花。榆叶梅 9 月初摘除叶片,可以促使其在十一二次开花。

3. 肥水管理措施 在花卉生产中,通常可通过肥水管理,在较短的时间范围内调节花期。氮肥和水分充足可促进营养生长而延迟开花,增施磷、钾肥有助于抑制营养生长而促进花芽分化。菊花在营养生长后期追施磷、钾肥,可提早开花约 1 周;仙客来在开花末期增施氮肥,可延长花期约 1 个月;木本花卉生长期适当减少浇水(扣水),可提早开花。

◆ **复习思考题**

1. 露地花卉的栽培管理常见措施有哪些?
2. 如何进行花卉栽培浇水?
3. 什么叫修剪、整形?二者之间有什么关系?
4. 如何进行土壤消毒?
5. 营养土配制常用的原料有哪些?
6. 何谓上盆、换盆、翻盆、倒盆和转盆?
7. 花卉设施栽培的环境调节措施有哪些?
8. 花卉设施栽培的管理措施有哪些?
9. 试述无土栽培的概念。
10. 常见花卉无土栽培的方法有哪些?如何进行管理?
11. 如何配制花卉无土栽培营养液?
12. 简述花期调控的意义和常用的调控措施。
13. 如何使一品红在十一开花?
14. 通常如何调节一二年生草本花卉的开花时间?
15. 如何使秋菊、一品红春节开花?

第七章
花卉的应用与装饰

露地花卉是园林中的重要组成部分，以花坛、花境、花台、花池、花丛、花群、垂直绿化、攀缘绿化等多种形式应用于园林中。盆栽花卉则以其栽培灵活、搬运更换方便等特点成为美化室内外的常见花卉材料。除此之外，还可以切取花卉植物的花朵、叶片、花枝及果枝，或插入花瓶进行水养，或制成花束、花篮等多种形式装饰日常生活，满足人们喜庆迎送、礼尚往来等多种需要。

第一节　花卉在园林中的应用

在园林绿地中，除了乔、灌木和建筑、道路及必需的构筑物外，其他如空旷地、林下、坡地等场所以及水面都可用花卉植物绿化、美化。露地花卉在园林中应用最为普遍，其种类繁多、色彩丰富，在园林中常以花坛、花境、花台、花池、花丛、花群等多种形式出现，一些蔓性花卉又可用于布置柱、廊、篱垣及棚架等，园林中的水面则可用各种水生花卉布置成水景园等。从而在园林中创造出花团锦簇、荷香拂水、空气清新的景观与环境。

一、花　　坛

（一）花坛的概念及功能

花坛是指在有一定几何轮廓的种植床内按照一定的规则栽种各种不同形态、色彩的花卉，以表现其盛花时期绚丽的群体色彩美及由花卉群体构成的精致图案美的一种花卉应用形式。也可以说花坛是由低矮的花卉植物构成的装饰图案。这种色彩艳丽、图案丰富而华丽的花坛，在园林中表现出极强的观赏性和装饰性，并且在改善生态环境、促进精神文明建设、丰富生活情趣等方面表现出多种功能。

1. 装饰美化作用　色彩绚丽协调、造型美观独特的花坛设置在公共场所或建筑物四周时，能对公共场所或建筑物起到装饰、美化、烘托作用，给人以艺术享受。尤其是节日期间特别增设的花坛，能使城市面貌焕然一新，增添节日的气氛。

2. 交通组织作用　设置在交叉路口、分车带、道路两侧、安全岛、街道两旁的花坛具有分割路面、疏散行人及车辆、组织交通的作用。

3. 提供休憩娱乐场所　将若干花坛按一定规律组合在一起所构成的花坛群，实际上形成了一种小游园的形式，从而为人们提供休憩和娱乐场所。

4. 宣传标志作用　重要节日或重大庆典活动期间，在街道、广场及公园内，文字花坛是常见的一种花坛形式，这种花坛不但美化了环境，而且色彩鲜明醒目的宣传文字常会产生使人过目难忘的效果。另外，在展馆、动物园等特殊场所门前，设置具有象征意义的立体花坛，既增添了趣味，又具有鲜明的引导和标志效果。

5. 分隔空间及屏障作用 在园林中的开阔场地设置的平面花坛及立体花坛分别具有分隔平面空间和立体空间的作用,同时,设在特殊位置的立体花坛还具有屏障作用。

(二)花坛的类型及特点

根据花坛表现主题、组合形式及空间位置,可将花坛分为不同类型。

1. 根据花坛表现主题分类 根据花坛所表现的主题不同,可将花坛分为盛花花坛和模纹花坛两大类型。

(1)盛花花坛 盛花花坛又称为花丛式花坛。盛花花坛以花卉植物盛花时期所展现出的群体绚丽色彩美为表现主题,几何外形轮廓较丰富且清晰,内部图案纹样力求简洁鲜明。花坛内配置的植物主要为草本花卉,可由同种花卉的不同品种组成,也可由不同种花卉组成。

盛花花坛按其外形轮廓及长短轴的比例不同可分为圆形盛花花坛、带状盛花花坛和花缘等类型。

①圆形盛花花坛:圆形盛花花坛在园林中最常见,其外形为圆形,植床内配置不同种或品种的花卉组成色彩鲜明的图案。圆形盛花花坛一般中央高四周低,可以采用堆土法提高中央部位的高度,也可在中央栽植较高的常绿观叶植物,四周栽植较低矮的花卉,从而增加花坛的立体感。圆形盛花花坛常作为主景设于广场或草坪中央。

②带状盛花花坛:带状盛花花坛宽度(短轴)在1m以上,长轴是短轴的3倍以上。带状盛花花坛常作为配景设置于道路两旁、草坪边缘或建筑物基部,其内可配置同一品种的花卉,也可配置不同品种的花卉组成简洁的图案纹样。

③花缘:花缘宽度不超过1m,长轴长度为短轴的4倍以上,呈狭长带状。花缘内植物配置简单,只用单一种或品种的花卉,而且不设图案纹样。花缘外形狭长,因此在园林中只作配景,一般只作为草坪、道路或广场镶边。

(2)模纹花坛 模纹花坛又称图案式花坛。模纹花坛以花叶兼美的植物所构成的精细的图案纹样美为表现主题,外形轮廓比较简单,强调内部纹样的华丽。花坛内配置的花卉主要为低矮的观叶植物或花叶兼美的植物,常用花卉有五色苋、彩叶草、三色堇、四季秋海棠等。

模纹花坛按其纹样图案及表现景观不同分为毛毡花坛、浮雕花坛、装饰性实用模纹花坛等类型。

①毛毡花坛:毛毡花坛应用低矮的观叶植物组成精美细密的装饰图案,花坛表面被修整得十分平整,使花坛整体成为一个细致的平面或缓和的曲面,好像一块华丽的地毯。毛毡花坛最理想的植物材料是五色苋。

②浮雕花坛:浮雕花坛选用常绿小灌木和低矮的草本花卉栽植成精美的图案。与毛毡花坛不同的是,其表面并不是平面而是按照设计图案被修整成凹凸分明的形态,有如木材雕刻或大理石雕凿的浮雕一般。通常图案中凸出的平面由常绿小灌木组成,凹陷的平面由低矮的草本花卉组成。浮雕花坛常用的常绿小灌木有大叶黄杨、小叶女贞、金叶女贞、红花檵木等。

③装饰性实用模纹花坛:装饰性实用模纹花坛是指既有装饰美化环境的效果,又能为人们生活带来方便的一类模纹花坛。根据其实用性质不同,主要有时钟花坛、日历花坛、日晷花坛、标题式花坛等常见形式。

a. 时钟花坛:时钟花坛所用的植栽材料同毛毡花坛,将植株低矮、花枝繁密的观花或观叶植物组成钟表的底盘,用色彩不同于底盘的植物组成表盘刻度。时钟的机械或电动装置安装于花坛中央的地下,钟表的指针置于花坛表面上侧。为了便于游人观赏及对时,时钟花坛常设于斜坡处，或者将花坛背面加土堆高后再用木框加围固定，从而使其上部提高形成半立体状。时钟花坛要求对植物材料管理精细，及时修剪，以保持钟表图纹清晰，并注意机械的日常管理。

b. 日历花坛：日历花坛以毛毡花坛为基础，用不同色彩的低矮植物做出底盘及年、月、日的纹样，整个花坛用木框加围，其中年、月、日的文字也用小木框加围，底盘留出空位以便更换。日历花坛宜设置于斜坡位置。

c. 日晷花坛：日晷花坛采用与时钟花坛类似的植物材料组成钟表底盘和表盘刻度，并按照设计要求，在钟表底盘的南侧竖立一根倾斜的指针。在晴朗的日子，根据指针在表盘上的投影人们便可准确读出每天 7:00～17:00 之间的时刻。日晷花坛宜设置于公园草坪或开阔广场的平坦位置。

d. 标题式花坛：标题式花坛通过低矮植物的巧妙配置，形成某种艺术形象或标志，从而表达一定的思想主题。标题式花坛适用的花卉植物有五色苋、彩叶草、佛甲草等低矮观叶植物，以及三色堇、四季秋海棠、雏菊等植株低矮、花朵繁密的观花植物。标题式花坛宜设置在斜坡位置，并用木框加围固定，可提高其观赏及宣传效果。标题式花坛常见形式有文字花坛、图徽花坛和象征图案花坛等。

文字花坛：文字花坛以不同色彩的花卉组成标语、口号、警句等，或者用花卉组成大规模展览会的名称、公园或风景区的名称等招牌式文字。例如，每年国庆节天安门广场纵立着的宣传标语式文字花坛。有时文字花坛周围也可和图案精美的毛毡花坛相结合使用。注意平时勤于修剪、科学养护才能保持文字线条的清晰。

图徽花坛：图徽花坛以不同色彩的花卉组成国徽、纪念章、各种团体的徽号等图案，具有应季和宣传作用。例如，国旗的五星图案、香港的紫荆花图案、澳门的莲花图案、奥运会的五环图案等，均是图徽花坛的经典题材。图徽是严肃的，设计和施工均需严格符合尺寸比例，不得随意更改。

象征图案花坛：象征图案花坛利用低矮花卉组成具有象征意义的图案，图案设计随意性较大，不像图徽花坛那样严格。例如，在歌舞厅、剧院的广场上可以某种乐器的图案作为花坛的表现题材，农业展览馆前的广场上以某种具有代表性的农作物作为花坛的表现题材，动物园大门前以某种动物形象为表现题材，运动场旁可用运动员典型运动姿势为表现题材等。象征图案花坛可设于斜坡处，也可设于平坦处，还可设为立体花坛。

2. 根据花坛组合形式分类

（1）独立花坛　独立花坛是局部构图中的一个主体，又称为主体花坛。独立花坛是单体花坛或由多个花坛紧密结合而成，可以是盛花花坛，也可以是模纹花坛。独立花坛外形平面为对称的几何形，或单面对称，或多面对称。独立花坛通常设置在城市广场中央、街道或道路的交叉口、公园出入口广场、大型建筑前广场、公园轴线交点处等。独立花坛面积不宜太大，为了增加花坛的立体感，可在中央栽植经过修剪整形的常绿灌木，或者设置雕塑、喷泉等。

（2）花坛群　花坛群又称组合式花坛，是由数个相同或不同形式的单体花坛组成的不可分割的构图整体，其构图及景观具有统一协调效果。花坛群由主花坛和从属花坛组成，从属花坛体量明显小于主花坛，分布于主花坛周围，起烘托作用。主花坛和从属花坛分别具备独立花坛的基本要素，但在花坛群中，它们又是整体构图中不可分割的一部分。为了突出整体感，主花坛与从属花坛之间具有某些相同元素，如相同的外形轮廓、色彩或形态相同的植物，并保持相同的风格和统一的底色，以突出整体和谐感。花坛群中的数个花坛之间主次分明，具有鲜明的构图中心，可以是主花坛，也可设置雕塑或喷泉，以增加立体效果。花坛群中各花坛之间既有变化又有统一，形成一个活泼和谐的整体。同时各花坛之间在空间上有分割，其间的铺装地或道路可供游人进入游览，也可设坐椅供游人休息。如每逢节日庆典天安门广场的花坛群备受关注。

（3）连续花坛群　连续花坛群是由多个独立花坛或带状花坛呈直线排列成一行，组成一个有节奏、有规律、不可分割的构图整体。连续花坛群呈演进式连续构图，演进节奏有反复演进和交替演进之分。在连续构图中有起点、高潮、结束三个重要景点，在这三个重要景点位置，常设置雕塑、喷泉、水池或大型独立花坛加以强调和突出。整体构图中的独立花坛的外形既有变化又有统一，游人在移动过程中观赏连续花坛群高低起伏的动态景观效果。连续花坛群常设置于道路两侧、宽阔道路的中央或纵长的铺装广场，如昆明世博园花园大道上的连续花坛群便是一个典型实例。

（4）花坛组　花坛组是在某个场所中设置多个相同的独立花坛，形成多个相同因子有节奏的重复展现的效果，而各个独立花坛之间的联系并不紧密。如沿路布置的多个带状花坛、建筑物前数个基础花坛等均属常见的花坛组。

（5）临时性花坛　临时性花坛是利用可移动的容器栽植低矮观花或观叶植物，经过精心设计组合，摆置于平时不常设置花坛的位置。临时性花坛便于搬动或更换，可根据环境灵活应用，组合形式多样，特别适合城市广场及街道的装饰美化。各大中城市在节日庆典中临时性花坛得到广泛应用。

3. 根据花坛空间位置分类　由于花坛所设置的环境、位置不同，目的各异，因此各种花坛在空间中展现的特征也不同。根据花坛在空间所处位置可将其分为平面花坛、斜面花坛、立体花坛、沉降式花坛和基础花坛。

（1）平面花坛　平面花坛的表面与地平面基本平行，或者花坛表面与地平面之间呈不明显坡度。平面花坛主要观赏花坛的平面效果，其外形轮廓要适应环境和地形的变化。

（2）斜面花坛　斜面花坛的表面与地平面的交角大于30°。斜面花坛常设于斜坡或阶地处，也可布置于建筑的台阶两旁，还可设于道路尽头的视线焦点处。斜面花坛主要观赏其斜面效果，但应注意坡度过大处不适宜设置斜面花坛，否则由于水土流失严重而影响花卉正常生长，并增加管理难度，降低观赏效果。一般40°～60°的斜坡较适宜设斜面花坛。斜面花坛面积大小可视环境而定。

（3）立体花坛　立体花坛呈立体结构，向空间伸展，具有竖向景观效果，是模纹花坛的一种特殊应用形式。立体花坛又有立体造型花坛和立体造景花坛之分。

①立体造型花坛：立体造型花坛构图中心或成花台形式，或设置一定的艺术形象，如人物塑像、动物造型、亭桥等建筑小品造型，也可以是花瓶、花篮等实物造型。立体造型花坛主要观赏花坛的立体效果及其文化内涵，常见有人物塑像花坛、动物造型花坛、实物造型花坛。

②立体造景花坛：立体造景花坛通过花卉植物的摆置与栽植相结合，创建出以知名或标志性景点的造型为中心的立体花坛。如以长城为构图中心的造景花坛较常见。

（4）沉降式花坛：沉降式花坛表面明显低于地平面，常设置于四周地势高、中间地势低的位置，游人宜立于高处俯视花坛。沉降式花坛以观赏花坛的精美图案纹样整体效果为主。

（5）基础花坛　基础花坛设置于建筑物、围墙、建筑小品的基部，以及灯柱、大树、雕像的基部，或者水池四周。基础花坛对建筑物、建筑小品、围墙等立体建筑及大树等具有烘托作用，可将建筑物衬托得更加宏伟，大树更加苍劲挺拔、充满生机，并可缓和建筑物和地面交界处的生硬感和对立感,将立面与平面融为一体,使整体环境更加和谐生动。基础花坛多为盛花花坛,形状依环境而异,如建筑物基部可为带状花坛,大树基部可为圆形、方形或多边形花坛。在园林整体环境中,基础花坛只作为配景。

(三) 花坛植物的选择与配置

1. 盛花花坛植物的选择与配置 盛花花坛所突出的是植物盛花时期的群体色彩美,因此选用的花卉植物必须具备以下条件:植株低矮,株丛紧凑,分枝能力强,花期一致,花朵繁密,花期长,色彩明亮且鲜艳,理想的植物材料要求盛花时花朵覆盖枝叶,达到见花不见叶的效果,且移栽容易,抗逆性强,管理粗放。观花的一二年生草花最适宜盛花花坛栽植,为了维持花坛的华丽效果,需及时摘除残花残叶,并根据季节变化及时更换花材,以延长花坛整体观赏期。若以一二年生草花为主,适当配置球根花卉和宿根花卉,则更便于管理。盛花花坛植物配置既要注意花色搭配中对比效果的把握,又要注意不同植物质感的协调。

盛花花坛常用花卉植物有:一二年生花卉如金盏菊、万寿菊、雏菊、三色堇、一串红、矮牵牛、鸡冠花、半支莲、彩叶草、石竹、羽衣甘蓝、红叶甜菜等;宿根花卉如四季秋海棠、小菊、荷兰菊、鸢尾、玉簪等;球根花卉如郁金香、水仙、风信子、葱兰等。其中心可配置叶子花、桂花、海桐、杜鹃花等花灌木。

2. 模纹花坛植物的选择与配置 模纹花坛所突出的是由植物组成的各种图案纹样的精致与华美,所选用的植物材料与盛花花坛截然不同,要求具备以下条件:植株低矮,株丛紧凑,枝叶细密,萌蘖性强,生长缓慢,耐修剪,耐移栽,繁苗快,抗逆性强。不同叶色品种的五色苋是模纹花坛最理想的植物材料,其特点是株型矮小而整齐、叶片细小而色彩鲜亮,可以做出2~3cm的线条,易于组成细致、精美的装饰图案。一二年生草花的扦插苗、播种苗以及株矮花繁的花卉均可选用,但在图案中只作为点缀使用,如孔雀草、矮一串红、四季秋海棠、雏菊、香雪球、半支莲、三色堇等。

3. 立体造型花坛植物的选择与配置 立体造型花坛通过模型建造及植物栽植,组成各种造型,如花瓶、花篮、动物、建筑小品、人物形象等,形象逼真,栩栩如生。其植物栽植手法基本同模纹花坛,植物材料选择比模纹花坛更严格,除具备模纹花坛植物材料的要求外,还应具备根系浅、易成活、耐干旱的特点。五色苋是最佳选择,此外,株矮、花密、枝茎柔韧的小菊、四季秋海棠、何氏凤仙等花叶兼赏的花卉也常见使用。

(四) 花坛设计

花坛是花卉植物在园林中的重要应用形式,是以花卉植物为主要素材的园林艺术的体现,对园林环境的装饰美化具有画龙点睛的作用。花坛还蕴含着深厚的民族文化和花文化。随着时代的发展,花坛的内容和形式越来越丰富多彩,花坛艺术在园林中的重要性也越来越突出。因此,花坛的建造必须在精心设计的基础上施工,做到意在笔先。

1. 花坛的位置及形式 花坛形式因设置环境和位置而异,一般在公园出入口内外的广场、机关单位大门前,宜设独立盛花花坛或模纹花坛;在主干道尽头的视线焦点处,宜设斜面模纹花坛或立体花坛;在十字交叉路口,宜设圆形盛花花坛;在丁字交叉路口,宜设三角形或圆形盛花花坛;在道路两旁或道路的分车带处,宜设带状盛花花坛;在大型广场或大型交通环岛处,宜设花坛群。总之,花坛的形式要与环境相协调,使花坛自然地融合到整体环境之中,才能达到理想的效果。

2. 花坛的外形轮廓及面积 花坛的外形轮廓应服从园林规划布局的要求,与整体环境相协调，如圆形广场宜设圆形花坛、矩形广场宜设长方形花坛或椭圆形花坛、三岔路口处宜设三角形花坛等，使花坛的外形和场地取得和谐效果。

在广场上设置的花坛其轴线应与整体环境的轴线相一致，其纵轴和横轴应与广场及主体建筑物的纵轴和横轴分别重合。在道路交叉口设置的花坛，由于受交通的限制，只要求花坛与整体构图的主轴线重合。花坛的面积应与所处的园林空间相协调，一般不超过广场面积的 1/5～1/3 为宜，过大过小均有碍观赏和管理。平地上图案纹样精细的花坛，其短轴长度宜在 8～10m；图案较简单粗放的花坛，其直径可达 15～20m。带状花坛的宽度 2～4m 为宜。

3. 花坛的风格 花坛的风格是通过花坛的形式、表现主题及植物材料体现的，但需注意，花坛的风格要与周围的环境及主体建筑风格和谐一致。例如，中国传统式建筑前的花坛，宜采取自然式风格，并以中国传统花卉为主，则显得格外和谐优美，充满民族风情；现代建筑前设置规则式模纹花坛，更显宏伟壮观；作为雕塑、纪念碑等的基础装饰的花坛，宜简约大方，避免喧宾夺主，这样才易于使花坛与环境融为一体。

4. 花坛高度及边缘的设计 无论是盛花花坛还是模纹花坛，花坛的高度均应在人们视平线以下才利于发挥花坛的最佳观赏效果。四面观赏的花坛一般要求中间高、四周低，通常花坛中央拱起，高于地面 7～10cm，保持 4%～10% 的坡度；两面观赏的带状花坛要求中间高、两侧低，或为平面布置；单面观赏的花坛要求前低、后高。花坛高度通常利用堆土法和配置不同高度花卉的方法加以调整。

花坛轮廓线一般均进行边缘处理，从而提高装饰性，避免游人踩踏。花坛边缘处理常见有装缘石、装缘植物和矮栏杆三种方式。

（1）装缘石 装缘石采用砖、条石、假山石、鹅卵石等，沿着花坛轮廓线堆砌，高度一般 10～15cm，不超过 30cm，宽 10～15cm，以自然取胜。

（2）装缘植物 装缘植物是指沿着花坛的外形轮廓线种植的一圈低矮的常绿植物，如葱兰、沿阶草、吉祥草、雀舌黄杨等，犹如给花坛佩戴了一条绿色的项链，充满自然情趣。

（3）矮栏杆 矮栏杆设于花坛边缘，对花坛具有装饰、保护的双重作用。栏杆常见有木制、竹制、铁铸，以墨绿色为佳。也常见以天然原木桩、竹片等材料沿花坛轮廓竖向插埋于地下形成花坛边缘，更富乡土气息。

5. 花坛内部纹样及色彩设计

（1）花坛内部纹样及色彩应与园林风格、设置环境相协调 根据表现主题不同，花坛外形轮廓及内部图案纹样区别明显。一般盛花花坛突出表现内部花卉的群体鲜艳色彩美，图案纹样比较简洁，外形轮廓线比较丰富且鲜明。模纹花坛则重点突出图案纹样的繁杂与精美，线条清晰，外形轮廓简单，要求配置的花卉种类简洁，色彩不求绚丽而求鲜亮。如五色苋组成的纹样最细不可窄于 5cm，其他花卉组成的纹样最细不窄于 10cm，常绿灌木组成的纹样最细不窄于 25cm。

（2）花坛色彩应与环境氛围及色调相协调 节日花坛、装饰性花坛、道路花坛等均需突出花坛的暖色调，创造出鲜艳华丽的效果。基础花坛其作用是烘托主体物，本身的色彩不宜过分艳丽，以免喧宾夺主。花坛色彩还应与背景色取得协调，一般在深色建筑物前花坛色彩宜浅淡，以冷色调为主；在灰色或白色等浅色建筑物前花坛色彩以深色、暖色为宜。花坛色彩与背景色应有一定的对比，则花坛更显艳丽、醒目，如以浓绿树林为背景的花坛，配以红、黄色为主的花材，则格外清新艳丽。

（3）同一花坛内花卉色彩不宜过多　同一花坛内一般2～3种花色为宜，大型花坛可增至4～5种花色。配色过多，不但难以体现花卉群体色彩效果，反而显得杂乱。同一花坛内几种花色也不宜平均应用，而应以一种花色为主色调，其他花色为辅色，衬托主色调。主色调花材在花坛中占主导地位，辅色花材用量宜少，否则易产生杂乱感。

（4）花坛色彩设计中还应注意色彩对人的视觉及心理的影响　暖色调给人以面积扩张感，冷色调给人以面积收缩感。在色彩设计中，为了使冷色调和暖色调在视觉上达到面积相当的效果，冷色调实际面积要比暖色调大。另外，盛花花坛的花卉配置中，相邻的两种花卉的色彩宜对比鲜明，可增加花坛的亮丽感。若相邻的两种花卉色彩近似，对比不鲜明，可在两者之间配置一种白色花卉，则有利于提高花坛的色彩效果。另外，一般用深色的花卉作图案花纹，用浅色的花卉作底色，色彩明度和纯度较低的花卉不宜搭配使用。

6. 主景花坛与配景花坛主次分明　主景花坛与配景花坛设置位置、体量大小、色彩、图案等均应表现出明显差异，在花坛设计中要做到有主有次、主次分明。

主景花坛宜设置于开阔的广场，且位于主轴线上、游人视线焦点处等引人注目的位置。色彩艳丽鲜明的盛花花坛、纹样清晰亮丽的模纹花坛以及精致的立体造型花坛均可作为主景花坛。主景花坛的体量及面积较大，色彩鲜艳而华丽，图案精致而鲜明，并与周围环境极为和谐，其构图多呈多轴对称。主景花坛可以每年更换、不断创新，常是园林中创意新颖、引人驻足、不断更新的景点。例如，国庆节天安门广场的中心花坛、公园入口处的花坛、展览馆门前广场的主体花坛等均为主景花坛。

配景花坛的体量、色彩及图案的精细程度等均明显次于主景花坛，宜设置于主轴线的两旁或周围，其内部图案简洁，色彩较淡雅，构图多为单轴对称或不对称，其作用是烘托、陪衬主景花坛，突出主景花坛的观赏效果。例如，道路两旁的带状花坛、建筑物基部的基础花坛等均为配景花坛。

（五）花坛施工及养护管理

1. 平面花坛的施工　平面花坛施工分两种：一种是将花卉直接栽植于花坛的土壤中，另一种是应用盆花进行平面花坛布置。前者需经过整地、放样、栽植、养护等施工环节，后者则省略了整地这一环节，但是有的平面花坛有一定坡度，应用盆花摆放时需用土壤或砖块等调整地形。

（1）整地　整地首先要翻耕，种一二年生草花土层需深翻20cm，种多年生宿根或球根花卉需深翻40cm。将种植床内的土壤过筛，除去大的砖砾，加入腐熟的堆肥。如果土质太差，需要换土，或加入适量的腐叶土、泥炭土改良土质，有条件最好进行土壤消毒。然后按设计高度，耙平坡面，一般平面花坛土面高出地面7～10cm，中央高,向四周缓缓倾斜，坡度保持在4％～10％。为了防止水土流失，可按花坛外形轮廓砌缘石，一般花坛缘石高10～15cm,大型花坛缘石最高不超过30cm。除用石材外，也可用砖、原木或竹子等材料做花坛的外缘。

（2）放样　放样是按设计图样及比例在种植床或地面上放大。花坛施工中放样很关键，放样是否准确关系到制作的花坛是否符合设计要求。直线条、规则式的图案容易放样。曲线、不规则图形及复杂的纹样可先将其在坐标纸上画好，再选定几个重要的点，按坐标放线，或用较长的绳子摆出图案的形状，经过调整符合设计要求后，用粉笔勾画出来。也可直接在旧报纸或纸板上放线，然后镂空一些花纹，盖在地上,镂空部分可撒白沙等标记，将图案勾画出来。

（3）栽植（或摆放）　放样后于植床上栽苗，最好在阴天或傍晚进行。提前2d将花圃地浇透水，以便起苗时少伤根。一般要带小土团，然后将其装于周转箱或竹筐中运往施工地点。根据运输距离长短，采取遮阴、洒水等不同保护措施。目前普遍用塑料营养钵育苗，运输起来更加方便，也可直接用于摆放。栽植时，按照图案先里后外，先上后下，模纹花坛一般先种出图案轮廓线，然后再种图案中间部分。中间部分需按品字形种植，这样易使图案丰满。同时还要根据苗高和冠径调整栽植深度和密度，以使图案整齐平滑、细致精美。如果花坛面积较大，可在搁板上作业，以免踏实床面。

（4）养护　栽种花卉后浇透水，隔一天再浇一次，如此连浇三次水，以保证花苗成活。浇水要避开中午强烈的阳光照射，否则花苗易被灼伤。永久性花坛一般要保持每年4～11月的观赏效果，因此要更换花卉3～5次，花期长的品种更换次数少。根据花卉的生长状况适当追肥1～2次。

2. 斜面花坛的施工

（1）斜面模纹花坛　斜面模纹花坛一般为单面观赏的花坛，如以五色苋为材料，将五色苋种植于扁平塑料箱内，安放在用角钢、木板或脚手架搭成的架子上，倾斜角度一般为45°～60°，也有垂直设置的。

①种植箱：种植箱以长方形扁平塑料箱为宜，如豆腐屉，深度为15～18cm。将塑料箱摆放在平地上并进行统一编号，将编号写在塑料箱侧面以便于查找。

②栽培基质：栽培基质选用富含养分且质轻的腐殖土为宜，需有一定的黏结度，不能用沙土，否则浇水后基质易流失。每隔一定距离按品字形固定一些挡土板，防止浇水后由于重力原因造成基质向底部堆积。

③放样：斜面花坛放样与平面花坛相同，但由于种植箱可移动，因此在放样时图案可根据箱子尺寸做适当修整，使图案在施工时便于拼装。

④栽植：放样后按图案纹样要求分箱栽入不同色彩的五色苋苗。多直接扦插于培养土上，栽植密度大，400～500株/m^2。一般应提前1.5～2个月进行扦插养护，进行两次修剪后，应用效果较好。要使五色苋花坛图案纹样细致、清晰，富于立体感和表现力，应在修剪上下工夫。修剪可促使植物分枝。修剪有很多技巧：为将图案轮廓突出，实行弧形修剪；底色实行平剪；在两种颜色交界处实行斜剪，使交界处成凹状。修剪轻重要适度，过轻不易使花纹清晰，过重则下部枝叶稀疏，使土壤裸露，影响观赏效果。

⑤设支架：一般斜面花坛均设有支架,支架可以用木板、角钢或脚手架制成。斜面上用的角钢根据种植箱的宽度做成排架,安装时以种植箱能卡在两排角钢之间为准,用铅丝将种植箱固定于架子上,一般从架子下部开始固定。支架底部要根据斜面花坛的总重量按1∶3的比例配重,保持花坛的稳定性。斜面花坛还应考虑当地风向的影响,一般避免顺风设置,同时兼顾光照的影响,南向光照过强,影响视觉,北向逆光,纹样暗淡,因此,以东西向观赏效果为好。

⑥养护：日常管理主要是浇水和进行适当修剪，如有坏死苗及时进行更换。

（2）斜面盛花花坛　斜面盛花花坛一般做成阶梯式，用砖和木板搭成架子，也可使用现成的阶梯架，一般角度为33°～60°。采用花盆育苗，将盆花按设计纹样摆放在架子上，注意调整植物材料高矮，使纹样清晰。也可扣盆后将花苗栽于阶式种植槽中。

卡盆的出现使斜面盛花花坛更上了一个新的台阶，施工更加简便，应用更加广泛。将盛花花坛的花卉苗种植于卡盆中，将卡盆架固定于斜面支架上，埋入微喷头，按设计纹样将不同色彩及种类的卡盆花安装在架子上，可以制作出精美的斜面盛花花坛。

3. 立体花坛的施工

（1）立体造型花坛的施工　用钢筋、管材和砖块等按设计要求做成造型骨架主体，先用直径 1cm 左右的钢筋网做造型的基本轮廓，再用软的铁纱网包住龙骨，调整好造型的整体轮廓。内部预埋水管和微喷头。将预先和好熟化的稻草泥摔到骨架上，使泥与铁纱网紧密结合。泥的厚度要求 5~10cm，找出造型要求的面，用蒲包或麻包片裹在泥的外部，用铁丝扎牢将泥固定。在蒲包或麻包片上画出图案，用直径 3cm 左右的尖头木棍扎洞将五色苋插入。先种花纹的边缘线，轮廓勾出后再填种内部花苗。栽好后参照斜面五色苋花坛的修剪方法进行修剪养护，注意适度浇水。如果造型的体量较大，为施工方便，可以在造型花坛周围搭设施工架进行施工作业。

立体造型花坛除用五色苋外，还常选用花期较长、开花繁密的各色小菊、四季秋海棠、矮牵牛及一些观叶植物如彩叶草等。小菊在造型花坛中应用较多，一般将小菊扣盆，去掉多余的土和根，用蒲包或无纺布包裹后用褽扎方式将小菊固定于骨架上，调整花头朝向使造型丰满优美。不用修剪，但要求花期一致。

近年造型花坛又有新的发展，用钢筋做成各种动物造型骨架，然后将骨架固定于大的花盆中，盆中栽植分枝细密耐修剪的藤本植物，将藤本植物蟠扎于骨架上，经过较长时间养护管理和蟠扎，制作成新颖的各种动物造型，可供较长时间观赏。由于此种造型固定于一个或几个花盆中，故搬运较方便，既可供室外观赏，也可供室内观赏。选择的植物常见有福建茶、火棘、小叶女贞、常春藤等。

(2) 立体花柱的施工　近年来立体花柱的应用越来越广泛，它具有较好的装饰效果，且骨架经一次制作后可反复使用，施工便利，还可结合夜景照明，成为夜晚一道亮丽的风景。花柱骨架一般为钢筋结构，中间设立柱，底部加配重，钢架的柱面由许多大小一致排列整齐的圆形铁圈焊接而成，铁圈的直径应与花盆的直径相匹配。

施工时先将钢架固定在场地上，内部设置微喷装置，如果需要夜间照明，则应预先将照明系统按图案螺旋方向布置好。花柱植物材料多选用低矮、分枝细密、色彩艳丽、花期一致的盛花材料，如四季秋海棠、矮牵牛、香叶天竺葵、小菊，也可用彩叶植物，如各色彩叶草等。花柱的色彩以 2~3 种为宜，每种色彩的宽度应与花柱的高度协调，螺旋上升的角度以 45°~60°为宜。植物材料预先栽种到轻型种植盆中，种植盆直径应与骨架铁圈直径相匹配。栽好的盆花放到种植箱运到施工现场。大型花柱进行植物材料施工前应在四周搭设多层脚手架，每层脚手架均需架设木板，在脚手架侧面搭设斜梯便于施工人员上下。高度大于 5m 的花柱还应在脚手架顶部安装滑轮，用于从地面运送成箱的花卉材料。

立体花柱施工时从顶部开始，选择一个色带自上而下按螺旋下降方向放置植物材料，旋转一周后，可由另外一组人同时进行第二个色带的施工，依次类推进行多个色带的施工，每放置一盆植物材料就要安放一个微喷管或微喷头，以保证施工结束后每盆花都可吸收到充足的水分，使花柱的观赏效果保持的时间更长。

彩虹门的应用也很广泛，施工方式与立体花柱相近。

4. 造景花坛的施工　造景花坛的施工是前几种花坛施工方式的综合，应注意合理安排施工的先后顺序。一般应由中心向四周、由上至下进行施工，局部可以先勾出轮廓，然后再填充内部，必要时还要动用各种机械设备，以保证施工顺利进行。由于造景花坛应用的植物材料种类丰富，因此养护管理时应根据不同植物的特性，采取不同的养护管理措施。

5. 花坛的养护管理

(1) 栽植与更换　北方地区为了维持花坛 4~11 月的观赏效果，根据花卉的花期不同，通常需要对花坛花卉进行 3~5 次更换。每次更换的花卉需根据花坛设计的要求提早做好育苗计划。花坛用苗量一般根据花材成苗后稳定的冠幅为依据来计算。

（2）花期调控　不同花卉根据应用时期进行花期调控。常用的方法有：多次摘心法，如一串红五一用花，最后一次摘心的时间在3月10日左右；十一用花，最后一次摘心的时间在9月5日左右。短日照处理，采用遮光措施来控制花期，如菊花、一品红十一用花，则需从8月开始进行遮光处理，每天9~10h光照，一般到9月中旬花蕾开始显色。不同品种需要遮光处理的天数不同，应根据具体情况实施处理。

（3）肥水管理　花坛灌水根据植物种类和花坛所在地的环境条件而定。一二年生草花根系浅，应勤灌，每次灌水量要小；宿根花卉根系较深，灌水次数应少，每次灌水量要大。天气炎热的时候多灌水，雨季少灌水。立体花坛多采用微喷或滴灌的方式供水。花坛施肥以基肥为主，将腐熟的有机肥和培养土混合均匀后填入种植床内，基本能保证花卉正常生长。立体花坛和部分喜肥的花卉，可利用叶面施肥的方法进行追肥，也可结合微喷和滴灌补充营养液，保证花卉的正常生长。

（4）整形修剪　为了保证花坛的观赏效果，要经常并及时剪除残花败叶，同时还可促进连续开花的种类多次开花。通过整形修剪，可以保持植株的冠形整齐。五色苋模纹花坛和造型花坛应根据设计要求经常进行修剪，以保证纹样清晰，造型持久。

二、花　　境

（一）花境的概念

以树丛、树群、绿篱、矮墙或建筑物作背景，或绿地边缘、道路两旁的带状自然式花卉种植方式，称为花境。花境可理解为由花卉组成的境界，是花卉在园林中最常见的应用形式之一。花境是由若干个花丛自然组合而成的一个连续的植物群体，每个花丛可以是同种花卉，也可以是不同种花卉，各花丛间呈自然斑块状混交（图7-1）。

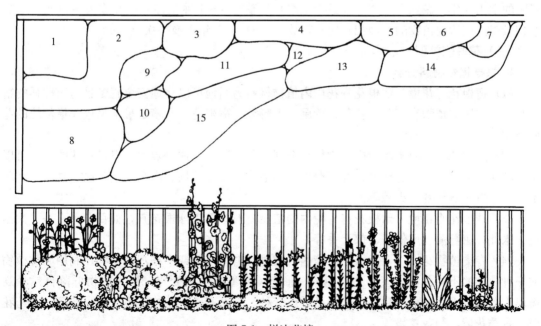

图7-1　栏边花境
1. 赛菊芋　2. 菊花　3. 蜀葵　4. 百合　5. 福禄考　6. 鸢尾　7. 长寿花　8. 美女樱　9. 蓝花耧斗菜
10. 近东罂粟　11. 香雪球　12. 鹿葱　13. 须苞石竹　14. 佛甲草　15. 紫芹

(二)花境的特点

1. 混合式构图 花境是混合式构图。种植床两边的边缘线是平行直线,或是有几何轨迹可循的曲线,而且是连续不断的,其平面轮廓属于规则式。种植床内的植物配置则是自然斑块状混交。植物基本构图单位是花丛,每个花丛通常由5～10种花卉组成,各种花卉集中栽植,平面上呈自然斑块状,立面上则高低错落,疏密有致,犹如林缘野生花卉交替生长的自然景观。

2. 动态连续构图 花境的长轴是根据环境的特点延伸的,其长度没有限定;其短轴不宜过宽,一般2～4m时视觉效果最好。花境是沿着长轴方向逐渐演进的,其构图不但有连续性,而且有动态变化,富有生机和动感。

3. 突出植物自然个体美和群体美 花境内植物配置既强调植物自身所特有的形姿、色彩的个体美,又表现出各种植物互相错落相融的组合群体美。

4. 平面景观与立面景观相融合 由平面观赏花境,种植床轮廓是较规则或半自然式的,种植床内的植物配置没有一定规则,呈自然斑块状混植,形成规则与自然相融的平面景观。竖向观赏花境,植物高低错落,有粗有细,刚柔相济,观花观叶,各有特色,既体现了植物多样性的自然群落美,又融入了园林艺术美,好似一幅立体画,强化了花境的立体景观效果。花境整体效果则体现了平面景观与立面景观相融合的自然综合群体美。

5. 边缘处理自然灵活 花境种植床的边缘多用植物作装饰,如低矮的常绿植物麦冬、吉祥草、葱兰以及常绿小灌木等,也可用缘石装饰,或者不做任何边缘装饰更能突显自然情趣。

6. 植物种类丰富且季相分明 花境内配置的花卉植物需具有较强的抗寒性,在本地区能安全越冬。宿根花卉、球根花卉、观花或观叶小灌木以及少量一二年生花卉均可配置于花境,突出体现多种花卉植物的和谐美及动态美。虽不要求花境一年四季繁花似锦,但力求有鲜明的季相变化,做到一年四季(最少三季)每季有3～4种花卉开放并成为主色调,形成季相景观。花境内植物的管理相对比较粗放,一般3～5年更换一次。

(三)花境的类型

1. 根据植物材料分类

(1)宿根花卉花境 宿根花卉花境内植物材料为当地可以露地安全越冬且适应性强的宿根花卉,常用的植物有芍药、萱草、鸢尾、玉簪等。宿根花卉花境是最常见也是最传统的花境类型。

(2)灌木花境 灌木花境内植物材料全部为各类灌木,这些灌木可以是观花的,也可以是观叶或观果的,常见有红枫、红花檵木、羽毛枫、大叶黄杨、海桐、矮紫薇、月季、红瑞木、南天竹、绣线菊、火棘等。

(3)球根花卉花境 球根花卉花境内的植物材料全部为球根花卉,如百合、石蒜、大丽花、水仙、唐菖蒲、风信子、郁金香等。

(4)专类植物花境 专类植物花境内的植物材料为一类或一种观赏植物。利用同类植物或一种植物的不同品种、变种之间色彩、形态、株型的丰富变化,展现植物群落自然景观美。因此,要求植物材料具有丰富的品种或变种。常见有蕨类植物花境、牡丹花境、芍药花境、月季花境、菊花花境等。

(5)混合花境 混合花境内的植物材料为灌木和耐寒性较强的宿根花卉及球根花卉,有时也可在前侧适当配置一二年生草花点缀。混合花境的植物配置更接近自然植物群落,充满野趣和生机，也是园林中常见的花境类型。

2. 根据规划设计方式分类

（1）单面观赏花境　单面观赏花境一般配置在建筑物前或道路旁，常以建筑物、墙体或绿篱等为背景，供游人从园路一侧观赏。为了便于游人由一侧观赏，其内的植物配置后侧高、前侧低，植物由后至前逐渐降低形成一个倾斜的观赏面。

（2）双面观赏花境　双面观赏花境配置于广场草地或道路的中央，花境中央的植物最高，由中央至两侧逐渐降低，可供游人两面观赏。中央最高部分一般也不超过游人视线高度。双面观赏花境没有背景。

独立演进花境是双面观赏花境的特殊类型，设在道路中央，其轴线与道路的轴线相重合，是园林中的主景花境。

（3）对应演进花境　对应演进花境配置于道路两侧，广场、草坪或建筑物四周，呈左右两列式相互拟对称演进。游人行进中所观赏的并不是某一侧或某一个花境，而是园林布局中对应演进的连续构图。设计中应将其作为一个整体构图或一组景观来考虑，多采用拟对称手法。对应演进花境在园林中属于配景花境。

（四）花境设计

1. 花境设置位置　花境可应用在公园、风景区、街心绿地、机关庭院、家庭花园的周边位置及林荫路旁。它是一种带状布置方式，可创造出较大的空间效果，并能充分利用园林绿地中路边等处的带状地段。由于花境是一种半自然式的种植方式，因而极适合布置于园林中的建筑、道路、绿篱等人工构筑物与自然环境之间相衔接的位置，起到过渡作用。

（1）建筑物基础花境　建筑物基础花境实际上是花境形式的基础种植。在4～5层楼以下、色彩明快的建筑物前，花境可起到基础种植的作用，软化建筑生硬的线条，缓和建筑立面与地面形成的强烈对比的直角，使建筑周围的自然风景和园林风景取得协调。这类花境为单面观赏花境，以建筑立面作为背景，花境的色彩应与墙面的色调取得有对比的统一。另外，挡土墙前也可设置相类似的花境，还可以在墙基种植攀缘植物或上部栽植垂蔓性植物形成绿色屏障，作为花境的背景。

（2）路旁花境　路旁花境是指在道路的一侧、两边或中央设置的花境。根据园林中整体景观布局，通过设置花境可形成封闭式、半封闭式或开放式道路景观。在园路的一侧设置花境，供游人漫步欣赏花境及道路另一边的景观。若在道路尽头有雕塑、喷泉等园林小品，可在道路两边设置一组单面观赏的对应式花境。这两列花境必须形成一个构图整体，道路的中轴线作为两列花境的轴线，两者动势集中于中轴线，成为不可分割的对应演进的连续构图。也可以在道路的中央设置一列双面观赏的花境，花境的中轴线与道路的中轴线重合，道路的两侧可以是简单的行道树或草地。也可以将道路中央的双面观赏花境作为主景，道路两侧各设置一个单面观赏花境作为配景，这两个单面观赏花境应视为对应演进花境，构图上要考虑整体效果。除灌木花境外，花境的高度一般不高于人的视线。

（3）绿篱及树墙基础花境　绿篱及树墙基础花境是指在各种绿篱和树墙基部设置的花境。绿色背景使花境的色彩得以充分表现，格外醒目，而花境又活化了单调的绿篱和树墙。

（4）草坪花境　草坪花境是指在宽阔的草坪上或草坪边缘疏林下设置的花境。在这种开阔的绿地空间适宜设置双面观赏花境，可丰富景观，组织游览路线。通常在花境两侧辟出游步道，以便观赏。

(5) 庭园花境　庭园花境是指在家庭花园或机关庭院的小花园中设置的花境，通常设置在花园的周边位置。

(6) 与花架、绿廊和游廊相配合的花境　在夏秋阳光充足的时节，游人常在花架和绿廊下游憩，因此，沿着花架、绿廊和游廊设置花境，不但可丰富园林植物色彩，并可提高园林景观的立体观赏效果。花架、绿廊和游廊等建筑物都有高出地面 30~50cm 的建筑台基，台基的立面前方可布置花境，花境的外方再布置园路，这样在游廊或绿廊内外的游人散步时可以沿路欣赏两侧的花境。同时，花境又可以装饰花架和游廊的台基，将不美观的台基立面加以美化和装饰。

2. 种植床设计　花境的种植床呈带状，两边是平行或近于平行的直线或曲线。单面观赏花境种植床的后边缘线多采用直线，前边缘线可为直线或自由曲线。两面观赏花境的边缘基本平行，可以是直线，也可以是流畅的自由曲线。

对应式花境要求长轴沿南北向展开，以使左右两个花境光照均匀，植物生长良好，从而实现设计意图。其他花境可自由选择方向，并且根据花境的具体光照条件选择适宜的植物种类。花境大小取决于环境空间的大小。通常花境的长轴长度不限，但为管理方便及体现植物布置的节奏、韵律感，可以将过长的植床分为几段，每段长度以不超过 20m 为宜。段与段之间可留 1~3m 的间歇地段，其内可设置坐椅或其他园林小品。

花境的短轴长度有一定要求。各类花境的适宜短轴长度大致是：单面观赏混合花境 4~5m，单面观赏宿根花卉花境 2~3m，双面观赏宿根花卉花境 4~6m。家庭小花园中的花境短轴长度可设为 1~1.5m，一般不超过庭院宽度的 1/4。较宽的单面观赏花境的种植床与背景之间可留出 70~80cm 的小路，以便于管理，又具有通风效果。

花境种植床根据环境土壤条件及装饰要求设计成平床或高床，并且应构筑 2%~4% 的排水坡度。在土壤排水良好地段或草坪边缘的花境宜采用平床，床面后部稍高，前缘与道路或草坪相平，这种花境给人整洁感。在排水差的土质上或者阶地挡土墙前的花境，为了与背景协调，可采用 30~40cm 的高床，边缘用不规则石块镶边，此类花境具有粗犷风格。

3. 背景设计　单面观赏花境需有背景衬托，花境的背景根据设置场所不同而异。较理想的背景是绿色的树墙或较高的绿篱，因为绿色最能衬托花境优美的外观和丰富的色彩效果；园林中装饰性的围墙也是理想的花境背景；以建筑物的墙基及各种栅栏做背景则以绿色或白色为宜。如果背景的颜色或质地不理想，可在背景物前选种高大的绿色观叶植物或攀缘植物，形成绿色屏障，再设置花境则效果倍增。背景是花境的组成部分，可与花境有一定距离，也可紧接着花境，根据管理需要在设计时综合考虑。

4. 边缘设计　花境边缘不仅确定了花境的种植范围，也可对花境内的植物起到保护作用，并便于前面的草坪修剪和园路清扫工作。高床边缘可用自然的石块、砖头、碎瓦、木头等垒砌而成。平床多用低矮植物镶边，高度以 15~20cm 为宜。双面观赏花境两边均需栽植镶边植物，而单面观赏花境通常在靠近道路一侧种植镶边植物。镶边植物可以是多年生草本花卉，也可以是常绿矮灌木，镶边植物必须四季常绿或生长期内均能保持美观，最好为花叶兼美的常绿植物，如马蔺、葱兰、沿阶草、雪叶菊、酢浆草、锦熟黄杨等。若花境前面为园路，也可用草坪带镶边，宽度应在 30cm 以上。

5. 种植设计

(1) 植物选择　花境宜选用适应性强、耐寒、耐旱、当地自然条件下生长强健且栽培管理相对简单的多年生花卉为主。根据花境的具体位置，还应考虑花卉对光照、土壤及水分等的适应性。例如，花境中可能会因为背景或上层乔木造成局部半阴的环境，这种环境中宜选用耐阴或半耐阴植物；光照充足位置所设的花境，其内宜选用阳性花卉配置。观赏性也是花境花卉的重要特征，通常要求植于花境的花卉开花期长且花叶兼美，花卉种类组合则应考虑立面与平面构图相结合，株高、株形、花序、形态等变化丰富，有水平线条与竖直线条的交错，从而形成高低错落有致的景观。种类构成还需色彩丰富，质感有异，花期具有连续性和季相变化，从而使整个花境的花卉在生长期次第开放，形成优美的群落景观。

（2）色彩设计　花境的色彩主要由植物的花色来体现，同时植物的叶色尤其是少量彩叶植物叶色运用也很重要。宿根花卉色彩丰富，再适当选用球根花卉及一二年生花卉，可使花境色彩更加丰富。花境色彩设计可以巧妙地利用不同花色来创造景观效果，如将冷色占优势的植物群放在花境后部，在视觉上有加大景深的效果；在狭小的空间中将冷色调花卉配置于花境，在视觉上有空间扩大感。利用花色可形成冷、暖的心理感觉，花境的夏季景观应使用蓝紫色系等冷色调花卉，可给人带来凉意；早春或秋天用红、橙色等暖色调花卉组成花境，可给人以暖意。在安静休息区设置花境宜多用冷色调花卉；为增加热烈气氛，则可多使用暖色调花卉。

花境色彩设计中主要有4种基本配色方法，即单色系设计、类似色设计、补色设计和多色设计。色彩设计中根据花境大小选择色彩数量，避免在较小的花境上使用过多色彩而产生杂乱感。花境色彩设计中还应注意，色彩设计不是孤立的，必须与周围的环境色彩相协调，与季节相吻合。在某个特定的时期，开花植物（花色）应散布在整个花境中，而不是集中于一处。也需避免局部配色很好但整体观赏效果差的现象出现。

（3）季相变化　花境的季相变化是其重要特征之一。理想的花境应四季有景可观，寒冷地区也应做到三季有景。花境的季相是通过不同季节开花的代表花卉及其花色体现的，在设计之初选择花卉种类时即应考虑。应列出各个季节或月份的代表花卉，在平面设计时就要考虑到各个季节不同的花色、株型等合理配置，才能使花境中连续不断开花，以保证各季的观赏效果。

（4）平面设计　构成花境的最基本单位是自然式花丛。每个花丛的大小，即组成花丛的特定花卉种类的株数，取决于花境中该花丛在平面上所占面积的大小和该种类单株的冠幅等。平面设计时即以花丛为单位，进行自然斑块状混植，每斑块为一个单种花丛。通常一个设计单元（如20m）以5~10种以上的种类自然式混交组成。各花丛大小并非均匀，一般花后叶丛景观较差的植物面积宜小些。为使开花植物分布均匀，又不因种类过多造成杂乱，可将主花材植物分为数丛种植于花境不同位置，再将配景花卉自然配置。花后景观差的植株前方应配置其他花卉遮挡。

过长的花境可设计一个演进花境单元进行同式重复演进或2~3个演进单元交替重复演进，注意整个花境要有主调、配调和基调，做到多样统一。

（5）立面设计　花境要有较好的立面观赏效果，充分体现植物群落的自然美感。立面设计应充分利用花卉植物的株形、株高、花序及质地等观赏特性，使植株高低错落有致、花色层次分明，创造出丰富、美观、自然的立面景观效果。

①植株高度：宿根花卉根据种类不同，高度变化极大。宿根花卉花境一般不超过人的视线。总体上单面观赏花境的花卉植物前低后高，双面观赏花境的花卉植物中央高、两边低，整个花境中前后应有适当的高低穿插和掩映，才能形成自然、丰富的景观效果。

②株形与花序：株形与花序是植物个体姿态的重要特征，也是与景观效果密切相关的重

要元素。结合花和花序构成的整体外形,可将花境花卉植物分为水平型、直线型及独特型三大类。水平型植株圆浑,多为单花顶生或头状和伞形花序,开花较密集,并形成水平方向的色块,如八宝景天、金光菊等。直线型植株耸直,多为顶生总状花序或穗状花序,开花时形成明显的竖线条,如火炬花、一枝黄花、大花飞燕草、蛇鞭菊等。独特型植物兼有水平及竖向效果,如鸢尾类、大花葱、石蒜等。花境在立面设计上最好有这三类植物的搭配,才易于达到较好的立面景观效果。

③植株的质感:花卉的枝、叶、花、果均有粗糙和细腻等不同的质感,不仅给人以不同的心理感受,而且具有不同的视觉效果,如粗质地的植物显得离人近,细质地的植物显得离人远。花境设计中植物配置也要考虑质地的协调与对比。

三、花卉立体装饰

花卉立体装饰是相对于一般平面花卉装饰而言的一种花卉装饰手法,即通过适当的载体(各种形式的容器及组合架),结合色彩美学及绿化装饰原理,经过合理的植物配置,将植物的装饰功能由平面延伸到空间,形成三维立体的装饰效果。

花卉立体装饰能充分利用各种空间,应用范围广泛;能充分体现创作的灵活性,展示植物材料的绿化美感;能有效柔化、美化建筑物,塑造更加人性化的生活空间;能快速形成景观效果。

花卉立体装饰常见形式有大型花球、花柱、花树、花塔等组合装饰体以及花箱、花槽、花篮、花钵、垂直绿化等。

(一) 大型花球、花柱、花树、花塔等组合装饰体

花球、花柱、花树、花塔等组合装饰体多以钵床、卡盆等为基本组合单位,结合先进的灌溉系统,进行造型设计与栽植组合。其装饰手法灵活便利,观赏效果新颖别致。

(二) 花箱与花槽

花箱与花槽多为长方体壁挂式,安装在阳台、窗台或墙面,也可装点护栏、隔离栏等处。花箱及花槽可以用木质、陶质、塑料、玻璃纤维、金属等材质制造。

(三) 花篮

花篮又分为吊篮、壁篮、立篮等多种形式,其形状多为球形。花篮是从各个角度展现花材立体美的一种形式,广泛应用于门厅、墙壁、街头、广场以及一些空间狭小的地方,多以花卉的鲜艳色彩和观叶植物奇特的悬垂效果成为点缀环境的重要手法。

(四) 花钵

花钵分为固定式花钵、移动式花钵、单层花钵、复层花钵等形式。花钵的运用注重自身的造型艺术与配置植物自然美感的和谐与统一。花钵与平面绿化相结合,可形成色彩的跳动、风格的变化,起到画龙点睛的空间立体美化作用。

(五) 垂直绿化

垂直绿化是指用各种攀缘植物对现代建筑的立面或局部环境进行竖向的绿化装饰。垂直绿化需经一定的辅助手段对植物进行诱引和固定。最常见的是亭、廊、棚、垣、栏杆、立交桥等园林建筑小品和城市设施的垂直绿化。

1. 棚架式垂直绿化 棚架式垂直绿化是用各种材料搭建的棚架或花架作为攀缘植物或藤本植物的依附物,使植物依附棚架向上延伸,布满架构。观花、观果、观叶的攀缘植物均可用于棚架,但必须花叶浓密、遮阴效果好。

2. 亭廊式垂直绿化 亭廊式垂直绿化是以攀缘植物覆盖长廊或凉亭的顶部及侧方，形成浓荫密布的绿廊或繁花似锦的花廊或花亭。亭廊的架构材质可用木材、金属或混凝土构件，也可以是混合材料。架构旁宜配置生长旺盛、分枝能力强且花色艳丽的缠绕类攀缘植物。

3. 篱垣式垂直绿化 篱指绿篱、篱笆等，常用竹、木编成，或由植物栽植修剪而成屏障；垣指矮墙，也泛指墙体；栏的绿化也属此类，栏指街道护栏、隔离栏等，主要由金属、铸铁或木材制成。篱垣式垂直绿化对植物要求不太严格，大多数攀缘植物均可应用，其中藤本月季、蔷薇、金银花等应用较广泛。篱垣式垂直绿化不但可为园林增添立体景观色彩，而且具有分割空间的作用。

4. 附壁式垂直绿化 附壁式垂直绿化是使攀缘植物附着于建筑物墙面、置石或假山表面以及立交桥柱壁，使其向上攀缘生长并布满其表面，形成绿色的墙体或柱体。附壁式垂直绿化必须选用吸附类攀缘植物，爬山虎是常见使用且效果突出的植物。附壁式垂直绿化既可软化建筑物墙面及山石的生硬感，具有良好的视觉效果，又可降低建筑物的表面温度，优化生态环境。

四、花丛与花群

在园林中为了将树群、草坪、树丛等自然景观相互连接起来，以加强园林布局的整体性，常在它们之间栽种成丛或成群的花卉植物，也可将成丛、成群的花卉布置于道路转折处，或点缀于小型院落及铺装场地（小路、台阶等处）中。花卉的这种应用形式称为花丛或花群，这种形式借鉴了大自然中野花散生于草坡、林缘的景致，从而使园林景观更加自然。

布置时，花丛与花群的大小不拘，繁简皆宜。在花卉种类的选择上没有特殊要求，植株可大可小，以茎干挺直、不易倒伏、株形丰满整齐、花朵繁密者为佳，如应用宿根花卉、球根花卉则更便于养护。常见应用的有美人蕉、凤尾鸡冠、萱草、鸢尾、紫茉莉等。

五、花台与花池

（一）花台

花台是指在高出地面 40~100cm 的台座内填土，栽植花卉植物的园林应用形式，又被称为高设花坛。花台以观赏花卉植物的形态、色彩及造型美为主。花台面积较小，常布置于园林中或机关单位的大门两旁、庭院内的窗前或角隅处，也可布置在广场、道路的交叉口或园路端头等视线焦点位置。在中国古典园林及民族式庭院中的花台常与厅堂相呼应，并常布置成盆景式花台。夏季雨水多的地区或地下水位高的位置，为了栽植不耐涝的花卉，也常设置花台。花台的配置形式有规则式和自然式两种类型。

1. 规则式花台 花台的外形轮廓是规则的几何形状，如圆形、椭圆形、正方形、矩形等，其内的植物配置可以采用规则式，也可以采用自然式。花卉以株形低矮、匍匐性或枝叶下垂的种类为主，如矮牵牛、美女樱、半支莲、麦冬、葱兰等一二年生花卉和宿根及球根花卉。规则式花台多见设于规则式的庭院或广场，主要观赏花卉盛花时的色彩之美。

2. 自然式花台 自然式花台又称盆景式花台，外形轮廓是规则几何形状或自然形状，其内的植物呈自然式配置。植物种类以中国传统花木为主，如松、竹、梅、牡丹、杜鹃花、山茶花、蜡梅等，再配以山石、小草。不追求色彩华丽，突出艺术造型和风姿韵味。自然式花台多设于自然山水园中。

花台有独立的，也有组合型的，还有的将花台的台座和坐椅相结合，或者与竖向构图相结合，形成园林中的装饰小品，表现形式多种多样。

传统的花台四周台壁是用砖或混凝土砌筑的矮墙，现代园林中的花台已逐渐演变成形式多样的花钵。

（二）花池

花池是在与地面平齐或稍高于地面的种植槽内栽植花卉的园林应用形式。花池的外形轮廓可以是自然式，也可以是规则式，但内部花卉配置均以自然式为主。自然式花池常见于中国古典园林，其种植槽多由假山石围合而成，池中花卉多以中国传统花木为主，如松、竹、南天竹等，衬以宿根花卉，如麦冬、吉祥草、书带草、玉簪、萱草等。规则式花池常见于现代园林中，其形式灵活多样，可为独立花池，也可与园林小品相结合，或者将花木山石相结合构成盆景式花池。

花池的建造材料常见有天然石、规整石、混凝土预制块、鹅卵石、瓷砖、马赛克等。

六、屋顶花园

屋顶花园是指在建筑物和构筑物的顶部、城围、桥梁、天台、露台或大型人工假山山体等之上所进行的绿化装饰及造园。屋顶花园建设的重点是：根据屋顶的结构特点及屋顶上的生境条件，选择生态习性与之相适应的植物材料（瓜果、蔬菜、树木、花卉及草坪等），通过一定的技艺手法，创造丰富的景观。

屋顶花园的构成要素包括植物、基质、假山、水体、园路、雕塑和园林建筑小品等。

（一）屋顶花园的环境特点

屋顶花园的环境因子包括土壤、温度、光照、湿度和风等。

1. 空气质量 屋顶花园高于地面几米甚至几十米，因此气流通畅清新，污染减少。屋顶空气浊度比地面低，利于植物生长。

2. 土壤 由于建筑结构的制约，一般屋顶花园的荷载都控制在一定范围之内，所以，栽培基质厚度不能超出荷载标准。较薄的栽培基质极易干燥，会造成植物水分、养分不足，需要定期添加腐殖质，以保证植物生长。

3. 温度 由于建筑材料的热容量小，白天接收太阳辐射后迅速升温，晚上受气温变化的影响又迅速降温，致使屋顶的最高温度高于地面，最低温度低于地面。夏季白天屋顶上的气温比地面高 3~5℃，晚上低 2~3℃。较大的昼夜温差对植物体内积累有机物十分有利。但过高的温度会使植物的叶片焦灼、根系受损，过低的温度又易引起植物寒害或冻害。

4. 光照 屋顶光照强，接收太阳辐射较多，为植物光合作用提供了良好环境，利于阳性植物的生长发育。同时，高层建筑的屋顶紫外线较多，日照长度比地面显著增加，为某些植物尤其是沙生植物的生长提供了较好的环境。

5. 空气湿度 屋顶空气相对湿度比地面低 10%~20%。屋顶植物蒸腾作用强，水分蒸发快，更需保水。

6. 风 屋顶位于高处，四周相对空旷，风速比地面大 1~2 级且易形成强风，对植物生长发育不利。因此，屋顶距地面越高，绿化条件越差。

（二）屋顶花园的分类

1. 按用途分类 按用途不同，可将屋顶花园分为营业型、家庭型、观赏型、工厂环保型、科研与科普型五种类型。

2. 按使用功能分类 按使用功能不同，可将屋顶花园分为公共游憩性屋顶花园、家庭式（居住区）屋顶花园、科研生产用屋顶花园三种类型。

3. 按建筑结构与屋顶形式分类　按建筑结构与屋顶形式不同，可将屋顶花园分为坡屋面绿化、平屋面绿化两种类型。

（三）屋顶花园植物选择与应用

因为屋顶特殊立地条件的限制，屋顶花园的设计建造往往不能随心所欲地改造地形、营造水体，道路也因屋顶场地狭小而不能形成多级系统。因而，精心配置与建造生机勃勃的植物景观就成了屋顶花园的主要内容。

1. 屋顶花园植物选择的原则　由于屋顶花园受光照、承重等因素的制约，植物种类的选择范围比较狭窄，宜选择耐阳、耐旱、浅根性的小乔木，与灌木、草花、草坪植物、藤本植物等搭配。

屋顶花园植物选择应掌握以下原则：

（1）耐旱、抗寒性强的矮灌木和草本植物　由于屋顶花园夏季气温高、风大、土层保湿性能差，而在冬季则保温性差，因此应选择耐干旱、抗寒性强的植物。同时，考虑到屋顶的特殊立地环境和承重的要求，应选择矮小的灌木和草本植物，以利于植物的运输、栽种和管理。

（2）阳性、耐瘠薄的浅根性植物　屋顶花园大部分种植区域为全日照，太阳光直射，光照度大，应尽量选用阳性植物。在某些特定的小环境中，如花架下或墙边，日照时间较短，可适当选用一些半阳性植物。屋顶的种植层较薄，为了防止根系对屋顶建筑结构的侵蚀，应尽量选择浅根系植物。又因施用肥料会影响周围环境卫生，故屋顶花园应尽量种植耐瘠薄的植物。

（3）抗风、不易倒伏、耐积水的植物　在屋顶上空风力一般较地面大，特别是雨季或有台风来临时，风雨交加对植物的生存危害最大。加上屋顶种植层薄，蓄水性能差，一旦下暴雨，易造成短时积水，故应尽可能选择抗风、不易倒伏又能耐短时积水的植物。

（4）以常绿树种为主、冬季能露地越冬的植物　营建屋顶花园的目的就是增加城市的绿化面积，因此屋顶花园的植物应尽可能以常绿植物为主。为了使屋顶花园更加绚丽多彩，体现花园的季相变化，还可适当栽植色叶树种，另外在条件许可的情况下，可布置盆栽时令花卉，尽量做到使花园常年有绿、四季有花。

（5）尽量选用乡土植物　乡土植物对当地的气候有高度的适应性，在环境相对恶劣的屋顶花园，选用乡土植物有事半功倍之效。同时，考虑到屋顶花园的面积一般较小，为将其布置得较为精致，可选用一些观赏价值较高的新品种，以提高屋顶花园的档次。

（6）能抵抗并吸收空气污染物的植物　在屋顶绿化中，应优先选用既有绿化效果又能改善环境的种类，这些植物应对烟尘、有害气体有较强的抗性，并能起到净化空气的作用，如桑树、合欢、皂荚、圆柏、广玉兰、棕榈、夹竹桃、女贞、大叶黄杨等。

（7）容易移植、成活率高、耐修剪、生长较慢的植物　屋顶花园最好选择已经移植培育过、根系不深但是须根发达的植株。由于屋顶承重的限制，植物的未来生长量要算在活荷载中，生长慢且耐修剪的植物能够较长时间地维持成景的效果。

（8）养护管理粗放的植物　考虑到屋顶花园要协调造景与造价及效益的关系，宜选择养护管理粗放的植物，以降低建造成本。

2. 屋顶花园植物应用的形式

（1）乔木　在屋顶花园中，乔木种植较少。但由于乔木在整个花园中起骨架和支柱作用，因此在植物配置时应重点给予考虑。

①园景树：园景树是指在园林中具有成景效果的乔木。园景树的设置要求主题鲜明，功

能清晰。屋顶不宜选用传统的高大针叶乔木作为园景树，树形秀丽的小乔木甚至比较大型的树桩盆景都可成为屋顶的园景树。在屋顶这个特殊的立地环境中，能容纳的乔、灌木的数量有限，一旦设置园景树，其必定成为花园至少是花园局部区域的构图中心，成为吸引人视线的景致。

②庭荫树：庭荫树是指栽植在庭院中取其绿荫的树木。庭荫树在屋顶花园中为人们提供一个凉爽、清新的空中休憩场所。传统的庭荫树种主要为枝繁叶茂、绿荫如盖的落叶树种，其中又以阔叶树种为佳。屋顶花园庭荫树若能兼备观叶、赏花或品果则更为理想。

(2) 灌木　灌木也是屋顶花园种植的主体，花园的各个部位，如花槽、花坛、花境等均可种植。灌木种植形式多种多样，可以孤植、列植，也可以对植或组合成灌丛，在某些位置还可种成绿篱形式，蔓性灌木种在屋檐花槽上，藤蔓垂吊于屋檐，不但能增加花园的绿化面积，还可增添花园的立体美化效果。

(3) 地被植物　地被植物是指覆盖地面的低矮植物，有草本植物、草坪植物、矮灌木和藤本植物等。许多缺水地区的屋顶上无法生长乔、灌木，只能靠低矮的地被植物来造景。为了增加屋面的绿化面积和增强人们的绿色观感，屋顶花园中的许多空旷地段都应考虑种植适宜的草坪或地被植物，如屋顶花园中的观赏草坪。此外，为了增加植物配置的层次感，屋顶花园的花槽、花坛及花境中所种植的各种乔、灌木之下，一般也都应填种各种地被植物，如紫鸭跖草、吊竹梅、马蹄金、麦冬、吉祥草等。

(4) 攀缘植物　垂直的绿色墙面在人的视野中会形成比平行地面的绿化更加庞大的体量感。在屋顶花园上的绿化墙面，将成为一道绿色的背景，可使花园的外轮廓模糊，将其与花园外的环境融为一体。

攀缘植物不占用或者只占用很少的种植面积，应用形式灵活多样，是屋顶花园上各种棚架、凉廊、栅栏、女儿墙、拱门、山石、垂直墙面、灯柱和花架极好的绿化材料。可攀缘向上，也可下垂，从而可大大增强花园的立体观感。

七、花卉专类园

花卉专类园是指在一定范围内，种植同一类观赏植物供人们游赏、科学研究或科普教育的园地。根据花卉专类园所展示的观赏植物类型以及植物之间的关系，可将其分为专类花园和主题花园两种类型。

(一) 专类花园

在同一花园中专门收集、展示同一类观赏植物，这种花卉专类园称为专类花园，如梅花园、牡丹园、月季园等。

(二) 主题花园

以表现植物的某一固有特征，如芳香气味、华丽叶色、丰硕果实或其他特殊性状为主题，这类花卉专类园称主题花园。主题花园常见有芳香园、彩叶园、百果园、药草园、藤本植物专类园、水生花卉专类园、高山植物专类园等。

第二节　室内花卉装饰

一、室内花卉装饰的原则

用盆栽花卉美化室内外，没有固定模式，主要根据空间大小、建筑风格与形式、人们的爱好和利用方式不同，按照一定的艺术原则因地制宜地进行科学设计和布局，从而达到良好的装饰效果。

（一）点、线、面布局

1. 点状绿化 点状绿化是指用独自成景的观赏植物，在室内作点状装饰。这种布局可构成室内的景点，有较强的装饰作用和观赏效果。用作点状绿化的盆栽花卉，可放置于室内地平面、墙前、阶梯平台、几架、柜头和桌案上，也可悬垂成壁挂。

2. 线状绿化 线状绿化主要是用花槽或盆栽花卉连续摆放，用来分隔室内空间，其配置方式多呈均衡对称状。所选花卉材料要求大小一致，体形、体量及色彩相同，以达到整体统一的效果。

3. 面状绿化 面状绿化是用花卉群体布置于室内墙前或某一空间，以形成景面或屏风的效果。使花卉的体、形、色可透过壁面衬托反映出来，如同一幅天然的绘画。面状绿化宜选择美观耐看的花卉，所组合的花卉群体外貌要高矮搭配有致，具有一定宏伟气魄和丰富多变的层次，并通过背景衬托显示出花卉的群体色彩美。

（二）主题突出

主题即主景，有主景必有配景，主景是整个空间景物构图的中心，且富有艺术感染力。主景应布置在室内引人注意的位置，应选用姿态优美、色彩绚丽的花卉，如盆景、艺菊等。配景起陪衬作用，与主景成为统一体，在一个居家建筑单元内，有会客室、卧室、厨房、卫生间等许多空间，应重点装饰会客室，以展示主人的风貌，并反映其文化素养，也可谓之突出中心。在机关办公楼中，应重点装饰门厅及会议室，以展示单位的精神面貌，同时也突出了单位的重点。

（三）色彩和谐

居室内花卉装饰用植物的色彩要遵从室内墙壁、地面、主要构件和家具色彩的设计意图，从整体上综合考虑。原则是依据色彩的重量感进行配置，上浅下深能给人稳重、安定感。花卉植物的色彩应与环境取得统一和对比的效果。如果环境为暖色调，那么装饰用植物应选用偏冷色调的花卉；相反，如环境为冷色调，装饰植物宜选用偏暖色调的花卉。这样既比较协调又有一定的对比，能衬托出空间的整体感。在气氛活跃、人们活动相对集中的环境中（如客厅）应装饰暖色调花卉，有利于创造热烈欢快的气氛；在幽雅、宁静的环境中（如书房、休息室）宜装饰偏冷色调的花卉，利于创造幽静的气氛。

此外，空间大小、阳光强弱对装饰花卉色彩效果也有影响。一般空间大、光线好，宜选用暖色系花卉进行装饰，反之则应选用冷色系花卉。装饰用花卉的色彩还应注意与季节特点相和谐，夏季天气炎热，宜选用冷色系花卉，给人以凉爽感；冬春季选用暖色系花卉，给人以温暖愉快的气氛；秋季以橙黄色花卉为主，令人产生丰收的喜悦感。

（四）比例协调

室内装饰花卉本身和室内空间之间有一定的比例关系。大的空间装饰小的花卉植物，无法显示出气氛，也不协调；小空间装饰大植物，显得闭塞，缺乏整体感。因此，应根据室内建筑空间的大小、形状及门窗的方位、尺度，选择相应尺度的花卉种类进行布置，使其彼此之间比例恰当，尺度适宜，色彩和谐，主次分明，富有节奏感与整体感。

（五）因地制宜

我国各地自然条件、经济状况、民族习俗和植物种类千差万别，因此，室内花卉装饰的布置要从实际出发，因地制宜，灵活运用，并要突出地方特点和风格。例如，茎叶粗糙的植物可产生稳重之感，高大的苏铁、棕榈可表现出严肃、威武的气氛。枝叶细腻、姿态飘逸的植物具有亲切温顺之感，蕨类、文竹、吊兰等具有生动、自然的气氛。栽植容器也要突出地方特色，尽量选用具有地方特色的花盆。

二、室内花卉装饰的方式

盆花在室内的陈设方式大体上可分为规则式、自然式、镶嵌式及悬垂式、组合式、瓶栽式等。

1. 规则式　规则式花卉装饰是以图案或几何图形进行设计布局，即利用同等体型、同等大小和高矮一致的植物材料，以行列及对称均衡的方式组织分隔和装饰室内空间，使之充分体现图案美的效果，显示庄严、雄伟、简洁、整齐的特点。这种配置方式适于门厅、走廊、展览室及西式客厅。

2. 自然式　自然式花卉装饰以突出自然景观为主，在有限的室内空间中，经过精巧的布置，表现大范围的景观。也是将大自然精华经过艺术加工，引入室内，自成一景。所选用的植物要反映出自然界植物群落之美，可单株或多株点缀或组织分隔室内空间，模拟自然界的景致而配置。要求植物陈设富有自然情趣及节奏感，置身其中宛如世外桃源。这种配置方式占地面积大，适宜大型公共场所及宾馆，常见一些宾馆在大堂中将瀑布、山泉、假山、廊、亭引入其内，并配置相宜的植物，创造出一种仿佛真山真水的境地。

3. 镶嵌式　镶嵌式花卉装饰是指在墙壁及柱面适宜的位置，镶嵌上特制的半圆形盆、瓶、篮等造型别致的容器，栽上一些别具特色的观赏植物，以达到装饰目的。或在墙壁上设计制作不同形状的洞柜，摆放或栽植下垂或横生的耐阴植物，形成壁画般的生动活泼的效果。这种配置方式不占用室内地面。

4. 悬垂式　悬垂式花卉装饰是指利用金属、塑料、竹、木或藤制成吊盆吊篮，栽入悬垂性花卉（如吊兰、天门冬、常春藤、蕨类等），悬吊于窗口、顶棚或依墙依柱而挂，枝叶婆娑，线条优美多变，既点缀了空间，又活跃了气氛。这种配置方式也不占室内地面，需注意在选择悬吊位置时，应尽量避开人们经常活动的空间。

5. 组合式　组合式花卉装饰是灵活地将以上各种手法混用于室内装饰，将不同高度、大小及色彩的花卉组合在一起，组合时要遵循高矮有序、互不遮挡的原则。高大植株居后或居中，矮生及丛生植株摆放前面或四周，以达到层次分明的效果。

6. 瓶栽式　随着室内花卉装饰的发展，栽植容器也相应地更加多样化，除盆、槽、箱、篮外，结合室内特点，瓶栽花卉也以其独特风韵而受到青睐。瓶栽式花卉装饰即在各种大小、形状不同的玻璃瓶、透明塑料容器、鱼缸、水族箱内种植各种矮小的植物以供观赏，装饰室内。通常的栽培方式有袖珍花园、玻璃瓶花园等（图 7-2）。在容器内，除瓶口及顶部作为通气孔外，大部分是封闭的，其物理性状稳定，受光均匀，气温变化小，水分可循环利用，适宜小植物的生长，病虫害少。若制作得当，可持续数年不变，摆放于架、桌、床头柜，可为日常生活增添无限乐趣。

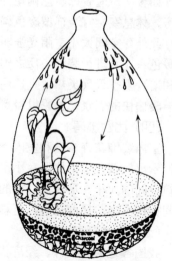

图 7-2　瓶栽式花卉装饰

三、居家花卉装饰

1. 门厅花卉装饰 门厅是引导人们进入室内的第一个通道，一般都比较狭小，且光线较暗。因此，配置的花卉植物宜少而精、耐阴性较强、体量不宜过大，以不影响人们的日常活动为原则。宜摆置色彩较鲜艳的小型观叶植物，如蕨类、变叶木、一叶兰、绿萝等。如果门厅比较宽敞，可以选用少量株型比较高大的花卉，如散尾葵、瓜栗、南洋杉、橡皮树、棕竹，配置于门内两侧，周围以中小型植物配置2~3层，形成对称的立体造型，给人亲切明快感。如有屏风，重点突出屏风前的装饰，一般多采用规则式，后排可摆放等高的南洋杉、散尾葵、棕竹等常绿植物作背景，中排放置应时的一串红、八仙花、一品红、菊花、万年青等花卉，前排以低矮的文竹或天门冬镶边，柱面还可悬吊蕨类及吊兰等植物。

2. 客厅花卉装饰 客厅是进行接待、团聚、休息、议事等活动的场所，也是主人向外界展示自己职业、性格、情趣及修养的主要场所。客厅可谓居家花卉装饰的重点空间，其布置应力求朴素、热情、美观，尽量突出精神和文化要素，形成宾至如归的效果。根据空间大小、陈设风格、家具及墙壁色调等环境特征，综合布局。一般用较大型的花卉植物如橡皮树、香龙血树、绿绒蒿、散尾葵、海芋、叶子花、龟背竹等装饰墙角及沙发；也可设置花架，摆放盆花装饰墙角；茶几上摆

图7-3　客厅花卉装饰

放盆景或瓶栽水培花卉或插花等；客厅中的博古架可摆放小盆景、微型插花、微型水培花卉、根艺、石玩及收藏的陶瓷艺术品等；窗框上还可悬吊1~2株不同高度的蕨类植物或吊兰、常春藤、鸭跖草等（图7-3）。

3. 卧室花卉装饰 卧室是睡眠、休息的场所，要求环境清雅、宁静、舒适、利于入睡。花卉配置要和谐、淡雅、少而精，多以1~2盆色彩素雅、株型矮小的观叶或多浆植物为主，如文竹、吊兰、镜面草、冷水花、紫鹅绒、虎尾兰等。枝叶下垂的花卉可置于衣柜顶部、墙角处窗台，如常春藤、绿萝等。忌用色彩艳丽、香味浓郁、气氛热烈的花卉，如百合、木本夜来香等，清香型花卉如小苍兰、含笑等可适当选用。

4. 书房花卉装饰 书房是以学习为主的场所，需要创造清静雅致、舒适的环境，花卉装饰要简洁大方，宜选用体态轻盈、姿态潇洒、文雅娴静的植物，如将文竹、兰花、水仙、吊金钱、吊兰等点缀于书桌、书架一角或博古架上，形成浓郁的文雅气氛，给人以奋发向上的启示。也可选用淡香型花卉，如君子兰、茉莉花、米兰等。

5. 楼梯花卉装饰 楼梯转角平台处，靠角部位置可摆放一盆株形优美、常绿的橡皮树、棕竹、瓜栗、香龙血树等植物，或不等高地悬吊1~2盆吊兰、常春藤等垂吊植物。在楼梯上下踏步平台上，靠扶手一边交替摆放较低矮的万年青、一叶兰、书带草、绿萝等小型盆

花，上下楼梯时，给人强烈的韵律感和轻快感（图7-4）。

6. 餐厅花卉装饰　餐厅是家人每天团聚和用餐之处，其内花卉装饰宜简洁和谐。可在中间位置摆放一两盆小型观花或观果植物，如冬季的水仙、金橘，秋季的小菊、五色椒等。餐厅也很适宜摆放插花，鲜活、洁净的插花作品不但美化了餐厅环境，而且有提高人们食欲的效果，果蔬插花常用于餐厅装饰。若餐桌上摆放一瓶小巧玲珑的水培花卉，则倍感清洁雅致。餐厅花卉装饰应注意盆花或插花尽量降低摆放位置，避免影响人们视线。

7. 厨房花卉装饰　一般厨房面积均不大，首先厨房的花卉装饰以不影响炊事工作为原则。厨房装饰用花卉体量不宜过大，以小型盆花为主，摆放于窗台、墙角或橱柜之上，也可采用壁面吊挂花篮，或果蔬插花装饰也别有情趣。装饰用花卉的色彩以淡色、冷色

图7-4　楼梯花卉装饰

为主，可使环境空间产生宽敞感和清凉感。还应注意，厨房花卉装饰不宜使用花粉有污染或有异味的花卉。

8. 卫生间花卉装饰　卫生间和其他空间相比差异显著，空间小、温度高、湿度大、光线弱，能摆放花卉植物的空间有限。卫生间花卉装饰应以整洁、小巧、清静的格调为主，宜选用小型花卉，可利用墙面挂靠装饰，或者利用上方的管道进行吊挂悬垂装饰，也可在台面、窗台或储水箱上摆放微型盆花或微型插花。宜选用株型小巧、抗高温、抗湿性强且耐阴的花卉，如蕨类、冷水花、网纹草、四季秋海棠等。

9. 阳台花卉装饰　阳台花卉装饰既要考虑观赏效果，又要考虑阳台的生态环境和花卉的生态习性。一般选择株型矮小，生长缓慢，易造型或具攀缘性能，有一定抗性的喜光、较耐阴、耐旱、耐寒以及根系较浅、适宜盆栽、箱栽及槽栽的花卉植物。

阳台花卉装饰的形式有多种，常见有全沿式、半沿式、悬垂式、花架式、壁附式等。

（1）全沿式和半沿式　阳台全沿式、半沿式花卉装饰宜采用小型盆花，要求其花繁密，叶小而紧凑，全株呈蔓性或半蔓性，置于阳台周边的窗台上，花叶下垂或微垂，格外优雅动人。适宜的花卉有四季秋海棠、何氏凤仙、大花美女樱、蔓性天竺葵等。注意窗台上摆设的盆花一定要安放牢固，严防堕落。

（2）悬垂式　悬垂式装饰是将盆花悬吊于阳台顶部的横架上，供人稍仰视观赏，对阳台空间有立体装饰效果。适宜的花卉常见有常春藤、黄金葛、吊兰、球兰、口红花等。悬垂式装饰要格外注意吊盆挂钩的安全及绳索的牢固（图7-5）。

（3）花架式　花架式装饰首先需在阳台上搭建棚架，棚架建造材料多用竹片，也可用金属管材。棚架基部摆置花盆或缸盆，其内种植的藤蔓植物沿架向上伸展蔓延，人们不但可观赏其外部的形色美，而且夏秋季节可为人们创造凉爽宜人的庇荫环境。适宜棚架装饰的花卉常见有紫藤、牵牛花、葡萄、凌霄、蔷薇、观赏瓜、苦瓜等（图7-6）。

（4）壁附式　壁附式花卉装饰是指将吸附性植物靠近阳台的墙面放置，引导其枝茎沿墙壁吸附延伸，茎叶覆盖墙体表面，可增强阳台的立体绿化效果。常用的吸附性植物为爬山

图 7-5　阳台悬垂式花卉装饰　　　　　图 7-6　阳台花架式装饰

虎、络石等。

四、宾馆、饭店花卉装饰

1. 大堂花卉装饰　大堂是饭店进门处的一个较大的公共活动空间,包括入口、服务台、休息区、楼道等,是花卉装饰的重点区域。入口处雨棚是半开放的室内空间,宜选择耐阴植物,如棕竹、南洋杉等,或大型盆栽植物如榕树等,常以对称形式布置在大门两侧。大堂花卉装饰应简洁明朗,根据空间大小选择适宜的花卉植物,一般以大型观叶植物为主。在大堂角落、沙发及楼梯旁可放置较大型的香龙血树、春羽、棕竹、瓜栗、假槟榔等。在沙发前茶几上可摆放小型秀雅的观叶植物;桌、柜上可置插花,如服务总台一角可放一盆插花,一般以色彩鲜艳的直立型或L型插花作品为宜。在大堂墙角等处,可配以高脚花架,摆设虎尾兰、龙舌兰、龟背竹等中型观叶植物,也可配以悬垂性花卉悬挂于周边适当位置,如吊兰、鸭跖草、常春藤、球兰等,对空间加以点缀。绝大部分饭店则在大堂中间置一张造型别致的圆桌或方桌,桌面上摆放色彩鲜艳、造型大气的插花,多采用圆锥型或放射型,供人们四面观赏。

2. 中庭花卉装饰　中庭位置及大小各饭店不尽相同,通过花卉装饰创造一种接近自然、回归自然的环境,其布置主要以花卉植物、水流、山石、雕塑小品为主。如设有水景,其周围配备休息坐椅,并常设有种植槽,槽内摆放盆花加以装饰;有的中庭用大号盆缸栽植乔木或与地面连接栽种观叶植物。处于高耸的中庭空间向下俯视容易使人炫目而产生恐慌心理,故多数中庭习惯在回廊四周旁边设置格栅、便于摆放藤蔓类植物以改善视角,增加安全感。

3. 客房花卉装饰　标准间客房的空余面积较小,一般以小型盆花、盆景及插花为主。客房类似居家卧室,宜创造宁静、安逸的气氛,不宜选用浓艳而刺激的色彩,一般多选用文竹、兰花、袖珍椰子等,也可摆置插花,但应以简洁为宜。

套房内一般有独立的起居室和会客室,起居室内宜摆放中小型盆花,茶几、桌面上宜摆放插花、小花篮、瓶栽植物。空间较大的会客室,茶几或桌面上宜摆放插花、小型盆景(五针松、人参榕、罗汉松)等;墙角、桌旁、沙发边、窗边等处可放置大型观叶植物,如龟背竹、橡皮树、海芋、瓜栗等。若中式客房设有博古架,其上可摆放微型盆景、东方式插花小品,以取得与环境的协调统一。

4. 会议室花卉装饰　宾馆、饭店常配有各类会议室,作为办公、会议之用。一般中小型会议室常规装饰是在角隅处配置大型观叶植物,如散尾葵、瓜栗、南洋杉等;在环形会议桌中间的凹槽内,配置中型观花、观叶植物或随季节布置时令花卉,如一品红、瓜叶菊、万年青、西洋杜鹃、牡丹、菊花等。若为平面型会议桌,宜摆放矮小盆花或半球形插花、小型盆景等,以渲染会议气氛。

5. 餐饮部花卉装饰 饭店餐饮部包括餐厅、宴会厅、咖啡厅、酒吧等。这些场所要创造温暖而清馨的环境,墙面多以暖色为主,周围宜选用较大型的观叶植物,并用悬挂、攀缘等形式给空间点缀绿色,以增添情趣。

一般性宴会餐桌上常用插花饰品作为重点装饰,长方形餐桌宜装饰三角型或水平椭圆型插花,并置于桌面纵向中心线上;圆形餐桌上宜装饰圆型或半球型插花,置于桌子中央。

隆重的大型宴会,餐桌中央常摆饰大型鲜花插花或瓜果雕刻,周围铺设花围。花围一般用枝细、平整的天门冬、蓬莱松、蕨叶衬底,中间采用百合、月季、花烛、非洲菊、鹤望兰、洋桔梗、洋兰等高档鲜花插成均衡、规则的民族风格图案,也可插成放射型,以增加宴会的欢乐气氛。但应注意,一般餐桌的插花无论在体量上还是色彩上均应逊于主桌插花。主桌插花是整个宴会餐厅的焦点、核心,通常是最为绚丽的,对造型及鲜花质量有极高的要求,也要求有惊艳的艺术效果,以突出主桌。还可以在餐厅上空用鸟巢蕨、吊兰等作篮式悬吊,或者与灯具结合,做顶棚装饰等,使桌面与空间的花卉装饰融为一体,餐厅气氛更显和谐融洽。

五、会场花卉装饰

在会议中心、报告厅及大礼堂召开大型会议,主席台是整个会场的视线焦点,因此主席台的花卉装饰对整个会场气氛起着至关重要的作用,是整个会场布置的重点。一般主席台的花卉装饰由三大部分组成,即主会议桌、主席台背景及主席台前缘。常在主会议桌上摆放3～5株小型时令盆花,如四季秋海棠、瓜叶菊、一品红等,或者半球型、水平椭圆型插花;在主会议桌前侧一般摆放两排盆花,前低后高,前排宜用天门冬、吊兰、蕨类等具有细小茂密枝叶的植物,可遮掩花盆;后排可根据季节不同,选择一品红、君子兰、杜鹃花、菊花等时令花卉。主席台后侧背景通常摆放一排高大的常绿观叶植物,如散尾葵、南洋杉、大叶伞等,烘托会场气氛。沿着主席台前侧边缘常见摆放一行低矮叶密的观叶盆花,起到镶边作用。主席台花卉装饰的核心则是突出主会议桌。

不同性质的会议其会场气氛迥然不同,会场花卉装饰也要随之有所变化。

1. 政治性会场 政治性会场花卉装饰要采用对称均衡的形式进行布置,以显示出庄严和稳定的气氛,以常绿植物为主调,适当点缀少量色泽鲜艳的盆花,使整个会场布局协调,气氛庄重。

2. 迎送会场 迎送会场花卉装饰选择比例相当的观叶、观花植物,配以花篮、插花,突出暖色基调,形成开朗、明快的场面。

3. 节日庆典会场 节日庆典会场花卉装饰要创造万紫千红、富丽堂皇的景象,选色、香、形俱佳的各种植物,并配以插花、花篮、盆景、悬垂花卉等,使会场气氛轻松、愉快、团结、祥和。

4. 悼念会场 悼念会场花卉装饰应以松柏类常青植物为主体,配以花圈、花篮,用规则式布置手法形成万古长青、庄严肃穆的气氛。

5. 文艺联欢会场 文艺联欢会场花卉装饰多采用组合式手法布置,以点、线、面相连的手法装饰空间，选用植物多种多样，内容丰富，布局高低错落，色调艳丽协调，使人感到轻松、活泼、亲切、愉快。

6. 音乐欣赏会场 音乐欣赏会场花卉装饰要求环境幽静素雅，以自然式手法布置，选择体形优美、线条柔和、色泽淡雅的观叶、观花植物，进行有节奏的布置，使花卉装饰艺术与音乐艺术融为一体。

六、插花装饰艺术

（一）插花艺术的特点

插花艺术是指将具有观赏价值的枝、茎、叶、花、果等作为主要素材，经过一定的艺术构思和加工，加以组合和配置，能更充分地表现其活力和自然美的一门造型艺术。插花艺术是一门高雅的、有生命的造型艺术，其中蕴涵着深厚的文化内涵和生活情趣。

1. 装饰性强 插花作品以鲜花花材作为主要素材，花叶新鲜水灵，且讲究色彩鲜艳和谐，加之各种风格的造型，极具吸引力，对环境的渲染效果特别突出。无论是家居客厅、还是办公室，只要摆设一盆形色相宜的插花作品，顿觉满室生辉，生机盎然。各种性质的会场、庆典活动现场，通过花篮、大型插花作品的点缀和渲染，或热烈欢快或庄严雄伟的气氛便油然而生，其装饰和烘托效果极为显著。

2. 时间性强 插花尤其是鲜花插花是以鲜切花为主要素材，由于切离了母体，失去了水分和养分的供给源，其寿命是有限的。插花作品的观赏期直接受花材寿命所制约，观赏期较短，宜作室内短期装饰。因此，插花创作要求构思迅速，力求在最短的时间内完成插作，并注意花材保养，使插花作品在最关键的时刻发挥最佳装饰效果。

3. 具生命性，富有活力 插花是以鲜切花为主要素材，具有生命力的艺术品，插花艺术是一门有生命的、充满活力的造型艺术。插花的主要素材切花虽切离了根部但生命仍然在延续，花苞依然渐渐开放，叶片也呈现着生命的过程。

4. 制作简便，应用灵活 插花作品体量依环境不同而异，总体上看其体量比较小，搬运方便。制作插花的花材广泛，花器也随手可得，因此插花制作简便易行，应用也很灵活，无论什么场合、什么位置都可以用相宜的插花点缀和布置，在日常生活中适宜普及和推广。

（二）插花构图原理

1. 调和 插花的调和是多种因素的综合效果，包括形态调和、质感调和和色彩调和。单插一种花材是较易处理的，若2~3种花材配合，则应以一种为主，其他起陪衬点缀作用。即使同种不同品种花材配合时，也要注意花色协调，剪切得法，数量上也要有主次之分。插花中常配合使用的如蜡梅与南天竹、虬曲的梅花与松枝、月季与霞草、香石竹与文竹、蓝色的鸢尾与鹅黄的小苍兰、白色的马蹄莲与红色的郁金香、白绿色的银边翠与大红的月季等。其他如文竹、天门冬及蕨类植物，其枝叶细小而稠密，可与多种花材配合，与枝叶稀少的香石竹、非洲菊及郁金香等配合效果尤佳（表7-1）。

插花的调和还表现在花材与花器的调和，这种调和主要表现在形态和色彩方面。形态上要使花材与花器相辅相成，色彩上要相互映衬，一般容器以素色及中性色为佳。如素色细花瓷瓶插入淡雅的翠菊，富有协调感；浓艳的球形大丽花，配以釉色乌亮的粗陶罐，更显其粗犷的风格；浅蓝水盂插以低矮密集的红色雏菊；晶莹剔透的玻璃细颈瓶插入非洲菊加饰文竹，并使其枝蔓缠绕于瓶身等。

表 7-1　适宜配合应用的花卉

主体花材	辅助花材	主体花材	辅助花材
松	月季、菊花、梅花、桃花、杏花、竹	马蹄莲	郁金香、百合、香石竹
蜡梅	山茶花	郁金香	鸢尾类、水仙、小苍兰
梅花	南天竹、山茶花	唐菖蒲	晚香玉、马蹄莲、火炬花
玉兰	银芽柳	芍药	牡丹、霞草
月季（红色）	紫玉兰、二乔玉兰	百日草	万寿菊、孔雀草
朱顶红	霞草、晚香玉、香雪球、铃兰	凤尾鸡冠	银边翠
香石竹	霞草、铁炮百合	彩叶草（紫红）	银边翠

插花与所摆放环境的色调、空间宽窄、环境氛围等均应取得和谐效果。如色彩有浓淡，光线有明暗，位置有高低等，插花时应将这些环境因素综合考虑，使之相互调和、相得益彰。

2. 均衡　对称是最简单的均衡，仅见于规则式插花中，大多数插花采用不对称的、动态的均衡（图 7-7）。每件插花作品的构图重心均应落在中心点的下部，使之产生稳定感。影响均衡的主要因素是轻重感，而在插花构图中，轻重感是通过花材、容器及其他饰物的色彩、体积、数量、质地与形态等表现出来的。习惯上深色、暗色、浓艳的色彩，体量大、数量多、质地厚实等，均给人以重的感觉；反之，浅色、亮色、淡雅的色彩，体积小、数量少、质地柔软等，给人以轻盈感。插花时要注意容器与花材的均衡，要将色彩浓艳、花朵硕大的花材插于构图中部及下方的位置，细花碎叶配置在外围。插花创作中还应结合实际素材，灵活运用。

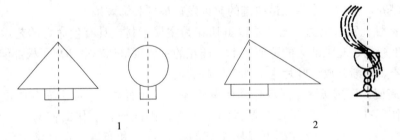

图 7-7　插花的均衡

3. 韵律　插花不仅要符合调和及均衡的原则，而且还需富有变化。有组织有节奏的变化则是韵律的表现。插花造型中的花材高低错落、疏密有致、俯仰呼应、重复出现等便是创造韵律感的基本手法。在体量较大的插花或一组插花中，除有一主要构图中心外，在合适的位置还可组织一个或几个辅助中心，以增加画面变化，这也是韵律的表现手法之一。韵律的创作还可运用花材的花形花色的差异、花朵大小及开放程度不一、枝的曲直与横斜变化等实现。

（三）插花的类型

1. 东方传统插花　以中国和日本的插花艺术风格为代表的一类插花称为东方传统插花。主要流行于亚洲地区。东方传统插花主要特点如下：

（1）追求线条造型　东方传统插花追求线条造型美，多采用木本花材的枝条展现各种线条姿态。如竹子的直线美，龙柳的曲线美，梅枝的苍劲美，一叶兰、兰叶的弧线美，通过对枝条或叶片的加工，可以创造出丰富多样的线条变化。

（2）多为不对称均衡构图　通过线条造型，构成不等边三角形构图，突出不对称的自然美。

（3）意境深远　东方传统插花巧妙运用花材的花语及文化内涵，赋予作品深刻的含义，借花抒情，以花达意，表达作者浓郁的思想感情。作品不但给人以华美的视觉享受，而且充满诗情画意，令人遐想。

(4) 花材简洁，注重花材的个体美　东方传统插花作品中花材简洁，多则2~3种，这个特点同时也形成了它的另一个特点，即注重表现花材的个体美。由于花材简洁，有条件使每朵花、每片叶子充分得到展现，互不遮掩，使花材的个体美显露无遗。

(5) 花材色彩素雅　东方传统插花不追求花色浓艳，而是讲究色彩淡雅，每件作品一般2~3种花色为宜，否则易产生杂乱感。

东方传统插花构图遵循的基本法则为：高低错落、疏密有致、俯仰呼应、虚实结合、上轻下重、上散下聚。

东方式传统插花的构图主要由三根骨干花材构成，三根骨干花材分别称为第一主枝（中心枝）、第二主枝（配饰枝）、第三主枝（根饰枝），根据中心枝花材插置的角度不同而形成不同的花型。其基本花型有直立型、倾斜型、下垂型、水平型。根据其风格不同又有自然式、盆景式、野趣式、写景式、自由式等不同的插花形式。

2. 西方传统插花　以欧美国家插花艺术风格为代表的一类插花称为西方传统插花。主要流行于欧美地区的国家。西方传统插花主要特点如下：

(1) 花材繁多，花色浓艳　每件插花作品均使用大量花材，结构充实而丰满。花色追求五彩缤纷、雍容华贵的效果。

(2) 突出花材的群体色彩美和图案美　由于花材繁多，个体姿态得不到充分展现，但群体表现出的色彩和图案的观赏效果很有感染力。

(3) 多为对称均衡的几何形构图　西方传统插花的常见花型有圆球型、椭圆型、放射型、三角型、半球型、倒T型等。由于花材用量大，色彩艳丽，易于营造出热烈而欢快的气氛，渲染力强。

西方传统插花主要由骨架花、焦点花、填充花、叶材四类花材构成。其构图的外形轮廓均呈一定的几何形状。其基本花型有三角型、球型、半球型、塔型、扇面型、倒T型、椭圆型、水平椭圆型、L型、S型、新月型等。

3. 礼仪插花　凡用于各种庆典仪式、迎来送往、婚丧嫁娶、探亲访友等社交礼仪活动中的插花统称礼仪插花。礼仪插花可增进友谊，表达尊敬，烘托喜庆或哀悼的气氛。礼仪插花的形式多样，常用的有花束、花篮、花环、胸花、婚礼花车等。

(1) 花束　花束是日常生活中常用的礼仪插花。凡迎送宾客、探亲访友、慰问及悼念等场合均可应用。用于花束的切花种类常因花束的用途和各地风俗习惯不同而不同。如深红色的月季多用于表示爱情；香石竹是母亲节的主要用花；结婚喜庆场合使用花色艳丽、芳香的月季、百合、非洲菊等；表示怀念或参加葬礼时，则可赠献白色的月季、菊花花束等。

花束经常使用的花材有唐菖蒲、马蹄莲、晚香玉、月季、百日草、翠菊、菊花、非洲菊、千日红、百合、香石竹、紫罗兰、郁金香、小苍兰等，其中以花梗挺直、穗状花序的花材为最好。有些切花的花形虽美但叶片单调，最好用文竹或肾蕨、天门冬作配叶。制作花束不能选用有钩刺、异味及茎叶或花药易污染衣服的花材。

花束的造型常见有半球型、圆锥型、放射型等。新娘捧花是花束的一种特殊应用形式，其造型丰富多彩，常见有半球型、半月型、球型、环型、自然型等。

(2) 花篮　花篮用柳条、藤条或竹篾等编制而成，在这种特制的篮子里按照一定的造型插置大量鲜花和配叶，即成为花篮。花篮主要作为喜庆祝贺的礼品，多用于开业典礼、舞台祝贺、生日庆贺等场合，也有用于表示怀念之意的。

花篮的形态大小不一，大者高、宽超过1m，供落地放置，小者不及30cm，放于桌上或作配饰用。为保持所插花材的新鲜，篮内宜放置一个可盛水的容器（塑料制、质轻较好），内竖立短剪的稻草束，以便扶持插入的花材，现在多采用充分吸水后的花泥。依用途不同，可将花篮分为以下几种类型：庆贺花篮、生日花篮、探亲访友花篮、悼念花篮、观赏花篮等。花篮常见构图形式主要有三角型、扇面型、半球型、L型、新月型等。大型花篮还可插成多层作品。

（3）花环　花环在欧美常用作圣诞节的门上及壁面装饰。另外，在东南亚地区，常用花环戴于被迎接的贵宾颈上，以表示尊敬和欢迎，这种花环常用细绳将花朵串联制成。注意应选择对衣物无污染的花材，最好具有清香，如热带兰类、茉莉花、鸡蛋花等常用于制作花环。

（4）胸花　胸花是利用花材制作的人体饰花，主要装饰在人体胸部，是人们参加重要活动和礼仪场合的装饰物。胸花的制作素材包括主花、陪衬花、陪衬叶、饰物四部分。制作胸花的切花材料应是花瓣不易脱落、对衣服没有污染、具有一定抗脱水能力的切花。常用的主花有香石竹、月季、洋兰、非洲菊、百合等团块状花材；陪衬花可选用满天星、情人草、勿忘我等散状花材；陪衬叶常用文竹、高山羊齿、蓬莱松等叶片细小的叶材；饰物是指系在胸花花柄上部的丝带花、缎带等异质材料。胸花由三部分组成：花体部分由1~2朵主花和适量陪衬花组成，为主要观赏部位；装饰部分即位于花体下部的丝带花装饰材料，起烘托和陪衬作用；花柄部分即花体的延伸，起平衡作用。

（5）婚礼花车　婚礼花车是近年来我国民间迎接新娘时常见的花卉装饰形式，简称婚车、花车。婚车的花卉装饰主要包括以下五部分：车头、车顶、车尾、车门、车体边缘。婚车花卉装饰需掌握以下基本原则，因婚车是特殊情景的交通工具，对其进行的花卉装饰必须服从交通安全的需要，一切装饰物以不妨碍交通安全为准则，并使装饰物在车体上固定好。

①车头花饰：车头花饰是指对前车盖的花卉装饰。车头是婚车的主要装饰部位，也是婚车的观赏重点。其花饰造型多为规则式图案，常见有心形、双心形、V字形、组字形、放射形等，形式多样。车头花卉装饰需注意以不遮挡驾驶员视线为原则，因此，驾驶员前方视线位置不设花饰，或者紧贴车盖设置，总体高度不超过30cm为宜。

②车顶花饰：车顶花饰主要是指在副驾驶座位的车体外顶部的花饰，也可装饰在车顶中央部位。由于行车中车顶的风力较大，车顶花饰容易变形，制作及效果的保持均有一定难度。因此，车顶花饰需严格控制高度，不宜超过20cm。多见有瀑布形造型及斜线造型。

③车尾花饰：车尾花饰是指对后车盖的花卉装饰，相对于车头花饰而言比较简单。车尾花饰的部位一般是后车盖的中部，也可稍偏左或偏右，或做一前一后的摆饰。车尾花饰的形式应与车头花饰相呼应，总体上车尾花饰体量应小于车头花饰，并随车头花饰体量大小而变化。所用花材与车头花饰相同或部分相同，取得前后和谐统一的效果。

④车门花饰：车门花饰具有画龙点睛的效果，不可忽视。一般用1~2朵月季或非洲菊、香石竹等花材，配以少许配叶，扎成微型花束，再将其用胶带固定在车门把手上。车门花饰也可采用丝网花、花球、单支花朵悬挂在把手上。

⑤车缘花饰：车缘花饰是指对婚车车顶边缘做点状花卉装饰。点状花饰沿着车顶两边向前延伸至车头，向后延伸至车尾，并以线状叶材相连接，形成连续闭合的线状装饰。点状花饰多用一朵月季或香石竹、非洲菊等，满天星少许。天门冬或肾蕨、蓬莱松配叶少许构成线条。利用胶带或小吸盘将其按照相同的间隔固定于车体边缘。需注意花材与叶材忌混用，宜

保持整体的协调统一性。

4. 现代花艺 现代花艺是指广义的插花，即利用各种切花花材和其他装饰性材料，进行艺术造型的创作活动，是一门时尚感极强的插花艺术。

现代花艺与插花的主要区别表现在以下几方面：插花以植物材料为主，而花艺用材广泛，除了植物材料之外，还可使用许多非植物性的装饰材料，如金属、塑料、玻璃、棉麻、丝绸等；插花将花材插入能盛水的容器之内，而花艺可不用花器，将花材吊挂在壁面或直接插制在台面、架构上；插花以剪、插为主要操作技法，而花艺的操作技法丰富多样，如编织、粘贴、捆绑、串连、阶梯、群聚、重组等。

现代花艺强调创作理念和处理技巧的创新，只将花材作为造型原材料，不拘泥于其原有形态，经过重叠、编织、捆绑、粘贴等技巧处理后形成新的素材，再运用于作品创作中。作品造型完全脱离自然物象，将自然花材看成或制成点、线、面、块的造型元素，按照一定规则构成作品，表达感情和精神内涵，能够产生使人心灵震撼的效果。所以花艺作品更具新奇感和强烈的时代特色，体现了作者独特的思想和审美观。

现代花艺设计技巧如下：

（1）**分解** 分解是改变植物的自然形态，将花材解体后再利用。常见将花朵分离成花瓣、花蕊，或将叶脉与叶片分离的实例。

（2）**重组** 重组是将分解后的花、叶、果、枝以另一种形态重新组合。

（3）**构筑** 构筑是将花材视为一种元素，以点、线、面、块的形态，再按作者的思维构成某种图形，表现作者的某种欲望或某种心声。

（4）**组群与群聚** 组群就是将同种类同色系的花材分组插置，各组花材不拘高低，组与组之间留有一定的空间，形成有组织有规律的布局。群聚是将相同的花材紧密而集中地插在一处，使同类花材形成一个整体，且花材之间不留空，给人以团块状的感觉。

（5）**铺垫** 铺垫是将花材剪短后一支紧靠一支插在作品底部，有如地面铺装，对底部加以掩盖和修饰。

（6）**阶梯** 阶梯是将点状或团块状花材一支比一支高地插入，有如阶梯一般，由低向高延伸，表现一种独特的韵律美。

（7）**重叠** 重叠是将面状叶片（或花）一枚一枚地插入，每枚叶片（或花瓣）之间空隙很小，具有厚重和深远之感。重叠技法既可以用于造型，也可以用于底部铺垫。

（8）**加框** 加框就是在花型外面加设一个框架，框架可以使用现成的画框，也可以使用线条性花材如枝条、藤条制作。框架形式有满框、1/2框、1/4框、3/4框之分。

（9）**捆绑** 捆绑是将一束相同的花材用带状材料从头到尾捆起来，以表现花材密集的质感。捆绑技法宜使用茎秆光滑且顺直的花材。

（10）**构架** 构架是指首先利用具有一定支撑力的枝条、藤条或非植物性材料制作成各种形状的支撑架，然后将花材按照一定的艺术构思插置其上，观赏构架与花材的整体美。

（11）**编织** 编织是指利用具有韧性的叶片、竹片、柳枝、藤条或非植物性材料，像编筐、织布一样编织成块状、网状或球状，并作为花艺设计中的一部分，也可作为架构或花束的底座。编织技法的采用可产生厚重感和线条交织变化的动态美。

（12）**粘贴** 粘贴是将花、叶、果实、小枝或小巧轻便的非植物性材料用胶直接粘贴在构架或花器上。

（13）**串连** 串连是将花材上比较轻薄小巧的部分如花瓣、叶片、小花、小果等摘取下来，然后用金属丝线或较细的茎秆将其串连成串，吊挂在架构之上，具有飘逸、动态美。

（14）透视　透视是先将插花素材插成镂空式架构，再按照设计思路将花材插于架构内外，表现一种空间的穿透美，并可增加立体感。

（15）包卷　包卷是将较轻薄并有韧性的花瓣或叶片卷成筒状并以金属丝线缠绕其外，吊挂于架构之上，动势极强。

◆复习思考题

1. 花坛与花境有何区别？各有何特点？
2. 花坛有哪些类型？各有何特点？
3. 不同类型的花坛所选用的花卉需分别具备哪些条件？
4. 花坛设计应掌握哪些基本原则？
5. 平面花坛和立体造型花坛的施工程序有何不同？
6. 花境的种植设计应掌握哪些原则？
7. 什么是花卉立体装饰？其常见形式有哪些？
8. 屋顶花园的植物必须具备哪些条件？
9. 居家不同空间的花卉装饰各有何特点？
10. 宾馆、酒店不同空间的花卉装饰各有何特点？
11. 依艺术风格及实用性不同，可将插花分为哪几大类型？各有何特点？
12. 简要介绍现代花艺的常用技巧。

第八章
花卉病虫害防治

花卉植物在生长发育过程中，常会遭受各种病虫危害，导致生长不良，降低花卉质量，甚至引起死亡。为保证花卉的正常生长发育，病虫害防治是不可缺少的环节。

近年，线虫病和花卉害虫中被称为"五小"的介壳虫、蚜虫、粉虱、叶螨、蓟马，已成为花卉生产中的主要问题。

花卉病害分为生物性病害和非生物性病害。生物性病害是指由生物性病原引起的病害，具有传染性。非生物性病害是指由非生物因素引起的病害，没有传染性，也叫生理病害。花卉病害发生的基本因素包括病原、感病植物和环境。花卉受生物或非生物病原侵染后，内部的生理活动和外观的生长发育所显示的异常状态称为症状。花卉发生病害后植物体本身所表现的外观不正常变化，称为病状。花卉病害都有病状，主要包括变色、坏死、枯萎、畸形等。病原物在花卉病部的各种结构特征，称为病征。花卉真菌病害、细菌病害和寄生性种子植物病害表现出病征，主要包括粉状物、霉状物、锈状物、膜状物、伞状物、胶状物等。

了解病虫害的发生原因、侵染循环及其生态环境，掌握危害的时间、部位、危害范围等规律，才能找到较好的防治措施。常用防治措施包括：①植物检疫；②栽培技术；③抗性品种；④圃地卫生；⑤改善环境条件（合理施肥和灌水，土壤和介质的消毒）；⑥轮作；⑦生物防治；⑧物理防治；⑨化学防治。

化学防治目前使用普遍，其特点为效果好、收效快、使用简便；但易引起人畜中毒，污染环境，杀伤天敌，植物药害和病虫抗性等问题。因此，在使用化学农药时应注意以下问题：①了解农药性能；②掌握防治对象发生规律；③正确选用和使用农药；④选择有利时机；⑤交替使用或混用；⑥防止药害；⑦避免高温时喷药等。

第一节 常见花卉病害及其防治

一、白粉病类

白粉病属真菌性病害，危害花卉的茎叶，在表面形成灰白色真菌层。花卉植物病害中，白粉病是常见病、多发病，如菊花白粉病、月季白粉病、紫薇白粉病、凤仙花白粉病等。致病菌有白粉菌属（*Erysiphe*）、单囊壳属（*Sphaerotheca*）、小钩丝壳属（*Uncinuliella*）、叉丝壳属（*Microsphaera*）等。下面以紫薇白粉病为例，简要介绍其症状及防治方法。

1. 症状 病菌主要侵染紫薇的幼叶、嫩梢及花蕾。叶片初展便被感染，开始时叶片上产生白色小粉状斑，稍后放大成圆形斑。白色粉层可汇聚成片，严重时可覆盖整个叶片，引起叶片扭曲、变形、皱缩、枯萎早落。后期在白色粉层出现由白经黄、终则变黑的小颗粒，即病菌的闭囊壳。病害发生于春、秋季节，受害重的叶片影响其光合作用，蒸腾强度降低，致使叶片衰弱，进而枯死。

2. 防治方法 菌丝体在芽内或落叶上越冬，待生长季节温度适宜时，粉孢子由气流传播。故入冬后清理病落叶，剪除病枝枯梢，集中销毁。生长季节适时摘除病叶、病芽和病梢。栽培中合理密植，且注意通风透气。发病时喷洒 80% 代森锌可湿性粉剂 500 倍液，或 20% 托布津可湿性粉剂 1 000 倍液，或于灌木类冬季修剪后喷 3～4 波美度的石硫合剂，或 25% 粉锈宁可湿性粉剂 2 000 倍液，或 50% 苯菌灵可湿性粉剂 1 000～2 000 倍液，或 20% 粉锈灵乳油 3 000～5 000 倍液。每 10d 左右喷 1 次，可收到较好效果。

二、锈病类

锈病属真菌性病害，花卉植物中常见有草坪草锈病、玫瑰锈病、鸢尾锈病、菊花锈病、贴梗海棠锈病等。致病菌有柄锈菌属（*Puccinia*）、单胞锈菌属（*Uromyces*）、多胞锈菌属（*Phragmidium*）、胶锈菌属（*Gymnosporangium*）及柱锈菌属（*Cronartium*）等。由于致病菌中有些为转主寄生菌，在防治上很困难。

玫瑰锈病是世界性病害，我国也普遍发生，还可侵害月季、野玫瑰等。感病植株叶早落、长势弱，花的产量锐减。下面简要介绍其症状及防治方法。

1. 症状 病菌侵害嫩梢上的芽和叶片为主，其次危害叶柄及果实。病芽展开时叶片上便布满鲜黄色粉状物。叶片背面产生黄色稍突起的锈孢子器，与其相对应的叶片正面也出现性孢子器。随后叶背又产生近圆形的散生或聚生橘黄色夏孢子堆。生长后期，叶背产生大量黑色粉状的冬孢子堆。嫩梢、叶柄受害其夏孢子堆夏孢子呈长椭圆形，果实染病病斑呈圆形，严重发病时嫩梢扭曲、果实畸形。

2. 防治方法 入冬后清理枯枝落叶，喷洒 3 波美度的石硫合剂，杀死病芽及病组织内的越冬菌丝体；生长季节适时摘除病芽病叶；栽培时注意植株的通风透光，一般增施磷、钾肥，控制氮肥的用量有利于锈病的预防。生长季节对病株喷洒 20% 粉锈宁乳油 2 000 倍液，或 0.2～0.3 波美度的石硫合剂，或 20% 嗪氨灵乳液 1 000 倍液，均有较好的效果。

三、灰霉病类

灰霉病属真菌性病害，病部产生灰褐色霉状物。灰霉病是对温室花卉危害最大的病害之一，在草本花卉上常见，寄主范围广，如仙客来、香石竹、天竺葵、四季秋海棠、瓜叶菊、一品红等均发病严重。灰葡萄孢霉是最重要的致病菌。此处以香石竹灰霉病为例加以介绍。

香石竹灰霉病是棚室栽培香石竹的常见病、多发病，致使香石竹花瓣产生褐斑，进而腐烂，直接影响其切花产量。

1. 症状 花蕾和花瓣发病较多，老叶较少。花蕾发病，呈现不规则水渍状病斑，严重时变软腐烂，并产生灰色粉状霉层。花朵受害，开始从花瓣边缘出现淡褐色水渍状湿斑，扩展到 2 个以上花瓣后，数个花瓣常被灰色菌丝体缠绕在一起，如果进一步发病，则花瓣腐烂，出现灰色粉状霉层。

2. 防治方法 大棚、温室注意加强通风，严格控制湿度，对防治灰霉病效果较好。及时清除发病的花朵与植株。发病初期喷施 50% 速克灵 1 000 倍液或 50% 多菌灵 1 000 倍液，每隔 7d 喷施一次，两者交替使用，连续 2～3 次，均能有效控制灰霉病的发展蔓延。也可采用 65% 代森锌可湿性粉剂 500 倍液，每 10d 喷雾一次，连喷 2～4 次，或 50% 苯来特可湿性粉剂 1 000 倍液，均能有效控制灰霉病的发生。

四、炭疽病类

炭疽病类为真菌性病害,从苗期到成株皆可发生,幼苗受害子叶呈半圆形或圆形稍凹陷褐斑,成株叶片、叶柄病斑圆形、长圆形、椭圆形、褐色、深褐色至黑褐色。主要由炭疽菌属(Colletotrichum)侵染所致。常见的有兰花炭疽病、梅花炭疽病、米兰炭疽病、山茶花炭疽病等。现以米兰炭疽病为例进行介绍,米兰炭疽病病原菌为胶胞炭疽菌(Colletotrichum gloesporioides)。

1. 症状 以米兰为例,炭疽病菌可侵染米兰植株的地上部分,叶片受害,病斑自叶尖或叶缘呈圆形或不规则形向叶基部发展,可扩展至叶片的一半或全叶,病斑在病健交界处有明显的边缘。叶上有的病斑呈圆形或椭圆形。病斑中央由黄褐色变为灰白色,边缘暗褐色稍隆起。叶柄受害,病斑以纵向发展快,逐渐向叶片扩展,自支脉、主脉蔓延至整个叶片,病斑褐色,且向主叶叶柄扩展,直至小枝。最后叶片落尽,枝干枯死。

2. 防治方法 移栽苗木要带较大的土坨,尽量少伤根,装运筐要注意通气。定植的苗木要加强管护,及时清除病叶,集中处理。起苗时应用10%甲基托布津1 000倍液喷洒,杀灭苗木上的病菌。生长季节发病,可选用50%炭疽福美双可湿性粉剂400倍液、70%代森锰锌可湿性粉剂600倍液、70%甲基托布津+75%百菌清可湿性粉剂(1∶1)1 000倍液、25%溴菌腈乳油(炭特灵)500倍液。

五、叶斑病类

叶斑病是叶部受侵染引起的,主要由半知菌、子囊菌亚门中的真菌侵染所致,也有的是细菌、线虫等危害而产生。有时以病斑的形状、色泽、轮纹的有无等,又分别称作黑斑病、褐斑病、角斑病、圆斑病及软斑病等。此处以月季黑斑病为例进行介绍。

1. 症状 病菌侵害叶片、叶柄,也危害嫩梢。叶片受侵染时正面出现褐色斑点,后逐渐扩大呈圆形、近圆形或不规则形,病斑为紫褐色,边缘呈明显放射状。随着时间推移,病斑中心变为灰白色,并产生许多针头大的黑色小颗粒,此即病菌的分生孢子盘。病斑可相互汇合,致使叶片枯黄,提早落叶。嫩梢染病,病斑为长椭圆形,并稍隆起,暗黑色。叶柄上的病斑与嫩梢相近。茎部受侵染则变黑、萎蔫、腐烂,剖开基部可见维管束变褐、变黑。

月季黑斑病每年发病的时间及危害程度的轻重与当年降雨的时间、降雨量及次数直接相关。北方一般5~6月发病,7~9月为盛期;南方3月下旬至6月中旬发病,9月下旬至11月为发病盛期。

2. 防治方法

①入冬时结合修剪,彻底清除枯枝落叶,一并销毁。用1%硫酸铜液于休眠季节喷洒植株,杀死病残体上越冬菌源。

②控制栽植密度或花盆摆放密度,以利通风。灌水采用沟灌、滴灌或盆边浇水,切忌喷灌。

③发病前喷50%苯来特可湿性粉剂2 500倍液或1∶1∶100波尔多液。发病期间喷洒50%炭疽福美双+80%代森锰锌(1∶1)1 000倍液,或70%百菌清+70%甲基托布津(1∶1)1 000倍液,或50%施保功可湿粉剂1 000倍液。上述药剂交替喷施3~4次,7~15d喷一次,前密后疏,有良好防治效果。

④增施有机肥、磷、钾肥,提高植株抗病性,选栽抗病品种。

六、疫 病

1. 症状 疫病主要是由疫霉属真菌引起的一类病害，主要引起植物花、果、叶部组织的快速坏死和腐烂。高湿度是影响病害发生和传播的主要因素。

2. 防治方法 发病初期喷洒70％乙膦铝锰锌可湿性粉剂500倍液或72％克露或克霜氰或霜脲·锰锌可湿性粉剂600倍液，对上述杀菌剂产生抗药性的地区改用60％灭克可湿性粉剂800～1 000倍液、69％安克·锰锌可湿性粉剂800倍液喷施。

七、猝倒病与立枯病

猝倒病与立枯病是花卉中常见的根部病害。幼苗猝倒和立枯病的原因，有侵染性和非侵染性两类。圃地渍水、土壤干旱或表土板结、地表高温等致使幼苗根系窒息或根茎皮层灼伤，还有农药伤害等原因，皆属非侵染性病原。侵染性病原主要有腐霉菌属（*Pythium*）、丝核菌属（*Rhizoctonia*）和镰刀菌属（*Fusarium*）等。

1. 症状 猝倒病与立枯病有3种症状类型。

（1）腐烂型　种子或幼芽还未出土，被病害侵染而致。

（2）猝倒型　幼苗出土还未木质化，其茎基受病菌危害呈水渍状，进而缢缩褐变腐烂，加之子叶尚未凋萎，造成头重于茎基部，幼苗倒伏，故称猝倒病。

（3）立枯型　苗茎木质化后，根或根茎部皮层腐烂，并渐枯死，幼苗不倒伏，呈现立枯状。

2. 防治方法 采取综合防治方法，即培育壮苗，增强抗病力。严格选择圃地，采用沙壤土和排水良好的地块；精选种子，适时播种，推广营养钵或容器育苗，培育壮苗。加强苗期管理，拔草、间苗要及时，灌溉时使床土潮润便可。种子消毒常用60℃的0.5％高锰酸钾液，处理2h，晾干后播种。幼苗出土后，用50％多菌灵可湿性粉剂800～1 000倍液，或1∶1∶100的波尔多液，约15d喷洒一次，预防病害发生。发病初期喷50％克菌丹500倍液或75％百菌清800倍液进行防治。

八、枯萎病

枯萎病是病原物从花卉植物的根部或枝干部侵入维管束组织，使水分的输导受阻，导致植株枯萎。此处以香石竹枯萎病为例进行介绍。

香石竹枯萎病危害石竹属的石竹、香石竹、须苞石竹等，受害植株枯萎而死。引起香石竹枯萎病的病原是石竹尖镰孢菌（*Fusarium oxysporum* f. sp. *dianthi*），香石竹上的镰孢菌还有早熟禾镰孢（*F. poae*）、燕麦镰孢（*F. avenaceum*）和大刀镰孢（*F. culmorum*）。

1. 症状 香石竹在整个生育过程中均可受害。幼小植株染病，往往一侧枯萎，另一侧仍正常生长，造成植株畸形。根部受害枯死，则地上部的叶色从深绿色转变为浅绿色，最后变成灰白色。对病茎作解剖观察，可见维管束中有褐色条纹，自根部向茎上部蔓延，不久便枯萎而死。

2. 防治方法 选用排水良好地块种植；忌连作；自健壮无病的母株上取插条进行繁殖；若用于繁殖的沙土已遭污染，则应对床内沙土进行彻底消毒，可用50％克菌丹500倍液或50％多菌灵500倍液灌透，效果较为显著；发病时用50％苯来特600～800倍液或50％福美双500倍液浇灌病株根际的土壤，可控制蔓延。

九、病毒病

1. 染病途径 病毒病害主要通过刺吸式口器的昆虫（如蚜虫、叶蝉、粉虱等）传播，其次是通过土壤中的线虫和真菌、种子和花粉传播。嫁接时病株与健株接触摩擦、携带病毒的无性繁殖材料都是病毒病的重要传播途径。在花卉植物体上造成的微小伤口都会使病毒带入体内，导致发病。

2. 症状 病毒病常表现为叶片花叶、花瓣碎色、畸形等症状。常见的有郁金香病毒病、仙客来病毒病、一串红花叶病毒病及大丽花病毒病等。

3. 防治方法 花卉病毒病应采取综合防治方法，如采用茎尖脱毒组织培养法繁殖无毒苗，及时消灭蚜虫、叶蝉、粉虱等传毒昆虫，发现病株及时拔除并烧毁，种子可用50～55℃温水浸10～15min，无性繁殖材料在高温条件下搁置一定时间等。

十、线虫病

1. 症状 线虫病是由线虫危害引起的茎部肿胀、异常分枝、叶片畸形、抑制开花和根部结瘤等，危害多种花卉。

2. 防治方法 可用1.8%阿维菌素乳油2 000～3 000倍液，喷灌土壤，或80%棉隆可湿性粉剂500倍液，结合用70%敌克松（地可松、地爽）可湿性粉剂500倍液浇灌。

第二节 常见花卉虫害及其防治

一、蚜虫类

1. 形态特征 危害花卉的蚜虫种类繁多，属同翅目蚜总科，常见有棉蚜、桃蚜、绣线菊蚜、菊小长管蚜、月季长管蚜等。成蚜分有翅和无翅两种类型，若蚜亦分有翅和无翅两型。成蚜、若蚜均有1对腹管，可分泌蜡质。

2. 危害症状 蚜虫常见危害扶桑、木槿、蜀葵、石榴、一串红、倒挂金钟、山茶花、菊花、紫叶李、夹竹桃、大丽花、仙客来、玫瑰等花木。以成虫和若虫群集在寄主的嫩梢、花蕾、花瓣和叶片，吸取汁液，使叶片退色、皱缩、卷曲或形成瘿瘤，影响开花，同时，还会排泄蜜露诱发煤污病，传播病毒病等。

3. 防治方法 可用2.5%鱼藤精800～1 200倍液、20%合成除虫菊酯2 000～3 000倍液、50%安得利乳剂1 000～1 500倍液或40%乐果乳剂800～1 000倍液，效果均好。

二、螨类

1. 形态特征 螨类体型微小，体长1mm以下，圆形或卵圆形，体色为红、褐、绿、黄色。一般成螨、若螨足4对，幼螨3对。危害花卉的螨类主要有朱砂叶螨、二斑叶螨、山楂叶螨、柑橘全爪螨、苹果全爪螨、针叶小爪螨、柏小爪螨等。

2. 危害症状 螨类对花卉秧苗的危害较大，尤其对木本花卉苗木。它们用口针刺破表皮细胞，深入到组织内吸取汁液，影响苗木的正常生长，严重的叶片凋落。有些螨类还分泌某些化学物质随唾液进入植物体内，使被害部分细胞增生，最后变褐坏死。螨类还能传播植物病毒。

3. 防治方法 用1.8%虫螨克乳油2 000～3 000倍液，或15%速螨酮（灭螨灵）乳油

2 000倍液，或73％克螨特乳油2 000倍液，或5％尼索朗乳油1 500倍液，或25％三唑锡可湿性粉剂1 000倍液，或50％溴螨酯乳油2 500倍液，或20％螨克（双甲脒）乳油2 000倍液，或5％卡死克乳油2 000倍液，或20％复方浏阳霉素乳油1 000倍液。

三、介壳虫类

1. 形态特征 介壳虫为同翅目蚧总科昆虫的总称，种类多，体型微小，其主要特征为介壳被蜡质。危害花卉的介壳虫主要有日本龟蜡蚧、梨圆蚧、紫薇绒蚧、仙人掌白盾蚧、常春藤圆盾蚧、红蜡蚧等。

2. 危害症状 介壳虫若虫和雌成虫刺吸花卉植物体汁液，使其长势衰弱，引起植物组织退色、生长不良，造成芽梢、嫩枝枯萎、落叶、落果，严重时造成整株或成片花卉植物枯死。此外，还排泄蜜露诱发煤污病，少数种类还能传播植物病毒病。

3. 防治方法 在幼虫被蜡前喷洒25％西维因可湿性粉剂200倍液或50％安得利乳剂1 000～1 500倍液，还可以用50％久效磷1 000倍液或20％杀灭菊酯1 500～2 000倍液。

四、蓟马类

1. 形态特征 蓟马是缨翅目昆虫的通称。虫体小，长1～2mm，体黄、褐色，翅狭长，边缘有很多长而整齐的缨状缘毛。腹节1～2节，足的末端有泡状中垫，爪退化。若虫体型似成虫。常见有黄胸蓟马、烟蓟马、花蓟马、红带网纹蓟马等，分布江淮以南各地，常危害栀子花、兰花、晚香玉、白兰花、木荷等。

2. 危害症状 蓟马以锉吸式口器刮破植物表皮，口针插入组织内吸取汁液，叶片被害处常呈黄色斑点或块状斑纹，进而卷曲、皱缩，甚至全叶枯黄。嫩芽、心叶被害则很快凋萎。成虫、若虫多群集于花内取食危害，花器、花瓣受害后呈白化，经日晒后变为黑褐色，受害严重的花朵萎蔫。有的还会传播植物病毒。

3. 防治方法 用44％速凯乳油1 000倍液、10％除尽乳油2 000倍液、1.8％爱比菌素4 000倍液、35％赛丹乳油2 000倍液。此外可选用2.5％保得乳油2 000～2 500倍液或10％吡虫啉可湿性粉剂2 000倍液喷雾。

五、粉虱类

粉虱为同翅目粉虱科昆虫的总称，是一种分布很广的露地和温室害虫。常见有温室白粉虱、柑橘粉虱、烟粉虱等。主要危害瓜叶菊、天竺葵、茉莉花、扶桑、万寿菊、非洲菊、一品红、月季、大丽花、桂花、栀子花、牡丹等观赏植物。

1. 形态特征 成虫体淡黄白色，复眼赤红色，翅两对、膜质，覆盖白色蜡粉，前翅有一长一短的两条脉，后翅有一条脉。卵具短柄，表面覆盖白色蜡粉。幼虫扁平，椭圆形，体缘、体背具蜡丝，腹背末端具褐色排泄孔。

2. 危害症状 粉虱主要以成虫和幼虫群集在花卉植物叶背吮吸汁液危害。严重时，导致叶片退色、凋萎，甚至干枯，直接影响花卉植物光合作用和生长发育。此外，成虫、幼虫能分泌蜜露，诱发煤污病。

3. 防治方法 加强植物检疫工作，避免将虫带入温室。清除温室周围杂草，保持环境清洁，适当修枝，保持通风透光良好。幼虫大量孵化或成虫盛发期及时喷药防治，可用40％氧化乐果、25％亚胺硫磷及50％杀螟松乳油800～1 200倍液或2.5％敌杀死2 000倍液喷雾，连续喷杀 2~3 次。也可选用 10% 扑虱灵乳油 1 000 倍液喷洒，可抑制成虫产卵和若虫孵化。注意喷药宜在早、晚成虫活动时进行，先喷叶正面，再喷叶背面。也可采用黄板诱杀。

六、蛾 蝶 类

蛾蝶类害虫有的取食叶片，造成缺刻；有的取食叶肉，留下网状叶脉，严重时，可将整株叶片吃光。危害花卉的蛾蝶类害虫常见有蓑蛾类、刺蛾类。

1. 蓑蛾类 蓑蛾类属于鳞翅目蓑蛾科（又称避债蛾、袋蛾）。全世界已知 800 多种，中国 10 余种，我国南方分布种类较多，危害亦严重，常见有蒲瑞大蓑蛾、茶蓑蛾、白囊蓑蛾、小蓑蛾等。危害月季、海棠、蔷薇、梅花、牡丹、菊花、美人蕉等 200 余种花卉，不仅啃食叶片，还啃食嫩枝、幼果。

蓑蛾类的雌性成虫无翅，雄性成虫具翅，翅上有透明斑。幼虫在丝质囊内生活。

2. 刺蛾类 刺蛾类属鳞翅目刺蛾科（又称洋辣子）。全世界已知 1 000 余种，中国有 90 余种，其中以黄刺蛾、褐边绿刺蛾、扁刺蛾、桑褐刺蛾发生普遍。常见危害上百种园林植物，严重时可食尽叶片，残留叶脉、叶柄。

刺蛾类的成虫体中型、粗短、鳞片松厚，多呈黄、褐或绿色，上具红色或暗色简单的斑纹。幼虫蛞蝓形，头小内缩，胸足小或退化，体上常具瘤和刺，刺人后皮肤痛痒，又称洋辣子。化蛹于光滑而坚硬的石灰质茧内，形似雀蛋。

3. 防治方法 可用 20% 杀灭菊酯乳油 3 000 倍液、Bt 生物杀虫剂（苏云金杆菌）500~1 000 倍液、40% 硫酸烟碱水剂 800~1 000 倍液（在药液中加入 0.2%~0.3% 中性皂可提高药效），还可用 25% 灭幼脲 3 号胶悬剂 1 500~2 000 倍液均匀喷雾防治，效果均良好。

七、蛴 螬 类

1. 形态特征 蛴螬是鞘翅目金龟子总科幼虫的总称，具 3 对胸足，静止时弯曲呈 C 形。种类多，分布广，其中危害较重的种类主要有铜绿丽金龟、暗黑鳃金龟、东北大黑鳃金龟、华北大黑鳃金龟等。

2. 危害症状 蛴螬取食萌发的种子，咬断幼苗的根与茎，轻则缺苗断垄，重则毁种重播。危害幼苗的根、茎，切口整齐平截。

3. 防治方法 可用 25% 西维因 200 倍液或磷胺乳油 1 500~2 000 倍液浇灌根际，效果较好。

◆复习思考题

1. 简述花卉病虫害防治的原则及意义。
2. 如何区分花卉的侵染性病害和非侵染性病害？
3. 介绍花卉常见病虫害的防治措施。
4. 作为一名专业人员，你如何给进行温室花卉生产的农民传授防治病虫害的实用技术和方法？

第九章
花卉产后处理与保鲜

花卉产后处理与保鲜能有效延长切花的销售和观赏期，保护切花产品不受机械损伤、水分丧失、环境条件急剧变化和其他不良影响，减少切花产品的损失，提高切花生产的经济效益，是花卉商品化生产的重要部分，也是今后应该进一步加强研究的重要课题。

第一节 切花分级与包装

一、切花分级

切花分级一般是根据花茎长度、花朵直径、花的色泽、新鲜度和健康状况以及预处理情况等将切花分为不同级别，以表示切花质量的好坏。

各种切花应有各自的分级标准，这些标准能引导生产者提高种植水平，更多地生产出高质量的切花。销售者根据标准合理确定收购、批发及零售价格。因此切花分级标准制定是一项重要工作，能保证花卉市场切花产品的统一性和经营的有序性，保护生产者获取公平合理的利润。

目前国际上广泛应用的切花分级标准是欧洲经济委员会标准和美国标准。这些标准主要针对欧洲和美洲国家之间以及进入欧洲和美国花卉市场切花商品质量的控制。日本针对本国国情也制定了一套切花标准。中国制定切花标准较晚，随着花卉事业的深入发展，由农业部和国家林业局牵头，组织各方面的专家和生产者，通过深入调查、研讨，于2000年提出了我国鲜切花、盆花、盆栽观叶植物、花卉种子、花卉种苗、花卉种球、草坪七类花卉产品的分级标准。

（一）欧洲经济委员会标准

欧洲经济委员会标准（The United Nations Economic Commission for Europe，ECE）是由联合国欧洲经济委员会建立的一套有关切花的质量标准，分 ECE 分级总标准和特定花卉种类的分级标准两部分，ECE 分级总标准适用于所有无特殊要求的切花和切叶（表9-1，表9-2）。特定花卉种类的分级标准主要针对一些重要切花，依其特殊要求制定。如多花型香石竹和菊花的特定标准（表9-3，表9-4）。

表 9-1　ECE 切花分级标准的切花花茎长度要求

(ECE, 1982)

代码	包括花头在内的切花花茎长度（cm）
0	小于5或标记为无茎
5	(5～10) +2.5
10	(10～15) +2.5
15	(15～20) +2.5

(续)

代码	包括花头在内的切花花茎长度（cm）
20	（20～30）+5.0
30	（30～40）+5.0
40	（40～50）+5.0
50	（50～60）+5.0
60	（60～80）+10.0
80	（80～100）+10.0
100	（100～120）+10.0
120	大于120

表 9-2 ECE 切花分级标准的一般外观要求

（ECE，1982）

等级	对切花的要求
特级	切花具有最佳品质，无外来物质，发育适当，花茎粗壮而坚硬，具备该种或品种的所有特性，允许切花的3%有轻微缺陷
一级	切花具有好品质，花茎坚硬，其余要求同特级，允许切花的5%有轻微缺陷
二级	在特级和一级中未被接收，但满足最低质量要求，可用于装饰，允许切花的10%有轻微缺陷

表 9-3 多花型香石竹切花花茎长度 ECE 标准*

（ECE，1982）

代码	花茎长度（cm）
30	30～40
40	40～50
50	50～60
60	超过60

* 特定标准：特级要求每花枝有5个以上花蕾，一级最少4个花蕾，二级最少3个花蕾。花序展开，侧枝附着牢固，叶片不退绿等。

表 9-4 菊花切花花茎长度 ECE 标准*

（ECE，1982）

代码	花茎长度（cm）
20	20～30
30	30～40
40	40～50
50	50～60
60	60～70
70	70～80
80	80～90
90	90～100
100	大于100

* 特定标准：特级，具备最佳品质，多花型切花必须附着5朵以上显示其色泽的花蕾，一级最少4朵，二级最少3朵。

（二）美国花卉栽培者协会标准

美国花卉栽培者协会（The Society of American Florists，SAF）推荐的分级标准采用蓝、红、绿、黄分级术语，分级等次见表9-5。

表 9-5 美国使用的主要切花的分级标准

(J. Nowak 和 M. Rudnicki，1990)

香石竹（标准品种）		
级别	最小花直径（cm）	最小花茎全长（cm）
蓝（特选）紧实	5.0	55
较紧实	6.2	55
开放	7.5	55
红（标准）紧实	4.4	43
较紧实	5.6	43
开放	6.9	43
绿（短茎）紧实	无要求	30
较紧实	无要求	30

菊花		
级别	最小花直径（cm）	最小花茎长（cm）
蓝	14.0	76
红	12.1	76
绿	10.2	61

唐菖蒲		
级别	花穗长度（cm）	最少花朵数
蓝（特选）	107 及以上	16
红（特别）	96～107	14
绿（标准）	81～96	12
黄（经济）	81 及以下	10

月季		
级别	杂交香水月季最小花茎全长（cm）	甜心月季最小花茎全长（cm）
蓝	56	36
红	36	25
绿	25	15

金鱼草				
级别	最低（g）	最高（g）	每茎开放小花数	最小花茎长度（cm）
蓝（特别）	71	113	15	91
红（特选）	43	72	12	76
绿（特级）	29	42	9	61
黄（一级）	14	28	8	46

（三）中国的鲜切花质量标准

《主要花卉产品等级 第1部分：鲜切花》(GB/T 18247.1—2000)包括月季、唐菖蒲、香石竹、菊花、非洲菊、满天星、百合等12种切花产品质量标准（表9-6，表9-7，表9-8）。

表 9-6 鲜切花质量等级划分公共标准

项 目	等 级		
	一级品	二级品	三级品
整体效果	整体感、新鲜程度很好，成熟度高，具有该品种特性	整体感、新鲜程度好，成熟度较高，具有该品种特性	整体感、新鲜程度较好，成熟度一般，基本保持该品种特性

(续)

项目	等级		
	一级品	二级品	三级品
病虫害及缺损情况	无病虫害、折损、擦伤、压伤、冷害、水渍、药害、灼伤、斑点、退色	无病虫害、折损、擦伤、压伤、冷害、水渍、药害、灼伤、斑点、退色	有不明显的病虫斑迹或微小的虫孔，有轻微折损、擦伤、压伤、冷害、水渍、药害、灼伤、斑点、退色

表 9-7 月季切花质量等级划分标准（Rosa cvs.，蔷薇科蔷薇属）

项目	等级		
	一级品	二级品	三级品
花	花色纯正、鲜艳具光泽，无变色、焦边；花形完整，花朵饱满，外层花瓣整齐，无损伤	花色鲜艳，无变色、焦边；花形完整，花朵饱满，外层花瓣较整齐，无损伤	花色良好，略有变色、焦边；花形完整，外层花瓣略有损伤
花茎	质地强健、挺直、有韧性、粗细均匀，无弯颈 长度： 大花品种≥80cm 中花品种≥55cm 小花品种≥40cm	质地较强健、挺直、粗细较均匀，无弯颈 长度： 大花品种 65～79cm 中花品种 45～54cm 小花品种 35～39cm	质地较强健，略有弯曲，粗细不均，无弯颈 长度： 大花品种 50～64cm 中花品种 35～44cm 小花品种 25～34cm
叶	叶片大小均匀，分布均匀；叶色鲜绿有光泽，无退绿；叶面清洁、平展	叶片大小均匀，分布均匀；叶色鲜绿，无退绿；叶面清洁、平展	叶片分布较均匀；叶片略有退绿；叶面略有污物
采收时期	花蕾有 1～2 片萼片向外反卷至水平时		
装箱容量	每 20 支捆为一扎，每扎中切花最长与最短的差别不超过 1cm	每 20 支捆为一扎，每扎中切花最长与最短的差别不超过 3cm	每 20 支捆为一扎，每扎中切花最长与最短的差别不超过 5cm

注：形态特征：灌木，枝具皮刺；叶互生，奇数羽状复叶（小叶 5～7 枚）；花单生新梢顶部；花瓣多数，花色繁多，主要有白、黄、粉、红、橘红等色；花瓣多数，花型、花色丰富多彩。

表 9-8 菊花（大菊类）切花质量等级划分标准（Dendranthema×grandiflorum 菊科菊属）

项目	等级		
	一级品	二级品	三级品
花	纯正、鲜艳，具光泽；花形完整，端正饱满，花瓣均匀对称 花径≥14cm	纯正、鲜艳；花形完整，端正饱满，花瓣均匀对称 花径 12～14cm	花色一般，略有退色、焦边；花形完整，花瓣略有损伤 花径 10～11cm
花茎	挺直、强健、有韧性，粗细均匀，与花序协调 花颈梗长＜5cm 花茎长度≥85cm	挺直、强健、有韧性，粗细较均匀 花颈梗长 5～6cm 花茎长度 75～84cm	略有弯曲，质地较细弱，粗细不均 花颈梗长＞6cm 花茎长度 60～74cm
叶型和色泽	亮绿、有光泽、完好整齐	亮绿、有光泽、较完好整齐	稍有退色
采收时期	花开七八成		
装箱容量	每 10 支捆为一扎，每扎中切花最长与最短的差别不超过 1cm	每 10 支或 20 支捆为一扎，每扎中切花最长与最短的差别不超过 3cm	每 10 支或 20 支捆为一扎，每扎中切花最长与最短的差别不超过 5cm

注：形态特征：多年生草本，株高 60～180cm，茎直立，多分枝；单叶，互生，长圆形，边缘有深缺刻；头状花序，顶生，边缘为舌状花，1～2 轮或多轮，中部为管状花，花径 10～20cm，花色有白、黄、红、紫等；花梗不宜过长或过短，通常要求在 5cm 左右为宜。

ECE 标准和 SAF 标准其特点是由拍卖市场统一制定严格的、详细的公共标准，作为市场准入条件，并由拍卖市场按此标准统一进行检验并作为最终结果。中国标准在市场准入上仅作为一个指导性标准，界定范围较宽，拍卖市场不做最终的检验，以生产者自检为主，更多依赖生产者，主要通过生产者在标准执行过程中的自律和品牌创立后产生的影响力来实现产品的质量等级划分。

二、切花包装

包装的目的是保护切花产品不受机械损伤、水分丧失、环境条件急剧变化和其他不良影响，同时还能起到便于搬运和装车的作用。包装又分小包装和大包装，小包装就是将切下花枝捆扎成束的过程，大包装是将成束的花材装入纸箱、塑料箱或泡沫箱的过程。

（一）小包装

根据切花大小和购买者的需要，切花以 5、10、20 支或称重的方式捆扎成束，如东方百合、鹤望兰等可 5 支一束，菊花、唐菖蒲等 10 支一束，月季、香石竹等 20 支一束，丝石竹、情人草等 250~500g 一束，成束切花用耐湿纸或塑料套包裹，包装纸需是新的、清洁的，如果用旧报纸包装，不能碰到花朵。捆扎材料用新橡皮筋或塑料绳，一般不用线绳，因线绳容易污染。对花朵大、开放程度高的切花，如菊花、非洲菊必须将花头用薄膜或包装纸罩住，以保护花朵失水或碰伤。个别花枝分叉多、易失水的种类如丝石竹等，花束基部应用湿棉花和塑料纸包裹。兰花茎端套上盛装花卉保鲜液的塑料小瓶。最新包装方法也可将花束放入 0.35mm 厚的高密度聚乙烯塑料袋内，袋中放入氧吸收剂或蓄冷剂，可以提高保鲜效果。

（二）大包装

包装材料应具备一定的强度而不变形，耐水湿，有一定隔温防湿作用。目前国外常用的包装材料是纤维板箱、塑料皮纹箱和泡沫箱、纸箱等。箱子尺寸标准见表 9-9。

表 9-9 美国切花包装箱行业标准

（胡绪岚，1996）

长（cm）×宽（cm）×高（cm）	长（cm）×宽（cm）×高（cm）
104×12.5×18	122×51×30.5（唐菖蒲专用）
104×25.5×18	133×18×122（唐菖蒲专用）
104×51×18	33×33×122（唐菖蒲专用）
112×51×20.5	101.5×40.5×10（非洲菊专用）
112×25.5×15	104×53×44（切叶专用）
112×51×15	76×35.5×23（切叶专用）
112×51×30.5	76×35.5×38（鸢尾、丝石竹专用）
122×25.5×15	33×33×56（湿包装月季专用）
122×51×15	58.5×45.5×44.5（雏菊专用）

大多数切花都包装在聚苯乙烯膜或抗湿纸衬里的双层套纤维板箱内，以保持箱内高湿度，切花分层交替放置在包装箱内，花束之间放碎湿纸填充，每层之间放纸隔热，一直将箱子放满，防止产品碰伤和擦伤。有时需在包装箱内加冰袋以降温或在箱底固定放保鲜液的容器，切花垂直插入，这种湿包装适合月季、非洲菊、满天星、百合、飞燕草，主要局限于公

路运输，空运限制用冰和水的包装。

对向地性敏感的切花，如唐菖蒲、小苍兰、飞燕草、银芽柳等，均应垂直包装，以免贮运过程中花茎产生向下弯曲现象。

对非洲菊和花烛切花有专门设计的包装箱，箱内插放硬纸板，板长60cm、宽40cm，共有50个孔眼，孔眼直径约2cm，切下花枝按花茎长短分级后，每50支一板插入孔眼中，使花头在纸板上固定，而花茎在纸板下垂直，随即将纸板移到保鲜液水槽上，将花茎基部浸入保鲜液中，保鲜片刻后再装箱，每箱放2张硬纸板100支花，花头朝上，纸板下的花茎向箱中间倾斜，为了保持箱内冷凉，应做冷冻处理后再封盖，适合短途运输。如果用冷藏车长途运输，包装箱在两端均应留通气孔，通气孔大小是箱侧面积的5%，花头朝向通气孔，但留5cm距离，以保证冷藏车冷气通过气孔流进箱内。

国内切花包装以纸箱为多，箱子的尺寸多为100cm×50cm×30cm或120cm×50cm×30cm，纸箱内衬泡沫或玻璃纤维，起隔热、防湿作用，每层切花反向重叠放箱中，花朵朝外，离箱边5cm；箱中间有两横隔断，固定在箱底，装箱时中间花茎需捆绑固定在隔断上，以防花头移动，短距离运输，箱内可放冰块降温或提前预冷后再封闭。长途运输必须用冷藏车运输，纸箱两侧需打孔，孔口距离箱口8cm，装车时箱之间应用板条隔开，保证冷气能进入箱内。每箱装花数量与花卉品种有关。月季、香石竹一箱能放500~1 000支，唐菖蒲、菊花、百合一箱能放200~300支。

（三）标签

包装后填写标签和发货清单。标签应注明切花种类、品种、各花色等级，花茎长度、装箱数量、重量、生产单位（出口要注明生产国名），采收时间等。

第二节 切花的贮运与保鲜

一、切花衰败的原因

1. 蒸腾作用造成水分亏缺 切花是活的生命体，花枝离开母体后，蒸腾作用仍在进行，如果采后将花枝及时插入水中，其丧失的水分能得到补充，在初期吸水还有增加的趋势，但随后就是失水量大于吸水量，当切花蒸腾作用超过吸水作用，就会因水分亏缺出现萎蔫现象。花枝吸水能力降低的原因，一是水中微生物繁殖增多阻塞了输水导管；二是花枝切口产生氧化作用，分泌多酚类化合物或果胶一类沉积物，阻塞导管和危害茎组织；三是花枝切下时空气进入导管内，形成气栓阻碍水分传导。

2. 呼吸作用造成养分消耗并释放出热量 花枝切离母体后呼吸作用仍不断进行，不仅消耗了花枝内贮藏的营养，而且释放出热量，进一步促进花枝衰老和死亡。试验证明，呼吸强度受周围环境温度的影响，温度每升高10℃，呼吸强度会增加2~3倍，切花呼吸强度越高，其寿命就越短。

3. 乙烯引起植物器官衰败 切花本身遭受机械损伤，加上缺水和呼吸产生热量，都会促使乙烯的产生，乙烯迅速增加，又加快了花瓣的萎蔫和衰败。

4. 化学成分和内部结构变化引起衰败 切花叶片中叶绿素减少、花瓣中类胡萝卜素含量下降、花色素含量发生变化、液泡中pH发生变化、液泡膜损坏、液泡区域逐渐消失、水解酶释放等变化，均能引起切花叶片黄化、花瓣变色和退色，最明显的特征是花瓣干枯和皱缩，鲜重降低。

二、切花的贮藏与保鲜

切花贮藏与保鲜主要包括预处理、贮藏、催开和售后瓶插保鲜等环节。

（一）预处理

预处理是切花采收后第一步要做的保鲜措施，主要由切花生产者完成。

1. 脉冲液处理 为了防止切花茎端导管被微生物或自身分泌沉积物阻塞而吸水困难，将切花茎浸在高浓度硝酸银溶液中 5~10min，进行杀菌处理。然后进行糖液脉冲处理，不同种类切花用蔗糖浓度不同，如唐菖蒲、非洲菊等用 20％的蔗糖液，香石竹、丝石竹和鹤望兰用 10％的蔗糖液，月季、菊花等用 2％~5％的蔗糖液。为了避免高浓度糖液对叶片和花瓣的损伤，应严格控制脉冲处理时间和温度，一般脉冲处理 12~24h，先在 20℃下脉冲处理 3~4h，然后转入冷室再处理 12~16h。

脉冲处理的目的是为切花补充营养，对延长切花采后寿命有很大作用，能促进切花花蕾开放更快，花瓣更大，色彩鲜艳。对多种切花如唐菖蒲、月季、菊花、香石竹、丝石竹、鹤望兰等都有显著效果。但是脉冲处理时糖液浓度过高、处理时间过长、处理温度过高均会使切花发生烧伤。

2. 硫代硫酸银处理 硫代硫酸银（STS）是最佳乙烯抑制剂，比硝酸银生理毒性小，在植物体内有较好的移动性，对切花的乙烯合成有高效抑制作用，可有效延长多种切花的瓶插寿命。特别是对乙烯敏感的切花，如百合、香石竹、丝石竹、六出花、金鱼草、香豌豆等用硫代硫酸银效果最好。

硫代硫酸银溶液应随配随用，配制方法如下：先将 0.079g 硝酸银溶解于 500mL 去离子水中，再将 0.462g 硫代硫酸钠溶解于 500mL 去离子水中，将硝酸银溶液倒入硫代硫酸钠中并不断搅动、混合即为硫代硫酸银溶液，浓度为 0.463mmol/L。切花预处理用的硫代硫酸银溶液的浓度为 0.2~4mmol/L，将切花茎插入溶液中，一般在 20℃温度下处理 20min 左右，不同切花种类处理浓度和时间有差异。

在国际花卉市场上，对乙烯敏感的切花必须用硫代硫酸银溶液处理，否则拍卖行不接受拍卖。硫代硫酸银溶液处理只进行一次，如果生产者没有作硫代硫酸银溶液处理，批发商和零售商就应进行处理。

3. 1-甲基环丙烯处理 1-甲基环丙烯（1-MCP）也是乙烯抑制剂，比硫代硫酸银使用更安全，不污染环境。其机理是可能与乙烯受体上的金属离子结合，阻止乙烯与受体结合而抑制乙烯的作用，阻止内源乙烯的大量生成，延缓花朵的成熟和衰老。

（二）贮藏

切花贮藏是延长切花寿命的主要措施，其原理是抑制切花的呼吸作用和乙烯的产生，常见的贮藏期有三种：一是几天的短期贮藏，等待周末销售；二是 2~4 周的贮藏，等待节日的大量需求；三是长期贮藏，1 到数月，生产旺季的切花等到淡季供应。

1. 贮藏方式

（1）干贮藏 对需较长时间贮藏的切花可采用干贮藏方式，整批材料先用含糖、杀菌剂和抗乙烯剂的保鲜溶液脉冲几小时，然后用杀菌剂喷布切花枝叶，晾干后再进行包装，较紧凑地放在纸箱或聚乙烯膜袋中，以防水分丧失。入冷库前先预冷降温到一定程度，然后入库，能迅速将温度降至最适范围，贮藏期间要尽量少开贮藏库的门，以防引起冷库温度的波动，因温度波动会使水蒸气凝结在植物材料或包装材料上，增加切花的感病率。贮藏材料堆放的方式要利于冷藏室内空气流动。适合干贮藏的切花有花烛、香石竹、菊花、唐菖蒲、百合、水仙、月季、芍药、鹤望兰、郁金香等，而天门冬、小苍兰、非洲菊、丝石竹等切花不适合干贮藏。干贮藏温度较湿贮藏温度要低，大部分切花保持在0℃左右，花烛保持13℃，鹤望兰保持8℃，唐菖蒲保持4℃。

（2）湿贮藏　湿贮法是将切花置于盛有水或保鲜液的容器中，再放到冷库中贮藏，是使用最多的切花贮藏方法，多用于正常销售和短期贮藏的切花。切花采收后经过分级捆扎成束和脉冲液处理后立即湿贮藏。也可将保鲜液作为整个湿贮藏期间的保持液。湿贮藏最好使用去离子水或蒸馏水，据试验，月季用自来水浸泡能保持4.2d，用蒸馏水可保持9.8d。切花茎基插入水或保鲜液的深度以10～15cm为宜。湿贮藏温度多保持在3～4℃。如果有条件可将不同种类切花分为4种温度贮藏（表9-10）。

表9-10　各种切花最适宜贮藏温度和相对湿度表

（胡绪岚，1996）

适宜贮藏温度	相对湿度	切花种类
0～2℃	90%～95%	月季、香石竹、蕙兰、菊、小苍兰、百合、水仙、郁金香、香豌豆、芍药、杜鹃花、石松、冬青
4～5℃	90%～95%	六出花、紫菀、银莲花、非洲菊、紫罗兰、唐菖蒲、丝石竹、金鱼草、花毛茛、补血草、天门冬、桉叶、蕨
7～10℃	90%～95%	鹤望兰、卡特兰、嘉兰、山茶花、棕榈、朱蕉
13～15℃	90%～95%	花烛、姜花、万带兰、一品红、万年青

（3）气体调节贮藏　气调贮藏是比普通冷藏更先进的一种贮藏方法，它可控制冷库的气体成分，通常通过增加二氧化碳浓度、降低氧气浓度达到降低切花呼吸强度、减缓组织中营养物质消耗和抑制乙烯产生的目的。

由于不同切花种类对二氧化碳和氧气的浓度要求不同，每种切花适宜的二氧化碳和氧气浓度范围很窄，不同种类之间的差异大，再加上控制气体成分的设备成本较高，经济上不合算，目前在我国还没有推广应用。

（4）低压贮藏　低压贮藏即将切花置于低气压、低温的贮室中，使贮藏室内始终保持低压高湿的贮藏环境，此法可明显延长切花寿命。据试验，月季在0℃、5332Pa下能贮藏42d，唐菖蒲在1.7℃、7998Pa下贮藏30d。低压贮藏是一种有应用价值的贮藏方式，但安装低压贮藏设备成本高，管理困难，目前在花卉保鲜中尚未得到广泛应用。

2. 贮藏期间的管理

（1）保持环境清洁　贮藏期间要保持冷库内清洁，库内无切花时，应彻底清扫，墙和地板应用水或洗涤剂洗刷。用30mg/L次氯酸钠溶液喷射库内四壁进行消毒，坚持每年消毒几次；库内贮藏架、容器和水槽等要定期清洗干净；在贮藏期间，应经常检查、清除库内衰败的切花和废弃物，以减少乙烯产生；库内空气应经常用活性炭空气净化装置或氯气予以净化。

（2）温湿度及光照管理　贮藏期间还应做好温湿度及光照管理。库内空气温度要一天测定一次，在切花贮藏温度不同的条件下，相对湿度应维持90%～95%，任何微小的湿度变化都会损害切花质量。光照对大多数贮藏切花无明显影响，如香石竹在黑暗中贮存几个月，还能保证较好质量，但百合、六出花、菊花长期在黑暗中贮存会引起叶片黄化，为了防止这种损害，六出花、百合可用GA和BA处理，菊花用50～1000lx的灯光照明。

(三) 催开

花蕾期采收的切花经过低温贮藏后，花蕾不能开放或不能充分开放，必须用催花液催开。催花液一般含有 1.5%～2% 的蔗糖，200mg/L 8-羟基喹啉柠檬酸盐（8-HQC）和 75～100mg/L 异抗坏血酸。将切花插入催花液中，在 15～20℃ 下处理若干天，花蕾开放后再转入低温下贮藏。催花液的成分和处理环境类似脉冲处理，但因处理时间长，蔗糖液浓度要比脉冲液低，温度也较低。

(四) 售后瓶插保鲜

切花瓶插保鲜液种类繁多，不同切花有不同的配方，其主要成分是 0.5%～2% 蔗糖和一定浓度的有机酸和杀菌剂。切花瓶插保鲜液可在花卉市场购买，切花瓶插过程中隔一段时间应换新鲜的保鲜液，常见切花瓶插保鲜液配方如表 9-11。

表 9-11　常用切花瓶插保鲜液的配方

（胡绪岚，1996）

切花种类	保鲜液配方
香石竹	5% S＋200mg/L 8-HQS＋50mg/L 醋酸银 3% S＋300mg/L 8-HQS＋500mg/L B_9＋20mg/L BA＋10mg/L MH 4% S＋0.1% 明矾＋0.02% 尿素＋0.02% KCl＋0.02% NaCl 4% S＋50mg/L 8-HQS＋100mg/L 异抗坏血酸
月季	4% S＋50mg/L 8-HQS＋100mg/L 异抗坏血酸 5% S＋200mg/L 8-HQS＋50mg/L 醋酸银 2%～6% S＋1.5mmol/L Co$(NO_3)_3$
菊花	3.5g/L S＋30mg/L $AgNO_3$＋75mg/L CA
百合	3g/L S＋200mg/L 8-HQC
唐菖蒲	4% S＋600mg/L 8-HQC
非洲菊	20mg/L $AgNO_3$＋150mg/L CA＋50mg/L $Na_2HPO_4 \cdot 2H_2O$ 3g/L S＋200mg/L 8-HQS＋150mg/L CA＋75mg/L $K_2HPO_4 \cdot H_2O$

注：S 为蔗糖，CA 为柠檬酸，8-HQS 为 8-羟基喹啉硫酸盐，8-HQC 为 8-羟基喹啉柠檬酸盐，B_9 为 N-二甲胺基琥珀酰胺，MH 为青鲜素。

三、切花运输

(一) 卡车运输

1. 无冷藏设备的卡车　无冷藏设备的卡车仅适合短距离运输切花，一般运输时间不超过 12h。运输前必须对切花预冷到最适温度，然后将包装箱上的通气孔关闭。卡车上装有隔热棚，箱子在卡车内紧实码垛，减少空气流动，保证箱内温度不急剧升高。

2. 冷藏卡车　冷藏卡车适合较长距离运输切花，运输时间超过 12h，甚至数天。运输之前，包装箱上的通气孔应当开放，箱子码垛应有利于冷气流流入箱内和整个车厢内的空气循环。冷藏车的温度可根据所运切花种类要求进行调整，最好同类切花装一车运输，切叶类与切花类分开装运，因切花类易产生乙烯而切叶类对乙烯比较敏感。

(二) 空运

空运是切花运输的重要途径，世界各国的花卉贸易主要靠空运，空运能保证在最短时间内将切花提供给消费者。空运的缺点是成本太高，无法提供冷藏条件，一般在运前进行预冷处理，预冷后将包装箱的通气孔关闭，箱内切花用硫代硫酸银溶液处理。

（三）海运

海运的优点是运费低，能用冷藏集装箱运输。缺点是运输时间太长，保持切花质量很关键。选择适合14d海运的切花，如小花枝香石竹、微型月季和蕨类切叶等进行海运，到达目的地后，还要尽快用保鲜液处理，在低温下贮存直至出售。

第三节　盆花的贮运与保鲜

一、盆花包装

盆花应先包装后运输，可以防止机械损伤、水分损失和温度波动带来的影响。小型盆花先用牛皮纸或塑料套套在植株周围，以保护枝、叶、花不受伤害，然后将盆放到塑料或聚苯乙烯泡沫特制的模盘内，模盘有4、6、8、10、15、28盆装各种规格（表9-12），最后装入特制的纸箱或纤维板箱内，箱底放抗湿性托盘或塑料膜，箱子两个侧面留通气孔。箱子外应标明植物名称、原产地、目的地及易碎、勿倒置等标记。

大型盆花用牛皮纸或塑料膜保护植株，然后用编织袋套住花盆，运输中便于搬运，为了有效利用空间，可做成架子，一层一层装盆运输，特大型盆花可直接装在货车中。

表 9-12　美国盆栽植物包装行业尺寸标准

（胡绪岚，1996）

盆的直径（mm）	盆数	盆的直径（mm）	盆数
76（3in*）	28	178（7in）	4
102（4in）	15	191（7.5in）	4
114（4.5in）	15	203（8in）	4
127（5in）	10	216（8.5in）	4
140（5.5in）	8	229（9in）	3
152（6in）	6	254（10in）	2
165（6.5in）	6	357（14in）	1

* in 为非法定计量单位，1in=0.0254m。

二、盆花保鲜

1. 喷硫代硫酸银　上市前2～3周用硫代硫酸银溶液喷洒植株一次，可抑制乙烯产生，防止花蕾和花朵脱落，控制叶片黄化。注意高浓度药液会造成叶和花产生黑色斑点或坏死斑。草本盆花一般使用浓度为0.2～0.5mmol/L，木本盆花如杜鹃花0.4～0.8mmol/L、叶子花0.5mmol/L、茉莉花0.5～1.2mmol/L。

2. 喷施叶面光亮剂　出售前为了改进观叶植物外观，可喷施叶面光亮剂，既增加叶面亮度又有杀虫杀菌作用，因光亮剂中含有杀虫杀菌剂。应注意处理过的盆花需要更多的光照。

三、盆花贮藏

盆栽观花植物经常需要贮藏，特别是应节日上市的盆花，先低温贮藏一段时间，待时间合适时，再取出催花，保证节日开放。如百合、郁金香、风信子等盆花常进行贮藏。

采用促成栽培技术准备春节期间供应的盆花，按种植时间推算春节前10～20d开花，但实际栽培中由于气候变化等原因，总有些盆花会提前开花，提前开花的盆花应在花蕾显色前贮藏到4～5℃、相对湿度80%的冷库中，一般贮藏15～20d不影响盆花质量，然后从冷库中搬到温室内，7～10d 就能开花，贮藏期间要适当补光防止叶片黄化。花蕾显色到开花期间贮藏也可以推迟花期，但没有蕾期贮藏效果好，主要表现在出库后花期缩短，影响观赏效果。除球根花卉外，其他盆花也能贮藏，主要是不同花卉种类贮藏温度、湿度和光照不同。

观叶盆花在正常条件下能继续生长，什么时候都能上市，不需要特殊贮藏措施。

四、盆花运输

盆花多用卡车和轮船运输，观叶盆花能忍耐较长时间黑暗，运输期间保持 13～18℃，运输时间 15～20d 都没有问题。观花盆花特别是盛开的盆花运输过程中乙烯产生多，衰老加剧。观花盆花应在 1/3 花蕾显色之前运输；球根花卉花蕾开始显色就启运，运输期间一般保持 4～5℃；热带盆花要求温度同观叶盆栽，运输时间不能超过 1 周。如在运输途中不能浇水，应在装车前 24h 浇透水一次。

第四节　种球贮运与保鲜

一、种球贮藏

种球的保鲜是通过种球贮藏来实现的，比切花贮藏保鲜简单，不需用保鲜液处理，主要控制贮藏温度、湿度、通风和贮藏时间等。

（一）干燥贮藏（干藏）

种球收获后要充分晾干，贮存在浅箱与网袋中，放在通风良好的室内，不需要特殊的包装，即为干燥贮藏（干藏）。采用干燥贮藏的花卉常见有郁金香、风信子、球根鸢尾、番红花、小苍兰、唐菖蒲、水仙、晚香玉等。

1. 郁金香　郁金香鳞茎通常在 26℃ 下愈合处理 1 周，然后干贮在 17℃ 下，放在通风良好、相对湿度 70%～90% 的室内，可贮藏 2～6 个月。如果要将贮藏时间延长至半年，应于 −1～0℃ 温度下贮藏。若要促成栽培，先在 17℃ 下花芽分化完成，此时切开鳞茎可观察到雌雄蕊，将鳞茎放在 5℃ 下干藏 6 周、然后在 9℃ 下湿藏 4～6 周（种植土中促生根），或将鳞茎放在 9℃ 下干藏 9 周，然后在 9℃ 下湿藏 6 周（种植土中促生根），均能达到早期开花目的。

2. 风信子　风信子鳞茎掘出后先在 25℃ 下愈合处理数周，然后在 17～20℃ 下贮存 2～5 个月。如果要促成栽培，可在 9～13℃ 下贮藏数周。

3. 小苍兰　小苍兰鳞茎收获后先贮藏在 3～5℃ 下，可长期保存。如果要促成栽培，先贮存在 30℃ 下 10～13 周打破休眠，然后在 10℃ 下贮藏 4～6 周促花芽分化。

4. 唐菖蒲　唐菖蒲球茎收获后在 27℃ 下愈合处理 10d，然后干贮在 5～7℃、70%～80% 相对空气湿度条件下 5～8 个月。如果想延长贮藏期，可降低温度。

（二）潮湿贮藏（湿藏）

种球收获后不能失水，及时用湿泥炭藓、湿锯末、湿沙和湿蛭石等材料包装后低温贮藏，即为潮湿贮藏（湿藏）。采用潮湿贮藏的花卉常见有百合、六出花、花毛茛、美人蕉、大丽花等。

1. 百合　百合鳞茎收获后用湿泥炭或湿锯末作填充物，一层鳞茎一层填充物放入有塑料膜衬里的塑料箱内，放入 3～5℃ 冷库内贮藏 6～8 周即可打破休眠，进行促成栽培。若要长期贮藏,需放到-2~-1℃下冷冻,可贮存7~10个月（图9-1）。

2. 美人蕉　美人蕉根茎掘出后,适当干燥几天,然后用湿沙堆埋在5~7℃室内越冬。暖地根茎可露地越冬。

3. 大丽花　大丽花块根掘出后,首先使其充分干燥,再用干沙埋在5~7℃室内越冬,相对空气湿度保持在50%。

二、种球运输

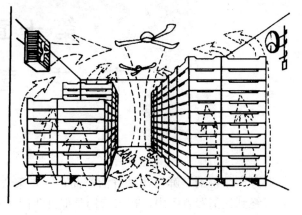

图9-1　百合鳞茎低温处理

1. 海运　种球耐贮藏,其运输量也大,一般多采用海运,利用冷藏集装箱装运种球,在运输途中还能对种球进行温度处理,加上运费低廉,是种球最好的运输方式。

不同种球运输温度不同,如百合鳞茎,12月15日以前运输温度应保持1~0℃,12月15日以后运输应保持-2~-1℃。郁金香运输温度17℃,如果花芽分化已完成可降到5~9℃下运输。

运输过程中要注意通风,一般0℃以下时将通风格关闭；0℃以上时将通风格打开10%~20%。

2. 卡车运输　海运抵达港口后改用卡车运输,运输时间不超过12h,可用无冷藏设备的卡车运输,长距离运输必须用冷藏卡车,在整个运输过程中,温度和通气条件可参考海运中的要求。

◆ **复习思考题**

1. 切花分级的重要性是什么？
2. 我国国标《主要花卉产品等级》中提出的鲜切花质量等级标准是什么？
3. 切花采后衰败的原因是什么？常采用哪些方法进行贮藏保鲜？
4. 哪些切花适宜在0~2℃温度下贮藏？哪些切花适宜在13~15℃温度下贮藏？
5. 常见盆花如何进行保鲜？
6. 不同种类球根花卉种球贮藏方法有何不同？

第十章
花 卉 营 销

花卉产品特别是鲜切花是鲜活产品，一旦采收，就要及时保鲜或通过流通网络进入市场，最终到达消费者手中，花卉营销是促进我国花卉业发展的关键。以销带产，能极大地提高花卉产业的经济效益，减少花卉产品的损耗和浪费，保护花卉企业和花农生产的积极性。

目前我国花卉市场建设存在的问题，直接影响花卉的营销，应调整花卉市场布局，重点培养花卉专业市场。以专业市场为核心，集聚大量的花卉企业和花农，或在花卉生产达一定规模时，建立专业市场。充分发挥专业市场的功能，建立营销人员培训上岗、凭培训合格证经营的制度。花卉企业间各种学习活动也可以通过专业市场进行，并获得有效信息，企业间长期稳定的合作和交流也能降低管理成本。

专业花卉市场还要不断完善海关检疫和物流配套建设，保证花卉出口安全顺利进行。同时还要不断完善花卉信息网的建设，及时准确获取市场信息，使花卉企业和花农把握花卉产业发展方向，有效提高我国花卉产业发展速度。

第一节　我国花卉营销网络的建立

一、花卉营销网络体系

就我国目前形成的花卉营销网络体系来看，国产花卉是由花卉生产者通过中介商或直接将花卉产品销售给花卉市场的批发商和零售商，或通过鲜切花集散中心进行出口或出售给外地批发商，然后花店和早市、地摊经营者到花卉市场购买，最后流通到消费者手中。从国外进口花卉，先由国外贸易商组织货源，通过国内代理公司或直接进入批发市场，然后销给消费者。从国外进口的种子、种球、种苗产品，主要供给花卉生产者。我国花卉营销网络如图 10-1 所示。

1. 花卉市场　花卉市场是花卉营销网络的中心环节，是花卉销售集中地区，经营范围广，商品齐全，方便买卖，同时还具有交流信息、指导生产、提供各种专业化服务的功能。无论生产者、消费者、中介商都要通过市场获取信息，以此调节自己的营销策略和行为。

据统计，2011 年全国花卉市场总数达到 3 178 个，比 2010 年增加了 313 个。

一般花卉市场有营业大厅，内设交易房，以租赁形式租给本地和外地的花卉企业和个人。花卉市场有水、电、通信、餐饮、停车场、仓库等设备，并有工商、税务、治安、保安、投诉、咨询等配套服务。花卉市场定期发布花卉苗木市场信息，规范花卉苗木市场价格，为活跃市场，做好为社会服务，经常举办插花、家庭养花、观赏鱼养护等讲座和展览活动等。大型花卉市场多集花卉销售、生产、科研、信息和观光旅游于一体。

2. 鲜花集散中心　鲜花集散中心是鲜花集中保鲜、包装、贮藏、运输的场地。在切花规模化生产中是一个重要的环节，能提高切花质量，减少损失。鲜花集散中心建有包装处理

第十章 花卉营销

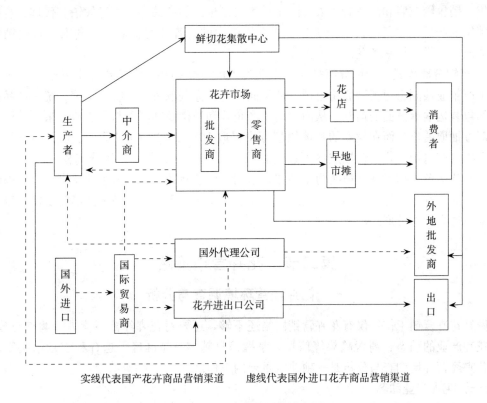

实线代表国产花卉商品营销渠道　　虚线代表国外进口花卉商品营销渠道

图 10-1　花卉营销网络示意图

车间、冷库、鲜花配送中心，备有冷藏汽车和包装材料等，可直接向花农、企业代理收购鲜花，集中处理后再通过运输系统销往各地。

3. 花店　花店是花卉零售商销售花卉产品的地方，多数分布在市区人口密集的地方，如各大超市、商场、宾馆、医院或农贸市场附近，以方便消费者购买鲜花。花店经营范围多是鲜切花、盆花、花器、花药、花肥、包装材料等，还可以给客户制作花束、花篮、插花等作品，或为婚礼、庆典等提供礼仪花卉装饰服务。

4. 早市、地摊售花　售花者以推车、提桶等装载工具将花卉运送到早市，与蔬菜、水果摊相连进行销售，或者将花卉产品运到周末花鸟鱼虫市场摆地摊销售，价格低廉，是城市居民直接购花的好去处，特别是周末花鸟鱼虫市场，既能满足假日休闲的需要，还能购到价廉物美的花卉。

5. 国外花卉代理公司　国外花卉代理公司一般由国外独资或国内外合资合作运营，主要销售国外进口的鲜切花、盆花、种苗、种球、种子、花肥、花药等，也有的公司专门营销与花卉有关的设施、机械、工具等，他们销售的产品主要供应国内的花卉生产者。

6. 花卉进出口公司　花卉进出口公司是由国家指定授予进出口权的单位或公司，对我国花卉出口起着重要作用。主要出口中国生产的植物产品，如切花、盆花、盆景、种苗、种球和种子等。同时也承担进口国外花卉的任务，经营的范围与国外花卉代理公司相似。

二、花卉营销模式

1. 自产自销模式　一般花卉生产者在大型花卉市场内建立卖场，将自身产品通过批发和零售，销售给花店和消费者个人。除了销售自己生产的产品外，通过代销、代理、合作等方式销售的产品也逐渐增大了分量。一些规模较大的花卉公司也通过不同渠道自建销售网络，形成产、供、销一条龙。

2. 产销分离模式　产销分离是花卉产业发展的一个趋势，大型花卉市场联合业内几家大型生产企业共同组建新型股份公司，从不同的生产商获取货源，统一定价、统一产品标准和货物包装运输等方面的运营，从而带动生产企业和经销商共同参与，快速走量。采取不从买卖双方抽取差价，而在卖家的整体销售额中提取10%～12%的利润。如果生产企业或种植者采用自产自销模式，营销成本可达到总成本的30%～50%。产销分离模式有利于形成产品的专项运营，如以观叶植物为主的花卉市场、以盆栽花卉产品为主的花卉市场和以切花产品为主的花卉市场等。产销分离模式以大型生产企业高质量的产品和优惠的价格，吸引众多买家通过竞拍这种形式进行采购。

第二节　花卉营销策略

一、花卉经营环境调查与分析

做好花卉营销工作，仅有花卉营销网络还不够，还要对花卉经营环境进行调查与分析，掌握花卉产业的动态、消费趋势等信息，掌握信息越多、越准确，越有利于营销决策。因此，花卉经营环境调查与分析是一项非常重要的工作。

（一）花卉产业动态

1. 花卉产业发展趋势　随着国民经济的发展和人民生活水平的提高，我国花卉业生产和消费一直保持着较高的增长速度，发展势头一年比一年好。

2. 各类花卉产区逐步形成　全国已经逐步形成几个较稳定的生产大区，如云南省的鲜切花生产，广东省的观叶植物生产，江苏、浙江的盆景和绿化苗木，上海和辽宁的种苗、种球生产，山东的牡丹和盆栽月季，河南的牡丹和蜡梅，福建的水仙，河北的仙客来，吉林的君子兰，内蒙古、甘肃的草花等，都具有一定的生产规模，是知名度较高、有代表性的地区。

3. 花卉产业存在的问题　目前我国花卉产业存在的突出问题是面积大、产量低、效益差，一些地方政府、投资公司和非农企业大量投资建立基地，扩大面积，进行低水平的重复建设，而不重视挖掘生产潜力、调整产品结构、提高科技含量、开拓市场。缺乏创新，科研投入不足，花卉品种引进多，自己培育少，缺乏具有自主知识产权并受市场欢迎的新品种，在国际市场上竞争力不强。

国内花卉市场发展不均衡，仍处于无序状态，生产与需求脱节。同一区域产品比较雷同，上市日期同一化，造成产品供过于求，价格上不去，严重损害了花农的利益；而在淡季花卉价格飙涨，市场不稳定，又严重影响了花卉的销售。

（二）消费趋势

1. 鲜切花市场稳步成长　鲜切花中以月季、菊花、唐菖蒲、香石竹、百合、非洲菊、满天星为最大宗，占切花总产量的90%。鲜切花传统消费以庆典、婚礼、丧葬、祭祀为主，现在探亲访友、看望病人都赠送鲜切花产品，年轻人送花也是表达爱情、友情的很好的方式。还有宾馆、饭店、写字楼装饰都需要大量鲜切花，消费范围将越来越广。

2. 家庭对盆花需求数量渐增　近年来由于居住条件的不断改善，人们需要更多盆花包括观叶植物来装饰自己的居室，同时又可以净化空气，吸收有害气体，时尚又实惠。根据我国的经济发展状况及花卉消费水平，今后高档盆花用量会逐渐减少，取而代之的是中、低档盆花的周年消费，主要是广大居民家庭消费。

3. 轻、白、淡、小的花卉受欢迎　我国传统赏花习惯喜欢花大色艳的花卉，近年来消费习惯有所改变，轻、白、淡、小的花卉越来越受欢迎，表现在市场上如月季的小花多头品种、粉色和黄色品种价格最高，多头菊花价格高，多头型香石竹比单花型价格高，东方百合和麝香百合比亚洲百合价格高，满天星、情人草、勿忘我越来越受欢迎，洋桔梗是最能代表未来消费趋势的花卉。

4. 新款包装受青睐　现在时兴用白砂纸或淡色塑料纸将每朵花装饰起来，再用大包装纸将整把花包起来，使花束更显华丽，充满朦胧的美感。复古包装也受欢迎，用自然色泽的纸代替华丽的包装纸，配上古色古香的丝带，使花束显得纯朴、自然，独具古典美。此外，一支百合、一支花烛或一支洋兰，加上简单的包装，也显得别有韵味，这种单支包装送礼开始走俏，轻松方便，价格也合理。

5. 消费中追求新、奇、特的倾向明显　年轻人消费群体对洋花的青睐远超过中国传统名花，致使中国传统名花的发展受到严重冲击。专家呼吁，应尽快引导消费市场对传统名花的重视，与此同时，应充分利用我国花卉资源，尽快培育出受欢迎的花卉新品种。

二、影响花卉营销的主要因子

（一）人口规模及经济收入水平对花卉营销的影响

据调查，我国大城市的花卉需求比一般中小城市高。不同收入水平对花卉购买力的影响更为显著，高收入群体购买花卉的欲望和需求远远大于一般群体。文化程度对花卉的需求有明显的影响，性别不是影响花卉消费的重要因子，中青年购花的比例较高。随着经济收入水平提高，花卉消费水平也随之升高。

（二）花卉商品流向对花卉营销的影响

据调查，北京的花卉商品流向情况如下：

1. 高消费阶层　北京的花卉高消费阶层主要包括各国驻华使馆、外国团体和驻京企业代表处工作人员，独资和中外合资企业的高级职员以及国内高收入者等。

2. 集团消费层　北京的花卉集团消费层主要包括高级饭店和宾馆、各级政府机关、金融业企业等。

3. 一般消费层　北京的花卉一般消费层主要是城市居民，是最大的潜在消费群体。他们的购买欲望往往受收入水平、文化程度、个人情趣等影响。

4. 未来消费层　北京的花卉未来消费层主要是青年人和学生。据统计，25岁以下的青年、学生80%以上认为只要收入允许，就会购买花卉。

（三）花卉市场建设对花卉营销的影响

花卉市场一方面为生产者、经营者服务，同时又为消费者服务。如何理解三者的关系，是市场建设者应该考虑的问题。

1. 花卉市场位置的选择　花卉市场要选择交通方便，既便于生产者送花，又便于经营者和消费者取货、购花的地方。如果不能三者完全兼顾，选择靠近花卉生产基地的地方建设市场，有花卉种类齐全、价格低、品质优良等优势。除交通方便外，市场还必须有足够容量的停车场等。

2. 花卉市场建设档次和条件　花卉市场建设应脱离一般农贸市场建设的档次，与交易礼品市场接近，以适应鲜花的高档性。市场除设置摆放花卉的展台和交易场所外，还要配备相应的冷藏设备（贮存鲜切花）、阳光浴室（贮存盆花）以及干燥花库房等。同时还能为市场的商家提供各种类型的运输车和相关服务等。

3. 市场管理规范 花卉市场应有严格的规章制度，以保障经营者和消费者的权益。同时还可开展艺术培训和插花比赛等活动，以激起消费者的购花兴趣。市场管理人员应精通业务，提高服务质量，树立良好的市场形象，扩大市场的影响力。

三、目前我国花卉市场建设存在的问题

1. 花卉市场太多 据统计，到2011年，我国花卉市场已达3 178个，销售总额1 068.54亿元，与花卉王国荷兰相比仍有较大差距。荷兰主要有7个花卉拍卖市场，其中阿斯米尔拍卖市场和花荷拍卖市场曾是市场双寡头，共计占有花卉拍卖市场90%的份额，2008年，两家交易所又合并成为荷兰花荷（FloraHolland）拍卖市场，实质上荷兰只剩下唯一的一家出口拍卖市场。其余花卉市场主要从事国内销售，而荷兰每年的花卉销售额达280亿荷兰盾。

我国的花卉市场和我国花卉生产现状极不协调，市场的功能单一，布局不合理，数量太多，不仅造成资金浪费，而且给花卉营销工作带来了很大困难，市场出租率低，有场无市现象严重。

2. 花卉市场管理混乱 大部分花卉批发市场建成后，只管坐地收租，不问租户需求。流通中花卉收购、贩运由个体户经营，信息闭塞，容易形成欺行霸市、哄抬花价的现象，极大伤害了生产者的积极性。花卉保鲜、贮藏设施不完善，造成花卉产品损失严重。结算不及时，债务纠纷频繁。这些因素严重制约着商品花卉的流通和市场开拓。

3. 市场经营者和零售商缺乏专业化训练 花卉销售人员缺乏花卉专业知识和花卉经营管理知识，对市场动向和花卉产业的发展趋势了解不深，服务不热情，缺乏售货技巧等，也直接影响了花卉营销。

四、调整花卉市场布局，充分发挥市场的功能

1. 花卉市场建设要加强规划和管理，合理布局，避免盲目和重复建设 花卉市场建设应该先有市、再建场，市场要和生产基地或消费市场邻近。市场要考虑用户的需要，不能只讲豪华漂亮，不讲实用。根据国外的经验，80%的花卉靠花店、超市、地摊等渠道出售，花卉市场零售的比例仅占20%。花卉市场主要为生产者和大的花商服务，帮助生产者或企业进行新品种发布、召开技术研讨会，提高花卉质量，反馈信息，指导花卉生产和品种搭配等。

2. 花卉市场应定期举办各种知识、技术讲座和展览 花卉的消费习惯是需要引导和培养的，而不是自然而然随着物质生活的提高就可以形成。目前，我国的花卉消费还停留在节日消费、单位消费、集团消费的阶段，并非完全因为国内的收入水平低，更多的是习惯和文化的原因。花卉消费被认为是奢侈消费，这样的消费观念难以促进花卉市场的发展。

3. 媒体宣传是花卉营销的重要手段之一 花卉生产者要借助大众媒体如电视、网络、报刊、杂志等来进行商品宣传，消费者也要通过媒体来了解商品的有关信息，以便在众多的花卉产品中有选择地购买符合自己需要的商品。

4. 推销是销售人员直接向消费者宣传本单位的产品 对于不同类型的消费者，在不同时间、地点，有针对性地销售花卉。这种人员推销的方法可能是现阶段花卉企业所采取的最普遍、最主要的营销方法。

五、建立花卉营销人员持证上岗的制度

1. 专业知识培训　花卉营销人员培训包括以下方面：①一般花卉栽培类型、生产方式、盛产期、病虫害防治和生产成本等基本知识；②插花技艺及各类花卉瓶插寿命与保鲜、包装、贮运等技术；③各类花卉品质判断技术。

2. 价格判断培训　花卉营销人员价格判断培训包括：①前日价格行情与货量分析；②当日（近期）进货量评估；③特殊节日影响，如庆典节日、婚丧喜庆、民俗活动等均对花卉需求较大；④气候影响，如产地及消费地气候变化也对花卉消费有直接影响；⑤花卉品质差异影响，如特级品价格100%～80%，一级品价格80%～50%，二级品价格50%～30%，三级品价格30%以下；⑥其他因素影响，如分级包装质量，运输影响，保鲜、冷藏、病虫害影响等。

3. 交易方式选择培训

（1）拍卖　用电子钟拍卖，拍卖员开价以昨日成交价提高一至两成价位开价，由高向低跳价，购花商出价按动电钮完成交易。

（2）议价　生产者与购花商根据产品质量契约定价，市场拥有主控权。

（3）投标　市场或购花商提出价格，生产者根据情况投标。

（4）标价　生产者提出价格，并明码标出。

六、花卉出口问题

我国花卉出口无疑给花卉营销开辟了新的途径，经过十几年花卉商品化生产，目前我国有些花卉产品已符合出口标准，如我国生产的香石竹、菊花种苗、香石竹、菊花、百合、情人草、深波叶补血草（勿忘我）、月季等鲜切花，盆栽蝴蝶兰，观叶植物、杨桐枝叶、松枝、切叶植物等均可能进入国际市场，其中百合、盆栽蝴蝶兰可进入国际高档花卉消费市场。

近年来，亚洲地区经济发展较快，特别是日本、韩国、泰国、新加坡及中国香港与中国台湾等国家和地区花卉需求量大，应是我国考虑的主要出口地。为做好花卉产品的出口，应做好以下几项工作：

①将花卉列为重点出口商品，有计划地引导生产和培育新优品种，特别要培育对目标出口地适销对路的花卉产品。

②协调民航、海关、植物检疫等部门，提高空运能力，降低运费，简化报关、植物检验检疫手续。

③加大科技投入，做好花卉种苗繁育，商品花卉栽培、采收、加工、贮运、保鲜等基本技术的普及与推广工作。

④制定和完善相关法律和技术标准，为开展国际合作创造条件。首先，根据《中华人民共和国植物新品种保护条例实施细则》，建立健全知识产权保护制度；其次，尽快完善主要花卉产品等级国家、地方及企业标准，并建立监督、仲裁机构；再就是花卉主产区要制定相应的地方性法规，为促进生产和开展国际贸易提供法律保障。

⑤加强与相关国家出口组织的协调工作，将有出口条件的企业和花农组织起来，加强信息引导，协调服务，提高产品质量和数量，保证出口贸易顺利进行。

七、花卉信息网的建设

当今世界已进入信息时代，产业发展，信息先行。花卉业本身是个鲜活性强的产业，更

需要有完善的信息服务体系来引导花卉生产与流通。1997年3月，我国农业部种植业司和农业部信息中心共同组建了中国花卉信息网，从信息主体、信息客体和信息载体三方面入手进行建设。

信息主体建设是指网络中心及广大会员单位的建设，将花卉批发市场、科研单位、生产企业和花农等紧密联结在中国花卉信息网的周围，以信息为纽带，充分发挥沟通、引导、借鉴、宣传作用，做好花卉行业管理和服务工作。

信息客体建设是指信息内容本身，信息内容主要包括：①对我国花卉产业现状进行调查，摸清家底；②全国各大花卉市场的花卉质量标准及价格变化信息；③收集整理国内外花卉品种资源及需求状况；④收集整理国内外技术资料，建立技术档案；⑤建立花卉统计报表制度，收集整理一套准确可靠的统计数据；⑥建立花卉综合信息库，提供全方位的咨询服务。

信息载体建设是指传递信息的手段和工具。中国花卉信息网的信息载体是报纸、杂志、内部刊物、电视、广播、互联网，并通过中国农业信息网上挂国际互联网，使信息更全面、更准确、更快捷地传递给花卉生产者、经营者、科研人员以及行政管理人员等，以信息为纽带，发挥促进生产、活跃市场和引导消费的作用，促使我国花卉业持续健康地发展。

建立网络销售体系，随着网络技术的普及，花卉企业都设立了自己的网站，将自己生产的产品展示在网络上，让消费者及时了解本企业最新的生产信息和销售信息，在网上选购花卉产品，然后网络花店根据订单组织货源和安排送货。利用互联网技术，开展电子商务，降低交易费用，同时也有机会拓展国际市场。

◆ **复习思考题**

1. 根据你所在地的现状，分析影响花卉营销的主要原因。
2. 如何发挥花卉市场在花卉营销中的作用？
3. 如何引导和培养城市居民的花卉消费习惯？
4. 如何建立花卉网络销售体系？

第十一章
花 卉 文 化

从古至今人类就一直与植物相依为伴，植物不但为人类的衣、食、住、行、用等基本生活需要提供着不可或缺的物质基础，同时也为人类的审美实践与艺术创作提供了充沛的物象源泉，更为人类文明的发展与进步提供了宝贵的精神财富。花文化正是人们对植物认识和应用的成果的综合体现，已经成为植物对应的文化性征，因此我们不但要从形态、习性和称谓上去认识花卉，也要从文化的角度来了解花卉，这样才能在日常生活中更好地应用观赏植物。

第一节 花文化概说

花文化（flower culture）是指在漫长的历史长河中，由于花卉与人民生活的关系日益密切，原本自然的花卉不断地被注入人的思想和情感，不断地被融进文化与生活的内容，从而形成的一种与花卉相关的文化现象和以花卉为中心的文化体系，它是以观赏植物为主题或对象的文化领域中的一个特殊成分。此处的"花"取"花"的广义，即指观赏植物。世界各国都有花文化，但侧重点不同，发展程度参差不齐，中国是花文化高度发达的国家之一，花文化在中国绘画、诗歌、民俗、摄影、音乐和工艺美术中均有大量表现。

一、花文化的类别

根据花文化所体现的花卉应用方式的不同，可将花文化分为赏花文化、食花文化、香花文化以及送花文化。

1. 赏花文化 赏花文化是指人们在对花卉的形、色、姿、韵的审美过程中所形成的花文化。赏花文化主要体现在人们对花卉的视觉审美方面。由于形态特征具有较高的观赏价值是花卉有别于其他植物最为显著的特点，花卉在现实生活中的应用主要是服务于人们的视觉审美，因此赏花文化是花文化中形式最为多样、成果最为丰富的一类，其所涉及的内容也最为庞杂。从古至今，人们的赏花实践不但催生了大量描写花卉的诗词歌赋和绘画作品，还衍生出多种以赏花为目的的艺术形式，如园林中的植物造景艺术、插花艺术、盆景艺术等。这些以真实的植物材料或形象为创作主体的艺术形式，既是赏花文化发展到一定阶段的产物，也是赏花文化发展的重要途径。

2. 食花文化 食花文化是指人们将花卉入馔，通过认识和品尝花卉的味道美而形成的花文化。花卉入馔的方式体现在食品、饮品和食品添加剂三方面。在我国众多的花卉种类之中，有许多花卉都能经过人工烹制，成为餐桌上的美味佳肴，如菜品有芙蓉鸡片、梅花鲈鱼、荷花栗子等，馅类有槐花馅、核桃花馅、榆钱馅等，糕点有桂花糕、菊花糕、莲花糕等，以及粥汤玫瑰粥、百合粥、牡丹花银耳汤等。花卉饮品在我国也十分多样，有酒类如杏花酒、桃花酒等,茶类如茉莉花茶、菊花茶、暗香汤(梅花)等。食品添加剂多是取用一些香花材料,如桂花、玫瑰花、茉莉花等。

3. 香花文化 香花文化是指人们在对花卉的芳香气味不断的认识和应用中所形成的花文化。花的香气来自花器官的薄壁组织中油细胞所分泌的具有挥发性的芳香油。不同的香花植物所散发的芳香油的成分不同,使得人们闻到的芳香气味也不同,因此有兰之幽香、梅之清香、桂之甜香、含笑之浓香等分别。花香之所以能够令人心旷神怡,是由于芳香油可以作用于人的神经,从而调节人的情绪和心境,长期接触花香对一些疾病还可起到治疗和改善的作用。早在古代人们就发现了花香对养生大有裨益,故有"知有芳香能解秽"的颂扬,而今花香养生去病的方式方法已成体系,被称为香花疗法。

4. 送花文化 送花文化是指人们将鲜花运用到礼仪交往中,通过不同的花卉种类和应用形式来传情达意,增进友谊,从而衍生的花文化。送花文化是在赏花文化的基础上发展起来的,也是目前在人们的社会生活中最为活跃的花文化。它主要表现为人们对花语的认识和使用,以及礼仪插花艺术形式的不断发展。花语一词来源于西方,类似于我国传统的花草隐喻,是指植物所表征的语汇信息和象征意义,如月季象征爱情,香石竹代表母爱,满天星寄语思念等。送花文化中常见的礼仪插花艺术形式主要有花束、花篮、花圈和花环,其中花束和花篮适于各种场合,应用最为广泛,而花圈和花环则主要用于丧礼、祭奠等悼念性场合。

二、中国传统花文化提要

1. 花草雅号 中国传统花文化中的一个显著特点就是以花喻人、以花为友,许多花草都被赋予了一定的人格特征,获得了相应的雅号。如将梅、兰、竹、菊合称为花中"四君子",松、竹、梅合称"岁寒三友",白梅、蜡梅、山茶花、水仙合称"雪中四友",牡丹为"花王"、月季为"花后"、芍药为"花相"、杜鹃花为"花中西施"、水仙为"凌波仙子"等。宋代诗人曾端伯以十种花分别题以名目,称为十友:荼蘼韵友,茉莉雅友,瑞香殊友,荷花净友,岩桂仙友,海棠名友,菊花佳友,芍药艳友,梅花清友,栀子禅友。宋代张敏叔称牡丹为贵客,梅为清客,菊为寿客,瑞香为佳客,丁香为素客,兰为幽客,莲为静客,荼蘼为雅客,桂为仙客,蔷薇为野客,茉莉为远客,芍药为近客,合称"十二花客"。清代《镜花缘》中称凤仙、蔷薇、梨花、李花、木香、木芙蓉、蓝菊、栀子、绣球、罂粟、秋海棠、夜来香为"十二花婢",称牡丹、兰花、梅花、菊花、桂花、莲花、芍药、海棠、水仙、蜡梅、杜鹃、玉兰为"十二花师"等。

2. 花草隐喻 中国古人不但善于以自身来观照天地万物,使万物有情而成为具有人格特征的文化符号,还善于借用天地万物来表达自己内心的情感和志向,使花草树木也具有了普遍认可的隐含寓意。花草的这种隐喻通常来源于两方面:一方面得自植物的自然习性,如松、柏以凌寒不凋,象征不畏艰险,忠贞自守;梅、兰以幽香远溢,象征不慕荣利,坚贞不屈;竹以空心有节,象征虚心、气节等。另一方面得自植物名称的谐音,如桂谐"贵"音,象征富贵、显贵;橘谐"吉"音,象征大吉大利;桃谐"图"音,象征大展宏图;万年青象征万年长青;合欢象征夫妇和谐等。这些吉祥的寓意还常以组合形式出现,如石榴代表多子、佛手代表多福、桃子代表多寿,三者组合就是多子、多福、多寿的美好象征;牡丹代表富贵,玉兰、海棠分别谐"玉"和"堂"的音,三者组合就是"玉堂富贵";芙蓉谐"富"音,桂花谐"贵"音,二者与万年青组合在一起就是"富贵万年"。另外,花草的隐喻现象还衍生出一些特定的指代,如杏林指代中医界,杏坛指代教育界,梨园指代戏曲界,桃李指代学生等。

3. 赏花事宜 美丽芬芳的花卉在中国传统文化中占据着重要的地位，无论民间百姓还是文人雅士都对花卉情有独钟，因此赏花在我国自古就很有考究，不但要欣赏花的形、色、香、韵之美，还要选择对赏花最为有利的天时良辰和理想的环境氛围。明代袁宏道在其《瓶史·清赏》中对此做过详细的论述："茗赏者上也，谭赏者次也，酒赏者下也。若夫内酒越茶及一切庸秽凡俗之语，此花神之深恶痛斥者，宁闭口枯坐，勿遭花恼可也。夫赏花有地有时，不得其时而漫然命客，皆为唐突。寒花宜初雪，宜雪霁，宜新月，宜暖房。温花宜晴日，宜轻寒，宜华堂。暑花宜雨后，宜快风，宜佳木浓荫，宜竹下，宜水阁。凉花宜爽月，宜夕阳，宜空阶，宜苔径，宜古藤巉石边。若不论风日，不择佳地，神气散缓，了不相属，此与妓舍酒馆中花何异哉？"可见古人赏花以品茶静赏为佳，欣赏不同时令的花要配以适宜的环境方能得其最佳的审美状态。另外古人强调赏花先要知花，花木也和人一样各有其特殊的气质，所以才有"梅令人高，兰令人幽，菊令人野，莲令人淡，春海棠令人艳，牡丹令人豪，蕉与竹令人韵，秋海棠令人媚，松令人逸，桐令人清，柳令人感"的赞叹（清·张潮《幽梦影》）。能够达到这一境界的才被视为赏花，否则最多只是观花而已。因此赏花既要讲究外界诸要素的协调配合，更要讲究自身对花卉的了解和认知程度，而且认识花卉是花卉审美的重要前提。

三、西方花文化概览

1. 英国 在英国鲜花是很重要的礼品，英国皇室成员出行访问的地方到处都要摆满鲜花，揭幕、讲演、演出、婚庆喜宴、结婚纪念、生日寿典、洗礼命名等重大活动以及各种常规节日也都离不开鲜花。英国人酷爱月季，深红色月季寓意羞怯，白色月季寓意"我是你的财富"，黄色月季寓意嫉妒，单瓣月季寓意单纯、朴实。在英国送水仙能够传递尊敬之意，送鸢尾能够传递强烈的情感。素有"复活节百合"之称的白百合象征耶稣重生后的神圣与纯洁，常被用于丧礼以寄托祈望逝者重生之意。

2. 法国 法国人最爱鸢尾，它是古代王室权利的象征，据说法兰西第一国王克洛维接受洗礼时，上帝就送以鸢尾作为给他的贺礼，后来法国人为纪念始祖，从12世纪起一度将鸢尾作为国徽图案，将其视为光明和自由的象征，并将香根鸢尾推崇为国花。在法国，报春寓意初恋，丁香寓意纯洁，郁金香寓意爱慕、思念，兰花寓意虔诚，大丽花寓意感激、新颖，秋海棠寓意热忱的友谊，黄色系花寓意不忠诚。

3. 俄罗斯 俄罗斯人对菊花、马蹄莲、石竹等都十分喜爱，尤其偏爱月季和郁金香。月季被誉为"花中皇后"，寓意感情深挚而严肃，赠送时数量以少为佳，通常以1支突出庄重。郁金香寓意希望和良好祝愿，是联络友情的常用鲜花。在俄罗斯，以紫菀送长辈代表健康长寿的祝福，以鸢尾送友人代表有好消息的征兆。按照俄罗斯的习俗，逢年过节，男士向熟悉的女士赠送鲜花，三八节、五一节、5月9日反法西斯胜利纪念日等重大节日，到处都有敬献鲜花的人。

4. 美国 美国人酷爱鲜花，尤其喜爱花期较长的月季，认为其是爱情、和平、友谊、勇气和献身精神的化身，红色寓意爱、爱情、勇气，粉色寓意优雅、高贵，白色寓意纯洁，黄色寓意喜庆、快乐。保鲜期长的香石竹也颇受美国人的青睐，圣诞节、情人节、复活节、母亲节以及集中在6～8月间的新婚典礼，各种场合都以香石竹彼此祝福，互寄情谊。近年来在周末的亲朋欢聚、恋人相会或其他社交场合，人们都喜欢买上几束鲜花来表达自己的情意。

第二节　中国节庆花俗

一、中国传统节庆花俗

1. 春节　春节是中国传统节庆中最为重要的节日，春节花会是春节的一项重要习俗。人们喜欢用具有春天气息的花卉相互馈赠，装扮宅院和居室，并通过赏花、赛花、撒春花等形式庆祝大地春回，祈求美好幸福。春节送花通常要选带有喜庆寓意和能够营造欢乐气氛的花卉，如唐菖蒲、月季、香石竹、洋兰、仙客来、瓜叶菊、水仙、蟹爪兰、花烛、鹤望兰、桃花、银芽柳等，各种观果花卉如金橘、乳茄等也是很好的赠品。传统新年花艺常运用花材与果品、摆件等搭配布置，称为岁朝清供。具体花材选择要根据对方喜好和当地花俗而定，如广东地区喜用寓意富贵和财运的金橘与桃花，江南一带喜用南天竹、蜡梅、银芽柳、水仙等年宵花等。

2. 花朝节　农历二月十五为中国传统的花朝节，是为庆祝百花生日而设立的节日。据说定于二月十五是与八月十五相呼应，称花朝对月夕。节日里，人们结伴郊游称为踏青，剪彩帛红纸悬于花枝称为赏红或护花，各地还有斗花会、扑蝶会、放花神灯，以及簪花、插花、蒸百花糕、饮百花酒、诗人咏花、画家绘花等习俗。壮族的花朝节又称百花仙子节，流行于广西龙州、宁明等地，于每年农历二月初二举行。每逢花朝节青年男女都会集在长有木棉树的平坝对歌、抛绣球、赠礼物，分手时将绣球挂到木棉树上，以求百花仙子保佑爱情永结。白族的花朝节即春会，于农历二月十四举行，家家户户门前通常以盆栽花卉搭成花山，形成花山栉比的条条花街，绚丽多彩，蔚为壮观。

3. 清明节　清明不但是我国关乎农事的二十四节气之一，也是我国民间祭祖和扫墓的日子。清明节的主要习俗有扫墓祭祖、春游踏青、插柳戴柳、植树、蹴鞠和放风筝等。其中传统扫墓祭祖的形式很多，仪式也颇为复杂，通常以向先人敬献花束、花篮或花环等插花形式表达尊敬，寄托追思，并祈求祖先庇佑一年风调雨顺，家族兴旺。由于是祭奠、悼念和祈愿性礼仪用花，因此要求花型端庄，色彩偏重，淡雅肃穆，花材则以菊花、香石竹、百合、勿忘我等带有缅怀寓意的鲜花为主。插柳戴柳主要是为了祈福辟邪之用，兼有一定的装饰作用。民谚有"清明不戴柳，红颜成皓首"的说法，因此，节日里许多人家都在门上插柳枝，孩子们戴上缀满花朵的柳编花环，年轻女子以柳叶簪髻。

4. 端午节　端午节的主要习俗有祭祀、采艾草、悬菖蒲、赛龙舟、吃粽子、饮雄黄酒、挂香囊、系五彩线、浴兰汤等，其中采艾草、悬菖蒲和浴兰汤皆体现了一定的花俗文化。采艾草通常要在鸡鸣之前出发，将采回的新鲜艾草和菖蒲用红线绑缚成束，插于门楣或悬于堂中，用以驱瘴辟邪。因为艾草和菖蒲含有挥发性芳香油，具有提神杀菌的作用。浴兰汤是华夏古俗，也为驱邪之用，当时的"兰"不是现在的兰花，而是菊科的佩兰，后来由于"兰汤不可得"，而以煎艾草和菖蒲等香草代之。宋代及清代的宫廷中，还常用石榴花、栀子花和葵花做插花装点节日，并将其与盛满樱桃、桑葚、李、杏等的果盘同粽子一起合称为"端午景"。

5. 重阳节　重阳节时值金秋，农事收割，菊花正盛，可喻事业有成，或老当益壮。传统重阳节的主要习俗有登高、野宴、赏菊、喝菊花酒、吃重阳糕、插茱萸、求长寿、祈健康和敬老等习俗。茱萸是一种具有香味的植物，古人认为在重阳节这天插茱萸可以避难消灾，于是或插于头上，或缚于臂上，或装于香囊佩戴。赏菊之风由来已久，早在宋代，人们便用大丛菊花扎在酒家门边，或插于瓶中，作为节日的装饰。清代，北京重阳节的习俗是把菊花枝叶贴在门窗上,"解除凶秽,以招吉祥"。1989 年我国将重阳节定为老人节,从此重阳节的敬老主题便得以发扬光大,其礼仪用花多为菊花、唐菖蒲、香石竹、百合、鹤望兰、龟背竹、万年青、蓬莱松等赋有福寿康宁寓意的鲜花。

二、现代节庆花俗

1. 情人节 2 月 14 日是深受青年男女喜爱的情人节。节日里,情人间普遍以月季互相赠送,不但其花色与开放程度同爱情深浅程度相结合,具有特殊含义,而且其数量也与我国的数字文化相联系,赋有一定寓意。如初恋送含苞欲放的粉红色月季,热恋或爱情成熟时送盛开的鲜红或深红色月季,若爱情夭折,一方则会送上一束黄色月季,以示心中的失意和不快等。1 支代表你是我的唯一,2 支代表二人世界,4 支代表誓言,5 支代表无悔,6 支代表顺利,9 支代表长久,11 支代表一生一世,100 支代表白头偕老、百年好合等。

2. 母亲节 5 月的第二个星期日为许多国家奉行的母亲节,目前也盛行于我国。母亲节是由美国的安娜·贾维斯发起的,为感激母亲艰辛慈爱的养育之恩而设,以香石竹作为母亲节的节日花,象征伟大的母爱。我国母亲节的习俗是子女向母亲敬献鲜花插制的花篮或花束,花材以香石竹为主,也可根据母亲喜好与当地花俗配以月季、萱草、百合、唐菖蒲和大丽花等。香石竹的颜色也有相应的寓意,如红色代表祝母亲健康长寿,粉色代表愿母亲青春永驻,黄色代表感谢母亲养育之恩,白色代表怀念已故的母亲等。

3. 教师节 1985 年我国第六届全国人大常委会决定每年 9 月 10 日为教师节,在新生入学伊始便对其进行尊师教育。教师节的习俗是以学生们自己动手为老师们制作一些小礼物为尚,现在越来越多的学生喜欢用鲜花向老师表达祝贺和敬意,为老师献上别致的花束和花篮。其主要花材多为蕴含敬慕的向日葵,象征师恩如母的香石竹,寓意灵魂高尚的木兰花,和代表在老师的教导下茁壮成长的学生们的小鸟蕉〔黄鸟蕉(*Heliconia subulata*)和红鸟蕉(*Heliconia psittacorum*)的商业名称〕,以及表现师生情深的月季、马蹄莲、鹤望兰、花烛和满天星等。

4. 国庆节 每逢国庆节,人们都用鲜花将祖国装点得焕然一新,在城市的主要广场和街道,各大单位和社区的门前,都能看到精彩的盆花花艺景观。鲜花的色彩以红、橙、黄为主,一方面与五星红旗遥相辉映,一方面能够为节日增添热烈喜庆的气氛。鲜花种类则随着我国花卉育种事业的发展而不断有新品种登场。在北京天安门广场还举办大型的主题花艺展览,其表现内容主要为两方面,其一是为新中国的诞生起过重要作用的革命老区和根据地,其二是反映新中国成长过程中的具有时代特征的重大事件与突出成绩。

5. 圣诞节 12 月 25 日的圣诞节是纪念基督教创始人耶稣诞生的日子,自传入我国后便深受儿童和年轻人的喜爱,迅速在民间盛行起来,还增添了许多新的节庆内容,如将苹果视为"平安果",在平安夜相互馈赠并享用等。圣诞节的主要花俗仍然是圣诞树、圣诞花与圣诞花环。节日里,无论是否为基督徒,人们都喜欢准备一颗人造松树作为圣诞树,象征生命长存,并将一品红作为圣诞花装点家居,烘托节日气氛。由一品红、松枝、冬青枝、红色果实以及铃铛等饰品制作的圣诞花环,通常悬挂在门、窗或墙壁上,以保家宅平安。

第三节　中国名花文化

1. 国色天香——牡丹 牡丹(*Paeonia suffruticosa*)雍容华贵,艳冠群芳,被誉为

"花中之王"，素有"国色天香"之美誉，是菏泽、洛阳两座城市的市花。我国人民热爱牡丹，将其作为吉祥幸福、繁荣昌盛和应时守节的象征，是诗词歌赋、民间绘画等作品中的重要题材。我国传统工艺美术中许多绘有牡丹的图案都隐含了吉祥的寓意，如凤凰与牡丹的组合称为"凤穿牡丹"，象征光明和幸福，白头翁与牡丹的组合象征富贵到白头，山石与牡丹的组合象征长命富贵等。传说唐代武则天冬日醉酒，令百花开放，唯牡丹抗旨未发，而遭贬谪。因此牡丹不畏强权、不惧淫威的品性，也使其成为中华民族特殊气节的表率。牡丹自17世纪传入西方以后，也颇受世界各国人民的称道，被誉为"中国花"，成为艺术设计中典型的中国元素和中国符号。

2. 疏影横斜——梅花 梅花（*Prunus mume*）傲霜竞放、暗香浮动、清丽脱俗的美深受我国广大人民的喜爱，成为中国诗、画、戏曲等艺术创作的重要源泉和歌颂对象。如"疏影横斜水清浅，暗香浮动月黄昏"，"万花敢向雪中出，一树独先天下春"，"零落成泥碾作尘，唯有香如故"等都是对梅花精神的真实写照。梅花不畏严寒、坚强不屈的斗争品格和敢为天下先的崇高精神，更使其与兰、竹、菊一道获得了"四君子"的雅号，又与松、竹比肩获得了"岁寒三友"的美誉。传统民间绘画中也有许多梅花衍生的经典图案，如喜鹊立于梅梢称为喜鹊登梅，暗指喜上眉梢，又如将荷花和梅花组合在一起，取谐音寓意，表示和和美美，祝愿生意兴隆，事业发达。梅花还是南京、武汉等城市的市花。

3. 不以无人而不芳——兰花 兰花（*Cymbidium* spp.）清香幽远，被誉为"香祖"、"王者香"、"天下第一香"，也有人说："兰之香盖一国，可称国香。"孔子曾这样赞美兰花："芝兰生于深谷，不以无人而不芳。"兰花这种"不因人而芳，不择地而长"的特性正如君子慎独的品格，因此人们将其看作是高洁、典雅的象征，并与梅、竹、菊并列，合称"四君子"。《家语》中说："孔子曰与善人交，如入藏兰之室，久而不闻其香，则与之俱化。"元代余同麓《咏兰》中也说："手培兰蕊两三栽，日暖风和次第开。坐久不知香在室，推窗时有蝶飞来。"另外在传统绘画中常有兰花与灵芝、礁石组成的图案，即取兰——君子、芝——之、礁——交之意，合在一起就是"君子之交"，象征高尚的友谊。

4. 出淤泥而不染——荷花 荷花（*Nelumbo nucifera*）在百花中是唯一能花、果（莲房）、种子（莲子）、根（藕）同时并存，且皆可食用和药用的花卉，可谓全身都是宝，因此我国古代人民很早就开始进行荷花栽培，流传下来许多与采莲等生产活动相关的民歌、民俗等。在中国传统绘画中也多见荷花的吉祥图案，如鲤鱼和荷花的组合，取莲——连、鱼——余谐音，称为"连年有余"，寄托生活优裕、财富年年有余的愿望和祝福；一支荷花亭亭而立，取莲——廉谐音，称为"一品清廉"，象征为官清正廉洁的美德；抽生于藕茎的荷叶繁茂昌盛，称为"本固枝荣"，象征经营有方，生意兴隆，事业发达。荷花身处泥污却放花雅致、花香清幽，所谓"出淤泥而不染"的高洁品性，更是为人们所青睐，被推崇为"花中君子"，又被佛教奉为圣花。另外，在我国城市中，济南素有"四面荷花三面柳，一城山色半城湖"的美誉，因此荷花还是济南市的市花。

5. 不随黄叶舞秋风——菊花 菊花（*Dendranthema* × *morifolium*）不以妖艳的姿色取媚于人，而以素洁淡雅、性质坚贞深得人心，它不与春天的百卉群芳同盛衰，却在霜寒到来、草木黄落时傲然独开，因此被人们视为高风亮节的象征。我国古人对菊花枯萎时花瓣不落的现象更是推崇备至，称赞其"宁可枝头抱香老，不随黄叶舞秋风"，面对强暴表现出不屈不挠的气节，而成为"四君子"之一。晋代陶渊明对菊花尤其偏爱，那种"采菊东篱下，悠然见南山"的闲适逸态，又为菊花增添了一抹隐逸文化的风韵，使之成为隐逸文化的代表和象征。而菊——聚谐音，菊花又时值金秋，因此重阳赏菊，亲朋好友团聚还使菊花成为重阳节的特定符号，是友人相聚、家人团圆的象征。北京、太原等城市还将菊花定为市花。

6. 水沉为骨玉为肌——中国水仙 中国水仙（*Narcissus tazetta* var. *chinensis*）淡素清丽，寒冬腊月，于一碟清水中，展开青翠的叶片，开出素雅芳香的花朵。点缀在室内几案上，给人们带来生气和春意。清代康熙皇帝有诗云："翠岐缃冠白玉珈，清姿终不污泥沙。骚人空自吟芳芷，未识凌波第一花。冰雪为肌玉炼颜，亭亭玉立藐姑山。群花只在轩窗外，那得移来几案间。"而"借水开花自一奇，水沉为骨玉为肌"则是对水仙特有风骨的准确定位，并使其获得了"凌波仙子"的雅号。我国的水仙文化中还含有一门特殊的技艺——水仙雕刻，通过对水仙种球的雕刻而使盛开的水仙呈现出各种美妙造型，漳州的水仙艺人尤擅此道，因此水仙已成为漳州的城市代号。

7. 艳而不妖——山茶花 山茶花（*Camellia japonica*）开花于冬春之际，花姿绰约，花色鲜艳。郭沫若盛赞曰："茶花一树早桃红，百朵彤云啸傲中。"对云南山茶郭老也曾赋诗赞美："艳说茶花是省花，今来始见满城霞。人人都道牡丹好，我道牡丹不及茶。"明代李渔在《闲情偶寄》中还曾盛赞山茶是花中极品，认为山茶不但含有"桃李之姿"，而且"戴雪而荣"，具有松柏的品质。重庆、昆明、宁波等城市定山茶为市花。

8. 无日不春风——月季 月季（*Rosa chinensis*）花容秀美，色彩艳丽，芳香馥郁，且适应性强，易繁殖，易栽培，是我国栽培最普遍的大众花卉。月季四季常开的特性深受广大群众的喜爱，也多为文人雅士所赞赏，所谓"花落花开无间断，春来春去不相关……惟有此花开不厌，一年长占四时春。""只道花无十日红，此花无日不春风……别有香超桃李外，更同梅斗雪霜中。"月季被我国人民视为四季平安、家族兴旺的象征。目前世界流行的切花月季则因为代表了爱情等美好的情谊而在人们的社交礼仪中扮演了重要角色。月季还是北京、天津、南昌、大连、青岛等五十座城市的市花，堪称我国市花之首。

9. 秋风送爽香飘来——桂花 桂花（*Osmanthus fragrans*）枝繁叶茂，四季常青，花朵很小，却芬芳扑鼻，香飘数里，故有"独占三秋压众芳"，"叶密千层绿，花开万点黄"，"清香不与群芳并,仙种原从月里来"等赞颂,是杭州、桂林、合肥等城市的市花。桂花香味持久稳定,甜香浓郁,是我国最佳的食品香花。在我国传统吉祥图案中有兰桂齐芳图,就是芝兰与丹桂的组合,因为在我国古代芝兰和丹桂指代子侄辈,所以兰桂齐芳则象征子孙发达,富贵绵长。

10. 花中西施——杜鹃花 杜鹃花（*Rhododendron* spp.）开花时节花繁色艳，鲜红似血，所谓"疑是口中血，滴成枝上花"，因此在中国人的心理积淀中，杜鹃花和杜鹃鸟一样都是思乡怀旧、哀怨伤感的意象。然而目前我国栽培的杜鹃花品种已极为丰富，无论花型、花色都十分多样，盛花期的杜鹃花花团锦簇、密满枝头，给人兴盛繁茂之感，因此千姿百态、五彩缤纷的杜鹃花早已成为美好、吉祥的象征，作为年宵花卉进入千家万户。丹东市、台北市均以杜鹃花为市花。

11. 寒凝大地发春华——白玉兰 白玉兰（*Magnolia denudata*）花繁而大，美观典雅，由于其在早春开放，且先花后叶，因此被视为春天和青春的象征，又因其花开如雪似玉，清香远溢，故也被视为纯洁和高贵的象征。在我国传统民间绘画中，常将白玉兰与兰草配合在一起组成图案，称为玉树芝兰，就是取白玉兰与兰草的高洁品性，以寓家有优秀子弟之意。鲁迅先生对其凌寒傲放、昂然独立的刚毅性格更是推崇备至，一句"寒凝大地发春华"高度概括了白玉兰的英雄气概，从此白玉兰也成为深受我国人民喜爱的英雄花。上海市以白玉兰作为市花。

12. 梅借风流柳借轻——海棠花 海棠花（*Malus spectabilis*）花开似锦，花色鲜艳娇美，素有"国艳"之誉，是我国雅俗共赏的传统花卉。海棠花姿态潇洒，宋代刘子翚赞誉："幽姿淑态弄春情，梅借风流柳借轻"，即称赞海棠花风骨清韵，兼具梅、柳的优点。宋代苏轼脍炙人口的咏海棠诗："东风袅袅泛崇光，香雾空濛月转廊。只恐夜深花睡去，故烧高烛照红妆。"将亲切娇媚的海棠花比为有情有义的红妆丽人，而使海棠花具有了"解语花"的雅号，成为红颜知己的化身。另外"云绽霞铺锦水头，占春颜色最风流"的海棠花也是春天和吉祥的象征。

13. 百事合意——百合 百合（*Lilium* spp.）是可供观赏的百合属植物的统称。由于百合的鳞茎是由众多的鳞片抱合而成，因此取名"百合"，是兄弟团结友好、家庭和睦、家族兴旺的象征，又以谐音象征百事合意、百年好合，是婚礼中常见的吉祥花卉。而在社会交往中不同颜色的百合也具有不同的寓意，如白百合代表纯洁、庄严、心心相印，黄百合代表胜利、荣誉、高贵，橙百合代表财富、荣誉、高雅等。

14. 中国母亲花——萱草 母亲节是由国外传入我国的节日，目前母亲节的主要用花香石竹的象征寓意——母亲花，也是从国外传过来的，而在我国传统的花文化中母亲花却另有所指，那就是萱草（*Hemerocallis fulva*）。萱草又名忘忧草，《博物志》中注解："萱草，食之令人好欢乐，忘忧思，故曰忘忧草。"因此古时游子远行前，通常会在北堂种植萱草，借此减轻母亲对自己的思念，忘却烦忧。唐代孟郊《游子诗》："萱草生堂阶，游子行天涯。慈母倚堂门，不见萱草花。"表明了萱草在当时社会生活中的地位和意义。

15. 人间仙境的缔造者——桃花 桃花（*Prunus persica*）作为被我国劳动人民较早认识和熟悉的花卉，其文化内涵发展至今，呈现出较为多样的寓意内容。由于桃树是《山海经》中所记的上古仙树，因此桃花自古便具有一种独特的神话气质，从晋代陶渊明的"桃花源"到明代唐寅的"桃花庵"，桃花一直是中国文人浪漫主义情结中人类理想居所的缔造者。唐代崔护的诗句"人面桃花相映红"又赋予了桃花"女子"和"爱情"的象征。俗语中还常将某人的异性缘好说成是"交桃花运"。又由于桃花花期短，花谢时花瓣随风飞舞，一派萧索景象，因此被人视为"短命花"，从而有了青春易逝、好景不长的感伤，同前面"女子"意象叠加在一起便有了"红颜薄命"的指代。

16. 春色满园关不住——杏花 杏花（*Prunus armeniaca*）花时介于梅花和桃花之间，是三春适中的黄金时段，同春分和清明这两大节气紧密相关，伴随着春物祥和、农事繁忙的景象，象征了美好的田园生活，因此"杏花村"就成为中国乡土社会及其淳厚朴实的民风民俗的经典意象。在古代文学作品中杏花所对应的女性形象既不同于梅花所代表的风雅才女，也不同于牡丹所代表的豪门贵妇，而是活泼可爱的淳朴少女，所谓"春色满园关不住，一枝红杏出墙来"。另外，杏谐"幸"音，所以在我国民俗中杏花还作为幸运之兆，成为吉祥喜庆之花。

◆复习思考题

1. 何谓花文化？花文化可分为哪些类别？
2. 请举例说明中国传统的花草雅号，并试着分析中国特有的花草雅号这一文化现象的成因。
3. 什么是花朝节？传统花朝节有哪些用花习俗？
4. 现代流行的节日中有哪些与花文化紧密相关？请举例说明其花文化的具体表现。
5. 请就你所喜爱的1~2种花卉开展有关花文化方面的调研，并整理成每种500字左右的介绍性文字进行课堂交流。

各论

서장

第十二章
一二年生花卉

一年生花卉是指在一个生长季内完成整个生活史的草本花卉，又称春播花卉。一般在春季播种，夏季开花，秋季结实，入冬即死亡。一年生花卉属于不耐寒生态型植物，原产于热带、亚热带地区。不能忍耐0℃左右的低温，否则生长停止甚至死亡，生长和发育只能在无霜期内进行，耐高温能力较强。典型的一年生花卉如百日草、凤仙花、万寿菊、鸡冠花等。

二年生花卉是指需要跨越两个年度才能完成整个生活史的草本花卉，又称秋播花卉。一般于秋季播种，翌年春季开花、结实，夏季高温来临时结束生育过程。二年生花卉属于耐寒生态型植物，原产于温带或寒带地区，耐寒能力较强，有些种类能在较寒冷地区露地越冬，有的能耐0℃以下低温，但不耐高温。典型的二年生花卉如紫罗兰、须苞石竹、金盏菊、三色堇等。

本章除介绍典型的一二年生花卉以外，将部分在生产上常作一二年生栽培的多年生花卉也归入此类。

第一节 花 坛 类

一、一 串 红

【学名】*Salvia splendens*

【别名】墙下红、爆竹红、撒尔维亚

【科属】唇形科鼠尾草属

【产地及分布】原产南美巴西，现世界各地广泛栽培。

【形态特征】一串红为多年生草本植物，常作一年生栽培。茎直立，四棱，有分枝，高30～90cm，茎基部半木质化，茎节常为紫红色。叶卵形或三角状卵形，先端渐尖，叶缘有锯齿，叶对生，有长柄。总状花序顶生，红色，被柔毛，密集成串着生。小花有红色苞片，早落；花萼钟状，先端唇裂，与花冠同为红色，花谢后宿存；花冠唇形，红色，伸出萼外。雄蕊2枚，伸出唇外。花期7～11月。小坚果卵形，褐色，果熟期8～11月。（图12-1）

图12-1 一串红

【品种、变种及同属其他种】

1. 栽培品种

（1）'萨尔萨'系列 以双色品种更为著名。

（2）'赛兹勒'系列 目前欧洲最流行的品种，具有花序丰满、色彩鲜艳、矮生性强、分枝性好、早花等

(3)'绝代佳人'系列　株高30cm，分枝性好，花色有白、粉、玫红、深红、淡紫等，株高10cm开始开花。

另外，还有'红景'、'红箭'和'长生鸟'等矮生品种。

2. 主要变种

(1) 一串白（var. *alba*）　花瓣及花萼均为白色。

(2) 一串紫（var. *atropurpurea*）　株型较矮，花序较密，花瓣及花萼均为紫色。

(3) 矮一串红（var. *nana*）　株高20cm，花瓣亮红色。

(4) 丛生一串红（var. *compacta*）　株型矮，花序密。

3. 同属其他栽培种

(1) 红花鼠尾草（S. *coccinea*）　红花鼠尾草又名朱唇，一年生草本，株高80～90cm，全株有毛。叶对生，花序及花朵与一串红近似，花小，深红色，花萼早落。花期7～10月。

(2) 粉萼鼠尾草（S. *farinacea*）　粉萼鼠尾草又名一串蓝，多年生草本，株高60～90cm，多分枝。轮伞花序，花冠淡蓝或灰白色。花期7～10月。较耐寒。

(3) 鼠尾草（S. *japonica*）　鼠尾草为一种药用香草，详细介绍见第二十章第一节"香草植物"。

【生态习性】一串红喜光，略耐阴，喜温暖、湿润的环境，不耐寒，忌霜冻。最适生长温度为20～25℃，15℃以下叶片发黄容易脱落，30℃以上则花叶变小，温室培养一般保持在20℃左右。在疏松、肥沃土壤中生长良好。

【繁殖方法】一串红通常采用播种或扦插繁殖。播种通常在晚霜后进行，一般在3～4月将种子播于苗床，也可提前在温室中进行。发芽适温20～22℃，经10～14d发芽，低于10℃不发芽。生长期采用扦插繁殖，成活率较高。

【栽培管理】一串红播种可分批进行。目前多采用穴盘育苗，幼苗出现4～6片真叶时进行定植并摘心，经过2～3次换盆，盆土要求疏松、肥沃，管理精细，夏季注意遮阴，防烈日暴晒，忌水涝。从播种至开花需90～120d。幼苗初期生长缓慢，随着气温升高逐步转快。生长期要注意松土、除草并提供充足的水肥，花前根外追施磷、钾肥，使花色艳丽、种子饱满。种子成熟期不一致，易脱落，应适时采收。首批成熟的种子品质好，应及时采收。在温暖地区，花后进行重修剪，并加强肥水管理，使茎基部萌发新芽，可第二次开花延至初冬。

【观赏与应用】一串红为节日主要用花，既可露地栽培，也适于盆栽。常用于布置花坛、花境，或作边缘种植及盆栽观赏。

二、矮牵牛

【学名】*Petunia hybrida*

【别名】碧冬茄、灵芝牡丹

【科属】茄科矮牵牛属

【产地及分布】原产南美，现世界各地广为栽培。

【形态特征】矮牵牛为多年生草本植物，常作一年生栽培。株高40～60cm，全株具黏毛，茎直立或匍匐。叶卵形，全缘，几无柄，上部对生，中下部多互生。花单生于枝顶或叶腋间，萼5深裂，裂片披针形。花冠单瓣者漏斗形，重瓣者半球形，花瓣边缘多变化，有平瓣、波状瓣、锯齿状瓣等。花色有白、粉、红、紫、堇、赭至近黑色以及各种斑纹。花大，

直径10cm以上。蒴果卵形，子粒细小，褐色，种子千粒重0.16g。花期3~11月。（图12-2）

【品种、变种及同属其他种】

1. 栽培品种

（1）'喝彩'　大花单瓣系列，开花量多，株型圆整，开花整齐，种子发芽率高且整齐。

（2）'呼啦'　多花，雨后恢复很快，花期极早，各种花色3~7d内能同时开放。

（3）'温布尔顿'　大花重瓣品种，适合盆栽观赏。

（4）'卡呼娜'　枝条蔓性下垂，多花丰满，非常耐雨，适合悬挂装饰。

（5）'波浪'　匍匐型品种，用于绿地或垂吊装饰。

（6）'阿拉丁'　巨花型品种，株型紧凑，花瓣波浪形，颜色丰富，耐雨淋。

（7）'梦幻'　分枝紧凑，花期一致，园林栽培表现好。

2. 主要变种

（1）矮生种（var. *nana compacta*）　株高仅20cm，花小，单瓣。

图12-2　矮牵牛

（2）大花种（var. *grandiflora*）　花径在10cm以上，花瓣边缘波状明显，有的呈卷曲状。

3. 同属其他栽培种　矮牵牛属有25种左右，常见栽培的还有撞羽矮牵牛、腋花矮牵牛。

（1）撞羽矮牵牛（*P. violacea*）　撞羽矮牵牛为一年生草本，高15~25cm，全株密生腺毛。叶卵圆形，具短柄。花顶生或腋生，紫堇色。

（2）腋花矮牵牛（*P. axillaris*）　腋花矮牵牛为一年生草本，高30~60cm。叶片长椭圆形，植株下部叶片有柄，上部叶片无柄。单花腋生，纯白色，夜间开放，有香气。

【生态习性】矮牵牛性喜温暖，不耐寒，忌积水，喜排水良好的微酸性沙质土。要求阳光充足，遇阴冷天气则花少而叶茂。

【繁殖方法】矮牵牛通常采用播种或扦插繁殖。播种繁殖春播、秋播均可。种子细小，可用细土拌种播下，不必覆土，盆播后用浸盆法浇水，发芽率60%。保持温度20~24℃，4~5d即可发芽。出苗后温度保持9~13℃，幼苗生长良好。扦插繁殖春、秋季均可进行，成活率高，温度保持20℃左右，2周可生根。

【栽培管理】矮牵牛不耐寒，北方春播宜稍晚，如需提前开花，可在3月温室盆播。播种苗长出2片真叶后移植一次，长出6~8片真叶时定植于花坛、花境或花盆中。株高6cm时摘心，促发腋芽侧枝，则花朵密集。开花期需补充水分，特别是夏季不可缺水。整个生长期肥料不宜过多，控制氮肥，以防徒长倒伏。可适当修剪整枝，以控制植株形态，使其多开花，修剪下来的枝条可用于扦插繁殖。第一次盛花期过后，追2次腐熟液肥，半月后出现第二次繁花期，可持续数月之久。炎夏基部叶片枯死，花枝凋萎，可行重剪，增施有机肥，茎基部重发新芽，可多次开花。温室栽培室内温度保持15~20℃，可周年开花。欲提高结实率，必须进行人工授粉。蒴果40d左右成熟，当果顶端由绿色转变为灰白或浅褐色时采收。

【观赏与应用】矮牵牛花大色艳，花期长，开花繁茂，能做到周年繁殖上市。露地装饰可用于花坛、花境、岩石园及开阔草坪边缘、绿地中心等，也可用于案头、窗台及阳台等居家装饰。还适宜盆栽与吊盆观赏。

三、万寿菊

【学名】*Tagetes erecta*

【别名】臭芙蓉、蜂窝菊

【科属】菊科万寿菊属

【产地及分布】原产墨西哥及美洲地区，我国各地普遍栽培。

【形态特征】万寿菊为一年生草本。株高60～100cm，茎粗壮、直立、光滑，全株有异味。叶对生或互生，羽状全裂，裂片披针形，边缘有锯齿，叶缘背面有油腺点。头状花序顶生，花径8～10cm，纯黄或橙黄色；总花梗粗壮，近花序处膨大。花期6月至霜降。瘦果黑色，种子千粒重3g。（图12-3）

图12-3 万寿菊

【品种及同属其他种】

1. 栽培品种 品种类型极多，按花色有橙红、橙黄、淡黄、复色和乳白色等，按花型有单瓣、重瓣、散展型、绣球型、蜂窝型、卷钩型等，按植株高度有高型（70～90cm）、中型（40～60cm）和矮型（25～30cm）。

2. 同属其他栽培种

（1）孔雀草（*T. patula*） 孔雀草别名红黄草、小万寿菊。一年生草本，丛生状，株高30～40cm，茎带紫色。舌状花黄色，基部或边缘红褐色，亦有全黄或全红褐色而边缘为黄色者，有单瓣、半重瓣及重瓣等变化。花期6～10月。

（2）细叶万寿菊（*T. tenuifolia*） 细叶万寿菊为一年生草本，多分枝。叶羽状全裂，裂片线形。舌状花5枚单轮排列，淡黄或橙黄色，基部色深或有赤色条斑。花期晚于孔雀草。

（3）香叶万寿菊（*T. lucida*） 香叶万寿菊为多年生草本植物，全株芳香。头状花序金黄色或橙黄色，径1.5cm。

【生态习性】万寿菊喜光和温暖、湿润环境，不耐寒，耐旱，耐瘠薄，对土壤要求不严，适应性强。

【繁殖方法】万寿菊以播种繁殖为主，春季于露地苗床播种，发芽迅速。也可在夏季露地嫩枝扦插，2周生根。

【栽培管理】万寿菊幼苗期生长迅速，应及时间苗。对肥水要求不严，在土壤过分干燥时适当浇水。高、中型品种需设支柱，以防倒伏。夏季可适当修剪，控制高度。植株耐肥，肥多花大，花期长。入秋花序枯萎时带总花梗剪下，晾干、脱粒贮藏。

【观赏与应用】万寿菊适应性强，且株型紧凑丰满，叶翠花艳，是应用最普遍的花卉之一，主要用于花坛、花境、林缘或绿地边缘及灌木丛缘，为夏、秋花坛装饰的重要材料。高型品种可用作切花，部分品种还可用于春季花坛装饰。另外，它还是一种环保花卉，能吸收氟化氢和二氧化硫等有害气体。

四、大花三色堇

【学名】*Viola tricolor* var. *hortensis*
【别名】蝴蝶花、猫脸花、鬼脸花
【科属】堇菜科堇菜属
【产地及分布】原产欧洲,现世界各地广泛栽培。
【形态特征】多年生草本植物,常作二年生栽培。株高15~25cm,全株光滑,分枝多,稍匍匐状生长。叶互生,基生叶近心脏形,茎生叶宽披针形,边缘浅波状;托叶宿存,呈羽状深裂。花梗自叶腋中抽出,顶端着生一花,花径4~6cm,两侧对称。花萼5,绿色;花瓣5,上片先端短钝,下面的花瓣上有腺形附属体,并向后伸展,状似蝴蝶。花色有白、黄、蓝等色,故得名。花期3~5月,在昆明地区大棚栽培从春季至秋季均可见开花。蒴果椭圆形,三瓣裂,种子倒卵形,千粒重1.16g。(图12-4)

图12-4 大花三色堇

【品种及同属其他种】大花三色堇是三色堇的变种,花比原种大。
1. 栽培品种 园艺品种很多,有纯色、杂色、二色、波缘花瓣等品种。
2. 同属其他栽培种 堇菜属约有400种,常见栽培的还有紫花地丁、香堇、角堇和鸟足堇菜等。
(1) 紫花地丁(*V. philippica*) 紫花地丁植株矮小,花紫色,花期3~4月。
(2) 香堇(*V. odorata*) 香堇为多年生草本,茎匍匐,全株被柔毛。花色有深紫、浅紫、粉红、白等色,花有芳香。花期2~4月。
(3) 角堇(*V. cornuta*) 角堇为多年生草本,茎丛生。花堇紫色、白色,微有香气。
(4) 鸟足堇菜(*V. pedata*) 鸟足堇菜为多年生草本,茎丛生,株矮。花堇紫色。

【生态习性】大花三色堇喜凉爽气候,耐寒,略耐半阴,但不耐暑热。若生长后期炎热多雨,则多不能形成种子。要求肥沃、湿润的沙质土,土壤瘠薄则开花不良和品种退化。能自播繁衍。

【繁殖方法】大花三色堇多用播种繁殖。一般于9月在露地苗床播种。发芽适温为15~20℃,10d左右即可出苗。也可取植株基部发出的枝条进行扦插繁殖。

【栽培管理】大花三色堇幼苗具5片真叶时移植。植前需精细整地并施入大量有机肥,否则开花生长不良。生长期20d施一次肥以延长花期。花后蒴果陆续成熟,果实由下垂转向昂起且果皮发白时采收,晾干、脱粒贮藏。

【观赏与应用】大花三色堇植株低矮紧密,开花早,花色、花姿极富变化,十分引人注目,是早春花坛的重要草本花卉之一。宜植花坛、花境、窗台、花池、岩石园、野趣园、自然景观区树下,或作地被、盆栽,也适合于花球、花柱、立体花钵等立体装饰。

五、夏 堇

【学名】*Torenia fournieri*
【别名】蓝猪耳、花公草

【科属】玄参科蓝猪耳属

【产地及分布】原产于亚洲热带、非洲林地，现我国各地多有栽培。

【形态特征】夏堇为一年生草本，植株簇生状，株高15～30cm，株形整齐。茎四棱，光滑。叶对生，卵形而端尖，叶缘有细锯齿。总状花序腋生或顶生。花冠二唇状，上唇浅紫色，下唇深紫色，基部色渐浅，喉部有醒目的黄色斑点。花色有紫青色、桃红色、蓝紫色、深桃红色及紫色等。花期7～10月。种子细小。（图12-5）

【品种类型】栽培品种主要有'小丑'系列，株丛紧密，花色丰富，有白、粉红、紫红、淡紫、蓝、黄色条纹等色。

【生态习性】夏堇喜高温、耐炎热，不耐寒，适宜生长温度为15～30℃；喜光，耐半阴，对土壤要求不严，耐旱。性强健，需肥量不大，在阳光充足、适度肥沃湿润的土壤中开花繁茂。

图12-5　夏堇

【繁殖方法】夏堇多用播种繁殖，全年均可进行，以春播为主，华南地区宜秋播。若秋、冬季播种，应注意花卉的冬季保温。因种子细小，播种时可掺细沙。播后可不覆土，但要用薄膜覆盖保湿。发芽适温20～30℃，播种后10～15d发芽。出苗后揭掉薄膜，逐渐放在光线充足、通风良好的地方，苗高10cm时移植。

【栽培管理】夏堇如在强阳光下暴晒，容易产生叶片焦黄的现象，露地栽培应略遮阴。为保持花色艳丽，栽培前需施用有机肥作基肥。生长期施2～3次化肥或有机肥，以保持土壤肥力。若生长良好，也可不施肥。

【观赏与应用】夏堇花形柔美，适合花坛造景或盆栽观赏，花期夏季至秋季，尤其耐高温，很适合屋顶、阳台、花台栽培。夏堇中的蔓生系列特别适合吊盆栽培，常布置于阳台或街头。

六、鸡冠花

【学名】*Celosia cristata*

【别名】红鸡冠、鸡冠

【科属】苋科青葙属

【产地及分布】原产于印度和亚洲热带地区，现世界各地均有栽培。

【形态特征】鸡冠花为一年生草本植物，高25～100cm，稀分枝，茎有棱或沟。叶互生，有柄，卵形或线状，变化不一，全缘，先端渐尖，长5～24cm，叶色有绿、黄绿、深红或红绿相间等不同颜色。肉质穗状花序顶生或腋生，多呈扁平状，似鸡冠，中部以下集生多数小花，花被膜质，5片，上部花多退化，但被羽状苞片。从5～10月均可开花，但单株盛花期较短。花色有紫红、红、玫红、橙黄等色。种子扁圆形，黑色，具光泽，千粒重0.85g。（图12-6）

图12-6　鸡冠花

【品种类型】

(1) 高鸡冠 高80～120cm，多紫红色，宜作切花。

(2) 矮鸡冠 植株矮小，高15～30cm。

(3) '圆绒'鸡冠（'Plumosa'） 高40～60cm，具分枝，不开展。肉质花序卵圆形，表面绒羽状，紫红或玫红色，具光泽。

(4) '凤尾'鸡冠（'Pyramidalis'） 又名芦花鸡冠或扫帚鸡冠。株高60～150cm，全株多分枝而开展，各枝端着生疏松火焰状大花序。花色极多变化，有银白、乳黄、橙红、暗紫和玫瑰色，单色或复色。

【生态习性】鸡冠花性喜高温，不耐寒，需空气干燥和阳光充足的环境，以肥沃的沙质壤土生长最好。鸡冠花为异花授粉植物，品种间极易天然杂交。

【繁殖方法】鸡冠花多采用种子繁殖。3月在温床播种，4～5月可在露地苗床播种。高型品种的生长期长，宜于温床播种。种子发芽嫌光，播种后需覆土。由于种子细小，覆土宜薄不宜厚，以不见种子为度，温度保持20℃，8～10d出苗，发芽率约70%。出苗后，注意苗床通风，防止干燥。幼苗期要求白天温度在21℃左右，夜间不得低于17℃。待苗长出3～4片真叶时可间苗一次，拔除弱苗、过密苗，苗高5～6cm时即应根部带土移栽定植。

【栽培管理】鸡冠花苗期施肥不宜过多，因多数品种叶腋均自行萌发生长侧枝，一经施肥，侧枝生长苗壮，影响主枝发育。在养护阶段如发现生出侧枝，应及时摘除。主花枝开花后如果土质瘠薄，可追施稀薄液肥1～2次，促其主花球增大。如保留全部腋芽，长成丛株，则中间鸡冠形状不好。鸡冠花均为异花授粉，因此开花前应将一些优良个体移出，注意隔离措施。种子品质以中央花序中下部的为佳。

【观赏与应用】鸡冠花花色艳丽，花期较长，是重要的花坛花卉，大量用作花坛、花境布置观赏。其中高鸡冠及'凤尾'鸡冠可供切花之用，尤其是制作干花的理想材料，矮鸡冠用于栽植花坛或盆栽观赏。鸡冠花对二氧化硫、氯化氢具良好的抗性，可起到绿化、美化和净化环境的多重作用。茎、叶、花和种子均可入药，有止血、止泻、调经养血的功效。

七、羽衣甘蓝

【学名】*Brassica oleracea* var. *acephala* f. *tricolor*

【别名】叶牡丹、牡丹菜

【科属】十字花科芸薹属

【产地及分布】原产西欧，我国多有栽培。

【形态特征】羽衣甘蓝为二年生草本植物，株高30～40cm，抽薹开花时连花序可高达2m。叶矩圆倒卵形，宽大，长可达20cm，被白粉；叶柄粗而有翼，着生于短茎上；外部叶片呈粉蓝绿色，内叶叶色极为丰富，有紫红、粉红、白等色。总状花序顶生，有小花30余朵。花期4月。长角果圆柱形，种子球形，千粒重1.6g。（图12-7）

图12-7 羽衣甘蓝

【品种类型】

(1) 红紫叶类 心部叶呈紫红、淡紫红或雪青色，茎部紫红。

(2) 白绿叶类 心部叶白色或淡黄色，茎部绿色。

【生态习性】羽衣甘蓝耐寒,喜光,喜凉爽,生长适温 18～20℃。极好肥,喜肥沃土壤。

【繁殖方法】羽衣甘蓝多采用播种繁殖。于8月播种,播后浇足水,1周左右即可出苗。

【栽培管理】8月将羽衣甘蓝种子播于露地苗床,保持湿润,发芽整齐迅速,4～5片真叶时移植,追施氮肥。叶丛冠径达 20cm 时定植园地,株距 40cm,也可上盆栽植。生长发育期要多施肥。如需留种,必须远离其他十字花科植物,以防自然杂交。

【观赏与应用】羽衣甘蓝耐寒性较强,且叶色鲜艳,是冬季和早春重要的观叶植物,常用于花坛、花境中,也见用于冬春季节的立体花卉装饰。

八、五色苋

【学名】*Alternanthera bettzickiana*

【别名】红绿草、模样苋

【科属】苋科虾钳菜属

【产地及分布】原产南美巴西,世界各地普遍栽培。

【形态特征】五色苋为多年生草本植物,作一二年生栽培。茎直立斜生,多分枝,节膨大,高 10～20cm。单叶对生,叶小,椭圆状披针形;红色、黄色、紫褐色,或绿色中具彩色斑;叶柄极短。花腋生或顶生,花小,白色。(图12-8)

【品种类型】

(1)'小叶绿' 茎斜出,叶狭,嫩绿或有黄斑。

(2)'小叶黑' 茎直立,叶片三角状卵形,茶褐至绿褐色。

此外还有大叶变种。

图12-8 五色苋

【生态习性】五色苋喜光,略耐阴。喜温暖、湿润环境,不耐热,也不耐旱。极不耐寒,冬季宜在15℃温室中越冬。

【繁殖方法】五色苋多用扦插繁殖。摘取具2节的枝作插穗,以 3cm 株距插入沙、珍珠岩或土壤中,插床适温 22～25℃,1周可生根,2周即可移栽。

【栽培管理】五色苋生长期要经常修剪,抑制其生长,以免扰乱设计图案。天旱应及时浇水,每隔半月向叶面喷施浓度为2%的氮肥一次,以使植株生长良好,提高观赏效果。

【观赏与应用】五色苋常用来布置模纹花坛和立体造型花坛、组字构图等,也可用于装饰花坛、花境边缘及岩石园。

九、彩叶草

【学名】*Coleus blumei*

【别名】锦紫苏、洋紫苏、老来少

【科属】唇形科鞘蕊花属

【产地及分布】原产亚洲、非洲、大洋洲的热带地区及太平洋各岛,现世界各国广泛栽培。

【形态特征】彩叶草为多年生草本植物,常作一年生栽培。株高 50～80cm,栽培苗多控制在 30cm 以下。全株有毛,茎四棱,基部木质化。叶对生,卵圆形,先端长渐尖,缘具钝齿，叶长可达 15cm。叶面绿色，有淡黄、桃红、朱红、紫等色彩鲜艳的斑纹。总状花序顶生，花小，浅蓝色或浅紫色。小坚果平滑而有光泽。（图 12-9）

【品种、变种及同属其他种】

1. 常见栽培品种

（1）大叶型　具大型卵圆形叶，植株高大，分枝少，叶面凹凸不平。

（2）小叶型　叶小，长椭圆形，先端尖，叶面平滑，叶色有红、橙红、黄绿等。

（3）皱边型　叶缘缺裂并且有波皱，裂纹与波纹的变化很大，叶色也有很多种。

（4）柳叶型　叶细长，柳叶状，叶缘具不规则的缺裂和锯齿。

图 12-9　彩叶草

（5）黄绿叶型　叶小，黄绿色，抗日灼，植株矮且多分枝。

2. 主要变种　常见的园艺变种为五色彩叶草（var. *verschaffeltii*），叶片上有淡黄、桃红、朱红、暗红等色斑纹。

3. 同属其他栽培种

（1）小纹草（*C. pumilus*）　小纹草原产菲律宾和斯里兰卡，为多年生草本植物。株高 15～20cm，茎横卧。叶对生，菱形，长 2～3cm，叶面暗褐色，边缘绿色，背面色淡。花蓝绿色，圆锥花序长 10～12cm。

（2）丛生彩叶草（*C. thyrsoideus*）　丛生彩叶草为亚灌木，株高 80～100cm。叶鲜绿色，呈心状卵形，叶缘具粗锯齿。花亮蓝色，轮伞花序，着花 3～10 朵，呈穗状排列。花期 11～12 月。

【生态习性】彩叶草为喜温性植物，适应性强。冬季温度不低于 10℃，夏季高温时稍加遮阴。喜光，光线充足时叶色鲜艳。

【繁殖方法】彩叶草通常采用播种繁殖，也可扦插繁殖。在有高温温室的条件下，四季均可盆播，一般 3 月于温室中进行。用充分腐熟的腐殖土与沙土各半掺匀装入苗盆，盆放于水中浸透。按照小粒种子的播种方法进行播种，微覆薄土，以玻璃板或塑料薄膜覆盖，保持盆土湿润。发芽适温 25～30℃，10d 左右发芽。出苗后间苗 1～2 次，再分苗上盆。播种的小苗叶面色彩各异，此时可择优去劣。

扦插一年四季均可进行，极易成活，也可结合植株摘心和修剪进行嫩枝扦插。剪取生长充实饱满的枝条，截取 10cm 左右，插入洁净河沙中，入土部分带有茎节易于生根。扦插后置疏阴下养护，保持盆土湿润。温度较高时生根较快，期间切忌盆土过湿，以免烂根。15d 左右即可发根成活。

【栽培管理】彩叶草盆栽要求用富含腐殖质、疏松肥沃、排水透气性能良好的沙质培养土，再施以骨粉或复合肥作基肥。彩叶草一般上内径 10cm 的筒盆，幼苗期应多次摘心，以促发侧枝，使之株形丰满。经 20～30d 养护，株高达 15cm 即可摆放观赏。

盆栽彩叶草生长期间 10～15d 施一次有机液肥（盛夏时节停止施用），施肥时，切忌将肥水洒至叶面，以免使叶片灼伤腐烂。除保持盆土湿润外，应经常用清水喷洒，冲洗叶面尘土，保持叶片色彩鲜艳。花后保留下部分枝 2～3 节，其余部分剪去，促发新枝。

【观赏与应用】彩叶草因叶色极具变化且绚丽多彩，加之易于繁殖、生长迅速，是一种优良的观叶植物，被广泛应用于图案花坛布置、盆栽，还是制作花篮、花束的配叶材料。

十、美女樱

【学名】*Verbena hybrida*

【别名】铺地锦、铺地马鞭草

【科属】马鞭草科马鞭草属

【产地及分布】美女樱为 *V. peruviana* 与其他种的种间杂交种。原产巴西、秘鲁及乌拉圭等美洲热带地区，我国各地均有引种栽培。

【形态特征】美女樱为多年生草本植物，常作一二年生栽培。株高 30~50cm，枝四棱，丛生而匍匐地面，全株被灰色柔毛。叶对生，有柄，长圆或卵圆形，边缘有整齐的圆钝锯齿。穗状花序顶生，花小而密集，呈伞房状排列。花萼细长筒状；花冠漏斗状，花径约 2cm。花色丰富，有白、粉、红、紫、蓝等。花期 4 月至霜降。蒴果，果熟期 9~10 月，种子千粒重 2.8g。（图 12-10）

图 12-10 美女樱

【品种、变种及同属其他种】

1. 栽培品种

（1）直立类型　'诺瓦利斯'系列（'Novalis'），株高 20~25cm，早花类，花枝密集，具较大的白色眼，花期长，耐热。其中以花蓝色具白眼品种最受欢迎。

（2）横展类型

'石英'系列（'Quartz'）：茎叶健壮，成苗率高，抗病品种，花色有白、玫红、绯红、深红等。

'传奇'系列（'Romance'）：株高 20~25cm，早花种，矮生，花色有白、深玫瑰红、鲜红、紫红、粉，具白眼。

'坦马里'系列（'Temari'）：大花种，宽叶，分枝性好，花朵紧凑，抗病且耐-10℃低温。

'迷案'系列（'Obsession Formula'）：美女樱中开花最早的品种，基部分枝性强，抗病，花期长，有 7 种花色。

'塔皮恩'系列（'Tapien'）：均为抗病、耐寒品种。

2. 主要变种

（1）白心种（var. *auriculiflora*）　花冠喉部白色，大而显著。

（2）斑纹种（var. *striata*）　花冠具复色边缘。

（3）大花种（var. *grandiflora*）　花较大。

（4）矮生种（var. *nana*）　植株较矮。

3. 同属其他栽培种

（1）加拿大美女樱（*V. canadensis*）　加拿大美女樱高 20~50cm，茎上升而多分枝。

（2）直立美女樱（*V. rigida*）　直立美女樱又名红叶美女樱，高 30~60cm，直立。

（3）细叶美女樱（V. tenera） 细叶美女樱枝条细长，叶三深裂，每个裂片再次羽状分裂，花冠玫紫色。

此外，还有香草植物马鞭草（V. officinalis）和柳叶马鞭草（V. bonariensis），详细介绍见第二十章第一节"香草植物"。

【生态习性】美女樱喜光照充足及温暖湿润环境，有一定耐寒能力。不耐阴，也不耐干旱。对土壤要求不严，但在湿润、疏松而肥沃的土壤中开花繁茂。

【繁殖方法】美女樱常用扦插、播种繁殖，也可压条、分株繁殖。4月播种，7月即可开花，直到10月开花不断。种子发芽慢且不整齐，15~18℃条件下，2周可出苗。小苗侧根不多，但移植成活容易。扦插可在气温15℃左右的季节进行，剪取一定程度木质化的新梢，截成6~10cm长的插条，插于苗床后即遮阴，15d左右发出新根。长到5~8片叶时可移栽定植。

【栽培管理】美女樱栽培应选择疏松、肥沃且排水良好的土壤。因根系浅，应注意及时浇水，以防干旱。每半月需施薄肥一次，使之发育良好，水分不可过多或过少。水分多则茎枝细弱徒长，开花少；缺肥水，则植株生长发育不良。生长健壮的植株抗病虫能力强，很少有病虫害发生。成熟后采种容易，割取整个枯黄花序，晾干、脱粒贮藏即可。

【观赏与应用】美女樱花色丰富，分枝多，花期长久，株形低矮，抗逆性强，是布置夏季花坛的重要草本花卉，广泛应用于花坛、花境、地被等。其矮性品种也可作盆栽或垂吊种植，观赏效果也很好。

十一、百 日 草

【学名】*Zinnia elegans*

【别名】百日菊、步步高、对叶梅

【科属】菊科百日草属

【产地及分布】原产南北美洲，以墨西哥为分布中心，我国南北方广泛栽培。

【形态特征】百日草为一年生直立草本植物。株高40~90cm，全株被短毛。单叶对生，叶片卵形至长椭圆形，叶面粗糙，无叶柄，叶基部抱茎。头状花序单生枝顶，径约10cm。外围舌状花一至多轮，呈红、紫、黄、橙黄等色，还有复色品种；筒状花黄色或橙黄色。花期6~9月，果熟期7~10月。瘦果扁平，千粒重5.9g。（图12-11）

【品种类型】

(1) 大花重瓣型　花径达12cm以上。

(2) 纽扣型　花径2~3cm，重瓣，花呈圆球形。

(3) 鸵羽型　花瓣带状扭曲。

(4) 大丽花型　花瓣先端卷曲。

(5) 斑纹型　花具不规则的复色条纹或斑点。

(6) 低矮型　株高仅15~40cm。

【生态习性】百日草喜阳光充足和温暖气候，耐旱，性强健，喜疏松、肥沃及排水良好的壤土。

【繁殖方法】百日草以播种繁殖为主，也可扦插繁殖。

图12-11　百日草

4月播于露地苗床,发芽适温20~30℃,播后3~5d出苗。也可夏季用侧枝扦插。

【栽培管理】百日草苗有1~2对真叶时移植露地。株高10cm左右摘心,促其腋芽生长,增多花量。生长期注意除草松土,加强肥水管理。春播后约9周可以开花。百日草侧根少,移植后恢复慢,应于小苗时期带土定植。苗大后移植常导致下部叶干枯而影响观赏。花后舌状花已干枯、筒状花失色时采种,带花梗剪下,晾干、脱粒贮藏。

【观赏与应用】百日草花期持久,开花繁盛,色彩丰富,最宜用于花坛、花境。又因其花梗长,花形整齐,也是良好的切花用材。其矮性品种还是重要的盆栽花卉。

十二、金盏菊

【学名】*Calendula officinalis*

【别名】金盏花、黄金盏

【科属】菊科金盏菊属

【产地及分布】原产南欧、加那利群岛至伊朗一带地中海沿岸,现世界各地广为栽培。

【形态特征】金盏菊为一二年生或多年生草本植物。株高30~60cm,被糙毛,多分枝。单叶互生,叶片椭圆形或椭圆状倒卵形,略肉质,全缘。基生叶有柄,茎生叶基部抱茎。头状花序单生,径4~10cm,夜间闭合,舌状花平展,黄或金黄、橘黄色。花期1~6月,果熟期5~7月。瘦果,两端内弯呈舟形或爪形,种子千粒重10.56g。(图12-12)

图12-12 金盏菊

【品种类型】金盏菊品种花色丰富,淡黄至深橙色、白色均有。花瓣有托桂型,如秋菊托桂状,另重瓣种有平瓣型、卷瓣型等。

【生态习性】金盏菊性较耐寒,小苗能耐-9℃低温,但大苗易遭冻害,不耐暑热。生长迅速,适应性强,对土壤及环境要求不严,以疏松、肥沃及日照充足之地生长良好。栽培容易,且易自播繁殖。

【繁殖方法】金盏菊多用播种繁殖。华北地区9月播种,长江流域以南地区可10月播种,10d左右出苗。也可早春播于温室。

【栽培管理】金盏菊于10月下旬假植于冷床越冬,早春及时分栽。或于冬末春初播于温床,初夏开花,但生长、开花不如秋播的好。华南地区秋播后,于11月定植园地,株距30cm,如无严寒影响,12月可有少数开花,如上盆移入温室,整个冬春开花不断。早春室内播种者,6月开花。花期注意选留母株,果实变为黄白色时于上午采收,经晾干、脱粒,贮藏备用。

【观赏与应用】金盏菊春季开花较早,是早春园林中常见的草本花卉,适用于中心广场、花坛、花带布置,也可作为草坪的镶边花卉或盆栽观赏。金盏菊抗二氧化硫能力很强,对氰化物及硫化氢也有一定抗性,为优良的抗污花卉。

十三、福禄考

【学名】*Phlox drummondii*

【别名】福禄花、小花天蓝绣球

【科属】花荵科福禄考属

【产地及分布】原产北美南部,现世界各国广为栽培。

【形态特征】福禄考为一年生草本植物,株高15～40cm,被短柔毛,茎多分枝。单叶互生,长卵圆形,上部叶抱茎。聚伞花序顶生,具较细花筒,花冠五浅裂。花有黄、白、粉、粉红、红紫等色,或斑纹及复色。花期6～10月。蒴果椭圆形或近圆形,棕褐色。种子倒卵圆形,背面隆起,腹面平坦,千粒重1.5g。(图12-13)

【品种、变种及同属其他种】

1. 栽培品种

(1)'21世纪'系列　开花早,栽培周期短,花色整齐一致,适于春季和南方秋季种植。

(2)'依斯利'系列　生长周期短,色彩鲜艳,早花,盆栽或地栽表现优秀。

(3)'谎言'系列　生长适温5～25℃,播种后14～16周开花,株高15～20cm,半重瓣。

图12-13　福禄考

2. 主要变种

(1) 圆瓣种(var. *rotundata*)　花瓣裂片大而阔,外形呈圆形。

(2) 星瓣种(var. *stellaris*)　花瓣边缘呈三齿裂,中齿较长。

(3) 须瓣种(var. *firbriata*)　花冠裂片边缘呈细齿裂。

(4) 放射种(var. *radiata*)　花冠裂片呈披针状长圆形,先端尖。

3. 同属其他栽培种

(1) 丛生福禄考(*Ph. subulata*)　丛生福禄考原产北美东部,植株丛生成毯状。叶片多而密集,针状。花有柄,多数,径约2cm,花冠裂片倒心形,有深凹。

(2) 宿根福禄考(*Ph. paniculata*)　宿根福禄考为多年生宿根草本植物,详细介绍见"宿根花卉"相关内容。

【生态习性】福禄考性喜温暖,稍耐寒,忌酷暑,在华北一带可冷床越冬。宜排水良好、疏松的壤土,不耐旱,忌水涝。

【繁殖方法】福禄考多用播种繁殖。一般于2～4月播种,发芽适温15～20℃,发芽率较低,幼苗期应精细管理。可进行1～2次分苗,分苗时尽量少伤根,根部可带土进行移植。秋季播种,幼苗经一次移植后,至10月上中旬可移栽冷床越冬,早春再移至园地。

【栽培管理】福禄考幼苗生长较缓慢,虽能露地越冬,但苗太小,不易管理。可上小盆于冷床越冬,翌年3月下旬脱盆定植,株距25～30cm,矮生种15～20cm。如早春播于温室,能于初秋开花,但因暑热生长不良,株丛发育差,显著降低观赏价值。福禄考花期较长,蒴果成熟期参差不齐,成熟时能开裂,散落种子。如逐个分别采收,费工太多。为防种子散落,可在大部分蒴果发黄时将花序剪下,晾干、脱粒保存,种子生活力可保持2年。

【观赏与应用】福禄考姿态雅致,花色丰富,花期较长,可用于花坛、花境的布置,亦可盆栽供室内观赏。

十四、石　竹

【学名】*Dianthus chinensis*

【别名】草石竹、中国石竹、洛阳花

【科属】石竹科石竹属

【产地及分布】原产中国，世界各地普遍栽培。

【形态特征】石竹为宿根性不强的多年生草本植物，常作二年生栽培。株高20~40cm，茎簇生，直立。叶对生，线状披针形，基部抱茎。花顶生枝端，单生或数朵聚成聚伞花序。单花径2~3cm。花瓣5枚，花瓣边缘具明显的浅齿裂，单瓣或重瓣，有红、紫、白、粉等色，还有杂色和复色；花萼圆筒形，苞片4~6枚。花期4~5月。蒴果矩圆形，呈4瓣裂，果熟期6月。种子扁圆形，千粒重约0.9g。（图12-14）

图12-14　石竹

【变种及同属其他种】

1. 主要变种

（1）羽瓣石竹（var. *laciniatus*）　瓣片先端深裂成细线条，裂片达瓣长1/3以上。花大，径5~6cm。

（2）锦团石竹（var. *heddeangii*）　又叫繁花石竹，花大，径5~6cm，重瓣性强，先端齿裂或羽型。

（3）矮石竹　株高15cm，冠径30cm，花径4cm，单瓣或重瓣。

2. 同属其他栽培种

（1）须苞石竹（*D. barbatus*）　须苞石竹又名五彩石竹、什样锦、美国石竹。原产我国至俄罗斯，美国有野生。株高60cm，茎光滑，微有4棱，分枝少，节间长于石竹，且较粗壮，节部膨大。花小，密聚呈扁平状的聚伞花序。花瓣5枚，两侧相互叠生邻接，先端具齿裂，每齿尖端有须毛。花色有白、粉、红、紫等色。

（2）常夏石竹（*D. plumarius*）　常夏石竹原产奥地利及俄罗斯的西伯利亚。多年生草本植物，植株丛生、低矮，茎叶光滑，被白粉。基部叶狭，叶缘具细齿。花2~3朵顶生，有粉红、大红、白等色，花径2.5~4cm，花瓣边缘深裂，基部有爪。三季有花，四季常绿。

（3）石竹梅（*D. latifolius*）　石竹梅是石竹与须苞石竹的杂交种，形态介于二者之间。花瓣表面常具银白色边缘，多重瓣，背面全为银白色。

（4）少女石竹（*D. deltoides*）　少女石竹为多年生草本植物。植株矮，茎匍匐状生长。叶小，色暗。花单生，有粉白、淡紫等色。

（5）瞿麦（*D. superbus*）　瞿麦原产欧洲至亚洲，我国从北京郊区至秦岭均有野生。为多年生草本植物，株高30~40cm。花顶生，单花或对生于茎顶，或数朵集生呈疏圆锥花序，花瓣呈羽状深裂，花色多为淡粉红、白色，少有紫红色，有香气。

（6）香石竹（*D. caryophyllus*）　香石竹为一种重要切花，详细介绍见"宿根花卉"相关内容。

【生态习性】石竹耐寒，耐旱，喜光，忌高温酷热及多雨环境。耐碱性土，忌水涝，要求疏松、肥沃的沙质壤土。

【繁殖方法】石竹以播种繁殖为主，也可扦插和分株繁殖。多于秋季露地苗床播种，发芽适温20℃，2～3对真叶时移栽。扦插在10月至翌年3月于温室进行，也可在5～9月嫩枝扦插。

【栽培管理】石竹定植株距30～40cm，栽前施足基肥，其他管理较粗放。蒴果6月开始陆续成熟，应随熟随采，晾干、脱粒贮藏。

【观赏与应用】石竹植株茂密，花色亮丽，广泛用于花坛、花境及镶边植物。大面积成片栽植亦可作景观地被材料，或配置于岩石园，也适宜盆栽观赏。切花品种的花梗挺拔，瓶插时间持久。

十五、半 支 莲

【学名】*Portulaca grandiflora*

【别名】太阳花、死不了

【科属】马齿苋科马齿苋属

【产地及分布】原产巴西，我国各地有栽培。

【形态特征】半支莲为一年生肉质草本植物。株高10～15cm，茎细而圆，匍匐或微向上，节上有丛毛。叶互生或散生，圆柱形，长1～2.5cm。花1～4朵簇生于枝顶，花径2.5～4cm，基部有叶状苞片，并生有白色长柔毛。花瓣5枚，颜色鲜艳，有白、黄、红、紫等色。花期6～8月。蒴果盖裂，种子细小多数，千粒重0.10～0.14g。（图12-15）

图12-15 半支莲

【变种及同属其他种】

1. 主要变种

（1）圆瓣种（var. *rotundata*）　花冠顶端圆形，裂片宽大。

（2）星瓣种（var. *stellaris*，var. *cuspidata*）　花冠外缘的每个裂片又呈3裂，中央的裂片特长，两侧裂片短，整个花冠似多角星状。

（3）须瓣种（var. *fimbriata*）　在花冠的5个浅裂上有许多细齿，好似须瓣。

（4）放射种（var. *vadiata*）　花冠的5裂片均呈阔披针形，先端尖，呈5条放射线状。

2. 同属其他栽培种　树马齿苋（*P. afra*），为多年生直立肉质灌木，详细介绍见"仙人掌类及多浆植物"。

【生态习性】半支莲喜温暖和充足的阳光，耐瘠薄和干旱，不耐寒。要求深厚、肥沃的土壤。能自播繁殖。

【繁殖方法】半支莲多用播种或扦插繁殖。春、夏、秋均可播种，种子发芽适温25℃左右。

【栽培管理】半支莲气温20℃以上时种子萌发，播后10d左右发芽。幼苗经间苗、移植后定植于园林，株距20cm。生长期加强水肥管理，对园地松土除草。也常上盆栽植。进入花期后追施磷、钾肥。

果实成熟后顶部自然开裂，将种子弹出，应在蒴果充实饱满后提前采摘。收入器皿内晾干，待果皮裂开后将果皮和果梗清除干净贮藏。

【观赏与应用】半支莲株型低矮，花繁色艳，可作地被、花坛布置，亦可盆栽观赏或点缀假山。

十六、雏　菊

【学名】*Bellis perennis*

【别名】春菊、小白菊、延命菊

【科属】菊科雏菊属

【产地及分布】原产西欧，世界各地普遍栽培。

【形态特征】雏菊为多年生草本植物，常作二年生栽培。植株矮小，高15～20cm。叶基生，叶片匙形或倒生卵形，先端钝。花葶自叶丛中抽出，高出叶面。头状花序顶生，花径2.5～5cm。舌状花数轮，平展放射状，具白、粉、紫、红、洒金等色；筒状花黄色。花期3～6月。瘦果扁平，果熟期5～7月，种子千粒重0.21g。（图12-16）

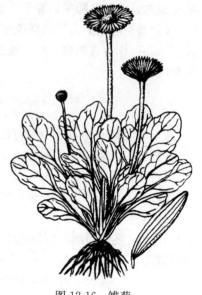

图12-16　雏菊

【变种及同属其他种】

1. 主要变种　园艺变种多为重瓣种，有平瓣重瓣种、卷瓣重瓣种、矮生小花种、斑叶种等。

2. 同属其他栽培种

（1）全缘叶雏菊（*B. integrifolia*）　全缘叶雏菊原产北美。花淡紫或白色。

（2）林地雏菊（*B. sylvestris*）　林地雏菊原产法国南部。花较大，舌状花色浅，顶端深红色。

【生态习性】雏菊喜光，喜冷凉气候，可耐－3～－4℃低温，南方可露地越冬，忌炎热。能耐半阴和瘠薄的土壤，在疏松、肥沃、排水良好的土壤中生长良好。

【繁殖方法】雏菊多用播种或分株繁殖。播种一般在秋季进行，寒冷地区可于早春温室内播种。

【栽培管理】雏菊于8～9月露地播种，种子5～10d萌发，5片真叶时移植或上盆。温暖地区于12月可陆续开花。北方地区10月下旬移至冷床中越冬，翌年4月定植露地。对一些优良品种还可每年保留宿根进行分株繁殖，这些宿根过冬容易但越夏较难。多将一部分宿根在伏天到来之前挖出栽入盆内，然后移入荫棚，秋季再分割宿根栽植。种子应在花盘边缘的舌状花瓣一触即落时立即采收，否则瘦果会自行脱落。

【观赏与应用】雏菊花朵整齐，色彩明媚素净，适于栽植花坛、花境边缘，或在岩石园内与球根花卉混栽。在环境条件适宜的情况下也可植于草坪边缘，还可盆栽观赏。

十七、千 日 红

【学名】*Gomphrena globosa*

【别名】火球花、千年红、千日草、杨梅花

【科属】苋科千日红属

【产地及分布】原产亚洲热带地区，世界各地广为栽培。

【形态特征】千日红为一年生草本植物。株高30～60cm，全株密被灰白色柔毛，茎直立多分枝，具沟纹，节部膨大。单叶对生，叶片长椭圆形或矩圆状倒卵形，长1.5～5.0cm，全缘，有柄。圆球形头状花序单生，或2～3个着生于枝顶，有长总花梗，花序球直径约2cm。叶状总苞2枚，小苞片蜡质有光泽，紫红色。花小，花被片5，线状披针形，密生白色绵毛。花序干枯后，其苞片的颜色不退，干藏能保持原紫红色。胞果近球形，种子细小橙黄色。花期7～11月。（图12-17）

【品种及变种】千日红品种及变种在花型上变化不明显，有不同的花色。小苞片为白色的叫千日白，粉色的叫千日粉，黄色和橙色的叫千日黄。还有株高仅20cm的矮生种。

【生态习性】千日红性强健，喜阳光，喜温暖干燥环境及肥沃而又疏松的沙质壤土。

图12-17　千日红

【繁殖方法】千日红以播种为主，一般春季播种。种子被纤毛，吸水较难，出苗也非常缓慢，并且出苗不齐，故播种前用温汤浸种1d，捞出后放在较高温下催芽，2周以后开始萌动，这时再进行盆播，覆土要浅，播后盖上玻璃保温保湿。

【栽培管理】千日红待幼苗出齐后间苗一次，幼苗生长慢，当苗高5cm时定植，株距30～40cm。进入5～6月，温度升高，植株开始迅速生长，生长期注意松土、除草，防止杂草争光争肥，花前追肥2～3次；适当浇水，但土壤过湿易造成根部腐烂。花序退色变白后，可将整个花序剪下贮藏，收取种子。

【观赏与应用】千日红花色鲜艳，观赏期长，植株较低矮，宜配置于花坛或花境，或盆栽观赏。还宜制作干花用于插花装饰。

十八、虞美人

【学名】*Papaver rhoeas*

【别名】丽春花、蝴蝶花、舞草、赛牡丹、小种罂粟花、蝴蝶满园春

【科属】罂粟科罂粟属

【产地及分布】原产于欧亚大陆的温带地区，以我国西北青海地区为分布中心，北美也广泛分布。

【形态特征】虞美人为一二年生草本植物。茎直立，株高40～80cm，全株被糙毛。叶互生，羽状深裂，裂片披针形，叶缘具粗锯齿。花单生茎顶，花梗长，花蕾卵球形下垂，开放时挺立。花萼2，绿色，具刺毛，早落。花瓣4，近圆形，质薄如绸，花色有红、紫、粉、白等色，有的具色斑。花期5～6月。蒴果球形，种子细小且多，千粒重0.33g。（图12-18）

【品种及同属其他种】

1. 栽培品种　虞美人常见栽培品种有复瓣和重瓣品种，并有白边红花和红边白花等间色品种。

2. 同属其他栽培种

（1）冰岛罂粟（*P. nudicaule*）　冰岛罂粟为多年生草本植物，丛生，近无茎。叶根生，

长15cm，具柄，叶片羽裂或半裂。花单生于无叶的花茎上，高30cm，深黄或白色。

(2) 近东罂粟（P. orientale） 近东罂粟为多年生直立草本植物。株高60～90cm，茎部无分枝，少叶，全体被白毛。叶片羽状深裂，长约20cm。花猩红色，基部具紫黑色斑，花径7～10cm。花色变种很多，有白、粉红、橙红、紫红等色。

【生态习性】虞美人喜阳光充足及凉爽通风环境，忌炎热多雨，稍耐寒。根系深长，不耐移植，要求深厚、肥沃、排水良好的沙质壤土。自播能力强。

【繁殖方法】为了使虞美人在早春开花，常作二年生草花栽培。虞美人为直根性，须根极少，适宜直播栽培。南方温暖地区于8～9月直播；华北冬季严寒，秋播幼苗难以越冬，故多于初冬小雪节气直播，严冬在畦面覆盖草帘防寒。也可于早春3月初土刚解冻即播。种子细小，播种地的表土要保持湿润，播种时可拌细沙，以防撒播不匀。

图12-18 虞美人

【栽培管理】虞美人出苗后应间苗2次，每穴可保留2～3株，使之簇状生长，株距20～40cm为宜。管理中勿使圃地湿热或通风不畅，并忌连作。施肥不可过多，否则易发生病害，发现病株时，要及时拔除烧毁或深埋，并注意栽培场地卫生及病虫害防治工作。同一植株上开花有早晚，蒴果成熟期不一致，应随熟随采。蒴果不能倒置，以免种子撒落。

【观赏与应用】虞美人姿态优雅，花色鲜艳，宜做大型花坛的配置材料，也可做花境植栽，鲜艳诱人，效果突出。

十九、勋 章 菊

【学名】*Gazania rigens*

【别名】勋章花

【科属】菊科勋章菊属

【产地及分布】原产南非。

【形态特征】勋章菊为多年生草本植物，常作一年生栽培。株高15～20cm，具根茎。叶丛生，披针形、倒卵状披针形或扁线形，全缘或有浅羽裂，叶背密被白绵毛。头状花序单生，花梗较长，花径7～8cm。筒状花金黄色，有赤褐色条纹，舌状花白、黄、橙红色，有光泽。（图12-19）

【品种、变种及同属其他种】

1. 栽培品种 优良品种有'黎明'系列、'丑角'系列和'小吻'系列。如'小调'（'Chansonette'）、'黎明'（'Daybreak'）、'迷你星'（'Mini-Star'）、'天才'（'Talent'）、'太阳'（'Sun'）等。

2. 主要变种

图12-19 勋章菊

（1）蔓生勋章菊（var. *leucolaena*） 生长迅速，可作地被种植。

（2）丛生勋章菊（var. *rigens*） 头状花序大，直径 4～8cm，舌状花黄色，每个舌瓣基部都有一个黑色眼斑。

3. 同属其他栽培种

（1）单花勋章菊（*G. uniflora*） 单花勋章菊叶片灰绿色，花色有黄、白、橙等。

（2）羽叶勋章菊（*G. pinnata*） 羽叶勋章菊叶羽状分裂，舌状花橙黄色，基部有黑色眼斑。

【生态习性】勋章菊性喜温暖、干燥及阳光充足的环境，白天在阳光下开放，晚上闭合。在北方越冬要稍加覆盖。

【繁殖方法】勋章菊多用种子繁殖，春、秋季皆可播种，播种适温 20℃。采用撒播方式，播后覆盖细土 0.8cm 左右。控制地温 18～21℃，3～4d 出苗。幼苗具一对真叶时移苗，苗期控制气温 15～25℃，土壤水分控制适中，要充分见光。晚霜后定植露地。

【栽培管理】勋章菊生长健壮，病虫害较少，可粗放管理。施肥整地后，做成 50～55cm 宽的垄或 100cm 宽的畦，每垄栽 1 行，每畦栽 2 行，株距 35～40cm，栽后浇透水。因株型紧凑，不用摘心。盆栽要充分见光。生长期每 15～20d 施一次薄肥，如不留种，花谢后要及时剪除，可减少养分消耗，促使形成更多花蕾开花。对温度和光照适应范围较宽，10～30℃ 均能生长良好，温室栽培一年四季开花不断。种子成熟后要及时采收，种子量较少。

【观赏与应用】勋章菊株型矮小，适于盆栽观赏，也是很好的地被植物，亦可作花坛镶边材料。

二十、蛾 蝶 花

【学名】*Schizanthus pinnatus*

【别名】蛾蝶草、平民兰

【科属】茄科蛾蝶花属

【产地及分布】分布于日本、朝鲜及我国华南、西南及台湾地区，现各地温室有栽培。

【形态特征】蛾蝶花为一二年生草本植物。茎直立，丛生，稍扁，多分枝。株高 50～80cm，黄绿色，全株有腺毛。叶 1～2 回羽状全裂，近革质，长圆形。总状圆锥花序，花径 1.8～4.0cm，花期春、夏季，有纯白、深红、蓝紫等色。现有不少杂种和变种，花色艳丽。(图 12-20)

【品种及同属其他种】

1. 栽培品种 蛾蝶花品种有高秆、矮秆之分。

①高秆品种：植株高，长势强，花大，花序较长，可用于花坛、花境或切花。

②矮秆品种：分枝性强，株型矮壮圆整，开花繁多。

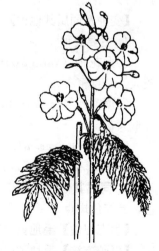

图 12-20 蛾蝶花

2. 同属其他栽培种 蛾蝶花属常见栽培种还有小蛾蝶花（*S. gracilis*）、尖裂蛾蝶花（*S. retusus*）等。

【生态习性】蛾蝶花喜温暖多湿，忌阳光直射暴晒，在明亮半阴处生长良好。要求排水与通风良好的环境。

【繁殖方法】蛾蝶花多用播种、分株和组培繁殖。8月下旬至10月上旬播种，$2g/m^2$可育苗2 000多株。播后覆土3～4mm，7～10d出苗。分株可在秋季进入休眠期时进行，用利刃将大丛植株分割成每丛带有2～4个老枝的植株即可直接定植。

【栽培管理】蛾蝶花3～4片真叶时分苗，分苗后的种植深度以稍露子叶节为宜。分苗时应剔除细弱苗、高脚苗。分苗后用40%遮阳网遮阴4～5d，早盖晚揭，缓苗后全光管理。苗期施肥3～4次，肥料为浓度0.1%的45%高浓复合肥或尿素，或稀释15倍左右的饼肥水。盆栽于6～7片叶时上盆，盆径14～16cm。盆土以堆肥土、腐熟木屑按3∶1混合，另加复合肥$1.5kg/m^2$。上盆深度以略过原土面为宜。地栽苗期可耐−3℃的低温，南方地区可露地或单层大棚栽培，设施栽培以白天18～20℃、夜间0～1℃为宜。需肥量不大，施肥每10d左右一次，前期以氮肥为主，中后期以磷、钾肥为主。

【观赏与应用】蛾蝶花开花繁密，色彩绚丽，是春季优美的盆花植物，宜布置春季花坛。也可用于切花。

二十一、毛地黄

【学名】*Digitalis purpurea*
【别名】自由钟、吊钟花
【科属】玄参科毛地黄属
【产地及分布】原产欧洲西部，中国也有分布。
【形态特征】毛地黄为多年生草本植物，常作二年生栽培。株高80～120cm，全株被灰白色短柔毛和腺毛，有时茎上几无毛。叶互生，叶片长卵形至卵状披针形，长15cm，表面多皱缩，叶缘有钝齿。花偏生一侧，下垂。花冠紫红色，有斑点，长3～4cm，筒状钟形。花期5～6月。(图12-21)

图12-21 毛地黄

【变种及同属其他种】

1. 主要变种

① 大花种（var. *gloxiniaeflora*） 植株粗壮，花序较长，花较大，斑点密布。

② 顶钟种（var. *campanulata*） 花序顶部数朵小花连生成一钟形大花。

③ 白花种（var. *alba*）花白色。

④ 重瓣种（var. *monstrosa*） 花重瓣。

2. 同属其他种 黄花毛地黄（*D. lutea*） 株高60～90cm，有毛。花大，长5cm，黄色，有棕色斑点。

【生态习性】毛地黄耐寒，耐半阴，稍耐干旱，宜富含腐殖质的肥沃壤土。

【繁殖方法】毛地黄以种子繁殖为主，秋季8～9月进行盆播，播种适温20℃，幼苗初期生长缓慢。

【栽培管理】毛地黄幼苗长出4片真叶时上3寸盆，冷床越冬，至春季定植之前逐步换到6寸盆，3月下旬定植，定植株距30cm。管理较粗放。

【观赏与应用】毛地黄是优良的花坛、花境材料，也可绿化树坛隙地或作背景栽植。作盆栽观赏也颇有特色。

第二节 盆花类

一、瓜叶菊

【学名】*Cineraria cruenta*

【别名】瓜叶莲、千日莲

【科属】菊科瓜叶菊属

【产地及分布】原产非洲北部的加那利群岛，现北半球各国广为栽培。

【形态特征】瓜叶菊为多年生草本植物，多作一二年生栽培。株高 20～90cm，被毛。茎粗壮，成之字形。单叶互生，叶片心状卵形，叶面皱，叶缘具齿，掌状脉。叶柄长，有槽沟，叶大，似黄瓜叶，故名瓜叶菊。头状花序簇生成伞房状生于茎顶。舌状花 10～18 枚，呈紫红、红、粉、墨红、雪青、蓝、白或杂色等；筒状花紫色或黄色。花期 12 月至翌年 5 月，也因播种期不同而异。瘦果纺锤状，有白色冠毛。（图 12-22）

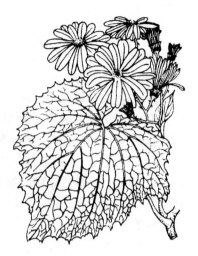

图 12-22　瓜叶菊

【品种类型】瓜叶菊极易天然杂交，因此品种花色变化丰富。根据花型和株型大致分为四种类型。

（1）'大花'瓜叶菊（'Grandiflora'）　株高 25～30cm。花大，花径在 4cm 以上，有的可达 10cm。花色多为暗紫色，也有白、深红和蓝色。

（2）'星花'瓜叶菊（'Stellata'）　株型高大，可达 100cm，松散。头状花序极小，直径仅 2cm。

（3）'中间'瓜叶菊（'Intermedia'）　株高 40cm，花序直径 4cm 左右。

（4）'多花'瓜叶菊（'Multiflora'）　株高 30cm。花小，着花多，一株可达 400 余朵，花色丰富。

【生态习性】瓜叶菊喜冬季温暖、夏无酷暑的气候条件，忌空气干燥和烈日暴晒。通常在低温温室栽培，也可冷床栽培。栽培中夜间温度不低于 5℃、白天温度不超过 20℃ 为宜，生长适温 10～15℃，能耐 0℃ 低温，室温高易引起徒长。生长期间要求光线充足，空气流通。短日照条件能促进花芽分化，花芽分化后，长日照条件可促进花蕾发育。喜富含腐殖质且排水良好的沙质壤土，pH6.5～7.5 为宜。

【繁殖方法】瓜叶菊多用播种繁殖，也可扦插繁殖。8 月将种子浅播于盆中，温度保持在 20～25℃，10～20d 可发芽，经 6 个月栽培可开花。重瓣品种常用扦插繁殖，取茎基部萌发的强壮枝条作插穗。

【栽培管理】瓜叶菊于 8～9 月盆播，用盆浸法浇水。盆播幼苗宜置凉爽环境中，具 2～3 枚真叶时移出栽于浅盆，株行距 3cm×3cm，根系带土利于成活。5～6 片真叶时移苗上盆。深秋入低温温室养护，满足光照需求和通风条件，每半月追肥一次。12 月始花，翌年 4 月以后因高温干燥而萎蔫死亡。

瓜叶菊生长过程中，常从植株基部叶腋间萌发侧枝，造成营养分散，应及时摘除。趋光性强，室内陈设时植株常倾斜，故应经常转盆使主茎保持直立。

留种用植株应进行隔离栽植，利于提高品种纯度，避免天然杂交，以保持原来的株形、花色等优良性状。

【观赏与应用】瓜叶菊株形饱满，花朵美丽，花色繁多，为冬、春季重要的盆栽花卉。可陈设于室内矮几架上，或布置于会场、厅、堂、馆、室，也可脱盆移栽于露地，布置早春花坛。

二、蒲包花

【学名】*Calceolaria herbeohybrida*

【别名】荷包花

【科属】玄参科蒲包花属

【产地及分布】原产墨西哥、秘鲁、智利一带，澳大利亚和新西兰也有分布，世界各地均有栽培。

【形态特征】蒲包花为一年生草本植物。株高30～40cm。叶对生，卵形或卵状椭圆形，叶片黄绿色。不规则聚伞花序，花具二唇，上唇小而前伸，下唇膨大成囊状，宛如荷包，中间形成空室。唇瓣有乳白、黄、米黄、橙红等不同颜色，上面散生许多紫红、淡褐或橙红色小斑点。花柱短，着生于上下两唇之间。花期3～5月。果为蒴果，内含多数小粒种子。（图12-23）

图12-23 蒲包花

【品种及同属其他种】

1. 栽培品种 蒲包花园艺品种较多，主要有大花系、多花矮性系和多花矮性大花系。

(1) 大花系品种（'Grandiflora'） 花径3～4cm，花色丰富，多具斑点。

(2) 多花矮性系品种（'Multiflora Nana'） 花径2～3cm，着花多，植株低矮。

(3) 多花矮性大花系品种（'Multiflora Nana Grandiflora'） 性状介于大花系品种和多花矮性系品种之间。

2. 同属其他栽培种

(1) 智利蒲包花（*C. biflora*） 智利蒲包花花较小，淡黄色。花期5～6月。

(2) 皱叶蒲包花（*C. integrifolia*） 皱叶蒲包花亚灌木状，叶面多皱，圆锥花序，花黄色或红色。

(3) 墨西哥蒲包花（*C. mexicana*） 墨西哥蒲包花茎有软黏毛，花小，淡黄色。

(4) 松虫草叶蒲包花（*C. scabiosaefolia*） 松虫草叶蒲包花叶羽状裂，花小而多，淡黄色，夏秋开花。

【生态习性】蒲包花喜凉爽、湿润及通风良好的环境，较耐寒但不耐严寒，怕暑热。喜阳光充足，但夏季需遮阴。生长适宜温度在7～15℃之间，15℃以下利于花芽分化，15℃以上利于营养生长，温度高于29℃时，不利于生长和开花。对栽培土壤要求严格，以排水良好、富含腐殖质的沙质壤土为好，土壤pH6.0为宜。

【繁殖方法】蒲包花以播种为主，也可扦插繁殖。播种宜于8月上旬至9月上旬天气渐凉时在室内盆播，播种时将腐叶土或泥炭、河沙以1：1混合，经过筛、消毒后装入浅盆。预先用浸盆法灌足水，待水下渗后便可播种。因种子细小，播种时将种子和细沙混合后再播，可避免播种过密。播种后覆土不可过厚，用细孔筛过筛，以不见种子为度。播种完成后，需在盆上盖以玻璃或塑料薄膜保湿，并将育苗盆置于阴凉处。保持20℃的环境温度，10d左右开始出苗。出苗后应逐步揭去玻璃及薄膜，使苗见光，并使环境温度保持在15℃左右，要求通风良好。

【栽培管理】蒲包花播种苗长到2片真叶时移栽到浅盘，株距3～4cm，6片叶时上盆定植。盆土可用腐叶土、园土、砻糠灰、厩肥以2:2:1:1的比例混合，也可用腐叶土、泥炭土、沙以3:1:1的比例混合。施肥宜薄肥勤施，苗期用细眼喷壶雾状喷水，并要见干见湿，过湿则烂苗。栽培场所要通风透光，但光照不能过强。生长适温12～15℃，越冬温度8℃以上。开花后适当降低温度至5～8℃，可以延长花期。生长期每隔10d追肥一次，但要防止水、肥液沾染叶面，避免烂苗。

蒲包花自花授粉不易结实，必须人工授粉。花谢后气温日渐升高，为了使蒴果充分成熟，应采取遮阴通风等降温措施，否则植株易提早枯萎死亡。蒴果变成褐色后，即可采收。

【观赏与应用】蒲包花花形奇特，色彩艳丽，是观赏价值极高的春花植物，适于盆栽摆放在案头、窗前等进行观赏。在冷凉地区，还可用于春季或夏季花坛栽培观赏。

三、四季报春

【学名】*Primula obconica*

【别名】鄂报春、仙鹤莲

【科属】报春花科报春花属

【产地及分布】原产我国西南地区，现各地都有栽培。

【形态特征】四季报春为多年生宿根草本植物，常作一二年生栽培。株高20～30cm，全株被白色茸毛。叶基生，椭圆或长卵形，叶缘具浅波状缺刻，叶面光滑，叶背密被白色腺毛。花茎自基部抽出，高15～30cm，伞形花序顶生，着花10余朵。花冠5，深裂，裂片先端浅裂，紫红色，呈漏斗状，花径约3cm。花萼管钟状。花期2～4月。蒴果，种子细小，圆形，深褐色。（图12-24）

图12-24 四季报春

【品种及同属其他种】

1. 栽培品种 四季报春常见栽培品种有大花型品种（'Grandiflora'）、深红型品种（'Atrosanguinca'）、白花型品种（'Alba'）、重瓣型品种（'Plena'）等。

2. 同属其他栽培种 报春花属植物有约500种。我国约有390种，主要产于西部及西南，云南省是世界报春花属植物的分布中心。同属常见栽培种还有藏报春、报春花等。

（1）藏报春（*P. sinensis*） 藏报春全株密被腺毛。叶椭圆形或卵状心形，缘具缺刻状锯齿，有长柄。伞形花序1～3轮，花呈高脚碟状，径约3cm，花色有粉红、深红、淡蓝和白色等。

（2）报春花（*P. malacoides*） 报春花株高约45cm。叶卵圆形，基部心脏形，边缘有锯齿，叶长6～10cm，叶背有白粉，叶具长柄。花淡粉、白、粉红至深红色，花径1.3cm左右，伞形花序，萼阔钟形，有香气，花梗高出叶面。

另外，还有欧洲报春（*P. vulgalis*）、丘园报春（*P. kewensis*）等。

【生态习性】四季报春多分布于低纬度高海拔地区。性喜凉爽、湿润气候和通风良好的环境，喜排水良好及富含腐殖质的微酸性土壤。不耐寒，不耐高温和强烈的直射光。

【繁殖方法】四季报春以播种繁殖为主，也可分株繁殖。播种繁殖一般以沙或泥炭为基质，因种子细小，播后可稍覆细土，也可不覆土。播后注意保湿遮光，以利种子萌发。又因种子寿命短，宜随采随播，播后10～28d发芽，发芽适温为15～21℃。播种期也可根据开花期而定，如为冬季开花则晚春播种，为早春开花则早秋播种。分株宜秋季进行。

【栽培管理】四季报春幼苗期忌高温，宜用遮阳网避中午直射光。盆播苗经分栽培育，约在11月有5～6枚真叶时上盆，定植于口径22cm的花盆中。上盆苗成活后给予充足光照，定期追施淡液肥。施肥后及时冲洗叶片，以免肥液沾染叶片。深秋入温室养护，冬季白天保持10～15℃，越冬温度5℃以上。一般播种后6个月左右便可开花。花期宜适当增施肥料，有利于结实，大部分花谢后即停止施肥。5～6月种子成熟，应随熟随采。采收的果实不可暴晒，以免种子丧失发芽力。

【观赏与应用】四季报春是冬、春季节重要的温室盆花，其植株低矮，花色鲜艳丰富，花期较长，多用来点缀客厅、书房、卧室及办公场所。在江南一些地区可露地种植，以装饰花坛或岩石园，其巨型种可供切花用。

四、长春花

【学名】*Catharanthus roseus*

【别名】日日春、日日草、日日新

【科属】夹竹桃科长春花属

【产地及分布】原产非洲东部。我国主要在长江以南地区栽培，广东、广西、云南等地栽培较为普遍。

【形态特征】长春花为多年生草本植物，常作一年生栽培。株高40～60cm，茎直立，多分枝。叶对生，长椭圆状至倒卵状，先端圆钝，全缘，叶柄短，两面光滑无毛，主脉白色明显。聚伞花序顶生，花有红、紫、粉、白、黄等多种颜色，花冠高脚碟状，5裂，花朵中心有深色洞眼。长春花嫩枝顶端每长出一叶片，叶腋间即开两朵花，因此花朵多，花期长，花繁叶茂。（图12-25）

【常见栽培品种及最新品种】

1. 常见栽培品种

图12-25 长春花

（1）'杏喜'　株高25cm。花粉红色，花径4cm。

（2）'蓝珍珠'（'Blue Pearl'）　花蓝色。

（3）'冰箱'（'Cooler'）系列　其中'葡萄'（'Grape'）花玫红色。

（4）'椒样薄荷'（'Poppermint'）　花白色。

（5）'山莓红'（'Raspberry Red'）　花深红色。

（6）'热浪'（'Heat Wave'）系列　长春花中开花最早的品种，有紫红色花的'兰花'（'Orchid'）。

（7）'阳伞'（'Parasol'）　株高40cm。花径5.5cm，是长春花中花最大的品种。

（8）'热情'（'Passion'）　花深紫色，黄眼，花径5cm。

（9）'和平'（'Paciapricot Delightficas'）　花大，花径5cm，分枝性强，播种至开花仅需60d。

(10)'小不点'('Little')系列　其中'琳达'('Linda')花玫红色,'小白'('Blanche')花白色,'亮眼'('Bright Eye')花白色。

2. 最新品种

(1)'阳台紫'('Balcony Lavender')　花淡紫色。

(2)'樱桃吻'('Cherry Kiss')　花红色。

(3)'加勒比紫'('Caribbean Lavender')　花淡紫色。

【生态习性】长春花喜温暖、稍干燥和阳光充足的环境。生长适温3～7月为18～24℃,9月至翌年3月为13～18℃,冬季温度不低于10℃。长春花忌湿怕涝,盆土浇水不宜过多,尤其室内越冬植株应严格控制浇水,以适度干燥为好,否则极易受冻。生长期必须有充足阳光,光照不足,叶片易发黄脱落。宜疏松和排水良好的弱酸性土,耐瘠薄土壤,但切忌黏性及偏碱性土,否则生长开花不良。

【繁殖方法】长春花常用播种、扦插繁殖。长江流域及其以北地区通常4月中旬播种,发芽适温20～25℃。

【栽培管理】长春花幼苗具3对真叶时移栽上盆。苗高7～8cm时摘心一次,以后再摘心两次,以促使多萌发分枝,多开花。生长期每半月施肥一次。盆栽或花坛地栽,从5月下旬开花至11月上旬,长达5个月之久。此期间雨季注意及时排水,以免受涝造成死亡。花期随时摘除残花,以免残花发霉影响植株生长和观赏价值。8～10月为长春花采种期,应随熟随采,以免种子散失。

【观赏与应用】长春花花期长,在长江流域及华南地区经常在夏季和国庆节等高温时节栽培应用,北方常盆栽置于窗台向阳处。

五、旱 金 莲

【学名】*Tropaeolum majus*

【别名】金莲花、旱荷花、大红雀

【科属】旱金莲科旱金莲属

【产地及分布】原产南美,我国各地广泛栽培。

【形态特征】金莲花为多年生稍肉质草本植物,常作一年生栽培。茎中空细长,半蔓性或倾卧,长可达1～2m。叶互生,近圆形,具长柄,盾状着生。花腋生,梗长。萼5枚,其中1枚延伸成距。花瓣5枚,有爪,色有乳白、浅黄、橘红、深紫等,或具复色。花径4～6cm。花期7～9月。果实成熟时,分裂为3个小核果。种子肾形,外皮有皱。(图12-26)

图12-26　旱金莲

【变种及同属其他种】

1. 主要变种

(1)矮旱金莲(var. *nanum*)　植株低矮直立。

(2)重瓣旱金莲(var. *burpeei*)　花重瓣。

2. 同属其他栽培种

(1)小旱金莲(*T. minus*)　小旱金莲植株矮小,茎近直立或匍地。叶圆状肾形,主脉先端呈小突起。花径4cm以下,花瓣狭。

(2) 盾叶旱金莲（T. peltophorum） 盾叶旱金莲茎长，全株被毛。花亮橘红色。

(3) 五裂叶旱金莲（T. peregrinum） 五裂叶旱金莲叶五深裂。花黄色，花径1.8～2.5cm。

(4) 多叶旱金莲（T. polyphyllum） 多叶旱金莲叶7～9深裂，裂片狭。花黄色，具红斑纹。

【生态习性】旱金莲喜凉爽，不耐寒，喜光照充足的环境和排水良好而肥沃的沙质土壤。

【繁殖方法】旱金莲多用播种或扦插繁殖。春、秋均可播种。秋播在温室中进行，春播应用40～45℃温汤浸种1d，播后保持20℃，1周后发芽。扦插可在4～6月进行，选嫩茎作插条，插后遮阴，保持潮湿，2周后可生根。

【栽培管理】旱金莲生长期每隔20d左右追施一次液肥，施肥不宜过多，以免枝叶徒长，影响开花，浇水要注意干湿，过干叶易发黄，过湿则易腐烂。蔓性茎伸长要设架支撑。春播实生苗7～9月开花。分栽需温室越冬，最低温度保持10℃以上。

【观赏与应用】旱金莲的茎具蔓性特点，盆栽则枝茎悬垂，形态轻盈飘洒，别有风趣，宜摆放于室内、窗台、矮墙等处。也可配置于矮栅篱或建筑物旁，显得自然雅致。

第三节 切花类

一、金鱼草

【学名】Antirrhinum majus

【别名】龙头花、龙口花、洋彩雀

【科属】玄参科金鱼草属

【产地及分布】原产地中海沿岸，世界各地广为栽培。

【形态特征】金鱼草为多年生草本植物，常作二年生栽培。株高30～90cm，茎直立，被软毛。单叶对生或上部互生，叶片披针形或长椭圆形，叶长5～7cm，全缘。总状花序顶生，全长20～25cm，小花密生，具短梗。苞片卵形，萼片5裂。花冠唇形，上唇2裂，外被茸毛，下唇开展3裂，花色有红、紫、黄、橙、白等色或复色。雄蕊4枚，花柱线形，柱头2裂。花期5～6月。蒴果卵形，上端开口，种子细小，千粒重0.12g。（图12-27）

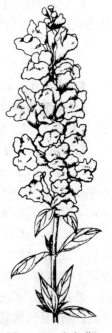

图12-27 金鱼草

【品种及变种】

1. 栽培品种 目前国外常用的切花品种为杂种 F_1 代，如红色系的'早乙女'、'红龙'等，紫色系的'先驱'，粉色系的'桃姬'，橙色系的'锦龙'、'夕阳'，黄色系的'王冠'，白色系的'白龙'、'白岭'等。

2. 主要变种

(1) 高型（var. maximum） 株高90～120cm，花期晚。

(2) 中型（var. nanum） 株高45～60cm，花期适中。

(3) 矮型（var. pumilum） 株高15～30cm，花期最早。

(4) 杂交四倍体变种 花型特大，花冠重瓣，是欧美目前流行的一个变种。

适宜切花用的变种为高型变种，而矮型变种适宜花坛用。

【生态习性】金鱼草较耐寒，喜夏季凉爽的气候条件，怕酷暑，耐半阴。生长适温白天为 18~20℃，夜间为 10℃左右，花蕾期若遇 0℃左右的低温，则出现盲花。要求排水及通透性良好的肥沃土壤，适宜 pH5.5~7.5。

【繁殖方法】金鱼草以播种繁殖为主，也可扦插繁殖。播种繁殖以秋播为主。金鱼草种子细小，生活力可保持 3~4 年，在 13~15℃条件下，播种后 1 周左右出苗。露地苗床整地要细，覆土宜薄或不覆土，播后注意保湿。生产中多采用箱播或盆播，播种基质以园土、腐叶土、沙按 5∶3∶2 的比例配制而成，播种基质消毒后使用。

【栽培管理】金鱼草的播种苗的真叶开始长出时，进行第一次移植。苗高 5~6cm 时，进行第二次移植。苗高 10cm 左右进行定植，定植 2 周后摘心，以促发侧枝。一般 12 月至翌年 2 月切花的，应于 7 月中下旬播种，9 月中旬定植，定植株行距为 15cm×20cm。或于 8 月中旬播种，10 月中旬定植，株行距为 8cm，其后不摘心，培养独干。温室或大棚白天保持 20℃，夜间保持 10℃，则可于 12 月至翌年 1 月切花。花后重剪，适当追肥，于 3~4 月可二次开花。生长期间应注意肥水管理，一般每 100m^2 施氮肥 2.4~3.0kg，磷肥 2.8~3.5kg，钾肥 3.0~3.5kg。

花序下方有 2~3 朵小花开放时，便可切花。将切下的花枝整理分级，然后 10 支或 20 支为一扎进行包装，装箱上市。

【观赏与应用】金鱼草生育期短，花期易于控制，切花寿命长，耐寒性及抗病性都强，花枝产量稳定。中、高型品种是作切花的良好材料，还可用作园林背景种植。矮型品种可用于花坛、花境、岩石园、窗台花池种植，或盆栽观赏。

二、紫罗兰

【学名】*Matthiola incana*

【别名】草桂花

【科属】十字花科紫罗兰属

【产地及分布】原产欧洲地中海沿岸，现世界各地广为栽培。

【形态特征】紫罗兰为多年生草本植物，作一二年生栽培。株高 30~60cm，全株被灰色星状柔毛。单叶互生，长椭圆至倒披针形，全缘，先端圆钝，灰蓝绿色。总状花序顶生，花径 2cm。花萼 4，绿色。花瓣 4，呈紫、淡红、淡黄和纯白等色，微香。花期 4~5 月。长角果圆柱形，种子具翅，果熟期 6 月。（图 12-28）

【品种及变种】

1. 品种类型 紫罗兰栽培品种很多，依株高分有高、中、矮三类；花瓣有单瓣及重瓣；花色有白、淡红、玫红、深红至深紫，并有带黄色的品种；依花期不同分为夏紫罗兰、秋紫罗兰及冬紫罗兰等品种；依栽培习性不同可分为一年生及二年生类型。

图 12-28　紫罗兰

（1）红色系　'美洲美人'，花深红色；'火焰岛 1 号'，花鲜红色；'幸运红色'，花大，鲜红色；'初恋'，樱桃色，大花、早花品种；'幸运粉'，粉红色，花大。

（2）紫色系　'紫心章'，鲜紫色，花大；'暖流'，紫色。

（3）白色系　'幸运白'，白色，花大，重瓣率高。

2. 主要变种 香紫罗兰（var. *annua*），一年生草本植物。植株矮小，花期早，香气浓，有白色及杂色重瓣品种。

【生习态性】紫罗兰性喜冬暖夏凉的气候及通风良好的环境，冬季能耐-5℃低温，但不耐高温，生长最适温度白天为15～18℃，夜间为10℃。要求肥沃湿润的壤土，宜pH6.5～7.0。喜阳光充足，也耐半阴。多数品种需经过一个低温期（5～15℃，3周）才能通过春化而正常开花。

【繁殖方法】紫罗兰以播种繁殖为主。8月中旬至9月初播种，发芽适温20℃，播后2周发芽，出苗整齐。

【栽培管理】紫罗兰幼苗长出第一片真叶时移植。移植基质以园土、腐叶土、沙按4∶4∶2的比例混合，消毒后使用，移植时注意切勿伤根。栽植间距为6～8cm，栽后浇水并遮阴养护2d。苗长到7～8片真叶时便可定植。定植前应施足基肥，定植密度为12cm×15cm，以阴天或傍晚定植最好，宜带土移苗。定植后应立即浇透水。花芽分化期宜保持温度在15℃以下，经过3周，待花芽分化完成后，保持白天15～18℃、夜间10℃左右有利于其生长发育。生长初期水分应充足，抽花茎时期适当控制浇水。生长期间追肥2～3次，开花前追施浓度0.2%的磷酸二氢钾，有利于提高切花品质。株高长到30cm左右时，应及时设支架或张网，以防倒伏。

花开到四至五成时切取花枝，然后整理分级，每10支或20支为一扎进行包装，装箱上市。

【观赏与应用】紫罗兰花朵茂盛，花色鲜艳，香气浓郁，花期长。高茎品种作切花，中、矮型品种用于花坛布置或盆栽。

三、麦秆菊

【学名】*Helichrysum bracteatum*

【别名】蜡菊、贝细工

【科属】菊科蜡菊属

【产地及分布】原产澳大利亚，现世界各地多有栽培。

【形态特征】麦秆菊为一年生草本植物。株高50～120cm，茎上部多分枝，全株被毛。叶互生，条状披针形，全缘，有短柄或无柄，长5～12cm。头状花序生于主枝或侧枝顶端，直径3～6cm。总苞苞片多层，覆瓦状排列，外层苞片伸长成花瓣状，并呈干膜质状，具光泽，有白、粉、橙、红、黄等色。筒状小花聚成位于中心的圆形黄色花盘。花期7～9月。瘦果短棒状，或直或弯，略成四棱形，千粒重0.85g。（图12-29）

图12-29 麦秆菊

【品种及变种】

1. 栽培品种

(1) '紫红'麦秆菊（'Purpureum'） 苞片紫红色。

(2) '浓红'麦秆菊（'Atrosanguineum'） 苞片暗红色。

(3) '浅红'麦秆菊（'Roseum'） 苞片淡玫红色。

(4) '白花'麦秆菊（'Album'） 苞片纯白色。

2. 主要变种 重瓣大花种（var. *monstrosum*） 花大，瓣化的苞片多层环抱。

【生态习性】麦秆菊不耐寒，忌酷热，喜温暖和阳光充足的环境。生长适温为10～

25℃，盛夏时生长停止，开花少。适宜栽植于湿润而排水良好的肥沃黏质壤土。施肥不宜多，否则开花虽多，但花色不艳。

【繁殖方法】麦秆菊多用播种繁殖。春季露地苗床播种，也可早春于温床或温室盆播。发芽适温15～20℃，播后覆土宜薄，1周左右出苗。一般3月播种，7～9月开花；9月播种，翌年5～6月开花；11月播种，翌年6～7月开花。

【栽培管理】麦秆菊幼苗期生长缓慢，移栽后生长转快，苗高15cm时定植，株行距为20cm×40cm。为促使分枝，多开花，生长期可摘心2～3次。自播种约经3个月培育便可开花，单花花期长达1个月之久。每株陆续开花可长达3～4个月。作干花的花枝，应在蜡质花瓣有30%～40%外展时剪切。切花用的花枝，待花瓣50%向外展时切取为宜。

麦秆菊采种应在清晨进行，种子采下后应阴干，贮于低温干燥处，种子寿命2～3年以上。

【观赏与应用】麦秆菊头状花序的苞片色彩绚丽，膜质化，干后经久不退色，宜做切花，更适宜作干花供室内观赏用。也可作花坛布置材料，或在林缘自然种植。

四、香豌豆

【学名】*Lathyrus odoratus*

【别名】豌豆花、麝香豌豆

【科属】豆科香豌豆属

【产地及分布】原产意大利西西里岛，现世界各地广为栽培。

【形态特征】香豌豆为一二年生缠绕性草本植物。茎蔓长150～200cm，茎有翅，多分枝。羽状复叶，上部小叶变为卷须，仅留下部2小叶，宽椭圆形。总状花序腋生，有芳香。花萼钟状，齿裂。花瓣5，旗瓣有粉、红、紫、蓝、白、橙等色，翼瓣和龙骨瓣色浅。花期5～6月。荚果矩形，种子球形，千粒重84.5g。(图12-30)

图12-30 香豌豆

【品种及变种】

1. 品种类型 香豌豆品种依据花期不同可以分为夏花类、冬花类和春花类三种类型。

(1) 夏花类 耐寒性强，可耐−5℃的低温，属长日性，夏天开花，耐热性强。

(2) 冬花类 温室栽培类型，主要供应切花，日照中性，耐寒性及耐热性均弱。

(3) 春花类 生态习性介于夏花类和冬花性之间，属长日性。

2. 主要变种 矮生香豌豆（var. *nanellus*），植株矮且直立。

【生态习性】香豌豆喜冬季温暖、夏季凉爽的气候。喜光，不耐炎热。要求深厚、肥沃、高燥的土壤及环境，宜土壤pH6.5～7.5。忌积水，忌连作。

【繁殖方法】香豌豆多用播种繁殖。发芽适温20℃。9月苗床直播，每穴2粒，穴距25～30cm。或用穴盘育苗，每穴播1粒。也可采用嫩枝扦插。

【栽培管理】香豌豆为直根性植物，不耐移栽。越冬苗早春追施液肥，气温回升，生长加速，设立支架并引茎蔓上架。当主蔓高15～20cm时，留基部2～3节，其余摘除，促使萌蘖。随侧芽生长，将其蔓均匀布于支架上。作留种与切花的，应分别栽培，作留种者应选留开花盛期所结的荚果。花期长，枝蔓生长旺盛，由开花中期开始，每10d左右追肥一次，并结合浇水进行。切花栽培多为高畦地栽,预先施足基肥,定植株距为 30～40cm。花蕾形成期间可向茎叶喷施 0.2%～0.4%磷酸二氢钾,使花大色艳。

香豌豆在花朵开放之前已自花授粉,人工授粉要在此前进行。荚果黄熟后会开裂散出种子,可在麦黄色时摘取,因成熟期不一致,应多次采收,风干脱粒收藏。切花栽培时,应在花序的第一朵花盛开时剪取。

【观赏与应用】香豌豆花型独特,枝条细长柔软,既可作冬春切花材料,也可盆栽供室内陈设欣赏,春夏还可移植户外任其攀缘作垂直绿化材料。

五、翠 菊

【学名】*Callistephus chinensis*

【别名】蓝菊、江西腊、七月菊

【科属】菊科翠菊属

【产地及分布】原产我国东北、华北以及四川、云南,朝鲜和日本也有分布,现世界各地均有栽培,欧美尤多。

【形态特征】翠菊为一年生草本植物。株高 20～90cm,茎直立,上部分枝。叶互生,叶片卵形至长椭圆形,边缘有粗钝锯齿,柄短。头状花序单生枝顶,花径 5～8cm。总苞片多层。原种舌状花 1～2 轮,蓝紫色;栽培品种舌状花数轮,花色丰富。筒状花黄色,端部 5 齿裂。春播花期 7～10 月,秋播翌年 5～6 月开花。瘦果楔形,种子千粒重 1.74g。(图 12-31)

图 12-31 翠 菊

【品种类型】我国翠菊自 1731 年传至欧洲,经在世界各地的选育,变异极多。现今主要的品种类型按花型分,分为舌状花系和筒状花系。舌状花系是由舌状花演化为主形成的花型系统,下分平瓣类和卷瓣类,平瓣类有单瓣型、平盘型、菊花型、莲座型、鸵羽型等花型,卷瓣类有放射型和星芒型。筒状花系是由筒状花演化为主形成的花型系统,只有桂瓣类,有领饰型、托桂型、球桂型、盘桂型等。

(1) 单瓣型 花梗长,多用于切花栽培。

(2) 鸵羽型 植株 45cm,还有高茎大花的类型,高达 90cm。花径 10cm,外部数轮狭长卷曲鸵羽形花瓣。

(3) 平盘型 花形整齐满心,但舌状花先端平展。有矮生种,株高 30cm。

(4) 菊花型 舌状花先端内卷,有大花、小花品种和矮生种。

(5) 放射型 舌状花卷成管形或半管形,散射,满心,中间小瓣略呈扭曲。花序直径可达 10cm 以上。有矮生小花品种,高仅 30cm,花径 3cm,株丛圆,适于花坛布置或盆栽。

(6) 托桂型 植株有直立、披散或圆整矮小等类型。花茎有中茎,也有矮茎。盘心花如秋菊中的托桂菊,盘缘一轮舌状花或平瓣或管瓣。

【生态习性】翠菊喜光,稍耐寒,喜夏季凉爽而通风的环境。炎夏虽能开花,但结实不良。要求富含腐殖质和排水良好的壤土或沙质壤土。根系浅,忌连作。

【繁殖方法】翠菊多用播种繁殖,发芽需 10～15d,适温为 18～21℃。春季 3～4 月播种。

【栽培管理】翠菊幼苗初期生长缓慢,经间苗、移植后生长转快。苗高 15cm 时定植,株距 40cm。生长期注意松土、除草和追肥。高型品种切花栽培时，要设支架、张网，防止风吹倒伏。头状花序上舌状花枯干、露出白色冠毛时就应采收种子，以防种子散落。当花朵五成开时切取花枝，经整理分级后包装上市。

【观赏与应用】翠菊花色丰富，花形雅致，花期较长。矮生品种适宜夏秋花坛、花境和花台装饰以及盆栽供室内观赏，高秆品种常用于切花。

第四节 其他常见一二年生花卉

本章前三节按花坛类、盆花类、切花类详细介绍了园林中重要的一二年生花卉，此外，还有一些常见的一二年生花卉种类，其生物学特性、生态习性及应用见表12-1。

表 12-1 其他常见一二年生花卉简介

中名（别名）	学名	科属	株高（cm）	花色	花期（月）	主要习性	繁殖方法	主要应用
风铃草（钟花）	Campanula medium	桔梗科风铃草属	50~120	蓝、紫、粉、白	5~6	耐寒，不耐炎热，喜向阳、肥沃的沙质壤土	秋播	盆花、花境
二月兰（诸葛菜）	Orychophragmus violaceus	十字花科诸葛菜属	30~50	深紫或浅紫	3~5	耐寒，对土壤要求不严	秋播	花坛或绿化隙地
花环菊（五色茼蒿菊）	Chrysanthemum carinatum	菊科菊属	60~90	舌状花基部黄色，基部以外多色，盘心花紫色	4~6	耐寒性不强，不耐炎热，喜光照，喜排水良好土壤	秋播	花坛、花境、盆花、切花
勿忘草	Myosotis sylvatica	紫草科勿忘草属	30~60	花冠蓝色，喉部黄色	4~5	喜光，喜凉爽，能耐寒，要求湿润土壤，略耐阴	秋播	花坛、花境或树坛边缘绿化美化
桂圆花（金纽扣）	Spilanthes oleracea	菊科金纽扣属	40~50	花绿黄，花序顶端中央褐色	7~10	喜温暖，不耐寒，要求土壤湿润	春播	花坛、花境、盆花
天人菊（虎皮菊）	Gaillardia pulchella	菊科天人菊属	30~50	舌状花黄色，基部红紫色，管状花紫色	7~10	不耐寒，抗轻霜，耐炎热干旱，喜向阳的疏松土壤	春播	花坛、花境、盆花、切花
重瓣矮向日葵	Helianthus annuus var. nanus flore-pleno	菊科向日葵属	100~150	淡黄至棕红色	6~9	要求日照充足，适应性强	春播	丛植、花境背景或切花
藿香蓟	Ageratum conyzoides	菊科藿香蓟属	40~60	白、粉、蓝或紫红	7~9	喜光，喜温热，不耐寒，适应性强	春播	花坛、花境、盆花
锦葵（小蜀葵）	Malva sylvestris	锦葵科锦葵属	60~100	淡紫或白	5~6	耐寒，不择土壤	秋播	隙地绿化或背景材料
三色介代花（三色吉利花）	Gilia tricolor	花荵科介代花属	30~60	黄色，有紫斑	5~6	稍耐寒，喜光及疏松土壤	春播	花坛、花境或单种丛植
银边翠	Euphorbia marginata	大戟科大戟属	50~70	茎顶叶白色	7~9	喜光，喜通风环境，耐旱，不耐寒，适应性强	春播	观叶，布置花境，栽于林缘
白花曼陀罗（洋金花）	Datura metel	茄科曼陀罗属	120~150	外侧紫晕，内侧白色	7~10	喜光，喜暖，畏寒，性强健，少病害	春播、秋播	单植、丛植观赏

（续）

中名（别名）	学名	科属	株高(cm)	花色	花期(月)	主要习性	繁殖方法	主要应用
花烟草	Nicotiana alata	茄科烟草属	90～150	淡紫，内面白色	6～9	喜暖畏寒，宜向阳，喜肥沃温润土壤	春播	盆花或地被
毛蕊花	Verbascum thapsus	玄参科毛蕊花属	150～200	黄色	6～8	喜光照，好冷凉	秋播	丛植或岩石园材料
一点缨	Emilia sagittata	菊科一点红属	30～60	橙红、橘黄色	6～7	喜光照，忌炎热	春播	花境或丛植
水飞蓟	Silybum marianum	菊科水飞蓟属	100～120	紫红、淡红、白色	6～7	喜温暖，直播	秋播	自然散植
红花	Carthamus tinctorius	菊科红花属	100	橘红、橘黄色	7～8	喜光，喜温暖，稍耐寒	春播	林缘、树丛间栽植
银苞菊	Ammobium alatum	菊科银苞菊属	100	总苞片白色	7～8	喜光照，稍耐寒	春播	丛植、花坛、花境、干花
香待霄草	Oenothera odorata	柳叶菜科月见草属	60～80	黄至红色	7～9	喜光照，较不耐寒，喜排水良好的沙质土	春播	群植、丛植
木犀草	Reseda odorata	木犀草科木犀草属	25～35	橙黄或橘红	3～5	喜冬暖夏凉，忌炎热，较不耐寒，喜疏松肥沃土壤	秋播	花坛、花境、盆花
蓟罂粟	Argemone mexicana	罂粟科蓟罂粟属	30～60	淡黄或橙色	7～9	喜光照，不耐寒，喜疏松土壤	春播	花坛、花境、盆花
黄蜀葵	Abelmoschus manihot	锦葵科秋葵属	100～200	白色	7～10	不耐寒，适应性强，喜光，喜温暖干燥	春播	花境、大型花坛或作背景材料
五色椒	Capsicum frutescens var. cerasiforme	茄科辣椒属	30～50	白色	6～7	喜强光，耐炎热，要求肥沃、湿润的沙质壤土	春播	盆栽观果、花坛、花台
飞燕草	Consolida ajacis	毛茛科飞燕草属	30～120	紫、红、粉	6	喜夏季凉爽、通风良好、光照充足环境，忌水涝	春播	花坛、花境、盆花
凤仙花	Impatiens balsamina	凤仙花科凤仙花属	20～80	白、粉、紫、红	6～9	喜阳光充足，不耐寒，不耐旱，不耐瘠薄	春播	花坛、花境、盆花
波斯菊	Cosmos bipinnatus	菊科秋英属	120～200	红、粉、白	9～10	喜阳光充足、温暖环境，耐瘠薄	春播	花境、切花
茑萝	Quamoclit pennata	旋花科茑萝属	缠绕性	猩红、粉、红	7～10	喜阳光充足、温暖环境	春播	花墙、花架、篱垣

◆ **复习思考题**

1. 试说出10～15种主要一二年生花卉的识别要点。
2. 列举3～5种花坛类一二年生花卉，并说明其主要生态习性、栽培要点及观赏应用特点。
3. 说出5种盆花类一二年生花卉，并说明其主要生态习性、栽培要点及观赏应用特点。
4. 列举出2～3种切花类一二年生花卉，并说明其主要生态习性和栽培要点。

第十三章
宿 根 花 卉

宿根花卉是地下部分器官形态未发生变态的多年生草本花卉。依耐寒力的不同可分为耐寒性宿根花卉和不耐寒性宿根花卉。耐寒性宿根花卉一般原产温带，耐寒性强，北方地区可以露地栽培。此类花卉在冬季有完全休眠的习性，其地上部的茎、叶秋冬全部枯死，地下部进入休眠状态，需要冬季低温解除休眠后，在翌年春季气候转暖时萌芽、生长、开花，如菊花、芍药、鸢尾等。不耐寒性宿根花卉大多原产温带的温暖地区及热带、亚热带，耐寒力较弱，没有明显的休眠期，冬季仍然保留绿色的叶片，在寒冷地区于温室内栽培，如君子兰、花烛和鹤望兰等。

宿根花卉特别是可以露地栽培的宿根花卉种类繁多，适应性强，一次种植后可多年观赏，且繁殖容易，养护简单，环境效益明显，因而日益受到人们的重视。尤其在气候干燥、缺水严重的北方地区的园林建设中发挥了重要作用，并得到了广泛的应用。

第一节 园林绿化类
一、芍 药

【学名】*Paeonia lactiflora*

【别名】将离、没骨花、白术

【科属】芍药科芍药属

【产地及分布】原产于我国北部、朝鲜和日本，现世界各地均有栽培。

【形态特征】芍药为多年生宿根草本植物。主根粗壮，肉质，黄褐色。茎丛生，高60～100cm。二回三出羽状复叶，小叶通常三深裂，椭圆形至披针形，绿色。花单生或数朵着生于枝端，具较长花梗。花紫红、粉红、黄或白色，尚有淡绿色品种。花径13～18cm，单瓣或重瓣。花期4～5月。（图13-1）

【品种类型】目前全世界芍药品种达1 000多种。其花色丰富，花型多变，园艺上有多种分类方法。

1. 依花瓣和花型分类 根据花部基本结构，可区分单花类和台阁类，每类中又根据花瓣起源不同，分为千层亚类和楼子亚类。

（1）单花类 花朵由单朵花构成。

①千层亚类：花瓣向心式自然增加，排列整齐，形

图13-1 芍药

状相似,由外内向逐渐变小,雄蕊随花瓣增多而相应地减少直至消失。

a. 单瓣型:花瓣 2~3 轮,雌、雄蕊发育正常,结实力强,此类接近野生种。现今栽培的品种有'紫玉奴'、'紫蝶献金'等。

b. 荷花型:花瓣 4~5 轮,形状和大小相近,雌、雄蕊发育正常。

c. 菊花型:花瓣 6 轮以上,由外向内逐渐变小。雄蕊正常,数量较少;雌蕊正常,数量增多或减少。

d. 蔷薇型:花瓣层次极多,由外向内逐渐变小,雄蕊全部瓣化,雌蕊正常或瓣化、退化。

②楼子亚类:外轮大型花瓣有 2~3 轮,雄蕊离心式瓣化,雌花正常、瓣化或退化。

a. 金蕊型:外瓣宽大,花药增大,花丝变粗,雄蕊群呈鲜明的金黄色。

b. 托桂型:外瓣宽大,雄蕊进一步瓣化,呈细长的花瓣,雌蕊正常。

c. 金环型:外瓣宽大,雄蕊瓣化仅限于近花心部分,在雄蕊瓣化外围与外瓣之间仍残留一环正常雄蕊,雌蕊正常或瓣化。如'金环'、'紫袍金带'等。

此外,还有皇冠型、绣球型。

(2) 台阁类 花由 2 花乃至数花叠合构成。

①千层亚类:台阁花基部的单花(下方花)具有单花类千层亚类的基本特征。全花较扁平。

②楼子亚类:下方花瓣 2~3 轮,雄蕊离心式瓣化,雌蕊瓣化或退化。全花高耸。

a. 彩瓣台阁型:下方花雌蕊瓣化,其色较花瓣深,并带绿纹或呈绿色;雄蕊瓣化。上方花雌、雄蕊正常或瓣化。

b. 分层台阁型:下方花雌蕊瓣化,与正常花瓣无异;雄蕊瓣化,较正常花瓣短小。上方花雄蕊也多瓣化成短瓣。全花具明显的分层结构。

c. 球花台阁型:下方花与上方花雌、雄蕊瓣化与正常花瓣无异。全花球状。

2. 依花色分类 依花色不同可分为白色系、黄色系、粉色系、红色系、紫色系等。

3. 依花期分类 依花期不同可分为早花品种(花期 5 月上旬)、中花品种(花期 5 月中旬)和晚花品种(花期 5 月下旬)。

【生态习性与生育特性】芍药耐寒性强,在我国北方可露地越冬。耐热性较差,炎热的夏季生长停止。喜阳光,但在疏阴下也能生长开花良好。要求土层深厚、肥沃又排水良好的沙壤土,忌盐碱、低洼地,否则易引起根部腐烂。

芍药于 9、10 月间进行花芽分化,10 月底至 11 月初经霜后地上部枯死,地下部进入休眠状态。花芽在越冬期需接受一定量的低温方能正常开花。

【繁殖方法】芍药以分株繁殖为主,也可播种和扦插繁殖。

1. 分株繁殖 芍药分株在 9 月中旬至 10 月中旬进行。此时新芽已形成,分株后地温尚不太低,根系还有一段恢复生长时间,有利于次年的生长。不能在春季分株,我国古有"春分分芍药,到老不开花"之说。分株时先将根丛全部挖出,震落附土,依自然长势分开,每部分应带 3~5 个芽。为了促使新根萌发,可将肉质根保留 12~15cm 进行短剪。剪口涂以硫黄粉,以免病菌侵入。分株年限依栽培目的不同而异,花坛应用或切花栽培时,6~7 年分株一次。

2. 播种繁殖 芍药播种常用于新品种培育。种子成熟后及时摘下,放在阴凉处使之后熟。播种前将种皮擦破以利发芽。9 月播种,覆土 2.5~3cm,上面覆秸秆保持土壤湿润和冬季防寒。播种当年不能出苗,次年春季幼苗出土且生长极为缓慢,第三年加速生长,5 年以后开花。

3. 扦插繁殖 芍药主要采用根插法。秋天分株繁殖时，将断的根系切成 5~10cm 的小段，然后扦插，次年春季生根，即可培育成苗。此外，也可枝插，7 月采集长 10~15cm、带 2 个节的枝条，留少许叶片，插入小拱棚内，保持温度 20~25℃，空气相对湿度 80%~90%，扦插后 20~30d 就可生根。

【栽培管理】芍药根系粗大，栽植前应将土地深翻，并施入足够的有机肥。栽植深度以芽上覆土 3~4cm 为宜。芍药喜肥，每年生长期间结合灌水要追施 3~4 次复合液肥。施肥时间分别在早春萌芽前、现蕾前和 8 月中下旬。11 月中下旬浇一次冻水有利于越冬及保墒。

芍药除枝的顶端着生花蕾外，其下叶腋处常有 3~4 个侧蕾，为使养分集中供应顶花蕾，保证其花大色艳，通常在 4 月下旬现蕾期及早疏去侧蕾。对易倒伏的品种，开花时要设支柱绑缚。

【观赏与应用】芍药是我国传统名花，其花大色艳，品种丰富，在园林中常成片种植，花开时十分壮观。芍药还是春季名贵切花，切花宜在含苞待放时切取，若置于 5℃ 条件下，可保持 30d 左右。在室温 18~28℃ 条件下水养，可保持 4~7d。

二、鸢 尾

【学名】*Iris tectorum*

【别名】中国鸢尾、蓝蝴蝶、扁竹叶

【科属】鸢尾科鸢尾属

【产地及分布】原产我国中部，现各地都有栽培，日本也有分布。

【形态特征】鸢尾为多年生宿根草本植物。根茎粗短，植株较矮，高 30~40cm。叶薄，淡绿色，直立挺拔，呈剑形，交互排列成两行。花梗从叶丛抽出，几乎与叶片等长，单枝或分成 2 枝，每枝端着花 1~2 朵。花淡蓝紫色，蝶形，花被 6 片，基部联合呈筒状；外轮 3 片大而弯或下垂，称垂瓣，其中部有鸡冠状突起及白色茸毛；内轮 3 片较小，直或拱形，称旗瓣。花期 4 月下旬至 5 月上旬。(图 13-2)

图 13-2 鸢尾

【变种及同属其他种】

1. 主要变种 鸢尾变种主要有白花鸢尾（var. *alba*），花白色，外花被片基部有淡黄色斑纹。

2. 同属其他栽培种

(1) 德国鸢尾（*I. germanica*） 德国鸢尾根茎粗壮，株高 60~90cm。叶剑形，灰绿色。花大，紫色，花梗高 60~90cm，有 2~3 个分枝，每个花梗有花 3~8 朵。花期 5~6 月。花型及色系均较丰富，园艺品种多达数百个。除露地栽培观赏外，还可用作切花。

(2) 蝴蝶花（*I. japonica*） 蝴蝶花根茎较细，横向伸展。叶剑形、深绿色、光滑。花淡蓝紫色，花径 5~7.5cm，垂瓣宽卵形，缘有波状锯齿，中部有黄色斑点及鸡冠状突起。花期 4~5 月。喜水湿和酸性土壤，宜栽在水畔、池边及潮湿地带。

(3) 香根鸢尾（*I. pallida*） 香根鸢尾别名银苞鸢尾。根茎粗大，叶宽剑形，灰绿色。

花大,各花下具有银白色苞片,别有特色。花淡紫色,具芳香。花期5月。根茎可提取香精。

(4) 西伯利亚鸢尾(*I. sibirica*) 西伯利亚鸢尾根状茎短,丛生性强。叶线形,花茎中空,高于叶。花蓝紫色至堇紫色,垂瓣圆形,旗瓣直立。花期6月。宜栽于河畔、水池边。

此外,还有黄菖蒲(*I. pseudocarus*)、溪荪(*I. sanguinea*)、花菖蒲(*I. kaempferi*)、燕子花(*I. laevigata*)、玉蝉花(*I. ensata*),均适于水边、湿地栽植。其中黄菖蒲将在"湿地花卉"中详细介绍。

【生态习性】鸢尾耐寒性强,在我国北方大部分地区均能露地安全越冬,翌年早春萌芽,春季开花。不同种类对环境的适应性有区别,大体可分为两大类型:第一类如黄菖蒲、燕子花、溪荪、花菖蒲等,要求生长在浅水及潮湿土壤中;第二类如鸢尾、德国鸢尾、香根鸢尾等适应性广,但在光照充足、排水良好、水分充足的条件下生长良好,亦能耐旱。

【繁殖方法】鸢尾多采用分株繁殖,每隔2~4年进行一次,以秋季分株为好。先将地上开始枯黄的叶丛剪掉,地下宿根全部挖出,然后用锋利剪刀切成几部分,每部分必须带2~3个芽,立即进行栽植,灌透水,这些分株苗翌年春季均可开花。为加快繁殖速度,也可用地下茎进行根插繁殖,即将地下茎切成小段,每段保持2~3个节,埋入沙土中并保持湿润,其节都可萌发不定芽而成新株。

鸢尾的种子寿命极短,若采用播种繁殖应在立秋后及时播种,播前先用凉水浸种24h,再放入0℃左右的低温下处理10d,而后盆播,10月下旬出苗,3年后开花。

【栽培管理】鸢尾要求排水良好而适度湿润的种类,宜石灰质碱性土壤,在酸性土中生长不良,栽植前施入充分腐熟的堆肥、油粕、骨粉及草木灰等作基肥。株行距约40cm,埋土不宜过深,根茎顶端应露出土面。要求生长在浅水或潮湿土壤中的种类,通常植于池畔及水边,以微酸性土为宜。

【观赏与应用】鸢尾属植物种类丰富,株丛优雅且适应性强,具有较高的观赏价值及经济价值,广泛用于园林绿化、庭院种植、湿地景观及切花栽培。

三、荷兰菊

【学名】*Aster novi-belgii*

【别名】柳叶菊、紫菀

【科属】菊科紫菀属

【产地及分布】原产北美,我国北方常见栽培。

【形态特征】荷兰菊为宿根草本植物。株高60~100cm,全株光滑无毛。茎直立,丛生,基部木质。叶长圆形或线状披针形,对生,叶基略抱茎,暗绿色。多数头状花序顶生呈伞房状。花淡紫、紫色或紫红色。花径2~2.5cm。自然花期8~10月。(图13-3)

【品种及同属其他种】

1. 栽培品种 荷兰菊常见品种有蓝色的'蓝袍'、'蓝梦'、'蓝夜'、'尼里特',蓝紫色的'堇后'、'紫

图13-3 荷兰菊

莲'、'米尔卡',粉色的'粉婴'、'粉雀'、'格洛里'、'佩因特小姐',玫红色的'埃尔培'、'苏珊'、'利塞特',白色的'白小姐'、'卡莎布兰卡'等。

2. 同属其他栽培种

(1) 紫菀（*A. tataricus*）　紫菀原产于我国东北、华北等地。株高约100cm。叶披针形,头状花序排列成复伞房状,舌状花淡蓝色。花期7~9月。

(2) 美国紫菀（*A. novae-angliae*）　美国紫菀原产美国。全株具短柔毛,株高80cm。叶披针形至线形,头状花序簇生,紫红色。花期6~7月。

(3) 高山紫菀（*A. alpinus*）　高山紫菀原产欧美高山地区。株高30cm。舌状花淡蓝紫色。花期5月。

(4) 三脉紫菀（*A. ageratoides*）　三脉紫菀株高40~60cm。叶片宽卵圆形或长圆状披针形,有离基三出脉。花淡蓝紫色。花期7~8月。

【生态习性】荷兰菊喜阳光充足及通风良好的环境,耐寒、耐旱、耐瘠薄,对土壤要求不严,但在湿润及肥沃壤土中开花繁茂。

【繁殖方法】荷兰菊以扦插、分株繁殖为主,很少用播种繁殖。

1. 扦插繁殖　荷兰菊于5~6月上旬结合修剪剪取嫩枝进行扦插。扦插基质为湿润的粗沙即可,插后注意浇水、遮阴,生根后及时撤掉遮阴物,进行正常管理。若为国庆布置花坛,可于7月下旬至8月上旬扦插。

2. 分株繁殖　荷兰菊于早春幼芽出土2~3cm时将老株挖出,用手小心地将幼芽分开,另行培养。分蘖力强,分株繁殖比例可达1∶20~1∶30。

【栽培管理】荷兰菊早春及时浇返青水并施基肥,一般施麻酱渣100~150g/m²。生长期间每2周追施一次肥水,入冬前浇灌冻水。每隔2~3年需进行一次分株,除去老根,更新复壮。

荷兰菊自然株型高大,栽培时可利用修剪调节花期及植株高度。如要求花多、花头紧密、国庆开花,应修剪2~4次。5月初进行一次修剪,株高以15~20cm为好;7月再进行第二次修剪,注意使分枝均匀,株形匀称、美观,或修剪成球形、圆锥形等不同形状;9月初最后一次修剪,此次只摘心5~6cm,以促其分枝、孕蕾,保证国庆用花。

【观赏与应用】荷兰菊花朵繁密,株形圆整,花色多样,适宜布置花坛、花境、岩石园、花台、花篱等,栽于草地边缘、树丛四周颇具野趣,也是插花的重要配材。

四、宿根福禄考

【学名】*Phlox paniculata*

【别名】天蓝绣球、锥花福禄考、草夹竹桃

【科属】花荵科福禄考属

【产地及分布】原产北美,现世界各地广为栽培。

【形态特征】宿根福禄考为多年生宿根草本植物。株高30~60cm,茎粗壮直立,通常不分枝。叶对生,长圆状披针形至广椭圆形,边缘具硬毛,长7.5~12.0cm,端尖渐狭。圆锥花序顶生。萼片狭细。花径约2.5cm,花冠高脚碟状,先端5裂。花色有紫、粉、玫红、白色等。花期6~9月。(图13-4)

【品种类型】国外早在19世纪已培育出许多园艺品种,有高生及矮生型,花色有红、紫、粉、黄、白及复色。近年来,中国科学院植物研究所利用原始种和少量的栽培品种随机定植、人工辅助授粉等手段培育出四个色系（红色、白色、紫色、复色）10余个品种，如'红艳'、'堇紫'、'粉群'、'胭脂红'、'石竹紫'、'白雪'、'粉眼'、'粉晕'等。这些品种具有矮生、抗性强、花色鲜艳丰富、花期整齐一致、花期长等特点，大部分品种经过修剪当年可二次开花。

【生态习性】宿根福禄考喜冷凉和湿润环境。耐寒性强，忌夏季炎热多雨。要求充足阳光和深厚、肥沃、排水良好的壤土或沙壤土，pH6.5～7.5。过于荫蔽处不宜栽植。适宜布置于长江以北地区的园林中。

【繁殖方法】宿根福禄考以扦插繁殖为主，也可采用分株繁殖。

图 13-4　宿根福禄考

1. 扦插繁殖　宿根福禄考扦插繁殖春、秋两季均可进行。春季当新梢长到5～6cm时，剪取插穗，插入苗床或浅盆中，注意保湿，20d即可生根，8月以后，新植株陆续开花。秋季扦插可结合入冬修剪，选取健壮而充实的枝条，剪成3～4节长的插穗，在阳畦中进行硬枝扦插。

2. 分株繁殖　春季宿根福禄考萌动后，将3～5年生株丛挖出，分成数丛，每丛带3～5个芽，分完后立即定植。分株留下的残根也会长成新株。

【栽培管理】宿根福禄考定植以4月初至5月上旬进行为宜。株行距25cm×25cm。定植前深翻土地，并施入足够的有机肥。夏季多雨季节注意及时排水，以免感染病害。苗高15cm左右时进行摘心，以促发分枝，控制株高，保证株丛丰满矮壮，增加花量及延迟花期。摘心后可追施一次速效有机肥。花后尽快剪掉残花并适当进行稀疏修剪，以保证再萌发新枝二次开花。修剪后叶面喷施2～3次稀薄液肥，以提高二次花的观赏效果。定植苗以2～3年生株丛最佳，第四年开始减弱，故应及时分栽复壮。

目前应用的宿根福禄考大部分是已改良的优良品种，在实际应用中，宿根福禄考种子能自播成苗，但实生苗花型变异大，花色、花期参差不一，降低观赏价值，因此，应注意及时将实生苗拔除。

【观赏与应用】宿根福禄考宜作花坛、花境、成片栽植或与其他花卉间植，高型品种可作切花，矮生品种也可盆栽。

五、何氏凤仙

【学名】*Impatiens holstii*

【别名】温室凤仙、洋凤仙、玻璃翠

【科属】凤仙花科凤仙花属

【产地及分布】原产非洲热带，现世界各地广泛栽培。

【形态特征】何氏凤仙为多年生宿根草本植物。株高20～40cm，茎浅绿色，光滑无毛，略呈透明状，多分枝。叶片绿色，表面光亮，卵形至卵状披针形，尾尖状，边缘具锐锯齿。花腋生或顶生，花瓣5枚，平展，有矩，花色有粉红、红、橙红、雪青、淡紫及复色等。花期为5～9月。蒴果椭圆形，种子细小。（图13-5）

【品种及同属其他种】

1. 栽培品种 何氏凤仙常见栽培品种有色彩丰富的'重音'系列，纯色的'超级小精灵'系列，大花的'自豪'系列及早花品种'沙德夫人'、耐热品种'闪电战'、超早花品种'速度'等。

2. 同属其他栽培种 新几内亚凤仙（I. hawkeri）主要作为室内盆栽观赏，欧美地区在花坛中应用也较多，具体介绍见本章第二节。

【生态习性】何氏凤仙性喜冬季温暖、夏季凉爽通风的环境，不耐寒，忌炎热，生长适宜温度为15～25℃，夏季要求凉爽并适当遮阴，宜疏松、肥沃、排水良好的腐殖土，pH5.5～6.5。种子寿命可达6年，2～3年发芽力不减。

【繁殖方法】何氏凤仙以扦插和播种繁殖为主。

1. 播种繁殖 何氏凤仙在南方温暖地区可以秋季播种，冬、春观赏应用。长江中下游地区适宜冬末春初在室内播种，4～7月用于露地观赏。种子细小，播种用培养土必须疏松、细腻，需消毒后方可使用。播种时不宜覆土过多，适宜光照有利于发芽。播种后保持室温20～23℃，1周左右即可生根，苗高3cm左右时即可上盆。

图13-5 何氏凤仙

2. 扦插繁殖 何氏凤仙全年均可进行扦插，以春、秋季最好。一般选取8～10cm带顶梢的枝条，插于沙床内，保持湿润，在20～30℃条件下，10～15d即可生根。

【栽培管理】

1. 上盆 何氏凤仙株高3～5cm时可移栽上盆。上盆要采用清洁、排水良好、轻质、疏松的培养土。幼苗常因土壤或环境通风不良而引起烂苗，可以采用加强通风、喷洒杀菌剂等措施防治病害。上盆后需马上浇透水，避免阳光直射。

2. 摘心与修剪 何氏凤仙幼苗上盆后需摘心2～3次，促使侧枝生长，株型丰满，花朵繁多。每批花开后要及时剪掉残花，促其重新发出新枝，再次开花。

3. 浇水与施肥 何氏凤仙浇水不能过勤，要见干见湿。夏季浇水要充足，并向叶面与地上喷水，以增加湿度。生长期每半个月施一次以磷、钾肥为主的稀薄复合肥，氮肥不能太多，否则枝叶过于茂盛而影响开花量。

4. 光照与温度 何氏凤仙忌炎热与强光直射，在夏天应置于遮阴与通风良好的场所。冬季室温不能低于12℃，同时要放在向阳处，否则叶片易发黄脱落。

【观赏与应用】何氏凤仙茎叶光洁，花朵繁多，色彩绚丽明快，四季开花，是著名的装饰性盆花，广泛用于花坛、栽植箱、装饰容器、吊盆和制作花球、花柱、花墙等。另外，在展览方面塑造景点，其效果也非常突出。

六、羽 扇 豆

【学名】*Lupinus polyphyllus*
【别名】鲁冰花
【科属】豆科羽扇豆属
【产地及分布】原产北美西部，现我国部分地区有栽培。
【形态特征】羽扇豆为多年生宿根草本植物。株高90～120cm，茎粗壮直立。叶多基生，掌状复叶，小叶9～16枚，披针形至倒披针形，叶背具密毛。总状花序顶生，硕大、挺拔，长可达60cm，尖塔形。萼片5枚，分上、下不等的两部分。小花蝶形，色彩丰富，有红、黄、白、淡紫、粉红等色。花期5~6月。荚果被茸毛，种子黑色。（图13-6）

【品种类型】羽扇豆根据用途可分为观赏羽扇豆和食用羽扇豆。观赏羽扇豆株型圆整，叶片葱绿，花形美观。食用羽扇豆蛋白质含量高达50%，含油量为5%~20%，此外羽扇豆也是优质饲料作物和优质绿肥作物。

羽扇豆自1596年从美洲引种到英国，20世纪初开始选育新品种。如今英国、美国等国家的园艺学家选育出不少优良品种，包括盆栽品种和切花品种。我国羽扇豆研究基础薄弱，目前还只是简单的引种和尝试栽培。观赏品种有'尖塔'、'拉塞尔'、'日出'、'标枪'、'画廊'、'彩链'、'总督'等。

【生态习性】羽扇豆性喜凉爽、湿润、阳光充足的环境。耐寒，可耐-15℃低温，生长适宜温度13~20℃。忌炎热，略耐阴，长日照植物。在土层深厚、疏松肥沃、排水良好的酸性沙质壤土中生长良好，中性或碱性土中生长不良。

图13-6 羽扇豆

【繁殖方法】羽扇豆以播种繁殖为主，个别品系必须用扦插繁殖。

1. 播种繁殖 羽扇豆具直根性，多采用容器育苗或直播。移苗应尽早进行，大苗忌移植。播种宜秋季进行，9~10月冷床育苗，越冬时需加盖保暖材料防寒。由于种子坚硬，播种前先在0℃下处理28h，再用温水浸种24h为好。发芽适宜温度22~25℃。一般从播种至开花需4~5个月。

2. 扦插繁殖 羽扇豆于春季剪取根茎处萌发的枝条，剪成6~8cm长的插穗，最好略带一些根颈，扦插于冷床中。5~6月移植一次，秋季定植于露地。

【栽培管理】羽扇豆生长期每半月施肥一次，氮肥用量不宜多，土壤保持一定湿度，花前增施磷、钾肥1~2次，花后剪除残花，防止自花结实，以促进当年二次开花。夏季炎热多雨地区常不能越夏而死亡，故可作二年生栽培，即秋季播种，早春栽植于露地，春季观赏，入夏前结实后地上部分枯萎死亡。

【观赏与应用】羽扇豆花色丰富，花期长达2个多月，极具装饰效果。高型品种是布置自然式园林及花坛、花境的良好材料，如散置在草坪边缘、疏林下、建筑物前，其景观美丽诱人；矮生品种适宜盆栽观赏，宜陈设于凉爽通风处。也是一种优良的切花材料。

七、假龙头花

【学名】*Physostegia virginiana*

【别名】芝麻花、随意草

【科属】唇形科假龙头花属

【产地及分布】原产北美，1863年传入欧洲，现广为栽培。

【形态特征】假龙头花为多年生宿根草本。株高30~120cm，茎丛生而直立，四棱形，地下有匍匐状根茎。单叶对生，叶长椭圆至披针形，先端锐尖，缘有锯齿。穗状花序顶生，排列紧密，花淡紫、红或粉色。花期7~9月。（图13-7）

【品种与变种】
1. 栽培品种
（1）'Bouquet Rose' 花大、粉红色，为高型品种。
（2）'Vivid' 株丛紧密，分枝多，花鲜粉色。
2. 主要变种
（1）白花假龙头花（var. *alba*） 花期稍早，大量结实，性强健。
（2）大花假龙头花（var. *grandiflora*） 花大，鲜粉色，花序较长，花期7～9月。

【生态习性】假龙头花较耐寒，能耐轻霜冻。喜阳光，也耐半阴。夏季干燥生长不良，且叶片易脱落，应保持土壤湿润。喜疏松、肥沃、排水良好的沙质壤土。

【繁殖方法】假龙头花多用分株或播种繁殖。2～3年分株一次，早春或花后均可进行。土壤中残留的根段极易萌发繁衍。播种繁殖于4～5月进行，种子发芽力可保持3年。

图13-7 假龙头花

【栽培管理】假龙头花生长期间，为使株形优美，开花繁茂，幼苗长到15cm左右时应进行一次摘心，1周后再进行一次，5月底停止。欲延长花期至国庆，可于7月中旬对植株进行修剪。在夏季高温季节，要注意及时浇水，保持土壤湿润，并注意雨后排水，尽量避免雨后植株倒伏。喜肥，种植前应施有机肥作基肥。生长期间每半月施一次氮、磷、钾复合肥，使其花大花多。孕蕾期和开花后也要施一次稀薄液肥。第一批花后及时去除残花并追施液肥两次，可促使二次开花。养分不足会使植株生长瘦弱，花穗变短，花期缩短。

【观赏与应用】假龙头花花形奇特，花序挺拔、秀美，适合大型盆栽或切花，在园林中宜布置花境或在野趣园中丛植。

八、大花萱草

【学名】*Hemerocallis hybridus*
【别名】多倍体萱草
【科属】百合科萱草属
【产地及分布】园艺杂交种，现栽培极为广泛。

【形态特征】大花萱草为多年生宿根草本植物。株高20～50cm，具短根状茎和肉质肥厚的纺锤状块根。叶基生、条形，排成两列，长度、宽度依品种不同而有差别。花茎粗壮，螺旋状聚伞花序，着花数十朵，花冠漏斗状。单朵花仅开1d，但总花期长。依品种不同花期5～10月。（图13-8）

【品种及同属其他种】19世纪末，欧美兴起了群众性培育萱草新品种的活动。20世纪以来，

图13-8 大花萱草

培育出大量优质杂交种。我国于1974年开始引种大花萱草,并对其进行过分类、育种、栽培和应用等方面的研究。目前,已广泛应用于园林绿地中。

1. 栽培品种

(1) '金娃娃'('Stella Deoro') 株高20~30cm,叶片浓密,花色金黄,着花密集。花期自4月上旬至10月下旬,长达6个月,是园林中成片栽植和草坪点缀极好的材料。

(2) '紫蝶'('Little Bumble Bee') 株高35~40cm,着花密集,花瓣浅黄色,花心紫红色,美丽而别致。花期6月中旬至9月中旬。

(3) '奶油卷'('Betty Woods') 株高30~40cm,花朵硕大,重瓣,金黄色。花期6月中旬至8月中旬。

(4) '红运'('Baltimore Oriole') 株高40~50cm,花朵硕大、红色。花期6月中旬至8月中旬。

以上品种均具有分生能力强、花茎粗壮、抗倒伏等优良特性。

2. 同属其他栽培种

(1) 萱草（*H. fulva*） 萱草又名忘忧草,宿根草本植物。地下具短根状茎和肉质根。叶基生,条形,排成两列,长可达80cm。花茎自叶丛中抽出,高达80~100cm。螺旋状聚伞花序着花6~10朵,橘红至橘黄色,花冠漏斗状。花期6~8月。

(2) 黄花萱草（*H. flava*） 黄花萱草又名金针菜,宿根草本植物。叶片带状,长30~60cm,拱形弯曲。顶生疏散圆锥花序,着花6~9朵,花淡柠檬黄色,浅漏斗形,花茎高约125cm。花傍晚开,次日午后凋谢,具芳香。花期5~7月。花蕾为著名的黄花菜,可食用。

(3) 黄花菜（*H. citrina*） 黄花菜又名黄花,宿根草本植物。叶片较宽长,生长强健而紧密。花序上着花多达30朵左右,苞片呈狭三角形,花淡柠檬黄色,背面有褐晕,花梗短,具芳香。花期7~8月。花傍晚开,次日午后凋谢。花蕾可食用。

(4) 大苞萱草（*H. middendorfii*） 大苞萱草为宿根草本植物。叶长30~45cm,花茎着花2~4朵,花有芳香,花瓣长8~10cm,花梗极短,花朵紧密,具有大型三角状苞片。花期7月。

(5) 小黄花菜（*H. minor*） 小黄花菜为宿根草本植物。植株高30~60cm。叶片长约50cm,宽0.6cm。花序着花2~6朵,黄色,外有褐晕,有香气,傍晚开花。花期6~8月。花蕾可食用。

【生态习性】大花萱草耐寒性强,能耐-25℃的低温,可在华北地区露地越冬。喜光,亦耐半阴。耐干旱,适应性强。喜土层深厚、肥沃、湿润及排水良好的沙质壤土。

【繁殖方法】大花萱草结实率低,一般不采用种子繁殖,以无性繁殖为主,应用最广泛的是分株繁殖和组培繁殖。

1. 分株繁殖 大花萱草分生能力强,可从根颈部发生多数萌蘖。分株繁殖一般在3月中旬和10月中下旬进行。首先挖出株丛,用锋利剪刀将株丛分切成带1~2个芽的小株,每小株需带一定的根,切忌切伤生长点。春天分株,夏季即可开花。一般情况下2~3年分株一次,以保证有旺盛的生长势。秋季分株宜早不宜迟,上冻前浇好越冬水,以确保安全越冬。

2. 组培繁殖 大花萱草采用组培繁殖可保持不同品种的固有性状,并可在短期内获得大量种苗,是工厂化育苗的重要途径。

【栽培管理】大花萱草春、秋两季均可定植。露地观赏栽培时,定植深度15~20cm。定植株行距以10cm×15cm为宜,以便在短期内覆盖地面,达到美化效果。如果以苗木生产为目的，株行距应加大到 20cm×25cm，以保证根系有充分的生长空间，更好地促进苗木分生。定植后浇透水，隔 2~3d 再浇一次并及时覆土，之后需及时松土以保持土壤墒情；早春浇一次返青水，能够迅速生长，现蕾早而且多；其他时间要视天气情况及时进行浇水或排水。缺肥时叶片变黄，定植前需施足有机肥，后期管理结合浇水追施磷酸二氢钾。抗寒性强，入冬前，在离地面 2~3cm 处剪除地上部的残叶，灌一次冻水，以保证其安全越冬。

【观赏与应用】大花萱草花色鲜艳，适应性强，可丛植于草坪中或于花境、路旁栽植，也可做疏林地被应用，是理想的观花赏叶地被植物。

九、火炬花

【学名】*Kniphofia uvaria*

【别名】火把莲

【科属】百合科火把莲属

【产地及分布】原产南非，现世界各国多有引种栽培。

【形态特征】火炬花为多年生宿根草本植物。株高 60~120cm，根状茎稍带肉质，通常无地上茎。叶基生，带状披针形，中脉隆起呈翠绿色。花茎高约 120cm，总状花序，长约 30cm，管状花着生在直立无分枝的花茎上。初花时鲜红至淡红，盛花时橘黄至淡黄色。整个花序包括花茎好似刚点燃的火把。花期 6~8 月。蒴果，种子三角形。（图 13-9）

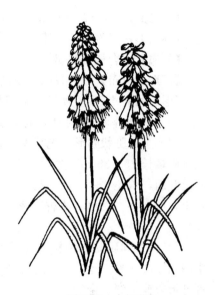

图 13-9 火炬花

【主要变种】

（1）大花火炬花（var. *grandiflora*）叶较原种宽，被白粉，中胁呈脊状。花茎稍具角棱，花序长而大。花黄色带红晕，花期 6~10 月。

（2）大火炬花（var. *nobilis*）较原种强壮，株高 180cm。叶长达 90cm，叶基宽 4cm。花多，小花长 4cm，初开红色，后变为橙黄色。

【生态习性】火炬花性喜温暖、湿润、阳光充足的环境，也耐半阴。对土壤要求不严，但喜在土层深厚、肥沃及排水良好的沙质壤土中生长。长江中下游地区露地能越冬。

【繁殖方法】火炬花采用播种和分株繁殖。

1. 播种繁殖 火炬花播种繁殖春、秋季均可进行，通常在春季 3 月下旬至 4 月上旬和秋季 9 月下旬至 10 月上旬进行，也可随采随播。种子在 20~25℃ 时 14~20d 发芽。播前需细致平整土地，施足底肥浇透水。种子先用 60℃ 温水浸泡 0.5h 后再播种。苗长至 3~4 片真叶时进行一次间苗或移栽，通常播种苗第一年较小，不开花，第二年初春生长量明显增大，并产生花茎，开花 3~5 支。多年生火炬花一株可产花 10~17 支。

2. 分株繁殖 火炬花分株多在秋季进行，一般每隔 2~3 年分株一次。可在秋季花期过后，挖起整个母株，由根颈处每 2~3 个萌蘖芽切下分为一株进行栽植，至少带 2~3 条根。株行距 30~40cm，定植后浇透水即可。地栽后加强肥水管理，第二年即可抽出 2~3 个花茎。

【栽培管理】火炬花定植地应选择地势高燥、背风向阳处。定植前多施腐熟的有机肥，并增加磷、钾肥，然后深翻土壤。株行距 30cm×30cm。生长期每周施一次液肥，以促进开花。花后摘除残花、枯枝、残叶，以保证植株的观赏效果。秋后采种后剪掉地上部，11 月上旬浇冻水越冬,并用干草或落叶覆盖植株,防止干、冻死亡。早春去除防寒覆盖物要晚,注意倒春寒的袭击,防止植株受损伤。

火炬花种间自然或人工授粉容易,园艺栽培品种采用分株等无性繁殖方法保持品种优良特性。

【观赏与应用】火炬花是优良的庭园花卉,可丛植于草坪之中或假山石旁,用作配景,也适合布置多年生混合花境和在建筑物前配置。花枝可用作切花。挺拔的花茎高高擎起火炬般的花序,壮丽可观。

十、玉 簪

【学名】*Hosta plantaginea*

【别名】白玉簪、玉春棒

【科属】百合科玉簪属

【产地及分布】原产我国,现世界各国均有栽培。

【形态特征】玉簪为多年生宿根草本植物。株高40~70cm。地下根茎粗壮,有多数须根。叶基生成丛,卵形至心脏状卵形,先端尖,基部心形,具长柄,弧状脉,长15~30cm,宽10~15cm。总状花序顶生,高出叶面,着花9~15朵。花被筒长可达13cm,下部细小,形似簪,白色,浓香。花期7~8月。(图13-10)

图 13-10 玉 簪

【品种及同属其他种】玉簪属植物有40多种,其中中国原产4种。经过长期的栽培、选种与杂交育种,现已形成蓝、绿、金黄、黄、花叶等几大观叶色系的品种群,栽培品种大约有4 200个。近年来,北京植物园引种了近200个品种,现部分品种已用于园林中。

1. 栽培品种

(1)'万魏'('Van Wade') 叶片绿色,带黄边,花淡紫色。

(2)'洒黄边'('Yellow Splash Rim') 叶片绿色,带黄、白边,花紫色。

(3)'雪白'('Snow White') 叶形奇特,边缘波状而先端扭曲,叶色白绿,边缘黄绿。

(4)'北方之光'('Northen Exposure') 叶大而厚,蓝绿色,边缘波状,有乳黄色不规则花纹,入夏后黄边变白。

此外,还有'中西部之王'、'八月美女'、'月光失色'、'李欧拉'等均为观叶色系品种,叶形、叶色美丽可赏。

2. 同属其他栽培种

(1)紫萼(*H. ventricosa*) 紫萼叶柄边缘常由叶片下延呈狭翅状,叶柄沟槽较玉簪浅,叶片质薄。总状花序顶生,着花10朵以上。花径2~3cm,长4~5cm,淡堇紫色。花期6~8月。原产中国。

(2)狭叶玉簪(*H. lancifolia*) 狭叶玉簪别名日本紫萼、狭叶紫萼。叶披针形,长约17cm,宽约6cm。叶片绿色,秋季变为黄绿色。花淡紫色,花期8月中旬至9月初。有叶具白边或花叶的变种。

(3) 波叶玉簪（*H. undulata*）　波叶玉簪别名皱叶玉簪。叶片较小，卵形，叶缘微波状，叶面有乳黄色或银白色纵斑纹。花淡紫色，较小，无香味。花期7月。原产日本。现辽宁以南地区有分布。

(4) 圆叶玉簪（*H. sieboldiana*）　圆叶玉簪别名粉叶玉簪。叶片大，深绿色，心形或卵圆形。花白色，略带粉晕，花期在6月末至7月中旬。原产日本。

此外，还有波缘玉簪（*H. crispula*）等。

【生态习性】玉簪性强健，耐严寒。喜阴湿，畏强光直射，在适当庇荫处生长繁茂。喜土层深厚、肥沃湿润、排水良好的沙质壤土。

【繁殖方法】玉簪常用分株繁殖，春、秋两季均可进行。早春宜在3～4月玉簪萌发前、晚秋宜在10月底至11月上中旬叶片干枯时进行。一般3年左右分株一次。将生长密集的植株连根挖出，用锋利剪刀在空隙较大的根节处切开，每株带3～4个芽，然后分植于庭院、花坛或上盆栽植。采用分株繁殖的植株能保持玉簪品种的优良性状，且当年即可开花。也可进行种子繁殖，但需3～4年才能开花。近年用组培繁殖，取叶片、花器均能获得幼苗，不仅生长速度较播种快，还可提早开花。

【栽培管理】

1. 露地栽培　玉簪是园林中优良的耐阴地被植物，宜栽植在林下或建筑物北侧。定植于春、秋季进行。定植前要施足基肥，深翻土地，株行距一般为30cm×40cm，也可根据栽培场地和使用要求调整。栽后要立即浇透水，使土壤充分与植株根系接触。栽植后日常管理比较粗放，但要经常保持土壤湿润，花谢后应及时剪掉残花，以保持株丛优美。每年秋后施肥一次，生长期间一般可不施肥。

2. 盆栽　玉簪盆栽用掺有腐叶土和沙的培养土。盆应放在荫棚或林下庇荫环境下养护，经常保持较高的空气湿度和土壤湿润。生长期间根据长势，施3～5次稀薄液肥。盆栽玉簪可于10月下旬移入室内，室温以2～5℃为宜，期间注意保持盆土湿潮。

【观赏与应用】玉簪清秀挺拔，花开时幽香四溢，既可观叶又可赏花，是很好的盆栽花卉。此外，玉簪又具良好的耐阴性，在园林中可用作林下地被植物。

十一、大花金鸡菊

【学名】*Coreopsis grandiflora*

【别名】剑叶波斯菊

【科属】菊科金鸡菊属

【产地及分布】原产美国南部，现我国各地均有栽培。

【形态特征】大花金鸡菊为多年生草本植物。茎直立，多分枝，高30～80cm。基生叶披针形或匙形，茎生叶3～5裂。头状花序，具长柄。花金黄色，直径6～7cm。花期6～10月。（图13-11）

【品种及同属其他种】

1. 栽培品种

(1) '重瓣黄'（'Double New Gold'）　花大金

图13-11　大花金鸡菊

黄色。花期 6～10 月。

(2) '初阳'('Baby Sun') 植株矮小，紧密，花黄色。

2. 同属其他栽培种

(1) 金鸡菊（*C. basalis*） 金鸡菊为一年生草本植物。株高 40cm。叶对生，为一至二回羽裂。头状花序，花径达 5cm，管状花黄色，舌状花基部紫色。花期夏秋。喜温暖，生长健壮，管理简单。

(2) 狭叶金鸡菊（*C. lanceolata*） 狭叶金鸡菊又名大金鸡菊，为多年生草本植物。叶狭，多基生，茎生叶少，对生，有羽状分裂。花梗细长，头状花，花径可达 6～7cm，花黄色。变种有重瓣金鸡菊。

(3) 轮叶金鸡菊（*C. verticillata*） 轮叶金鸡菊为多年生草本植物。株高 40～60cm，直立。花深黄色，花径约 5cm。花期夏秋。

(4) 蛇目菊（*C. tinctoria*） 蛇目菊又名小波斯菊，一二年生草本植物，株高 30～80cm，叶对生，二回羽状深裂。舌状花单轮，黄色，基部褐红色，色彩鲜艳，花期 5～8 月。

【生态习性】大花金鸡菊性耐寒、耐旱、耐瘠薄，喜光，对土壤要求不严。生长势强健，植株根部极易萌蘖，有自播繁衍的能力。

【繁殖方法】大花金鸡菊采用播种、分株繁殖均可。播种多在春、秋两季进行。春季 4～5 月露地直播，10d 后即可出苗。秋末可在冷室盆播，翌年春季移栽露地。分株宜在春、秋两季进行，因其长势强，一般栽培 3～4 年就需分株一次。

【栽培管理】大花金鸡菊宜选阳光充足的地方种植，株行距 20cm×40cm。肥水要适当，过大易引起徒长，影响孕蕾开花。7～8 月要特别注意排水，防止倒伏，并及时剪掉枯枝和花梗，以减少不必要的养分消耗，促使植株继续开花。入冬前应将地上部分剪除，浇冻水越冬。

【观赏与应用】大花金鸡菊花色鲜艳，植株高大，适合种植于花坛中心部位，或作花境及背景材料，也可丛植于山前、篱旁、林缘及成片栽植作为地被植物，应用较广泛，亦可作切花。

十二、四季秋海棠

【学名】*Begonia semperflorens*

【别名】四季海棠、瓜子海棠

【科属】秋海棠科秋海棠属

【产地及分布】原产巴西，现世界各地广为栽培。

【形态特征】四季秋海棠为多年生常绿草本植物。须根性，高 20～45cm，茎直立、肉质、光滑，基部木质化。叶互生，卵圆形至广椭圆形，有光泽，叶缘具锯齿，叶基偏斜。聚伞花序有小花 2～10 朵，有单瓣和重瓣。花色丰富，有红、白、粉红和橙红等色。长年开花，以秋、冬为主。蒴果三棱形，具翅，种子细小。（图 13-12）

【品种及同属其他种】四季秋海棠园艺品种甚多，株型有高种和矮种，花有单瓣和重瓣，花色有红、粉红、白色，叶有绿色、紫红和深褐色。

1. 栽培品种

(1) 绿叶系品种

① '大使'（'Ambassador'）　株高 20~25cm，分枝性强。

② '奥林匹亚'（'Olympia'）　花有粉、红、橙红、白、混色等色。

③ '洛托'（'Lotto'）　株高 10cm。

④ '华美'（'Pizzazz'）　株高 20~25cm。

⑤ '胜利'（'Victory'）　株高 20~25cm。

⑥ '琳达'（'Linda'）　株高 15~20cm。

（2）铜叶系品种

① '鸡尾酒'（'Cocktail'）　耐阳光，不怕晒。

② '白兰地'（'Brandy'）　花为粉红色。

③ '杜松子酒'（'Gin'）　花为玫红色。

④ '威士忌'（'Whiskey'）　花为纯白色。

⑤ '伏特加'（'Vodka'）　花为鲜红色。

⑥ '朗姆酒'（'Rum'）　花为白色具玫红边。

图 13-12　四季秋海棠

2. 同属其他宿根类栽培种　秋海棠属植物有须根、根茎和球根三大类。须根类秋海棠在花卉分类中属于宿根花卉，常见的自然种和杂交种还有珊瑚秋海棠（B. coccinea）、洒金秋海棠（B. metallica）、银星秋海棠（B. argenteo-guttata）、竹节秋海棠（B. president-carnot）等。

丽格海棠（B. elatior）是一种冬季重要的盆栽花卉，详细介绍见本章第二节。

【生态习性】四季秋海棠喜冬季温暖、夏季凉爽的气候，不耐寒，生长适宜温度 18~20℃。夏季温度过高，植株会出现休眠现象。忌阳光直射，喜半阴、湿润环境，不耐干燥，忌积水。开花受日照长短影响小，只要在适宜的环境条件下，可以四季开花。宜用肥沃、疏松和排水良好的腐叶土或泥炭土。

【繁殖方法】四季秋海棠可用播种、扦插和分株繁殖。生产上以播种繁殖为主，重瓣品种以扦插繁殖为主。

1. 播种繁殖　四季秋海棠容易收到大量种子，而且发芽力强。一般播种后 8~10 周开花，若于 1 月在温室内播种，5 月以后可观花；6 月播种，圣诞节开花；8 月播种，元旦至春节开花。通常不在炎热的夏季播种，此时气温高、湿度大，管理不好，容易造成大批幼苗腐烂。种子非常小，播种宜稀不宜密，否则苗过于密集，幼苗生长细弱，移苗困难。播种时取 2 份细沙与 1 份种子拌匀后，均匀撒播于盆土表面，播后不需覆土，用盆浸法浇水。温度在 18~22℃时，2~3 周可出齐苗。此期要保持盆土湿润，浇水时仍需用盆浸法从盆底供水，否则刚出土的小苗会被水冲倒。两片真叶完全展开时可以分苗。

2. 扦插繁殖　四季秋海棠切取茎基部生长健壮、叶片尚未完全展开的小枝或摘心时剪下的顶端茎段进行扦插，一年四季均可扦插，但以冬、春季节为好。扦插基质可用沙或蛭石与珍珠岩 1∶1 混合，用塑料薄膜覆盖保湿并注意遮阴，每日喷水 3~4 次，温度 18~20℃，1 周可以生根。

【栽培管理】采用播种繁殖的四季秋海棠，小苗长出 4~5 片真叶时便可上盆定植，扦插苗 1 个月后就可上盆定植。盆土常用泥炭土或腐叶土 1 份、园土 1 份、河沙 1 份，并加适量磷肥。四季秋海棠须根发达，生长旺盛，生长期要注意肥水管理，2~3 周追肥一次。

栽培过程中要摘心 2～3 次，使每株有 4～6 个分枝，促进开花繁密。花后应剪去残花枝，促进新枝生长，加强管理，可多次开花。夏季应适当遮阴，冬季宜阳光充足，注意越冬防寒。

【观赏与应用】四季秋海棠株型圆整，花多而密集，非常适宜小型盆栽观赏，点缀家庭书桌、茶几、案头和商店橱窗。此外，又是布置立体花坛、花柱、花伞及城市街道、广场垂吊装饰的良好材料。

第二节 盆 花 类

一、菊 花

【学名】$Dendranthema \times morifolium$

【别名】秋菊、黄花等

【科属】菊科菊属

【产地及分布】原产中国。在菊属 30 余种中，原产中国的有 17 种左右。8 世纪前后，观赏菊花由我国传至日本，17 世纪末传入欧洲，19 世纪中期被引入北美。此后，世界各地广为栽培。

【形态特征】菊花为多年生宿根草本植物。株高 20～150cm，幼茎绿色或带褐色，老茎半木质化。单叶互生，叶卵形至长圆形，基部楔形，叶缘有粗锯齿或深裂，叶的形态因品种而异。头状花序，直径为 2～30cm，单生或数朵聚生，边缘为舌状雌性花，中部为筒状两性花，共同着生在花盘上。花色丰富，有黄、红、白、粉、紫等色系。花期一般在 10～12 月，也有夏季和冬季开花的品种。瘦果褐色。(图 13-13)

图 13-13 菊花

【品种分类】北京林业大学陈俊愉教授等通过野生种之间大量杂交，认为现代菊花的原始种是多个野生种之间的天然杂交，并经过长期人工选择而成。主要杂交亲本有毛华菊（$D. vestitum$）、野菊（$D. indicum$）、紫花野菊（$D. zawadskii$）等。菊花染色体数为 36～75 不等。

菊花品种丰富，全世界菊花有 2.5 万余个园艺品种，我国现存 3 000 个以上。由于分类的依据不同，国内外学者对菊花园艺品种提出了若干种分类方案。

1. 按自然花期分类 按菊花的自然花期可将其分为夏菊（6 月上旬至 8 月中下旬开花）、早秋菊（9 月上旬至 10 月上旬开花）、秋菊（10 月中下旬至 11 月下旬开花）和寒菊（12 月上旬至翌年 1 月开花）。

2. 按花径大小分类 花径小于 6cm 的为小菊，花径 6～10cm 的为中菊，花径 10～20cm 的为大菊，花径在 20cm 以上的为特大菊。

3. 按瓣型及花型分类 中国园艺学会和中国花卉盆景协会 1982 年在上海召开的菊花品种分类学术讨论会上，将秋菊中的大菊分为 5 个瓣类（平瓣、匙瓣、管瓣、桂瓣、畸瓣）、30 个花型和 13 个亚花型。

5 个瓣类的特征如下：

平瓣类：舌状花平展，基部成管，短于全长的 1/3。

匙瓣类：舌状花管部为瓣长的 2/3。
管瓣类：舌状花管状，先端若开放，短于全长的 1/3。
桂瓣类：舌状花少，筒状花先端不规则开裂。
畸瓣类：管瓣先端开裂成爪状或瓣背有毛刺。
各瓣类中又分别有若干花型，各花型特征及代表品种见表 13-1。

表 13-1　菊花品种依花型分类

花型		主要特征	代表品种
平瓣类	1. 宽带型 （1）平展亚型 （2）垂带亚型	舌状花 1~2 轮，较宽；筒状花外露 舌状花平展直伸 舌状花下垂	'帅旗'、'红十八'、'粉十八'、'染脂荷'
	2. 荷花型	舌状花 3~6 轮，宽厚内抱；筒状花外露	'墨荷'、'太液池荷'
	3. 芍药型	舌状花多轮，直伸，等长；筒状花少或缺	'绿牡丹'、'金背大红'
	4. 平盘型	舌状花多轮，狭直，向内渐短；筒状花不露或微露	'衣锦还乡'、'风卷桃花'
	5. 翻卷型	舌状花多轮，外轮反抱，内轮向心合或乱抱；筒状花少	'二乔'、'紫凤朝阳'
	6. 叠球型	舌状花重轮，整齐，内曲，合抱，各瓣重叠；全花呈球形	'西厢待月'、'高原之云'
匙瓣类	7. 匙荷型	舌状花 1~3 轮，匙片船形；筒状花外露；全花呈扁球形	'墨麒麟'、'紫如意'
	8. 雀舌型	舌状花多轮，外轮狭直，匙片如雀舌；筒状花外露	'金雀'、'桃花扇'
	9. 蜂窝型	舌状花多轮，短，直，整齐，匙瓣卷似蜂窝；筒状花少；全花呈球形	'黄金球'、'白银雪球'
	10. 莲座型	舌状花多轮，外轮长，匙片向内拱曲，整齐，似莲座；筒状花外露	'惊艳'、'太真含笑'
	11. 卷散型	舌状花多轮，内轮向心合抱，外轮散垂；筒状花微露	'平沙落雁'、'温玉'
	12. 匙球型	舌状花重轮，匙片内抽；筒状花少；全花呈球形	'仙露蟠桃'
管瓣类	13. 单管型 （3）辐管亚型 （4）垂管亚型	舌状花 1~3 轮，多为粗或中管；筒状花发达，显著 各瓣平展四射 各瓣下垂	'月明星稀'、'舞鹤'
	14. 翎管型	舌状花多轮，正等长；筒状花少见；全花呈球形	'玉翎管'、'黄香梨'
	15. 管盘型 （5）钵盂亚型 （6）抓卷亚型	舌状花多轮，中或粗管，外轮直伸，内轮合抱；筒状花少；全花扁形盘状 花型中心稍凹下 管瓣端部向内弯卷如钩	'春水绿波'、'陶然醉'
	16. 松针型	舌状花多轮，细管长直；筒状花不露；全花呈半球形	'粉松针'、'黄松针'
	17. 疏管型 （7）狮鬣亚型	舌状花多轮，中或粗管，等长，疏而不整；筒状花不露 管瓣蓬松披垂	'千尺飞流'
	18. 管球型	舌状花重轮，中管向心抱；筒状花不露；全花呈球形	'粉龙'
	19. 丝发型 （8）垂丝亚型 （9）扭丝亚型	舌状花多轮或重轮，细长管瓣弯垂；筒状花不露 细长管瓣平顺，弯垂 细长管瓣捻弯扭曲	'十丈珠帘'、'髲撢拂尘'

(续)

花型		主要特征	代表品种
管瓣类	20. 飞舞型 （10）鹰爪亚型 （11）舞蝶亚型	舌状花多轮或重轮，卷展无定；筒状花少 粗径长管直伸，端部弯大钩 外轮管卷曲或下垂，内轮合抱	'金凤舞'、'珠光墨影'
	21. 钩环型 （12）云卷亚型 （13）垂卷亚型	舌状花多轮，粗及中管，端部弯曲如钩或成环；筒状花少 外露管端环卷，相集如云朵 管瓣下垂，管端卷曲	'凤凰振羽'、'五彩凤'
	22. 针管型	舌状花多轮，细管直伸或下垂，管末不卷曲；筒状花少	'龙泉'、'光芒万丈'
	23. 贯珠型	舌状花重轮，外轮细长，管端卷曲如珠；筒状花少	'赤线金珠'、'粉线明珠'
桂瓣类	24. 平桂型	舌状花平瓣，1~2轮；筒状花桂瓣状	'银盘托桂'
	25. 匙桂型	舌状匙瓣，1~2轮；筒状花桂瓣状	'大红托桂'、'雀舌托桂'
	26. 管桂型	舌状花管瓣，1~2轮；筒状花桂瓣状	'银管托桂'
	27. 全桂型	全花序变为桂瓣状筒状花或仅一轮退化舌状花	
畸瓣类	28. 龙爪型	舌状花数轮，管瓣端部枝裂；筒状花正常	'苍龙爪'
	29. 毛刺型	舌状花上生有细短毛或硬刺；筒状花正常或少	'白毛菊'
	30. 剪绒型	舌状花多轮，狭平瓣，瓣短、端细裂；筒状花正常	'黄剪绒'

4. 按栽培和应用方式分类 菊花按栽培和应用方式可分为盆栽菊、造型艺菊、切花菊、绿化菊四大类（表13-2）。

表13-2 菊花依应用方式的分类

种类	简介
盆栽菊	根据花枝数不同分为独本菊、多本菊
造型艺菊	根据造型不同分为大立菊、塔菊、悬崖菊、盆景菊、扎菊
切花菊	根据花枝上着花数量不同分为标准型和多花型两类。标准型切花菊每枝着生一朵花，为中、大花品种；多花型切花菊每枝茎端着花多朵，为小花品种
绿化菊	园林中露地栽培的菊花，如地被菊、早小菊等

【生态习性】

1. 对温度的要求 菊花性喜冷凉，具有一定的耐寒性，生长适宜温度为18~21℃，高于32℃或低于10℃生长受影响，能耐-10℃低温。小菊类耐寒性更强，部分品种在北京地区小气候条件下可覆盖越冬。多数秋菊和寒菊花芽分化温度15~20℃，27℃以上花芽分化受抑制。

2. 对光照的要求 菊花性喜阳光充足，但在夏季应适当遮阴。秋菊、寒菊是典型的短日照花卉。进入8月中下旬，当日照减至13.5h，最低气温降至15℃左右时，即开始花芽分化。夏菊、早秋菊具有短日性。切花菊花芽分化的临界日长因品种不同而异。

3. 对土壤的要求 菊花以富含腐殖质，通气、排水良好，中性偏酸（pH5.5~6.5）的沙质壤土为好。较耐旱，忌水涝和连作。

4. 莲座化与打破莲座化 菊花在晚秋或初冬发生的莲座状的脚芽在适当生育温度下栽培，都不能正常伸长和开花的特性叫莲座化。高温、长日是莲座化的诱导条件，而凉温、短日是莲座化的形成条件。如果夏季保持凉温、冬季短日期保持夜温10℃可防止莲座化。代替凉温的栽培方法是将插穗或生根苗冷藏，如在8~9月高温期采取插穗，将生根苗在1~3℃中冷藏40d，冷藏苗于冬季栽种，在凉温短日条件下可以正常生长发育。这一特性在设施栽培中具有实用价值。

【繁殖方法】菊花以扦插繁殖为主，其次为嫁接繁殖和分株繁殖，播种繁殖一般用于育种。

1. 扦插繁殖　菊花扦插繁殖分为芽插、嫩枝扦插和叶芽插。

（1）芽插　菊花在秋冬季节切取植株基部萌发的脚芽进行扦插。优质脚芽的标准是距植株较远，芽头丰满。芽选好后，剥去下部叶片，按株距3~4cm、行距4~5cm，插于温室或大棚内的花盆或插床中，生根后保持7~8℃的相对低温，春暖后栽于室外。

（2）嫩枝扦插　菊花嫩枝扦插应用最广，多于4~5月进行。截取长8~10cm嫩枝作为插穗，插后注意遮阴。在18~21℃条件下，多数品种20d左右即可生根，30d即可移苗上盆。

（3）叶芽插　菊花叶芽插通常用于繁殖珍稀品种。从枝条上剪取一带腋芽的叶片扦插即可。

2. 分株繁殖　菊花分株繁殖在清明前后进行，将植株掘出，根据根的自然形态带根分开，另行栽植即可。

3. 嫁接繁殖　菊花嫁接多用于艺菊造型。以抗性强的黄蒿、白蒿或青蒿作砧木，一般在4~5月进行嫁接，采用劈接法。

4. 播种繁殖　菊花播种繁殖多用于新品种培育，生产上很少采用。

5. 组培繁殖　菊花组培繁殖可以用茎尖、叶片、茎段、花蕾等部位作为外植体，采用未展开的、直径0.5~1cm的花蕾作外植体易于消毒处理，分化快。茎尖培养分化慢，常用于脱毒苗培养。

【栽培管理】

1. 盆栽菊栽培管理　在我国，菊花最普遍的栽培形式是盆栽。盆栽菊花常见两种造型，即独本菊和多本菊。独本菊即养成一盆只栽一株、一株只留一本、一本只开一朵花的造型。由于全株只开一朵花，养分集中，花朵在色泽、瓣形及花型上都能充分表现出该品种的优良性状，故又称标本菊或品种菊。独本菊宜采用大菊品种。多本菊即养成一盆一株、一株多本、每本一花的造型。多本菊宜用大花或中花品种。

盆栽菊的栽培方式大致有3种，即一段根法、二段根法和三段根法。

（1）一段根法　盆栽菊在长江、珠江流域及西南地区多采用一段根法。一段根法是直接利用扦插繁殖的菊苗栽种后形成开花植株。上盆一次填土，整枝后形成具有一层根系的菊株。通常5月扦插，6月上盆，8月上旬停止摘心，9月加强肥水管理，促其生长，10~11月开花。整个培养过程约需半年。

（2）二段根法　盆栽菊在东北及江西、湖南等地采用二段根法。4月扦插，苗成活后上盆，盆土装至盆深1/3~1/2处，7月下旬至8月上旬停止摘心。待侧枝长出盆沿后，根据生长势强弱分1~2次将侧枝盘于盆内，同时覆以培养土促其产生第二段根。此法培养的盆菊各枝间生长势均匀，株矮叶茂，花姿丰满。

（3）三段根法　盆栽菊在北京地区多应用三段根法。从冬季扦插至次年11月开花，需时一年，分为冬存、春种、夏定、秋养四个步骤。冬存，即在秋末冬初选健壮脚芽扦插养苗。春种，即在4月中旬分苗上盆，盆土用普通腐叶土，不加肥料。夏定，即通过摘心促进脚芽生长，至7月中旬出土脚芽长至10cm左右时，选发育健全、芽头丰满的苗进行换盆定植。秋养，即在7月中上旬将选好的壮苗移入直径20~24cm的盆中，以新芽为中心栽植，并剪除多余蘖芽，加土至原苗深度压实。换盆后，新株与母株同时生长，待新株发育苗壮后，将老株齐土面剪去。填入普通培养土，并加20%～30%的腐熟堆肥。1周后第三段新根生出，新老三段形成强大的根系。整个栽培过程换盆一次，填土两次，植株三度发根。此法培养的盆栽菊需时间较长，不利于批量商品生产，但是根系发达、株壮叶肥、花朵硕大、姿态优美，能充分发挥品种特色。

2. 造型艺菊栽培管理

（1）大立菊　大立菊宜选用大花或中花、分枝性强、枝干柔韧、节间较长的品种。采用扦插法或以蒿为砧木的嫁接法培育。以扦插法为例，9月挖取脚芽插于浅盆中，生根后移植于口径12cm的盆中，置于室内越冬，翌年1月移入大盆。苗长到6～8枚叶片时，进行第一次轻摘心，待侧芽萌发后留3～4个生长势均匀且健壮的侧枝作主枝，下部其余的侧枝均摘除。主枝上长出5～6枚叶片时，留4～5枚叶片进行第二次摘心。如此经过4～5次反复摘心，便产生大量侧枝，并注意使各侧枝生长势均衡。7月底至8月上旬进行最后一次摘心，并在植株的中间靠近主干处插入一根细竹竿，以固定主干，其四周再插入4～5根竹竿，以引绑侧枝。立秋后加强对苗株的肥水管理，及时摘除侧芽、侧蕾，保留枝端主蕾。花蕾直径达1～1.5cm时，用竹片制成平顶或半球形的竹圈套在菊株上，并与各支柱绑扎牢固。然后用细铅丝将花蕾均匀地绑扎在竹圈上，继续做好养护，直至开花。大立菊一株可开花数百朵至上千朵，适宜展览会或厅堂等宽敞场所布置。

（2）悬崖菊　悬崖菊造型宜选用枝条细软、多分枝、花朵较密的小菊品种。秋冬季开始扦插脚芽，春季定植于大盆之中。苗高15～24cm时进行轻摘心，促进侧枝发生。选留3个健壮而长势均匀的侧枝作为悬崖菊的主枝。主枝上的侧枝长出3～4枚叶片时摘心，再发生的侧枝长出2～3枚叶片时再摘心，对侧枝如此反复摘心，直至孕蕾期，而主枝的先端不摘心，任其生长。第一次换盆和摘心时用3根竹片作支架捆缚引导主枝，并使主枝与地面呈45°倾斜延伸，同时用横向捆缚的竹片绑扎侧枝。现蕾后便可拆除绑扎的竹片支架，将植株放置在高处，枝干自然悬垂呈悬崖状。

（3）盆景菊　盆景菊有附石附树桩式盆景菊、山水盆景菊和树状盆景菊等多种形式。盆景菊宜选用茎秆粗壮、坚韧、节间密集、叶片小巧、花朵稀疏淡雅的小菊品种。经多次摘心，促发分枝、侧枝及辅助枝，结合扭、弯、剪、扎等技法，使枝条按照设计走向生长。10月下旬现蕾，去掉铅丝，便形成一盆自然苍劲的菊花盆景。

（4）扎菊　先用竹片或钢筋扎成各种动物、建筑及生活中常见的其他物品形状的骨架，然后将茎秆细长、韧性较强的品种的小菊连盆一起扎在架子上。待菊枝伸长后，经不断摘心促发侧枝，再将枝条诱引于架子上加以绑扎，最后使整个架子被小菊的花叶遮满，便形成以菊花为材料的各种造型。

3. 切花菊栽培管理　菊花也是重要的切花花卉，其切花栽培管理应注意以下主要环节。

（1）定植　切花菊的定植时间因栽培类型不同而异，秋菊在5月中旬至6月初定植，寒菊在7月上旬至8月上旬定植。定植株行距为15cm×20cm。

（2）摘心　切花菊定植缓苗后，大花品种应及时进行第一次摘心，保留基部5～6枚叶片，以保证每株能抽生5～6个分枝，除去多余的侧枝，便可形成5～6支切花。多花型小菊品种则要求下部及时打杈，上部保留全部侧枝和侧蕾，有利于形成丰满的花枝。

（3）肥水管理　切花菊生长初期，应追施含氮量较高的肥料，如尿素、麻酱渣等，以促进植株的营养生长。生长后期，尤其在孕蕾期间，应增施磷、钾复合肥，同时每周喷施一次

0.2%～0.5%磷酸二氢钾水溶液。施肥时浓度不宜过大，应掌握薄肥勤施的原则。

(4) 张网　切花菊茎秆要求挺直。为保证切花质量，防止植株倒伏或弯曲，应及时加设支撑网。对于一般切花菊品种，加设两层支撑网即可，第一层网距地面大约20cm高，第二层网距第一层网30～40cm。

(5) 剥蕾　切花菊花蕾长到黄豆粒大小时，应及时剥蕾。标准型大花品种剥蕾由上而下进行，保留主蕾，剥除侧蕾。多花型小菊应剥除顶蕾，保留侧蕾，可使整株花蕾发育一致。

(6) 防止柳芽产生　柳芽俗称柳叶头，是菊花发育不正常的假蕾。早春定植的秋菊苗，任其自然生长，6月下旬到9月上旬（北京地区）可形成三次柳芽。这是因为植株长到一定叶片数，达到生理成熟，具备了形成花芽的能力，而此时环境条件（主要是日长）不能满足花芽发育的诱导所致。因此，栽培中按时定植、摘心，使植株生理成熟与环境条件（日长符合花芽分化、发育的要求）相一致是避免柳芽产生的基本方法。切花菊栽培中遇到柳芽发生时，可于初期将假蕾摘除，选营养性的次顶芽代替主枝生长。

(7) 周年切花生产　切花菊按其不同栽培类型的自然花期，即夏菊5～7月开花、八月菊和九月菊8～9月开花、秋菊10～11月开花、寒菊12月至翌年1月开花，并利用光周期反应特性，即通过人工补光进行抑制栽培，可使秋菊12月至翌年3月开花，通过遮光处理促成栽培，可使秋菊5～9月开花，二者相结合可实现切花周年供应。

(8) 切花采收、分级及保鲜　标准型大花品种花开六七成时采收，多花型小菊有2～3朵小花全开、大部分花蕾现色时采收。采收时，剪取的位置应距离床面10cm左右，以保证地下部分更好地生长，抽生脚芽。切花采收后，去掉下部1/3花枝的叶片，并尽快将花枝插入含有杀菌剂的清水中，以防微生物侵染。

4. 绿化菊栽培管理　绿化菊主要指用于花坛、花境的地栽菊花。绿化菊应选用植株低矮、枝条粗壮、花型整齐、抗性强、开花持久的菊花品种，地被菊及早小菊是常用的绿化菊类型。绿化菊管理粗放，但生长期间要进行多次摘心修剪，以控制株高并使株型紧凑，花朵繁密。

【观赏与应用】菊花是优良的盆花、花坛、花境用花及重要的切花材料。此外，花还可以入药，有清热解毒、平胆明目等功效。

二、君子兰

【学名】*Clivia miniata*

【别名】箭叶石蒜、大叶石蒜

【科属】石蒜科君子兰属

【产地及分布】原产南非，现世界各地栽培广泛。

【形态特征】君子兰是多年生常绿草本植物。根肉质，粗壮。叶基部抱合呈假鳞茎状。叶宽大，剑形，革质而有光泽，二列状交互叠生，一般长30～50cm，宽3～10cm，因品种不同叶片长宽差异大，主脉平行，侧脉横向，脉纹明显。花茎自叶腋抽出，直立扁平，高30～40cm。伞形花序顶生，着花10～40朵。花冠宽漏斗形，直立状，花被片6枚，分内、外两轮排列，黄或橘红色。花期3～4月。浆果球形，成熟时为紫红色。(图13-14)

图13-14　君子兰

【品种、变种及同属其他种】

1. 栽培品种 我国原有君子兰品种 4 个,即'染厂'、'和尚'、'大胜利'、'青岛大叶'。20 世纪 60 年代以来在原有品种基础上进行品种间杂交,培育出大量品种并出现了'长春'君子兰、'鞍山'君子兰、'横'君子兰、'雀喙'君子兰、'缟'君子兰等品系,为君子兰家族增添了新成员。

2. 主要变种

(1) 黄花君子兰(var. *aurea*) 花黄色,基部色略深。

(2) 斑叶君子兰(var. *citrina*) 叶有斑,花黄色。

3. 同属其他栽培种

(1) 垂笑君子兰(*C. nobilis*) 垂笑君子兰原产南非好望角。叶片比君子兰窄而长,叶缘有坚硬小齿。花茎较君子兰稍细,每个花序着花 40~60 朵。花被片也较窄,开花时花朵下垂,故名垂笑君子兰。花期 4~6 月。

(2) 细叶君子兰(*C. gardenii*) 细叶君子兰形态与垂笑君子兰相似,但叶片较窄,拱形下垂。每花序着花 14 朵左右。花淡橘黄色。花期早,冬春季开花。

(3) 有茎君子兰(*C. caulescens*) 有茎君子兰有地上茎。花朵下垂,花被筒状,花色为橘红色,瓣尖为绿色。

(4) 奇异君子兰(*C. mirabilis*) 奇异君子兰叶片中央都有一白色条纹。目前仍处于特殊保护的自然区域,栽培数量非常稀少。

【生态习性】君子兰原产南非森林中。喜温暖、湿润及半阴环境,畏高温酷热和寒冷。生长适宜温度 15~25℃,低于 10℃ 生长受抑制,低于 5℃ 生长停止,0℃ 以下受冻害。夏季高温时叶片易徒长。喜富含腐殖质、肥沃疏松、排水良好的微酸性或中性土壤,畏黏重、板结、易积水的土壤,耐旱能力强。

【繁殖方法】君子兰以播种繁殖为主,也可采用分株繁殖,但繁殖系数小。

1. 播种繁殖 君子兰为异花授粉植物,为了促进结实或有目的的品种间杂交,应人工授粉。授粉后经 8~9 月,果实成熟变紫,剥出种子稍晾即可播种,一般在 11 月至翌年 1 月间进行。将种子剥出洗净,均匀点播在盆内,播种时种孔向侧下方,平置于沙床表面,间距 1cm×2cm,播后覆土以没种子为度。浇透水,置于室内,并保持盆土湿润,在 20~25℃ 条件下,1 个半月可发芽。

2. 分株繁殖 君子兰多年生植株每年都萌发根蘖苗,根蘖苗长到 3~4 枚叶片时,在春季移出温室时用锋利剪刀进行切割另行栽植。分株后母株与子株的伤口都要涂草木灰或硫黄粉,待切口干燥后再上盆。如果分割出来的根蘖苗尚未长根,可将它们浅插入素沙土中,放在庇荫和凉爽处,1 个月左右即可生根。

【栽培管理】

1. 花盆选择及上盆 君子兰根系粗壮发达,宜用深盆栽植。盆栽培养土要求疏松,肥沃,透气性良好。幼龄植株上盆时,以腐叶土 8 份、河沙 2 份的配比为宜;成龄植株可采用腐叶土 5 份、腐殖土 2 份、河沙 1 份、骨粉 1 份、木炭屑 1 份的比例配制。栽植时切勿过深,以防假鳞茎腐烂。上盆后浇一次透水,移至阴凉环境下缓苗。

2. 肥水管理 盆栽君子兰施肥以腐熟饼肥为好。其特点是养分高,对根刺激小,便于吸收,不污染空气。上盆和换盆时以基肥方式施入。生长季节每 10~20d 追施一次液肥,掌握薄肥勤施的原则。夏季高温不施肥。抽花茎开花前最好追施两次磷酸二氢钾,可促进抽花茎。君子兰稍耐干旱,水分管理遵循不干不浇、干透浇透的原则。盆土过湿又处于低温时,根系及假鳞茎容易腐烂。盛夏季节要适当喷水降温,以利越夏。

3. 植株管理

(1) 维持整齐株型　君子兰是花叶兼赏的花卉,提高叶片的观赏性已成为栽培中的重要目标。全株叶片呈两侧对称排列,达到"侧视一条线,正视如开扇"的要求。株型的完美性除了受品种固有特性影响外,还受到肥、水、温、光等环境因子的控制。日常管理时应注意花盆的摆放位置与光源方向的关系。可使叶片的展开扇面与光源平行或垂直,并定期(7~10d)转盆180°,这样可使两列叶片相对成扇形整齐地开展,提高观赏品质。

(2) 防止"夹箭"　"夹箭"是指君子兰花茎发育过短,花朵不能伸出叶片之外就开放的现象。"夹箭"造成观赏价值的降低。抽生花茎时温度低于15℃,或营养不足、水分缺乏、昼夜温差不够、养分积累少都会产生"夹箭"现象,针对上述原因,可采取相应措施。

(3) 防止日灼　君子兰宜在散射光下生长,夏季阳光暴晒会造成日灼。在户外宜放在阴凉、湿润、通风的场所,夏季在室内应放在离直射光稍远的位置。

(4) 防止烂根　君子兰根肉质肥大,土壤水分过多、通气不畅或温度过高、肥料过浓等因素都可能导致烂根。发现烂根时,应及时将植株从盆中磕出,抖掉附土,清除腐根,并用高锰酸钾或其他杀菌剂冲洗根部进行消毒,在伤口处涂混有硫黄粉的木炭灰,待伤口干燥后换土换盆栽种。

(5) 不开花的原因　秋、冬季温度太高或施氮肥多、植株挂果期过长等都是导致君子兰不开花的原因,栽培管理时应尽量避免。

【观赏与应用】君子兰是不可多得的花、果、叶兼美的名贵花卉,具有一季看花、三季观果、四季观叶的特性。适于装饰居室、会场、厅堂,显得高贵典雅、具有君子风韵。

三、丽格海棠

【学名】*Begonia elatior*

【别名】玫瑰海棠

【科属】秋海棠科秋海棠属

【产地及分布】为一个秋海棠杂种群的统称,现栽培极为广泛。

【形态特征】丽格海棠为多年生草本植物。须根性,根系纤细。株高20~30cm,肉质茎,多分枝,枝条脆弱,容易受伤折断。单叶互生,斜心脏形,绿色或有紫晕。花单瓣或重瓣,有红、粉红、黄、白和橙等色。常年开花,但以冬季为主。(图13-15)

图13-15　丽格海棠

【栽培品种】丽格海棠的品种不断推陈出新。目前常见栽培品种有:'Azotus',玫红色;'Berlin',粉红色;'Blitz',黄色;'Annebell',亮黄色;'Barkos',红色;'Clara',白色;'Cameval',复色';'Britt Dark',深橙色;'Bellona',鲜红色等。

【生态习性】丽格海棠喜凉爽、湿润和半阴环境,忌闷热和强光直射。生长适宜温度为15~22℃,低于5℃会受冻害,低于10℃生长停滞,超过28℃生长缓慢,超过32℃生长停滞。故夏季要适当降温,不高于28℃便可安全越夏。大部分丽格海棠品种具短日性。要求肥沃、疏松和排水良好的腐叶土或泥炭土，pH5.5～6.5。

【繁殖方法】丽格海棠以扦插或组培繁殖为主。扦插于春季4～5月或秋季9～10月较凉爽时进行。选生长健壮的茎段作插穗，带2～3片叶插入基质中，浇透水，保持湿润，20～30d生根。

组培繁殖是丽格海棠规模化生产采用的主要繁殖方法。取幼嫩的叶片、茎段或茎尖作外植体，以MS为基本培养基，适宜生根的培养基是1/2MS+IBA 0.5mg/L，移栽基质以草炭与蛭石按1∶1混合的基质为好。

【栽培管理】丽格海棠以盆栽为主，用直径10～12cm的花盆上盆，每盆一株。盆栽基质要求疏松肥沃、排水良好，土壤pH5.2～5.5。上盆后立即浇水，然后放于阴凉处缓苗。10～14d后进行摘心，促进侧芽生长及基质界面以下的不定芽发育。苗期需保持较高的空气湿度，盛夏季节需遮阴。浇水方式以浸灌或滴灌为宜，切忌水分沾湿叶片。对养分缺乏和养分过多都很敏感，因此，施肥应薄肥勤施。

【观赏与应用】丽格海棠株型紧凑，花色艳丽丰富，花期很长，是冬季美化室内环境的优良花卉。

四、新几内亚凤仙

【学名】*Impatiens hawkerii*

【别名】五彩凤仙花

【科属】凤仙花科凤仙花属

【产地及分布】原产新几内亚。

【形态特征】新几内亚凤仙为宿根草本植物。株高15～60cm，株型紧凑，矮生。茎肉质，分枝多。叶互生，有时上部轮生，卵状披针形，深绿色或古铜色，表面有光泽，脉纹清晰，叶缘具粗锯齿。花单生或数朵成伞房花序，花柄长，花瓣5枚，不等大。花色丰富而鲜艳，有橙红、红、猩红、粉、紫红、白等色。萼片3枚，其中1枚向外延伸成距。花期长，栽培条件适宜可连续开花不断。（图13-16）

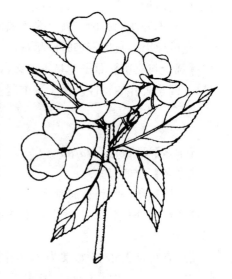

图13-16 新几内亚凤仙

【栽培品种】新几内亚凤仙真正进入园艺界始于20世纪70年代。通过40多年的育种，世界上已经有100多个新几内亚凤仙栽培品种系列广泛应用。目前，我国主要引进栽培的有Bull公司的'Pretty Girls'系列和'Classics'系列，Danziger公司的'Harmony'系列，Kientzler公司的'Paradise'系列，Fischer公司的'Sonics'系列和'Super Sonics'系列等。

【生态习性】新几内亚凤仙喜温暖、湿润的气候条件，不耐高温和烈日暴晒，生长适宜温度为22～24℃，冬季温度不低于12℃，5℃以下易受冻害，30℃以上高温会引起落花。对水分反应敏感，幼苗期必须保持盆土湿润，切忌脱水和干旱。夏秋空气干燥时，应经常喷水，但盆内不能积水，否则植株受涝死亡。土壤以肥沃、疏松和排水良好的泥炭土或腐叶土为好，pH为5.5～6.0。

【繁殖方法】新几内亚凤仙采用扦插或播种繁殖。

1. 扦插繁殖 新几内亚凤仙主要采用扦插繁殖。其优点是开花早，生育周期短，花色整齐一致。全年均可进行，以春季至初夏扦插最好。剪取生长充实的健壮顶端枝条，生根温度为22～24℃，大约7d形成愈伤组织，10～12d生根，3～4周后移栽。

2. 播种繁殖 新几内亚凤仙播种繁殖的特点是幼苗根系比扦插苗发达，后期生长速度快，而且植株基部分枝能力强，节间短，株型紧凑，花朵繁密。由播种至开花约需14周。种子细小，常采用室内盆播或穴盘育苗，播种培养土要消毒。发芽适温为24～26℃，播后7～14d发芽。

【栽培管理】

1. 苗期管理 新几内亚凤仙播种幼苗具3～4片真叶时分苗移栽，苗期生长适宜温度白天为20～22℃，夜间为16～18℃，并注意通风。光照度可逐步加强，初期宜4 000～5 000 lx，后期可提高到8 000lx。随着苗龄的增大，空气相对湿度可逐渐低至60%左右。苗期应注意提供均衡肥料，施肥后立即用清水喷洗叶面，以免叶片沾肥液后灼伤。施肥喷水应在上午进行，以防晚间叶面带水珠，引起叶片腐烂。

2. 定植 新几内亚凤仙播种后7周左右，幼苗具6～7片真叶时，便可定植到口径10cm的花盆中。苗高10cm时摘心一次，促使侧芽萌发，以培养较为丰满的株型。一般根据用花时期控制留枝数量和冠形大小，留3～6个枝较为合适。现在培育出的新几内亚凤仙品种自然分枝较好，不需要人为摘心。

3. 花期管理 新几内亚凤仙花期较长，花后及时将残花摘除，并给植株增施钾肥。早晚给予全光照，中午前后进行遮阴养护。只要温度适宜，养分充足，便可开花不断。

【观赏与应用】新几内亚凤仙花色丰富，株型圆润，适宜室内盆栽观赏。随着其品种的增多现已开始作为花坛植物应用，在欧美地区用于花坛很普遍，而且数量也连年递增。此外，还是优良的悬挂植物。

五、非洲紫罗兰

【学名】*Saintpaulia ionantha*

【别名】非洲堇、非洲苦苣苔

【科属】苦苣苔科非洲紫罗兰属

【产地及分布】原产非洲东部热带的坦桑尼亚，现世界各地广泛栽培。

【形态特征】非洲紫罗兰为多年生草本植物。植株矮小，株高一般为15～20cm，茎极短，全株生有整齐的短毛。叶莲座状排列，叶片卵圆形，长6～8cm，叶面粗糙、绿色，叶背淡紫红色，全缘或有粗齿，叶柄较长。花腋生，2～8朵群生，小花直径为2～3cm，花色为深紫蓝色。全年开花不断。（图13-17）

图13-17 非洲紫罗兰

【栽培品种】我国栽培非洲紫罗兰的历史不长，自20世纪80年代开始从美国和荷兰引种试管苗。近年来，栽培品种繁多，有大花、单瓣、半重瓣、重瓣、斑叶等，花色有紫红、白、蓝、粉红和双色等。

(1) 单瓣种 'Snow Prince'，花白色；'Pink Miracle'，花粉红色，边缘玫红色；'Ruffled Queen'，花紫红色，边缘皱褶；'Pocone'，大花种，花径5cm，花淡紫红色；

'Diana',花深蓝色。

(2) 半重瓣种　'Fuchsia Red',花紫红色。

(3) 重瓣种　'Corinne',花白色；'Flash',花红色；'Blue Peak',花蓝色,边缘白色。

(4) 观叶种　'Show Queen',花蓝色,边缘皱褶,叶面有黄白色斑纹。

【生态习性】非洲紫罗兰喜温暖湿润、阳光充足和通风良好的环境,耐荫蔽。既不耐寒也不耐高温,生长适温20~24℃,冬季不得低于10℃。要求疏松肥沃、排水良好的腐殖质土。pH为5.0~6.0。

【繁殖方法】非洲紫罗兰以播种、扦插繁殖为主,也可分株繁殖。

1. 播种繁殖　非洲紫罗兰播种繁殖于春、秋两季进行,以秋播最好,发芽率高,长势健壮,翌年春季即可开花。种子细小,播后不必覆土,播种土壤以腐叶土3份、园土2份、河沙2份配合并加入少量过磷酸钙较好。播种后保持适当的湿度,在20~25℃的条件下,15~20d即可发芽,2个月左右可上盆定植。从播种到开花需6~8个月。

2. 扦插繁殖　非洲紫罗兰主要采用叶插,11月至翌年4月均可进行。选择生长充实的叶片,带叶柄2~3cm取下,将叶柄基部剪平,斜插于素沙或蛭石中,使叶片在沙或蛭石上面,插后浇水并注意遮阴,同时保持较高的空气湿度,在20~25℃的条件下,20d左右即可生根,2~3个月后长出的幼苗可上盆,从扦插到开花需4~6个月。

3. 分株繁殖　非洲紫罗兰分株繁殖一般在春季换盆时进行,结合翻盆换土,掰下小株分栽,当年即开花。

【栽培管理】

1. 花盆与基质的选择　由于非洲紫罗兰根群小,故种植时盆不宜过大,要视植株大小选相应的花盆。盆栽的基质要求疏松、肥沃、排水良好,中性或微酸性培养土。

2. 浇水与施肥　非洲紫罗兰浇水量要根据生长季节而定,冬季和早春气温低,浇水不宜过勤,要在盆土变干以后再浇,空气相对湿度要保持在40%左右；夏季气温高应多浇水,花盆周围还要经常喷水,空气相对湿度不小于70%；秋季随气候转凉,浇水相应减少。在生长季节,每隔两周施一次稀薄腐熟的饼肥水,但要注意氮肥不宜过量,以免营养生长过盛导致开花稀少。现蕾后施1~2次0.5%的过磷酸钙,可使花色鲜艳。浇水和施肥时应避免沾到叶片上,以免引起腐烂。

3. 温度与光照调节　非洲紫罗兰生长适宜温度在18~24℃,冬季不低于10℃。夏季宜适度遮阴、降温,避免阳光直射,但忌过分荫蔽以引起花少色淡。

【观赏与应用】非洲紫罗兰植株矮小,四季开花,花形雅致,花色绚丽多彩,盆栽可布置窗台、客厅,是优良的室内花卉。

六、天 竺 葵

【学名】*Pelargonium hortorum*

【别名】洋绣球、入腊红

【科属】牻牛儿苗科天竺葵属

【产地及分布】原产非洲南部,我国各地均有栽培。

【形态特征】天竺葵为宿根草本植物,半灌木型。株高30~60cm,全株被细毛和腺毛,具异味。茎肉质。单叶互生,圆形至肾形,叶面通常有暗红色马蹄纹。伞形花序顶生,总花梗长。花有白、粉、肉红、淡红、大红等色，有单瓣、重瓣之分，还有叶面具白、黄、紫色斑纹的彩叶品种。花期10月至翌年6月，最佳观赏期4~6月。除盛夏休眠外，如环境适宜可不断开花。(图13-18)

【品种及同属其他种】

1. 栽培品种

（1）'真爱'（'True Love'）　花单瓣，红色。

（2）'幻想曲'（'Fantasia'）　大花型，花半重瓣，红色。

（3）'口香糖'（'Bubble Gum'）　双色种，花深红色，花心粉红。

（4）'探戈紫'（'Tango Violet'）　大花种，花纯紫色。

（5）'美洛多'（'Meloda'）　大花种，花半重瓣，鲜红色。

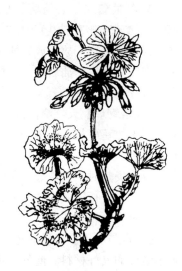

图13-18　天竺葵

（6）'贾纳'（'Jana'）　大花双色种，花深粉红，花心洋红。

（7）'萨姆巴'（'Samba'）　大花种，花深红色。

（8）'阿拉瓦'（'Arava'）　花半重瓣，淡橙红色。

（9）'葡萄设计师'（'Designer Grape'）　花半重瓣，紫红色，具白眼。

（10）'迷途白'（'Maverick White'）　花纯白色。

2. 同属其他栽培种

（1）蝶瓣天竺葵（*P. domesticum*）　蝶瓣天竺葵又名大花天竺葵、洋蝴蝶，宿根草本植物，半灌木型。株高30~50cm，为一园艺杂交种，全株具软毛。单叶互生，叶片心脏状卵形，叶面微皱，边缘锯齿较锐。花大，花径约5cm，上面两枚花瓣较大，且有深色斑纹，有白、淡红、粉红、深红等色。每年开花一次，花期3~7月。

（2）马蹄纹天竺葵（*P. zonale*）　马蹄纹天竺葵为宿根草本植物，半灌木型。株高30~40cm。茎直立，圆柱形，肉质。叶倒卵形，叶面有浓褐色马蹄状斑纹，叶缘具钝齿。花瓣同色，深红至白色。花期夏季。

（3）盾叶天竺葵（*P. peltatum*）　盾叶天竺葵又名藤本天竺葵、常春藤叶天竺葵。宿根草本植物，半灌木。茎半蔓性，分枝多，匍匐或下垂。叶盾形，具五浅裂，锯齿不显。花总梗长7.5~20cm，着花4~8朵，有白、粉、紫、水红等色。上面两枚花瓣较大，有暗红色斑纹。花期5~7月。

此外，香叶天竺葵（*P. graveolens*）、苹果天竺葵（*P. ordoratissimum*）为价值较高的香料植物，详细介绍见第二十章第一节"香草植物"。

【生态习性】天竺葵喜凉爽、湿润和阳光充足的环境。冬季室内温度白天保持10~15℃，夜间8℃以上，即能正常开花，最适温度为15~20℃。耐寒性差，怕水湿和高温，稍耐干旱。宜肥沃、疏松和排水良好的沙质壤土。

【繁殖方法】天竺葵以播种和扦插繁殖为主。

1. 播种繁殖　天竺葵播种繁殖春、秋季均可进行，以春季室内盆播为好。发芽适宜温度为20~25℃。播后覆土宜浅，14~21d发芽。秋播则第二年夏季能开花。

2. 扦插繁殖 天竺葵扦插繁殖以春、秋季为好。选生长健壮带顶芽的枝梢，长10～13cm，或选有腋芽抽生的侧枝，仅留顶端1～2枚叶片。由于茎部多为肉质，水分多，取下立即扦插易腐烂，故应放置阴凉处，使切口干燥数日后再插于沙床中。注意勿伤插条茎皮，否则伤口易腐烂。插后置于半阴处，保持室温13～18℃，14～21d生根。一般扦插苗培育6个月可开花。

【栽培管理】天竺葵苗高12～15cm时进行摘心，促使产生侧枝。春、秋季节天气凉爽，最适于天竺葵生长，每半个月施肥一次，但氮肥不宜施用太多以免引起枝叶徒长，不开花或开花稀少。冬季在室内白天15℃左右为宜，夜间不低于5℃，保持充足的光照，即可开花不断。夏季炎热时，植株处于休眠或半休眠状态，要置于半阴处，控制浇水并注意防涝。花后或秋后适当进行短截，并疏除过密和细弱的枝条，以免过多消耗养分，使其重新萌发新枝，有利于再次生长开花。

【观赏与应用】天竺葵花、叶兼赏，开花时花团锦簇，丰满成球，是布置花坛、花境及垂吊装饰的良好材料。此外，天竺葵具有一种特殊的气味，可使蚊蝇闻味而逃，也是家庭中普遍栽植的大众性花卉。

第三节 切花类

一、香石竹

【学名】*Dianthus caryophyllus*

【别名】康乃馨、麝香石竹

【科属】石竹科石竹属

【产地及分布】原产地中海区域、南欧及西亚，现世界各地广为栽培。主要切花产区在荷兰、以色列、哥伦比亚。我国以上海为中心，近年昆明等地有较大的发展。

【形态特征】香石竹为多年生常绿草本植物。株高25～100cm，整株被有白粉，呈灰绿色。茎光滑，直立，多分枝，茎基部半木质化，茎秆硬而脆，茎节膨大。叶厚，对生，全缘，线状披针形，基部抱茎。花单生或2～3朵簇生于枝端，花径5～10cm，具淡香。花苞2～3层，紧贴萼筒；花萼5裂；花瓣多数，扇形具爪，有白、红、桃红、橘黄、紫红及杂色等。花期5～10月，温室栽培可四季有花。（图13-19）

图13-19 香石竹

【栽培品种】用于切花生产的香石竹品种很多，且新品种不断出现。依整枝方式不同可分为标准型香石竹与射散型香石竹。

1. 标准型香石竹 标准型香石竹每枝1花，花朵较大，花梗多分枝，可陆续开花。此类型花色丰富，在良好栽培条件下，可连续开花数年。

2. 射散型香石竹 射散型香石竹在主花枝上有数朵小花，花径3～5cm，为中、小花型。此类型近十几年来越来越受到消费者青睐，具流行趋势。

【生态习性】香石竹性喜空气流通、干燥和阳光充足的环境，为中日照植物。喜冷凉但不耐寒，也不耐炎热，生长适宜温度白天为15～20℃，夜间10～15℃，温度高于20℃切花品质降低。理想的栽培场地应该是夏季凉爽、干燥，冬季温暖而通风良好的环境，忌高温、高湿。要求排水良好、腐殖质丰富、保肥性强、呈微酸性反应的稍黏重土壤，忌水涝、低洼地，pH6.0～6.5。

【繁殖方法】香石竹常用扦插、组培繁殖，以扦插繁殖为主。

1. 扦插繁殖　香石竹扦插繁殖一年四季均可进行，温室栽培以12月至翌年1月、3月底至4月初为宜。插条长12～15cm，要具有健全的4～5对叶与完整的茎尖。为保证种苗健壮、整齐、优质，最好采母株茎中部2、3节生出的侧芽。扦插基质可用珍珠岩1份加草炭2份，或泥炭藓3份加珍珠岩2份。基质厚度以8cm为宜，扦插深度3cm，株行距2.0×3.5cm。插后及时浇透水，保持温度15～20℃，并应注意遮阴保湿。插条根长1cm时便可移栽。

2. 组培繁殖　香石竹的病毒病严重，因此常用组培方法培养脱毒苗。

（1）**外植体**　取0.2～0.5mm的茎尖作为外植体。

（2）**接种**　在无菌条件下，将经过常规消毒的茎尖外植体接种到MS+BA0.5～2mg/L+NAA0.2～1mg/L的固体培养基上，7周后便可形成丛生苗。

（3）**丛生苗继代培养**　将丛生苗切割成小丛，转移到新鲜培养基上继续培养。

（4）**生根培养**　待苗高2～3cm时，将小苗转移到生根培养基上，经20d左右便可生根。

（5）**移栽**　试管苗新根长0.5～1cm时，便可出瓶移栽。

【栽培管理】

1. 定植　香石竹定植时间要根据采花时间、温度及光照条件等因素确定。如5月定植，则至开花时间最短，需110d，9月下旬开花；6月定植，12月开花；若10月下旬至11月定植，至开花时间最长，需150d。定植密度因品种习性不同而异，可15～20cm×15～20cm，通常35～45株/m²，年产花量200支/m²为最佳密度。667m²温室栽种12 000～18 000株。分枝性强的品种应略稀，分枝性弱的品种可适当密植。栽植深度3～5cm，不宜过深，否则易发生茎腐病。栽植后浇适量水，待表土见干时再浇水。

2. 张网　香石竹定植后要及早张网，使茎正常直立生长。一般用尼龙绳编织的网，网格大小与定植苗的株行距相等，使每一植株进入合适的网格内。通常张网3～4层，第一层网距地面约15cm，随着植株的生长，每隔20cm加一层，并经常将茎拢到网格中。

3. 摘心　整枝摘心是控制花期、保证开花数量和品质的重要措施。通常香石竹小苗长到15～20cm时，从基部向上留5～6节摘心。实际生产中常采用的摘心方式有一次摘心、一次半摘心和二次摘心。

（1）**一次摘心**　仅摘去顶芽，使下部4～5对侧芽几乎同时生长、开花。一次摘心可在较短时间内同时收获大量切花。

（2）**一次半摘心**　第一次摘心后所萌发的侧枝长到5～6节时，对一半侧枝做第二次摘心。一次半摘心虽使第一批产花量减少，但产花稳定，均衡上市，且品质较好。

（3）**二次摘心**　主茎摘心后，侧枝生长到5～6节时，对全部侧枝做第二次摘心。二次摘心可使第一批产花量高且集中，但会使第二批花的花茎变弱，实践中很少采用。停止摘心的时间与供花计划有关，如计划元旦用花，摘心时间应不晚于7月中旬，否则花期会推迟。

4. 疏芽 疏芽在香石竹栽培中是一项连续性的操作，7~10d 就要进行两次。大花品种只留中间一个花蕾，在顶花芽下到基部约 6 节之间的侧芽都应去掉。射散型香石竹则需要去掉顶花芽或中心花芽，使侧花芽均衡发育。

5. 肥水管理 香石竹整个生育期都需有充足的养分供应。生长期约隔 15d 施一次稀薄液肥，氮、磷、钾比例 10∶5∶10。孕蕾期（第 6 对叶展开时）加施磷、钾肥。初蕾和始花后适当多施肥，花期叶面喷施 500 倍磷酸二氢钾，可使花梗粗壮，花大色艳。缺硼时，表现为节间短、花色变淡，有时出现畸形花、花瓣数减少等症状，故应注意增施硼肥。浇水最佳方式是滴灌，以尽量避免将水浇到叶片及植株上。浇水宜在上午进行，有利于植株尽快干。浇水宜少量多次，这样可有效防止叶斑病的大面积发生。

6. 切花采收 标准型香石竹在花瓣的露色部位长 1.2~2.5cm，射散型香石竹在有两朵花已开放、其余花蕾已透色时采收。为了便于运输或贮藏也可在蕾期采收，但需要在贮运之前用保鲜液做预处理，贮运后要做催花处理。

7. 生理病害 裂萼为香石竹主要生理病害，其症状为花萼裂开，花瓣从杯状花萼中露出，使花形不规整。裂萼使花的商品价值降低，甚至成为废品。造成原因有环境因素，也与品种有关。通常大花品种易发生裂萼，且裂萼常发生在花质量很好的情况下。这主要是由于较凉的环境和充足的日照使之形成过多的花瓣，且花瓣生长迅速，从而导致花萼裂开。环境因素主要是花蕾发育期温度偏低或昼夜温差过大（超过 8℃），氮肥过多等。防止裂萼的方法：首先是根据生产者的条件和当地气候条件，选择适当的品种；其次是花芽发育期间，防止环境温度低于 10℃，昼夜温差也不宜超过 8℃。在采收的前几天内，温度绝不可高于 28℃。生产中氮肥施用不宜过多。

【观赏与应用】香石竹花色鲜艳，花梗挺拔，瓶插寿命长，是重要的切花材料，适用于各种形式的插花。矮生品种可用于盆栽观赏。

二、非洲菊

【学名】*Gerbera jamesonii*

【别名】扶郎花、太阳花

【科属】菊科扶郎花（大丁草）属

【产地及分布】原产于非洲南部，现世界各地广为栽培。

【形态特征】非洲菊为常绿宿根草本植物。株高 30~40cm，全株具有细毛。叶基生，长椭圆状披针形，羽状浅裂或深裂，顶部裂片较大，裂片边缘有疏齿，叶柄长 12~20cm。头状花序单生，直径 8~12cm，花梗长，高出叶丛，切花品种长 50~60cm。舌状花大，1~2 轮或多轮，位于外层的舌状花二唇形。花色丰富，有白、橙、红、黄、粉和橘黄等色。花期长，四季常开，盛花期 5~6 月和 9~10 月。切花保鲜期为 10d 左右。（图 13-20）

图 13-20　非洲菊

【品种类型】非洲菊经世界各国广泛栽培和育种，新品种不断涌现。根据花色不同，非洲菊可分为橙色系、粉红色系、大红色系、黄色系等 12 个色系。根据花的大小可分为大花型和小花型两类：大花型品种花径 11~15cm；小花型品种花径 6~8cm。另外，还有盆栽品种，其特征是植株较矮，花梗较短，叶片也较小。

【生态习性】非洲菊性喜温暖、阳光充足和空气流通的环境。生长期适宜温度20~25℃，低于10℃停止生长，低于0℃则产生冻害，若温度高于30℃，生长受阻，开花减少，品质下降。要求疏松肥沃、排水良好、富含腐殖质的微酸性沙质壤土，pH6.0~6.5。在碱性土壤中，叶片易产生缺铁症状。对日照长短不敏感，强光利于花朵发育，但略有遮阴可使花梗较长，对切花有利。忌水涝，较耐干旱。

【繁殖方法】

1. 组培繁殖 组培繁殖为非洲菊切花生产中常用的方法。以花托为外植体，洗净、消毒后，切成2~4块，接种在MS+BA10mg/L+IAA0.5mg/L培养基上。置于25℃、每天光照16h的条件下培养，逐渐产生愈伤组织，1~2个月后由愈伤组织形成芽。芽长至2cm左右时，转移到1/2MS+NAA0.5mg/L生根培养基上。根长1cm时即可移栽。在较高空气湿度下，进行驯化栽培，栽培基质可用锯末和泥炭按1:1混合，每周供给一次营养液。2~3周后就可定植于栽培地。

2. 分株繁殖 非洲菊分株繁殖一般在4~5月进行，因老株着花不良，通常3年分株一次。将老株掘起，切分为4~5部分，每部分需带4~5片叶，另行栽植即可。

3. 播种繁殖 非洲菊播种繁殖一般用于新品种培育，切花生产中一般不采用此法。非洲菊为异花授粉花卉，要想收获种子需进行人工辅助授粉。种子寿命很短，发芽率较低，只有30%~40%。发芽适宜温度18~20℃，10d左右即可发芽，待子叶完全展开时分苗，2~3片真叶时移入小盆或定植露地。

【栽培管理】

1. 定植 非洲菊宜在春、秋季定植。由于其根系发达，要求栽植床土层厚达25cm以上。定植前施足基肥，以麻酱渣、鸡粪、过磷酸钙、草木灰为主。基肥与土壤充分混合后，做成一垄一沟形式，垄宽40cm，沟宽30cm。植株定植于垄上，双行交错栽植。株距25cm，定植时应深穴浅栽，使地下根系尽可能伸展，以根颈部略露出土表为宜，否则易引起根颈腐烂。定植后在沟内灌水。

2. 肥水管理 非洲菊小苗期要适当控水，生长期间应供水充足。花期浇水时，勿使叶丛中心沾水，以免引起花芽腐烂。非洲菊喜肥，特别是切花品种花头大、重瓣度高、叶片多，生长期间消耗大量的养分，故要求及时补施肥料。氮、磷、钾比例为15:8:25。开花期可提高磷、钾肥用量，并掌握薄肥勤施的原则。春、秋季每5~6d追施一次，冬、夏季每10d追施一次，若高温或低温导致植株处于休眠状态，则应停止施肥。

3. 温度管理 非洲菊生长期最适宜温度20~25℃，冬季维持在12~15℃以上，夏季不高于26℃，可终年开花。

4. 光照 非洲菊冬季给予充足的光照，夏季给予适当遮阴，有利于提高切花产量。

5. 清除残叶 非洲菊基生叶丛下部叶片易枯黄衰老，应及时清除，改善光照和通风条件，以减少病虫害发生，并有利于新叶和花芽的发生和生长，促使其不断开花，提高单株产量。其产花能力以新苗栽后第二年最强，花的商品性也好，以后逐渐衰退，最好栽培3年更换新苗。

6. 切花采收 非洲菊最适宜采收的时期为最外轮花的花粉开始散出时。采收应在植株挺拔、花茎直立、花朵开展时进行，切忌在植株萎蔫或夜间花朵半闭合状态下采收，以免影响切花的品质及瓶插寿命。采收切花时，只要握住花梗扭转基部即可摘取，不必使用剪刀。

采收后马上插入100～250mg/kg漂白粉水中处理3～5h，然后进行分级包装。

【观赏与应用】非洲菊为现代切花中的重要材料，供插花及制作花篮、花束等。矮生种可盆栽，也可于花坛、花境或树丛、草地边缘丛植。

三、锥花丝石竹

【学名】*Gypsophila paniculata*

【别名】满天星、宿根霞草

【科属】石竹科丝石竹属

【产地及分布】原产地中海沿岸，现世界各地广泛栽培。我国自上海园林科学研究所用组培方法解决了重瓣锥花丝石竹的繁殖问题后，其栽培更为广泛。

【形态特征】锥花丝石竹为多年生草本植物。株高70～90cm，全株无毛，稍被白粉，性强健，多分枝，向四面开展。叶片对生，披针形至线状披针形。多数小花组成疏散的圆锥花序，花小、白色，小花梗细长，景观似霞，具香味。自然花期6～8月。（图13-21）

【栽培品种】锥花丝石竹园艺品种甚多，目前世界切花市场及我国引进栽培的主要品种如下：

(1)'仙女'('Bristol Fairy') 花白色，重瓣，小花型。适应性强，产量高，适用于周年生产，为各国栽培量最大的品种。

图13-21 锥花丝石竹

(2)'完美'('Perfect') 花白色，重瓣，大花型。茎秆粗壮挺拔，对光、温变化较敏感，高温期容易产生莲座状丛生，低温时开花停止，栽培难度大，但价格昂贵。

(3)'钻石'('Diamond') 从仙女中选育出来的大花品种，花白色，重瓣，节间短，低温时开花推迟。周年生产比较困难。

(4)'火烈鸟'('Falmingo') 花淡粉红色，花大，茎细长，春季开花。

(5)'红海洋'('Red Sea') 花深桃红色，花大，茎硬。在高寒地带春季栽植，秋季出售，花色十分鲜艳，不易退色。在暖地从秋到春都能开花，是新选育出的品种。

【生态习性和生育特性】

1. 生态习性 锥花丝石竹性喜阳光充足、干燥、凉爽的环境，忌高温、高湿。生长最适温度15～25℃，而开花要求温度在10℃以上，温度高于30℃或低于10℃时，易引起莲座状丛生。喜向阳高燥地，忌低洼积水，适宜石灰质、肥沃和排水良好的土壤，pH6.8～7。

2. 生育周期 锥花丝石竹以根颈处发生的莲座枝越冬，在接受冬季低温打破莲座化后于早春开始营养生长，4月中旬花芽分化，5～6月或稍晚开花。夏季接受高温后生活力下降，当秋季低温、短日来临时，由吸芽萌生的枝条不再伸长而形成莲座状枝进入越冬休眠。

3. 防止莲座化 锥花丝石竹生长活力下降了的植株，在长日（16h）和稍高温度（15℃以上）下不产生莲座枝，节间可照常伸长和开花。夏季将幼苗或老株冷藏待秋季定植，这样避开高温的影响可防止莲座化。

【繁殖方法】锥花丝石竹商品化切花生产以组培繁殖为主，也可扦插繁殖或播种繁殖。

1. 组培繁殖 锥花丝石竹重瓣品种主要用组培繁殖出脱毒苗，然后再进行扦插繁殖。取优良单株嫩茎顶端作外植体，常规消毒后，切取0.3～0.5mm长的顶芽接种在培养基上。

接种与继代培养基为 MS＋BA0.5mg/L＋NAA0.1mg/L，生根培养基为 1/2MS＋NAA0.1mg/L。试管苗根长 0.1～1.0cm 时，应及时移栽。

2. 扦插繁殖 锥花丝石竹组培苗出瓶后，经 2 次摘心，使其具一定量的侧枝后即可采穗扦插。从母株切取长约 5cm 的枝作插穗，用 0.5％IBA 粉剂处理基部切口后插入扦插床内。

3. 播种繁殖 播种多用于单瓣丝石竹的繁殖。在 21～27℃条件下约 10d 出芽。播种时间因要求花期不同而分期分批进行。9 月初播种，初冬移入冷床越冬，翌年 3 月下旬定植露地，4 月底至 5 月初开花；11 月中下旬露地播种，种子在露地越冬，翌年春出芽，花期 5 月中旬；3 月初露地直播，5 月下旬后开花。

【栽培管理】

1. 整地 锥花丝石竹定植前应深翻土壤 40～50cm，施入足够的有机肥，并适当增施一些磷、钾肥。酸性或中性土壤应适当施石灰调节土壤酸碱度。做高畦，畦面高 30～40cm。

2. 定植 锥花丝石竹采用高畦双行或单行定植，株行距 40～50cm×40～50cm，定植深度以 3～5cm 为宜。定植后充分灌水保持土壤湿润，成活后保持地面通风。

3. 摘心 锥花丝石竹定植 1 个月左右，苗长至 7～8 对叶片时进行摘心，以增加每株枝数。摘心后还应随时整枝，去除弱枝及萌芽，保留健壮一致的芽。一般在 1m² 的面积上，保留 15～20 支切花即可。

4. 张网 锥花丝石竹植株生长旺盛时，株丛大，易倒伏，可及早张网固定或用竹竿支撑，防止倒伏。

5. 温、光控制 锥花丝石竹营养生长阶段的温度宜保持在 15～25℃，低于 10℃或高于 30℃，易引起莲座状丛生。在自然光照不足 16h 时，应予以人工补光。具体做法是在距植株顶部 60～80cm 高处，挂 100W 的白炽灯，约 100m² 一盏。自 0:00 时起，照明 3～4h。

6. 灌水施肥 锥花丝石竹灌水方式以滴灌为宜。生长初期勤浇灌，植株长到 30cm 时，适当控水，防止徒长；开花期要严格控制水分，以防止枝条软弱，只在土壤干燥而引起叶片枯萎时再灌水。栽培过程中要不断追肥，每两周追肥一次，通常与灌溉相结合，也可结合病虫害防治进行叶面追肥，幼苗期以氮肥为主，孕蕾期以磷、钾肥为主，后期如氮肥过多会引起徒长，茎秆软弱，影响切花品质，在开花前 20d 停止追肥。

7. 切花采收 锥花丝石竹花枝上花朵有 1/2 开放时即可采收，先采中心的花枝。花枝长度以 70cm 以上为宜。采收后用 0.2mmol/L 硫代硫酸银（STS）＋5％蔗糖溶液处理 6h，可使开花率达 70％以上。瓶插寿命 5～7d，花枝可自然干燥成为优质干花，观赏期达一年之久。

【观赏与应用】锥花丝石竹小花朵玲珑细致、洁白无瑕，宛若无际夜空中的点点繁星，极具婉约、雅素之美，是极好的插花配材，也适宜于花坛、路边和花篱栽植。

四、洋桔梗

【学名】*Eustoma grandiflorum*
【别名】草原龙胆、大花桔梗
【科属】龙胆科草原龙胆属
【产地及分布】原产美国和墨西哥。近年来，洋桔梗在切花领域中日益受到人们的重视。现已成为国际上十分流行的切花种类之一。

【形态特征】洋桔梗为多年生宿根植物。株高30～100cm，茎直立。叶对生，叶片蓝绿色，卵形至长椭圆形，基略抱茎。花漏斗状，花色丰富，有蓝紫、粉红、纯白等色及复色。根据品种不同，每支花茎可着花10～20朵，通常着花5～10朵。种子细小。（图13-22）

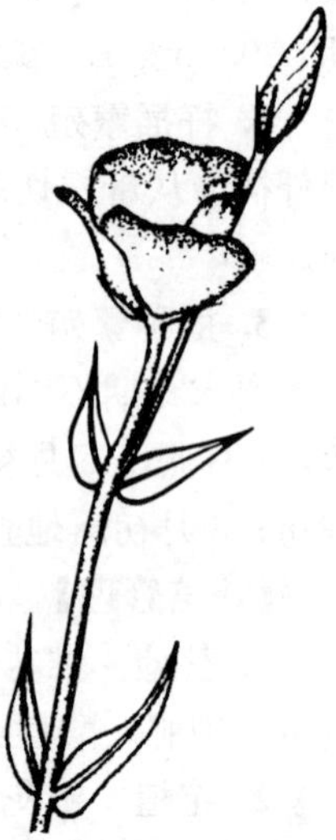

【栽培品种】用于切花生产的洋桔梗多为杂种一代（F_1）品种，有早、中、晚熟之分。

(1) '超级魔术'（'Super Magic'） 早花品种，花枝粗壮，花梗较长，花色鲜艳，分枝多，有粉红、白、深蓝、浅蓝、深紫等色，花开持久，花瓣不易脱落。

(2) '丽枝'（'Lizzy'） 株高约30cm，多分枝。早花品种，从播种到开花需22～26周，花期较为一致，花色有白、紫、蓝和粉红等。也可盆栽。

(3) '闪耀'（'Twinkle'） 早花品种，从播种到开花需22～26周，花朵在顶部丛生，自然成束，有蓝、白、粉红和蓝白双色系列。

(4) '阿林娜'（'Arena'） 中花品种，花多，花型紧凑，分枝多，花枝粗壮，较高，有绿白、白、浅红、浅黄、蓝色等系列。

图13-22 洋桔梗

(5) '典礼'（'Ceremony'） 晚花品种，花朵较大，花多，花期一致，花色有白、浅黄、桃红、蓝、橙红等系列。

(6) '国王'（'King'） 早花品种，花多成束，分枝多，花型紧凑，有蓝、白、浅黄以及蓝白双色等系列。

(7) '回音'（'Echo'） 中花品种，植株粗壮高大，花多，分枝均匀，花色有粉红、紫蓝、浅黄、白和白花蓝边或红边的系列。

【生态习性】洋桔梗喜干燥，忌湿涝。生长期适宜温度为15～28℃，夜间不能低于12℃，若超过30℃，花期明显缩短；冬季温度若在5℃以下，叶丛呈莲座状，不能开花。对光照的反应比较敏感，长日照利于茎叶生长和花芽形成，一般以每天16h光照效果最好。要求肥沃、疏松和排水良好的土壤，切忌连作。

【繁殖方法】洋桔梗以播种繁殖为主，也可扦插繁殖。

1. 播种繁殖 洋桔梗通常在7月上旬至9月下旬播种。7月份播种，秋季定植，翌年4～6月开花。秋冬季育苗，2～3月定植，6～7月开花。种子非常细小，无休眠期，属于喜光种子，播种时可将种子直接撒在土壤表面，不用覆土，以利于种子发芽，但要注意保持表土湿润。发芽适宜温度为20～25℃，大约10d开始萌发。幼苗长出2对真叶时，进行第一次移植，育苗期温度以日温25℃、夜温18℃为佳。在高温或低温下，幼苗易发生莲座化现象。夜间凉温育苗或高冷地育苗，能有效克服莲座化现象的发生。

2. 扦插繁殖 从洋桔梗植株上掰下5cm左右的插穗，基部用2 000mg/L浓度的吲哚乙酸溶液速蘸后再进行扦插，可促使插穗生根。在合适环境条件下，大约15d开始生根。

【栽培管理】

1. 定植 洋桔梗播种小苗的第4至第5对真叶开始生长时为最后定植时期，不能错过。定植前要施足基肥。定植畦宽80cm，畦间距50cm，以15cm×15cm的尼龙网平铺于畦面后，每个网眼定植一株。

2. 肥水管理 洋桔梗定植初期，根充分伸展前必须注意浇水，勿使土壤干燥，并适当遮阴，提高幼苗成活率。定植1个月后即可追肥，氮、磷、钾比例约为10∶8∶10。每周追施一次，结合灌水施入。生育中期根系已较深扎入土壤中，这时可逐渐减少水分供应。后期过高温度会使植株生长过分急速，导致切花品质下降。此期应减少水分的供应，增加茎秆硬度。

3. 摘心 洋桔梗定植后是否摘心，应根据切花的上市时间、预定产量、品质及是否再利用此株进行生产而定。摘心一般在第3~4节之间，摘心后产量增加，但切花的花茎长度、品质会有所下降。要生产高品质的切花，一般不进行摘心处理。另外，摘心后品种之间的萌芽差异也很大。

4. 张网 洋桔梗随着花茎长高，将原来平铺在畦面的尼龙网提升后固定，防止花茎变弯，影响切花的品质。对植株较高的品种，需设立两层支撑网。

5. 切花采收 洋桔梗2~3朵花开放为适宜采收期，采收时可留从地上部分向上的2~3个新芽，2~3个月后，可再采收第二批花。洋桔梗吸水性极强，为延长切花寿命，可用清水保鲜，也可用保鲜剂、低温冷藏等方法处理。

【观赏与应用】洋桔梗花姿柔美、花色娇艳，是近年来流行的切花花卉，可用于花篮、花束和各种艺术插花的制作。

五、花　烛

【学名】*Anthurium andraeanum*

【别名】红掌、大叶花烛、安祖花、红鹤芋

【科属】天南星科花烛属

【产地及分布】原产中南美洲热带雨林中，19世纪欧洲开始栽培观赏，我国自20世纪80年代引种栽培，至今已成为流行的名贵切花和盆花。

【形态特征】花烛为多年生常绿草本植物。株高50~100cm，节间短，根肉质。叶深绿色，有光泽，自根颈抽出，具长柄，长椭圆状心形，叶基深心形，长30~40cm，宽10~15cm。花梗自叶腋抽出，长约50cm。单花顶生，佛焰苞直立开展，阔心脏形，橙红或猩红色，蜡质；肉穗花序圆柱状，直立，长约6cm，先端黄色，下部白色。花两性。浆果粉红色。(图13-23)

图13-23　花烛

【品种及同属其他种】

1. 栽培品种 花烛按用途通常分为切花和盆栽两大类。目前国内外流行的切花类按佛焰苞的颜色不同可分为鲜红色、绯红色和白色。鲜红色的品种有'光荣'（'Gloria'）、'亚历克西斯'（'Alexia'）、'莫里西亚'（'Mauricia'）等；绯红色的品种有'罗泽达'（'Rosetta'）、'内蒂'（'Nette'）、'安妮卡'（'Anneke'）等；白色的品种有'玛格丽莎'（'Margaretha'）。盆栽类有大花型、小花型、丰花型以及观叶花烛等30余种。

2. 同属其他栽培种

(1) 火鹤花（*A. scherzerianum*）　火鹤花植株直立，叶深绿色，长15~30cm，宽约6cm。花茎长25~30cm，佛焰苞火红色，肉穗花序呈螺旋状扭曲。

(2) 水晶花烛（*A. crystallinum*）　水晶花烛为观叶花卉。叶暗绿色，叶脉银白色，佛焰苞条形、绿色、肉穗花序淡绿色。

(3) 掌叶花烛（*A. pedato-radiatum*）　掌叶花烛为观叶植物。叶片掌状深裂，佛焰苞紫红色，肉穗花序绿色，细长弯曲。

【生态习性】花烛原产热带雨林，喜温暖、潮湿和半阴的环境。生长适宜温度25～28℃，越冬温度不可低于18℃。喜多湿环境，但忌灌水过多和积水，空气相对湿度宜在80%～85%之间。对土壤和水质要求较严，宜疏松肥沃、排水良好的腐殖质土，pH为5.5～6.0。

【繁殖方法】

1. 组培繁殖　组培繁殖是目前花烛规模化生产应用的主要繁殖方法。取植株的幼嫩叶柄或叶片为外植体，接种1个月后产生愈伤组织，从愈伤组织到苗分化需30～60d。种植后第三年才可开花。

2. 分株繁殖　4～5月间，将开花后的花烛成龄植株侧旁有气生根的子株剪下，单独分栽即成新株。子株至少带有3～4片叶，培养1年即可开花。

3. 播种繁殖　由于花烛自然授粉不良，如需采种应选择优良母株进行人工授粉，经人工授粉后，8～9个月果实成熟。每个果实中有2～5粒种子，采收后要及时播种。通常用切细的水苔藓作播种基质。种子覆土0.5～1.0cm，盖上干净的塑料薄膜保湿，温度控制在25～30℃，大约3周发芽，需培养3～4年才开花。

【栽培管理】

1. 切花栽培

(1) 定植　花烛的栽培基质必须有良好的透气性。南方地区可以选用木泥炭、草炭土、珍珠岩按2：1：2的比例混合，栽培效果较好；北方地区一般用腐烂的松针土或花泥。定植前应对基质进行消毒。定植株行距为40cm×50cm，约4株/m²，667m²温室用苗量1 500～1 700株。

(2) 生长期间温度、湿度、光照的调节　花烛生长适温为日温25～28℃，夜温20℃，温度过高时，应加强通风，温度低于15℃以下，要注意采取防寒措施。夏季遮光率控制在75%～80%，阴天时应卷起遮阳网，增加光照。

(3) 肥水管理　花烛栽培应以追肥为主。种植前将骨粉、麻酱渣等与基质充分混合施入。在植株不同生长发育时期，氮、磷、钾吸收比例不同，成龄植株氮、磷、钾施用比例为7：1：10，开花期氮、磷、钾的吸收量高于营养生长期。追肥方式以每天喷施一次MS培养基大量元素与微量元素100倍稀释液，每周用1 000倍复合肥液作根部浇灌。

(4) 植株管理　花烛生长期间需定期摘除植株的老叶，以促进植株间的空气流通，减少病害的发生。剪叶时，先用70%的酒精对刀具彻底消毒。一般每月剪叶一次，水平叶少留，垂直叶多留。

(5) 增添栽培基质　随着植株的生长，花烛老茎逐年增高，为使植株稳固于基质中，不产生侧向倾斜，需每年增添1～2次栽培基质。否则，产生侧向倾斜后，叶片与花茎不能挺直生长，切花品质降低。

(6) 切花采收　花烛佛焰苞充分显色、肉穗花序有1/3变色为适宜采收期，过早、过晚均对瓶插寿命有不利影响。在理想的栽培条件下，高产品种每株年产花可达12支以上。花烛水养持久，在13℃条件下可贮藏3～4周。

2. 盆栽　矮生花烛多行盆栽，盆土可用泥炭或腐叶土加腐熟马粪与适量珍珠岩混合，盆底垫砾石、瓦片，保持通气、排水。浇水以滴灌为主，结合叶面喷灌。生长季节应薄肥勤施，可以随水滴灌或叶面喷施。花烛对氮、钾肥的需求较高，成株氮、钾施用量分别为磷的7倍和10倍。

【观赏与应用】花烛佛焰苞硕大肥厚，光亮如漆，色彩丰富，花期长，是世界名贵花卉。既可观花，又可赏叶，是目前全球发展快、需求量较大的高档切花和盆花。

六、鹤望兰

【学名】*Strelitzia reginae*

【别名】极乐鸟花、天堂鸟花

【科属】旅人蕉科鹤望兰属

【产地及分布】原产南非，现世界各地广为栽培。美国、德国、意大利、荷兰和菲律宾等国盛产鹤望兰。我国自20世纪90年代以来，在广东、福建、江苏等地种植已颇具规模。

【形态特征】鹤望兰为宿根常绿草本植物。株高1~2m，肉质根粗壮，茎不明显。叶二列对生，革质，长椭圆形或长椭圆状卵形，长约40cm，宽约15cm，主脉明显，侧脉羽状平行，叶背及叶柄被白粉。总状花序高于叶片，着花3~9朵。小花有花萼3枚，橘黄色；花瓣3枚，舌状，亮蓝紫色；佛焰苞横生似船形，长15~20cm，绿色，边缘带红色。花形奇特，花色艳丽，形如翘首远望的仙鹤。花期9月至翌年6月。(图13-24)

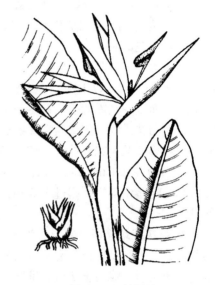

图13-24　鹤望兰

【同属其他栽培种】鹤望兰属观赏价值较高的种还有大叶鹤望兰、小叶鹤望兰和尼古拉鹤望兰。

(1) 大叶鹤望兰（*S. augusta*）　大叶鹤望兰株高可达5m，叶生茎顶。花白色和紫色。

(2) 小叶鹤望兰（*S. parvifolia*）　小叶鹤望兰叶片棒状。花大，花萼橙红色，花瓣紫色。

(3) 尼古拉鹤望兰（*S. nicolai*）　尼古拉鹤望兰叶大，柄长，基部心脏形。萼片白色，花瓣蓝色。

【生态习性】鹤望兰喜温暖湿润气候，生长适温20~25℃，30℃以上则高温休眠，冬季在夜温5~10℃、昼温20℃条件下可正常生长，0℃以下易受冻害。喜光，若光照不足则生长细弱，开花不良，但夏季忌强光暴晒，宜荫棚下养护。耐旱力较强，不耐水湿。喜肥沃、排水良好、富含腐殖质的沙壤土。

【繁殖方法】鹤望兰以播种、分株繁殖为主。

1. 播种繁殖　鹤望兰是典型的鸟媒植物，需经人工授粉后才能正常结实。种子成熟后应立即播种，发芽率高。播种前种子用温水浸泡4~5d，发芽适温为25~30℃，播后15~20d发芽。若播种温度不稳定，会造成发芽不整齐或发芽后幼苗腐烂死亡。种子发芽后半年形成小苗，栽培4~5年具9~10枚成熟叶片才能开花。

2. 分株繁殖　鹤望兰分株繁殖于春季进行，选取健壮植株，由根茎的空隙处用锋利剪刀切断，伤口处涂以草木灰或硫黄粉，置阴凉处1~2h后便可种植。栽后放置半阴处养护，待恢复生长后进行正常栽培管理。当年秋冬就能开花。

【栽培管理】

1. 切花栽培管理

（1）定植　鹤望兰种植前深翻土壤，施足腐熟基肥。通常在4～5月定植，定植株行距为80cm×100cm，深度以根颈部在土表下2～3cm为宜，种植后浇透水，每天向叶面喷水一次，约15d可长新根。

（2）肥水管理　鹤望兰生长旺盛期水肥供应要充足，每7～10d追肥一次，每平方米施用复合肥0.05kg、腐熟饼肥0.1kg。8～10月适当控水有利于花芽形成，促其多开花。10～11月是开花盛期，此时应供水充足，且每周向叶面喷施磷酸二氢钾和硼酸，每月施一次复合肥以提高花的质量。

（3）温、光调节　鹤望兰在18～30℃范围内生长良好。冬季温度保持在10～25℃之间，不要低于8℃，8℃以下则停止生长。光照对于生长发育有直接影响。秋、冬、春需要充足的光照，而夏季则需遮阴。在冬季主要采花期，阳光充足有利于增加产花量。

（4）切花采收　鹤望兰需要贮运的切花可在第1朵小花显色或开放时剪切，也可根据市场需求在第2朵小花开放时剪切。切花按花茎长度和花头长度分级，一、二、三级切花要求茎长分别为＞100cm、＞80cm、＞60cm，花头长度分别为＞18cm、＞16cm、＞14cm，一、二级切花花茎中部粗度超过1.3cm。切花水养持久，可达2～3周，水养过程中能继续开放小花2～3朵。

2. 盆花栽培管理　鹤望兰为名贵盆花，因其为直根系，需用高盆栽植。培养土必须通透性良好，否则易烂根。配制方法如下：园土2份、泥炭土或腐叶土1份、粗沙1份混匀，或者园土1份、泥炭土2份、堆肥土3份、粗沙1份混匀。幼苗期宜每年换盆一次，开花成株视生长情况可2～3年换盆一次。生长期需2周施一次腐熟的饼肥水，孕蕾期施用2～3次磷酸二氢钾。花后如不需要留种，应及时剪除残花。

【观赏与用途】鹤望兰是稀有的名贵花卉，盆栽时可布置宾馆、饭店的接待大厅和大型会议室，具清新、高雅之感。亦为重要切花。

七、蛇鞭菊

【学名】*Liatris spicata*

【别名】麒麟菊、猫尾花

【科属】菊科蛇鞭菊属

【产地及分布】原产美国东部地区，现世界各地都有栽培。

【形态特征】蛇鞭菊为多年生草本植物。地下具块根，地上茎直立，无分枝，株形呈锥状。叶基生，线形或剑状线形，长30～40cm。头状花序排列成密穗状，长可达60cm，淡紫红色、淡红色或白色。花期7～9月。（图13-25）

【栽培品种】

（1）'蓝鸟'（'Blue Bird'）　花蓝紫色。

（2）'佛维斯'（'Floristan Weiss'）　花白色，花序长达90cm。

（3）'小鬼'（'Goblin'）　花深紫色，花序长40～50cm。

（4）'雪皇后'（'Snow Queen'）　花白色，花序长75cm。

【生态习性】蛇鞭菊耐寒、忌酷热，喜阳光，生长适宜温度为18～25℃。喜肥，要求疏松肥沃、湿润又排水良好的沙壤土或壤土，不耐积水。

【繁殖方法】蛇鞭菊多采用分株繁殖，春、秋两季均可进行，多在3~4月进行。也可播种繁殖，秋播为主。

【栽培管理】蛇鞭菊切花栽培时宜选择排水良好的场所，整地时加入适量有机肥作基肥。生长季节每月施肥1~2次，采花后适当培土施肥，可促进下一茬产花质量。开花时易倒伏，抽生花梗前应张网。性强健，病虫较少，南方地区夏季高温湿热，应适当遮阴并预防积水。

【观赏与应用】蛇鞭菊花期长，观赏价值高，布置花境或于篱旁、林缘作自然式丛植效果非常好。也是重要的插花材料。

八、大花飞燕草

图13-25 蛇鞭菊

【学名】*Delphinium grandiflorum*
【别名】翠雀花
【科属】毛茛科翠雀花属
【产地及分布】原产我国及俄罗斯的西伯利亚。我国河北、内蒙古及东北地区均有野生分布。

【形态特征】大花飞燕草为多年生草本植物。主根肥厚，呈梭形或圆锥形。茎直立，多分枝，株高80~100cm。全株被柔毛。叶互生，掌状深裂，裂片线形。总状花序顶生，萼片5枚，瓣状，蓝色。花期5~7月。

【同属其他种】

（1）高翠雀花（*D. elatum*）　高翠雀花为宿根草本植物。株高可达1.8m，多分枝。叶片较大。总状花序，花蓝紫色。

（2）丽江翠雀花（*D. likiangense*）　丽江翠雀花为总状花序，花青紫色，有芳香。

（3）康定翠雀花（*D. tatsienense*）　康定翠雀花株高50cm。散房花序，花蓝紫色。

（4）唇花翠雀花（*D. cheilanthum*）　唇花翠雀花株高约1.4m。花较少，栽培品种花黄色。

【生态习性】大花飞燕草喜冷凉气候，忌炎热。喜光照充足。耐寒、耐旱、耐半阴。宜富含腐殖质的黏质土。

【繁殖方法】大花飞燕草可采用播种、分株及扦插繁殖。播种可于春季3~4月或秋季8月中下旬进行。种子发芽比较迟缓，发芽最适宜温度为14~15℃，播后2~3周可出苗。分株繁殖春、秋季均可进行。扦插繁殖可在花后剪切苗株基部萌发的新芽作为插穗，或于春季剪切新枝条作为插穗进行扦插。

【栽培管理】大花飞燕草在炎热地区栽培时夏季应适当遮阴降温，创造冷凉环境，以利其生长。在南方温暖地区冬季不加防护措施也可正常生长，但在北方地区必须采取覆盖或培土措施。生长适宜温度为10℃。留种老株宜2~3年移栽一次，移栽时要施足基肥。生长旺盛期需追肥一次，并以磷、钾肥为主。若植株较高大还应设支架扶持苗株，防止倒伏。花后应及时剪除花梗，以利其生长。

【观赏与应用】大花飞燕草花形别致，开花时好似蓝色飞燕落满枝头，色彩淡雅宜人。可作花坛、花境的配置材料，尤其是用于花境效果斐然。更是一种优良的切花材料，常作为线性花材使用。

第四节 其他常见宿根花卉

本章前三节按园林绿化类、盆花类、切花类详细介绍了园林中重要的宿根花卉，此外，还有一些常见的宿根花卉种类，其生物学特性、生态习性及应用见表13-3。

表 13-3 其他常见宿根花卉简介

中名（别名）	学名	科属	株高（cm）	花色	花期（月）	主要习性	繁殖方法	主要应用
千叶蓍 珠蓍 蓍草	Achillea millefolium A. plarmica A. sibirica	菊科 蓍草属	30～60 30 100	白、黄、粉 白 白	6～7 夏 夏	耐寒，喜光，耐半阴	播种、分株	花境、花坛
乌头	Aconitum chinensis	毛茛科 乌头属	100	淡蓝	夏	耐寒，耐半阴	播种、分株	花境或林下栽植
轮叶沙参	Adenophora tetraphylla	桔梗科 沙参属	30～150	蓝、白	6～8	耐寒、耐旱，喜半阴	播种、分株	花坛、花境或林缘栽种
岩生庭荠	Alyssum saxatilis	十字花科 庭荠属	15～30	黄	4	耐寒、耐旱	播种、分株	花境镶边、地被、岩石园栽种
杂种耧斗菜 华北耧斗菜	Aquilegia hybrida A. yabeana	毛茛科 耧斗菜属	40～50 30～60	黄、紫、白 蓝色	5～8 5～6	耐寒，喜光耐寒，喜半阴	播种	花坛、花境
春黄菊	Anthemis tinctoria	菊科 春黄菊属	30～60	黄、白	6～9	耐寒，喜凉爽，喜光	播种、分株	花境、切花
落新妇（红升麻）	Astilbe chinensis	虎耳草科 落新妇属	50～80	紫、红、粉、白	6～7	耐寒，喜光，耐半阴	播种	花境、切花
射干	Belamcanda chinensis	鸢尾科 射干属	50～100	红、橙、浅紫	7～8	耐寒，喜光，耐半阴	播种、分株	花境
文殊兰	Crinum asiaticum	石蒜科 文殊兰属	100	白色	6～7	喜温暖湿润，不耐寒	分株、播种	盆花
大花矢车菊	Centaurea macrocephala	菊科 矢车菊属	40～90	金黄		耐寒，喜光	播种、分株	花坛、花境、切花
荷包牡丹	Dicentra spectabilis	罂粟科 荷包牡丹属	30～60	红、白、粉	4～5	耐寒，忌高温，喜湿润富含腐殖质的沙壤土	分株、播种	花坛、花境、盆花
紫松果菊（紫锥花）	Echinacea purpurea	菊科 紫松果菊属	30～100	紫红	6～7	耐寒，喜光，喜肥	播种、分株	花境、切花
泽兰	Eupatorium japonicum	菊科 泽兰属	100～200	白	秋	耐寒，喜冷凉	播种、分株、扦插	花境
蓝亚麻（宿根亚麻）	Linum perenne	亚麻科 亚麻属	40～80	淡蓝、白	6～7	耐寒，喜光	播种、分株	花坛、花境或丛植、镶边

(续)

中名 （别名）	学名	科属	株高（cm）	花色	花期 （月）	主要习性	繁殖方法	主要应用
红花钓钟柳	Penstemon barbatus	玄参科 钓钟柳属	40～80	红、粉红	6～9	较耐寒，喜光，忌炎热忌涝	播种、分株	花坛、花境、切花
桔梗 （僧冠帽）	Platycodon grandiflorum	桔梗科 桔梗属	30～100	白、蓝	6～9	耐寒，喜湿润，耐半阴	播种、分株	花坛、花境、岩石园
花荵	Polemonium coeruleum	花荵科 花荵属	40～70	蓝紫	6～8	耐寒，喜光，耐半阴，耐旱	播种	花境、花坛、切花或林缘栽植
委陵菜	Potentilla chinensis	蔷薇科 委陵菜属	50～60	黄色	5～8	耐寒，适应性强	分株	林缘、坡地种植，极富野趣
白头翁	Pulsatilla chinensis	毛茛科 白头翁属	20～40	紫、粉	3～5	耐寒，喜凉爽，耐旱，喜光	播种	花坛、花境、地被
石碱花 （肥皂草）	Saponaria officinalis	石竹科 肥皂草属	30～100	白、玫红	6～8	耐寒，耐旱	播种、分株、扦插	花境、花坛
大花蓝盆花 华北蓝盆花	Scabiosa superba S. tschiliensis	川续断科 山萝卜属	60～150	红、紫	7～9	较耐寒	分株、播种	花境、花坛
加拿大 一枝黄花	Solidago canadensis	菊科 一枝黄花属	100～200	黄	7～9	抗寒，喜光	播种、分株	花境、切花、盆花
唐松草	Thalictrum aquilegifolium	毛茛科 唐松草属	60～150	白	7～8	耐寒，喜光	播种、分株	花境
紫露草	Tradescantia reflexa	鸭跖草科 紫露草属	30～50	蓝紫色	5～7	喜光，也耐半阴，适应性强	分株	花坛、盆花或地被
金莲花	Trollius chinensis	毛茛科 金莲花属	40～90	金黄	6～8	耐寒，喜光，喜冷凉	播种、分株	花坛，自然式片植
细叶婆婆纳	Veronica linariifolia	玄参科 婆婆纳属	30～80	蓝紫色	6～7	耐寒，喜光，喜冷凉	播种、分株	庭院绿化或与其他颜色野花混植

◆ **复习思考题**

1. 解释"春分分芍药，到老不开花"之说。
2. 总结你在园林中所见到的宿根花卉种类，并写出每种宿根花卉的生物学特性、季相变化、园林应用形式等。
3. 比较秋菊、国庆菊、地被菊的耐寒性。
4. 君子兰的"夹箭"是什么原因造成的？如何防止？

第十四章
球 根 花 卉

球根花卉是地下部分发生变态的多年生草本花卉。在不良环境条件下,于地上部茎叶枯死之前,其地下根系或地下茎常膨大成球形或块状,成为植物体的营养贮藏器官,并以此来渡过寒冷的冬季或炎热的夏季,待环境条件适宜时,再度生长、开花。

球根花卉种类繁多,因其地下变态部分的形态结构不同,可分为以下五类:鳞茎类、球茎类、块茎类、根茎类、块根类。

球根花卉花大色艳,观赏效果极佳,是园林绿化、盆花和切花生产中不可缺少的种类之一。多数球根花卉在园林绿化中应用方便,不需要每年更换,省工省时。花期控制容易,多采用低温冷藏的方法打破休眠,达到周年生产盆花和切花的目的。

球根花卉繁殖容易,多以分球、鳞片扦插繁殖为主,有些种类如仙客来、朱顶红、新铁炮百合也能用种子繁殖。防止种球退化是球根花卉栽培中的技术关键。

第一节 园林绿化类

一、郁 金 香

【学名】*Tulipa gesneriana*

【别名】洋荷花、草麝香

【科属】百合科郁金香属

【产地及分布】郁金香属植物主要分布在北半球北纬 33°～48° 范围内,原产地在地中海沿岸和我国西部至中亚细亚、土耳其等地,现世界各地广为栽培。

【形态特征】郁金香属植物为多年生草本。鳞茎扁圆锥形,外被淡黄或棕褐色皮膜,周径 8～12cm,内有 3～5 枚肉质鳞片。叶片 2～4 枚,着生在茎的中下部,阔披针形至卵状披针形,其中基部的 2 枚长而宽广,全缘并呈波状,被有灰色蜡层。茎直立,光滑,被白粉。花单生茎顶,花被片 6 枚,排列成两轮,少数重瓣品种花被片 20～40 枚。花大,花形多样,有杯形、碗形、碟形、百合花形等。多数花被片边缘光滑,少数花被片边缘有波状齿、锯齿、毛刺等。花色白、粉、红、紫红、黄、橙、棕、黑等,多数花色为纯色,也有的花被具条纹、饰边和基部具黑紫斑等。花期 3～5 月,白天开放,夜间或阴天闭合。蒴果,种子成熟期 6 月。(图 14-1)

【品种类型】目前世界各地广为栽培的郁金香品种,多数是荷兰育种家用野生郁金香种间杂交选育出来的。截至目前

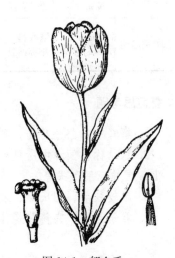

图 14-1 郁金香

已有品种 1 万多个。1976 年在荷兰召开的郁金香国际分类会议上将郁金香品种划分为 15 个类型，这也是目前世界公认的分类系统：①孟德尔早花系；②重瓣早花系；③凯旋杂种系；④达尔文杂种系；⑤单瓣晚花系；⑥百合花系；⑦毛边系；⑧绿斑系；⑨瑞木斑特晚花系；⑩鹦鹉系；⑪重瓣晚花系；⑫考夫曼系；⑬福斯特系；⑭格雷格系；⑮其他类。

【生态习性】郁金香为秋植球根，喜冬季温暖湿润、夏季凉爽干燥的气候，生长适宜温度白天 20～25℃，夜晚 10～15℃，冬季能耐－35℃的低温，温度达到 8℃以上时就开始生长，根系生长的适宜温度为 9～13℃，5℃以下停止生长。定植初期需水分充足，发芽后要减少浇水，保持湿润，开花时控制水分，保持适当干燥，但如过于干燥，可使生长延缓。喜肥沃、腐殖质丰富、排水良好的沙质壤土，pH7～7.5。郁金香属于中日照植物，喜光，但半阴也生长良好，特别在种球发芽时需防止阳光直射，避免花芽伸长受抑制。

【繁殖方法】

1. 鳞茎繁殖 郁金香鳞茎一般由 3～5 层鳞片着生在鳞茎盘上组成，该鳞茎叫做母鳞茎。在母鳞茎内部，每层鳞片腋内又有一个小鳞茎，通常称做子鳞茎。母鳞茎寿命为 1 年，即新老种球每年更新一次，母鳞茎在当年开花并形成新鳞茎（由子鳞茎发育成的），此后便干枯消失。每个母鳞茎内的子鳞茎的数量取决于鳞片数，通常一个母鳞茎能产生 2～4 个大小不等的新鳞茎。每个新鳞茎内又形成子鳞茎。不同品种繁殖系数不同，重瓣早花系品种繁殖系数为 1.9，达尔文杂种系为 3.2，百合花系为 2.6。

选周径 8cm 以下的鳞茎作繁殖材料，种植到高海拔冷凉山区，秋季土壤上冻之前，即土温（15cm 处）6～9℃时种植最好。我国北方 9～10 月、南方 10～11 月种植。种植过早，导致幼芽出土，不利于安全越冬；种植过晚，不易生根，也不利于越冬。因此，以保证根系能良好生长，又不会发芽出土为原则来决定当地的种植日期。

开沟点播，种植株行距 10cm×20～25cm，沟深 10～12cm，覆土厚度 5～6cm。周径 3cm 以下的小球可撒播到种植沟内，覆土厚度 3～4cm。种植后要适时施肥灌水，待种球萌发、展叶、抽茎，刚刚露出花蕾时，剪掉花蕾，保证种球发育充实，种植 1 年，大部分鳞茎能成为商品种球。

2. 播种繁殖 郁金香采用播种繁殖，要经过 5～6 年才能开花，播种繁殖多应用在培育优良新品种，有时为了解决种源不足的问题，也采用播种繁殖，可以迅速扩大繁殖系数，缓解种球供不应求的矛盾。种子成熟后，要经过 7～9℃低温贮藏，到 9 月播种，播后 30～40d 萌发，待种子全部发芽后，移植到温室内养护，加强肥水管理。第二年 6 月份温度升高后叶片枯黄，地下部已经形成鳞茎，及时挖出并贮藏，到秋季再种植，由于种球很小，生长缓慢，长成开花球要几年时间。

3. 组培繁殖 组培繁殖郁金香有许多优点，繁殖系数比鳞茎繁殖高 30～50 倍，且生长迅速，组培苗到开花需要 2 年时间，比种子繁殖速度快，有些品种用组培繁殖分化慢，不容易成功，有待进一步研究。

【栽培管理】

1. 露地栽培

（1）鳞茎采收与贮藏

①采收：郁金香地面茎叶全部枯黄而茎秆未倒伏时采收为最佳时期。挖鳞茎要找准位置，不要紧挨鳞茎，以免损伤种球，刚挖出时，母鳞茎与子鳞茎被种皮包在一起，先不要将它们分开，晾晒 2～3d 后，将泥土去掉，再掰开鳞茎进行分级。分级按新鳞茎大小进行，周

径12cm以上者为一级，10~12cm为二级，8~10cm为三级，6~8cm为四级，6cm以下为五级。一般一级和二级作为商品种球，三级以下作为种球繁殖用。鳞茎分级后先进行消毒，一般用0.2%多菌灵水溶液浸泡鳞茎10min，迅速取出阴干。然后将种球放在四周通气的塑料箱或竹筐内，不要装得太多，每箱一般摆放2~4层，箱上要留10cm以上的空间，便于箱子摞起来后通气。

②贮藏：装箱的郁金香种球最好贮藏在冷库内，冷库要提前进行熏蒸消毒，然后才能入库。在库内存放时分排将箱子或筐重叠起来，每两排箱子之间要留空隙或人行道，以利空气流通和翻倒方便。入库后25~30d，保持库温20℃、相对湿度65%~70%，进行花芽分化。然后将库温逐步降至15℃，相对湿度保持在70%~75%贮存。存放初期要经常通风换气，防止鳞茎发霉腐烂，温度降至15℃后可减少通风换气的次数。整个贮藏期间要经常翻倒检查鳞茎，随时剔除感染病害发霉腐烂的鳞茎。

(2) 定植　郁金香忌连作，种植一年必须间隔3年以上，所以需选未种过郁金香的地块。定植前2个月深翻暴晒，用土菌消70%粉剂7~8kg/hm²、腐熟的有机肥75t/hm²加复合肥150kg/hm²与土壤混匀，耙平后整地做畦，种植时间和方法同鳞茎繁殖。

(3) 肥水管理　郁金香露地栽培冬前管理主要是浇水和防寒，不同地区根据土壤墒情浇水，冬季雨雪多的地区可不浇水，干旱地区适当浇几次水，但浇水量不要太大，不能积水。种植太早，冬前已经出苗的要用稻草锯末覆盖防寒，没有出苗的不需要防寒。第一次追肥在翌年苗出齐后进行，以氮、磷肥为主，施尿素150~300kg/hm²，磷肥6~15kg/hm²；第二次追肥在现蕾期进行，施复合肥料75~150kg/hm²；第三次在开花前进行，用磷酸二氢钾进行叶面喷肥；第四次在花谢后进行，钾肥150~225kg/hm²，过磷酸钙150~225kg/hm²。春季气温升高，从出苗至开花是郁金香旺盛生长期，需水量大，根据天气情况及时浇水，保持土壤湿润，切忌忽干忽湿。

2. 促成栽培　郁金香促成栽培主要用于切花和盆花生产，以元旦和春节供应花卉市场为主要目的，与露地栽培方法不同，一般都在温室或塑料大棚中箱植生产。可根据温度和光照的需要，移动种植箱的位置，达到促成栽培的目的。箱植还能提高温室利用率，防止连作，减少病虫害等。

(1) 品种选择　早、中花品种比较适合促成栽培，由于促成栽培生长周期短，植株生长和开花主要靠鳞茎积累的营养物质，所以品种确定后，还要选优质种球，一般种球的周径在12cm以上者最好。

(2) 种球处理　要使郁金香在元旦、春节开花，必须对种球进行低温处理，打破休眠后才能种植。低温处理方法有两种：一种是9℃低温处理，种植前将种球放在9℃冷库内贮藏，前期种球干藏9~13周，然后将种球种植到箱内（湿藏）促其生根6周，共计15~19周。不同品种低温处理时间长短不同，种球在湿藏期间不仅生根，而且发芽。芽长8~10cm时将箱子搬到温室中，在16~20℃温度条件下，约25d即可开花。另外一种是5℃低温处理，种植前将种球放在5℃冷库内干藏9~12周，然后将种球种到箱内（湿藏），放在9℃的条件下促其生根2周，共计11~14周，然后搬到温室中催花，在16~20℃温度条件下，约25d开花。

种球种植方法是将种球种到营养钵内，营养土以纯净的园田土、河沙和泥炭土按2：1：2混合而成。营养钵放到塑料箱内，箱子大小60cm×40cm×25cm，每箱放30~40个营养钵，每个营养钵内先放5cm厚的营养土，种球放到营养土上面，然后覆盖河沙2~3cm，种完后要浇透水，待水渗透后将箱子重叠堆放到冷库内，堆放方法同前面种球贮藏。

（3）花期控制　以9℃低温处理郁金香为例。

①元旦开花：选择早花品种，8月8～12日将种球放入9℃冷库中干燥贮藏到10月12～17日，然后将其种植到箱内促其生根，到11月28日～12月2日从冷库移到温室，升温至16～20℃，12月23～27日开花。冷处理总时间15周。

②春节开花：选早、中花品种，8月26～31日将种球放到9℃冷库中干燥贮藏，11月1～7日开始促其生根，12月30日至翌年1月5日升温催花，1月23～30日开花。冷处理总时间17～18周。

（4）肥水管理　郁金香移入温室后，温度保持16～20℃，叶片展开前每天喷水1～2次，花蕾出现时，浇水应注意不要浇在花蕾上以防花蕾腐烂，此时空气湿度保持在70%以上，开花时土壤水分不能过高，要适当干燥。催花期间，用每10L水加40g钾肥和20g氮肥水溶液追肥1～2次，可补充营养土养分不足。

（5）上盆　根据花盆大小，可1株一盆、3株一盆、5株一盆、8株一盆、最多可20～30株一盆。选生长势一致的植株上盆，可提高观赏效果。定植后立即灌水。

3. 抑制栽培　郁金香在11月份种植到箱内，随后在9℃下2～4周促其生根，生根以后将箱子置到-1.5～-2℃的温度下冷冻贮藏。翌年将种植箱置于温室或露地栽培，使花期推迟到翌年10～11月。

4. 切花栽培　郁金香花蕾稍着色时剪花最好，剪时植株基部最少保留一枚叶片，以保证地下鳞茎的发育。切下的花枝要立即插入水中，以免空气进入茎内，造成萎蔫现象。如果鳞茎无保留价值，采收时连根拔起，十株一捆包扎放入冷藏室贮藏。

【观赏与应用】　郁金香姿态独特，花色艳丽，大部分品种适合盆栽和园林地栽。高秆品种也可以作切花生产。

二、风信子

【学名】*Hyacinthus orientalis*

【别名】洋水仙、五色水仙

【科属】百合科风信子属

【产地及分布】原产地中海东部沿岸及小亚细亚一带，现世界各地均有栽培。

【形态特征】风信子为多年生草本植物。地下鳞茎球形，外被白色或紫蓝色皮膜。叶基生，4～6枚，带状披针形，质地肥厚，有光泽。总状花序顶生，花茎高15～30cm，中空，着花10～20朵。小花基部筒状，上部6裂反卷，花色丰富，有蓝、紫、红、粉、黄、白等色，有香味。花期3～5月。蒴果。（图14-2）

【品种及变种】

1. 栽培品种　风信子栽培品种很多，但品种间差异较小，难以分辨，通常根据花色分类。

（1）白色系　'Carnegie'，白色；'L. Innocence'，象牙白色；'White Pearl'，白色。

（2）粉色系　'Anna Marie'，浅粉色；'Early Bird'，

图14-2　风信子

深粉色；'Marconi'，深粉色；'Pink Pearl'，深粉色；'Pink Surprise'，浅粉色。

(3) 红色系　'Jan Bos'，洋红色。

(4) 蓝色系　'Blue Giant'，蓝色；'Blue Jacket'，深蓝；'Blue Star'，紫罗兰色；'Delft Blue'，蓝色；'Atlantic'，紫罗兰色；'Ostara'，蓝紫色。

(5) 紫色系　'Amcthyst'，淡紫色；'Amma Lisa'，紫色。

2. 主要变种

(1) 白花风信子（var. *albulus*）　原产法国南部。花有蜡质，花期早，花小，白色或淡青色，每鳞茎可抽出3～4支花茎。宜作促成栽培。

(2) 早花风信子（var. *praecox*）　原产意大利。鳞茎外皮蓝色，花小，白色或淡青色，从11月开始有花，每株抽生数支花茎，花冠筒膨大，生长健壮。

(3) 普罗旺斯风信子（var. *provincialis*）　原产地中海沿岸。叶浓绿色有纵沟，花少而小，花筒基部膨大。

【生态习性】风信子为秋植球根，喜冬季温暖湿润，夏季凉爽干燥，生长适温18～20℃，其根系生长的适宜温度9～13℃，夏季高温进入休眠期，冬季较耐寒。喜阳光充足，日照长短对开花没有影响。土壤以富含有机质、排水良好的沙质土壤为好，pH6～7。

【繁殖方法】

1. 分球繁殖　风信子秋季种植前将母球周围的子球分离，不要在6月采收时分球，早分球会造成伤口，夏季贮藏期间容易腐烂。秋后分球，子球种植方法同郁金香。

为了提高繁殖系数，常采用人工切痕法增殖鳞茎。具体方法如下：6月挖取鳞茎置阴凉处贮藏1个月，用小刀在鳞茎底部沿发根部内侧将鳞片基部挖掉，深约鳞茎的1/4，切口可涂硫黄粉，以防腐烂，切口向上置于木架上阴干，1个月后在切口部位长出许多小鳞茎，9月摘下小鳞茎栽种。

2. 播种繁殖　风信子播种繁殖主要用于培育新品种，种子成熟后即可播种，采用播种繁殖需培养4～5年才能开花。

【栽培管理】风信子为秋植球根花卉，其生长发育包括叶形成期、花形成期和植株伸长期。叶形成期和花形成期均需较高的温度，花完全形成后，又需要提供一个有效的低温期，才能保证花的质量。因此风信子的栽培技术基本上同郁金香，可以露地栽培，也可以促成栽培。

与郁金香不同的是风信子花芽形成后，在17℃的温度下贮藏4周，然后用9℃低温处理，9℃是低温期最佳的温度，也是促其生根的最佳温度，另外低温处理时间比郁金香短，一般盆栽风信子处理7～11周，切花风信子处理9～13周。催花温度比郁金香高，元旦开花，温度可控制在23～25℃；1月开花，温度保持在23～25℃；2～3月开花，温度保持在18～23℃。风信子在温室中栽培，所需光照相对较少、空气湿度相对较高，如果温室内同时种有郁金香，应用塑料薄膜做成隔离段。

风信子宜水养栽培，经过低温处理的种球放到水中培养，先在9℃低温条件下使其生根，然后置于23～25℃温度下促花序生长，6～8周即可开花。

【观赏与应用】风信子开花多且密集，株型圆整，花色高雅，适合盆栽和园林地栽。

三、欧洲水仙

【学名】*Narcissus* spp.

【科属】石蒜科水仙属

【产地及分布】原产欧洲地中海沿岸、南欧和北非等地,其中法国水仙分布最广,从地中海到亚洲的中国、日本和朝鲜。

【形态特征】水仙为多年生草本植物。地下具鳞茎,外被褐黄色或棕褐色皮膜。叶基生,带状线形或柱状,长20~30cm,绿色或灰绿色。花单生或数朵形成伞形花序着生于花茎端部,下具膜质总苞。花茎直立,中空,高20~80cm。花多为黄色、白色或晕红色;花被片6,基部联合成筒状,花被中央有杯状或喇叭状的花冠,其形状、大小和色泽与具体种类有关。雄蕊6枚,雌蕊1枚,子房下位,蒴果3室。(图14-3)

图14-3 欧洲水仙

【主要栽培种、变种及品种】

1. 法国水仙(*N. tazetta*) 法国水仙是水仙属中最广为栽培、类型最多的一个种。

(1)主要变种 法国水仙的主要变种有中国水仙(var. *chinensis*)、纸白水仙(var. *papyraceus*)、黄球头水仙(var. *aurea*)等。

中国水仙株高20~50cm。在我国福建南部露地栽培,各地常进行室内水养。详细介绍见本章第二节。

(2)栽培品种

① 'Las Vegas':花被乳白色,副冠黄色。

② 'Ice Follies':花被白色,副冠黄色。

③ 'Golden Harvest':花被黄色,副冠黄色。

④ 'Fortune':花被黄色,副冠黄色。

⑤ 'Golden Ducat':花黄色,重瓣。

2. 同属其他栽培种 水仙属约有30种,英国皇家园艺学会将水仙属植物分为11类,主要根据花被片与花冠长度的比及色泽异同进行分类:①喇叭水仙类,一茎一花,花冠与花被片同长或长于花被片;②大杯水仙类,一茎一花,花冠长于花被片的1/3;③小杯水仙类,一茎一花,副冠等于花被片的1/3或更短;④三蕊水仙类,雄蕊6枚,其中3枚突出副冠之外;⑤重瓣水仙类;⑥仙客来水仙类;⑦丁香水仙类;⑧法国水仙类;⑨红口水仙类;⑩原种及野生种;⑪其他不属于以上者。

目前国内外广泛栽培的种和变种还有:

(1)喇叭水仙(*N. pseudo-narcissus*) 喇叭水仙鳞茎球形。叶宽带形,灰绿色。花单生,花大,径约5cm,黄色或淡黄色,副冠喇叭形或钟形,边缘有不规则锯齿和褶皱。主要变种有:大花喇叭水仙(var. *major*),花朵特别大;重瓣喇叭水仙(var. *plenus*),雌雄蕊和副冠全部瓣化;二色喇叭水仙(var. *bicolor*),花被片白色,副冠黄色;小花喇叭水仙(var. *minnuimus*),植株较小,副冠短。

(2)红口水仙(*N. poeticus*) 红口水仙鳞茎卵圆形。叶长线形。花单生,苞片干膜质,花径5~6cm,花被片白色,副冠浅杯状,黄色,边缘波皱带橙红色。

(3)明星水仙(*N. incomparabilis*) 明星水仙是喇叭水仙与红口水仙的杂交种。鳞茎卵圆形。叶扁平线形。花茎与叶同高，花单生，径5～5.5cm，花被白色或黄色，副冠长度为花被片的一半，黄色。

(4) 丁香水仙（N. jonquilla） 丁香水仙鳞茎较小，外被黑褐色皮膜。叶长柱状，2～4枚，浓绿色有深沟。一支花茎着花2～6朵，花高脚碟形，花被黄色，副冠杯状，黄色或橙黄色，有香味。

(5) 仙客来水仙（N. cyclamineus） 仙客来水仙鳞茎较小，球形。叶狭线形。花2～3朵聚生，花被片黄色，副冠与花被等长，鲜黄色，边缘有锯齿。

【生态习性】水仙为秋植球根，喜凉爽湿润气候，冬季较耐寒，多数种类如喇叭水仙、红口水仙在我国华北地区可露地越冬，于次年春季3～4月开花。忌暑热，夏季高温进入休眠。喜阳光充足，有些种类也较耐阴，特别法国水仙在疏林下生长良好。对土壤要求不严格，以土层深厚肥沃而排水良好的黏质壤土为好，pH 6～7为宜。

喇叭水仙、红口水仙休眠后种球从5～6月开始花芽分化，需2个半月分化完成。花芽分化适宜温度为20℃，8～9℃低温可打破休眠。

【繁殖方法】水仙多采用分球繁殖，也可采用双鳞片包埋繁殖。

(1) 分球繁殖 将母球两侧分生的小鳞茎掰下作种球，另行栽植。每一母球仅能分生1～5个小球，繁殖系数小。为了加速增殖，可采用鳞茎切块组培繁殖，能提高繁殖系数15倍。

(2) 双鳞片包埋繁殖 用带有两个鳞片的鳞茎盘作繁殖材料。将鳞茎放在低温4～10℃条件下4～8周后，将鳞茎切开，每块鳞茎盘带两个鳞片，鳞片上部切去，只留基部2cm作繁殖材料，放入装有蛭石或湿沙的塑料袋中，封闭袋口，置20～28℃黑暗处，经2～3月可长出小鳞茎，成球率达80%～90%，蛭石要求含水量约50%，沙的含水量约60%。

【栽培管理】

1. 露地栽培 水仙栽培和郁金香与风信子一样，种前施足基肥，腐熟厩肥22.5～30t/hm²，复合肥150～225kg/hm²，并进行土壤消毒。种植密度9～10cm×20cm，覆土6～8cm。种后保持土壤湿润。秋冬在温暖地区根和叶同时生长，而寒冷地区仅地下根系生长，翌春才出土长叶，并抽花茎开花。生长期间追肥1～2次，6月上旬地上部叶片枯黄时挖出种球，贮藏于通风阴凉处。贮藏方法同郁金香。

2. 促成栽培 水仙栽培于6月挖出鳞茎，经过20～26℃高温促其花芽分化后，然后放到15～18℃条件下贮藏，可于种植前将种球放入8～10℃的冷库进行低温处理，一般冷藏5～8周，植株生长不会发生异常。元旦用花可在8月底处理种球，10月下旬至11月上旬定植到苗床或容器中，12月下旬至翌年1月开花。春节用花可于9月上旬处理种球，11月上旬定植，1月下旬至2月初开花。

定植后温室温度控制十分重要，一般保持在16～18℃，超过25℃生长会受到影响，产生盲花或干苞现象，切花生产定植密度12cm×12cm，定植后充分灌水，生长期保持土壤湿润，每半月追施一次液肥。

【观赏与应用】水仙花姿高雅，花形丰富，适合盆栽和园林绿地栽植。中国水仙冬季进行水养，点缀室内。

四、大丽花

【学名】*Dahlia pinnata*

【别名】大理花、西番莲、地瓜花

【科属】菊科大丽花属

【产地及分布】原产墨西哥、危地马拉和哥伦比亚等国。目前世界各地均有栽培。

【形态特征】大丽花为多年生草本植物。地下根肥大成块状，外被革质外皮。株高40～150cm，茎中空、直立。叶对生，1～3回羽状深裂。头状花序顶生，花色丰富，有白、橙、粉、红、紫多色。花期6～10月。（图14-4）

【品种类型】近几十年来，大丽花的选种育种工作在世界各地广泛开展，已培育品种多达3万种，这些品种多由野生种间天然杂交，再经人工杂交选择而成异源八倍体，其亲缘关系十分复杂。大丽花品种分类国内外至今无统一标准，以花型分类者居多，主要分以下八种类型。

图14-4 大丽花

（1）单瓣型 舌状花8～12枚，各色均有，结实性强。

（2）领饰型 似单瓣型，管状花外围由与外轮舌状花异色而具有深裂的小花瓣排成一环如领饰。

（3）托桂型 外瓣舌状花1～3轮，管状花发达突起呈半球状。

（4）牡丹型 舌状花瓣20片以上，分3～8层，排列不太整齐，相互重叠，露心。

（5）圆球型 舌状花瓣卵圆形，外轮向后背卷，全花排列整齐，呈球形或半球形。

（6）小球型 花轮最小，花瓣圆形向内卷成小球而不露心。

（7）装饰型 舌状花多轮，花瓣长椭圆形，平展排列整齐，花大可达30cm以上，不露心。

（8）仙人掌型 舌状花瓣狭长，多纵卷，呈管状向四周直伸，有时扭曲，不露花心。

【生态习性】大丽花原产热带高原地区，海拔均在1500m以上，因此既不耐寒，又畏酷暑，在夏季气候凉爽、昼夜温差大的地方生长良好，生长适宜温度白天为25℃，夜晚15℃。喜阳光充足、通风良好，要求富含腐殖质和排水良好的沙质壤土。短日照植物，短于12h日照促进地下块根膨大。冬季低温进入休眠。

【繁殖方法】

1. 扦插繁殖 每年2～3月，将大丽花块根集中到温室内，盖上湿沙土催芽。每天喷水，保持白天20℃左右，夜晚15℃左右，待芽高10cm时，保留基部两叶切取插穗，进行扦插。留下的两叶腋处又可萌芽抽条，继续采插穗，一直可采到5月。插穗扦插在苗床上，温度保持15～22℃，约20d生根，生根后即可移植。

2. 分株繁殖 每年3～4月，取出贮藏的大丽花块根进行分割，分割下来的块根需带1～2个根颈芽，切口用草木灰涂抹后另行栽植。根颈部发芽少的品种可2～3个块根带一个芽切割。分株繁殖简单，另行移植成活率高，植株健壮，但繁殖系数低。

3. 播种繁殖 大丽花播种繁殖主要用于单瓣小花品种。秋天种子成熟后采种，然后贮藏到翌春播种，一般7～10d发芽，当年就能开花。

【栽培管理】

1. 露地栽培 大丽花露地栽培应选向阳、排水好的地块进行翻耕，施入适量的基肥后种植。栽植时间我国南方2~3月、北方3~4月为宜。种植深度以根颈的芽眼低于土面6~10cm为度，随新芽的生长而逐渐覆土与地平面平齐。种植株行距因品种而异，大株品种120cm×150cm，中株品种60cm×100cm，小株品种40cm×60cm。生长期间要注意整枝修剪和摘蕾，一般主枝生长到15~20cm时摘心，促发侧枝，大花品种留4~8枝，中、小花品种留8~10枝，每枝保留一个花蕾，多余花蕾摘掉，花后及时剪掉残花，促发侧枝继续生长开花。生长期间每隔10~20d追肥一次，现蕾后7~10d一次，追肥不宜过浓，夏季温度过高时停肥，秋天生长旺盛时再施肥。

高大植株要设立支柱以防止风害，地上部茎叶萎蔫后应及时挖出块根，充分干燥后，用湿沙贮藏保持在5~7℃室内，以防受冻。

2. 盆栽 大丽花盆栽宜选用扦插苗，扦插生根后即可上盆。盆土可用50%园土、30%腐叶土和20%沙配制成，先栽在小盆中，盆中根系布满时再换大盆。盆栽大丽花关键是控制植株高度，常采用以下三种方法：一是选择适合盆栽的矮生品种；二是适当控制肥水，浇水、施肥量是正常量的八成；三是通过整枝修剪控制植株高度。盆栽大丽花多培养成独头型，主枝不摘心，靠近顶芽的两个侧芽保存暂留作替补芽外，其余侧芽全部摘掉，促使主花蕾健壮生长，花朵硕大，此法适用于大花品种。中、小花品种可培养六头型或多头型，方法同露地栽培。

【观赏与应用】大丽花植株健壮，花色绚丽，其病虫害少，花期长，适合盆栽和庭院种植。

五、大花美人蕉

【学名】*Canna generalis*

【别名】红艳蕉

【科属】美人蕉科美人蕉属

【产地及分布】原产美洲、亚洲和非洲的热带地区，目前在世界各地广为栽培。

【形态特征】大花美人蕉为多年生草本植物。地下部呈粗壮肉质根茎，横卧而生。地上茎肉质，不分枝。叶互生，宽大，长椭圆状披针形。总状花序顶生，花色有白、黄、橘红、粉红、大红、紫色、洒金等。花两性。萼片3枚呈苞状；花瓣3枚呈萼片状；雄蕊5枚瓣化为色彩艳丽的花瓣，圆形，直立不反卷，其中一枚狭长并在一侧残留一花药；雌蕊形似扁棒状，柱头生其外缘。花期7~10月。蒴果球形，种子大，黑褐色，种皮坚硬。(图14-5)

【同属其他种】美人蕉属约55种，目前园艺上栽培的美人蕉大多为杂交种。

(1) 意大利美人蕉（*C. orchioides*） 意大利美人蕉又名兰花美人蕉。由鸢尾花美人蕉、黄花美人蕉等种及园艺品种改良而来，是意大利美人蕉系统的总称，花形似兰花。株高1m。叶绿色或青铜色。花序单生，花黄至深红色，有

图14-5 大花美人蕉

斑点或条纹，花瓣开花反卷，瓣化唇瓣基部漏斗状。花期 8～10 月。

(2) 美人蕉（*C. indica*）　美人蕉为原种之一。株高 1m。叶长椭圆形，绿色。总状花序，小花 2 朵，瓣化瓣细长、鲜红色，唇瓣橙黄色有红斑点。

(3) 蕉藕（*C. edulis*）　蕉藕株高 2～3m，茎紫色。叶长圆形，表面绿色，背面有紫晕。花瓣鲜红，瓣化瓣橙色。花期 8～10 月。

(4) 黄花美人蕉（*C. flaccida*）　黄花美人蕉为原种之一。株高 1.5m。叶绿色，叶片大。花单生，花瓣向下反曲，淡黄色。

(5) 鸢尾花美人蕉（*C. iridiflora*）　鸢尾花美人蕉为原种之一。株高 2～3m。叶广椭圆形。总状花序，花淡红色。

【生态习性】美人蕉喜阳光充足，气候温暖，生长适温 25～30℃，具有一定耐寒性，在原产地周年生长开花，在我国大部分地区，冬季休眠。对土壤要求不严，以湿润、肥沃、土层深厚的土壤为宜。

【繁殖方法】美人蕉多采用切根茎法繁殖。将根茎分割成若干小段，每段带芽眼 2～3 个及少量须根即可种植。培育新品种可采用播种繁殖，种皮坚硬，播前应刻伤种皮，用温水浸泡 2d，有利于发芽。定植后发育快者当年开花，发育慢者 2 年才开花。

【栽培管理】美人蕉一般多于春季种植，我国南方地区 2～3 月、北方地区 3～4 月种植。种前土壤施足基肥。株行距根据品种不同而异，60cm×80cm 或 80cm×100cm。覆土 10cm，生长期定时浇水施肥。我国北方秋季待茎叶大部分枯黄时可挖出根茎，适当干燥后，用湿沙堆放在室内，保持 5～7℃，即可安全越冬；南方冬季不太冷的地方不必挖掘，可经 2～3 年后再挖出另栽。

若促成栽培使花期提前到五一，可将根茎堆放到温室内，日温 30℃，夜温 15℃，从 1 月开始催芽，约 10d 芽催出后定植到盆内，继续在温室内养护，4 月上旬开始现花蕾，五一可开花。

【观赏与应用】美人蕉花大色艳，花期长，适应性很强，易栽好养，并有吸收有毒气体的作用，因此在园林中可大片种植或在厂矿及庭园内作基础栽植。低矮品种也可盆栽观赏。

六、蜘 蛛 兰

【学名】*Hymenocallis speciosa*

【科属】石蒜科水鬼蕉属

【产地及分布】原产美洲。

【形态特征】蜘蛛兰为多年生草本植物。鳞茎直径 7～11cm。叶剑形，端锐尖，多直立，鲜绿色，长 50～80cm，宽 3～6cm。花茎扁平，高 30～70cm。花白色，形如蜘蛛，无梗，呈伞状着生；有芳香；花筒部长短不一，15～18cm，带绿色；花被片线状，一般比筒部短；副冠钟形或阔漏斗形，缘具齿牙。

【同属其他种】水鬼蕉属约 40 种。主要栽培种还有水鬼蕉和蓝花水鬼蕉。

(1) 水鬼蕉（*H. americana*）　水鬼蕉别名美洲水鬼蕉。多年生粗壮草本植物，具鳞茎。叶集生基部，深绿色，阔带形。伞形花序，花白色。

(2) 蓝花水鬼蕉（*H. calathina*）　蓝花水鬼蕉原产秘鲁。花被裂片披针形。

【生态习性】蜘蛛兰喜光照、温暖湿润，不耐寒，喜肥沃土壤。

【繁殖方法】蜘蛛兰多采用分球繁殖。春天栽植时进行。

【栽培管理】蜘蛛兰盆栽勿深栽，球颈部分与盆土相平即可，子球可稍深栽。华北地区多温室长年栽培，也可露地春植。盆栽越冬温度15℃以上。生长期水肥要充足。露地栽植于秋季挖球，干藏于室内。

【观赏与应用】蜘蛛兰叶姿健美，花形别致，色彩素雅，又有香气，适合盆栽，也可用于花境或丛植。

七、葱　兰

【学名】*Zephyranthes candida*

【别名】葱莲、玉帘

【科属】石蒜科葱兰属

【产地及分布】原产南美，我国各地园林中有栽培。

【形态特征】葱兰为多年生草本植物。地下部具小鳞茎。叶线形，基生，稍肉质，具纵沟。花茎中空，稍高于叶。花单生，白色，漏斗状，下部具有膜质苞片，褐红色。花期7～11月（图14-6）。

【同属其他种】葱兰属约50种，多数原种未能开发利用，目前栽培的还有韭兰。

韭兰（*Z. grandiflora*）　韭兰别名韭莲、红花玉帘、风雨花。多年生草本植物。地下部小鳞茎稍大。叶扁平线形，基生。花茎中空，稍高于叶。花单生，粉红或玫红色，漏斗状，具明显筒部，苞片膜质，红色。花期6～9月。

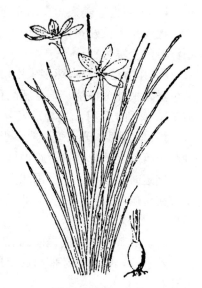

图14-6　葱　兰

【生态习性】葱兰喜温暖、湿润和阳光充足，也耐半阴，适合排水良好、富含腐殖质的沙质壤土。耐寒性稍差，在我国黄河以南地区可露地越冬，华北和东北地区冬季需将鳞茎挖出贮藏，春天再种植。

【繁殖方法】葱兰采用分球繁殖。一般秋季老叶枯萎后挖出鳞茎，每个鳞茎可自然产生3～4个子球，将子球分离另行栽植。

【栽培管理】葱兰春季种植，每穴种2～3球，间距15cm，种植深度以鳞茎顶部与土面相平即可。生长期视苗势酌情浇水、追肥。

【观赏与应用】葱兰株丛矮小，花繁叶秀，花期长，适合在林下作地被植物，或作花坛、路边镶边材料。

八、石　蒜

【学名】*Lycoris radiata*

【别名】平地一声雷、龙爪花

【科属】石蒜科石蒜属

【产地及分布】原产我国和日本，我国为石蒜属植物的分布中心，主要分布在长江流域及西南地区。

【形态特征】石蒜为多年生草本植物。地下部为有皮鳞茎，卵状球形。叶基生，带状或线形，冬春长叶，待夏、秋叶丛枯萎时花茎抽出迅速开花。花茎粗壮，顶生伞形花序，着花 4～6 朵，鲜红色或具白色花边，雌、雄蕊长而伸出花冠外，与花同色。花期 9～10 月。（图 14-7）

【同属其他种】石蒜属约有 10 种，常见栽培种还有中国石蒜、忽地笑、鹿葱、长筒石蒜等。

（1）中国石蒜（*L. chinensis*） 中国石蒜鳞茎卵状球形，皮膜黑褐色。叶宽线形，花后抽生。花大，黄色或橘黄色，着花 5～10 朵，花冠筒长 1.7～2.5cm。花期较早。

（2）忽地笑（*L. aurea*） 忽地笑别名黄花石蒜、一枝箭。鳞茎较大，皮膜黑褐色。叶宽线形。花大，黄色，着花 7 朵或 5～10 朵，花冠筒长 1.5cm，花被裂片反卷，雌、雄蕊伸出花冠外。花期 7～8 月。

（3）鹿葱（*L. squamigera*） 鹿葱别名夏水仙、叶落花挺。鳞茎阔卵形。叶带形，淡绿色。花茎长，着花 4～8 朵，粉红色，有香味，花冠筒长 2～3cm，花被裂片斜展，雄蕊与花被片等长或稍短。夏天叶枯后抽花茎开花。花期 8 月。

图 14-7　石　　蒜

（4）长筒石蒜（*L. longituba*） 长筒石蒜鳞茎卵状球形。叶阔线形。花茎最高 60～80cm，花大型，白色有淡红条纹。花期 7～8 月。

【生态习性】石蒜适应性强，喜阴耐晒，喜湿润，也耐干旱，喜富含腐殖质、排水良好的沙质壤土，较耐寒。

【繁殖方法】石蒜采用分球繁殖。叶丛枯萎花茎未出时即可挖出鳞茎，分离小鳞茎，另行栽植。

【栽培管理】石蒜一般在温暖地区多秋植，寒冷地区宜春植。种植时以鳞茎顶端刚入土中为宜，栽后要灌水，生长期间适当追肥 1～2 次即可。种植后一般 4～5 年挖出分栽一次为宜。

【观赏与应用】石蒜适合作林下地被植物或于溪涧石旁丛植，也可作切花花材。

第二节　盆 花 类

一、仙 客 来

【学名】*Cyclamen persicum*
【别名】兔子花、萝卜海棠
【科属】报春花科仙客来属
【产地及分布】原产希腊至叙利亚地中海沿岸的低山森林地带。目前世界各地均有栽培。
【形态特征】仙客来为多年生草本植物。块茎扁圆形。顶部抽生叶片，叶丛生，单叶心状卵形，叶面深绿色，有灰白色斑纹，叶背面暗红色。花单生下垂，开花时花瓣上翻，形如

兔耳，故名兔子花。花色有白、粉、绯红、大红、紫红等色。花期冬春。蒴果圆形。（图14-8）

【品种及同属其他种】

1. 品种类型 现代仙客来的园艺品种很多，主要按花型分类。

（1）大花系 大花系品种繁多，花朵较大，植株长势旺，对温度要求较高，要求夜温10~12℃为宜，是元旦、春节重要盆花，常栽培于直径15cm的花盆中。主要品种有'胜利女神'、'巴巴库'、'橙色绯红'、'肖邦'、'巴赫'、'海顿'、'李斯特'、'贝多芬'等。

（2）微型系 微型系品种植株矮小，花朵较小，常栽培于直径为9~12cm的花盆中，植株抗低温性强，夜温5~6℃仍可正常开花。主要品种有'玫瑰玛丽'、'鸟依丽'、'阿来格丽'、'钢琴'、'紫水晶'、'黄玉石'、'青玉'、'安妮丽埃'等。

图14-8 仙客来

（3）F_1系 F_1系品种具有长势强、品质优良、生育速度快、种子发芽率高、长势一致等特点，对低温适应性强，夜温5~6℃仍可正常开花，常栽培于直径12~15cm的花盆中，是现代主要栽培品种，品种繁多，颜色丰富。常见品种有'哈丽奥斯'、'托帝妮亚'、'托斯卡'、'卡门'、'阿依达'、'诺尔玛'、'包列斯'等。

2. 同属其他栽培种

（1）非洲仙客来（*C. africanum*） 非洲仙客来花粉红色，花期8~9月。

（2）欧洲仙客来（*C. europaeum*） 欧洲仙客来花洋红色，有香味，秋季开花。耐寒。

（3）地中海仙客来（*C. hederifolium*） 地中海仙客来花红色，基部有红斑点，花期11~12月。

（4）小花仙客来（*C. coum*） 小花仙客来花小，红白色，花期1~2月。耐寒。

（5）希腊仙客来（*C. graecum*） 希腊仙客来植株低矮。早春开花，花朵小，花冠红色、白色、粉色。

（6）黎巴嫩仙客来（*C. libanoticum*） 黎巴嫩仙客来花红白色。不耐寒，不耐热。

【生态习性】仙客来喜温暖湿润气候，忌暑热，较耐寒，生长适温为18~20℃。气温超过30℃以上，植株进入休眠；气温低于5℃则生长缓慢，叶卷曲，花凋谢。要求通风良好、光照充足的环境，喜排水良好、肥沃的沙质壤土。相对湿度要求70％~75％。pH6~7。盛花期12月至翌年5月。

【繁殖方法】仙客来块茎不能分生子球，因此一般采用播种繁殖，也可分割块茎和组培繁殖。播种时期多在9~10月。播前先用30℃温水浸种催芽，然后点播在浅盆或浅箱中。播种苗长出1枚真叶时，进行第一次分苗，以株距3.5cm移栽至浅盆中，盆土按腐叶土、园田土、沙5:3:2的比例配制。苗长出3~5枚真叶时，进行第二次移栽，移入10cm盆中，并适量施入基肥。进入高温季节，要移到能防雨的凉棚下生长，保持通风凉爽，防止雨淋造成盆土水分过多，同时停止施肥，以免块茎腐烂。

【栽培管理】

1. 定植 9月将仙客来定植于20cm盆中，块茎露出土面1/3左右，多施磷、钾肥，以促进花蕾发生。11月花蕾出现后停止追肥,给予充足光照。12月初至翌年2月为盛花期。从播种到开花要14~15个月,需要周密的管理,比较费工费时。为了缩短生育期,也可于12月上中旬在温室内播种,第二年夏季高温时以幼苗越夏,到11~12月开花,但冠幅较早播种的小。

2. 管理 仙客来生长期间白天温度15~20℃,夜间10~12℃,夏季通风、遮阴降低温度。最理想的湿度是长年保持白天60%~70%、傍晚50%的相对湿度,高温季节浇水不要浇到叶丛中。幼苗期适当追液肥2~3次,以腐熟油渣水溶液稀释20倍施用。施肥时要小心,防止液肥沾到叶面和块茎。

仙客来栽培中应注意采种和越夏两个问题。

(1) 采种 仙客来是自花授粉植物。为了避免常年自花授粉使品种生活力下降,常采用人工授粉,选健壮植株为亲本,在花药成熟前去雄套袋,进行同品种异株间人工授粉。授粉后花梗下垂,经过约3个月的发育,蒴果成熟。因成熟期不一致,要随成熟随采收。

(2) 越夏 仙客来越夏困难,必须采取一定措施,方法同瓜叶菊。将盆移到荫棚下或通风凉爽的地方养护,控制水肥或不施肥、不浇水,仅在盆周围的地面洒水,以降低温度。高温期过去再正常施肥灌水。

3. 开花和出售 仙客来花期一般是12月至翌年3月,出售适期是中号盆2~3朵以上开放,大号盆3~4朵以上开放,特大号盆5~6朵以上开放。

【观赏与应用】仙客来花期长,尤其在低温季节,一朵花能持续开放30d,一盆花可观赏100~150d,同时叶、茎也有很高观赏价值,是一种名贵的盆花。

二、朱 顶 红

【学名】*Hippeastrum vittatum*

【别名】孤挺花、华胄兰

【科属】石蒜科孤挺花属

【产地及分布】原产美洲热带及亚热带地区的草原和丛林中,以秘鲁为分布中心。

【形态特征】朱顶红为多年生草本植物。地下茎肥大呈球状鳞茎,为常绿或半常绿球根。叶长50cm,宽带形。花茎高出叶丛,伞形花序顶生,着花2~4朵,漏斗状。花大,花色有白、粉、红、深红、白花红边、红花喉部白色和白花有红条纹等。自然花期5~6月。蒴果球形。(图14-9)

【品种及同属其他种】

1. 品种类型 现在栽培的朱顶红均为园艺杂交种(*H. hybridum*),常见的栽培品种有两类:一为圆瓣类,花大型,花瓣先端圆形,适合盆栽观赏,较新的品种有:'Red Lion',红色;'Picotee',花冠银白色,镶红边;'Vera',粉色;'Orange Souvercign',橘红色等。二为尖瓣类,花瓣先端尖,生长健壮,适于切花生产。

图14-9 朱顶红

2. 同属其他栽培种

(1) 美丽孤挺花(*H. auticum*) 美丽孤挺花原产巴西花橙色或深红色,冬季开花。

(2) 王百枝莲(*H. reginae*) 王百枝莲原产南美。冬春季开花,花红色带白色星状纹。

（3）网纹百枝莲（*H. reticulatum*）　网纹百枝莲原产巴西。秋冬开花，花粉色或红色，具有暗红色棋盘状条纹。

【生态习性】朱顶红生长期要求温暖湿润的环境。夏季宜凉爽，适温为18～23℃；冬季休眠期要求冷凉干燥，气温10～13℃，不能低于5℃。耐半阴环境，忌烈日暴晒。喜湿润，但畏涝。要求富含有机质的沙质壤土，在中性偏碱的土壤中生长较好。

【繁殖方法】朱顶红采用分球繁殖为主。老鳞茎的基部每年能分生1～3个小鳞茎，于春季上盆前，将其掰下分栽，经1～2年栽培，即能长成大球。也可播种繁殖，但长成能开花的大球需3～4年。也可将大球茎切成8～10块，每块再分成2个鳞片一单元的扦插体，扦插体基部需带部分鳞茎盘，晾至萎蔫后，插入湿沙中即能长出带叶小鳞茎，然后分栽小鳞茎养成大球。

【栽培管理】

1. 定植　朱顶红在我国北方地区作温室盆栽，在我国云南可露地栽培，在华东地区稍加覆盖即可越冬。在北京地区，10月下旬挖出种球，先将老叶剪掉，鳞茎晾晒几天后，即可沙藏，温度保持在10℃左右。次年3月上中旬，选直径7cm以上的鳞茎上盆，因7cm以上才能开花。种植不久便长出叶片，一般4片叶丛出花茎。花茎生长速度比叶片快，一般花茎挺出叶丛即开花。花期5～6月，花后叶片继续生长，入夏后植株生长停止，于8～9月在鳞茎内进行花芽分化，10月下旬由于低温，叶片枯萎进入休眠期。若温室栽培，叶片可保持常绿。

2. 管理　朱顶红盆栽20cm口径的盆可栽种一球，栽种深度以鳞茎上部1/3露出土表为宜。盆土混合比为腐叶土、草炭土、沙4∶4∶2。初栽时不灌水，叶片抽出10cm左右时开始灌水。初期灌水量较少，至开花前渐渐增加灌水量，开花期应充分灌水。花后经常追肥，盛夏置半阴处，8月以后减少灌水和施肥，入冬保持干燥。

3. 促成栽培　朱顶红冬季观花，北京从8月就停止浇水，促其休眠，将鳞茎贮藏在17℃条件下4～5周，而后升温至23℃保持4周，最后上盆，放在20℃左右温室内养护，12月上中旬即可开花。开花后置冷凉处可延长花期，花谢后切除花茎，5月中旬移出室外养护。

4. 开花和出售　朱顶红自然花期为5～6月，促成栽培花期为12月至翌年3月，出售适期以花蕾显色、1～2朵花将开时为适宜。

【观赏与应用】朱顶红叶宽大、有光泽，花色柔和艳丽，花朵硕大肥厚。适合盆栽陈设于客厅、书房和窗台。

三、大岩桐

【学名】*Sinningia speciosa*

【别名】六雪尼

【科属】苦苣苔科大岩桐属

【产地及分布】原产巴西，世界各地温室栽培。

【形态特征】大岩桐为多年生草本植物。地下部具块茎。全株密生茸毛。叶长椭圆形或椭圆状卵形，稍呈肉质，较脆易折。花顶生或腋生，呈钟形，花瓣丝绒状，大而美丽，有紫、青、红、粉、白、复色等色。花期春夏季。蒴果。（图14-10）

【品种及变种】

1. 品种类型 常见的品种有大花型、重瓣型和多花型。

（1）大花型 大花型品种花具有6~8枚裂片，花大且花多。叶稍小，叶脉粗。

（2）重瓣型 重瓣型品种花大，花瓣波状，2~3层，最多有5层，重叠开放，十分美丽。重瓣型是1957年美国育种家培育出来的。

（3）多花型 多花型品种花朵多，花筒稍短，具8枚裂片。矮小，宜小型盆栽。以美国育出的品种著名。

2. 主要变种 大岩桐属约有30种，目前世界各地栽培的均为杂交种，参加杂交的主要变种有巨茎大岩桐（var. *caulescens*）、红花大岩桐（var. *rubra*）、白花大岩桐（var. *albiflora*）、长叶大岩桐（var. *macrophylla*）等。

图14-10 大岩桐

【生态习性】大岩桐喜温暖湿润环境，生长适温18~25℃，忌阳光直晒。要求疏松肥沃、排水良好的沙质土壤，好肥。冬季落叶休眠，块茎在5℃左右可安全过冬。

【繁殖方法】大岩桐采用播种和扦插繁殖，也可分球繁殖，以播种为主。种子细小，1g种子有2.5万~3.0万粒，一般出苗率为20%，以8~9月播种最佳。播后翌年3~5月开花。播种采用盆播，播后不覆土。浇水用浸盆法，种子发芽需见光。扦插可用芽插和叶插。芽插可于春季萌芽后进行，插后保持温度25℃，约15d可生根，并形成小块茎。叶插在花谢后进行，将叶柄带部分叶片斜插于温室沙床上，约20d叶柄和叶脉切口处产生小块茎。

【栽培管理】大岩桐盆栽用土为泥炭土（腐叶土）2份加珍珠岩（河沙）1份，再掺少量有机肥，混合后消毒即可应用。播种小苗长出1~2枚真叶时先移植一次，待幼苗长出3~4枚真叶时，再上营养钵培养，5~6枚真叶时上10cm盆培养。植株长大后再定植到14~16cm盆中。栽种深度以植株茎部大叶平盆口为度，浇水不宜过多，见干再浇，空气湿度要求高，生长期间保持半阴和高湿环境有利于植株生长。每周施液肥一次。由于叶面茸毛密生，施肥时注意不要污染叶面。温度保持18~25℃，冬季不能低于5℃，高温时注意通风，降温。冬季枝叶枯黄，停止浇水施肥，将块茎取出贮存在微湿润的沙中，保存在10~12℃室内。次年春季种植或作繁殖材料，切成若干块，每块一芽进行种植。

【观赏与应用】大岩桐花期长久，花朵繁茂，一株可开几十朵花，可营造欢快气氛，是节日点缀和扮靓居室的理想盆花。

四、花毛茛

【学名】*Ranunculus asiaticus*

【别名】芹菜花、波斯毛茛

【科属】毛茛科毛茛属

【产地及分布】原产欧洲东南部和亚洲西南部，目前世界各地均有栽培。

【形态特征】花毛茛为多年生草本植物。地下部具有纺锤形块根，数个聚生根茎部。地上茎高20~40cm，中空有毛，单生或稀分枝。基生叶阔卵形，三出叶，具长柄；茎生叶2~3回羽状细裂，无柄。花单生或数朵着生枝顶，花有单瓣和重瓣，原种为黄色，园艺品种

有红、白、橙等色。花期4~5月。蒴果。（图14-11）

【品种及变种】花毛茛园艺品种、变种分为五个系统。

（1）土耳其花毛茛系（var. *africanus*）　叶宽大，边缘浅裂，花瓣波状内卷曲，呈半球形。

（2）法国花毛茛系（var. *superbissimus*）　植株高大，多为半重瓣品种。

（3）波斯花毛茛系（'Persicus'）　由原始种改良而来。花大，色彩丰富，花期晚。

（4）牡丹花毛茛系（'Paeonius'）　花多为单瓣，具芳香。

（5）超大花花毛茛系（'Grandiflora'）　花大，直径达8~10cm。株高50cm。

【生态习性】花毛茛喜半阴和冷凉的气候，生长适宜温度10~20℃。忌炎热，夏季进入休眠状态；不耐寒，冬季在0℃即受冻。春季4~5月开花，花后地上部枯死进入休眠。喜肥，怕干旱，适合生长在排水良好、肥沃疏松的沙质壤土上。

图14-11　花毛茛

【繁殖方法】花毛茛主要采用播种和分株繁殖。秋季播种采用盆播，播后盖上玻璃，保持湿润，在15~20℃下2周出苗。分株繁殖于9~10月将块根挖出，用手掰开，2~3个块根为一株，带上根颈部栽种。

【栽培管理】花毛茛盆土采用腐叶土（泥炭土）2份加珍珠岩（沙）1份，再加少量有机肥配制而成，用前先消毒。幼苗期生长缓慢，不宜过多浇水、施肥，应保持光照充足。植株长大后，每10d追液肥一次，以氮肥为主。花芽分化时适当增施磷、钾肥。气温降至5℃时，移入温室养护，翌年4~5月开花。待6月气温升高时进入休眠，可取出块根置阴凉通风处休眠过夏，秋天再栽种。

【观赏与应用】花毛茛花色丰富，大而美艳，易于栽培，很适宜盆栽或作切花花材。

五、球根秋海棠

【学名】*Begonia tuberhybrida*

【别名】球根海棠

【科属】秋海棠科秋海棠属

【产地及分布】球根秋海棠为种间杂交种，是由原产秘鲁和玻利维亚的秋海棠经过百年以上杂交育成的。目前世界各地均有栽培。

【形态特征】球根秋海棠为多年生草本植物。地下部具块茎，呈不规则的扁球形。茎肉质，有分枝，株高30~60cm。叶互生，偏心脏状卵形，边缘有锯齿和缘毛。总花梗腋生，雌雄同株异花。雄花大，花径5cm以上，有单瓣、半重瓣和重瓣，花色有白、粉红、红、紫、橙、黄及复色等；雌花小型，5瓣。花期夏秋。蒴果有翅或棱。（图14-12）

【品种及同属其他种】

图14-12　球根秋海棠

1. 品种类型

（1）**大花类** 花径达 10～20cm，重瓣、半重瓣或单瓣。茎粗，直立。腋生花梗顶端着生一朵雄花，侧旁着生雌花。常见的花型有山茶型、蔷薇型、香石竹型、月季型、水仙型等。大花类最不耐高温。

（2）**多花类** 花径 2～10cm，花瓣数不多。茎直立或铺散，细而多分枝。腋生花梗着花多。常见的花型有小花和中花两种。

（3）**垂枝类** 枝条细长下垂，多分枝。叶小。花瓣细，多花性。宜吊盆栽培。耐热性较强。常见的花型有小花和中花两种。

2. 同属其他栽培种 秋海棠属植物有须根、根茎和球根三大类。根茎、球根类秋海棠在花卉分类中属于球根花卉。本类秋海棠常见的栽培种还有蟆叶秋海棠（*B. rex*）、铁十字秋海棠（*B. masoniana*）、小叶秋海棠（*B. dregei*）、玻利维亚秋海棠（*B. boliviensis*）等。

蟆叶秋海棠（*B. rex*） 蟆叶秋海棠原产巴西及印度。无地上茎，地下根茎横生。叶基生，斜卵形，叶面有凹凸泡状突起，叶片色彩斑斓。聚伞花序，花大而少。

【生态习性】球根秋海棠喜温暖湿润和半阴的环境，忌酷暑又不耐寒，生长适宜温度15～20℃。超过 30℃则落叶枯萎，块茎腐烂；冬季最低温度要求 10℃以上，过低易受冻害。生长期间空气相对湿度应保持在 80%左右。喜疏松肥沃、排水良好的沙壤土，pH 6～6.5。长日照能促进开花，短日照则抑制开花，促块茎生长。

【繁殖方法】

1. 播种繁殖 球根秋海棠蒴果成熟期一般在秋冬季，应随熟随采，采后稍晾干即可播种，因此播种多在 1～4 月进行。种子极为细小，1g 种子25 000～40 000粒，所以播种多采用盆或箱播。播后不用覆土，采用浸盆法灌水，盖上玻璃，放到半阴处，温度保持 20～25℃，土壤保持湿润，约 20d 即可发芽。苗出齐后揭开玻璃，逐渐增加光照。

2. 扦插繁殖 不易采到种子的秋海棠重瓣品种采用扦插繁殖。扦插 4～6 月进行，春季块茎栽植后，发出数个新芽，保留其中一个壮芽继续生长，其余芽可取插穗。插穗长 8～10cm 扦插于沙床内，温度维持 20～25℃，相对湿度保持 80%左右，15～20d 生根。扦插苗生长弱，发根困难，不如播种苗健壮。

3. 分割块茎繁殖 球根秋海棠分割块茎在春种时进行，将块茎分割成块，每块必带一个芽眼，切口涂草木灰，稍干燥后种植。缺点是株形不好，切口易烂，生产上采用不多。

【栽培管理】球根秋海棠盆土用腐叶土或泥炭土、园田土和沙等量混合，并加适量腐熟有机肥、骨粉或 1%过磷酸钙配制而成，栽植前进行土壤消毒。

播种苗长出 1 枚真叶时进行第一次移植，幼苗长出 3～4 枚真叶时移植到营养钵内培养，5～6 枚真叶时最后定植到 14～16cm 盆中。定植初期控制浇水，温度保持 18～20℃，相对湿度达 80%，植株生长正常后定期浇水，保持适度湿润，每周追施稀薄液肥一次，但浇水追肥不可洒到叶面上，否则叶片极易腐烂。

球根秋海棠种植块茎一般在 2～3 月进行。先将块茎堆放到培养土中，块茎顶端露出土面，适当浇水，温度保持 15～18℃，芽长出后移植到 10cm 盆中，根系长满后再定植到 16～20cm 盆中。块茎要浅栽，覆土 1cm 即可。定植后管理方法同上。

夏季炎热地区要注意通风，控制温度一般不超过 25℃。限制浇水，停止追肥，保持半休眠状态，高温过后植株经过短期休眠后再度生长，同时萌发新枝，二次开花。冬季温度降低后，茎叶变黄停止浇水，完全枯黄后，将块茎取出埋入沙中贮藏，贮藏温度保持 5～7℃。

块茎能连续种植 3 年，3 年以后老块茎失去应用价值可弃之。

【观赏与应用】球根秋海棠花大色艳，姿态秀美，最适合盆栽观赏。

六、中国水仙

图 14-13 中国水仙

【学名】*Narcissus tazetta* var. *chinensis*

【别名】雅蒜、天蒜、凌波仙子

【科属】石蒜科水仙属

【产地及分布】中国、日本、朝鲜。

【形态特征】中国水仙是法国水仙的变种。其鳞茎广卵状球形，外被棕色皮膜。每球有一个顶芽和几个侧芽，排列在一条直线上，顶芽为混合芽，侧芽有混合芽或叶芽。每芽有 4～9 片叶子，叶狭长带状，绿色。花茎从叶丛中抽出，稍高于叶、中空，每花茎着花 5～7 朵，呈伞形花序。一般每球抽花茎 1～7 支，大鳞茎抽花茎多，小鳞茎抽花茎少。花白色，芳香，副冠黄色，浅杯状。为同源三倍体，不结实。(图 14-13)

【主要品种】

(1)'金盏银台' 花被白色，副冠金黄色。

(2)'玉玲珑' 重瓣，花白色。

【生态习性】中国水仙花期早，于 1～2 月开放，6 月中旬地上部枯黄进入休眠，花芽分化从 7 月开始。生长期喜冷凉气候，生长适温为 10～15℃，开花期温度也不宜高于 12℃。喜阳光，要有长时间的充足光照。上盆后 10d 内需要的光照较少，以后至少要保证每天 6h 的光照。

【繁殖方法】中国水仙采用分球繁殖。传统的中国水仙繁殖在水田中进行。

1. 溶田整地 8～9 月将土壤耕松，然后放水浸田 1～2 周后排干水，再翻耕多次。水仙需肥量大，667m^2 施有机肥3 000～8 000kg、复合肥 20～30kg，生产大种球就多施、小种球少施。肥料要和土壤混合均匀，然后整平做成宽 120cm、高 40cm 的高畦，沟宽 30～40cm。便于栽植后引水灌溉。

2. 选球消毒 选无病虫害、无损伤、球体充实、外皮光滑的鳞茎作种球，并按球的大小分三级栽培。一年生栽培，选直径约 3cm 的种球，667m^2 栽 2 万～3 万个球。二年生栽培，选经过 1 年栽培的直径 4cm 以上的种球，进行较细致的栽培，667m^2 栽 0.8 万～1 万个球。三年生栽培也叫商品球栽培，从二年生栽培的种球中选球体宽阔、有一个主芽、直径在 5cm 以上的球作种球，667m^2 栽5 000个种球。

选好种球在种植前用福尔马林 100 倍液浸球 5min，或用 0.1%升汞浸球 30min 消毒，如有螨存在，可用 0.1%三氯杀螨醇浸种 10min。

3. 阉割种球 三年生栽培时种球要进行阉割，用特制的刀将种球内两侧的侧芽全部挖除，只保留中央主芽。阉割时注意不能碰伤主芽和鳞茎盘。阉割后伤口会流出白色黏液，阴干 1～2d 再栽种。

4. 种植 水仙种球 9～10 月种植。株行距一年生栽培 8cm×30cm，二年生栽培 12cm×

35cm，三年生栽培 15cm×40cm。一、二年生栽培宜深栽，深 8～10cm，三年生栽培深 5cm。种后耙平畦面，立即灌水。水渗透畦面后，再排干沟水；经数日待泥不成浆时，再修整沟底，夯实，以减少水分渗透。修沟之后，在畦面盖稻草约 5cm 厚，使稻草根伸向两侧沟中，然后向沟中灌水，水面维持在鳞茎下方，使球在土中，根在水中。

5. 养护 水仙从种植到挖球在田间生长 6～7 个月。为使鳞茎长好要加强养护，沟中要经常有流水，一般天寒水宜深，天暖水宜浅，雨天排水，晴天保水。到 5 月要排干沟水，直至挖球。追肥一年生栽培 15d 一次，二年生栽培 10d 一次，三年生栽培 7d 一次。5 月以后停肥、晒田。田间种植的水仙 12 月至翌年 3 月开花，为了不浪费养分，要及时摘掉花蕾。

6. 挖球贮藏 5 月底 6 月初，地上部开始枯萎时挖球，切除上部叶片和球底须根，用泥将鳞茎盘和两边脚芽封上，然后在阳光下摊晒，封泥干燥后运到阴凉通风处贮存。贮藏温度以 26℃为好，相对湿度 50%，贮藏室要经常通风换气。

7. 包装上市 10 月水仙花芽分化已完成，分级包装上市。用竹篓或纸箱包装，一篓装 20 个球叫 20 庄，是最好种球，依次而下，有 30 庄、40 庄、50 庄、60 庄。

【栽培管理】

1. 选鳞茎 水仙选鳞茎首先看大小。水仙球越大，开花越多，一般直径在 8cm 以上的为一级品。其次看形状、颜色。优良的水仙球外形扁圆、坚实，下端根盘大而肥厚。顶芽宽，尖端钝圆，水仙球外皮深褐色且有光泽为好。最后用手指按压水仙球，感到坚实有弹性并呈柱形，说明花芽已发育成熟。

2. 水养 水仙球上盆前要先清除鳞茎上的泥块和褐色的膜质外皮，再用小刀在鳞茎上部纵向割开十字口，以使鳞茎内的芽抽出，其深度以不伤及花芽为原则。然后放在清水中浸泡 1d，再上盆水养。在专用的水仙盆中放小石子等物固定，用干净的棉花或吸水纸敷在刻伤的刀口处，以防黏液见光后变色而影响美观。

水仙一般不需要肥料就可开花，如在水中加入 0.05%～0.1%的稀薄化肥，可促使花开得更好，花期更长。在生长发育期，容器中应加水至水仙球的下部 1/3 处，每 1～2d 换一次水，保持盆中的水新鲜、干净，忌用脏水和带有油脂的水。要使水仙在元旦开放，可在元旦前 40～60d 栽植；如需在春节开放，可在 12 月上旬栽植。栽后置于室内向阳处，温度 10～12℃为宜，叶片 5～6cm 长时，放于 7～10℃凉爽的地方。如遇低温天气，可在盆中加入温水。

【观赏与应用】 中国水仙叶姿秀美，花香浓郁，具有"凌波仙子"的雅号。新春佳节，家中放置一盆清香四溢的水仙，不仅能春意满屋，还可增添欢庆气氛。

第三节 切 花 类

一、百 合

【学名】 *Lilium* spp.
【别名】 百合蒜、强瞿
【科属】 百合科百合属
【产地及分布】 原产北半球温带和寒带地区，少数种类分布在热带高海拔山区。现世界各地广为栽培。

中国是世界百合的分布中心，全世界百合属植物有 90 多种，中国有 47 种 18 个变种，其中有 36 种 15 个变种为中国特有种；日本有 15 种，其中有 9 种为日本特有种；韩国有 11 种，其中 3 种为特有种；亚洲其他国家和欧洲共约 22 种，北美洲约 24 种。

百合在中国 27 个省、直辖市和自治区有分布，其中以四川西部、云南西北部、西藏东南部三省交界处种类最多，约有 36 种，是中国百合第一个也是最大的集中分布区；其次是陕西南部、甘肃南部、湖北西部和河南西部，约有 13 个种，是中国百合第二个集中分布区；第三是中国东北部的吉林、辽宁、黑龙江三省的南部地区约有 8 个种，是中国百合第三个集中分布区。

图 14-14 百合

【形态特征】百合为多年生草本，由地下部和地上部两部分组成。地下部由鳞茎或根状茎、子鳞茎、茎根、基生根（营养根和收缩根）组成。地上部由叶片、茎干、珠芽（有些百合无珠芽）、花序组成。（图 14-14）

1. 鳞茎 鳞茎是由地下鳞茎盘（压缩茎）和其上的鳞状叶组成的，形状为球形、扁球形、卵形、长卵形、圆锥形等。土壤质地、栽培技术、鳞茎年龄等影响其形状。无鳞茎皮包被。鳞茎的颜色随种类、品种而异，有白色、黄白色、黄色、紫红色等。鳞状叶即鳞片，多为披针形，无节，少数种鳞片有节。

2. 根 百合类的根是由茎根和基生根组成。茎根又称上根，是由埋在土壤中的茎秆所生，分布在土表之下，起支撑整个植株和吸收水分、养分的功能，其寿命为 1 年。基生根又称下根，从鳞茎盘上长出，有两种类型，细短有分支的为营养根，粗长无分支的为收缩根，收缩根的作用在于保持鳞茎处于适宜的深度以便存活，其寿命 2 至多年。

3. 叶 多数百合为散生叶型，少数种为轮生叶型，星叶百合（L. martagon）和青岛百合（L. tsingtauense）是典型的轮生叶型，大多数亚洲种以及由它衍化来的杂交种是散生叶型。叶片多披针形、矩圆状披针形、条形或椭圆形。

4. 子鳞茎和珠芽 绝大多数百合在茎根附近产生子鳞茎，其数目、大小随品种、栽培条件而异。珠芽在地上部叶腋处形成，许多种和杂交种，特别是卷丹（L. lancifolium）及其杂交品种最易产生珠芽，珠芽成球形或卵球形，成熟后多成紫褐色。

5. 花 多数花单生，簇生或呈总状花序，少数近伞形或伞房状排列。花形主要有喇叭形、钟形、碗形和卷瓣形。花被片 6 枚，2 轮，离生，由 3 枚萼片和 3 枚花瓣组成，基部有蜜腺和各种形状突起；雄蕊 6，花药椭圆而大，花柱细长，柱头膨大，3 裂。花色极为丰富，有白、粉、红、黄、橙、紫及复色等，花瓣上有斑点或斑块。

6. 蒴果 百合的蒴果长椭圆形，每个蒴果可产生数百枚种子，3 室裂，种子多数，扁平，周围具膜质翅，形状半圆形、三角形、长方形。种子大小、重量、数量因种类而异。

【品种及其分类】北美百合协会将百合园艺品种划分为 9 个种系，这个系统已被世界各国采用。

1. 亚洲百合杂种系（the Asiatic Hybrids） 亚洲百合杂种系是由卷丹（L. lancifolium）、垂花百合（L. cernuum）、川百合（L. davidii）、宾夕法尼亚百合（L. pensylvanicum）、朝鲜百合（L. amabile）、山丹（L. pumilum）与鳞茎百合（L. bulbiferum）的种间或杂种群间杂交选育出来的品种。花朵朝上，花色丰富，花形有钟形、卷瓣形、碗形等。目前我国引种栽培品种很多，如'阿拉斯加'（'Alaska'）、'伦敦'（'London'）、'新中心'（'NoveCento'）、'精粹'（'Elite'）、'红洛博'（'Laborage'）、'诗歌'（'Minstreel'）等。

2. 星状百合杂种系（the Martagon Hybrids） 星状百合杂种系由星叶百合（$L.\ martagon$）和汉森百合（$L.\ hansonii$）等杂交起源。叶轮生，花朵下垂，花瓣反卷。

3. 白花百合杂种系（the Candidum Hybrids） 白花百合杂种系是由白花百合（$L.\ candidum$）、加尔亚顿百合（$L.\ chalcedonicum$）和其他有关欧洲种衍生出的品种。叶散生，花朵下垂，花瓣反卷。

4. 美洲百合杂种系（the American Hybrids） 美洲百合杂种系是由美洲百合衍生出的品种。叶散生，花朵下垂。

5. 麝香百合杂种系（the Longiflorum Hybrids） 麝香百合杂种系是由麝香百合与台湾百合衍生出的杂种或品种，但不包括它们的任何类型的多倍体。叶散生，花朵喇叭状，水平伸展或稍下垂。目前我国引种栽培的品种有'雪皇后'（'Snow Queen'）、'白欧洲'（'White Europe'）、'宙斯'（'Zeus'）、'津山铁炮'等。

6. 喇叭百合杂种系（the Trumpet Hybrids） 喇叭百合杂种系是由喇叭百合和亚洲百合种如湖北百合（$L.\ henryi$）、王百合（$L.\ regale$）等衍生而来的奥列连诺斯杂种系（Aurelian Hybrids）。

7. 东方百合杂种系（the Oriental Hybrids） 东方百合杂种系包括所有天香百合、鹿子百合、日本百合、红花百合和它们与湖北百合杂交起源的后代。花朵斜上或横生，花色较丰富，花形有碗形、星形、星状碗形等，花瓣反卷或波浪形，花被片常有彩斑，有香味。目前我国引种栽培的品种有'卡萨布兰卡'（'Casablanca'）、'西伯利亚'（'Siberia'）、'索帮'（'Sorbonne'）、'凝星'（'StarGaze'）、'贵族'（'Noblesse'）。

8. 其他杂种系（Miscellaneus Hybrids） 上述系列中未能包括的所有杂种。目前又出现了新的杂交系。

（1）LA 百合杂种系（LA Hybrids） LA 百合杂种系是麝香百合与亚洲百合的杂交种。花朵直径比亚洲百合大，花色更丰富，株高介于麝香百合与亚洲百合之间，耐热性强。目前我国引种栽培的品种有'阿尔格夫'（'Algarve'）、'耀眼'（'Aladdin's Dazzle'）等。

（2）OT 百合杂种系（OT Hybrids） OT 百合杂种系是东方百合与喇叭百合的杂交种。花朵为短喇叭筒形，花色以黄色为主，还有复色品种，有香味，株高 120～240cm，花朵直径 15～25cm，耐热性和抗病性强。目前我国引种栽培的品种有'耶罗林'（'Yelloween'）、'曼尼萨'（'Manissa'）、'木门'（'Conca D'or'）等。

（3）LO 百合杂种系（LO Hybrids） LO 百合杂种系是麝香百合与东方百合的杂交种。

（4）OA 百合杂种系（OA Hybrids） OA 百合杂种系是东方百合与亚洲百合的杂交种。

（5）TA 百合杂种系（TA Hybrids） TA 百合杂种系是喇叭百合与亚洲百合的杂交种。

9. 百合原种系（Lily Species） 百合原种系包括所有百合原种及其植物分类学上的类型。

【生态习性】目前从国外引进的百合品种一般耐寒性较强，而耐热性差，喜冷凉湿润气候，生长适温白天 20～25℃，夜晚 10～15℃，5℃以下或 28℃以上生长会受到影响。东方百合杂种系和亚洲百合杂种系对温度要求严格，而麝香百合杂种系能适应较高的温度，白天生长适温可达 25～28℃，夜晚适温 18～20℃。

百合喜光照充足，但夏季栽培时要遮光50%～70%，冬季在温室进行促成栽培时要补光，长日照处理可以加速生长和增加花朵数目。亚洲百合杂种系对光照不足反应最敏感，其次是麝香百合杂种系和东方百合杂种系。

百合在肥沃、保水和排水性能良好的沙质壤土中生长最好。对土壤盐分十分敏感，高盐分会抑制根系对水分、养分的吸收。亚洲百合杂种系和麝香百合杂种系要求土壤总盐分含量不能高于1.5mS/cm，土壤pH6～7；东方百合杂种系要求土壤总盐分含量不能高于0.9mS/cm，土壤pH5.5～6.5。

【繁殖方法】

1. 扦插繁殖

（1）鳞片扦插　选用健壮无病的百合鳞茎，剥取鳞片，然后用80倍福尔马林水溶液浸渍30min，取出用清水冲洗干净，阴干后插入苗床。苗床基质选用粗沙、蛭石或泥炭加珍珠岩等。扦插深度为鳞片长度的1/2～2/3，间距3cm，插后用喷壶浇水。苗床温度保持在15～20℃，介质湿度保持在60%～70%，1～2个月在鳞片基部产生带根的小鳞茎。

（2）室内埋片贮藏繁殖　百合室内埋片贮藏繁殖是国外采用的繁殖方法，近几年经过试验，表现出许多优点。和鳞片扦插相比，管理简单，繁殖系数高，占地面积小，能实现工厂化生产，今后应大力推广。

室内埋片用装百合鳞茎的塑料筐作容器，下垫塑料膜，以蛭石或泥炭加珍珠岩作介质，将经过消毒的鳞片放入筐箱内。先在筐底铺2cm厚的介质，上面平铺一层百合鳞片，然后再薄薄盖一层介质，以刚盖住鳞片为宜，一筐箱可以摆放3～4层鳞片，最上层鳞片盖2cm介质。然后用塑料膜覆盖，塑料膜上留有通气孔。将埋好鳞片的筐箱堆放到能调节温度和保持湿度的暗室内，先用23℃室温处理8～12周（小鳞茎形成阶段），然用降温到17℃处理4周（地上茎形成阶段），最后将温度控制在5℃保持6～8周（Brooymans，1992）。介质的湿度以每10L蛭石加水2L混匀，保持介质湿润，检查发现失水要喷水提高湿度，但水分不能太多，以防鳞片霉烂。

2. 分球繁殖　利用百合植株茎基部生长出来的小鳞茎繁殖，也属于传统繁殖方法之一。多以露地栽培为主，选夏季凉爽、7月平均气温不超过22℃的高海拔山区或湖边半岛作繁殖地点。每年秋季或春季百合种植期进行，选品种纯正、无病虫害的小鳞茎作繁殖材料，种植前先用80倍福尔马林水溶液浸渍30min，取出后用自来水冲一次，阴干备用。鳞茎按株行距6～8cm×20cm开沟定植，沟深8～10cm，覆土4～6cm，种后灌透水。秋植鳞茎于翌年3月下旬或4月上旬出苗，春植鳞茎于当年4月中下旬出苗，苗出齐后要加强肥水管理。地上茎出现花蕾时及时摘除，以免开花消耗营养，不利于鳞茎生长和膨大。分球繁殖容易造成种球退化，大面积生产不提倡用分球繁殖的种球。

3. 组培脱毒繁殖　组培脱毒繁殖是今后工厂化生产优质无病毒百合种苗的重要途径。百合无病毒原种培育，即通过热处理、茎尖培养、化学疗法脱除病毒，是目前控制百合病毒病的唯一有效手段。热处理是将带病毒已发芽的百合鳞茎置于35～38℃的培养箱内，经过2周培养，取百合的嫩芽5cm，清水冲洗，滤纸吸干后，在70%酒精中浸1min，无菌水冲洗3次后再转移入6%次氯酸钠溶液处理8min取出，无菌水冲洗4次，将已消毒的外植体外层的叶片剥去，露出生长点，将带有1～2个叶原基的生长点在解剖镜下用手术刀切成0.2～0.5mm的薄片，接种到含病毒唑的MS+NAA0.5mg/L的培养基上，能顺利诱导出带根幼苗。然后转换到成球培养基中即可诱导小鳞茎。培养基的pH5.8～5.9，培养温度25～

28℃，光照度2 000lx。

4. 播种繁殖　百合播种繁殖通常局限于某些种，如新铁炮百合多采用播种繁殖。一般早春播种，播后覆盖稻草，温度适宜几周就可以发芽，发芽时首先长出草似的子叶，并很快长出宽阔的真叶，经过8~9个月的生长，到秋冬季大部分实生苗能开花。播种繁殖优点很多，能获得大量健壮的无病毒植株，繁殖系数高，育种家采用播种繁殖可获得杂种新类型，但对大多数百合来说，播种繁殖到开花要3~4年，所以通常不用播种繁殖。

【栽培管理】

1. 设施类型　节能日光温室是我国北方生产百合切花的常用设施，塑料大棚是我国南方生产百合切花的常用设施。现代温室常用于生产高品质百合切花。

2. 品种选择　根据市场需求和各地的生态环境条件，选择适宜的品种。目前适合作切花的有东方百合杂种系、麝香百合杂种系、LA百合杂种系、OT百合杂种系、亚洲百合杂种系等。

3. 种植前准备　为了给切花百合的生长提供良好的条件，并为施肥提供依据，应有针对性地进行土壤改良。在种植前6周取样，检测土壤pH、EC值、含氯量、含氟量和矿质营养总量等，保证土壤（尤其是上层土）具有良好的通透性。

（1）土壤改良　对于含沙量大或黏性强的土壤以及表土熟化不够的土壤，可用腐熟牛粪、稻草、稻糠、泥炭混合物等改良。土壤pH高，可在表土中施加泥炭等进行改良，每100m² 施入泥炭2m³ 或加入充分腐熟牛粪1~1.5m³。土壤pH低，在种植前用含石灰的化合物或含镁的石灰混合土壤。如果土壤含盐或含氯较高，预先用水淋洗，尽量不施用新鲜的有机肥料和过量的化肥。灌溉水的含盐量（EC值）应低于0.5mS/cm。

（2）土壤消毒

①物理消毒：土壤物理消毒的方法有：高温淹水闷棚；蒸汽消毒，即装上管道，将蒸汽通到20~25cm深的土层中，使土壤温度达到78~80℃，而且应保持1h以上。

②化学消毒：用福尔马林50倍液均匀喷洒（土温达到10℃以上时），再用塑料薄膜覆盖土壤，7d（夏天3d）后揭开塑料薄膜，释放有害气体，2周后使用。也可采用杀菌药剂，如70%敌克松5~10g/m² +5%辛硫磷3~5g/m²，将药剂均匀混入20cm的表土中；或用含5%辛硫磷6g/m²的药土撒到土中拌匀，然后用70%土菌消2 000倍液+50%福美双400~500倍液喷洒土壤。

（3）整地做畦　畦宽80~120cm，畦间距25~40cm。多雨地区用高畦，畦高15~30cm（视地下水位高低而定），少雨地区用平畦。在种植百合之前施用充分腐熟的有机肥，如每100m² 施入1~1.5m³ 腐熟牛粪肥，使土壤有机质含量达到3%以上。施用腐熟牛粪肥和泥炭混合肥效果更好。

4. 定植

（1）定植时间　百合定植时间根据品种特性、供花时间和栽培条件而定。在生长适温下，亚洲百合杂种系生长周期为70~110d，东方百合杂种系生长周期为80~140d，麝香百合杂种系生长周期为70~110d。经冷藏处理的百合种球，若能满足其生长的温度要求，在一年内的任何时间均可种植。

（2）种球消毒　种植前用50%甲基托布津600倍液或70%百菌清600倍液对百合种球进行消毒；发病严重季节，可用50%恶霉灵2 000倍+70%代森锰锌800倍+25%多菌灵500倍液，浸泡30min，消毒后晾干种球表面备用。

（3）定植方法 土壤栽植时，常采用沟植；基质栽培时，多采用穴植。栽植后要充分浇水，使鳞茎上的根系与土壤紧密结合，以确保种球的发芽和生长。定植时要求有足够的种植深度，即要求种球上方有一定的土层厚度，冬天应为6～8cm，夏天8～10cm。百合的种植密度随品种和种球大小等因素的不同而异。适当密植可使切花百合的茎秆挺拔。在光照充足、温度高的月份，种植密度通常要高一些；在缺少阳光的时节（冬天）或在光照条件较差的情况下，种植密度就应适当低一些。在泥炭基质中，百合生长快，可以降低种植密度。通常百合切花生产的株距为10～15cm，行距为15～20cm。不同品种和规格的种球，其种植密度有一定差异（表14-1）。

（4）张网设支架 铺设支撑网，网眼的大小根据株行距确定。支撑网应固定在支架上，并应拉紧拉直。

5. 管理 每天定时记录气温、土温、最高温度、最低温度、空气相对湿度等。土壤pH、EC值每周测定1～2次。有条件的每月测定一次土壤各种营养元素，以便更有效地进行日常管理。

表14-1 不同品种和规格百合种球的种植密度

品种名称	种球规格（cm）	种植密度［株距×行距］
'西伯利亚'	14～16	13cm×20cm 或 16cm×16cm
	16～18	15cm×20cm 或 17cm×17cm
	18～20	17cm×20cm 或 18cm×18cm
'索邦'	14～16	12cm×20cm 或 15cm×16cm
	16～18	14cm×20cm 或 15cm×17cm
	18～20	16cm×20cm 或 15cm×18cm
'普瑞头'	10～12	9cm×20cm 或 12cm×15cm
	12～14	10cm×20cm 或 14cm×15cm
	14～16	11cm×20cm 或 15cm×15cm
'雪皇后'	10～12	9cm×20cm 或 12cm×15cm
	12～14	11cm×20cm 或 14cm×15cm
	14～16	12cm×20cm 或 16cm×15cm

（1）萌芽期管理

①水分：百合定植后田间持水量应保持在70%左右。鳞茎根系生长期田间持水量降至60%左右，保持土壤通气良好，以利于氧气供应。空气相对湿度要求60%～80%，采用喷水、地面洒水等调控手段，保证空气湿度相对稳定。

②温度：土温应保持在12～15℃，不可超过20℃。气温宜保持在昼温20～22℃，最高不可超过25℃，夜温10～15℃。

③光照：百合光照管理以遮阳为主，根据季节和品种不同，选用遮光率为70%～80%的遮阳网。

④通风：在温、湿度有保证的前提下，尽可能打开多处风口通风。对于花茎软的品种，可用风扇加强通风。

⑤施肥：百合萌芽期原则上不进行土壤施肥，根据情况适当进行叶面喷肥，通常喷施0.1%螯合铁+0.2%尿素一次，或0.1%磷酸二氢钾+0.2%尿素一次。

（2）营养生长期管理

①水分：百合栽培提倡节水灌溉，避免大水漫灌，多采用滴灌。滴灌前应先清洗管道，清除各种残留物，以利灌溉的顺利进行。田间持水量应保持在60%左右，空气相对湿度为50%～80%，且要求稳定。

②温度：东方百合杂种系白天保持20～22℃，不宜高于25℃，夜温不低于15℃。亚洲百合杂种系白天保持20～25℃，夜晚10～12℃。麝香百合杂种系白天保持20～25℃，不宜高于28℃，夜温不低于14℃。

③光照：夏季百合生产以遮阳为主，冬季中午必须遮阳，阴天应打开遮阳网。植株高度达到切花要求时，也可打开遮阳网。冬季促成栽培要补充光照，特别是亚洲百合杂种系，若光照时间不足会造成盲花或消蕾。百合通常采用人工照明补光的方法。花序第一个花蕾达到0.5～1cm大小时开始补光，在16℃气温条件下，大约持续5周的人工光照，每天保证14～16h光照时间。

④通风：在温、湿度有保证的前提下，尽可能打开多处风口通风。对于花茎软的品种，可用风扇加强通风。

⑤施肥：不同地区应根据当地土壤状况决定施肥方法。通常情况下，每15～20d追施一次氮、磷、钾复合肥（钾宝），每次用量20～30g/m²。同时间隔7～10d土中追施硝酸钙肥，每次用量20g/m²。叶面喷施0.1%螯合铁+0.2%尿素或0.1%硫酸镁，共喷4～5次。随时监测土壤EC值，高于1.0mS/cm时，应停止土壤施肥。

⑥补充CO_2气肥：在设施栽培条件下，一般应在晴天上午施CO_2气肥。补充CO_2对百合生长及开花有利，尤其麝香百合杂种系喜欢高浓度CO_2，CO_2的含量一般应保持在1 000～2 000mg/kg。

（3）花蕾发育期管理

①水分：田间持水量保持在60%左右，空气相对湿度为40%～60%。

②温度：气温保持在15～25℃，白天不高于25℃，夜间不低于15℃。

③光照：夏季中午必须遮阳。冬季不同地区根据具体情况灵活掌握。

④通风：在温、湿度有保证的前提下，尽可能打开多处风口通风。对于花茎软的品种，可用风扇加强通风。

⑤施肥：发蕾发育期以钙、钾肥为主，硝酸钾、硝酸钙按2∶1混合，每次25～35g/m²；磷酸二氢钾、磷酸铵按4∶1混合，每次25～30g/m²。切花采收前2周停止施肥。

6. 预防生理病害

（1）黄化病　百合黄化病由缺铁引起，在东方百合杂种系和麝香百合杂种系上表现严重。

防治方法：保持土壤排水良好，降低pH，根据土壤pH的具体情况使用螯合态铁。用500倍螯合硫酸亚铁调制的酸性水进行灌溉或将螯合态铁2～3g/m²与干沙混合后撒施土中。

（2）叶烧病（日灼病）　百合叶烧病多在肉眼尚未见到花芽时就发生。主要是百合根系差、细胞缺钙、温室相对湿度变化剧烈和光照太强等原因造成的，同时也与品种有关。

防治方法：注意品种选择，尽量不用大鳞茎种植，同时选择有良好根系的鳞茎。避免温室内温度和相对湿度的剧烈变化，尽量保持空气相对湿度在70%左右。为防止植株过快生长，种植后最初4周对亚洲百合杂种系应保持土壤温度10～12℃，而东方百合杂种系最初6周应保持15℃。通过遮阳避免过度蒸腾，晴天多喷几次水。此外，对危害根系的病虫害要有效地控制。

（3）消蕾　消蕾是指百合花蕾长到1～2cm时，由于光照不足或温度过高等原因，花蕾由绿变白,产生离层,从花梗上脱落的现象。

防治方法:冬季种植百合必须保证充足的光照时间,通常采用人工照明补光的方法。另外一种方法是当第一个花蕾长到1cm长时,用1.0mmol/L STS喷花蕾,可有效防止消蕾。

(4) 畸形花(裂苞) 畸形花是百合经常发生的一种生理病害。特别是在花蕾膨大期,昼夜温度变化太大、干湿悬殊时,畸形花发生较多,严重影响切花质量。

防治方法:在花蕾膨大期,要特别注意温室温度和湿度的变化,尽可能保持较稳定的状态,可以减少畸形花。

(5) 软茎 由于温室光照不足、通风不好、土壤缺钾和缺钙等原因,造成花茎细软,不能支撑花蕾,严重影响切花质量。

防治方法:在花蕾膨大期,要特别注意温室通风透光,增施硝酸钾、硝酸钙和磷酸二氢钾等肥料。

7. 轮作 轮作是用地养地相结合的一种生物学措施,凡种植过百合的地块应坚持轮作。轮作可以预防百合土壤病虫的大量发生,能有效地改善土壤的理化性状,调节土壤肥力,减少换土或换基质的费用。百合可以与粮食作物如水稻、玉米、大豆轮作,也可以与豆科和茄果类蔬菜轮作。

8. 切花采收

(1) 采收时间 百合采收时间应根据以下情况综合确定:①具体因采收季节、环境条件、离市场远近和百合种类与品种的不同而异。②从采收至产品到达消费者手中,百合切花应处于最新鲜状态,使切花有足够的货架摆放期(瓶插期)。

(2) 采收标准 百合采收标准如下:①具有3~4个花蕾的花枝,第1个花蕾透色即采;具有5个以上花蕾的花枝,2个花蕾透色再采。②花序基部第1个花蕾尚未充分透色,适合远距离运输或贮藏;花序基部第1个花蕾已充分透色,花蕾已显开放状态,第2个花蕾已透色并膨胀,只能就近销售。

(3) 采收 百合切花用锋利的刀子切割。切下的花枝出棚后立即插入水桶中,每桶分装50支,记录品种、规格和数量。切花离水时间不得超过15min。装花的桶应及时入库,不能在阳光下曝晒。

(4) 包装、入库 将同品种、同花蕾数、同一等级的百合10支一束,去除基部20cm的叶片,用橡皮筋或塑料绳捆扎。捆扎时花蕾头部应对齐一致,基部剪齐,然后套塑料袋,贴标签,插入10~15cm的清水桶中。对亚洲百合杂种系和LA百合杂种系,在水中加入0.2mmol/L STS+500mg/L GA_3 或1-MCP预处理药剂。

包装后连水桶一起放入2~4℃库内保存。库内贮藏的时间,最少4h,最多48h。低温贮藏能降低百合对乙烯的敏感性,能使百合在出售期间保持其品质。百合吸足了水分后,也可将其干贮于冷藏室内,冷藏室的温度要降低到1℃。

(5) 装箱、运输 将包装好的切花每20扎1箱,花蕾朝向箱的两头,交互放置,每边10扎。每扎花的中部用固定带固定,花枝间用碎纸屑填充,封箱、贴标签,放入冷库贮藏待运。出口百合每4扎一小箱,包装方法同上,每6~8小箱装入一大箱内,封箱、贴标签,放入冷库贮藏待运。百合在运输过程中必须保持低温,使用冷藏车(2~4℃)能防止花蕾生长并减少乙烯危害。

若运输中无冷藏条件,在运输前先预冷包装箱,然后装车运输。销售时,应在水中切枝剪掉部分茎秆,然后将百合插入清洁的水中,贮藏于1~5℃的环境中。

9. 其他栽培技术

（1）箱植栽培　为了避免连作，可采用箱植法生产百合切花。利用 61cm×43cm×24cm 的塑料箱子，栽培介质以1份园田土、1份草炭土、1份腐叶土、1份粗沙配制而成，每立方米加入骨粉 150g、硫酸钾 100g，pH 维持在 6~7。经过土壤消毒，即可装箱使用。箱植百合鳞茎下的土层应为 2~4cm，鳞茎上面覆土 8cm。种植密度为 12~15cm×12~15cm，每箱种植 12~20 株。种植后种球后种植箱可放到冷库内，促使发根和抽茎，箱子不能像冷冻处理那样堆放，应十字交叉式堆叠。发根温度保持 12~13℃，处理 3~4 周后移至温室中。3~4 周百合鳞茎长出基生根和茎生根，同时发芽抽茎 8~10cm。移到温室后首先要浇水。其他栽培技术同上。

箱植百合有许多优点，在冷库恒温下发根发芽，能改进切花的品质，特别是夏季栽培，能获得较高植株；能缩短温室栽培时间，提高温室利用率；可连续多年生产，不存在连作问题；介质配制合理，营养丰富，通气性好，对百合生长十分有利。

（2）盆栽　选盆栽百合品种，鳞茎先种到营养钵内，每钵种一球，鳞茎下土层约 1cm，鳞茎上面覆土 8cm。种好后将营养钵放入箱内，每箱 24 钵，其他管理方法和箱植法一样。待花蕾显色时，取生长势一致的植株，先脱掉营养钵，带土团上盆。1 株一盆、3 株一盆或 5 株一盆。

【观赏与应用】百合切花是切花中的佼佼者，其具有百年好合、白头偕老、花好月圆等美好寓意，是婚庆活动中不可缺少的重要花材，如新娘捧花、新娘头饰以及新婚艺术插花、婚礼花车等均离不开百合切花。尤其是白色百合象征着纯洁无瑕，深受世界各国人民的喜爱。此外，百合花期长、花姿优雅别致、花色艳丽，在园林中的应用也很广泛，宜片植于疏林、草地，或布置花境。矮化品种可用于盆栽，是市场前景较好的年宵盆花。

二、唐菖蒲

【学名】*Gladiolus hybridus*

【别名】剑兰、什样锦

【科属】鸢尾科唐菖蒲属

【产地及分布】大多数种类原产于南非好望角，少数种类原产于地中海地区，现在世界各地广泛栽培。

【形态特征】唐菖蒲为多年生草本植物。地下部肥大为球茎，呈扁球状，外被膜质皮。基生叶剑形，嵌叠为二列状，抱茎互生。穗状花序顶生，每穗着花 12~24 朵，排成二列，左右对称。花冠漏斗状，有白、黄、粉、橙、红、紫、蓝等色或复色，有些品种花瓣边缘有皱褶或波状等变化。夏秋开花。蒴果，种子扁平有翼。（图 14-15）

【品种类型】唐菖蒲野生原种约有 250 个。目前常见的唐菖蒲栽培品种是由原种中一部分经过选择、杂交、培育而成的。据不完全统计，全世界唐菖蒲品种约万种，依花色分类，有 9 个色系，我国引种栽培 200 多个品种。

（1）红色系　'青骨红'（'Tradehorm'），红色，抗病，不易退化；'节日红'（'Mascagin'），玫红色；'圆舞曲'（'Toundelay'），红

图 14-15　唐菖蒲

花黄心;'飞红'('AmerKana'),鲜红色。

(2) 桃色系 '伊丽莎白皇后'('Queen Elizabeth'),粉红色;'粉友谊'('Pink Friendship'),浅粉,早花。

(3) 黄色系 '阳光'('Sunshine'),浅黄色;'小丑'('Jester'),黄色,带红条纹;'新星'('NoreLux'),黄色;'迟幕'('Belle Blonck'),浅黄色。

(4) 白色系 '白友谊'('White Friendship'),乳白色;'雪花'('Snow Flower'),纯白;'白花女神'('White Goddess'),纯白。

(5) 紫色系 '紫黑玉'('Mirandy'),深紫色;'忠诚'('Fidelio'),紫色。

【生态习性】唐菖蒲喜冬季温暖、夏季凉爽的气候和肥沃、排水良好的沙质壤土,pH5.5~6.5。要求阳光充足,长日照条件能促进开花。生长适温白天为20~25℃,夜间为10~15℃。夜间温度在5℃以下植株停止生长,而且多发生"盲花"。

【繁殖方法】

(1) 分球繁殖 秋季叶片有1/2发黄时,挖掘球茎,剪去基叶,将新生的大球和子球分开,按大小分级,充分晾干后贮藏在5℃左右的通风干燥处备用。新球当年开花,但子球休眠期长,从种植到开花需170d。因此,种前必须先打破休眠。子球开花小,花数少。直径小于1cm的子球需培育1~2年后开花。种植方法同百合,要找冷凉的山区作种球繁殖基地。

(2) 组培脱毒繁殖 利用百合植株的茎尖作外植体,接种到MS加激素培养基上,可以诱导出无病毒苗,是解决病毒病的有效方法。

(3) 播种繁殖 百合播种繁殖主要在培育新品种时用。

【栽培管理】

1. 栽培类型

(1) 促成栽培 9月初挖掘出成熟的球茎,先用35℃高温处理15~20d,再用2~3℃低温处理20d,在此期间要保持干燥。打破休眠后于10月上旬至11月上旬定植在温室内,夜间温度最低要保持15~16℃,并在2~3叶期开始补光,经过100~120d,于翌年1~2月开花;12月中旬定植,于翌年3月中旬至5月开花。

(2) 抑制栽培 经过冬季贮藏的种球,于3月中旬贮藏于3~5℃干燥冷藏库内,抑制发芽生根。8月下旬至9月上旬定植在温室内,11月下旬至12月中旬开花;9月上中旬定植,12月中旬至翌年1月中旬开花。若到9月以后定植,则球根养分消耗多,加上低温、短日照,容易出现盲花。防止盲花的方法是在2~3叶期花芽分化期补光,每晚4h,连续2~3周,夜温保持在10~15℃。选用优良大种球,栽植不要过密,发芽后保持一球一芽。

(3) 普通栽培 冷凉山区一般在4~5月种植唐菖蒲,8~9月开花。因花期温度适宜,切花质量高,种球不易退化。平原地区3~8月分期种植种球。3月种植,6月开花;4~5月种植,7~8月开花;7月种植,9~10月开花;8月种植,10~11月开花。平原地区夏季炎热,一般不在4~5月种植,因夏季开花质量差,商品价值低。

2. 定植 唐菖蒲喜肥,定植前要施足基肥,每100m^2施腐熟堆肥150~225kg、饼肥30kg,并加入5kg骨粉和40kg草木灰,深翻,混合均匀后做畦。定植密度为15cm×20cm,覆土深度5~10cm,球茎越大种植越深。浅种不利于新球生长,易倒伏,但利于开花,深种则相反。

3. 施肥灌水 唐菖蒲全生育期追肥3次。第一次在两叶期,以氮肥为主,促茎叶生长。第二次在四叶期,以磷肥和氮肥为主,促花芽分化、孕蕾,花枝粗壮。第三次在花后,以钾肥为主，促球茎肥大和养分积累。生长期适时浇水，保持土壤湿润，土壤过干或过湿均对生长不利。在三叶期至四叶期，花芽分化时适当控制浇水。

4. 防倒伏 一般在植株长出3片叶时，要及时培土，以后随着植株的生长可张网设支柱扶持。

5. 防盲芽 唐菖蒲采用优良的较大球茎，以保证营养充分。选用在低温、短日照及弱光条件下能良好开花的品种，而且要限制一球一芽。在促成或抑制栽培中要保证适宜的温度，特别是五叶期至六叶期，保证夜温在15℃左右。在两叶期至三叶期开始补光。

6. 切花采收 唐菖蒲花穗下部有1朵花着色的时候，就可以切花。一般在2～3片叶上面切花，留下叶片继续供球茎养分，促球茎生长。整理切下花枝，10支一束，用纸包裹，装箱运销。贮藏期间，有光的条件下，花枝必须立放，以免枝头弯曲。

【观赏与应用】唐菖蒲是世界著名的四大切花之一，其花茎修长挺拔，花色丰富且艳丽，花期长，是插花中典型的线性花材，深受东西方插花消费者的喜爱，广泛应用于花束、花篮及艺术插花。也可应用于园林绿地，或于庭院中丛植，或作花境的配置材料等。

三、马蹄莲

【学名】*Zantedeschia aethiopica*

【别名】水芋、慈姑花、观音莲

【科属】天南星科马蹄莲属

【产地及分布】原产南非、埃及，现世界各地广为栽培。

【形态特征】马蹄莲为多年生草本植物。块茎肥大肉质。叶基生，具长柄，叶大，箭形，全缘。佛焰苞白色，马蹄状。肉穗花序鲜黄色，直立于佛焰苞中央。上部着生雄花，下部着生雌花。花期3～5月。果实为浆果。(图14-16)

【品种及同属其他种】

1. 品种类型 马蹄莲常见栽培品种有青梗品种、红梗品种、白梗品种。

（1）青梗品种 植株高大健壮，块茎粗大，叶柄基部绿色，佛焰苞长大于宽，黄白色，基部不平展。

（2）红梗品种 植株比较健壮，叶柄基部带红晕，佛焰苞大，长宽相近，外呈圆形，色洁白。

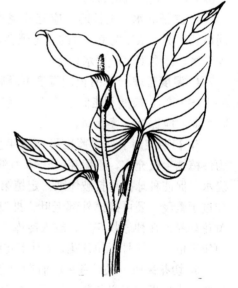

图14-16 马蹄莲

（3）白梗品种 植株生长较弱，块茎小，叶柄基部白绿色，佛焰苞阔而圆，色洁白，基部平展。花期早，花量多。

2. 同属其他栽培种 马蹄莲属约有8种。常见有红花马蹄莲（*Z. rehmannii*）、黄花马蹄莲（*Z. elliottiana*）、银星马蹄莲（*Z. albo-maculata*）。

彩色马蹄莲（*Z. hybrida*）是马蹄莲种间或属间杂交种，因其色彩艳丽、形态高雅、应用面广，在国际花卉市场上占有越来越重要的地位，被公认为世纪花卉之星。

【生态习性】马蹄莲喜温暖湿润环境，生长适温为15～25℃，最低温不能低于10℃，高于25℃或低于5℃会造成休眠，0℃时块茎会受冻死亡。马蹄莲有一定耐阴性，夏季遮去

50%光照有利于植株生长,冬季则需要充足的光照。喜疏松肥沃、腐殖质丰富的沙质土壤,pH6.5~7.0。对水分要求有两种类型:一种是湿生型,常在水中栽培,如四季马蹄莲;另一种是旱生型,如黄花马蹄莲和红花马蹄莲,但它们对水分要求仍较高。

【繁殖方法】

1. 分球繁殖 每年6月挖出马蹄莲球根,掰下子球,放在通风凉爽的室内或冷库中贮藏,9月种入苗床,经1~2年即能养成大球。

2. 组培脱毒繁殖 利用马蹄莲植株的茎尖作外植体,接种到MS加激素的培养基上,可以诱导出无病毒苗,是解决病毒病的有效方法。

【栽培管理】

1. 整地做畦 栽植前要整地施基肥,每100m^2施厩肥300kg、过磷酸钙10kg、饼肥30kg、骨粉30kg,翻入土中和表土混合均匀,耙平后做成宽1.2m的平畦。

2. 定植 马蹄莲的自然花期在3~5月,6~7月是夏季休眠期。植株完全休眠后,可将块茎挖出,晾干后入冷库贮藏,经过4℃低温处理,于9月下旬定植在温室苗床内或花盆内。地栽马蹄莲株行距为40cm×60cm,每畦只种2行。每株应具有3~4个主芽并带有子球的根丛。定植时覆土5~8cm。盆栽马蹄莲,一般用20cm的盆,每盆种2~3球,种后充分浇水。由于9月份温室温度较高,可于中午适当遮光,并常在叶面、地面洒水,以提高空气湿度,达到降温的目的。

3. 施肥灌水 生长期间应充分浇水,同时经常对四周地面洒水,提高空气湿度。每2周追肥一次,浓度为0.2%的完全肥料,切忌将肥水浇入叶柄内,引起腐烂。花后要逐渐减少灌水,休眠期停肥停水。

4. 温度管理 11月夜间温度下降后要注意保温,冬季白天温度保持15~25℃,夜温保持10~15℃,最低不能低于5℃。一般可于12月开花,翌年1~3月为盛花期。花后为块茎膨大期,应保持土壤湿润。

5. 花期控制 马蹄莲也可作多年生栽培。我国北方定植在日光温室内。定植第一年,为使植株生长充实,不掰芽。5~6月终花后也不收球,采用遮阴、通风降低室内温度,少浇水,促使种球提早打破休眠。定植第二年开始掰芽,使植株间保持良好通风条件。如果植株过于繁茂,还可摘掉外部老叶,抑制营养生长,促使开花。每年10月至翌年5月开花。黄花马蹄莲在种球收获后,放入冷库贮藏。1月中旬定植于温室,3月下旬开始开花;2月中旬定植,于4月下旬开花;2月下旬种植,于6月上旬开花。

6. 切花采收 马蹄莲采收时期以花开八成为准。剪切的花枝应插入水中,花茎基部易弯曲,应用柜架固定花茎。切下花枝分级包装,10支一束,花茎基部用湿棉花和塑料纸包裹,然后装箱上市出售。

【彩色马蹄莲的栽培】 彩色马蹄莲的栽培与常见的白花马蹄莲有根本不同,主要是栽培管理有一定难度。

1. 种球选择 彩色马蹄莲一般采用组培脱毒种球,选择花色艳丽、健壮、无病毒感染、芽眼饱满、色泽光亮的种球,种球直径4~5cm为宜。

2. 种球种植前处理 彩色马蹄莲的种球经赤霉素处理,可促进开花,增加切花产量。一般在种植前经25~50mg/kg赤霉素处理10~15min后,即可用于栽植,注意处理时间不宜过长,使用浓度不要过高,否则产生畸形花。

3. 种球种植 将经过赤霉素处理的彩色马蹄莲种球种植在疏松、透气、微酸性的基质中，种植深度为10cm左右。种植后浇透水，盖上一层塑料薄膜，保湿保温，促进种球发芽。生长期适宜温度白天20～25℃，晚上不得低于10℃。

4. 水肥管理　彩色马蹄莲生长期水分管理相当重要，一般生长初期宜湿，开花后期适当控制水量，花后养球期宜干燥环境，充实种球并强迫休眠。在施足基肥的情况下，只要适当追肥即可。通常在开花前用硝酸钙1 000倍液叶面喷肥2次，间隔时间为7d，以促进开花。注意不要将肥水浇入叶柄内，以免腐烂。开花后施入复合肥促进种球充实成熟。

5. 切花采收　彩色马蹄莲从播种到开花需60～70d。采花应在早晨或傍晚温度较低时进行，采用拔取的方法进行，对于花枝较长的品种，也可采用切花方式。采花后可用农用链霉素1 000倍液喷施、杀菌消毒。切花时要注意切花工具的消毒，以避免不同植株间的病毒传染。采下的花枝尽快放入保鲜剂或3～5℃清水中浸泡，然后包装上市出售。

【观赏与应用】马蹄莲佛焰苞形态奇特，洁白如玉，花叶共赏，象征着纯洁、天真之寓意，是手捧花、艺术插花的理想材料。也是典型的线性花材，且花茎较软，易于加工，适宜插花造型。

四、黄六出花

【学名】*Alstromeria aurantiaca*

【别名】秘鲁百合、百合水仙

【科属】石蒜科六出花属

【产地及分布】原产南美巴西、智利、秘鲁等国家，是目前世界流行的切花种类，其品种主要由荷兰阿尔斯梅尔的范·斯特拉费伦公司培育。

【形态特征】黄六出花为多年生草本植物。具肉质根。地上茎自根颈处萌发，直立而细长，高可达1.5m左右。叶片多数，散生，披针形，有短柄或无柄，螺旋状着生，花序下为一轮生叶。聚生伞形花序，花10～30朵。单花直径8～10cm，花漏斗形。花被6裂，花被片不整齐，内外两轮，花被橙黄色，内轮有紫色或棕色条斑。雄蕊6枚。种子多。（图14-17）

图14-17　黄六出花

【变种及同属其他种】

1. 主要变种

（1）无斑六出花（var. *concolor*）　花为纯黄色。

（2）金黄六出花（var. *aurea*）　花黄色，具红色细条纹。

2. 同属其他栽培种

（1）红六出花（*A. haemantha*）　红六出花株高达1.0m。花10～12朵簇生，外轮花被片亮红色，内轮花被片赤黄色。

（2）美丽六出花（*A. pulchella*）　美丽六出花株高50～100cm。花冠深红色，具棕紫色斑点。

（3）紫条六出花（*A. ligta*）　紫条六出花株高60～75cm。外轮花被片倒卵形，白色、淡紫或红色；内轮花被片黄色，具紫红色斑点及条纹。

【生态习性】六出花喜温暖、半阴或阳光充足的环境。耐寒，忌积水，要求深厚、疏松、肥沃的土壤。长日照植物，最适宜的日照时间是13~14h。在20℃的温度条件下，植株基部能不断萌发出新芽，新芽分化花芽后，约经11周开花。

【繁殖方法】

1. 播种繁殖 六出花宜秋冬季播种，基质必须高温消毒，以防小苗发生猝倒病。种子覆土厚度约1cm。在22~25℃的环境下3周后，将播种苗盘转移到5℃的冰箱中，低温处理3周后再回到20~25℃的条件下，约2周开始出芽。幼苗有2~3片真叶时分苗。幼苗期冬季温度维持在15~20℃，翌年4月可定植，5月下旬至6月初进入花期。

2. 分株繁殖 为使六出花母株能够更多地积累营养，应及时去除花蕾，加强肥水管理，使母株有充实繁茂的根系与株丛。分株时间以春、秋两季为宜。将植株地上部自地面上25cm左右处剪除，挖起整个株丛，自根颈部掰开，每丛可分为10~20个单株，保证每个新株带2~3个芽。栽植后浇透水。

【栽培管理】

1. 定植 六出花具肉质根系，喜有机质丰富的沙质壤土。耕作层要30cm以上，定植前必须施足基肥。高床定植，床宽1m，高出地面20~30cm，并留出50cm步道。株行距40cm×50cm，每床2行，交错种植。定植前先铺好尼龙网。

2. 生长期管理 定植植株生长开始后，适当给予3~4周不低于5~6℃的低温，有利于植株恢复生长。作为周年切花生产栽培，最适宜的室温为20~25℃，昼温超过25℃，植株茎秆软，节间疏，切花品质下降；30℃以上，植株进入休眠；35℃以上，根易腐烂。15℃以下，植株生长缓慢，叶节短而密；5℃以下，发生冻害。在北方，冬季室温保持在12℃左右时，植株生长缓慢，但对次年生产高品质切花有利。最适宜的日照时数为每日13~14h，在冬季自然日照短的情况下，为使植株提早开花，可进行人工补光。夏季为防止阳光过强造成日灼，应遮阴，遮光率30%为宜。

3. 肥水管理 六出花旺盛生长期和开花期，植株对养分需求量增大，通常每公顷施300kg以氮、钾为主的复合肥，每2周施用一次，或用腐熟的麻酱渣加1%~2%硝酸钾溶液作灌溉肥水。生长期间极易发生缺铁现象，使植株顶部叶间黄化。解决方法是浇矾肥水，每月5次。

4. 整枝疏叶 六出花植株生长旺盛期，应及时疏除过密的细茎叶芽，保留生长势好、粗壮叶茂的花茎，使之有足够的养分供应。

采花后留下的残枝要及时清理，以便株间有良好的通风条件，减少病虫害的发生。

5. 张网 六出花茎秆可达1.5m以上，必须及时搭架拉网，防止倒伏。网格宜20cm×20cm，共拉设4~5层，依次将枝条引入网格中。操作时要注意防止叶腋被网绳勾住，造成茎秆弯曲。

6. 切花采收 1~2月花枝上有2~3朵花开放、5月以后花枝上有1朵花开放时，为适宜采花期。炎热天气应在花苞将要绽放时采收。采花时，通常在株丛上留下20cm左右的茎茬。粗壮花枝每10支一束，较小而短的花枝每20支一束。

六出花较耐旱，短时萎蔫可以恢复，为保证切花品质，应将剪下的花枝直接插入盛有清水的塑料桶中，然后入库或分级包装。

【观赏与应用】六出花花朵美丽，品种丰富，是切花之中的后起之秀。其应用广泛，艺术插花、花篮等均宜采用。也可于园林中丛植或花坛、花境配置。

五、小苍兰

【学名】*Freesia refracta*

【别名】香雪兰、洋晚香玉、小菖兰

【科属】鸢尾科香雪兰属

【产地及分布】原产南非好望角一带,我国各地多有栽培。

【形态特征】小苍兰为多年生草本植物。球茎小,圆锥形,外被纤维质皮膜。基生叶6枚,二列状互生,狭剑形或线状披针形。穗状花序顶生,呈直角横折,着花5~10朵。花偏生一侧,疏散直立,漏斗形,花色有白、黄、桃红、大红、紫、蓝紫等,芳香浓郁。花期3~4月。(图14-18)

图14-18 小苍兰

【品种及同属其他种】

1. 栽培品种 切花小苍兰应选择花期早、花大、株高、着花多、花瓣厚、花茎直立、开花一致、芳香浓郁的品种。常见栽培品种按颜色分类。

(1) 黄色系 '黄色雷特'('Yellow Ballet')、'金麦劳帝'('Golden Melody')、'黎基威尔德之金黄'('Rijnveld's Golden)。

(2) 红色系 '红狮'('Red Lion')、'玫瑰玛丽'('Rosa Mary')、'玫瑰钻石'('Rosa Diamond')、'诺比尼亚'('Robinetta')。

(3) 紫色系 '皇家蓝'('Royal Blue')、'卡坦瑞那'('Katarina')、'塞尔维亚'('Silvia')、'紫罗兰亚'('Violetta')。

(4) 白色系 '雪暴'('Snow Storm')。

2. 同属其他栽培种 香雪兰属常见栽培种还有红花小苍兰(*F. armstrongii*),叶长40~60cm,花茎强壮,花期4~5月。

【生态习性】小苍兰为秋植球根花卉,冬春开花,夏季休眠。性喜冷凉湿润气候,要求阳光充足,生长最适温度白天为15~20℃,夜间为7~13℃,最低能忍受-3℃的短时低温。喜富含有机质的沙壤土,并需经常保持土壤湿润。

【繁殖方法】小苍兰以分球繁殖为主,一个母球每年能产生5~6个新球,其中2~3个较大的新球栽后当年即能开花,余下小球需培养1年才开花。也可采用播种繁殖,一般6月播种,7~8月播于冷床,播种植株当年即可开花,但花小,茎细弱。

【栽培管理】小苍兰在我国北方需温室栽培,长江流域要在塑料大棚或冷室中栽培,福建、云南等冬季气温较高地区可全年露地栽培。

1. 种球处理 一般小苍兰温室花期是3~4月。花后生长一段时间,于6月初地上部枯黄时挖出种球,经过整理,阴干后贮藏,在自然状态下越夏,秋后定植即可发芽。为了促成栽培,提早开花,必须进行打破休眠处理,常用的方法有三种:①高温处理,30℃下放12周;②高温与熏烟处理,先在30℃高温下处理3~4周,然后用熏烟处理,在$1m^3$密闭容器内,燃烧锯末或稻壳,连续保持3d烟熏状态;③高温处理加乙烯熏蒸:光高温处理,然后乙烯5mL/L处理2~3d代替烟熏作用。

经过上述方法打破休眠的种球，还要进行低温春化，即在10℃温度下处理30～40d，然后进入20℃高温温室下栽培，可提高切花质量。未打破休眠的种球，经低温贮藏后，种在20℃高温下会发生脱春化现象，花期延迟，花茎缩短。

打破休眠的种球如果不用低温处理，就要进行发根处理。8月上中旬将种球放到湿锯末内，置于暗处保持15～20℃发根，发根时间长短和品种关系很大，发根后依次栽植。

2. 定植 小苍兰植株矮小，能适当密植，可在箱内或盆内定植，先放在室外阴凉处生长，寒冷来临后搬入室内，可以比较经济地利用设施。

（1）箱植 用61cm×43cm×24cm的塑料箱，根据不同品种和种球大小，每箱种30～40个种球，栽植距离为9cm×8cm，覆土3cm左右为宜。

（2）盆植 小苍兰以大号盆为宜，密度比箱植高30%。培养土配制比例为腐叶土5份、园田土3份和沙2份。

3. 管理 已栽植的箱或盆置于室外通风凉爽处养护，栽植后立即浇水，以后继续适量浇水，经常保持土壤湿润。在第一片叶长出之前，采用遮光处理，避免高温，昼温保持在20℃左右，以防植株徒长。10月中旬以后温度下降，不需遮光。植株长到2～4叶期时，应及时追肥1～2次，施以稀薄液肥，或在地面撒肥土，出蕾前后最好避免追肥。苗具有5～7叶时，温度降至13℃以下，7～10℃低温有利于花芽分化，过早入温室，温度太高，对花芽分化不利，反而使茎叶徒长，引起落花。最好在花穗长至3～5mm之后入室。入室后白天温度为20～25℃，夜间为15℃左右，12月即能开花；白天20℃左右，夜间10～13℃，翌年1月初能开花。为防止倒伏，需张网设支架，拉一层网即可，随生长向上抬高，在30cm高处固定。

4. 促成栽培和抑制栽培 为使小苍兰提前到12月开花，可采用高温加冷藏处理种球，从7月开始冷藏，8月初开始定植。未冷藏处理的种球于9月定植室外，以后移入温室，于翌年1～3月开花。若要4～6月开花，可采用抑制栽培，先将种球贮藏在冷库中，而后高温打破休眠，于1～2月定植，4月初移出露地栽培。

5. 切花采收 小苍兰花蕾着色并有一朵小花快开时切花最好。高型品种从根颈处剪切，多数是连球茎一块拔取。切花按大小分级，小花20支一扎，大花10支一扎。将花部用包装纸包扎，然后装箱上市。

【观赏与应用】小苍兰花色丰富且艳丽，花香馥郁，花形好似一串风铃，花期为冬春季节，是室内艺术插花的首选切花材料。也是冬春季室内观赏的优良盆花。

六、球根鸢尾

【学名】*Iris* spp.

【科属】鸢尾科鸢尾属

【产地及分布】原产西班牙和地中海沿岸。

【形态特征】球根鸢尾是鸢尾属中一类下部具有鳞茎种类的总称。西班牙鸢尾（*I. xiphium*）是球根鸢尾的代表，为多年生草本植物。鳞茎卵圆形，被褐色皮膜，周径3～8cm。叶带形，具深沟。花茎直立，顶部着花1～2朵，花色有白、黄、蓝、紫、混合色等。花期5月。蒴果。(图14-19)

【品种、变种及同属其他种】

1. 主要变种及品种

（1）荷兰鸢尾（var. *hybridum*） 具有各种不同花色和花型，是目前生产中最重要的一种。常见品种分为白色系、黄色系和蓝色系。

①白色系：'卡萨布兰卡'（'Casablanca'），花大，白色。

②黄色系：'阿波罗'（'Apollo'），垂瓣黄色，旗瓣白色。

③蓝色系：'蓝魔'（'Blue Magic'），蓝色，垂瓣中央有黄斑；'布拉奥'（'Prof Blaauw'），蓝色，垂瓣圆，中央有黄斑。

（2）威其伍鸢尾（var. *wedgwood*）　荷兰鸢尾与丹佛鸢尾（*I. tingitana*）杂交而成。

2. 同属其他栽培种

（1）网脉鸢尾（*I. reticulata*）　网脉鸢尾原产于高加索地区。鳞茎皮膜具网纹。叶2～4枚，4棱形。花单生，蓝紫色，有黄色鸡冠突起，花期早，有香味。

（2）英国鸢尾（*I. xiphioides*）　英国鸢尾原产法国及西班牙。花淡蓝色，花期晚。

图14-19　球根鸢尾

【生态习性】球根鸢尾喜凉爽气候，也比较耐寒，生长最适温度15～17℃，最低温度5℃，最高温度25℃。喜阳光充足，也耐半阴。要求排水良好的沙质壤土，盐分过高的土壤根系生长缓慢，甚至限制植物吸收水分，导致花蕾脱水。

【繁殖方法】球根鸢尾分球繁殖常于秋季进行，地栽植株每隔2年分球一次。组培繁殖是利用球根鸢尾的鳞片、腋芽、花茎等器官进行组织培养，是当前快速繁殖鸢尾的新途径。

【栽培管理】

1. 露地栽培　根据球根鸢尾的习性，露地栽培气温不能长时间低于5℃，土温不能长时间高于20℃。我国长江以南可露地栽培，而且秋植；长江以北地区秋播需要覆盖或风障保护越冬；我国北方高海拔山区，也可春天种植。

球根鸢尾的生长周期相对较短，一般是8～12周，因此种植前要深耕整地，改善黏质土的土壤结构，将松针土或草炭、腐叶土、稻壳、粗沙和腐熟的有机肥等介质施于土中，混合均匀做畦。种植前几天土壤要足够湿润，以确保早期根系快速生长。

球根鸢尾的球茎较其他球根花卉小，而且和品种有关，有些品种能长出大球茎，周径超过8cm，甚至10cm以上；有些品种只能长出小球茎，周径小于8cm，甚至6cm以下。种植前选好种球的规格。

定植株行距大鳞茎为10cm×20cm，小鳞茎为5～6cm×20cm，栽植深度5～10cm。种植后温度是重要的因素，最适温度15～17℃，如持续高温强日照，可用遮阳网覆盖，减少太阳直晒而降低温度。温度过低时可移动塑料棚保温。种植期间土壤一直保持湿润，防止忽干忽湿，较理想的空气相对湿度是75%～80%。春季开花后，老鳞茎消失，新生鳞茎进入养分积累阶段，要加强肥水管理，去掉残花，以保证新鳞茎充实肥大。6月中下旬待地上叶枯萎，挖出鳞茎，放置凉爽通风处贮藏，以备秋季种植使用。

2. 促成栽培　促成栽培常应用于冬季或早春温室切花生产。进行促成栽培，种球必须经过变温处理。6月中下旬挖出鳞茎，先晾晒几天，经过清理放入箱内，放在30℃贮藏室内3周，可以打破休眠。然后将贮藏室的温度逐步降到8～10℃进行冷藏，一般干燥冷藏4周后，就可种在贮藏箱内湿藏3～4周，促其生根发芽。湿藏的方法同郁金香。冷藏时间不宜过长,因贮藏过久对茎叶生长不利,而且会增加鳞茎感病的机会。

定植前进行土壤消毒,用棉隆熏蒸,薄膜覆盖 20d 后将薄膜除掉,施入腐熟有机肥 45t/hm^2、复合肥料 225kg/hm^2。按花期要求进行定植:9 月中旬定植,10 月下旬开花;9 月下旬定植,11 月上旬开花;10 月上旬定植,11 月中旬开花。定植时土温控制在 15℃,如果土温过高,不利于植株生长,必须降低温度或推迟定植期。如需推迟定植,种球冷藏时间延长,可在种球干燥冷藏期内将 8～10℃低温降到 2℃贮藏 2～3 周,达到推迟定植期的目的。

定植株行距较露地栽培小,通常 8～10cm×8～10cm,100～160 个/m^2。定植后灌水,温室温度前 4 周保持 18℃,以后控制在 10～13℃,可延长生长期,防止花朵枯萎。

3. 切花采收 冬季花蕾先端 3cm 均匀着色时即可采收切花,春夏季花蕾先端 1cm 着色即可采收切花。采收时连根拔起,放入冷藏室 4～48h,然后取出切掉鳞茎,10 支捆为一扎。

【观赏与应用】球根鸢尾花形奇特,轻盈飘逸,有如飞舞的蝴蝶,花色清爽素雅,茎秆笔直,是典型的线性花材,是艺术插花及花篮的优良材料,也是东方插花直立型花型常用花材。园林中还常作为花丛、花境的配置材料。

七、晚香玉

【学名】*Polianthes tuberosa*

【别名】夜来香、月下香

【科属】石蒜科晚香玉属

【产地及分布】原产墨西哥及南美洲,世界各地广为栽培。

【形态特征】晚香玉为多年生草本植物。地下部具有鳞茎状块茎(上部为鳞茎,下部为块茎)。基生叶细长,带状披针形,6～7 枚,茎生叶基部抱茎,上部苞片状。总状花序顶生,直立无分枝,着花 12～32 朵。花白色,漏斗状,端部 5 裂,筒部细长,具浓香,夜晚香味更浓,故名夜来香。花期 7～11 月。蒴果球形,种子黑色稍扁。(图 14-20)

【常见品种】晚香玉属约有 12 种,仅有此种在园艺栽培中利用,其他原种尚未栽培。常见的品种有单瓣种和重瓣种。

(1) 单瓣种 'Mexican Early Bloom',早花品种,周年开花;'Albino',花纯白色。

图 14-20 晚香玉

(2) 重瓣种 'Tall Double',大花,花茎长,宜作切花;'Pearl',花茎高,花序短,也可作切花栽培。

【生态习性】晚香玉性喜温暖湿润和充足的阳光,最适生长温度为白天 25～30℃,夜晚 20～22℃,花芽分化适宜温度 20℃左右。不耐寒冷,冬季温度低于 10℃进入休眠,因此在我国大部分地区冬季不能生长,故作春植球根栽培。对土壤要求不严,以黏质壤土为佳。耐盐碱,忌积水。

【繁殖方法】晚香玉以分球繁殖为主,于 11 月下旬地上部枯萎时挖出块茎,除掉萎缩的老球,分出十几个子球,晒干后贮藏于室内,温度保持 5℃以上,翌年春季进行种植。

【栽培管理】

1. 整地种植 选择适合地块作晚香玉切花生产,种前深耕,施入充足的有机肥,混合均匀后耙平做畦,畦宽 1.2m,每畦种 6 行,株行距 15cm×20cm,栽植深度以顶芽露出地面即可。

2. 种球处理 种前将贮藏的种球分级，开过花的老球和小球（径2.5cm以下）只能作繁殖材料，选出来分开种植，老球按15cm×20cm株行距浅栽，小球按10cm×20cm株行距深栽，前者为多生小球，后者促块茎增大。选球径2.5～3.8cm的种球作切花生产用，种前将种球用冷水浸泡一夜，然后堆放在25～30℃温室的沙床内，经过10～15d湿处理再种植，可提早花期和提高开花率。

3. 肥水管理 初种植的种球浇一次透水后应注意中耕保墒，促使块茎早发根，不宜浇水过多。根系长好后，地上部开始旺盛生长时要加强肥水供应，土壤要经常保持湿润状态。抽生花茎时，每2周追肥一次，特别是磷、钾肥供应要充足。每次追肥要增加0.5%～1%过磷酸钙及氯化钾等，直到切花采收。雨季注意排水和张网设支架，防止倒伏。

4. 促成栽培 11月将种球种植在高温温室内，保证肥水供应和通风透光，春节便可开花。2月种植，5～6月可开花。由于单位面积产花量低，经济效益一般，北京地区一般不作温室促成栽培。

5. 切花采收 晚香玉花序最下部花朵有1～2朵开放时即可采收切花，从花茎基部剪切，每10～20支一束捆扎，用软纸包裹，装箱上市。

【观赏与应用】 晚香玉茎秆挺直，顶生总状花序，是典型的线性花材，用于艺术插花及花篮制作。花色淡雅，浓香馥郁，用于家庭插花也别有情趣。此外，也适宜园林绿地丛植，还可配置于花坛、花境或盆栽观赏。

八、姜荷花

【学名】 *Curcuma alismatifolia*

【别名】 热带郁金香

【科属】 姜科姜荷属

【产地及分布】 原产于泰国清迈一带。

【形态特征】 姜荷花为新兴的多年生草本热带球根花卉。种球圆球状或圆锥状。叶片长椭圆形，中肋紫红色。穗状花序，花梗上端有7～9片半圆状绿色苞片，接着为9～12片色彩鲜明的阔卵形粉红色苞片，形状似荷花花冠，故名姜荷花。真正的小花着生在花序下半部苞片内，每苞片着生4朵小花。小花为唇状花冠，具3片外花瓣及3片内花瓣，其中1枚内花瓣为紫色唇瓣，中央漏斗状的部位为黄色。（图14-21）

姜荷花新芽在茎的顶端分化、开花的同时，茎基部逐渐肥大，形成圆球状至圆锥状的新球茎。

图14-21 姜荷花

【常见栽培品种】 姜荷花常见栽培品种有'清迈粉'、'清迈红'、'清迈白'、'清迈雪'、'蓝月亮'等不同颜色的品种，及'宝石'、'彩虹'等植株较高大的品种，也有一些植株较矮的盆栽品种。

【生态习性】 姜荷花一般春季萌芽，夏季开花，到11月当地雨季转为旱季时，地上部停止生长、茎叶枯死，进入休眠。诱导休眠的主要因素为短日照，日照长度13h以下即进入休眠；其次是低温，当夜温低于15℃时，即使人工延长日照时数，植株仍会进入休眠。生长期喜温暖湿润、阳光充足的气候。

姜荷花从种植到休眠生长期长达8~10个月。种球萌芽最适温度为30~35℃，若将休眠后的种球放在30℃恒温下催芽，40~50d完全萌芽。喜欢沙质壤土，要求pH 5.5~6.0。

【繁殖方法】姜荷花常用分球方法繁殖，日照时数渐短，天气转凉，贮藏根肥大形成新的种球。休眠后挖球贮藏阴凉处，热带球根不能放进冷藏库内冷藏，否则很容易因寒害而死亡。选择直径1.5cm以上、最好带有3条以上贮藏根的种球种植。

【栽培管理】在广东地区，姜荷花的适宜种植期为2月底至4月初，最好在4月雨季来临之前种植完毕。土壤以沙质壤土为宜。种植前先整地做畦，畦宽70~80cm，沟宽20~30cm，每畦种2行，株距7.5~12.5cm，667m^2需种球1.0万~1.7万。种后在畦面覆盖稻草以保湿、防杂草及防止雨水冲刷，畦沟喷丁草胺防杂草过早萌发。

种植前667m^2施复合肥（氮、磷、钾含量均为15%）25kg作底肥，萌芽后每10~15d追肥一次，每次667m^2施复合肥25kg，施肥量、施肥次数视叶色、花色适量增减。注意排水，防止水浸，土壤过干时，应适当灌水以保持湿润。

姜荷花萌芽后到花茎抽出前，用50%~60%的遮阳网遮阳，可增加花茎及苞片的长度，减少苞片末端的绿色斑点，提高切花品质。8月下旬后因植株生长茂密，相互遮阴，易造成花梗变细变软，应在8月下旬至9月初拆除遮阳网。

切花采收期为4~6个苞片和2~3朵真花开放的时候。应尽量在清晨至9:00进行采收，采后储存在12~15℃的清水中，保持环境温度8~12℃及相对空气湿度85%~90%。在300mg/kg的柠檬酸中处理20~60min，可以延长瓶插寿命。远距离运输时要套塑料袋，茎干基部敞开，裹上浸有500mg/kg次氯酸钠（或花顺500）的棉球，可起到保鲜作用。

【观赏与应用】姜荷花鲜亮粉红色的苞片给人一种不可多得的视觉享受，是鲜切花中的一颗新星，是花艺创作及艺术插花常用的高档花材之一。也可用于盆栽观赏。

第四节　其他常见球根花卉

本章前三节按园林绿化类、盆花类、切花类详细介绍了园林中重要的球根花卉，此外，还有一些常见的球根花卉种类，其生物学特性、生态习性及应用见表14-2。

表14-2　其他常见球根花卉简介

中称	学名	科属	形态特征	生态习性	繁殖方法	主要应用
铃兰	*Convallaria majalis*	百合科铃兰属	地下部呈分枝状的根茎，茎端具肥大的顶芽；每年从顶芽上长出2~3枚卵圆形叶片，基部呈鞘状的叶柄；茎花从鞘状叶内抽生，总状花序，着花6~10朵，花钟形，白色，有香味	喜凉爽、湿润和半阴的环境，冬耐寒冷，要求腐殖质高的酸性沙质壤土	分株、播种	花境、盆花、林下地被、草坪中点缀
浙贝母	*Fritillaria thunbergii*	百合科贝母属	地下具鳞茎，茎单生不分枝；叶线状披针形；花钟形下垂，单生或伞形花序，花棕红、紫以及黄绿等色，多具斑点	喜凉爽湿润气候，忌暑热，较抗寒，能耐-10℃低温，要求疏松肥沃、排水良好的沙质壤土	分球、播种	林下地被、庭园绿地布置

(续)

中称	学名	科属	形态特征	生态习性	繁殖方法	主要应用
雪花莲	*Galanthus nivalis*	石蒜科雪花莲属	地下部具小鳞茎；叶带状，基生；花白色、钟形，花单生茎顶	喜温暖和阳光充足的环境，要求含腐殖质丰富的沙质壤土	分球	花坛、盆花、切花
虎皮花	*Tigridia pavonia*	鸢尾科虎皮花属	地下部为鳞茎；叶剑形，光滑；花茎1～4枝，圆柱状，着花1～4朵，花被6片；外被3片，大型红色，有光泽，内被3片，小型，黄色，有紫色条纹	喜温暖和阳光充足的环境，要求含腐殖质丰富、排水良好的沙质壤土	分球	花坛、盆花、切花
虎眼万年青	*Ornithogalum caudatum*	百合科虎眼万年青属	鳞茎大型，绿色、卵状；叶带状，基生；总状花序或伞房花序顶生，小花白色，有数十朵	喜温暖湿润和半阴环境，不耐寒，忌阳光直射	分球、播种	盆花
地中海绵枣儿	*Scilla peruviana*	百合科绵枣儿属	鳞茎大；叶基生，披针形，呈莲座状；总状花序顶生，小花50朵以上，花蓝紫色	喜冷凉湿润气候，耐寒性强，要求疏松肥沃的沙质壤土	分球、播种	盆花、岩石园布置
网球花	*Haemanthus multiflorus*	石蒜科网球花属	鳞茎扁球形；叶矩圆形，基生；伞形花序顶生，花小，30～100朵，红色	喜温暖、湿润和半阴环境，不耐寒，要求排水良好沙质壤土	分球、播种	盆花
观音兰	*Tritonia crocata*	鸢尾科观音兰属	球茎小，扁圆形；叶二列互生，带状或剑形；花茎单生或有分枝，单歧聚伞花序，小花钟状，花黄褐色	适应性强，较耐寒，要求阳光充足、排水良好的沙质壤土	分球	切花、林下丛植
鸢尾蒜	*Ixiolirion tartaricum*	石蒜科鸢尾蒜属	鳞茎卵球形；叶条形，3～8枚基生；伞形花序顶生，小花3～6朵，蓝色	喜温暖、阳光充足，要求肥沃、排水良好的土壤	分球	切花、林下地被
百子莲	*Agapanthus africanus*	石蒜科百子莲属	具有短缩根状茎和粗绳状根；叶带状，基生；花茎直立，伞形花序顶生，小花20～50朵，钟状漏斗形，花蓝紫色	喜温暖湿润和半阴环境，要求肥沃、腐殖质多的土壤	分株、播种	盆花、林下丛植
嘉兰	*Gloriosa superba*	百合科嘉兰属	具横走根状块茎；叶卵状披针形，基部叶钝圆；花单生或伞房花序顶生，花被向上反曲，边缘皱波状，红色，基部黄色	喜温暖湿润和半阴环境，耐寒性差，要求腐殖质含量高的酸性沙质壤土	分株、播种	切花、绿地丛植
葡萄风信子	*Muscari botryoides*	百合科蓝壶花属	鳞茎卵状球形；叶基生，线形，灰绿色；总状花序顶生，碧蓝色，下垂，花被片联合，壶状	喜温暖，耐寒性强，耐半阴，喜肥沃、排水良好的土壤	分球	花坛、盆花
大花葱	*Allium giganteum*	石蒜科葱属	鳞茎具白色膜质外皮；叶扁平或圆柱状；伞形花序顶生，花粉紫色，花期5～7月	喜凉爽、耐寒、喜阳光充足，忌湿热多雨，宜疏松肥沃的沙壤土，耐干旱瘠薄	分球、播种	花坛、花境、切花
银莲花	*Anemone cathayensis*	毛茛科银莲花属	具地下块茎；茎直立，具基生叶和茎生叶，轮生，三裂或掌状深裂，叶缘有锯齿；花单生茎顶，花色有白、红、紫、蓝等色，雄蕊常瓣化且呈蓝色，花期4～5月	喜凉爽，忌暑热，耐寒，要求光照充足，喜富含腐殖质的黏性土壤	分球、播种	盆栽、切花

(续)

中称	学名	科属	形态特征	生态习性	繁殖方法	主要应用
番红花	Crocus sativus	鸢尾科番红花属	球茎扁圆或圆形；叶基生，线形，中脉白色；花1~2朵顶生，花被片6枚，雪青色、紫红色或白色，花期春花种2~3月，秋花种9~10月	喜凉爽、湿润、半阴环境，较耐寒，忌暑热，生长适温15~25℃	分球、播种	盆栽、林缘群植

◆ **复习思考题**

1. 郁金香的生态习性和栽培要点是什么？
2. 大丽花的繁殖方法和栽培要点是什么？
3. 简述切花百合生产技术规程。
4. 唐菖蒲早春促成栽培技术要点是什么？
5. 仙客来的生态习性和栽培注意事项是什么？
6. 球根花卉退化的主要原因及防止退化的技术措施是什么？

第十五章
木 本 花 卉

木本花卉是指那些配置在园林中，其花、叶、果或树形有较高观赏价值的木本植物的总称。根据其形态，有乔木、灌木和藤本之分；根据秋冬是否落叶，有常绿和落叶之别；根据其观赏特性，有观花、观叶和观果等；根据其栽培与应用，有园林绿化类、盆栽类和切花类。

木本花卉种类丰富，形态多样，具有无穷的魅力。有 20 多米高的大乔木，可谓伟岸挺拔，又有几十厘米高的小灌木，不乏低矮纤巧。特别是一些名贵的木本花卉如梅花、牡丹，其姿态风韵、花色变换以及幽雅沁人的芳馨，更适于近观雅赏。木本花卉在园林绿地中的配置方式主要包括孤植、对植、列植、丛植、群植、林植等，也可以修剪整形成各种造型或攀附棚架，也可点缀于草坪、假山、水边、坡地和建筑物周围以及花境等，或者独立成为专类园，如月季园、牡丹园、杜鹃园、槭树园和梅园等，不但可以独立成景，而且可以与各种地形和建筑物配合成景。木本花卉花色、叶色和果色丰富，是园林绿化和生态环境保护的重要素材，多数种类还可作为切花或制作盆景。其枝、叶、花、果、根等通常都可入药或应用于工业，部分植物的花、果还可以食用或制成饮品。

总之，木本花卉是园林植物中极其重要的一大成员，是园林植物的"宠儿"，在园林和生态方面，都扮演着极为重要的角色。

第一节　园林绿化类

一、牡　丹

【学名】*Paeonia suffruticosa*

【别名】白术、木芍药、鹿韭、洛阳花、国色天香等

【科属】芍药科芍药属

【产地及分布】我国特产的传统名花，原产我国西北部，在陕、甘、川、鲁、豫、皖、浙、藏和滇等地有野生牡丹分布。河南洛阳和山东菏泽是我国牡丹主要生产基地和良种繁育中心。

【形态特征】牡丹为落叶亚灌木。高 1~3m，枝粗叶宽。叶互生，2~3 回羽状复叶，先端 3~5 裂，基部全缘，叶背有白粉，平滑无毛。花单生枝顶，两性，花型有多种，花色丰富。花期 4~5 月。(图 15-1)

【同属其他种、变种及品种】

1. 同属其他种和变种　我国牡丹野生种质资源

图 15-1　牡丹

丰富，可以分为五个系：

(1) 中原牡丹系　中原牡丹系有牡丹（*P. suffruticosa*）、矮牡丹（*P. suffruticosa* var. *spontanea*）和稷山牡丹（*P. jishanensis*）等。

(2) 紫斑牡丹系　紫斑牡丹系主要有紫斑牡丹（*P. rockii*）。

(3) 黄牡丹系　黄牡丹系主要有黄牡丹（*P. lutea*）和大花黄牡丹（*P. ludlowii*）。

(4) 紫牡丹系　紫牡丹系主要有紫牡丹（*P. delavayi*）。

(5) 江南牡丹系　江南牡丹系主要有杨山牡丹（*P. ostii*）。

2. 栽培品种　我国牡丹园艺品种丰富，目前已知有500多个，近几年推出的牡丹新品种有：

(1) '桃花镶玉'　紫斑牡丹新品种。花复色，花瓣中间大部分深粉色，瓣缘白色；单瓣花型；花丝白，花药金黄；花期中偏晚。

(2) '祥云'　紫斑牡丹新品种。花乳黄色，皇冠型；外瓣舒展、平伸，瓣缘平滑，瓣基色斑中等大小、紫红色、卵圆形，斑缘整齐；内瓣宽阔整齐，腰瓣较小，心瓣宽大；花丝白色；花期中偏晚。

(3) '高原圣火'　紫斑牡丹新品种。花鲜红色，荷花型、菊花型；花瓣基部色斑大、棕红色、近圆形或长椭圆形稍透背，斑缘辐射状，瓣背中白肋明显；花期中偏晚。

(4) '傲霜'　秋季开花新品种。一般春花为皇冠型，秋花为菊花型、托桂型或皇冠型。花粉红色，秋季一般顶花芽萌发开花，时有第二花芽萌发开花；春季多为第二或第三花芽开花，春、秋两季均丰花。

【生态习性】牡丹喜温暖而不耐酷热，较耐寒；喜干燥而不耐潮湿，忌积水，以排水良好的沙质壤土为宜；喜光但忌夏季暴晒。属于较长寿的观花灌木，寿命可达百年以上。

【繁殖方法】牡丹除育种采用播种繁殖外，以分株、嫁接和扦插繁殖为主。

1. 分株繁殖　选择生长良好、枝叶繁茂的4～5年生牡丹母株，于秋季9～10月进行分株，分株时要求每株有2～4个蘖芽。

2. 嫁接繁殖　牡丹多选用实生苗和芍药根作砧木，采用劈接法或切接法，嫁接宜在9～10月进行。

3. 扦插繁殖　牡丹扦插选择根际萌发的短枝为插条，用IAA、IBA或ABT生根粉处理，成活率较高。

4. 播种繁殖　牡丹播种繁殖通常为培育新品种采用，种子8月上中旬成熟后立即采收，并于当月播种。为了保证种子发芽整齐，需用层积法催芽。播种繁殖的牡丹需经3～4年培育才陆续开花。

【栽培管理】牡丹为肉质根，根据其习性应选择地势高燥、土质疏松、土层深厚、肥沃、排水良好的中性沙质壤土为好，栽培时间以秋分至寒露期间最合适。牡丹喜肥，栽培2～3年后需及时进行整形修剪，每株留3～5干为好，花后需及时剪去残花。常见的虫害有天牛、介壳虫、蚜虫和红蜘蛛，病害有叶斑病、炭疽病和根瘤线虫病。

【观赏与应用】牡丹是我国传统十大名花之一，是园林中的重要花卉，通常筑台种植。孤植、丛植的牡丹可在庭院、窗前、角隅和路旁等配置；成片牡丹多作专类园应用，如北京景山公园、中山公园、洛阳王城公园、北京植物园的牡丹芍药园和杭州花港观鱼公园的牡丹亭等。牡丹常与雕塑、壁画等结合配置。牡丹也可作为高档切花。

二、梅　花

【学名】*Prunus mume*

【别名】春梅、干枝梅、红绿梅

【科属】蔷薇科李属

【产地及分布】原产我国，已有3 000多年的应用历史，以江南一带栽培最多最好。

【形态特征】梅花为落叶小乔木。株高可达10m，树冠呈不正圆头形。树干灰褐色，小枝细长，呈绿色或以绿色为底色，无毛。叶互生，广卵形至卵形。花无梗或具短梗，花具芳香，花瓣5，单瓣或重瓣，单生或2朵簇生，花色以白、红、粉红等色为多，早春先叶开花。核果近球形，4～6月成熟，黄色，味酸。(图15-2)

图15-2　梅花

【品种分类系统】中国梅花现有300多个品种，根据陈俊愉教授等多年的研究，确立了梅花品种分类系统。梅花品种分类系统所依据的基本原理有三：其一，品种演化与实际应用兼顾，以前者为主。其二，种型是品种分类的前提性标准。其三，在真梅系统范围内，再按性状的相对重要性分为各级品种分类标准。第一级品种分类标准是枝姿，第二级品种分类标准是重瓣性，第三级品种分类标准是花色、萼色。根据品种分类的基本原理可将梅花品种分为3系5类16型，各型又有若干品种。

1. 真梅系　真梅系由梅花的野生原种或变种演化而来，不掺入其他物种的血统。按枝姿分为3类，即直枝类、垂枝类和龙游梅类。

（1）直枝类　直枝类枝条直上或斜出。按其花型、花色、萼色等标准可分为7型，即江梅型、宫粉型、玉蝶型、绿萼型、朱砂型、黄香型和洒金型。

①江梅型：花单瓣，花色为红、白、粉等色；萼非绿色；枝内新木质部绿白色。主要品种有'江梅'、'寒红'、'早桃'、'多萼单粉'、'罗冈黄'等。

②宫粉型：花粉红色，复瓣或重瓣；萼紫色；枝内新木质部绿白色。主要品种有'大宫粉'、'大羽'、'蔡山宫粉'、'川西小粉'、'红梅'、'银红台阁'、'人面桃花'、'二红宫粉'、'粉皮宫粉'、'淡粉'、'淡桃粉'等。

③玉蝶型：花白色，复瓣或重瓣；萼绿色；枝内新木质部绿白色。主要品种有'北京玉蝶'、'扣子玉蝶'、'徽州檀香'、'素白台阁'、'青芝玉蝶'等。

④绿萼型：花白色，单瓣、复瓣或重瓣；萼绿色；枝内新木质部绿白色。主要品种有'变绿萼'、'台阁绿萼'、'二绿萼'、'复瓣绿萼'、'小绿萼'等。

⑤朱砂型：花紫红色；萼绛紫色；枝内新木质部淡暗紫色。主要品种有'骨里红'、'常熟墨'、'台阁朱砂'、'徽州骨红'、'铁骨红'等。

⑥黄香型：花淡黄色，复瓣或重瓣；萼紫色；枝内新木质部绿白色。主要品种有'黄山黄香'。

⑦洒金型：一树开具斑点、条纹等二色花朵，复瓣或重瓣；萼绛紫色或绿色；枝内新木质部绿白色。主要品种有'复瓣跳枝'、'单瓣跳枝'、'米单跳枝'等。

（2）垂枝类　垂枝类枝条自然下垂或斜垂。垂枝梅类分为4型，即单粉垂枝型、残雪垂枝型、白碧垂枝型和骨红垂枝型。

⑧单粉垂枝型：花单瓣，呈红、粉等色；萼绛紫色；枝内新木质部绿白色。主要品种为'单粉垂枝'。

⑨残雪垂枝型：花单瓣或复瓣，白色；萼绿色；或开复瓣白花，萼绛紫色。枝内新木质部绿白色。主要品种为'残雪'。

⑩白碧垂枝型：花单瓣或复瓣，白色；萼绿色；枝内新木质部绿白色。主要品种为'双碧垂枝'、'单碧垂枝'。

⑪骨红垂枝型：花紫红色；萼绛紫色；枝内新木质部淡暗紫色。

(3) 龙游梅类　龙游梅类枝条自然扭曲。龙游梅类仅有1型1品种。

⑫玉蝶龙游型：花及萼同玉蝶型，枝条自然扭曲。品种为'龙游'。

2. 杏梅系　杏梅系形态介于杏与梅之间。枝叶似杏，花托肿大，梗短，不香或微杏花香。杏梅系只有一类，即杏梅类。

(4) 杏梅类　杏梅类枝叶似杏，花托肿大。下有三型。

⑬单杏型：枝叶甚似杏，花单瓣，淡粉色。主要品种为'单瓣杏梅'。

⑭丰后型：树势旺，小枝粗壮；叶大且表面略有毛；花大，红色，粉色或白色，复瓣或重瓣。主要品种为'丰后'、'淡丰后'。

⑮送春型：树势略旺，小枝中粗；叶中大，叶面多无毛；花中至大，多红色，重瓣。主要品种为'送春'。

3. 樱李梅系　樱李梅系枝叶似红叶李；花大，重瓣，紫红色；花、叶同放，花具长柄，呈垂丝状，有红叶李花香，是宫粉型梅花与红叶李的种间杂种。下有1类1型1品种。

(5) 樱李梅类

⑯美人梅型：品种为'美人梅'。

【生态习性】梅花喜温暖气候，喜阳光充足，较耐寒，6~7℃就能开花，能耐－15℃短期低温，喜空气湿度较大。对土壤要求不严，但不耐涝，忌积水，以黏壤土或壤土为好。梅花是长寿树，可存活千年。

【繁殖方法】梅花一般以嫁接繁殖为主，也可采用扦插、压条或播种繁殖。嫁接可用切接、劈接和靠接等方法，于春季砧木萌动后进行，可用桃、杏等或梅实生苗为砧木。扦插以一年生枝条为好，宜在11月进行。也可在早春进行压条繁殖。播种3~5年以上才会开花。

【栽培管理】梅花栽植以长江流域及以南地区最为适宜，黄河以北地区栽培冬季需稍加防寒。应选择向阳地带，整形以自然开心形为宜，以疏剪为主，一般在花前疏剪病枝、枯枝及徒长枝，花后进行全面整形。作为切花栽培的梅花，多成片栽植，主干分枝宜低，修剪宜重，以宫粉型、绿萼型以及玉蝶型为主。作为盆景栽培的梅花以苍老野生梅桩为好，经人工嫁接而成，宜在秋末至春初挖掘并在大盆中栽植，尽量保留枯干。梅花常见虫害有蚜虫、红蜘蛛、天牛和介壳虫，病害有白粉病、炭疽病等。

【观赏与应用】梅花为我国传统十大名花之首，具有古朴的树姿、素雅的花色、淡淡的清香、清雅俊逸的风度，自古以来就为广大人民所喜爱。梅与松、竹并称"岁寒三友"，与兰、竹、菊并称花中"四君子"，与蜡梅、山茶、水仙誉称"雪中四友"。梅花作为切花是近几年正在努力发展的一个重要方向，也是非常有前景的一个方向。梅花可作为冬春期间高档木本切花，可成束或与其他切花组合应用。另外，梅花在园林中广泛应用，也可制作高档梅桩盆景，如徽梅盆景和黄岩的梅桩盆景。成片栽植时，不同品种的梅花可作专类园应用，如武汉东湖磨山梅园、无锡梅园、南京梅花山梅园等。

三、蜡　梅

【学名】*Chimonanthus praecox*

【别名】腊梅、黄梅花、香梅、香木、腊木

【科属】蜡梅科蜡梅属

【产地及分布】原产我国，野生蜡梅主要分布在秦岭、大巴山、武当山以及大别山等地。长江流域和黄河流域以南地区是蜡梅主要栽培地区。

【形态特征】蜡梅为落叶丛生灌木。株高可达5m，小枝近方形，老枝近圆形。叶对生，近革质，长椭圆形，全缘，叶背灰色光滑。花单生枝条两侧，两性，隆冬腊月开放，花瓣似蜡质，先花后叶，有浓香。瘦果5～7月成熟。(图15-3)

图15-3　蜡梅

【变种及同属其他种】

1. 主要变种

（1）素心蜡梅（var. *concolor*）　花被片纯黄色，内部不染紫色条纹，花径2.6～3cm，香味稍淡。

（2）大花素心蜡梅（var. *luteo-grandiflorus*）　花被片全为鲜黄色，花大，宽钟形，花径3.5～4.2cm。

（3）磬口蜡梅（var. *grandiflorus*）　花较大，径3～3.5cm，花被片近圆形，深鲜黄色，红心。花期早而长。叶也较大，长可达20cm。

（4）小花蜡梅（var. *parviflorus*）　花特小，径常不足1cm，外轮花被片淡黄色，内轮花被片具紫色斑纹。

（5）红心蜡梅（var. *intermedium*）　又称狗牙蜡梅。叶形较狭尖，质地较薄。花较小，花被片狭长而尖，内轮中心花被片有紫红色纹，香气较淡。多作砧木用。

2. 同属其他栽培种　蜡梅属其他栽培种有：山蜡梅（亮叶蜡梅）（*Ch. nitens*）、西南蜡梅（*Ch. campanulatus*）、柳叶蜡梅（*Ch. salicifolius*）、浙江蜡梅（*Ch. zhejiangensis*）和突托蜡梅（*Ch. gramatus*）等。

【生态习性】蜡梅喜光，较耐阴、耐寒、耐旱，病虫害较少，怕风，忌积水，适宜栽种在土层深厚、排水良好和向阳避风的中性或微酸性沙质壤土，忌黏土和盐碱土。较耐修剪，适应性较强。

【繁殖方法】蜡梅采用播种、分株、压条和嫁接繁殖均可，但扦插成活率较低。

1. 播种繁殖　蜡梅播种繁殖多用于引种、培育砧木和新品种的选育，多春季播种或夏季采种后即播。

2. 分株繁殖　分株繁殖是蜡梅繁殖常用的方法，一般在秋季落叶后至翌年早春进行，要求每2～3株一丛。

3. 压条繁殖　蜡梅压条繁殖多用于名贵品种的繁殖。

4. 嫁接繁殖　嫁接繁殖是蜡梅繁殖的主要方法，选用实生苗或红心蜡梅为砧木，可采用切接、靠接、腹接或芽接，切接以春季为宜，其他几种嫁接法可于梅雨季节或秋季进行。

【栽培管理】蜡梅移栽宜在秋季落叶后至早春进行,要求带土球,种植时施足基肥。避免风口和洼地栽种,花后及时去残花,注意树体整体造型,适度修剪。盆栽蜡梅可用浅盆,要求盆土肥沃、疏松、排水透气。

【观赏与应用】蜡梅是我国园林中传统花木,在古典和现代园林中应用较为普遍。目前,蜡梅已被作为冬春期间的名贵切花,适合与其他切花组合装饰,其花为黄色,最适与红色系花卉配合。另外,蜡梅适于在园林中广泛栽植,常与梅花共同组成梅花蜡梅专类园。也适宜盆栽或制作盆景。

四、石　榴

【学名】*Punica granatum*

【科属】石榴科石榴属

【产地及分布】原产伊朗、阿富汗等中亚国家,世界各地广为栽培。

【形态特征】石榴为落叶灌木或小乔木。株高可达5m,从根颈部分枝成为多干植株,小枝四棱形,密生,先端多为刺状。叶对生或簇生,倒卵形或长圆状披针形,全缘。花1至数朵顶生或腋生,两性;萼筒钟状,肉质;花瓣5~7枚,红色或白色。花期5~8月。浆果球状,果实可食。(图15-4)

【主要变种】石榴经过千年栽培驯化,已发展为果石榴和花石榴两大类。园林中常见栽培的花石榴变种有:月季石榴(var. *nana*)、重瓣红石榴(var. *pleniflora*)、白石榴(var. *albescens*)、黄石榴(var. *flavescens*)、重瓣白石榴(var. *multiplex*)、墨石榴(var. *nigra*)和玛瑙石榴(var. *legrellei*)等。

图15-4　石　榴

【生态习性】石榴为热带、亚热带和温带花木,喜光,喜温暖气候,较耐瘠薄和干旱,怕水涝,喜欢疏松、肥沃的壤土,不耐阴,不适合于盐渍土和黏土中生长,较耐寒。

【繁殖方法】石榴以扦插繁殖为主,可于2~3月叶芽萌动前进行硬枝扦插或生长期进行嫩枝扦插。也可采用分株繁殖,宜在早春叶芽萌动之前挖取植株,切割分株。还可压条繁殖,在春、秋季进行。

【栽培管理】石榴园林栽培选择光照充足、排水良好的疏松肥沃土壤。石榴喜肥,栽培时要求施足基肥。易萌蘖,应及时除根蘖,花后或冬、春季节及时进行树体整形。盆栽石榴要求盆土疏松肥沃,并施足有机长效肥。平时加强水肥管理,控制树形,疏掉部分花蕾。初栽时适当遮阴,冬季最好移入室内,平时注意病虫害防治。

【观赏与应用】石榴既可观花,又可观果,果还可食用。开花时花姿丰富,色彩鲜艳,凝红欲滴,点缀绿叶之间,真乃"万绿丛中一点红,动人春色不须多"。可配置于庭院、房前屋后、水际、山坡或者草坪边缘,孤植或丛植。盆栽老桩可制作盆景。

五、栀子花

【学名】*Gardenia jasminoides*

【别名】栀子、黄栀子、山栀、白蟾花

【科属】茜草科栀子属

【产地及分布】原产我国，分布在我国南部和中部地区，多生于山野灌木丛中。

【形态特征】栀子花为常绿灌木。株高1～3m，干灰色，枝丛生，小枝绿色，幼时具细毛。叶对生或3叶轮生，有短柄，叶革质，全缘，无毛，色翠绿，表面光亮。花大，白色，有浓香，单生枝顶。花期4～6月。果橙黄色，果期10～11月。（图15-5）

【主要变种】栀子花常见栽培的变种有：大栀子花（var. *grandiflora*）、卵叶栀子花（var. *ovalifolia*）、狭叶栀子花（var. *angustifolia*）、斑叶栀子花（var. *aureo-variegata*）和水栀子（var. *radicans*）等。

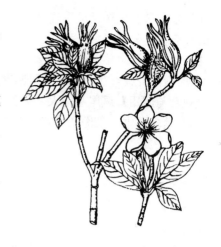

图15-5　栀子花

【生态习性】栀子花喜光也耐阴，喜温暖、湿润而又通风良好的环境，耐热也稍耐寒。喜肥沃、排水良好、疏松的酸性轻黏壤土，是典型的酸性花木。也能耐干旱、瘠薄。植株较易衰老。萌芽力、萌蘖很强，耐修剪。

【繁殖方法】栀子花以扦插、压条和分株繁殖为主。扦插在梅雨季节进行，扦插于基质中或水插；压条一般在4月进行；分株一般在春季进行。

【栽培管理】栀子花移栽宜在梅雨季节进行，最好带土球，并适当遮阴，要求栽培地空气湿度较大、土壤肥沃。整形修剪以疏枝为主，要求主干少，花后及时剪去残花并对新梢进行摘心，控制树形。在北方栽培需施矾肥水或喷施硫酸亚铁溶液。

【观赏与应用】栀子花叶色亮绿，四季常青，枝叶繁茂，花大洁白，芳香馥郁，有一定耐阴和抗有毒气体的能力，是良好的园林花木，适宜孤植、对植或丛植，也可作花篱。可盆栽，也可制作成盆景或作切花。

六、凤尾兰

【学名】*Yucca gloriosa*

【别名】菠萝花

【科属】龙舌兰科丝兰属

【产地及分布】原产北美洲东部及东南部，我国各地均有栽培，以长江流域及以南地区栽培较普遍。

【形态特征】凤尾兰为常绿灌木。植株具茎，有时分枝。叶密集，质坚硬，有白粉，剑形。圆锥花序高可达1m，花大而下垂，乳白色，常带红晕。花期6～10月。蒴果卵圆形。（图15-6）

【同属其他种】常见的同属其他栽培种有：丝兰（*Y. filamentosa*）和千手丝兰（*Y. aloifolia*）等。

【生态习性】凤尾兰适应性强，耐水湿，喜阳也耐阴，耐寒、耐旱，对有毒气体抗性很强。肉质根粗壮，易萌蘖。

图15-6　凤尾兰

【繁殖方法】凤尾兰可采用扦插或分株繁殖。扦插于春季或初夏取茎干剥去叶片，锯成10cm长插穗。分株以春季为好。

【栽培管理】凤尾兰对土壤要求不严，栽植容易，管理粗放，平时注意修整枯枝残叶，花后及时剪除花梗，生长多年后可断茎更新。

【观赏与应用】凤尾兰花大、树美、叶绿，数株成丛，剑形叶放射状开展，花序高耸挺立，白花繁多下垂，是优良庭园观赏花木。也可盆栽。

七、云南黄馨

【学名】*Jasminum mesnyi*

【别名】梅氏茉莉、南迎春、野迎春、云南黄素馨

【科属】木犀科茉莉花属

【产地及分布】原产我国云南，现各地均有栽培。

【形态特征】云南黄馨为常绿半蔓性灌木。小枝垂软柔美，无毛，四方形，具浅棱。叶对生，小叶3枚，长椭圆状披针形，顶端一枚较大，基部渐狭成一短柄，侧生两枚小而无柄。花单生，淡黄色，具暗色斑点，花瓣较花筒长，常近于复瓣，有香气。花期3～4月。（图15-7）

【同属其他种】茉莉属其他常见栽培种主要有迎春、探春和茉莉花。

图15-7 云南黄馨

(1) 迎春（*J. nudiflorum*）　迎春别名金腰带、金梅。落叶灌木，高40～50cm。枝细长拱形，四棱形，绿色。叶对生，小叶3，卵形至长椭圆形。花单生，早春时先开花后长叶，所以叫"迎春"。花黄色，花冠裂片5～6片。花期2～4月。

(2) 探春（*J. floridum*）　探春为半常绿灌木。枝绿，光滑而有棱。羽状复叶互生，3或5小叶，卵形或椭圆卵形。聚伞花序顶生，花鲜黄色。花期6～8月。

(3) 茉莉花（*J. sambac*）　茉莉花为常绿小灌木或藤状灌木，详细介绍见本章第二节。

【生态习性】云南黄馨喜光，稍耐阴，全日照或半日照均可，喜温暖、湿润的环境，较耐寒、耐旱，在排水良好、肥沃的酸性沙质壤土中生长良好。

【繁殖方法】云南黄馨以扦插繁殖为主，也可采用压条、分株繁殖。扦插时期为春、秋两季，春季在芽即将萌动时或花后进行，秋季可在9～10月或结合整形修剪进行。

【栽培管理】云南黄馨应选择阳光充足、土壤深厚肥沃的场所栽培，栽植前施足基肥。生长期进行几次摘心，促进分枝，并去除茎干基部的侧芽，待其长到适当高度时去顶，有助于形成拱形树冠。花后及时进行整形、修剪，去除残花与枯枝。注意适时浇水施肥，以保持树冠美观，叶绿。

【观赏与应用】云南黄馨枝长而柔弱，下垂或攀缘，碧叶黄花，常于篱垣或高架桥悬垂栽植，最适宜植于堤岸、岩边、台地、阶前边缘和立体绿化。

八、紫　藤

【学名】*Wisteria sinensis*

【别名】藤萝、朱藤、黄环

【科属】蝶形花科紫藤属

【产地及分布】我国大部分地区的山林有野生，现在广泛应用于园林中。

【形态特征】紫藤为落叶藤木。茎枝为左旋性，树皮浅灰褐色。奇数羽状复叶互生，小叶 7～13，嫩叶有毛，老叶无毛，全缘。总状花序生于新枝顶端或叶腋，花序长 15～25cm，下垂，花大，蓝紫色，蝶形。花期 4 月。荚果较长。（图 15-8）

【变种、同属其他种及品种】

1. 主要变种 银藤（var. *alba*），花银白色，香气浓郁，抗寒性较差。

2. 同属其他种 紫藤属其他常见栽培种有多花紫藤（*W. floribunda*），花多而小，淡青色，花轴长达 30～50cm。

3. 紫藤属主要栽培品种

（1）紫藤'蓝月'（'Blue Moon'） 花淡蓝紫色，复花，在夏季能开 2～3 次花。

图 15-8 紫 藤

（2）紫藤'丰花'（'Prolific'） 花紫罗兰色，香味浓，复花，春季花量大，5～6 月复花。

（3）紫藤'安蒂阿姨'（'Aunt Dee'） 花浅紫色，花期 5～6 月。

（4）紫藤'紫水晶瀑布'（'Amethyst Falls'） 花紫罗兰色，花期长，复花。

（5）多花紫藤'黑龙'（'Naganoda'） 花蓝紫色，花朵有芳香，花期春季中期至春末。

（6）多花紫藤'罗萨'（'Honbeni'） 花粉红色，尖端紫色，有豌豆花香，花期 5 月。

【生态习性】紫藤性喜光，略耐阴，较耐寒，适应性强，能耐水湿及瘠薄土壤，以土层深厚、排水良好、向阳避风的地方为宜。主根深，侧根少，不耐移植。生长快，寿命长，酸、碱性土壤中都能生长。对二氧化硫、氯气、氯化氢等有毒气体抗性较强。

【繁殖方法】紫藤可采用播种、扦插、压条、嫁接和分株繁殖。播种宜春播，播前温水浸种 1～2d，再行点播。扦插多在秋季带踵扦插或沙藏至春季再扦插。压条需在落叶后进行。嫁接在春季萌芽前进行。利用萌蘖条进行分株，在秋季落叶后进行。

【栽培管理】紫藤栽培应先搭好棚架，并将粗枝分别牵引到架上，使其沿架攀缘。移栽需带土球，并要挖大穴，深施基肥，以长效肥为主，花前、花后及时追肥。平时加强水肥管理和病虫害防治。花后或秋冬季节应整形修剪。紫藤制作盆景宜选矮小品种，加强修剪和摘心，控制树势，进行矮化栽培。

【观赏与应用】紫藤枝叶繁茂，庇荫效果好，春天先叶开花，花序大，开花繁茂，具芳香。植株条蔓纠结，屈曲蜿蜒，老枝盘桓扭绕，是我国著名的园林花木，园林应用极为广泛。也可制作盆景。

九、凌 霄

【学名】*Campsis grandiflora*

【别名】紫葳、女葳花、大花凌霄

【科属】紫葳科凌霄属

【产地及分布】分布于黄河流域、长江流域及广东、广西、贵州等地。日本也有分布。

【形态特征】凌霄为落叶藤本,长达10余米。茎上有攀缘的气生根,攀附于他物上。树皮灰褐色,小枝紫色。叶对生,奇数羽状复叶,小叶7~9,卵形至卵状披针形,长3~7cm,宽1.5~3cm,顶端长尖,基部不对称,两面无毛,边缘疏生7~8锯齿,两小叶叶柄间有淡黄色柔毛。花橙红色,由三出聚伞花序形成稀疏顶生圆锥状花丛;花萼5裂至中部,萼齿披针形;花冠直径约7cm。花期6~8月。蒴果10月成熟,种子多数扁平。(图15-9)

【同属其他种】凌霄属中常见栽培观赏的种还有美国凌霄（*C. radicans*）,小叶7~13片,叶背脉间有细毛。花冠较小,筒长,橘黄色。

图15-9 凌霄

【生长习性】凌霄性喜光照充足、温暖湿润的环境,稍耐阴。喜排水良好的土壤,也较耐水湿,并有一定的耐盐碱能力。

【繁殖方法】凌霄主要采用扦插和压条繁殖,也可采用分株和播种繁殖。扦插容易生根,春、夏都可进行,剪取具有气生根的枝条更易成活。压条是将枝条弯曲埋入土中,深达10cm左右,保持湿润,极易生根。分株是将植株基部的萌蘖带根掘出,短截后另栽,也容易成活。播种是将种子采收后在温室播种,或干藏至翌春播种。

【栽培管理】凌霄栽培管理比较容易。移植在春、秋两季进行。植株通常需带宿土,植后应立引竿,使其攀附,萌芽前剪除枯枝和密枝,以利整形。冬季休眠期应施足底肥。生长季应及时施肥,一般在花前追施肥水,促其叶茂花繁。秋末应控制施肥,防止秋梢过旺而受到霜冻。春季开始展叶时,由于新根大量生长,注意不要使用浓肥,以免新根受损,影响生长。整个生长期都不能缺水,从萌芽到放叶、开花阶段,应注意供应充足水分。尤其是花期需水特多,要经常保持土壤湿润,以保证花朵肥大、鲜艳。进入休眠期后,需水相对减少,应适当控制水分。蚜虫是凌霄栽培中常见的害虫,此外,黄刺蛾和星天牛也是其常见害虫,应注意防治,黄刺蛾要掌握在三龄幼虫以前防治,效果较好。

【观赏与应用】凌霄生性强健,枝繁叶茂,入夏后朵朵红花缀于绿叶中次第开放,十分美丽,是理想的垂直绿化、美化花木类,可用于棚架、假山、花廊、墙垣绿化。

十、铁线莲

【学名】*Clematis florida*

【别名】山木通、番莲、铁线牡丹、金包银

【科属】毛茛科铁线莲属

【产地及分布】原产中国,广东、广西、江西、湖南等地均有分布。多生于低山丘陵灌丛中。

【形态特征】铁线莲多为木质藤本,长1~2m。茎棕色或紫红色,具6条纵纹,节部膨大。二回三出复叶,小叶狭卵形至披针形,全缘,脉纹不显。少数是宿根直立草本。复叶或单叶，常对生。花单生或为圆锥花序，萼片大，花瓣状，蓝色、紫色、粉红色、玫红色、紫红色、白色等，雌、雄蕊多数。花期6～9月。果期夏季。（图15-10）

【品种及同属其他种】

1. 栽培品种 铁线莲园艺品种很多，常见栽培的如：

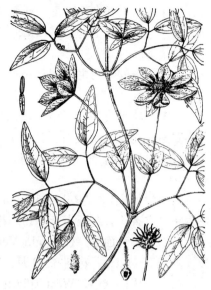

图15-10 铁线莲

（1）'仙女座'（'安卓梅达'，'Andromeda'） 植株高度2～3m。早花大花型，花径5～6cm，奶油粉色的条纹，半重瓣。花期5～6月和9月。

（2）'爱莎'（'Asao'） 植株高度2～3m。早花大花型，花径12～20cm，粉红色。花期5～9月。

（3）'伍斯特美女'（'Beauty of Worcester'） 植株高度2m。早花大花型，花径12～20cm。花期5～6月和8～9月。

（4）'蓝鸟'（'Blue Bird'） 植株高度2.5～3m。花径5cm左右，蓝色，半重瓣，长瓣型。花期4～6月。

（5）'蓝光'（'Blue Light'） 植株高度2.4～3m。早花大花型，花径5～12cm，蓝色，重瓣。花期5～6月和8～10月。

（6）'包查德女爵'（'Comtesse de Bouchaud'） 植株高度3～4m。晚花大花型，花径5～12cm，淡粉色。花期6～8月。

（7）'丹尼尔德隆达'（'Daniel Deronda'） 植株高度2.5m。早花大花型，花径12～20cm，紫蓝色，半重瓣或单瓣。花期5～6月和8～9月。

（8）'可觅'（'Kermesina'） 植株高度3.6～4.7m。花径5～12cm，意大利型，深红。花期7～9月。

（9）'芙蕾达'（'Freda'） 植株高度3～5m。花径5cm左右，蒙大拿型，樱桃红色。花期5～6月。

（10）'富士蓝'（'Fujimusume'） 植株高度2～3m，花径5～12cm，早花大花型，明亮的蓝色。花期5～6月和8～9月。

（11）'杰克曼二世'（'Jackmanii'） 植株高度3～4m。晚花大花型，紫色，花径5～12cm。花期6～9月。

（12）'卡娜娃'（'Kirite Kanawa'） 植株高度3m。早花大花型，深蓝色，重瓣，花径12～20cm。花期5～8月。

（13）'瓦勒萨'（'Lech Walesa'） 植株高度2～3m。早花大花型，蓝紫色有浅色条纹，花径5～12cm。花期6～10月。

（14）'面白'（'Omoshiro'） 植株高度2～3m。早花大花型，白色，粉色边，花径12～20cm。花期5～6月和8～9月。

（15）'帕特丽夏'（'Patricia and Fretwell'） 植株高度2～3m。早花大花型，淡粉色，深粉色条纹，重瓣，花径12～20cm。5～6月在上年枝条上开重瓣花，花粉色带红色条纹，花大。9月在当年新枝条上开单瓣花。

(16) '小鸭'('Piilu') 植株高度1.5m。早花中花型，淡玫瑰色，花径5～12cm。6月在上年枝条上开半重瓣花，夏季在当年新枝条上开单瓣花。

(17) '查尔斯王子'('Prince Charles') 植株高度2m。意大利型，浅蓝色，花径5～12cm。花期6～9月。

(18) '戴安娜公主'('Princess Diana') 植株高度2～3m。得克萨斯型，鲜艳粉红色有白边，花径2～5cm。花期7～10月。

(19) '典雅紫'('Purpurea Plena Elegans') 植株高度3～4m。意大利型，深紫红色，重瓣，花径5cm左右。花期7～9月。

(20) '鲁宾斯'('Rubens') 植株高度8m。意大利型，粉色，花径小于5cm。花期5～6月。

(21) '如步'('Rubromarginata') 植株高度1.5～2m。华丽杂交型，紫粉色，花心奶白色，有香味，花径小于5cm。花期7～9月。

(22) '神秘面纱'('Night Veil') 植株高度2～3m。意大利型，蓝紫色带有浅亮色条纹，花径5～12cm。花期6～9月。

(23) '中国红'('Westerplatte') 植株高度2～3m。早花大花型，正红色，花径12～20cm。花期6～8月。

(24) '巴蒂森'('Betty Risdon') 植株高度2～3m。早花大花型，奶油粉色，紫红色边，花径12～20cm。花期5～6月和9月。

(25) '别致'('Bieszczady') 植株高度2～3m。晚花大花型，玫瑰色带有苍白条纹，花径12～20cm。花期6～9月。适宜盆栽。

(26) '哈尼亚'('Hania') 植株高度2m。早花大花型，红色，粉红色边，花径12～20cm。花期5～6月和8月。

(27) '丹尼尔德隆达'('Daniel Deronda') 植株高度2.5m。早花大花型，紫蓝色，半重瓣或单瓣，花径12～20cm。花期5～6月和8～9月。

2. 同属其他种 铁线莲杂种的主要亲本有以下几个原种。

(1) 毛叶铁线莲（*C. lanuginosa*） 毛叶铁线莲最初发现于浙江宁波。株高2m。单叶，有时为三出复叶，叶质厚，卵圆形，端尖，全缘，长12cm，宽7cm，叶面无毛，叶背密被灰色绒毛。花单生或2～3朵成聚伞状，花径10～15cm；花梗有绒毛，无苞片，着生枝顶，具6或8枚萼片，轮状，稍互叠，白至淡雪青色。

(2) 转子莲（*C. patens*） 转子莲产华北、东北及朝鲜、日本。株高6m。下部叶具两对广展的小叶，上部叶为三出复叶或单叶，卵状披针形，长5～10cm，叶背有毛，叶面无毛。花单生枝顶，花径8～15cm；花梗有绒毛，无苞片，具6～8枚萼片，平展，长尖而不互叠。原种花白色，栽培品种花色甚丰。

(3) 南欧铁线莲（*C. vilicella*） 南欧铁线莲原产南欧、西亚。株高4m。茎细长，有棱。叶1～2回羽裂，小叶长2.5～5cm，不对称，全缘或三裂，质薄。花单生或3朵聚生，蓝紫或玫紫，花径5～8cm，萼片平展。

【生长习性】铁线莲喜肥沃、排水良好的碱性壤土，忌积水或夏季干旱而不能保水的土壤。耐寒性强，可耐-20℃低温。

【繁殖方法】铁线莲采用播种、压条、嫁接、分株或扦插繁殖均可。

1. 播种繁殖 铁线莲原种可以采用播种繁殖。子叶出土类型的种子（瘦果较小，果皮较薄）如在春季播种，3~4周可发芽；在秋季播种，要到春暖时萌发。子叶留土类型的种子（较大，种皮较厚），要经过一个低温春化阶段才能萌发，有的种类要经过两个低温阶段才能萌发，如转子莲。春化处理如用0~3℃低温冷藏种子40d，发芽需9~10个月。也可用一定浓度的赤霉素处理。

2. 压条繁殖 铁线莲通常于3月用去年生成熟枝条压条。1年内可生根。

3. 分株繁殖 丛生铁线莲植株可以分株。

4. 扦插繁殖 杂种铁线莲栽培品种以扦插为主要繁殖方法。7~8月取半成熟枝条作插穗，每节带2芽。基质用泥炭和沙各半。扦插深度为节上芽刚露出。地温15~18℃。生根后上10cm盆，在防冻的温床或温室内越冬。春季换14~16cm盆，移出室外。夏季需遮阴防阵雨。10月底定植。

【栽培管理】铁线莲宜在土壤解冻后进行栽培，栽植时根部周围不要填压得太紧，用手稍压即可。盆栽植株的土团顶部要和表土齐平。裸根种植时，根冠应低于地表5cm。栽植后上面覆盖厚10cm的泥炭或腐殖土，以避免根部在夏季过分受热，同时保持土壤湿润。幼苗均以一次定植为妥，春、秋移植均可。在老枝上着花的种类如铁线莲、转子莲等，仅做轻度修剪；在新梢或侧枝上开花的种类如杂种铁线莲、毛叶铁线莲等，则可修剪略重。选背风向阳处以带土球的植株定植。

铁线莲栽植后开始几个月要注意充分供水。供水范围直径不小于50cm，使根部能向四周伸长。枝条脆，易折断，应注意诱引固定。栽植时，一般掘穴深40cm、穴径60cm。掘松穴底硬土后，放进大量腐殖质，再加入掺有骨粉的表土。在排水不良的黏土或轻沙土中，穴底掘松后要混合一铲泥炭土或腐殖质。在可能积水处底部要用石块或瓦砾垫高，高出周围土面25cm。

【观赏与应用】铁线莲是优良的垂直绿化植物和园林观花植物，可用于布置花坛、花境，也可攀缘于岩石园、假山等，点缀墙篱、花架、花柱、拱门、凉亭或散植观赏，还可做地被植物或布置阳台、庭院。

第二节 盆 栽 类

一、杜 鹃 花

【学名】*Rhododendron simsii*

【别名】映山红、山石榴、山踯躅等

【科名】杜鹃花科杜鹃花属

【产地及分布】杜鹃花原产于我国长江流域以南地区，越南也有分布。现世界各地广为栽培，是世界著名的花卉。

【形态特征】杜鹃花为半常绿灌木。株高可达4~5m，多分枝。植物体各部密被平贴、红褐色或灰褐色绢质糙伏毛。单叶互生，全缘，常集生枝顶，春发叶椭圆形至长椭圆形，长3.5~7cm，宽1~3.5cm，夏秋叶较短窄。花两性，排成顶生伞形总状花序，有时单生或簇生。花萼杯状，5裂；合瓣花冠，钟状或漏斗状，上部5裂，喉部有深褐色斑点或浅色晕。雄蕊10枚，花丝不等长，花药顶孔开裂。花期2~4月。子房上位，5~10室。蒴果，种子多而细小。（图15-11）

【品种及其类型】杜鹃花有着悠久的栽培历史，在我国早在1500多年前已有杜鹃花栽培的记载。18～19世纪欧洲国家从我国大量引种杜鹃花，后传至美国，欧美的园艺家利用各地种质资源开展杂交育种研究与品种选育，近200年来育出了大量品种。我国和日本也在栽培过程中选育出不少品种。估计目前全世界杜鹃花品种已超过1 000个，我国有200～300个品种。根据其形态、性状、亲本和来源、花期、花型等，杜鹃花可分为东鹃、毛鹃、西鹃和夏鹃四大类型。

1. 东鹃 东鹃又称东洋杜鹃、久留米杜鹃。最早在日本育成，由日本山杜鹃（*Rh. kaempferi*）、九州杜鹃（*Rh. kiusianum*）、日本杜鹃（*Rh. japonicum*）和我国的白花杜鹃（*Rh. mucronatum*）、春鹃品种等经反复杂交而来。主要特征是株型矮小，株高1～2m，分枝散乱；叶少毛，有光泽；花多而密，花朵细小，直径一般只有2～4cm，常为单瓣，偶有花萼瓣化的套瓣。花期4～5月。如'新天地'、'日出'、'大和之春'、'四季之誉'等品种。

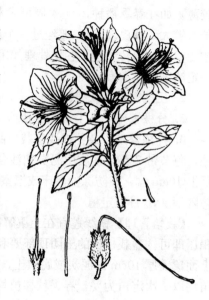

图15-11 杜鹃花

2. 毛鹃 毛鹃俗称大叶杜鹃。由我国选育而成，主要由白花杜鹃、满山红（*Rh. mariesii*）、杜鹃花、锦绣杜鹃（*Rh. pulchrum*）等杂交而成。主要特征是株型高大，达2～3m，幼枝密被褐色硬毛；叶长达10cm，粗糙多毛；花少而大，单瓣，花冠喇叭状。花期2～4月。如'玉蝴蝶'、'琉球红'、'残雪'、'夕阳'等品种。

3. 西鹃 西鹃又称西洋杜鹃、比利时杜鹃。最早由比利时、荷兰等在1820—1830年间育成，主要由皋月杜鹃（*Rh. indicum*）、石岩杜鹃（*Rh. obtusum*）、杜鹃花等反复杂交育成，后来一些欧美的园艺家又将北美杜鹃（*Rh. calendulaceum*）、西方杜鹃（*Rh. occidentale*）等引入杂交育种行列，选育出大量新品种。西鹃是花色、花型最多最美的一类，是目前盆栽的主要品种。主要特征是株型矮壮，树冠紧凑，怕晒怕冻；叶片细小，毛少而有光泽；花多而密，多为重瓣，花瓣多波浪状皱缩，花大，花径6～8cm。花期3～4月。我国早期引进的传统品种有'锦袍'、'皇冠'、'四海波'等，近年引进不少西鹃新品种，如'Friedhelm Schevev'、'Hellmut Vogol'、'Inga'、'Rose Vogel'、'Sima'等。

4. 夏鹃 夏鹃最初源自印度和日本的皋月杜鹃，后与石岩杜鹃和我国传统晚花品种等反复杂交而成。花期最迟，一般在5～6月初夏时节开花，故而得名。主要特征是株型较矮，高约1m，茎直立，分枝稠密，树冠整齐丰满；花冠漏斗状，花径6～8cm，有单瓣、重瓣，花色多变。我国栽培的传统品种有'长华'、'大红袍'、'五宝绿珠'等。

【生态习性】杜鹃花性喜凉爽温和湿润的气候。喜疏阴环境，忌烈日暴晒，最适光照度8 000～28 000lx，不耐炎热，35℃以上高温会影响生长，较耐寒，可耐－10℃短暂低温。喜肥沃、疏松、酸性土壤，pH4.5～5.5为宜，忌积水。花芽的始创与分化需要较高温度，为20～27℃，低于12℃不能形成花芽，早花品种6～7月花芽始创，中晚花品种7～8月花芽始创，花芽形成后进入休眠状态，需要一定的低温刺激才能开花。

【繁殖方法】杜鹃花可用播种、扦插、压条、嫁接和分株繁殖。在生产中，常用扦插和嫁接繁殖，既利于保持品种性状，又可缩短生产周期。

1. 扦插繁殖 杜鹃花繁殖宜在春夏间进行，华东地区多在5～6月、华南地区多在4～5

月进行，晚花品种可略迟。插穗宜选当年生健壮嫩枝或上年秋芽形成的半木质化嫩枝，剪成6~8cm插穗，下端用利刀斜削平滑，摘去下部叶片，留上部2~3叶，插于苗床中。基质、水分、光照、温度等是影响扦插成活的关键因素。基质宜用河沙或河沙与蛭石混合而成。温度以15~25℃为宜。要保持床土湿润，每天向叶面喷水2~3次，保持较高的空气湿度，特别是西鹃类。扦插期间遮光50%为宜。常规扦插约30d生根，西鹃类生根较慢，约需要50d。用100mg/kg IBA或500mg/kg NAA处理插穗2h再扦插，可促进生根，提高成活率。扦插苗2~3年可开花。

2. 嫁接繁殖　杜鹃花也常用嫁接繁殖，宜在生长季节进行。嫁接苗长势好，生长快，在繁殖西鹃时较多采用。砧木宜用二年生毛鹃品种实生苗，如'玉蝴蝶'、'紫蝴蝶'等，一般不用白花杜鹃。常采用劈接或靠接法。劈接法是在母株上剪取半木质化嫩枝，剪成长3~4cm的接穗，留上部2~3叶，在砧木当年新梢2~3cm处截取接口。嫁接后要套薄膜袋，防止蒸腾失水。成活后去除套袋，4个月左右解去绑扎。可用能自行降解薄膜作绑带与套袋，以减少人工投入，降低生产成本。靠接易于操作，容易成活，可在生长季节进行。

3. 其他繁殖方法　杜鹃花其他繁殖方法在生产中较少采用。播种繁殖主要用于繁育新品种和砧木，春、秋播均可。压条繁殖在毛鹃类作绿化苗木生产时也常采用，宜在春、秋两季进行。

【栽培管理】杜鹃花种类品种繁多，应用广泛，其栽培有不同方法。原种和东鹃、毛鹃、夏鹃类既可作盆栽，在温暖地区亦可作园林栽培，这些杜鹃花生长势较强健，适应性较强，管理可较为粗放。西鹃类则娇嫩脆弱，要求温和湿润的条件，畏寒怕热又忌烈日，只作盆栽，且要精细管理。西鹃作为世界上最为重要的商品化盆栽花卉之一，其生产在我国也获得了较大的发展。为适应生产发展的需要，此处主要介绍西鹃的盆栽与管理方法。

西鹃盆栽的关键是要有合适的环境和恰当的营养管理方法。由于我国适宜栽培地区夏季酷热，冬季常有寒潮，所以首先要创造有利于夏季降温和冬季保温的环境。在东部和中南部地区可用塑料大棚生产，为了利于夏季通风降温，棚高以3~3.5m为宜，过低的大棚不宜夏季通风降温，棚顶可用遮光度为70%~80%的遮光网遮阴，冬季气温下降至10℃左右加盖薄膜保温防寒。有条件的棚内应架设喷雾装置。在北方地区可用较低的温室遮光栽培。

西鹃盆栽应用透气透水、腐殖质丰富的土壤为盆土，可以用园土、腐叶土、泥炭土各1份加少量饼肥配制而成。盆的大小以树冠直径的1/2为宜。定植宜在春季或秋季进行。在生长季节应薄施勤施追肥，可用饼肥沤制成液肥稀释施用，每月施肥一次，在花芽分化期间可以适当加施磷酸二氢钾，秋后减少施肥，至开花前1个月停止施肥。生长季节要保持盆土湿润，经常喷淋叶面和地面，提高空气湿度。在北方地区冬季温室加温时，空气干燥，易引起落叶，可喷淋地面来提高湿度。

在发达国家和地区，西鹃生产主要采用无土基质栽培。选用容器一般为树冠直径的1/3~1/2。进行无土栽培时应用泥炭、椰糠、木屑等呈酸性反应的材料作基质。杜鹃花喜酸性条件，pH4.5~5.5为宜。目前，还未见有杜鹃花专用营养液配方，在生产上可以选用一些通用营养液配方，或参照杜鹃花对各种营养元素的吸收情况自行配制。杜鹃花叶片中养分含量为：N（2.0%~2.3%），P（0.3%~0.5%），K（0.8%~1.0%），Ca（0.2%~0.3%），Mg（0.17%~0.33%）。另外铁、锰等元素是防止缺素造成黄化落叶所必需的。目前，国内已引进了一些杜鹃花适用的包衣长效肥，在江苏宜兴、福建永福等主产区应用取得了很好的效果。

修剪对于促进杜鹃花树冠形成、多发枝多开花有重要作用。幼株长至15cm左右可截顶，留10~12cm，生长过程中要将徒长枝及时剪去，以促进分枝，株型丰满。成株每年开花后剪去残花并做中度修剪，促进新枝萌发。新梢长出30d后，可以喷施2~3次1 000mg/kg B_9溶液，抑制高生长，形成紧凑的冠形，并有促进花芽分化的作用。

为满足节日需要，可用促成栽培方法使杜鹃花提早开花。杜鹃花的花芽在形成后进入休眠状态，要有一个低温过程，再给予合适的温度才能开花。促成栽培的方法是在花芽充分发育后，于9月底至10月上旬进行低温处理，早花品种在3~5℃、每天8~10h光照的条件下4~6周，中晚花品种处理6~8周，然后回温至12~15℃2周，再升温至20~25℃催花，3~4周就可开花。杜鹃花花瓣娇嫩，花蕾露色后不能再向植株上淋水，宜用盆底灌水法，如果花瓣沾水，则容易腐烂脱落，影响观赏寿命。

【观赏与应用】杜鹃花是世界名花，花叶并茂，观赏价值极高，可地栽或盆栽观赏，作花坛、花境或树下各种方式种植均宜，布置庭院尤佳。其品种十分丰富，亦可建专类园。在疏林下，做山丘状大面积片植，开花时节灿若朝霞，蔚为壮观。盆栽开花时用于布置家居、会场等，尤其适宜。

二、山 茶 花

【学名】*Camellia japonica*

【别名】山茶、茶花、耐冬、华东山茶

【科属】山茶科山茶属

【产地及分布】原产于我国西南至东南部，日本也有分布。长江流域以南地区广泛栽培，世界各地有栽培。

【形态特征】山茶花为常绿灌木或小乔木，高可达10m，茎枝光滑。单叶互生，叶革质，椭圆形或卵形，两面无毛，表面有光泽，边缘有锐锯齿，先端渐尖或急尖，叶柄粗短，初时有微柔毛。花两性，单生或2~3朵着生枝顶或叶腋，花梗极短，花芽外有鳞片，被茸毛；花瓣5~7片；雄蕊多数，基部连成筒状，有时退化或瓣化；子房上位，光滑无毛，3~5室。花期10月至次年3月。蒴果。（图15-12）

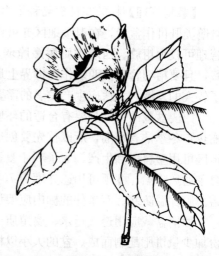

图 15-12 山茶花

【品种类型及同属其他种】山茶花在我国已有1 200年的栽培历史，在长期的栽培中选育出了大量品种，目前我国栽培的品种已达300多个。欧美各国在18~19世纪从我国引种山茶花后，致力于育种研究，日本也利用自身资源及从我国引入的山茶花品种开展品种选育研究。估计现有品种已有5 000余个。

1. 品种类型 由于山茶花品种繁多，品种分类难度较大，对品种系统的分类意见不一。此处介绍陈绍立先生等在《中国花经》采用的分类方法，分为三大类十二个花型。

（1）单瓣类 花瓣5~7片，1~2轮排列，基部联合，雌、雄蕊发育正常，能结实。

①单瓣型：单瓣类只有单瓣型。主要为原种和早期演变品种，如'桂叶金心'、'亮叶金心'等。

（2）半重瓣类 花瓣多在20片左右，有时可达50片（含雄蕊瓣），花瓣2~4轮排列，雄蕊瓣化。

②半重瓣型：花瓣2～4轮排列，雄蕊小瓣与正常雄蕊大部分集中于花心，雄蕊趋于退化。偶能结实。如'白绵球'、'猩红牡丹'等。

③五星型：花瓣2～3轮排列，花冠呈五星形，有雄蕊，雌蕊趋于退化。如'粉玲珑'、'玉玲珑'等。

④荷花型：花瓣3～4轮，花冠荷花型，雄蕊存，雌蕊退化或偶然存在。如'什样锦'、'虎白爪'等。

⑤松球型：花瓣3～5轮，呈松球状，雌、雄蕊均存在。如'大松子'、'小松子'等。

（3）重瓣类：雄蕊大部分或完全瓣化，花瓣在50片以上，雌蕊退化。

⑥托桂型：大花瓣1轮，发达的雄蕊小瓣聚集于花心，形成3cm左右的小球状，有发育雄蕊间杂其中。如'金盘荔枝'、'白宝珠'、'洒金宝珠'等。

⑦菊花型：大花瓣3～4轮，少数雄蕊小瓣聚集于花心，直径1～2cm，状如菊花。如'石榴红'、'凤仙'等。

⑧芙蓉型：花瓣2～4轮，发育雄蕊较集中地集生于近花心的雄蕊瓣中，或分散地簇生于若干个组合的雄蕊瓣中，开成芙蓉型花冠。如'红芙蓉'、'粉芙蓉'、'绿珠球'等。

⑨皇冠型：花瓣1～2轮，大量雄蕊小瓣聚集其上，并有数片大的雄蕊瓣居正中，呈皇冠状。如'花佛鼎'、'提笼'等。

⑩绣球型：花瓣不呈轮状，层次不明显，花瓣与雄蕊瓣外形无明显区别，少量发育雄蕊散生在雄蕊瓣中，形成绣球状花冠。如'大红球'、'七心红'等。

⑪放射型：花瓣6～8轮，呈放射状，常六角形，雌、雄蕊已不存在。如'粉丹'、'六角白'、'鸳鸯凤冠'等。

⑫蔷薇型：花瓣8～9轮，整齐，形若千层，雌、雄蕊不存在。如'小桃红'、'雪塔'、'十八学士'等。

2. 同属其他栽培种

（1）云南山茶（*C. reticulata*） 云南山茶形态与山茶花近似。叶片卵状披针形，叶缘具锐锯齿，叶面暗绿无光泽，两面网脉明显。花大，径可达20cm，子房有毛。云南山茶又称南山茶，亦有大量品种，有半重瓣与重瓣品种。估计我国就有100多个品种。

（2）茶梅（*C. sasanqua*） 茶梅为灌木。叶片较窄，宽2～3cm，长5～7cm，椭圆形至披针形，先端渐尖，叶近无柄。花单生，白色或红色，花径3～7cm，子房被银白色柔毛。

（3）金花茶（*C. chrysantha*） 金花茶为小乔木。叶长椭圆形，长10～15cm，宽3～5cm，短尾状尖，两面粗糙，网脉明显。花金黄色，花径约5cm。

金花茶被发现后，曾引起全球植物学界的关注。20世纪80年代初，我国将其列为国家一级濒危保护植物。1990年被联合国《濒危野生动植物种国际贸易公约》大会和《全球生物多样性公约》列为濒危保护物种，并为禁止国际贸易物种（野生种）。

【生态习性】山茶花喜温暖湿润、半阴环境，忌烈日，夏季高温、太阳直射易引起叶片灼伤。生长适温18～25℃，高于30℃停止生长，开花适温10～20℃。相对较耐寒，一些单瓣品种可耐-10℃低温，2℃以上可安全越冬。要求较高的空气湿度，以60%～80%较为适宜，根系忌积水。喜肥沃、疏松、腐殖质丰富的酸性土壤，pH4.5～6.5均可正常生长，以pH5～6为佳。花芽始创和分化要求较高温度，以昼温27℃、夜温15℃为宜，至8月可见花蕾。成蕾后进入休眠状态，适当的低温刺激可解除花芽休眠，常为10～15℃2个月、0～5℃

4周。花芽形成后，短日照可促进开花，长日照易引起落蕾。

【繁殖方法】山茶花可采用扦插、嫁接、压条、播种繁殖。

1. 扦插繁殖 山茶花在温暖地区可在春、秋两季扦插，北方宜春插。春季3~5月、秋季8~9月进行为宜。用一年生或当年生健壮枝条，剪成长5~8cm的插穗，保留上部2叶，插于沙床中。扦插时宜用浅插，深度以插穗的1/3为宜。扦插生根较慢，约需60d才能生根，插后要保持湿润和遮阴，每天向叶面喷水2~3次，提高空气湿度，有利于生根。扦插前用50~100mg/kg吲哚丁酸处理切口1~2h再插，可促进生根，提高成活率。有条件的用全光雾插，效果更好。扦插苗第三年可开花。

2. 嫁接繁殖 山茶花嫁接繁殖成株快，开花早，生长势较强健，在生产中也常采用。通常选用单瓣类山茶花或茶梅、油茶作砧木。生产上常用靠接法，易操作，易成活。也可用劈接或切接法嫁接。嫁接繁殖在生长季节均可进行。

3. 压条繁殖 山茶花常采用空中压条，宜于生长季节进行。选健壮的1~2年生枝条，压条繁殖苗次年或2年后就可开花。

4. 播种繁殖 山茶花秋季种子成熟后随采随播，宜用沙床播种。播种后保持充足水分，温度18℃以上，10~30d发芽。小苗长至3~4叶时可行移苗。如果作嫁接砧木，可以直接播于营养袋培育。播种苗要5~6年才能开花，一般只作砧木繁殖或选育新品种时使用。

【栽培管理】山茶花可以地栽也可盆栽，在温暖地区两种方式都有，在北方主要作温室盆栽，此处主要介绍盆栽方法。盆栽山茶花以瓦盆或瓷盆为好。盆土要疏松透水，可用园土5份、腐叶土3份、泥炭土2份，加少量饼肥作基肥，充分混合调制而成。5~9月置于遮光50%~70%的荫棚下，冬、春季适当加强光照。生长期间给予充足水分，经常喷淋叶面，保持较高的空气湿度，有利于生长。秋冬季可适当减少水分，但仍要保持盆土湿润，以免引起落花落蕾。雨季要防止盆土积水，可每月松土一次。生长季节每月施肥一次，可以用饼肥、腐熟粪肥、复合肥等轮流使用，其他季节每2个月施一次，开花期间停止用肥。5~8月间，可以每月叶面喷施1‰~2‰磷酸二氢钾，可促进花芽分化、形成更多的花蕾，成蕾后喷施低浓度的硼酸可以防止花蕾脱落。北方地区水土偏碱，可以定期加施0.2%~0.5%硫酸亚铁，中和土壤碱性和补充铁元素，也可用硫酸亚铁、豆饼、猪粪按2.5:5:15混合沤制成矾肥水作追肥使用。在寒冷地区，气温下降至5℃左右应移至温室养护。也可用无土基质栽培方法培育。

定植后苗长至20cm左右时，离土面15cm处截顶一次，以促进侧枝萌发，形成良好株形。开花后要及时剪去残花，剪去不良枝条，开花枝条根据株形需要进行适当短截，以增加新枝。2~3年换盆换土一次，并根据植株大小更换大盆，换盆宜在花后结合修剪进行。

山茶花在南方温暖地区自然条件下也能在春节开花，在北方则多在春季气温回升时开放。如果要使其在春节开放，可以在冬季经一段时间低温后，将温度逐渐升至昼温20℃、夜温15℃，约2个月就可开花。也可以在秋冬之间，每周用500mg/kg GA_3 点涂花芽一次，直至破蕾时停药，并保持10℃以上，可以使之提早开花，此法在花芽充分发育后使用，甚至可使一些早花品种在秋季开花。

山茶花易受病虫危害，常见害虫有红蜘蛛、卷叶蛾、介壳虫等，也易受炭疽病、叶斑病危害，特别是在春夏之交与夏季闷热时节容易发生。

【观赏与应用】山茶花花大色艳，花型丰富，具有很高的观赏价值，是世界著名花卉，是庭院和居家布置的好材料。在长江以南地区，丛植或散植于庭荫处、花廊架、树荫下尤为适宜，亦可片植、布置花境等，其品种繁多，也可建立专类园供游人观赏。盆栽作室内布置与观赏，由于耐阴性强，既可赏花又可赏形，清高而淡雅，自古就受各方人士喜爱。

三、一品红

【学名】*Euphorbia pulcherrima*

【别名】老来娇、圣诞花、猩猩木

【科属】大戟科大戟属

【产地及分布】原产墨西哥，世界各地广为栽培。我国华南、西南等地常见栽培，北方作温室栽培。

【形态特征】一品红为灌木，高可达 5m，有白色乳汁。单叶互生，卵状椭圆形至卵状披针形，长 10~15cm，全缘或浅裂，叶背被柔毛。茎顶部花序下的叶片较狭，苞片状，称为顶叶，开花呈朱红色、黄色或粉红色，是主要观赏部分。大戟花序，聚伞状排列于茎顶，总苞淡绿色，基部具一黄色腺体。花期 11 月至次年 3 月。（图 15-13）

图 15-13　一品红

【品种及变种】欧美国家十分重视对一品红新品种的选育研究。尤其是美国、荷兰、意大利等国，已育出许多优良品种。近年我国从国外引进了一些优良品种做生产栽培。

1. 栽培品种

（1）'美洲'一品红（'America'）　矮生性，嫩枝及叶柄红色。开花时顶叶鲜红色，边缘浅波浪状。

（2）'自由'一品红（'Freedom'）　顶叶大轮，鲜红色，矩圆状，边缘六至八角形。

（3）'德国小姐'（'Novia'）　株型直立。叶色深绿，苞片呈枫叶状，鲜艳的红色，是红色系列中的优选品种。

（4）'奥林匹亚'（'Olymp'）　株型易形成 V 形直立。成熟苞片颜色深红，非常平展。

（5）'火星'（'Mars'）　株型易形成良好的 V 形。叶色深绿。长势中等，苞片平展，颜色鲜红。

（6）'早熟千禧'（'Early Millennium'）　生长特性类似于'千禧'，但花期较'千禧'早。苞片颜色鲜红，且不易退色。

2. 主要变种

（1）一品白（var. *alba*）　开花时顶叶呈乳白色或淡黄色。

（2）一品粉（var. *rosea*）　开花时顶叶呈粉红色。

（3）重瓣一品红（var. *plenissima*）　顶叶和花变成瓣状，直立向上，簇生成团，呈球状，甚是优美。

【生态习性】一品红喜温暖湿润气候。喜光，不耐阴，最适生长温度 20~30℃，不耐寒，怕霜冻。对土壤要求不严，但疏松肥沃土壤生长好，忌积水，可耐旱瘠。短日照植物，开花的适宜温度为 15~20℃。

【繁殖方法】一品红以扦插繁殖为主，嫩枝、老枝均可扦插。扦插生根温度要求 20℃以上，可在4～9月进行。选粗壮枝条，剪成2～3节，插穗长约10cm，待切口稍干后，插于沙床，淋透水。一品红皮层较厚，扦插后苗床不宜太湿，可数天淋一次水，平时每天喷水2～3次，15～20d就可生根。也可直接插于营养袋，成苗后带土移植。扦插苗可当年开花。

【栽培管理】一品红盆栽最好用塑料盆，选口径20～25cm的花盆。盆土要疏松透水，可用腐叶土和沙质土加适量饼肥混合，或加两成泥炭土混匀。生长期间给予充足光照，避免因光照不足引起徒长和落叶，要保持盆土湿润。生长季节每月施肥1～2次，一品红对氮、磷、钾的吸收比例为4:1:3，可以将饼肥和硝酸钾轮换施用。北方地区气温下降至12℃时，要移至温室越冬，初进温室时，常因湿度低而引起落叶，应多向叶面喷雾。

一品红上盆后苗长至15～20cm时，可截顶一次，留干10～15cm，在生长过程中可再摘心一次。一品红生长迅速，植株过高，会影响品质，上海、北京等地常用整枝做弯的方法来控制，使株型矮化紧凑。也可以在摘心1个月后，喷施浓度为2 000mg/kg的CCC 2～3次，可抑制高生长。老株开花后，于4～5月进行强截干，在离土面约15cm处将上部枝干全部截去，并同时换盆、换土。

一品红是短日照花卉，可采用缩短日照长度的方法使之提早开花。处理方法是用黑布于每天16:00开始遮光，至次日8:00揭去，使之接收光照。处理至开花所需时间与温度有关，15～20℃需60d，20～25℃需50d，温度过高时，顶叶细小，质量较差。营养生长对开花质量影响也很大，一般新枝要经过3个月营养生长才老熟，否则品质就会下降。

【观赏与应用】一品红开花期间适逢西方圣诞节、元旦和我国春节等主要节日，且花色艳丽，花期长久，深受人们喜爱，是地栽、盆栽和切花的好材料。其盆栽开花时可布置宾馆酒楼、会场和家居。在温暖地区可布置冬春季花坛，也可作庭院、公共绿地的绿化与美化种植。其花枝也是优良切花，经久耐插。

四、八仙花

【学名】*Hydrangea macrophylla*

【别名】绣球花、玉绣球、紫阳花

【科属】虎耳草科八仙花属

【产地及分布】原产我国，分布于长江流域以南地区，朝鲜和日本也有分布。世界各地广为栽培。

【形态特征】八仙花为半常绿或落叶灌木。枝粗壮，初时近方形。单叶对生，倒卵形或椭圆形，边缘有粗锯齿，网脉明显。伞房花序顶生，全为不孕花或由可孕花与不孕花组成，若两者均有时，不孕花排在花序外轮，花序具长的总梗。不孕花具4枚瓣状萼片，花瓣退化；可孕花花萼、花瓣较细，近等大。花色易变，初时绿色，后转为白色，最后转为蓝色或粉红色。花期6～7月。(图15-14)

【品种及变种】

1. 常见栽培品种 '阿德里'八仙花（'Adria'），近年引进的品种。叶近圆形。花绝大部分为不孕花，偶有可孕花，花玫红色。

图15-14 八仙花

2. 主要变种

（1）蓝八仙花（var. *coerulea*）　花两性，花序由可孕花与不孕花组成。花序外轮花深蓝色或蓝白色。

（2）大八仙花（var. *hortensia*）　花全为不孕性，萼片广卵形。

（3）银边八仙花（var. *maculata*）　叶倒卵形，边缘白色。花有可孕花和不孕花。花叶并茂，既可观花又可观叶。

（4）齿瓣八仙花（var. *macrosepala*）　花白色，花瓣边缘具钝齿。

（5）山八仙花（var. *acumrinata*）　花序具可孕花与不孕花，两者混生，呈无规则排列。被认为是绣球型八仙花的来源之一。

（6）紫阳花（var. *otaksa*）　矮生变种，栽培最为广泛。花序大，呈圆球形，全为不孕花，蓝色或粉红色。

【生态习性】八仙花喜温暖湿润、半阴环境，不耐烈日，可耐高温，稍耐寒。喜肥沃、疏松的酸性土壤，pH以4～5.2为宜，不耐盐碱。土壤酸碱度对花色影响很大，酸性时花呈蓝色，碱性时花呈红色。花芽分化与形成在秋冬季进行，花芽分化温度要求15℃以下。

【繁殖方法】八仙花采用扦插、分株、压条或播种繁殖，生产上以扦插为主。

1. 扦插繁殖　八仙花可采用硬枝扦插或嫩枝扦插。硬枝扦插宜在春季芽尚未萌动时进行，剪取2～3节枝段作插穗，插于沙床中，保持18℃以上，约2周可生根。用10～25mg/kg吲哚丁酸将插穗处理24h，再行扦插，可促进生根，提高成活率。在生长季节用嫩枝扦插更易成活。

2. 分株繁殖　八仙花分株宜在早春萌芽前进行，将带根的萌枝从母株上切下另植即可。

3. 压条繁殖　八仙花压条可在生长季节随时进行，常用地面压条法，将枝条直接压入土中，保持湿润，约1个月就可生根，约2个月可剪下另植。

4. 播种繁殖　八仙花因不易获得种子在生产上较少采用播种繁殖。

【栽培管理】八仙花盆栽用15～20cm花盆定植。可用园土、腐殖质土等混合作盆土。定植后置半阴处培植。生长期间要保持盆土湿润，夏季高温时，每天向叶面喷水2～3次，提高空气湿度，落叶后需水较少。在华南地区不落叶，冬季也要保持适当水分。生长季节每2～3周施追肥一次，8月前可以饼肥等有机肥为主，8月后可以复合肥为主，以增加磷、钾元素，有利于花芽分化与发育。在碱土地区要定期检测土壤pH，多施草汁水或适当施用硫酸亚铁以中和土壤碱性。寒冷地区冬季应移至温室，保持5℃以上可安全越冬。

为促进侧枝萌发，形成良好的株型，可以进行1～2次摘心。株高12cm左右进行第一次摘心，留3～4对叶；如进行二次摘心，则第一次摘心后只保留上部2对侧芽，其余抹去，待侧芽长至3对叶时进行第二次摘心，各留2～3对叶，最后全部留6～8个健壮枝条开花。摘心不能迟于6月下旬，以使枝条充分老熟至初秋即可进行花芽分化，次春可开花。老株在开花后要及时剪去残花，修整枝条，1～2年换盆一次。

八仙花可通过促成栽培提早开花，满足元旦或春节用花需要。通常在8月开始花芽始创，9～10月完成花芽分化。花芽分化后要经过6周以上10℃以下低温和短日照，才能充分发育成花蕾，然后在适宜的温度条件下开花。完成低温过程后，先将温度升至10～15℃，逐步提高至夜温20℃、昼温25℃则容易开花。催花所需时间与温度有关，10℃时要70～90d，18℃时要60～70d，25℃时50～55d可开花。

【观赏与应用】八仙花花序大而呈球形，花色丰富，叶浓绿，是极好的观赏花木。耐阴性强,在长江以南地区常作公园、庭院树下地栽,或在宾馆内庭种植,也可作春季花坛布置。盆栽八仙花还宜作室内布置,其花枝也可作切花或作干花素材。

五、茉莉花

【学名】*Jasminum sambac*

【科属】木犀科茉莉花属

【产地及分布】原产中国江南以及西部地区,印度、阿拉伯一带,中心产区在波斯湾附近,现亚热带地区广为栽培。

【形态特征】茉莉花为常绿小灌木或藤本状灌木,高可达1m。枝条细长,小枝有棱角,有时有毛,略呈藤本状。单叶对生、光亮,宽卵形或椭圆形,叶脉明显,叶面微皱,叶柄短而向上弯曲,有短柔毛。初夏由叶腋抽出新梢,聚伞花序顶生或腋生,有花3~9朵,花冠白色,极芳香。大多数品种的花期6~10月,由初夏至晚秋开花不绝;落叶型的冬天开花,花期11月至翌年3月。(图15-15)

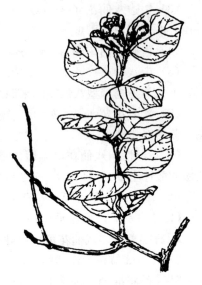

图15-15 茉莉花

【品种类型】茉莉花大约有200个品种,主要有单瓣茉莉、双瓣茉莉和多瓣茉莉。

(1) 单瓣茉莉 植株较矮小,高70~90cm。茎枝细小,呈藤蔓型,故有藤本茉莉之称。花蕾略尖长,较小而轻,产量比双瓣茉莉低,比多瓣茉莉高。不耐寒、不耐涝,抗病虫能力弱。

(2) 双瓣茉莉 我国大面积栽培用于熏制花茶的主要品种,植株高1~1.5m。直立丛生,分枝多,茎枝粗硬。叶色浓绿,叶质较厚且富有光泽,花朵比单瓣茉莉、多瓣茉莉大,花蕾洁白油润,蜡质明显。花香较浓烈,生长健壮,适应性强,$667m^2$鲜花产量(3年以上)可达500kg以上。

(3) 多瓣茉莉 枝条有较明显的疣状突起。叶片浓绿。花蕾紧结,较圆而小,顶部略呈凹口。开花时间拖得太长,香气较淡,产量较低,一般不作为熏制花茶的鲜花。

【生态习性】茉莉花性喜温暖湿润,在通风良好、半阴环境中生长最好。土壤以含有大量腐殖质的微酸性沙质土壤最适。大多数品种畏寒、畏旱,不耐霜冻、湿涝和碱土。冬季气温低于3℃时,枝叶易遭受冻害,如持续时间长就会死亡。落叶藤本类很耐寒、耐旱。

【繁殖方法】茉莉花常采用扦插、分株、压条繁殖。

1. 扦插繁殖 扦插是茉莉花最常用的繁殖方法。采用沙或沙与泥各半的混合基质,4~10月均可进行,以梅雨季节最适,因此时温暖湿润利于发根。选成熟强健的一年生枝条,长约10cm,带3~4个节,顶部留一对完整的叶片,其余摘除。先用竹签插孔洞,深度为插穗的2/3,扦插后随即浇水保湿并遮阴,保持较高空气湿度,20d左右长出新根,50d后长出枝叶,2个月以后可移植。

2. 压条繁殖 茉莉花压条繁殖多在生长期进行。取近地面枝条作压条,在生根部位环剥或刻伤,然后压入土中固定好,填土压实,枝条顶端露出土面,保湿。3~5个月后可切离母株另行栽植。

3. 分株繁殖 茉莉花再生能力强，根部经常有不定芽发生，形成新枝，可用来分株繁殖，一般多在春季或秋季结合移栽换盆进行。选生长旺、枝条多的植株，将全株拔起，用利刀劈开，将带有根的小株用来分植，一般一次只能从母株上分出2～3株，或将母株周围的土挖开，将分蘖株切下。分株繁殖时要求根量与植株相称，枝叶过多应修去一部分，以保证成活，栽植后应遮阴保温。

【栽培管理】

1. 栽培基质 茉莉花栽培以疏松肥沃、含有丰富有机质、团粒结构好的弱酸性沙壤土为好，可用晒干的塘泥、腐殖土、腐熟有机肥和适量河沙混合使用。

2. 肥水管理 茉莉花喜肥，要重施有机肥作基肥，生长期追施复合肥，幼树少施，壮树多施，先松土后施肥。追施肥料应施在株丛之间，忌浇泼到植株上。孕蕾初期用尿素、磷酸二氢钾或过磷酸钙进行根外追肥促花蕾发育，茉莉花喜弱酸性土壤，平时可适当追施矾肥水作追肥，开花时施少量速效磷肥使花香增浓。花后及时施肥并施足，促发新枝，使新枝快速生长，茉莉花是在新枝上孕蕾开花，为下一次开花打好基础。6～8月茉莉花开花茂盛，更应勤施肥，可结合浇水每周施一次肥。秋后气温逐渐降低，应停止施肥，以防再抽新梢影响越冬。春季萌芽前应施足肥，以促发粗壮新枝。茉莉花喜湿润环境，过干会落叶，过湿则会烂根。一般春季晴天每2～3d浇水一次；夏季为孕蕾开花盛期，气温高，蒸腾量大，应每天早晚各浇一次，伏天傍晚经常喷水，使叶面潮湿过夜；秋季每天一次；冬至至立春期间，搬入室内越冬前应先浇一次透水，平时少浇水，盆土干后再浇，温暖地区可室外越冬，冬季浇水要用井水或加温水，忌用过冷的水。花蕾刚形成时，要扣水一次，即当天上午不浇水，到傍晚花蕾"低头"时再浇水，可促花粗壮，开花整齐。

3. 整形修剪 茉莉花萌芽力强，经常修剪可促使其不断长出新梢，多开花。在春季萌芽前结合换盆进行修枝整形，疏去细弱枝，清除病虫枝、枯枝，短截一年生枝，只留粗壮枝条基部，每枝留4节。生长期也可进行修剪，目的是改善通风透光条件，促新枝整齐粗壮，一般剪去不开花枝、徒长枝、病虫枝、细弱枝、过密枝等。茉莉花幼苗期打顶促分枝，形成良好树形；中龄植株要保留早秋萌发枝梢，剪去晚秋萌发新梢；老龄植株则要保留夏季伏天萌发的新梢，剪去秋季萌发新梢以延长寿命；衰老植株进行重修剪更新复壮，恢复旺盛的生命力，一般在3月上旬至4月上旬进行。摘蕾茉莉花开春后第一次新梢陆续抽生，紧接着会出现第一次花蕾，但此时气温仍然较低或不稳定，昼夜温差大，不利于花蕾发育，花小、香淡、量少，为减少养分消耗，常将第一次抽生的花蕾摘除，促生更多的新梢，孕育更多更好的花蕾。

【观赏与应用】 茉莉花叶色翠绿，花色洁白，香味浓厚，为常见庭园及盆栽观赏芳香花卉。多用于盆栽，点缀室内，清雅宜人，还可加工成花环等装饰品。落叶藤本类大多数开黄色花和芬芳的白色花，在国外常用来点缀冬天花园。茉莉花清香四溢，能够提取茉莉油，是制造香精的原料。花、叶、根均可入药。茉莉花还可熏制茶叶，或蒸取汁液，可代替蔷薇露，苏州、南京、杭州、金华等地长期以来都作为熏茶香料进行生产。

六、叶 子 花

【学名】*Bougainvillea spectabilis*
【别名】三角梅、宝巾、簕杜鹃
【科属】紫茉莉科叶子花属
【产地及分布】原产巴西。我国各地均有栽培，西南到东南极常见。

【形态特征】叶子花为攀缘状落叶灌木，茎枝具尖刺。单叶互生，叶片卵形，有光泽，叶无毛或嫩时有微毛。花常3朵聚生，为3枚叶状苞片所包围，苞片有红、紫、橙、白等色，中肋明显。单被花，花被筒状，白色或淡绿色，顶端具5～6齿裂。花期4～6月。（图15-16）

图 15-16 叶子花

【品种及变种】

1. 栽培品种

（1）'红湖'叶子花（'Crimson'）　苞片鲜红色。

（2）'大苞'叶子花（'Cypheri'）　苞片大，鲜红色，后转为砖红色。

2. 主要变种

（1）白叶子花（var. *alba*）　苞片白色，苞片上中肋淡绿色。

（2）斑叶叶子花（var. *variegata*）　叶片有白色或淡黄色斑块。

（3）紫红叶子花（var. *sanderiana*）　花多而密，苞片紫红色。植株生长势强健。

（4）砖红毛叶子花（var. *latertia*）　苞片砖红色。

【生态习性】叶子花喜温暖湿润、光照充足的环境。稍耐寒，5℃以下低温落叶，长江以南可露地越冬。对土壤要求不严，以微酸性轻质壤土为好，在中性至微碱性钙质土中也能正常生长，喜肥亦耐瘠薄。花芽在短日照下分化，抑制水分也可刺激开花，可一年多次开花。

【繁殖方法】叶子花以扦插繁殖为主，硬枝、嫩枝均可扦插，3～9月均可进行。扦插时选健壮枝条，剪成长8～10cm的插穗，去叶插于沙床中或营养袋中，保持充足水分，春季或秋季扦插可不遮阴，夏季扦插要遮阴，约20d可生根，生根后20～30d可移植。也可采用压条或播种繁殖。

【栽培管理】

1. 肥水管理　叶子花地栽或盆栽均可。地栽常用营养袋苗带土移植。盆栽可用园土、轻壤土、腐叶土混合，加少许饼肥作基肥。定植后置光照充足处，生长季节2～3周追肥一次，近开花时增施磷酸二氢钾，可使着花更多，花色更艳。生长期间要保持盆土湿润，若缺水，易引起落叶，其根系不耐积水，应定期松土，以利排水。叶子花生长迅速，多徒长枝和不定枝，要经常修剪，保持良好株形。在北方地区，气温下降时要置温室内养护。

2. 整形修剪　叶子花茎枝富有弹性，通过修剪蟠扎，可做各种造型栽培，最常见的是做成分层的塔状或花篮状。做塔状造型时，常选用生长势强健的紫红叶子花品种，先选最壮的主枝用竹桩引导向上生长，将其他侧枝用铁丝蟠扎成层，第一层制作成型后，在其上方约30cm处短截主枝，促进上部侧枝萌发，再按上法选一主枝引导向上，如此下去可做成多层塔状，开花时甚为壮观。在制作过程中要根据生长状况更换大盆，在南方也可地栽成型后再上盆。做篮状造型比较简单，且品种不限。栽培时先将主干截去培育侧枝，枝长50～60cm时，换成较大的花盆，然后用三片竹片呈米字形扎成篮架，弯曲固定于盆中，用铁丝扎数圈，再将枝条均匀地蟠扎在篮架外，有侧生枝时继续蟠扎，经一段时间培植就可成篮状，开花时犹如一个大型花球。叶子花也可做成各种动物形状。

3. 花期调控　为满足节日需要，可人为调节开花时间。在北方地区，冬季经过一段时间的低温及短日照生长后,只需将温度升至20℃以上,40～50d 就可开花,或给予 8～10h/d 的短日处理,约 50d 可开花。在南方高温地区,则常用控水的方法,在全年都可进行,方法是从确定的用花日期开始,倒推 40～50d 开始控水,控水时以叶子呈缺水状下垂为度,仅给极少水分,持续 2～3 周,再恢复正常浇水,约 1 个月后可开花。控水前如能增施磷、钾肥效果更佳,控水不宜过度,以免引起落叶。

【观赏与应用】叶子花生长势强健,管理粗放,是南方地区常用的园林植物,可作公园花架、绿篱、墙面覆盖种植,也是南方居家露台盆栽的好材料。在北方可作温室盆栽,布置各种室内外场所。叶子花也是造型栽培的优良素材。其花枝还可供插花与干花制作。

七、扶 桑

【学名】*Hibiscus rosa-sinensis*

【别名】佛槿、朱槿、佛桑、朱槿牡丹等

【科属】锦葵科木槿属

【产地及分布】原产于我国,分布于福建、广东、广西、云南、四川等地。

【形态特征】扶桑为常绿灌木。茎直立而多分枝,高可达 6m。叶互生,阔卵形至狭卵形,长 7～10cm,具三主脉,先端突尖或渐尖,叶缘有粗锯齿或缺刻,基部近全缘,形似桑叶。花大,有下垂或直上之分,单生于上部叶腋间,有单瓣、重瓣之分。单瓣者漏斗形,通常玫红色,重瓣者非漏斗形,呈红、黄、粉、白等色。花期全年,夏秋最盛。(图 15-17)

图 15-17 扶桑

【品种及同属其他种】

1. 常见栽培品种

(1)'阿美利坚'('American Beauty') 花深玫红色。

(2)'橙黄'扶桑('Aurantiacus') 单瓣,花橙红色,具紫色花心。

(3)'黄油球'('Butter Ball') 重瓣,花黄色。

(4)'蝴蝶'('Butterfly') 单瓣,花小,黄色。

(5)'金色加州'('California Gold') 单瓣,花金黄色,具深红色花心。

(6)'快乐'('Cheerful') 单瓣,深玫红色,具白色花心。

(7)'锦叶'('Cooperi') 叶狭长,披针形,绿色,具白、粉、红色斑纹。花小,鲜红色。

(8)'波希米亚之冠'('Crown of Bohemia') 重瓣,花黄色,可变为橙色。

(9)'金尘'('Golden Dust') 单瓣,橙色,具橙黄色花心。

(10)'呼拉圈少女'('Hula Girl') 单瓣,花大,花径 15cm,黄色变为橙红色,具深红花心。

(11)'砖红'('Lateritia') 花橙黄色,具黑红色花心。

(12)'纯黄'扶桑('Lute') 单瓣,花橙黄色。

(13)'马坦'('Matensis') 茎干红色。叶灰绿色。花单瓣,洋红色,具深红色脉纹及花心。

(14)'雾'('Mist') 重瓣，花大，黄色。
(15)'主席'('President') 单瓣，花红色，具深粉花心。
(16)'红龙'('Red Dragon') 重瓣，花小，深红色。
(17)'玫瑰'('Rosea') 重瓣，花玫红色。
(18)'日落'('Sundown') 重瓣，花橙红色。
(19)'斗牛士'('Toreador') 单瓣，花大，花径12～15cm，黄色具红色花心。
(20)'火神'('Vulcan') 单瓣，花大，红色。
(21)'白翼'('White Wings') 单瓣，花大，白色。

2. 同属其他种 木槿属其他常见栽培种还有木槿（H. syriacus），分枝多，树冠长卵形。花期长，花朵大而繁密，有不同花色、花型。

【生态习性】扶桑性喜温暖、湿润气候，不耐霜寒，喜阳光充足、通风的环境，对土壤要求不严，但在肥沃、疏松的微酸性土壤中生长最好。冬季温度不低于5℃，在平均气温10℃以上地区生长良好。适生于pH6.5～7的微酸性土壤。在南方地栽作花篱，长江流域以北地区均温室盆栽。

【繁殖方法】扶桑常用扦插和嫁接繁殖。

1. 扦插繁殖 扦插繁殖于5～10月进行，以梅雨季节成活率最高，冬季在温室内进行。插条以一年生半木质化枝条最好，长10cm，剪去下部叶片，留顶端叶片，切口要平，插于沙床，保持较高空气湿度，室温为18～21℃，插后20～25d生根。用0.3%～0.4%吲哚丁酸处理插条基部1～2s，可缩短生根期。根长3～4cm时移栽上盆。

2. 嫁接繁殖 扶桑嫁接繁殖春、秋季进行。多用于扦插生根困难或生根较慢的扶桑品种，尤其是扦插成活率低的重瓣品种。采用枝接或芽接法，砧木用单瓣扶桑。嫁接苗当年抽枝开花。

【栽培管理】扶桑抗性强，管理较粗放，养护中只要掌握以下原则就能生长健壮。盆栽扶桑每年春季需换盆，并进行修剪整形。扶桑较耐肥，生长期每月施肥一次，花期增施2～3次磷、钾肥。光照不足，花蕾容易脱落，花朵变小，花色暗淡。盆栽用土宜选用疏松、肥沃的沙质壤土，每年早春4月移出室外前，应进行换盆。为了保持树形优美，着花量多，根据扶桑发枝萌蘖能力强的特性，可于早春出室前后进行修剪整形，各枝除基部留2～3芽外，上部全部剪截，可促发新枝，长势更旺盛，株形亦美观。修剪后因地上部分消耗减少，要适当节制水肥。

扶桑为阳性树种，华北地区5月初移到室外阳光充足处，加强肥水、松土、拔草等管理工作。每7～10d施一次稀薄液肥，浇水应视盆土干湿情况，过干或过湿都会影响开花。秋后管理要谨慎，注意后期少施肥，以免抽发秋梢。秋梢组织幼嫩，抗寒力弱，冷天会遭冻害。

扶桑主要虫害为蚜虫、糠蚧、吹绵蚧和红蜘蛛。

【观赏与应用】扶桑花朵鲜艳夺目，朝开暮萎，姹紫嫣红，在南方多散植于池畔、亭前、道旁和墙边，盆栽扶桑适于客厅和入口处摆设。

八、'金边'瑞香

【学名】*Daphne odora* 'Aureo Marginata'
【别名】蓬莱花、风流树
【科属】瑞香科瑞香属
【产地及分布】原产长江流域，生长在低山丘陵荫蔽湿润地带。

【形态特征】'金边'瑞香是瑞香的栽培品种，为常绿小灌木。肉质根系。叶片密集轮生，椭圆形，长 5～6cm，宽 2～3cm，叶面光滑，厚革质，两面均无毛，表面深绿色，叶背淡绿色，叶缘金黄色，叶柄粗短。头状花序顶生，花被筒状，上端四裂，径约 1.5cm，每花序由数十朵小花组成，由外向内开放。花色紫红鲜艳，香味浓郁。花期两个多月，盛花期春节期间。(图 15-18)

【同属其他种】瑞香属原种瑞香（D. odora）花白色或淡紫红色，香味浓郁，密生成簇，成顶生具总梗的头状花序。花期 2～4 月。核果肉质，圆球形，红色。

同属常见栽培的种还有：

(1) 白瑞香（D. papyracea） 白瑞香花纯白色，有芳香。花期 12 月。

图 15-18 '金边'瑞香

(2) 芫花（D. genkwa） 芫花先花后叶，花淡紫色或淡紫红色，3～6 朵成簇腋生。花期 3 月。

(3) 尖瓣瑞香（D. acutiloba） 尖瓣瑞香叶椭圆状倒披针形，顶端渐尖。花白色。

(4) 橙黄瑞香（D. aurantiaca） 橙黄瑞香叶缘反卷，叶背白色。花橙黄色，有芳香。

(5) 凹叶瑞香（D. retusa） 凹叶瑞香叶缘向外反卷。花内面白色、外面淡紫色。

【生态习性】'金边'瑞香喜温暖、湿润、凉爽的气候环境，不耐严寒，忌暑热。喜弱光，忌烈日直射，适生于半阴地。喜质地疏松、排水良好的肥沃沙壤土，黏重土及干旱贫瘠地生长不良，忌积水地。萌发力强，耐修剪，易造型。

【繁殖方法】'金边'瑞香通常采用扦插繁殖。扦插应在每年 5 月下旬到 6 月中旬或 8 月下旬至 9 月上旬进行，因为这两个时期的早晚温差较小，非常适合生根发芽。插穗宜从 2～3 年生的植株上选取，以半木质化、健壮、无病虫害的当年生枝条作插穗为宜，插穗最好在早上气温较低时剪取。扦插基质宜疏松、透气和透水。扦插后，每天早晚各喷一次水，保持插穗及培养质的湿度，促进生根成活。

【栽培管理】'金边'瑞香喜疏松肥沃、排水良好的酸性土壤，可用园土、腐叶土，加入炉灰、泥炭、锯末、腐熟的有机肥等。可将多年使用的肥沃园土 5 份、泥炭或锯末 1 份、炉灰 1 份、有机肥 1 份、过磷酸钙等磷肥少许混合均匀。根据长势 1～2 年需进行一次换盆换土。一般不需要大量清除宿土和旧根，仅将底部土和肩土各挖掉一部分，修剪少量须根，然后换上比原来大一号的花盆，再填实新的培养土，放在荫棚内浇透水，精心养护。新上的盆土比较疏松，浇水时用喷壶浇，第一次喷水下渗后，再浇一次，直到盆底排水孔流水为止。上盆后放置在半阴处，约 15d 转入正常养护。此期要暂停根部施肥。有花蕾的可将花蕾摘除，尽量减少开花或不开花，有效防止养分损耗。

春天花谢后，可将其逐步移出室外养护，放置在半阴处，追施 1～2 次薄肥，促使新枝叶生长。花后的 4～5 月间，在新枝叶生长阶段，应施用以氮为主的肥料，每半月一次，浓度不能太高，以免伤根。夏季高温季节，重点是遮阴与增湿降温。在管理中要防止烈日暴晒，注意通风和增加叶面喷水次数。盆土不宜过湿，在保证盆土通气透水的前提下，适时浇水。秋季'金边'瑞香已进入生殖生长阶段，花芽开始分化和孕蕾，此时应施入氮、磷、钾均衡且以磷、钾为主的薄肥，每隔10～15d施一次，按肥水1：10～1：20的比例，施后第二天应浇回水，以使根部充分吸收。若肥料不足，则不利于花芽分化和孕蕾开花。进入初冬，枝条顶端出现圆盘形花苞，此时要施入以磷为主的薄肥，每10d左右施一次。气温降到5℃左右时，要移入室内。如室外种植，应搭暖棚保温，促使花蕾长大。此期内要求光照充足，室内白天应将花盆放于朝南方向。在温度低于5℃时，应减少施肥量和浇水量，一般只要保持盆土微湿即可，并注意室内空气流通，此时瑞香枝繁叶茂，会在繁枝的顶梢生出花序，花朵密生成簇，依次开花，如管理得当，花期可延长到4月初。

瑞香根部味甘，易遭虫害，必须清除土中寄生虫。

【观赏与应用】'金边'瑞香是一种集姿、色、香、韵于一身的春节开花的传统花卉，由于其株型优美，香味浓烈，既可观花，又可观叶，深受人们的喜爱。

九、朱 砂 根

【学名】*Ardisia crenata*

【别名】铁雨伞、大罗伞

【科属】紫金牛科紫金牛属

【产地及分布】分布于我国长江流域及福建、台湾、广东、广西和云南等地。

【形态特征】朱砂根为常绿小灌木，高达1.5m。叶纸质至革质，椭圆状披针形至倒披针形，长6～10cm或更长，宽2～3cm，先端短尖或渐尖，基部短尖或楔尖，两面均秃净，有隆起的腺点，边常有皱纹或波纹，背卷，有腺体；侧脉12～18对，极纤细，近边缘处结合而成一边脉，但常隐于卷边内。伞形花序侧生或腋生于长约10cm的花枝上，近顶部有较小的叶数枚。花白色或淡红色，长4～6mm；萼钝头，有稀疏的腺点。花期6月。果球形，直径约6mm，有黑色的斑点，果柄长约1cm。（图15-19）

图15-19 朱砂根

【同属其他种】紫金牛属常见栽培的其他种还有紫金牛和百两金。

（1）紫金牛（*A. japonica*） 紫金牛叶集生枝顶，椭圆形。总状花序着生于近顶端叶腋，花冠白色。花期6～9月。

（2）百两金（*A. hortorum*） 百两金叶广披针形。花序近伞形，花冠绿白色。

【生态习性】朱砂根性喜冷凉气候，但温度过低（低于5℃以下）植株生长停滞，生育适温15～25℃，夏季需防强光直射，强光会造成叶片泛黄，甚至焦枯，也需注意，过阴环境不利于开花结果，所以遮阴60%～70%即可，果实发育后期需移除遮阳网，使果实接收冬天的阳光，着色更趋鲜艳。

【繁殖方法】朱砂根可采用播种、扦插或压条繁殖。扦插和压条繁殖可提早开花。种子容易发芽，经常可以见到果实掉落盆内自行长出幼苗，如果要大量繁殖，可将果实采收，洗净果肉再播种培育，很容易繁殖出新植株。

【栽培管理】

1. 采种与育苗　10～12月朱砂根果实鲜红坚硬时即可采收，果实采下后置于清水中搓去果皮，捞出可直接在浅盆播种，覆土后在盆面上盖玻璃或塑料薄膜，以减少水分蒸发。保持土壤湿润，温度控制在18～24℃之间，约20d即可生根出苗，发芽率可达85%以上。幼苗有3片真叶时，停水蹲苗数天，即可起苗上盆。播种苗2年即能开花结果，以供观赏。

2. 上盆与管理　朱砂根盆土用40%腐叶土、40%培养土和20%河沙混合配制。上盆时应选用小号盆（以后再换盆），先在盆底垫上3cm厚的瓦砾，以利排水，然后将小苗栽于盆中。每盆栽一株，浇足定根水，放在室内或摆放在室外荫棚下养护。新梢长至8cm以上时去顶摘心，促进分枝。夏秋季生长快，要求水分充足，通风良好，要勤浇水，保持盆土湿润，并向叶面和地面喷水，以增加空气湿度。冬季果实转为红色，浇水量宜减少，越冬温度不低于5℃即可。4～10月每隔20d施一次氮、磷、钾复合肥。开花期停止施氮肥，果实变红后则不必再施肥。如发生褐斑病，可用多菌灵800倍液喷洒防治。

【观赏与应用】朱砂根树姿优美，四季常青，秋、冬红果串串，鲜红艳丽，圆润晶莹，适宜园林中假山、岩石园中配置，也可盆栽观果或剪枝瓶插。

十、倒挂金钟

【学名】*Fuchsia hybrida*

【别名】吊钟海棠、吊钟花、灯笼海棠、宝莲灯

【科属】柳叶菜科倒挂金钟属

【产地及分布】原产墨西哥至智利的中南美洲地区。各地引种栽培。

【形态特征】倒挂金钟为丛生灌木。茎近光滑，小枝细长，粉红色或紫红色，老枝木质化。单叶对生或轮生，叶卵形或卵状披针形，纸质，叶缘具疏锯齿，先端锐尖或尾尖。花常单生叶腋，有长梗，倒垂；花萼合生呈筒状，上部4裂，裂片平展或反卷；花瓣4枚，呈合抱状伸出萼筒；花色有白、粉红、紫、橙黄、蓝紫等色。花期3～7月。（图15-20）

图15-20　倒挂金钟

【品种类型及同属其他种】

1. 品种类型　倒挂金钟是经过长期杂交选育而成的园艺杂交种。其亲本一般认为主要是短筒倒挂金钟（*F. magellanica*）和长筒倒挂金钟（*F. fulgens*）。其园艺品种很多，有单瓣、重瓣品种，也有矮生、高生及丛生品种，还有不同花色和花叶品种。

2. 同属其他种及变种

（1）短筒倒挂金钟（*F. magellanica*）　短筒倒挂金钟原产秘鲁及智利南部。形态与倒挂金钟近似。叶为卵状披针形，叶面具紫红色条纹，叶缘有疏锯齿。花梗长达5cm，红色、被毛。萼筒短，仅及萼裂片的1/3。花瓣倒卵形，稍反卷，青莲色。花期夏秋。有以下几个变种：

①珊瑚红短筒倒挂金钟（var. *corallina*）：丛生矮灌木。叶古铜色。花大，萼绯红色，花冠堇紫色。

②球形短筒倒挂金钟（var. *globosa*）：枝条无毛，柔软下垂。叶脉红色。萼片绯红色，花瓣蓝绿色。

③异色短筒倒挂金钟（var. *discolor*）：丛生性，矮生种，枝条暗紫红色。叶3枚轮生。

花小型，萼红色，花瓣紫红色。

(2) 白萼倒挂金钟（*F. albacoccinea*）　白萼倒挂金钟为园艺杂交种。茎、枝、叶均草绿色。花萼白色或乳白色，裂片反卷。花瓣红色或深紫色。

(3) 长筒倒挂金钟（*F. fulgens*）　长筒倒挂金钟原产墨西哥。为灌木，具块状根茎，枝梢多汁。叶片大，长10～20cm，宽5～10cm。萼筒管状，朱红色，长5～7.5cm。花瓣短，绯红色。花期夏秋。

【生态习性】倒挂金钟喜冬暖夏凉、湿润、光照充足及通风良好的环境。可耐半阴，不耐炎热，生长适温15～25℃，超过30℃生长不良进入休眠状态，超过35℃易引起枝叶枯萎甚至死亡，能耐3～5℃短时低温。喜肥沃疏松、腐殖质丰富的轻质壤土。属长日照花卉。

【繁殖方法】倒挂金钟以扦插繁殖为主。只要气温在10～25℃之间，均可扦插。北方地区可于12月至次年3月在温室扦插，南方地区作春节用花常于8～9月扦插。扦插时剪取长5～10cm的嫩枝或生长充实的顶梢作插穗，插入沙床中，保持湿润，2周可生根。也可采用分株或播种繁殖。

【栽培管理】

1. 常规管理　扦插苗生根后应及时上盆。盆土应选用透水性好的土壤，可用熟园土、腐殖土栽培，或用园土5份、泥炭土3份、腐叶土2份配制。为促进分枝，在生长期间可多次摘心。上盆定植后待植株恢复生长，即可进行第一次摘心，留3～4节，待侧枝长至3～4节后进行第二次摘心，每株保留5～7枝，多余的侧芽除去。适宜生长季节每1～2周追施液肥一次。高温多雨地区越夏是关键，要注意通风降温，保持适度干燥，可置于塑料大棚内，防雨防晒，待叶片枯黄时将上部枝条剪去，减少淋水，停止施肥，使其逐渐进入休眠，8～9月天气转凉时再除去遮阴物，恢复正常肥水管理。也可利用山区小气候特点，建立高山度夏基地，使之顺利度过炎夏。或用组培法使之在试管内度夏。在北方地区，秋冬季天气转凉时，移至温室，5℃以上可安全越冬。开花后及时剪去残花或进行修剪，亦可在秋季进行修剪换盆。

2. 花期调控　倒挂金钟自然花期在春夏，在此期间，摘心后2～3周可开花，因此可用摘心方法调节花期。也可通过延长日照使之提早至元旦或春节开花，方法是8月扦插育苗（也可用隔年老株），定植后摘心1～2次，距离花前约70d开始，每天延长日照4～5h，至现蕾时停止延长光照，温度保持15℃以上，就可使之提前开花。晚花品种每天加光时间要长些才有效。

【观赏与应用】倒挂金钟花色艳丽，花形奇特优美，花期长，是常用的盆栽花卉。可用于室内点缀，布置花架、案头和会场等处。其枝条柔软，花梗细长下垂，用吊盆栽培，悬挂室内观赏尤为适宜。花枝也可剪下作瓶插材料。在夏季凉爽地区，也可作春夏花坛布置。

第三节　切花类

一、现代月季

【学名】*Rosa hybrida*

【别称】月季、玫瑰、杂种月季

【科属】蔷薇科蔷薇属

【产地及分布】主要由原产于中国、西亚、东欧及西南欧等地的多种蔷薇属植物反复杂交而来，栽培遍及世界各地。

【形态特征】现代月季品种繁多，其形态特征千变万化，其主要特征是：为有刺灌木或攀缘状。单数羽状复叶互生，小叶3～9枚，托叶与叶柄合生。花单生或伞房花序，花多为重瓣。雄蕊多数或退化，心皮多数或退化。全年多次开花。(图15-21)

作为现代月季主要杂交原种的月季（R. chinensis）和玫瑰（R. rugosa）这两个产自我国的种的主要特征分别是：月季为半常绿灌木，茎枝有直刺或弯刺，羽状复叶多为5小叶；花单生或聚伞花序，花瓣5枚或重瓣，雄蕊多数，2～3轮；花托及子房光滑无毛。玫瑰为落叶灌木，茎枝密生直刺和刚毛；羽状复叶多为5～7小叶；叶面皱缩；花常单生；花托被刺毛。

图15-21　现代月季

【品种及同属其他种】现在栽培的月季，主要是由蔷薇属植物杂交育成的一年多次开花的品种，统称为现代月季。蔷薇属植物有200多种，我国原产82种，而且有多个种是现代月季杂交育种的重要亲本。本属植物杂交容易，已培育出大量的园艺品种，目前全世界有超过10 000个品种。

1. 品种的演化　现代月季众多品种主要是通过一些产自欧洲和亚洲的种类反复杂交获得。最初在欧洲栽培的蔷薇，主要是法国蔷薇（R. gallica）、百叶蔷薇（R. centifolia）、大马士革蔷薇（R. damascena）三个一季开花种。18世纪末，中国蔷薇属植物传入欧洲后，现代月季的育种才取得突破性进展。对现代月季的育成作出重要贡献的种主要有月季（R. chinensis）、巨花蔷薇（R. gigantea）、麝香蔷薇（R. moschata）、多花蔷薇（R. multiflora）、法国蔷薇（R. gallica）、光叶蔷薇（R. wichuraiana）、异味蔷薇（R. foetida）、玫瑰（R. rugosa）、香水月季（R. odorata）等。

在现代月季的育种发展进程中，虽然早在19世纪以前欧洲和我国都已选育出不少月季品种，但是真正意义上的现代月季是以法国人格罗菲斯（Guillotfils）在1867年育出的杂种香水月季品种——'开天地'（'La France'）为标志。以后不断育出了多花型、微型、大花型新品系。现代月季的品种演化进程，根据品种的基本亲缘关系，可以通过图15-22来揭示。

2. 现代月季的分类　现代月季根据品种的演化关系、形态特征及习性，可以分为六大类（品系）。

（1）茶香月季（Hybrid Tea Rose，简称HT）　茶香月季又称杂种香水月季。花大轮、丰满，花瓣20～30片，花径有些品种可达15cm。花色丰富。具有芳香。

（2）丰花月季（Floribunda Rose，简称Fl.或F.）　丰花月季又称聚花月季。植株较矮小，茎枝纤细。花聚生于枝顶，花较小。

（3）壮花月季（Grandiflora Rose，简称Gr.）　壮花月季植株健壮高大，多在1m以上。花型大，重瓣性强，花瓣多达60瓣以上，雌、雄蕊有时退化，花单生或呈有分枝的聚伞花序，花梗较长，花色多。

（4）攀缘月季（Climbing Rose，简称Cl.）　攀缘月季为攀缘状藤本，有一年开一次花的，也有连续开花的。

（5）微型月季（Miniature Rose，简称Min.）　微型月季株型矮小，高不超过30cm，花径2～4cm，花瓣排列整齐，常有雌、雄蕊。花色丰富。

（6）灌木月季（Shrub Rose，简称Sh.）　灌木月季是一个庞杂的类型，亲本组合多种

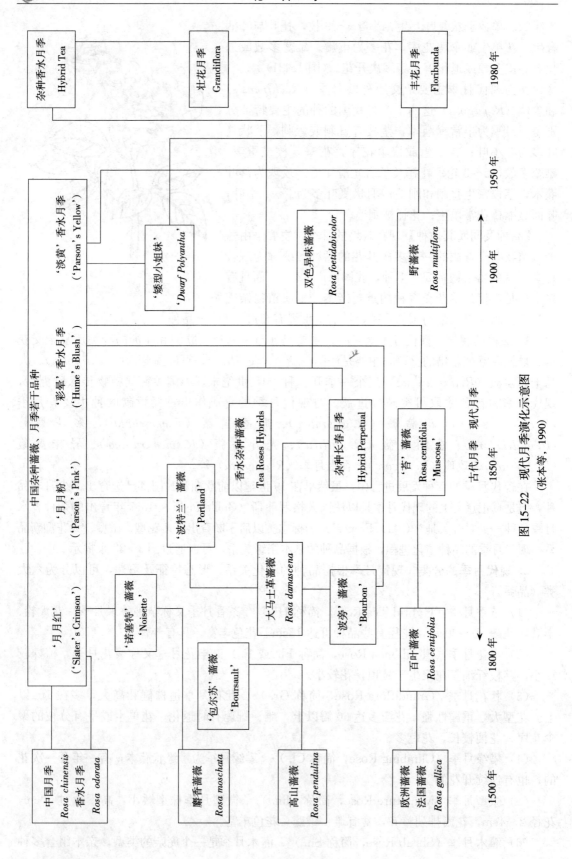

图 15-22 现代月季演化示意图
(张本等, 1990)

多样，主要包括前五类不能列入的月季品种。灌木状，生长势强健，抗性较强，多可连续开花，有单瓣也有重瓣，有些可结实，新、老品种均有。除作切花外，也作园林栽植。

现代月季在划分为六大类的基础上，再分为不同的组以至品种。

3. 主要切花品种 作切花的月季主要为茶香月季和壮花月季品种，也有少量丰花月季品种用于切花生产。目前我国栽培的切花月季品种大多由国外引进，主要品种有：

（1）'萨蔓莎'（'Samantha'） HT系。半直立，长势强，花枝长达60cm。花大型，深红色，有绒光。抗热性强。美国、日本、中国等地主要栽培切花品种。

（2）'红成功'（'Red Success'） HT系。枝长而挺直，可达80cm。花大型，红色，花瓣质硬。耐热，可作夏秋栽培。

（3）'红胜利'（'Madelon'） HT系。植株直立，枝硬挺，花枝长50~60cm。花大型，高心卷边，朱红色。

（4）'红衣主教'（'Kardinal'） HT系。株型略矮，花枝长40~50cm。花中型，亮红色，有绒光。抗病力强，长势较差。

（5）'墨红'（'Crimson Glory'） HT系。株型较矮，花枝长40~50cm。花中型，深红色，开花后易变色，有丝质光感。十分耐寒。

（6）'基督教徒'（'Christian Dior'） HT系。株型高大挺拔，枝长50~70cm。花鲜红色。耐热。

（7）'超级明星'（'Super Star'） HT系。株型挺立，枝长50~60cm。花大型，橙红或朱红色，开花多。耐热、抗病。

（8）'荷兰粉红'（'Holland Pink'） HT系。生长势强，刺少。花大中型，淡粉色。耐热、抗病。

（9）'索尼亚'（'Sonia Meilland'） HT系。半直立，枝硬挺，少刺，枝长50~65cm。花大型，高心卷边，瓣质稍硬，珊瑚粉红色。抗病力强。世界各地栽培最多的粉色品种。

（10）'婚礼粉'（'Bridal Pink'） HT系。株型中等，半直立，枝较柔软，花枝长45~55cm。花粉红色，中型，卷边，花多，产量高。

（11）'金奖章'（'Golden Medal'） HT系。植株强健，枝硬直，花枝长60~70cm。花大型，花瓣初时深黄色，后渐变淡黄色并有红晕。耐热，抗病力强。

（12）'金徽章'（'Golden Emblen'） HT系。植株生长势强，枝挺直，花枝长60cm以上。花大型，金黄色，高心翘角。抗性一般。

（13）'黄金时代'（'Golden Times'） HT系。植株直立，矮壮，枝硬直，花枝长40~50cm。花中型，花黄色，花瓣初开时呈平头状。产花多，抗病力极强，不甚耐寒。

（14）'和平'（'Peace'） HT系。植株强壮高大，枝挺直。叶大，有光泽，花大型，花瓣紧密，金黄色，边泛红，后转淡黄色。抗性强，耐热。著名的大花品种。

（15）'坦尼克'（'Tineke'） HT系。植株强壮，枝硬挺，少刺，花枝长60cm以上。花大型，高心卷边，纯白色。抗性强，较耐热。

（16）'卡布兰奇'（'Carth Blanche'） HT系。株型矮壮，生长势强，花枝长50~60cm。花中型，纯白色，花冠致密。抗病力强，产量高。

【生态习性】 月季喜温暖、阳光充足、通气良好的环境。开花最适宜温度为昼温20~28℃、夜温15~18℃，但在10~28℃均可正常开花。不耐炎热，30℃以上进入半休眠状态，超过35℃易引起死亡；可耐-15℃低温，但低于5℃即停止生长不开花。要求疏松肥沃、排水良好的土壤，pH要求6.5～7.5，酸性土或过碱土均不宜。夏季高温高湿对月季生长极为不利。

【繁殖方法】月季可采用播种、扦插、压条、嫁接、分株、组培繁殖。播种繁殖主要在选育新品种或繁殖嫁接用砧木时采用。生产上主要用扦插、嫁接与组培繁殖。

1. 扦插繁殖 月季扦插宜用一年生或半木质化嫩枝，只要温度在15～30℃之间均可进行。剪成长8～10cm的插穗，保留上端一片复叶中2～4小叶，插于沙床中，保持湿润，半遮阴，每天向叶面喷水3～4次，约30d生根。扦插前用IAA、ABT生根粉处理，可加快生根，提高成活率。用黏土拌生根粉后，在插穗下端包一小泥团再插于沙床，成活率极高。全光雾插效果尤佳。

2. 嫁接繁殖 月季嫁接多在春、秋季进行。有两种嫁接形式：一种是用多花蔷薇的实生苗作砧木，用T形或门字形芽接，接位离地面3～5cm。另一种是近年发展起来的嫁接方法，即嫁接与扦插同时进行，取多花蔷薇健壮枝条，剪成长10～12cm的插穗砧，然后用芽接法或对接法将选好的芽或接穗嫁接到插穗砧上，嫁接后插穗下端在500mg/kg ABT溶液中浸约10s，插于沙床，淋透水，白天喷雾保湿，4～5周可生根，接芽也已成活，此法宜在夏秋进行。

此外，月季也可用组培法繁殖，月季组织培养国内外都作了很多研究，可以参照使用。

【栽培管理】现代月季的切花品种相当多，生产中要根据各地气候和生态条件及市场对花色的要求，来确定栽培品种。在南方地区栽培，应选耐热、抗病品种；北方应选择适宜于温室栽培或较耐寒品种。切花月季可用露地栽培和温室栽培。我国南方地区多用露地栽培，北方多用温室或塑料大棚栽培。

露地栽培要选排水良好、光照充足的场地。月季的根系较深，种植一次可产花5～6年，整地时要深翻和施足基肥。整地时翻土40～50cm，每667m² 施3 000～4 000kg腐熟有机肥作基肥，与土壤充分拌匀。起畦高30cm，畦宽1～1.2m为宜，畦间留30cm通道。种植前应测试土壤酸碱度，土壤偏酸时可用石灰、偏碱时用石膏粉调节，将pH调至6.5～7.5。定植时间北方地区以5～6月为宜，南方地区以8～9月为佳。定植密度以50cm×50cm或40cm×60cm为宜。

定植后的3～4个月为植株养育阶段。在此期间，关键是蓄留开花母枝，要随时摘去新梢上的花蕾，并抹去砧木上的顶芽和侧芽。植株基部抽出竖直向上的粗壮枝条时，留2～3枝作开花母枝，并将原来砧木的茎枝剪去。在日本也有将新梢和砧木梢保留，将其压向地面，使其沿水平方向伸展，这样可避免与新抽出的开花母枝争夺空间，又可作营养枝向开花枝提供养分，因而有利于提早产花和提高新栽植株早期产花质量。此法已被欧美国家接受。

在正常的生长和产花期间，为保证切花质量，应保持充足的养分供应。地栽月季要用有机肥和无机肥结合使用。月季的生长与开花需要较高的氮和钾，研究表明，月季开花时上部叶片的氮、磷、钾含量分别为3%、0.2%和1%，对钙的需求也较高。为保持此养分水平，可以每月薄施有机肥一次，采花后侧芽萌动时多施速效氮肥，见蕾时多施磷、钾肥。

只要温度适宜，月季可全年开花，度夏与越冬是实现周年生产的关键。在南方地区主要是度夏，由于7～9月温度高、湿度大，会影响产花并易受病虫危害，高温时节可用遮光率40%～50%的遮光网遮阴降温，并减少或停止产花，要不间断地防病，加强通风，加盖薄膜防雨水，降低空气湿度。在北方地区，冬季要注意防寒，保持5℃以上，并要减少肥水。如果有条件加温，保持昼温20℃、夜温12℃以上，给予常规肥水可以正常产花。一茬花采收后，到下一茬产花所需要的时间因季节和地区不同有很大差异。在北方地区，气温较高的夏季，一茬花生长需40~50d，而冬季需70~80d；在广州冬春季节需35~45d，夏季约25d。

在技术发达的国家和地区，切花月季的生产多采用温室无土栽培，并配有自动补光、喷雾、滴灌、加肥等装置，有些还有CO_2发生器。无土栽培常用地床基质培，基质可用蛭石、泥炭、陶粒、粗沙、炉渣等或其混合物。无土栽培采用30cm×30cm株行距，高密度种植。营养管理可根据月季对矿物质的吸收比例，配制营养液。

月季采收时期适当对切花品质与寿命影响很大，采收过早会影响花的开放甚至不开花，过迟又会影响瓶插寿命。因此，要确定适当的采收时期。一般红色或粉色系品种可在有1~2片花瓣稍张开时采收，黄色系品种可在花萼反卷时采收。在一天中的16:00~18:00采收较好。采收后按枝长、花径、花色等分级包扎，并做保鲜预处理以待上市。

月季采收时剪取花枝的部位不仅影响当茬花的品质，还直接影响整株植物的生长和下茬花的质量。冬季采收，从花枝基部向上数2~3叶处剪取，在阳光充足、温度适宜季节可只留1~2叶剪取。每次产花后长出的新枝留4~6枝，其余的枝抹去。

切花月季植株的高度会随不断采花而增高，每采一茬花约增5cm左右。为避免植株过高，每年应进行一次中等强度的修剪，南方常在4~5月高温来临之前、北方则在春季萌动之前修剪为宜。将采花之后的母枝短截15cm，使株高控制在50~60cm。也可在产花季节先剪一部分枝条，留一部分继续长花，待下茬花后再剪低，这样可保持连续产花。通常经过3年左右要进行一次重剪，因为原来的母株萌枝力已下降，会影响切花质量，重剪时可留高20~30cm，再重新蓄枝。

【观赏与应用】现代月季是四大切花之一，是各种插花的重要材料，也可作园林绿化、花坛、花境等布置，矮生品种也可盆栽。

二、银 芽 柳

【学名】*Salix leucopithecia*

【别名】银柳、棉花柳

【科属】杨柳科柳属

【产地及分布】原产中国，现栽培很广泛。

【形态特征】银芽柳为落叶灌木。基部抽枝，新枝有绒毛。叶互生，披针形，边缘有细锯齿，背面有毛。花芽肥大，每个花芽外有一紫红色苞片，苞片脱落后，露出银白色的花芽。雌雄异株，柔荑花序，先花后叶。花期12月至翌年2月。（图15-23）

【新品种】'垂枝'银芽柳（'Pendula'），落叶灌木或小乔木。春季银色的花蕾像串串绒球挂满枝条，十分美观。花期12月至翌年2月。

【生态习性】银芽柳喜湿、喜光，耐肥、耐涝，最适水边生长。

【繁殖方法】银芽柳以扦插繁殖为主。可于春季剪取

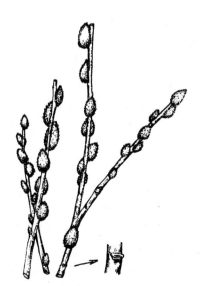

图15-23 银芽柳

枝条进行扦插，极易生根，生根后定植于大田。

【栽培管理】银芽柳作切花栽培用一年生扦插苗，定植于大田，每667m²定植300～350株，定植时穴底施足有机肥。管理粗放，一般宜在秋季施肥，促进花芽肥大，待冬季剪取花枝后再施肥一次，平时依生长状况适当追肥1～2次。喜湿耐涝，在生长期间确保水分要求，特别在夏季要及时灌溉。

【观赏与应用】银芽柳是春节期间重要的切花之一，其芽银白色，适宜与其他切花配合，观赏价值高。切花上市，宜在开花前2～3d剪取枝条，剪枝长度控制在50cm以上，一般10支或20支一束，充分吸水后包装上市。银芽柳也可在园林中作绿化应用。

三、'龙' 柳

【学名】*Salix matsudana* 'Tortuosa'

【别名】龙爪柳

【科属】杨柳科柳属

【产地及分布】龙柳原产我国，现各地有栽培，欧洲、美洲、日本等地有引种栽培。

【形态特征】龙柳为落叶乔木，树冠广圆形。枝卷曲，直立或斜展。叶披针形，先端长渐尖，绿色，有光泽。花序与叶同放，雄花序圆柱形，雌花序较雄花序短。花期4月。

【生态习性】龙柳喜光，也耐阴，喜温暖湿润气候和肥沃深厚的土壤，耐碱，耐寒，耐水湿。适应能力强，在河边、湖岸、堤坝生长很快，在地势高燥处也能生长，萌芽力强。

【繁殖方法】龙柳以扦插繁殖为主。可于春季剪取枝条进行扦插，极易生根，也可采用嫁接或压条繁殖。

【栽培管理】

1. 栽植方法 龙柳栽植宜选择土层深厚、疏松、肥沃、阳光充足且排灌、通风良好的地块。整平，深耕30cm左右；施足基肥，每667m²施农家肥、土杂肥1 000～1 500kg。为保证当年收益及以后高产稳产，栽植株行距（15～20）cm×50cm，每667m²栽植8 000株左右。栽植时选茎粗1cm左右、健壮、芽饱满、无病虫害的插条，剪成20～25cm长的枝段，垂直扦插，上端露出地面5cm，随剪随扦。插条一般春季扦插前收割，也可冬季将插条收割窖藏，翌年春季再用。

2. 抚育管理 龙柳为多年生植物，一次栽植可连续收割6～7年。因此要想获得连年高产，必须加强抚育管理。

（1）灌排水 龙柳扦插后应立即浇一次透水，以利于插条发育生长。生长期保持土壤湿润即可，非大旱大涝一般不用灌排水。

（2）中耕除草 中耕除草既能清除杂草，又可切断土壤毛细管，保持土壤水分。

（3）选留种条 当年扦插柳条每株保留1～2枝健壮枝条，其余除掉，以后每年每株保持2～3枝。

（4）追肥促长 4月初、8月底追施碳酸氢铵、尿素等速效肥，也可于雨前撒施，以防止柳条生长期缺肥枯黄。一般每667m²施尿素20kg左右。

3. 收割分级 柳条长至1.5～2.0m高时，8月中旬前进行第一次收割。用刀贴地面将柳条主枝割下，然后按龙柳田间管理的要求，及时除草、灌水、施肥、喷药、留条。11月上中旬进行第二次收割，也可根据市场行情，在价格高时及时收割。割下的柳条按0.6～1.0m、1.0～1.5m、1.5m以上3个等级进行分级捆装。

【观赏与应用】龙柳枝干弯曲自然，可在园林中作为特型应用，片植或孤植，也可制作成天然干花艺术品。

四、'龙' 桑

【学名】*Morus alba* 'Tortuosa'

【别名】九曲桑、龙头桑

【科属】桑科桑属

【产地与分布】龙桑分布在热带、亚热带和温带，我国各地均产。鄢陵各乡镇都有栽培。

【形态特征】龙桑为落叶乔木。树皮黄褐色，浅裂。幼枝有毛或光滑。叶卵形或宽卵形，长15~18cm，宽4~8cm，叶柄长1~2.5cm；先端尖或钝，基部圆形或心脏形，边缘具粗锯齿或有时不规则分裂；表面无毛，背面脉上或脉腋有毛。雌雄异株，腋生穗状花序；雄花序长1~2.5cm，雌花序长0.5~1.0cm。聚花果长1~2.5cm，黑紫色或白色。花期4月，果期6~7月。

【生态习性】龙桑喜光，喜温暖，适应性强，耐寒，耐干旱、瘠薄和水湿，对土壤要求不严，在微酸性、中性、石灰质和轻盐碱（含盐0.2%以下）土壤中生长良好。深根性，根系发达，萌芽力强，耐修剪，易更新。抗风力强，对H_2S、NO_2等有毒气体抗性很强。

【繁殖方法】龙桑可用播种、分株、压条和嫁接繁殖。

【栽培管理】

1. 育苗 龙桑枝条美观，生长旺盛，适应性好，抗逆性强。选用当地健壮实生苗，于春季（3月）或夏季（6月）嫁接。主要措施：①苗圃地为肥沃的沙质壤土，以有机肥加适量复合肥作基肥。②定植实生苗的时间最好是3月以前，每667m^2 6 000株（春接）或10 000株（夏接）。实生苗粗度春接必须达到地径0.7cm以上，夏接必须达到地径0.4cm以上。且根系新鲜完整，无病虫害。③嫁接一定要熟练操作，因为枝条弯曲，可以采用反方向削取芽片方法。④及时剥砧2~3次，嫁接约20d后割去绑扎的塑料带。⑤做好除草、浇水、追肥、防虫等管理。当年嫁接苗可达到春接120cm、夏接80cm以上的高度，成苗率80%左右。对达不到出圃规格要求的桑苗，再回圃培育一年。

2. 幼树的培育 龙桑苗需经过3年以上培养才能成为成品树。按每667m^2 800~1 000株的密度（株距80cm、行距100cm左右），定植100cm以上高度的健壮龙桑苗。园林中的龙桑树形必须呈圆形，才能显示其优势。因此，要建立中心骨干枝树形。第一年，在统一主干高度的基础上，确保主枝上部3~4个生长芽的健壮成长。第二年，开春时节，按主、侧有序适当修剪。发芽后，每枝上留2个生长芽。第三年，仍采用上一年的方法修剪培养。在去、留生长芽时，应根据树形整体要求，灵活掌握。龙桑幼树期的管理比育苗期简单得多。只要做好浇水、追肥、除草、防虫等管理，保障正常快速生长，就能按期成型。

3. 移植和管理 培育3年以上、主干直径达到4cm的龙桑，就可作为成品在园林上应用。

（1）移植 时间以休眠期为佳。由于桑树主根发达，在挖取时应尽量多带根系（留长30cm以上），最好带上30~40cm的土球。栽植坑60cm×60cm，施好底肥。移植后浇足水。

（2）管理 龙桑除常规管理外，还要突出两点：

①修剪：最初几年，每年桑树休眠期，都应对枝条修剪一次。根据枝条长势和部位，留长30~50cm。树体高度达到3m以上后，停止修剪，自然生长。

②管护：桑叶、桑葚以及弯曲的枝条，目前在城市中都是稀少的，又是大多数人喜爱的。因此，初栽的龙桑应加强管护，在春蚕期和桑葚成熟阶段，防止过度采叶和损坏枝条。

【观赏与应用】龙桑枝条扭曲，似游龙，为观枝树种。枝叶茂密，秋季叶色变黄，颇为美观，且能抗烟尘及有毒气体，适于城区、工矿区"四旁"绿化。叶可养蚕，全株入药。

第四节 其他常见木本花卉

本章前三节按园林绿化类、盆花类、切花类详细介绍了园林中主要的木本花卉，此外，还有一些常见的木本花卉种类，其生物学特性、生态习性及应用见表15-1。

表15-1 其他常见木本花卉简介

中名	学名	科属	花期（月或季）	花色	繁殖方法	特性及应用
桂花	Osmanthus fragrans	木犀科 木犀属	9~10	浅黄白、浅黄、橙黄、橙红	播种、扦插、嫁接、压条	耐高温，喜光，耐半阴，株高可达15m，常作园景树，有孤植、对植，也有成丛成林栽植
金丝桃	Hypericum monogynum	金丝桃科 金丝桃属	6~7	黄	播种、分株、扦插	喜光、耐寒、耐半阴，株高达1m，丛生呈球形，宜花境镶边、门庭或花坛布置
苏铁	Cycas revoluta	苏铁科 苏铁属	6~8	黄	播种、分株、扦插	喜光，耐半阴，喜温暖，高可达20m，宜用多株与山石配置成景点或作孤植观赏
二乔玉兰	Magnolia soulangeana	木兰科 木兰属	3~4	外紫红，内白	嫁接、压条、扦插、播种	耐寒，喜旱，高6~10m，宜公园、绿地和庭园等孤植观赏
广玉兰	Magnolia grandiflora	木兰科 木兰属	5~7	白	播种、嫁接	耐寒，喜光，高可达30m，宜公园、绿地和庭园等孤植观赏
北美鹅掌楸	Liriodendron tulipifera	木兰科 鹅掌楸属	5~6	浅黄绿色	播种	喜光，耐寒，高达60m，宜作行道树，秋色叶树种
木莲	Manglietia fordiana	木兰科 木莲属	3~4	白	播种、扦插	耐寒，喜光，耐半阴，高达20cm，宜作观赏树
榆叶梅	Prunus triloba	蔷薇科 李属	4	深红、粉红、粉白	分株、嫁接、压条	喜光、耐寒、耐旱，不耐阴，高可达2m，宜孤植、丛植或列植为花篱
合欢	Albizzia julibrissin	豆科 合欢属	6~7	淡红	播种	喜光，耐旱，高4~15m，宜栽植于庭园中或作为行道树
刺桐	Erythrina indica	豆科 刺桐属	4~7	红	播种、扦插	喜光，株高可达20m，宜作行道树、远景树，庭园栽植，也可盆栽
紫荆	Cercis chinensis	豆科 紫荆属	4~5	玫红	播种、扦插、压条、分株	喜光，耐寒，高达15m，宜丛植庭院、建筑物前及草坪边缘
凤凰木	Delonix regia	豆科 凤凰木属	5~8	鲜红	播种	喜光，喜高温多湿气候，高达20m，宜于庭园孤植、行道树

(续)

中名	学名	科属	花期(月或季)	花色	繁殖方法	特性及应用
虾衣花	*Callispidia guttata*	爵床科麒麟吐珠属	四季有花	红褐色	扦插、分株	喜光，喜温暖湿润，花坛、花境布置或切花
垂丝海棠	*Malus halliana*	蔷薇科苹果属	4～5	红、粉红	嫁接、分株	耐寒，喜光，耐旱，高可达8m，宜植于小径两旁，或孤植、丛植于草坪上、水边
女贞	*Ligustrum lucidum*	木犀科女贞属	6～7	乳白、黄白	播种、扦插	喜光，耐寒，高达10m，宜庭院观赏或作绿篱
紫薇	*Lagerstroemia indica*	千屈菜科紫薇属	6～9	红、粉红	播种、扦插、分株	较耐寒，喜光，忌炎热，忌涝，高可达7m，宜于庭院及建筑前、池畔、路边及草坪配置，也可盆栽
四照花	*Dendrobenthamia japonica* var. *chinensis*	山茱萸科四照花属	4	黄白	播种	耐寒，喜湿润，耐阴，宜丛植于草坪、路边、林缘、池畔
红千层	*Callistemon rigidus*	桃金娘科红千层属	春末夏初	红	播种	喜暖热，高1～2m，宜丛植庭院，也可盆栽或作切花
木绣球	*Viburnum macrocephalum*	忍冬科荚蒾属	夏	绿、白	扦插、压条、分株	喜光，耐寒，高达4m，宜孤植、丛植
珍珠花	*Spiraea thunbergii*	蔷薇科绣线菊属	3～4	白	播种、扦插	喜光，耐寒，喜温暖，高达1.5m，宜丛植草坪角隅、林缘、路边、建筑物旁或作基础种植，亦可作切花
白鹃梅	*Exochorda racemosa*	蔷薇科白鹃梅属	4	白	播种、扦插	喜光，耐寒，喜温暖湿润，高达3～5m，宜草坪、林缘、路边、假山、庭院角隅作为点缀树种
印度橡皮树	*Ficus elastica*	桑科榕属	夏	黄	扦插	喜高温多湿，喜光，高20～25m，宜作庭荫树，也可盆栽观赏
常春藤	*Hedera nepalensis* var. *sinensis*	五加科常春藤属	9～11	淡绿、白	扦插、分株、压条	耐阴，喜温暖，长可达20m，宜垂直绿化、切花装饰、阴处地被
常春油麻藤	*Mucuna sempervirens*	豆科油麻藤属	4～5	深紫、紫红	播种	生于林边，常缠绕于树上，宜垂直绿化
棣棠	*Kerria japonica*	蔷薇科棣棠属	5～6	金黄	分株、扦插	喜温暖、半阴，高1.5～2m，宜丛植于篱边、墙际、水畔、坡地、林缘及草坪边缘

◆复习思考题

1. 何为木本花卉？木本花卉有何特征？
2. 简述木本花卉管理技术。
3. 简述木本花卉在园林中的应用。
4. 传统十大名花中木本花卉有哪些？简述其花文化。

第十六章
室内观叶植物

所谓室内观叶植物，即指以观赏叶片为主，并能在室内条件下长时间或较长时间正常生长发育的一类植物。

室内观叶植物以绿色为主，虽然没有五彩缤纷的花朵，但其婆娑的叶片、摇曳的株形，足以给人们带来无限的美感和愉悦的心情。它也是随着现代社会的发展而兴起的一类观赏植物。随着经济的迅速发展，人类生活环境发生了很大变化。城市不断扩大，高楼大厦鳞次栉比，人们在室内生活的时间多于室外，因此希望家庭居室和公共场所，如办公室、图书馆、会堂、车站、商场、宾馆等处能在室内绿化造景，以满足人们向往自然、崇尚自然、回归自然的心理。为了实现人类这一美好愿望，近百年来，世界各国的植物学家和花卉专家从大自然植物宝库中选择出大约1 600种耐阴观叶植物，供室内装饰。于是，室内观叶植物的概念被提出并得到迅速发展。

室内观叶植物具有以下特点：

（1）耐阴性强　室内观叶植物大多原产于热带、亚热带地区的雨林中，具有较强的耐阴性，能适应室内微弱的散射光条件（800～2 000lx）。室内摆设要放置于散射光处或给以50%～80%的遮光。在阳光直射下叶片容易灼焦或卷曲枯萎。

（2）喜较高温度　室内观叶植物喜较高温度，最佳生长温度为22～28℃。其生长适温范围：昼温为22～30℃，夜温为16～20℃。冬季不低于6℃，夏季不高于34℃。且昼夜温差不宜过大。

（3）喜较高湿度　室内观叶植物叶片多薄嫩柔软，因此对水分要求比较多，喜较高的空气湿度，相对空气湿度宜在60%以上。湿度过低易引起叶片萎缩、叶缘或叶尖部位干枯。

（4）观赏期长　室内观叶植物不受季节限制，一年四季均可供观赏，比观花、观果类植物的观赏期长。

（5）种类丰富　室内观叶植物种类繁多，类型多样，容易满足人们对室内装饰美化的追求，既能丰富室内空间，又能达到赏心悦目的观赏效果。

（6）栽培管理容易　室内观叶植物根系小，在有限的培养土内也能生长良好，栽培管理容易，省工省时，与当前紧张的生活节奏极相宜。

（7）栽培要领基本相同　室内观叶植物生态习性相似，栽培要领基本相同：栽培基质多为人工配制，要求疏松通气、保水排水性能良好；平时应经常向叶面或花盆周围喷水、喷雾，提高空气湿度；保持环境清新，室内因灰尘降落布满叶面时，宜用软布擦拭或喷水冲洗；根系布满花盆后，应及时换盆，防止出现"头重脚轻"现象；通过摘心、抹芽、修剪等方法改善和控制株型。

第一节 蕨 类

蕨类植物是室内观叶植物的重要组成部分，由于其绝大部分原产于热带、亚热带的林下荫蔽处，故形成了耐阴习性，能够适应室内弱光环境而正常生长。室内摆放蕨类植物应选择散射光处，光照度宜保持2 700lx左右，最低可为800lx。同时还应调整室内相对空气湿度达到50%以上，并创造适宜的温度条件。

一、铁 线 蕨

【学名】*Adiantum capillus-veneris*
【别名】铁线草、美人粉、美人枫
【科属】铁线蕨科铁线蕨属
【产地及分布】原产热带及亚热带的亚洲和美洲地区，广布于我国长江以南以及陕西、甘肃等省，是我国暖温带、亚热带、热带气候区钙质土和石灰岩的指示植物。
【形态特征】铁线蕨为多年生草本植物。高25～40cm。根状茎横生。密被淡褐色鳞片。叶柄细而长，近黑色，质地坚硬，有光泽，长10～25cm，如铁线，一般直立生长或向四周侧伏。二回羽状复叶，长15～25cm；小羽片互生，略呈斜扇形，有梗，深绿色或褐色，小叶前缘分裂成数小片，孢子囊群圆形，生于叶背外缘。（图16-1）

图16-1 铁线蕨

【同属其他种】铁线蕨属约有200种，是著名的观赏蕨，我国有30余种。主要栽培种如下：

（1）鞭叶铁线蕨（*A. caudatum*） 鞭叶铁线蕨根状茎直立。叶簇生，一回羽状复叶，叶轴顶端延伸为鞭状，有节点，能落地生根，羽片上缘深裂成狭裂片。

（2）团羽铁线蕨（*A. capillus-junonis*） 团羽铁线蕨根状茎直立。叶轴纤细，顶端延伸为鞭状，能落地生根，羽片团扇形。

（3）扇叶铁线蕨（*A. flabellulatum*） 扇叶铁线蕨根状茎直立。叶簇生，叶片扇形。

（4）掌叶铁线蕨（*A. pedatum*） 掌叶铁线蕨叶片阔扇形。二叉分枝。

（5）美丽铁线蕨（*A. formosum*） 美丽铁线蕨根状茎下垂。叶片宽三角形，长60cm，3～4回羽状分裂，小裂片基部窄三角形，顶端圆形。

【生态习性】铁线蕨不耐寒，喜酸性土壤及阴湿环境，忌风吹日晒，冬季入中温温室或高温温室养护。

【繁殖方法】铁线蕨以分株繁殖为主，也可孢子繁殖。

1. 分株繁殖 铁线蕨分株繁殖宜于早春新芽萌发之前结合换盆进行，将母株取出，抖去泥土，再将根茎分割成数小块，每块需带部分根茎和叶片，分别上盆栽植即可。

2. 孢子繁殖 铁线蕨孢子繁殖用土多为泥炭和细沙，将成熟孢子撒播盆内，不必覆土，上盖玻璃，盆底浸水，保持盆土湿润、室温20～25℃即可。孢子也可自行繁殖。

【栽培管理】铁线蕨喜温暖、阴湿的环境，忌阳光直射，又怕风吹，但也不可完全荫蔽，否则叶片变黑而干枯。在玻璃温室中培养时要在玻璃屋面上加设苇帘或遮阳网。冬季可放在温室后侧,保持良好的散射光;夏季可放在荫棚下避风的位置,特别是5月要注意防风。生长季要始终保持土壤湿润,并应经常在周围地面洒水,保持较高的空气湿度,最好不要将水洒在株丛上,这样会使叶片变黑而干枯。一般2周追施一次液肥,每年结合分株翻盆换土一次。栽培基质以泥炭土加腐叶土并混以河沙为好,忌用碱性土,每月如能浇灌一次矾肥水则生长更佳。

【观赏与应用】铁线蕨株形轻盈飘逸,叶片形态奇特美观,叶色深绿,非常诱人。加之其性喜散射光,非常适宜中、小盆栽室内装饰,置于茶几、几架之上别具情趣,也可点缀于门厅、窗台、走廊等处。其叶也是很好的插花叶材。

二、肾 蕨

【学名】*Nephrolepis cordifolia*

【别名】蜈蚣草、圆羊齿

【科属】肾蕨科肾蕨属

【产地及分布】原产热带及亚热带地区,我国东南地区有分布。

【形态特征】肾蕨为多年生草本植物。根茎直立,并发出多数匍匐根,地下部有块茎发生。叶丛生,从块茎上发出一回羽状复叶,叶片长50~60cm,宽6~7cm,浅绿色;小羽片长3cm,具尖齿缘,羽片有关节,易脱落;叶丛散生,初出土时呈拳卷状。孢子囊群着生于叶背叶脉分歧点的上部。(图16-2)

图16-2 肾蕨

【同属其他栽培种】

(1) 高大肾蕨（*N. exaltata*）　高大肾蕨植株强壮直立。叶片长60~150cm。有很多品种,如'波斯顿'蕨（'Bostoniensis'）,常绿草本,植株强健而直立,叶丛生,鲜绿色,着生密集并向四周披散。小羽片具波皱。

(2) 尖叶肾蕨（*N. acuminata*）　尖叶肾蕨植株高大。叶簇生弯曲或下垂,长60~90cm。

(3) 圆盖肾蕨（*N. biserrata*）　圆盖肾蕨叶片密生,弯曲或下垂,长60~100cm。

【生态习性】肾蕨多原产于热带、亚热带,性喜温暖、湿润、半阴环境,忌阳光直射也忌全荫蔽,可在中温温室内越冬,夜间最低温度应在10℃以上,要求富含有机质的肥沃湿润土壤。

【繁殖方法】肾蕨以分株繁殖为主,应在春季或室温15~20℃时进行。也可进行孢子繁殖。

【栽培管理】肾蕨多采用盆栽,培养土多以泥炭、腐叶土和河沙混合配制而成。保持盆土湿润,不可见干,每天向叶丛淋水两次,保持较高的空气湿度。每2周追施一次液肥,每月加施一次矾肥水。冬季宜放在温室见光处,保持土壤不干即可;夏季应放在荫棚下。每年春季翻盆或换盆一次,同时结合分株。

【观赏与应用】肾蕨四季常青,叶丛繁茂,形色宜人。常用于中型盆栽,可作室内绿化装饰,也可用于会场布置,观赏期长、效果好。肾蕨的羽状复叶长而挺拔,是插花中常用的线性花材,无论是东方式插花还是西方式插花中均常应用。

三、鸟 巢 蕨

【学名】*Neottopteris nidus*

【别名】山苏花、巢蕨

【科属】铁角蕨科巢蕨属

【产地及分布】原产热带、亚热带地区，我国海南、云南、台湾等省均有分布。

【形态特征】鸟巢蕨为常绿草本植物大型附生蕨类，高达100～120cm。根状茎短，顶部纤维状分枝并卷曲。叶辐射状丛生于根状茎边缘顶端，叶柄长约5cm，叶片阔披针形，浅绿色，革质，长95～115cm，中部宽9～15cm。（图16-3）

【生态习性】鸟巢蕨喜温暖、阴湿环境，忌阳光直射。生长适温为20～22℃，不耐寒，冬季不得低于5℃。生长季节宜充分灌水，并喷洒叶面。

【繁殖方法】鸟巢蕨采用孢子繁殖或分株繁殖。具体方法同铁线蕨。

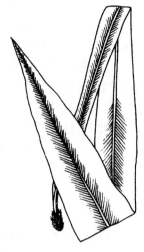

图16-3 鸟巢蕨

【栽培管理】鸟巢蕨盆土可用腐叶土2份和沙土1份混合配制，生长季每月施矾肥水一次，相对空气湿度保持在60%～70%。春季或秋季换盆并分株，及时修剪枯枝烂叶。

【观赏与应用】鸟巢蕨叶片修长且挺硬，株丛呈放射状开张型，富有热带植物的特有风情，适于植物园中热带花卉温室配置，或植于林下岸边，或附生于大树上，颇具热带情趣。宾馆、酒店中庭的水景处，摆设几盆鸟巢蕨，顿觉平添几分南国风光。也可盆栽用于家庭装饰。鸟巢蕨叶片长而挺括，保鲜期长，还是插花及花艺创作中常用的衬叶和线性花材。

四、鹿 角 蕨

【学名】*Platycerium bifurcatum*

【别名】蝙蝠蕨、二歧鹿角蕨

【科属】水龙骨科鹿角蕨属

【产地及分布】原产澳大利亚与印度尼西亚，各地温室有栽培。

【形态特征】鹿角蕨为常绿草本附生蕨类植物。全株灰绿色，高约40cm。叶有两种，即不孕叶和可孕叶。不孕叶又称裸叶，较薄，生于基部，圆或心形，成熟后呈纸质退色，附生包在树干或枝上。可孕叶又称实叶，显著，长45～90cm，基部狭，向上逐渐变宽，顶端分叉。（图16-4）

【变种及同属其他种】

1. 主要变种 大鹿角蕨（var. *majus*），叶片深绿色，中央叶片厚而直立。

2. 同属其他种 鹿角蕨属其他栽培种主要有对生鹿角蕨（*P. wandae*），叶片巨大，长宽可达近1m，初始绿色，渐渐变为褐色；孢子叶呈2叶对称生长，长可达2m，叶基呈大楔形。

【生态习性】鹿角蕨喜温暖、湿润环境和明亮的散

图16-4 鹿角蕨

射光，适宜温度白天 24～26℃，夜晚 15～21℃，冬季不能低于 7℃，要求相对空气湿度 60%～70%。对土壤要求不严，多附生在树枝或树干栓质上。

【繁殖方法】鹿角蕨采用分株或孢子繁殖。

【栽培管理】鹿角蕨成熟植株的营养叶上会产生小萌蘖，待长到一定大小时分出来另栽。栽培基质可用紫萁纤维、水藓碎末、碎木炭与腐叶混合配制。还可将植株捆栽在树皮或木板上，方法是：将栽培基质填入树皮或木板内，通过其上的孔洞，将植株栽入基质中；也可用铅丝捆定植株，悬挂在温室中。每周要将植株放在水中浸泡 1～2 次，天气变冷时可减至一次。生长期每月施肥一次，并经常喷水保持空气湿度。

【观赏及应用】鹿角蕨叶片形态奇特，叶色灰绿，给人以新奇感，可作盆栽观赏，用于室内装饰可置于窗台、客厅、书房等处，若悬挂于屋檐则更为别致。

第二节 天南星科

天南星科是室内观叶植物的大科，约有 115 属，常见用于室内栽培装饰的有 12 个属。原产于热带美洲及西印度，少数产于亚洲东南部。多见生于阴湿环境。

天南星科植物为多年生常绿或落叶草本，叶具长柄，有鞘，叶形变化大，幼期与成熟期形状不一。肉穗花序，其基部为色彩艳丽的佛焰苞片。浆果。

天南星科植物不少为蔓性，地上部茎节处极易产生气生根，不但有利于附于其他植物或物体向上蔓延生长，还可通过气生根吸收空气中的水分和融入其中的营养。

一、广东万年青

【学名】*Aglaonema modestum*

【别名】亮丝草

【属名】亮丝草属

【产地及分布】原产我国南部、马来西亚和菲律宾等地。

【形态特征】广东万年青茎直立，不分枝，株高 60～70cm。叶光亮，暗绿色，椭圆状卵形，边缘波状，顶端渐尖至尾尖状，叶片长 15～25cm，叶柄为叶片长的 2/3。佛焰苞淡绿色，长 6～7cm，肉穗花序绿色。花期春夏。浆果成熟由黄变红。（图16-5）

【品种及同属其他种】

1. 栽培品种　'银后'粗肋草（'Silver Queen'）　叶片银灰色，绿色斑点不规则。

2. 同属其他种

（1）细斑粗肋草（*A. commutatum*）　细斑粗肋草叶长达 30cm，宽 10cm，浓绿色，沿主脉灰绿色。佛焰苞淡绿色。浆果密集生于肉质花穗上，由黄变红。

（2）爪哇万年青（*A. costatum*）　爪哇万年青茎短。叶阔心形，墨绿色，中脉白色，叶片密布显著白色斑点。

（3）斑叶万年青（*A. pictum*）　斑叶万年青茎短。多分枝，叶暗绿色，有光泽，具灰绿色斑点。

图 16-5　广东万年青

【生态习性】广东万年青喜温暖、湿润、半阴环境。生长适温为15～27℃，冬季需在10℃以上方可安全越冬，喜散射光，忌阳光直射。要求土壤疏松，肥沃，微酸性。

【繁殖方法】广东万年青采用分株和扦插繁殖。

【栽培管理】广东万年青盆土可用腐叶土、泥炭、沙混合而成。生长期每半个月施肥一次，以氮、钾肥为主。叶面经常喷水，并保持盆土中等湿润。冬季适当减少肥水，宜早春换盆。

【观赏与应用】广东万年青茎秆光滑，叶片有光泽，观赏价值较高，宜盆栽观赏，常见用于家庭绿化装饰，以及宾馆、酒店、会场的环境装饰。

二、花叶万年青

【学名】*Dieffenbachia picta*

【别名】黛粉叶

【属名】花叶万年青属

【产地】原产美洲热带地区。

【形态特征】花叶万年青为常绿灌木状草本植物。株高1.0～1.3m，茎基较粗壮，稍平卧。叶有鞘，基部叶柄细长，具宽沟，边缘钝；叶片长圆至长圆状椭圆形，全缘，基部圆或尖，顶端渐尖，暗绿色，两面有光泽，叶面密布白或黄色不规则的斑点或斑块。佛焰苞具狭长硬尖，肉穗花序直立，与佛焰苞等长。(图16-6)

图16-6 花叶万年青

【生态习性】花叶万年青喜高温、高湿环境，生长适温为20～27℃，越冬温度在5℃以上。喜较强光照，但忌阳光直射。生长期要求较高湿度，耐水湿，又较耐旱。要求栽培基质通透性良好。

【繁殖方法】花叶万年青多用扦插繁殖，切取带芽的茎节，使芽向上平卧基质中，在20℃下经1个月可生根。若植株基部产生吸芽，亦可分芽繁殖。

【栽培管理】花叶万年青盆土用腐叶土和沙混合配制而成。生长期经常喷水，气温超过20℃时要叶面喷水降温，冬季温度不能低于13℃。夏季避免阳光直射。每半个月施液肥一次。4～5月换盆。

【观赏与应用】花叶万年青叶片大，色泽亮丽，只要管理得当一年四季均能保持较好的观赏效果。家庭居室、宾馆酒店环境装饰以及会场布置等常应用花叶万年青。

三、花叶芋

【学名】*Caladium bicolor*

【别名】彩叶芋

【属名】花叶芋属

【产地及分布】原产美洲热带地区。

【形态特征】花叶芋块茎扁圆形，黄色。叶柄长达1m，苍白色或具白粉，有时绿色，由块茎生出；叶片长达30cm，叶面有白、绿、粉、橙红、银白、红等不同色彩的斑点与斑块，叶薄，几乎呈半透明状，戟状卵形、卵状三角形至卵圆形，基部距叶片长1/5～1/3处有分离的弯缺。佛焰苞筒状，外部绿色，内部白绿色，喉部通常紫色。苞片坚硬，尖端白色。肉

穗花序黄至橙黄色。浆果白色。(图 16-7)

【常见栽培品种】

(1)'Attala' 叶深绿色，表面有红斑。

(2)'Candidum' 叶白色，脉绿色。

(3)'Edith Mcad' 叶近白色，边缘绿色，主脉红色。

(4)'Mad Alfred Rubra' 叶大而圆，深绿色，表面有不规则的白斑，主脉红色。

【生态习性】花叶芋喜高温、高湿、半阴环境。适宜日温为 24~29℃，但不得低于 15℃，特别惧怕冷风侵袭。光照过强往往会引起日灼，但光照太弱叶色特点难以表现。土壤宜保持湿润，但切勿积水。

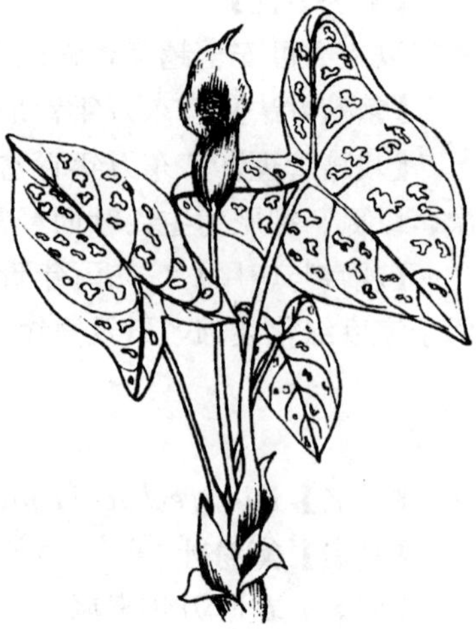

【繁殖方法】花叶芋以分株繁殖为主。块茎开始抽芽时，用利刀将块茎切开，每块块茎上至少应留 2 个芽。也可采用播种繁殖。

图 16-7 花叶芋

【栽培管理】花叶芋盆土宜用腐叶土、厩肥、沙等量混合配制，上盆后宜放半阴处养护。生长期要充分浇水，每半个月施稀薄肥水一次。秋末植株开始休眠。叶萎蔫干枯后，将块茎由土中掘起，喷防病虫药剂并贮于 15℃、干燥和经消毒的泥炭藓或蛭石中。经 3~4 个月休眠后，将块茎移至苔藓或泥炭藓中，在 21~27℃下催芽，至根与叶发出后，即可上盆。

【观赏与应用】花叶芋叶形奇特、叶色斑斓，轻盈可爱，极具观赏价值，宜作为小盆花栽培，用于家庭居室的茶几、办公桌、书桌等处的装饰。

四、龟背竹

【学名】*Monstera deliciosa*

【别名】蓬莱蕉、电线兰

【属名】龟背竹属

【产地及分布】原产墨西哥、中美洲。

【形态特征】龟背竹为多年生常绿藤本。茎高大健壮，生有绳索状肉质气根。叶片长 40~100cm，叶宽、厚、革质，暗绿色，叶柄长 50~70cm，幼叶心形，无孔，成熟叶短圆形，具多数长圆或椭圆状穿孔，边缘羽裂。佛焰苞白色，长约 30cm，肉穗花序长 20~25cm。(图 16-8)

【变种及同属其他种】

1. 主要变种 斑叶龟背竹（var. *variegata*），叶面有黄绿斑纹。

2. 同属其他栽培种 多孔龟背竹（*M. friedrichsthalii*），叶更大，裂片具有 1~3 排小穿孔。

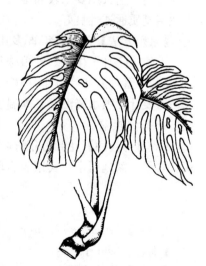

图 16-8 龟背竹

【生态习性】龟背竹喜温暖、湿润、荫蔽环境。生长适温为 20~30℃，低于 15℃停止生长，能耐 4℃低温。需要较强光照，但忌阳光直射。需充足水分，保持土壤湿润，宜疏松、肥沃、富含有机质的土壤，稍耐盐碱。

【繁殖方法】龟背竹多用扦插繁殖，切取茎部 2~3 个节，气生根与叶可保留或剪除，插入基质中并遮阴，在21～27℃条件下，约经1个月即可生根。或将大枝切下，水插亦可生根。

【栽培管理】龟背竹盆土用腐叶土和壤土混合组成，生长期每半个月施肥一次，经常喷水，忌干旱。株高30cm以上应设支架或绳索绑扶，并用苔藓包裹气生根，促使植株生长旺盛。每1～2年换盆一次。

【观赏与应用】龟背竹叶片硕大，深绿色有光泽，气根下垂，且叶片上分布有椭圆形的穿孔，宛如龟壳，给人以奇特感。在北方一般为盆栽，多用于居家客厅装饰，摆设于沙发旁极具气势。也可配置于宾馆中庭水景处。在植物园热带花卉温室中或着生于密林下，或附生在高大树木的树干上，极为壮观。

五、绿　　萝

【学名】*Epipremnum aurnum*（*Scindapsus aureus*）

【别名】黄金葛

【属名】麒麟叶属

【形态特征】绿萝为多年生常绿草质藤本。茎粗1cm以上，具有气生根。叶互生，卵状心形，长达15cm以上，嫩绿色有光泽并镶嵌若干黄色斑块或条纹。（图16-9）

【栽培品种】

(1)'金葛'（'Golden Pothos'）　叶面具有黄色斑纹。

(2)'银葛'（'Marble Queen'）　叶面具有白色斑纹。

(3)'三色葛'（'Tricolor'）　叶面具有绿、白、黄三色斑纹。

【生态习性】绿萝喜高温、潮湿环境，耐阴，生长适温为20～30℃，冬季在10℃左右可安全越冬，最低能耐5℃低温。喜肥沃疏松、排水良好的微酸性土壤。

【繁殖方法】绿萝以扦插繁殖为主，将茎蔓剪为3～5cm长的茎段扦插，20d后便可生根，30～40d可上盆。春、夏均可进行扦插。水插也易生根。

【栽培管理】绿萝可用吊盆栽培或桩柱式盆栽。盆土多

图16-9　绿萝

用腐叶土、泥炭和沙混合而成。生长期每半个月施液体肥料一次，经常浇水，每天向叶面喷雾两次。冬季减少浇水并停止施肥。每年春天换盆一次。夏季避免阳光直射，冬季保持10℃以上并置于光线充足处。5～7月可适当进行修剪。桩柱式栽培可用保湿材料包扎桩柱，每盆4～6株苗，紧贴桩柱定植，植后经常淋湿桩柱有利于其生长。

【观赏与应用】绿萝叶片卵状心形，叶色鲜绿，且叶片繁密，具有很好的净化室内空气之功能，是一种广泛应用的室内观叶植物。适宜盆栽或吊盆栽培，家庭居室、宾馆、酒店均可用其装饰环境，增添室内空间立体绿化的层次感。

六、喜林芋属

【学名】*Philodendron*

【别名】蔓绿绒

【产地及分布】原产中南美洲热带地区。

【形态特征】喜林芋属植物为多年生常绿藤本。茎坚硬木质化，节间长，有分枝。叶长20～45cm，宽10～18cm，心状长圆形，浓绿色，光滑，质厚，叶柄有鞘。花序梗长3cm，佛焰苞长7～8cm。

【常见栽培种】

（1）'长心叶'喜林芋（*Ph. erubescens* 'Green Emerald'）'长心叶'喜林芋又名'绿宝石'蔓绿绒。叶片长心形，先端突尖，基部深心形，深绿色，有光泽，叶柄有鞘。（图16-10）

（2）红苞喜林芋（*Ph. imbe*）红苞喜林芋又名红宝石蔓绿绒、红柄蔓绿绒。嫩茎节间淡红色，老茎灰白色。嫩叶鲜红色，老叶表面绿色、背面淡红褐色，叶柄红褐色。

（3）绒叶喜林芋（*Ph. melanochrysum*）绒叶喜林芋叶卵状心形或剑形，鲜绿色，具光泽，叶脉条纹清晰。

图16-10 '长心叶'喜林芋

（4）羽叶喜林芋（*Ph. bipinnatifidum*）羽叶喜林芋叶卵状剑形，羽状分裂。

（5）五裂喜林芋（*Ph. pedatum*）五裂喜林芋叶卵形或长圆状剑形，5～7深裂，裂片再浅裂。

（6）琴叶喜林芋（*Ph. panduraeforme*）琴叶喜林芋叶片基部扩展，中部细窄，形似小提琴，革质，暗绿色，有光泽。

（7）春羽（*Ph. selloum*）春羽又名羽裂喜林芋，茎极短。叶浓绿色，宽心脏形，羽状全裂，叶柄与叶片约等长，为30～100cm。

【生态习性】喜林芋属植物喜温暖、湿润环境，适温为15～25℃，宜较弱光照。生长期需水较多，宜疏松肥沃土壤。

【繁殖方法】喜林芋属植物以扦插繁殖为主。剪取至少带2个节的茎插入沙中，在21～24℃条件下生根最好。也可用水插或压条繁殖，还可播种繁殖，宜随采随播。

【栽培管理】喜林芋属植物夏季需遮阴养护，避免阳光直射，冬季需要阳光充足，温度保持在13～16℃。生长季要经常浇水，每天叶面喷水两次，每半个月施肥一次，每两年换盆一次。5～7月适当进行修剪，以促株形紧凑。蔓生种需用桩柱栽培。

【观赏与应用】喜林芋属植物叶片大且有光泽，多为柱状栽培，可提高空间绿化效果。宜作居家客厅的绿化装饰，也可作办公室以及酒店大堂、大型商场通道旁的绿化装饰。

七、海芋属

【学名】*Alocasia*

【产地及分布】原产亚洲热带地区，约70种，我国4种。

【形态特征】海芋属植物为多年生草本。肉质块茎。叶柄长约60cm，叶盾状心形。

【常见栽培种】

（1）海芋（*A. macrorrhiza*）海芋别名滴水观音。叶盾形，绿色，叶片大，长30～60cm。（图16-11）

（2）美叶芋（*A. sanderiana*）美叶芋叶狭箭形，长30～40cm，叶面银绿色，具灰色叶脉和银白色边。

(3) 黑叶芋（A.×amazonica） 黑叶芋为杂交种。叶箭状盾形，长 30～40cm，边缘波状，叶面黑绿色有光泽，叶脉和叶缘银白色。

【生态习性】海芋属植物喜高温、多湿环境，要求土壤疏松肥沃，经常保持湿润状态。较耐寒。

【繁殖方法】海芋属植物采用分株繁殖和分割块茎繁殖，将块茎分割成几块，用苔藓包裹置于湿润的蛭石中，促其发生不定根和芽。

【栽培管理】海芋属植物盆土以腐叶土和苔藓混合而成，生长期间要常浇水和喷雾，若遇高温、干燥，叶面变粗糙，并易受红蜘蛛危害，应加强通风。

图 16-11 海芋

【观赏与应用】海芋的植株比较高大，叶片硕大，叶柄长而挺，茎干淡褐色且姿态各异，极具南国风情，适宜摆设在居家客厅、宾馆大堂以及大型商场的通道旁。美叶芋、黑叶芋适宜小盆栽，摆设于茶几、办公桌或书桌之上，别具情趣。

八、'绿巨人'

【学名】*Spathiphyllum cannifolium* 'Sensation'

【别名】巨叶大白掌

【属名】苞叶芋属

【产地及分布】原产南美洲的哥伦比亚。

【形态特征】'绿巨人'为常绿草本植物，株高 100～130cm，茎叶粗壮。叶片基生，呈莲座状，阔椭圆形，顶端急尖，长 50～70cm，宽 25～35cm，厚革质，墨绿色。佛焰苞初开时白色，后转为绿色，长勺状，长 30～35cm，宽 10～13cm，有芳香。花期 4～7 月。

【同属其他种】苞叶芋属其他常见栽培种有银苞芋（*S. floribundum*），为多年生常绿草本植物，具短根茎，叶革质，长椭圆形或阔披针形，叶面深绿色有丝光。佛焰苞白色，花序黄绿色或白色。多花性。

【生态习性】'绿巨人'性喜温暖、湿润、半阴环境，宜在富含腐殖质、排水良好的中性至微酸性土壤上栽培。忌干旱，忌阳光直射，耐寒性较强，生长适宜温度 18～25℃。根系发达，喜大肥大水。

【繁殖方法】'绿巨人'常用分株和组培繁殖。

【栽培管理】盆栽'绿巨人'宜在 70%～80% 荫蔽度的环境下培养，生长期内每天浇水 1～2 次，每周追施液肥一次，每月转盆一次，以保持株型端庄。

【观赏与应用】'绿巨人'植株健壮，叶片硕大，叶色浓绿，耐阴性强，适宜布置居家客厅以及商场、酒店、办公楼、会场等公共活动场所。

第三节 百合科

百合科植物全球约有 240 属，多分布于温带和亚热带，少数分布于热带高山地区。通常为多年生草本植物，地下部分为鳞茎、球茎、根茎或块茎。叶多为基生或茎生，多互生、轮生，少对生。花单生或组成花序，花被片6枚，排成2轮，或合被具6缺刻。蒴果或浆果。

一、文　竹

【学名】*Asparagus setaceus*

【别名】云片竹、芦笋山草、山草

【属名】天门冬属

【产地及分布】原产非洲南部，我国各地均有栽培。

【形态特征】文竹为常绿蔓性亚灌木状多年生草本植物。根部稍肉质。茎长，光滑，攀缘状。叶状枝纤细，多数，6～12枚成束簇生，水平排列，鲜绿色。叶小，呈鳞片状。花小，两性，近白色。浆果球形，成熟时紫黑色。(图16-12)

【变种及同属其他种】

1. 主要变种

（1）矮文竹（var. *nanus*）　茎丛生，直立。叶状枝细密而短。

图16-12　文竹

（2）细叶文竹（var. *tenuissimus*）　叶状枝稍长，淡绿色，具白粉。

（3）大文竹（var. *robustus*）　整片叶状枝较长，不规则，生长旺盛。

2. 同属其他栽培种

（1）天门冬（*A. sprengeri*）　天门冬别名武竹、郁金小草。半蔓性草本植物，具纺锤状肉质块根。叶状枝线形，簇生。小花淡红至白色。浆果鲜红色。

（2）蓬莱松（*A. myrioeladus*）　蓬莱松别名绣球松。直立灌木，具块茎。株高1～2m，茎干灰白色，光滑。叶状枝纤细，针状，似五针松。

（3）卵叶天门冬（*A. asparagoides*）　卵叶天门冬别名垂蔓竹。茎之字形曲折，无刺。叶状枝单生，卵圆形。花乳白色。

（4）镰叶天门冬（*A. falcatus*）　镰叶天门冬茎木质化，上部分枝多。叶暗绿色，镰刀形弯曲。花白色，芳香。浆果褐色。

【生态习性】文竹性喜温暖、湿润、半阴环境，不耐干旱，忌积水与霜冻，生长适温20～25℃，冬季5℃以上能安全越冬，宜富含腐殖质、排水良好、肥沃的沙质壤土。夏季应放在通风半阴处，避免阳光直射。

【繁殖方法】文竹以播种繁殖为主。果实成熟后，宜采后即播或沙藏，以防丧失发芽力，在20℃左右经20～30d发芽。也可分株繁殖，虽全年均可进行，但以春季结合换盆时进行为佳。

【栽培管理】文竹盆栽用土以腐叶土或园土、沙、厩肥按3∶2∶1的比例配制而成。生长期盆土要求见干见湿，因此应注意盆土见干后再浇水，浇则浇透。施肥不宜太多，每15～20d施一次稀薄液肥。植株高大时要支撑并绑缚定型。

【观赏与应用】文竹枝茎纤细轻盈，向侧方水平伸展呈云片状，色鲜绿，姿态飘逸，给人以轻松舒适感。文竹常做小盆栽，小巧玲珑，特别适合室内装饰，一般宜摆设于茶几、办公桌、书桌等小空间。在温室或大棚内也可进行切叶栽培，其叶潇洒飘逸，自然优美，是新娘手捧花及胸花极好的配叶。

二、吊　兰

【学名】*Chlorophytum comosum*

【别名】桂兰、挂兰

【属名】吊兰属

【产地及分布】原产南非，我国各地多有温室栽培。

【形态特征】吊兰为多年生常绿草本植物。根呈肉质块状，具根茎。叶基生，细长，条形或条状披针形，基部抱茎。叶丛中常抽生细长花茎，花后成匍匐枝下垂，并于节上萌生带根的小植株。总状花序，花白色。花期夏、冬两季，室温12℃以上即可开花。蒴果圆三棱状扁球形。（图16-13）

图16-13　吊兰

【品种及同属其他种】

1. 栽培品种

（1）'金心'吊兰（'Medio-pictum'）　叶中心有黄色纵条纹。

（2）'金边'吊兰（'Marginatum'）　叶缘黄白色。

（3）'银心'吊兰（'Vittatum'）　叶中心具白色纵条纹。

（4）'银边'吊兰（'Variegatum'）　叶缘白色。

（5）'大叶'吊兰（'Picturatum'）　叶较宽，中心有宽黄白色纵条纹。

2. 同属其他栽培种　白纹草（*Ch. bichetii*），植株弱小；叶密生，长20cm，宽1～2cm，质薄，边缘具白纹；花白色。

【生态习性】吊兰性喜温暖、湿润、半阴环境，宜疏松、肥沃、排水良好的土壤，生长适温为15～25℃，不低于5℃条件下才能安全越冬。夏、秋季忌阳光直射，但室内栽培应置光照充足处，光线不足常使叶色变淡呈黄绿色。

【繁殖方法】吊兰以分株繁殖为主，春季换盆时分株为宜。也可切取花茎上带根的幼株进行分栽。还可种子繁殖。

【栽培管理】吊兰盆土以泥炭和腐叶土为主混合而成，生长季要勤浇水，保持盆土湿润，每半个月施一次稀薄的氮肥水。每3～4年换盆一次，平时注意清理黄叶枯枝。冬季温室内栽培，夏季宜室外荫棚下养护。

【观赏与应用】吊兰叶片长披针形，上半部弧状弯曲，花茎细长下垂，顶端及节部长出许多带有气生根的小株，极富动态美，适宜摆置于室内高处的柜架之上，或者悬挂于空中，可增加绿化装饰的空间层次感和立体美。同时，吊兰又有"绿色净化器"之美称，能够吸收空气中的甲醛、一氧化碳、二氧化碳等有害物质，有效净化室内空气。

第四节　龙舌兰科

龙舌兰科植物多分布于温带和亚热带地区。多为多年生草本或灌木，具有短缩或直立的长茎。叶单生,纤维质丰富,厚肉质,簇生于短缩茎顶或螺旋状着生于茎干上,全缘或具刺齿。穗状圆锥花序。

一、香龙血树

【学名】*Dracaena fragrans*

【别名】巴西铁、巴西木、香千年树

【属名】龙血树属

【产地及分布】原产非洲几内亚、加那利群岛。我国华南地区露地栽培,其他地区室内盆栽。

【形态特征】香龙血树为常绿小乔木或灌木,高约6m。茎灰褐色,幼枝有环状叶痕。叶聚生于茎顶,长椭圆状披针形,长30~90cm,绿色。顶生圆锥花序,苞片3枚,花乳黄色,有芳香。(图16-14)

【品种及同属其他种】

1. 栽培品种

(1)'缟'香龙血树('Massangeana') 常绿乔木,茎干直立有分枝。叶簇生,长披针形,长30~60cm,绿色,叶片中央有金黄色条纹,新叶尤为明显。花簇生,圆锥花序,花黄白色,有芳香。

图16-14 '缟'香龙血树

(2)'金边'香龙血树('Lindenii') 叶缘具黄色的宽纵向条纹。

(3)'金叶'香龙血树('Golden Leaves') 叶片呈金黄亮色。

2. 同属其他栽培种 龙血树属植物约150种,我国有5种。

(1)百合竹(*D. reflexa*) 百合竹枝叶繁茂,茎干长高后呈弯曲延伸状。叶剑状披针形,无柄,不易脱落,革质,有光泽。

(2)红色龙血树(*D. concinna*) 红色龙血树株高1.6~2.0m。叶长60~100cm,宽6.8~8.0cm,绿色,边缘紫红色。

(3)星点龙血树(*D. godseffiana*) 星点龙血树又称星点木、银星富贵竹。灌木,叶2~3片轮生,长10~12cm,宽4~6cm,浓绿色,具多数不规则的白斑点。

(4)银边富贵竹(*D. sanderiana*) 银边富贵竹茎直立。叶片长披针形,叶缘具黄白色宽纵纹。后文将详细介绍本种。

【生态习性】香龙血树喜高温、多湿和半阴环境。生长适温为20~30℃,在13℃时即休眠,越冬安全温度要保持5℃以上。对光照的适应范围很宽,喜光照充足,但也十分耐阴。较耐干旱。要求肥沃疏松、排水良好的微酸性土壤。

【繁殖方法】香龙血树以扦插繁殖为主,宜将树干带节切成8~10cm小段,插于沙床,在生长期1个月后即可生根发芽。也可水插繁殖。

【栽培管理】香龙血树盆土以腐叶土、河沙和少量腐熟麻酱渣混合配制而成。5~9月为生长旺盛期,每半个月施肥一次,多年生老株每周施肥一次。浇水要及时,盆土不能过干或过湿,经常喷雾提高空气湿度。冬季减少浇水和停止施肥。每1~2年换盆一次。常见将茎干锯成50cm、75cm、110cm等不同规格的茎段,扦插成活后高、中、低三株组合成一盆,观赏效果更佳。

【观赏与应用】香龙血树茎干挺直,长披针形叶片翠绿色,叶色鲜亮宜人,只要养护得当一年四季可供观赏,最宜摆设于居家客厅的沙发旁,也可用于酒店大堂、中庭的绿化装饰。其叶片是上好的切叶,俗称"巴西叶",是插花花艺创作中常用的线性叶材,常用于插花构图中的线条造型。

二、银边富贵竹

【学名】*Dracaena sanderiana*

【别名】富贵竹、开运竹

【属名】龙血树属

【产地及分布】原产非洲西部的喀麦隆及刚果一带。

【形态特征】银边富贵竹为常绿灌木。植株单茎,直立,细长,一般不分枝,最高可长至 2m 以上。叶长披针形,互生,薄革质,长 10～15cm,宽 1.6～2.5cm,绿色,叶缘镶有黄白色纵条纹。(图 16-15)

【栽培品种】

1. 富贵竹('Virescens') 又名绿叶仙达龙血树、万年竹,是银边富贵竹的芽变品种。叶片绿色。

2. '金边'富贵竹('Celica') 叶缘具黄绿色宽条纹斑,叶面有黄绿色条纹斑。

图 16-15 银边富贵竹

3. '银线'富贵竹('Borinquensis') 叶片中部具灰白色纵条纹斑。

【生态习性】银边富贵竹性喜高温、多湿环境,喜暖热,畏寒冷。较耐阴,忌强光暴晒,但冬春宜置于光线充足的场所。生长适温为 20～30℃,冬季不低于 10℃可安全越冬,若低于 5℃则茎叶易受冻害,叶片泛黄脱落。富贵竹抗寒能力稍强,可抗 2℃的低温。喜湿耐涝,要求较高的空气湿度,不耐干旱。对土壤要求不严格,宜沙壤土。

【繁殖方法】银边富贵竹以扦插繁殖为主,宜春夏进行,插穗长 5～10cm,带 3 个节。扦插基质可用河沙、蛭石、珍珠岩等,遮阴保湿,插后 20d 开始生根,1 个月左右便可上盆。也可水插,将 20～25cm 长的茎段摘除叶片,直接插于清水之中,保持水质清洁,每 3～5d 换一次水,经 25d 左右便可生根。

【栽培管理】银边富贵竹用园土和沙的混合基质栽培生长良好,生长期施少许肥液即可生长旺盛。夏季避免阳光直射,适当遮阴则叶色翠绿,否则易引起叶片灼伤,并要勤浇水,切勿使盆土干燥。冬春季宜充足光照,可摆放于室内阳光充足的窗前,并经常向植株周围喷水,增加空气湿度,防止叶尖干枯。冬季室温要保持在 10℃以上,以保证安全越冬。

【观赏与应用】银边富贵竹绿叶边缘镶有黄白色纵条纹,色泽高雅,适宜盆栽或水培,摆设于茶几、案头及办公桌上供人观赏。其茎叶疏挺高洁,悠然洒脱,四季常青,象征着富贵吉祥,深受人们的喜爱。其茎叶剪切之后也是极好的插花材料。选择同一品种、生长健壮、粗细匀称的茎段,制作成"开运塔",象征着吉祥富贵,鸿运当头,深受人们的喜爱,在年宵花市上非常畅销。

三、朱　蕉

【学名】*Cordyline fruticosa*

【别名】铁树、红铁

【属名】朱蕉属

【产地及分布】原产东亚热带地区及南太平洋诸岛屿。我国南部热带、亚热带地区有分布。

【形态特征】朱蕉为常绿灌木。高达3m。根白色，根茎呈块状匍匐性。地上茎直立不分枝，细长，丛生。叶柄长，具深沟；叶片革质，剑状，聚生茎端，铜绿带棕红色。圆锥花序，花小，白色，或带红或带黄。浆果红色，球形。（图16-16）

图16-16　朱蕉

【常见栽培品种】

（1）'锦'朱蕉（'Amabilis'）　叶宽，亮绿或铜绿色，带白色或绿白色边并有桃红色晕。

（2）'巴氏'朱蕉（'Baptistii'）　叶绿色，有粉红色和黄色不整齐条纹。

（3）'三色'朱蕉（'Tricolor'）　叶阔椭圆形，有乳黄色和红色不规则的斑点。

（4）'七彩'朱蕉（'Kini'）　株高30～50cm。叶长20～30cm，宽4.5～5.5cm，披针形，边缘红色，中央有数条鲜黄绿色纵条纹，叶柄长约4cm。

（5）'迷你红边'朱蕉（'Red Edge'）　株高40cm。叶片长10～20cm，鞘状，抱茎，叶缘红色，中央淡紫红色和绿色斜条纹不规则相间。

【生态习性】朱蕉性喜高温、多湿环境，冬季不低于10℃。在光照充足条件下可在水中生长，夏季宜遮阴栽培。土壤以肥沃、排水良好为宜。

【繁殖方法】朱蕉以播种和扦插繁殖为主。春播较易发芽。茎部易生不定芽，芽长3～5cm时，即可切取扦插于湿润河沙中，或切取茎干横埋于基质中，当芽萌发生出4～5片叶时，带踵扦插于基质中，还可用茎端扦插。

【栽培管理】朱蕉盆栽培养土一般由腐叶土、泥炭、河沙混合配制而成。生长季注意经常浇水，每半个月施薄肥一次，老株每周施肥一次。盆土不可过干，也不可过湿，生长旺季要经常浇水，保持盆土湿润。

【观赏与应用】朱蕉适宜中型盆栽，常见用于居家客厅摆设或阳台美化，也可用于酒店大堂及中庭，还可布置会场的主席台前方及周边。

第五节　棕榈科

棕榈科植物为单子叶植物，乔木或灌木，常绿，茎干无分枝。叶片分扇叶类和羽叶类两大类型。花序大，花小，单性或两性。浆果。

棕榈科植物性喜高温、高湿环境，越冬温度不低于15℃，冬季室内干燥，需经常向叶面喷水、喷雾，以防叶尖干枯黄化。保持土壤适度湿润。喜较强光照，但夏季忌强光直射。可播种繁殖或分株繁殖。

一、袖珍椰子

【学名】*Chamaedorea elegans*

【别名】矮生椰子、好运棕、矮棕、客厅棕

【属名】袖珍椰子属

【产地及分布】原产墨西哥至危地马拉，热带、亚热带地区广泛栽培。我国东南至西南各地有栽培。

【形态特征】袖珍椰子为常绿单干矮灌木，株高1～3m。茎细长，绿色，有环纹。羽状复叶，小叶20～40片，镰刀形，长6～10cm，宽2～3cm，叶片稍弯垂。肉穗花序腋生，具舟状总苞。花极小，淡黄色。花期5月。(图16-17)

图16-17 袖珍椰子

【同属其他栽培种】袖珍椰子属植物中常见作观赏栽培的还有夏威夷椰子和璎珞椰子。

(1) 夏威夷椰子（*C. erumpens*） 夏威夷椰子又名竹茎玲珑椰子，原产危地马拉及洪都拉斯。丛生灌木，有地下茎，高可达2～4m。茎干纤细，绿色，形如竹状。羽状复叶，小叶披针形。肉穗花序腋生，雌雄异株，花橙红色。果熟时黑色。

(2) 璎珞椰子（*C. cataractarum*） 璎珞椰子又称富贵椰子，原产墨西哥。丛生灌木，高不及1.5m，茎粗壮。羽状复叶，小叶13～16对，线状披针形，柔软弯垂。花序从地茎处抽出。

【生态习性】袖珍椰子喜温暖、湿润气候，耐阴性强，忌烈日及高温，适生温度20～28℃，较耐寒，可耐3℃以上的低温，但苗期抗寒能力差。对土壤要求不严，肥沃疏松土壤有利于生长。忌积水。

【繁殖方法】袖珍椰子多用播种繁殖。种子不耐干燥贮藏，应随采随播。发芽温度18℃以上，种子要经4～6个月才发芽，播种时要对种子和苗床进行消毒。为促进种子萌发和出苗整齐，播种前可用35℃温水浸种24h。播种覆土深度以2～3cm为宜。播种后苗床要保持湿润。幼苗耐寒力差，秋冬季要注意保温防寒。

【栽培管理】袖珍椰子常作盆栽观赏，3株合栽一盆。盆土可用腐叶土、泥炭土、园土各1份配制。栽后置遮光50%的荫棚下养护。生长季节每月施肥一次，可用复合肥与饼肥相间使用，并要保持充足水分。秋冬季气温下降时注意防寒，保持10℃以上便可安全越冬。如果温度保持15℃以上，并保持较高的空气湿度，则植株不会休眠。

【观赏与应用】袖珍椰子株形小巧玲珑，全株深绿色，适宜小盆栽，摆设于居家茶几、书桌、餐桌等空间较小的位置，也可摆设于办公桌上。

二、棕 竹

【学名】*Rhapis excelsa*

【别名】观音竹、筋头竹

【属名】棕竹属

【产地及分布】原产我国南部及日本，我国南方广泛栽培。

【形态特征】棕竹为常绿丛生灌木。茎高 2～3m，圆柱形，上部具褐色网状粗纤维质叶鞘。叶掌状，3～10 深裂，裂片条状披针形，光滑，暗绿色，长达 30cm，边缘和中脉有褐色小锐齿，叶柄长 8～20cm。肉穗花序，多分枝。雌雄异株，雄花小，淡黄色；雌花大，卵状球形。花期 4～5 月。（图 16-18）

【品种及同属其他种】

1. 常见栽培品种 '花叶'观音竹（'Variegata'） 叶片上具有黄色或白色条纹。

2. 同属其他栽培种 矮棕竹（*Rh. humilis*），又名细叶棕竹、观音棕竹。丛生，株高 4～5m。掌状叶半圆形，深裂，小叶 7～8 片，长 20～25cm，比棕竹的小叶更狭细。

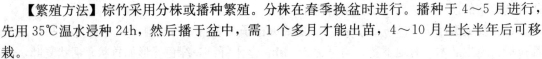

图 16-18 棕 竹

【生态习性】棕竹性喜温暖、阴湿环境，要求排水良好、富含腐殖质、微酸性的沙质壤土。较耐寒，可耐 0℃以下的短暂低温。

【繁殖方法】棕竹采用分株或播种繁殖。分株在春季换盆时进行。播种于 4～5 月进行，先用 35℃温水浸种 24h，然后播于盆中，需 1 个多月才能出苗，4～10 月生长半年后可移栽。

【栽培管理】棕竹盆土用腐叶土、泥炭和沙混合而成。生长季应多浇水，保持空气和土壤湿润。每月施氮肥一次，还可用 0.2%尿素进行叶面施肥，夏季避免阳光直射，2～3 年换盆一次。

【观赏与应用】棕竹株形丰茂，叶形奇美，观赏价值高，且耐寒性较强，一般北方地区多做盆栽，用于酒店、宾馆大堂的绿化装饰。也可用作会场布置。

三、软叶刺葵

【学名】*Phoenix roebelenii*

【别名】美丽针葵、加那利刺葵

【属名】刺葵属

【产地及分布】原产缅甸、老挝及中国云南的西双版纳等地。

【形态特征】软叶刺葵为常绿木本观叶植物，株高达 2～3m，雌雄异株。茎直立，常数株丛生。叶多数，质软，羽裂对生，约 50 个裂片，长 25cm，宽 1cm，向下弯曲，叶柄有软刺。果实长圆形。（图 16-19）

【生态习性】软叶刺葵性喜高温，越冬安全温度在 7℃以上，适于较强光照，但忌阳光直射。要求中等空气湿度，土壤保持湿润。

【繁殖方法】软叶刺葵采用播种或分株繁殖。

【栽培管理】软叶刺葵盆土用腐叶土和沙混合配制而成，夏季适当遮阴，并充分浇水，但要防

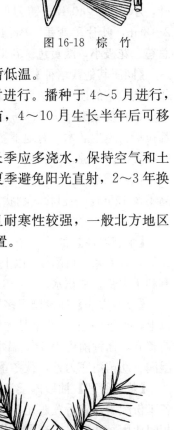

图 16-19 软叶刺葵

积水烂根。冬季置向阳处,控制浇水。生长季每月施肥一次,2~3年换盆一次。

【观赏与应用】软叶刺葵羽裂叶质软下垂,自然洒脱,宜做盆栽,用于室内装饰,如居家客厅、酒店、宾馆的大堂摆放几盆,则充满热带风情。其叶片也是插花上等的叶材,常用于花束、花篮的配叶。

四、散 尾 葵

【学名】*Chrysalidocarpus lutescens*

【别名】黄椰子

【属名】散尾葵属

【产地及分布】原产马达加斯加,我国华南地区广泛栽培,长江以北地区多盆栽,温室养护。

【形态特征】散尾葵为丛生常绿灌木或小乔木,高可达8m,直径5~8cm,具环状叶痕。叶柄带橙黄色,表面具狭沟。羽状叶先端弯曲,微下垂,小叶革质,狭,具光泽,叶轴绿黄色。花期3~4月,果熟期春末夏初。

【生态习性】散尾葵性喜温暖、湿润环境,忌寒冷,忌空气干燥。生长适温15~25℃,不耐寒,越冬最低温度为5℃,最好维持10℃以上。宜70%以上的空气相对湿度。喜阳光充足又比较耐阴,夏秋季节宜50%光照。要求土壤深厚肥沃,排水良好。

【繁殖方法】散尾葵常用播种和分株繁殖。

1. 播种繁殖   散尾葵春末夏初种子成熟时,随采随播。沙床育苗或盆播育苗,播后覆土1cm左右,并覆盖保湿、遮阴。2~3个月后出苗,苗长到8~10cm时便可移栽。

2. 分株繁殖   散尾葵分株繁殖于春季结合换盆进行,在盆土稍干时将植株脱盆,切割为数丛,每丛至少有2~3株苗,分别栽植,并置于20℃以上的室内,以利于创口愈合。

【栽培管理】散尾葵盆栽培养土宜使用腐叶土、泥炭土与河沙或珍珠岩等量配制而成。夏秋季节一般在室外荫棚下养护,给予50%左右的光照,保持70%以上的空气相对湿度,创造15~25℃的生长适温。初冬霜降之前搬入温室养护,应置于窗前阳光充足处,维持10℃以上的温度。生长旺季应保持土壤湿润,但根部不能积水;冬春季节气温较低要减少浇水,保持盆土见干见湿;高温干旱季节不但要经常浇水,还要每天向叶片喷水喷雾,防止出现叶尖枯焦现象。梅雨季节大雨之后要及时倒除盆内积水,防止烂根。5~10月的生长旺季每月施一次追肥,常施用稀薄、腐熟的饼肥水,也可施用复合肥;叶片出现黄化时,可喷施或浇施0.3%的硫酸亚铁溶液。中小型植株每年春季出温室之前换盆一次,大型植株2~3年换盆或换土一次。

【观赏与应用】散尾葵叶片修长,羽状稍弯垂,姿态飘逸,是室内装饰的上等植物材料。常用其美化装饰宾馆大堂、中庭、走廊等处,也是大会主席台布置的绝佳选择。同时,其叶片还是重要的插花配叶,花束、花篮、大型花艺活动均离不开它。

第六节   凤 梨 科

凤梨科为单子叶植物,是室内观叶植物中的庞大一类,全球凤梨科植物有68属2 000余种。主要分布于中南美洲地区的热带雨林中,或高山、沙漠地带。

凤梨科植物为常绿草本,多为有短茎的附生植物。叶硬,边缘有锐刺,叶丛莲座状,中心呈杯状的持水结构，叶片大小因种而异。花序生于莲座叶丛的中央，为圆锥状、总状或穗状。花色丰富且艳丽，有黄、褐、粉红、绿、白、红、紫等色，小花生于色彩亮丽的苞片中，花后由茎基部产生腋芽。果实为聚花果或单果。

凤梨科植物栽培基质宜选择通透性良好的混合基质，常采用泥炭与珍珠岩。基质宜湿润但又不宜过湿，持水杯状结构内要经常保持有水状态。附生类凤梨要向杯状结构内加水和施肥。用水的质量要求较严格，要求pH5.5~6.5的微酸性水，EC值为0.1~0.6mS/cm。对光照的适应性因种类而不同，一般叶片薄软、叶色鲜艳者较喜阴，叶片厚硬者则较喜光照。

一、美叶光萼荷

【学名】 *Aechmea fasciata*
【别名】 蜻蜓凤梨、斑粉菠萝
【属名】 光萼荷属
【产地及分布】 原产巴西，现各热带地区有栽培。我国广东、福建、台湾常见栽培。
【形态特征】 美叶光萼荷为多年生附生性草本，高30~60cm，具短茎，多萌株。叶莲座状基生，基部相互交叠卷成筒状，无柄；叶片带状，长40~60cm，宽5~8cm，革质，浓绿色，有银白色横纹，边缘有黑色刺状细锯齿。花序从叶筒中央抽出，有短分枝，花序梗长，伸出叶筒外，头状圆锥花序，总苞片粉红色。花期5~7月，观赏期可达2个月以上。(图16-20)

图16-20　美叶光萼荷

【品种及同属其他种】

1. 栽培品种　美叶光萼荷的主要栽培品种有'银边'光萼荷（'Albo-marginata'）、'紫缟'光萼荷（'Purpurea'）、'斑叶'光萼荷（'Variegata'）。

2. 同属其他栽培种

（1）光萼荷（*A. chantinii*）　光萼荷叶开展，橄榄绿色，具灰白色或玫红带灰的横条纹，边缘有直伸刺状细锯齿。花序梗长，花密集成短三角形的圆锥花序，苞片橙红色，花黄色。

（2）红苞光萼荷（*A. bracteata*）　红苞光萼荷株型较大。叶硬质，被薄白粉，边缘有粗齿刺。花序高1.5m。花序下部有分枝，花苞鲜红色，花小。

【生态习性】美叶光萼荷喜温热、湿润和明亮散射光的环境，忌暴晒，但过分荫蔽叶片会徒长，色斑暗淡。生长适温18~25℃，花芽分化期要求20℃以上，低于18℃不开花；不耐寒，低于2℃易引起冻伤，6℃以上可以安全越冬。附生性，喜排水良好、富含腐殖质和纤维质的基质，较耐旱。

【繁殖方法】美叶光萼荷以分株繁殖为主。分株时，将长出5~6片小叶的萌芽带根从母株上切下另行栽培即可，宜在春季或秋季进行，温度低于15℃时不宜分株。分株苗约12个月可达成熟株龄。也可用叶片带踵扦插，扦插时保留半叶，插于沙床，保持湿润，约1个月开始长根发芽，2个月可以移植。大量繁殖时可用组培法，组培苗约16个月可达成熟株龄。

【栽培管理】美叶光萼荷常作盆栽，盆土要透气透水，可用泥炭土4份、腐叶土3份、河沙3份混合配制。在荫棚或温室培植，夏秋季遮光70%～80%，并加强通风，冬春季遮光40%～50%。生长季节要保持盆土及空气湿润，可往叶筒内注水。每月施肥两次，要求较多的钾、钙元素，施肥不宜含氮过高，否则易引起徒长，开花前增施磷、钾肥。冬季要清除叶筒内积水，注意防寒。

【观赏与应用】美叶光萼荷叶片具彩色条纹，花序苞片粉红色，色彩极艳丽，宜盆栽室内装饰。

二、果子蔓

【学名】*Guzmania lingulata*

【别名】红星凤梨、姑氏凤梨

【属名】果子蔓属

【产地与分布】原产哥伦比亚和厄瓜多尔，热带地区均有栽培。我国南部地区近年有引种栽培。

【形态特征】果子蔓为多年生常绿附生草本。株高20～45cm，茎短，基部多萌芽。叶莲座状基生，叶基相互叠生卷成筒状，成株有叶片15～25枚；叶片剑状披针形，长30～40cm，宽2～3cm，革质，有光泽，先端弯垂，全缘，平滑。花两性，密集成伞房状，花序梗长，伸出叶筒之上，有多数苞片。苞片红色。花期8～10月。(图16-21)

【品种、变种及同属其他种】果子蔓有多个园艺变种和品种作观赏栽培。

图16-21　果子蔓

1. 栽培品种

(1) '大'果子蔓（'Major'）　又称大红星凤梨。株型高大，高可达50cm。叶片剑形，长35～45cm，宽3～4cm，斜向上伸展。花序梗长可达60cm。

(2) '大黄星'（'Hilde'）　花序黄色。

(3) '丹尼斯星'（'Denise'）　叶片多，深绿色，叶片较宽。花序密集。

(4) '地可拉紫红星'（'Decora'）　株型中等。叶基部和叶背紫褐色。花序较短，稍呈头状，紫红色。

(5) '紫星'（'Amaranth'）　叶和苞片疏而长。

2. 主要变种　小果子蔓（var. *magnifica*），又称小红星凤梨。株型较小，高20～25cm。叶剑状条形，长约20cm，宽约2cm，开花时中央一轮叶片中部以下红色，先端绿色。花序梗短，仅伸出叶筒。

3. 同属其他栽培种

(1) 红叶果子蔓（*G. sanguinea*）　红叶果子蔓叶片上半部呈红色，开花时，中央一轮叶片全部红色。

(2) 大咪头果子蔓（*G. conifera*）　大咪头果子蔓植株阔莲座状。花序球果状，花苞亮红色，尖端黄色。

【生态习性】果子蔓喜温暖、湿润、半阴而通风良好的环境，不宜暴晒。生长适温22～

28℃，不耐寒，冬季8℃以上可安全越冬。要求排水良好、富含腐殖质和粗纤维的栽培基质。

【繁殖方法】果子蔓常用分株繁殖，也可用叶片带踵扦插繁殖。大量繁殖时可用组培法，组培苗18个月可达到成熟株龄。

【栽培管理】果子蔓盆栽基质宜用泥炭土、河沙、蛭石等量配比再加少量饼肥配制而成。宜置荫棚下培植，夏季遮光70%～80%，冬季遮光40%～50%。生长季节保持盆土及空气湿润，可在叶筒中注水，但每半个月应清除叶内积水一次，以免藻类污染叶片。每月施肥1～2次，可轮换使用有机肥和无机肥，开花前应多施用磷、钾肥。夏季炎热季节要加强环境通风。冬季保持8℃以上。

【观赏与应用】果子蔓叶片鲜亮有光泽，极为美观，而且观赏期长，苞片鲜红色，极为艳丽，是上等年宵盆花，宜室内摆设装饰，特别是春节期间摆设几盆，则浓郁的节日氛围油然而生。

三、铁 兰

【学名】*Tillandsia cyanea*

【别名】丛生铁兰、紫花凤梨、紫凤梨

【属名】铁兰属

【产地与分布】铁兰原产西印度群岛及中美洲。有生长于热带雨林、干燥沙漠以及岩石上的不同适应性种类。

【形态特征】铁兰为多年生常绿草本植物。叶莲座状基生，叶片线状披针形，灰绿色，质硬，长20～30cm。穗状花序，长10～15cm，花蓝紫色，生于淡红色苞片之上；花瓣卵形，形似蝴蝶。（图16-22）

【同属其他栽培种】

(1) 歧花铁兰（*T. flabellata*） 歧花铁兰又称百剑凤梨、多花小红剑。复穗状花序，鲜红色或橙红色。

(2) 银叶铁兰（*T. caputemedusae*） 银叶铁兰株高10～40cm。叶簇生，满布银白毛茸。花小，淡紫色。

图16-22 铁 兰

【生态习性】铁兰喜温暖、湿润、散射光而通风良好的环境，不宜暴晒。生长适温18～30℃，不耐寒，冬季10℃以上可安全越冬。喜湿润环境，要求空气相对湿度60%以上。栽培基质要求排水良好、富含腐殖质和粗纤维。

【繁殖方法】铁兰常用分株繁殖，也可扦插繁殖。大量繁殖时可用组培法。

【栽培管理】铁兰盆栽基质宜用泥炭土、河沙、蛭石等量配比再加少量饼肥配制而成。宜置荫棚下培植，夏季遮光70%～80%，冬季遮光40%～50%。生长季节保持盆土及空气湿润，每月施肥1～2次，可轮换使用有机肥和无机肥，开花前应多施用磷、钾肥。夏季炎热季节，要加强环境通风。冬季保持10℃以上。

【观赏与应用】铁兰花序形态奇特，色彩艳丽，极具观赏价值，主要盆栽用于居家室内装饰。

第七节 竹芋科

竹芋科植物大约有 30 属 400 种。原产于热带美洲和亚洲。

竹芋科植物为多年生草本植物，多具地下茎。叶片基生或茎生，羽状叶，全缘，叶面有斑纹或斑块，奇特而秀丽。花两性，穗状花序或头状花序，花小，白色或彩色，但不艳丽。蒴果。

竹芋科花卉的共同习性是喜温暖、湿润、散射光的庇荫环境，耐寒性差，宜疏松、肥沃、通透性良好的栽培基质。以分株繁殖为主。栽培管理注意夏季高温季节荫棚养护，冬季温室栽培并创造适宜的越冬温度，保持较高的空气湿度。生长季节每月施肥 1～2 次。

一、天鹅绒竹芋

【学名】*Calathea zebrina*
【别名】斑叶肖竹芋、绒叶肖竹芋
【属名】肖竹芋属
【产地与分布】原产巴西热带雨林。
【形态特征】天鹅绒竹芋为多年生常绿草本。株高 50～100cm。根状茎，多有丛生状的萌株。叶基生，椭圆状披针形，长 30～45cm，叶端钝尖，基部渐狭，叶面深绿色，具有天鹅绒光泽，且具有斑马状深绿色横向条纹，叶背幼时浅灰绿色，老时深紫色。花两性，白色或蓝紫色。花期 6～8 月。（图 16-23）

图 16-23　天鹅绒竹芋

【同属其他种】

(1) 孔雀竹芋（*C. makoyana*）　孔雀竹芋高约 30cm。叶椭圆形，长 20cm，叶面淡黄绿色，有细而斜的绿色线纹，薄革质，主脉的左右两侧有交互的绿色箭羽状斑，叶背紫红色。形似孔雀开屏的尾羽。

(2) 彩虹竹芋（*C. roseopicta*）　彩虹竹芋又名玫瑰竹芋。株高 30cm，叶阔卵形，长 20cm，宽 15cm 左右，叶稍厚，带革质，叶缘呈波状，叶面浓绿色，叶脉和叶缘处有淡桃色和白色斑纹，叶背和叶柄紫红色，叶的正、反两面色彩反差很大。观赏效果极佳。但不耐寒。

(3) 豹纹竹芋（*C. leopardina*）　豹纹竹芋植株低矮，常匍匐生长。叶片长椭圆形，长 7～10cm，宽 4～6cm，先端尖，叶缘稍呈波状，叶面淡黄绿色，主脉两侧具箭羽状浓绿色斑纹，叶背呈青铜紫色。

(4) 箭羽竹芋（*C. lancifolia*）　箭羽竹芋叶片线状披针形，叶缘稍呈波状，先端尖，叶面淡黄绿色，中脉左右两侧具箭羽状浓绿色斑点，叶背深紫红色，有光泽。

【生态习性】天鹅绒竹芋喜温暖、湿润、庇荫而通风良好的环境，不宜强光暴晒。生长适温 20～26℃，不耐寒，冬季 15℃以上可安全越冬。要求栽培环境的空气相对湿度 60% 以上。栽培基质宜排水良好、富含腐殖质的沙质壤土。

【繁殖方法】天鹅绒竹芋以分株繁殖为主，大量繁殖时可用组培法。

【栽培管理】天鹅绒竹芋盆栽基质宜用泥炭土、腐叶土等量配比再加少量基肥配制而成。夏季宜置荫棚下养护,保持环境通风良好。生长季节保持盆土及空气湿润,经常向叶面或周围环境喷水喷雾,每月施肥1~2次。冬季温室养护,保持15℃以上便可安全越冬。

【观赏与应用】天鹅绒竹芋宜盆栽用于居家室内及酒店大堂的美化装饰。其叶面具天鹅绒般的光泽,秀美宜人,极具观赏价值,是世界著名的室内观叶植物。其叶片也可切叶,用于插花造型。

二、花叶竹芋

【学名】*Maranta bicolor*

【别名】双色竹芋、双色葛郁金

【属名】竹芋属

【产地与分布】原产巴西和圭亚那热带雨林。我国南部及西南部地区有栽培。

【形态特征】花叶竹芋为多年生常绿草本植物。植株矮小,株高25~40cm。叶片长圆形、椭圆形至卵形,长8~15cm,叶端圆形具小尖,叶基部近心形,叶缘呈波浪形,叶面粉绿色,中脉两侧相对分布有绿褐色斑块,叶背粉绿色或淡紫色。花小,白色。(图16-24)

图16-24 花叶竹芋

【生态习性】花叶竹芋喜温暖、湿润、半阴的环境,喜充足的散射光,但不可强光暴晒。生长适温20~30℃,不耐寒,低于5℃就会引起叶片冻伤。要求栽培环境有较高的空气湿度。栽培基质宜富含腐殖质、土质疏松、既能保水又不积水的沙质土壤。

【繁殖方法】花叶竹芋以分株繁殖为主,也可扦插繁殖。均应于春季进行。

【栽培管理】花叶竹芋盆栽基质宜用泥炭土、园土按一定的配比再加少量基肥配制而成。夏季宜置荫棚下养护,生长季节保持较高的空气湿度,经常向叶面或周围环境喷水喷雾,每月施肥1~2次。冬季温室养护,保持10℃以上便可安全越冬。

【观赏与应用】花叶竹芋株型小巧,叶形、叶色美观雅致,常做小盆栽用于居家室内、办公室的美化装饰。

三、紫背竹芋

【学名】*Stromanthe sanguinea*

【别名】红背卧花竹芋

【属名】卧花竹芋属

【产地与分布】原产中美洲及巴西。我国南部地区有栽培。

【形态特征】紫背竹芋为多年生常绿草本植物。株高1.5m。分枝多。叶革质,具光泽,表面橄榄绿色,背面血红色。花茎由高芽先端抽出,圆锥花序,花苞红色,小花白色。(图16-25)

【生态习性】紫背竹芋喜温暖、湿润、半阴的环境,喜散射光,不耐强光暴晒。生长适温 25~30℃，耐高温，不耐寒，5℃以下易引起叶片冻伤。要求较高的空气湿度。栽培基质宜疏松肥沃、排水良好的酸性土壤。

【繁殖方法】紫背竹芋以分株繁殖为主，气温 15℃以上进行为宜。

【栽培管理】紫背竹芋盆栽基质必须透水性良好。夏季宜置荫棚下养护，生长季节保持较高的空气湿度，经常向叶面或周围环境喷水喷雾，每月施肥 1~2 次。冬季温室养护，保持 10℃以上。其生命力较强，管理较粗放。

【观赏与应用】紫背竹芋叶色秀美，色斑迷人，是优良的室内观叶植物，适宜居家及办公室等各种室内环境的美化装饰。南方温暖地区也可作为林下地被栽植。

第八节 其 他 科

一、瓜 栗

【学名】*Pachira macrocarpa*

【别名】发财树、马拉巴栗

【科属】木棉科瓜栗属

【产地与分布】原产墨西哥。我国海南、广东等地大量种植。

【形态特征】瓜栗为半落叶乔木。茎基部膨大，嫩茎及枝绿色。主干直立，侧枝轮生。掌状复叶，互生，小叶 5~7 枚，长椭圆形，表面叶脉凹下。花单生叶腋或枝顶，花瓣 5 枚，分离，黄绿色，雄蕊多数。花期 3~5 月。蒴果卵形。（图 16-26）

【生态习性】瓜栗喜温暖、湿润气候。喜光，既耐日晒也耐荫蔽。生长适温 20~25℃，较耐寒，6℃以上可安全越冬，成年树可耐短暂 0℃左右的低温。喜疏松肥沃、排水良好的微酸性土壤，磷、钾肥可促进茎基部膨大。较耐干旱，可适应低湿度环境。

【繁殖方法】瓜栗常用播种繁殖，种子宜随采随播，宜先通过育苗选育出小苗，再移至营养袋培育。也可扦插繁殖，但因扦插苗茎基常不膨大而少用。

图 16-25 紫背竹芋

图 16-26 瓜栗

【栽培管理】瓜栗作为观叶植物栽培，常先用营养袋育苗，植株长至 80~100cm 时，拔起、去土，于阴凉处放置 3~4h，待茎变柔软时，选大小相近的 3~5 株，编成辫状，再植于苗地，育成大规格苗备用。在培育过程中，每月施肥 1~2 次，应多施磷、钾肥，促进生长和茎干膨大。育成大苗后，根据需要，确定留干高度，截去干顶，上盆定植。定植盆土宜用泥炭、河沙、腐殖土混合配制，定植后保持盆土湿润，每月施肥一次，1~2 个月即可出圃应用。

【观赏与应用】瓜栗主干直立，常见 3~5 株合栽一盆，主干编成辫状，干茎基部膨大，叶形优美，枝叶鲜绿，观赏效果极佳，盆栽可用于居家客厅绿化美化装饰，也可布置于酒店、宾馆的大堂以及办公楼内。

二、西瓜皮椒草

【学名】*Peperomia argyreia*

【别名】银斑椒草、瓜叶椒草、无茎豆瓣绿

【科属】胡椒科草胡椒属

【产地及分布】原产南美热带地区，亚洲热带地区也有分布。

【形态特征】西瓜皮椒草为多年生常绿草本植物。茎短而丛生。叶基生，叶柄红褐色，叶片肉质心状卵圆形，盾状着生，长约6cm，叶脉浓绿色、8条辐射状，脉间具银灰色有规则的条状斑纹，形似西瓜表皮的斑纹，故而得名。穗状花序基出，具3~5分枝，花极小，着生于花序轴上凹穴内，花序轴肉质。（图16-27）

图16-27 西瓜皮椒草

【同属其他种】

（1）皱叶椒草（*P. caperata*）　皱叶椒草茎短。叶丛生，叶柄圆形、茶褐色，叶片心形，深绿色，叶面呈褶皱状。穗状花序，淡黄色。

（2）红边椒草（*P. clusiifolia*）　红边椒草叶长卵形，肉质，长5~6cm，叶柄极短，紫褐色，叶缘红色。

（3）石纹椒草（*P. maymorata*）　石纹椒草植株莲座状。叶面有褶皱，具光泽。

（4）圆叶椒草（*P. obtusifolia*）　圆叶椒草植株高约30cm。茎圆形粗大，多分枝。叶柄短，叶片阔卵形，肉质，硬而厚，浓绿色，有光泽。茎及叶柄红褐色或紫色。

（5）豆瓣绿（*P. sandersii*）　豆瓣绿叶卵圆形，肉质有光泽，叶面灰绿色。顶生穗状花序，灰白色。

【生态习性】西瓜皮椒草喜温暖、湿润气候。忌直射光，耐阴性强，宜于半阴处生长。生长适温20~25℃，忌闷热，宜通风，不耐寒，8℃以上可安全越冬。要求疏松、肥沃和排水良好的土壤，不耐积水，稍耐干旱。

【繁殖方法】西瓜皮椒草以分株或扦插繁殖为主。分株繁殖宜在春、秋两季进行。扦插常于春夏用全叶插，插叶宜带1~2cm叶柄，插至叶片约1/3处，宜用沙床扦插，扦插后床土保持适当湿润，水分不宜太多，可经常向叶面喷水或喷雾，提高空气湿度，3~4周可生根。

【栽培管理】西瓜皮椒草盆土宜用等量的泥炭土、河沙和蛭石混合配制，可加少量有机肥作基肥。宜在荫棚或温室内培植。生长季节保持盆土湿润，每月施薄肥1~2次，适当喷施硫酸镁，可使叶色更鲜艳。夏季高温时节要加强通风降温，闷热天气不宜高湿，以免引起茎叶腐烂。冬季要注意防寒，保持8℃以上方可安全越冬。

【观赏与应用】西瓜皮椒草株形小巧玲珑，叶片形色优美，宜做小盆栽，作居家及办公室绿化装饰，摆设于茶几、办公桌或书桌之上，别有情趣。

第九节　其他常见室内观叶植物

本章前八节按类别和所属科介绍了一些重要的室内观叶植物，此外，还有一些常见的室内观叶植物，其生物学特性、生态习性及应用见表 16-1。

表 16-1　其他常见室内观叶植物简介

中名（别名）	学名	科属	主要形态特征	生态习性	繁殖
冷水花	Pilea cadierei	荨麻科 冷水花属	多年生常绿草本或亚灌木；叶对生，卵状椭圆形，先端尖，叶脉间有银白色斑块	喜高温高湿，忌阳光直射，要求肥沃、排水良好的土壤	扦插、分株
蜘蛛抱蛋（一叶兰）	Aspidistra elatior	百合科 蜘蛛抱蛋属	多年生草本，根茎粗壮；叶单生，长椭圆形，质较硬，深绿色；花紫褐色	喜温暖、湿润、半阴环境，耐寒，能耐5℃低温	分株
网纹草	Fittonia verschaffeltii	爵床科 网纹草属	多年生常绿草本；叶对生，卵圆形，暗绿色，叶脉与中脉红色，形成网状纹；穗状花序，花灰白色	喜高温、高湿和较阴环境，需水充足	扦插、分株
吊竹梅	Zebrina pendula	鸭跖草科 吊竹梅属	多年生草本，茎匍匐多分枝；叶卵状长圆形，先端尖，上面有紫和灰白条纹，背面紫红；花红色	喜温暖、湿润、较耐阴，要求疏松肥沃、排水良好的土壤	分株、扦插
变叶木	Codiaeum variegatum	大戟科 变叶木属	常绿灌木，叶的形状、大小、颜色变异很大，各种斑点、条纹布满叶面	喜温暖、湿润环境，要求阳光充足	扦插
鹅掌柴（鸭脚木）	Schefflera octophylla	五加科 鹅掌柴属	常绿乔木；掌状复叶，小叶6~9枚，革质，椭圆形	喜温暖、湿润、较耐阴，夏季避强光直射	扦插、播种
洋常春藤	Hedera helix	五加科 常春藤属	常绿藤本，茎有气生根；叶掌状分裂，绿色，叶脉明显；花淡黄	喜温暖、湿润、耐阴，也较耐寒	扦插、压条
球兰	Hoya carnosa	萝藦科 球兰属	多年生藤本，叶厚肉质，椭圆，对生；聚伞花序，花数十朵密生于花序上呈球形	喜高温多湿，有一定耐寒、抗旱性	扦插、压条
毛萼口红花	Aeschynanthus radicans	苦苣苔科 芒毛苣苔属	多年生藤本；叶对生，椭圆形；花萼筒状，紫色，花红色	喜高温多湿环境，冬季10℃以上才能安全越冬	扦插、压条
海金沙	Lygodium japonicum	海金沙科 海金沙属	攀缘藤本；叶纸质，二回羽状复叶，小羽片边缘密生孢子囊穗，成熟后呈褐色细沙状	喜湿润、排水良好的沙壤土，宜 pH4.5~5，喜阳光充足，但忌强光直射	孢子繁殖、分株
合果芋	Syngonium podophyllum	天南星科 合果芋属	蔓性草本；叶片宽戟形，淡绿色	喜温暖、湿润、耐阴，越冬安全温度为5℃	扦插
孔雀木	Dizygotheca elegantissima	五加科 孔雀木属	灌木或小乔木；掌状复叶，小叶9~12枚，长披针形，叶缘有粗锯齿，叶片红褐色，叶脉乳白色	喜温暖、高湿、半阴环境，宜通风良好，怕高温，不耐寒，耐干旱	扦插

◆ **复习思考题**

1. 室内观叶植物具有哪些共通的生态习性？如何做好日常管理？
2. 室内观叶植物形态上有哪些相似的特点？其用于室内绿化装饰有何优势？

3. 室内观叶植物主要集中在哪几个科？每个科分别列举 3~5 种常见植物，并简介其形态特征和管理要点。

4. 列举 5 种以上适宜居家装饰的室内观叶植物，并介绍其观赏特征及管理措施。

5. 列举 5 种以上适宜酒店大堂绿化装饰的室内观叶植物，并介绍其观赏特征及管理措施。

6. 列举 5 种以上适宜机关、企业办公楼绿化装饰的室内观叶植物，并介绍其观赏特征及管理措施。

第十七章
兰 科 花 卉

兰科植物是有花植物中最大的科之一,全世界有800多个属3万~3.5万种,人工杂交品种有记载的已超过4万种,并且每年以1000多种的数字在增加。我国原产166属1019种。兰科植物广布全球,其中80%~90%分布于热带及亚热带地区,主要集中分布于亚洲东南部,南、北美洲的热带地区,热带非洲以及大洋洲。我国南、北均产,以云南、台湾和海南为最多。兰科植物中有2000种以上可供观赏栽培。兰科花卉泛指兰科中具观赏价值的种类,主要用作切花或盆栽,集中于兰属、卡特兰属、兜兰属、蝶兰属、万带兰属、指甲兰属、石斛属、齿瓣兰属、白芨属、鹤顶兰属、虾脊兰属等。

第一节 兰花的形态特征

兰花为多年生草本植物,有地生、附生、腐生之别。在植物分类学上属于单子叶植物,雌雄合蕊目。

(一) 花

兰花的花为两侧对称,花单生、聚伞花序或总状花序,多数属、种的花序直立。花朵通常是两性,花被上位六出,分两轮排列;外轮为萼片,3枚;内轮为花瓣,3枚;中心为蕊柱。(图17-1)

1. 花萼　花被外轮3枚为萼片,花瓣状,俗称外三瓣。中间一枚为中萼片,俗称主瓣,通常较宽,向上直立;主瓣两侧各有一枚侧萼片,稍狭小,向花的两侧下方伸展或平展,俗称副瓣。两枚侧萼片的着生状态对其观赏价值有重要影响,两枚侧萼片若向下侧垂,称为"落肩",观赏价值较差;两枚侧萼片若向两侧平伸,排成一字形,称为"一字肩",观赏价值较高;两枚侧萼片若向上翘起,称为"飞肩",极为名贵。

2. 花瓣　花被内轮3枚为花瓣,俗称内三瓣。正中朝下前方伸展的一片为舌瓣,又称唇瓣,唇瓣不但型大,且质地较硬而厚,其上常有斑点和各种色彩,基部常有突起的褶片,先端常有毛或小凸起。有的种类唇瓣基部向后下方延伸形成细管状的距。唇瓣若不带色彩则称之素心,更为名贵。唇瓣上侧的两枚花瓣成对着生,其形状及色彩基本相同,并分别向两侧斜上方伸展,俗称捧瓣。

3. 蕊柱　蕊柱位于花的中心,肉质棒状,稍弯曲,由雄蕊

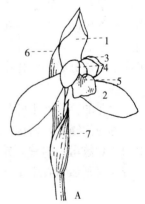

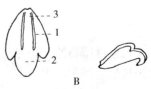

图17-1　兰花花的各部位名称
A: 兰花花部　1. 中萼片　2. 侧萼片　3. 花瓣　4. 蕊柱　5. 唇瓣　6. 苞片　7. 鞘
B: 唇瓣摊平(左)、侧面(右)
1. 侧裂片　2. 中裂片　3. 褶片

花丝与雌蕊花柱合生而成，俗称"鼻"。蕊柱顶端着生3枚花药，2枚退化，1枚发育，具有4个花粉块，由1个黄色药帽覆盖，花药下方有一凹入部分即为柱头，又称药腔或药穴。子房下位，即将开花时扭转180°，致使唇瓣扭转到花的最下方。

4. 苞片与鞘 每朵花的花梗下有一枚苞片，有保护花蕾的作用。鞘位于苞片下方，包被在花茎之外，鞘色常与花色相关。

5. 果实与种子 兰花为虫媒花，蒴果，三棱形柱状体，初时绿色，逐渐转为黄色至黄褐色，成熟后自然开裂，散发种子。兰花每一蒴果具有种子数万至百万粒，种子非常小，呈粉末状，白色或黄白色。种子的胚发育不全，没有胚乳，因而不易发芽，需依靠真菌的作用才能萌芽。

(二) 叶

兰花的叶片通常为绿色。自然条件下，一般原生地阳光强的种类，叶片较肥厚而革质，叶片较细长呈黄绿色；原生地阳光弱的种类，叶片薄而软，且叶色深绿。叶片的形状、大小、数量等因种类不同而异，有片状叶和棍棒状叶，常见的兰属、万带兰属的叶片属于狭窄片状叶；卡特兰属、蝶兰属的叶片属于较阔的片状叶；万带兰属一些种的叶片属于棍棒状叶。叶片在假鳞茎的节上只抽生一次，老假鳞茎上不再抽生新叶。

(三) 根

兰花的根肉质、粗壮、肥大，有明显的根端，分枝少，有共生根菌。根据兰花生活方式不同，有地生根和附生根（气生根）两种类型。地生根着生于假鳞茎基部，多数根形成根群，圆柱形，灰白色，有根毛或无根毛，从土壤中吸收营养物质与水分。附生根又叫气生根，着生于假鳞茎基部或茎上，圆柱形或扁圆形，附生于树杈、树干老皮裂缝或岩石缝隙处，常呈绿色，可进行光合作用，具有从空气中吸收水分及制造营养物质的作用，同时也有固定植物体的功能。兰花的根最外层是表皮，海绵状，其下有多层细胞的根肉组织，根的最内层为中心柱，非常强韧。根内有多种根菌与根共生，这种菌类呈丝状，称为兰菌，其侵入根内之后被分解和消化成为兰花生长发育的养分。

(四) 茎

兰花的茎是着生叶片、花芽和根的重要器官，亦具有贮存水分和养分的功能，常膨大多节，称为假鳞茎，俗称"芦头"。其形状、大小则因兰花种类不同而异。每一个假鳞茎上着生的叶片数量也因种而异，一般春兰为2～7枚，蕙兰为5～10枚，卡特兰属只有1或2枚，万带兰属则通常着生10～20枚叶片。

第二节 兰科花卉的分类

按兰科植物的生态习性通常将其分为地生兰、附生兰和腐生兰三大类。兰科花卉主要集中于地生兰类和附生兰类。

(一) 地生兰类

地生兰类（terrestial）有绿色的叶片，根系生长于土壤中，通常有块茎或根茎，部分有假鳞茎。地生兰类根系上或多或少都具有显著的丝状根毛，从土壤中吸收水分和无机养分。

地生兰类几乎包括了所有原产于寒带和温带地区的兰花种类，也包括部分原产于亚热带和热带高山地区的种类。常见栽培的地生兰有杓兰属，兜兰属大部分种，兰属大部分种如春兰、蕙兰、建兰、墨兰、寒兰、台兰和虾脊兰等。兰属的地生兰通常又称为中国兰，简称国兰。

地生兰叶片线形，花序直立，花朵小而色彩素雅，有宜人芳香。

（二）附生兰类

附生兰类（epiphytic and lithophytic）靠其粗壮的根系附着于树干、树杈、枯木或岩石表面生长。其根系大部分或全部裸露在空气中，称为气生根，不具根毛。通常具假鳞茎，储蓄水分与养分以适应短期干旱，以特殊的吸收根从湿润空气中吸收水分维持生活。主产于热带，少数产于亚热带，适宜热带雨林气候。常见栽培的有指甲兰属、蜘蛛兰属、石斛属、万带兰属、火焰兰属、卡特兰属、蝶兰属、虎头兰等。另外，兰属中也有一些种适宜附生。附生兰及部分花色艳丽的地生兰俗称洋兰。

附生兰叶片稍阔且厚实，花序直立或斜垂，花朵硕大，色彩艳丽，无香气或有淡香。

（三）腐生兰类

腐生兰类（saprophytic）不含叶绿素，营腐生生活，通常生存于腐烂的植物体上，如地下腐朽的朽木。常有块茎或粗短的根茎，叶退化为鳞片状。开花时从地下茎抽出花序。主产于热带、亚热带，常见栽培的有著名中药材天麻。

第三节　兰科花卉的繁殖

兰科花卉常采用播种、扦插、分株及组培法繁殖。

一、播种繁殖

播种繁殖主要用于新品种的培育。由于兰科植物易于种间或属间杂交，杂种后代又可以组培方式大量繁殖，因此种子繁殖具有商业价值。

兰花种子因胚和胚乳在散落时均未发育成熟，自身不带有营养物质，在自然条件下若无真菌参与便不能发芽。所以兰花播种繁殖目前均在试管内的无菌条件下进行。

1. 种子的收获与贮藏　当蒴果由绿转黄再变褐时，开裂并散落种子，种子应在蒴果开裂前采收。采下的蒴果先用蘸有50%次氯酸钾溶液的棉球做表面灭菌后包于清洁白纸中，放干燥冷凉处几天，使蒴果自然干燥并散出种子。兰花种子寿命短，室温下很快便丧失发芽能力，应随采随播。将种子干燥密封贮于5℃下可保持生活力几周至几个月。

2. 播种　蒴果经过灭菌后，取出成熟的兰花种子，在无菌条件下，播种到培养基上，常用的培养基有 Kundson 配方 C、Vacin 及 Went 培养基、Yamad 修改培养基配方Ⅰ和配方Ⅱ、MS 培养基和 Chang 培养基等。不同属、种甚至品种均应试验，选择适合的培养基。技术人员对于培养基中的天然物质添加剂对兰花种子萌芽的影响进行了广泛研究，研究结果认为番茄汁与椰子汁的混合物对所有属的兰花种子萌芽均安全有效。大多数属如兰属、万带兰属、石斛属、蝶兰属等培养基的 pH 以 5~5.2 最适宜。

也可取不完全成熟的种子播种，蒴果还处于绿色时取出种子，播到培养基上也能生长出健康的幼苗，实践证明，蒴果成熟开裂前3~4周的种子最好，这些种子尚未与外界接触，不需表面消毒，可减少污染，并可缩短授粉至播种的时间。

3. 温、光对种子发芽的影响　播种后置于光照充足但无直射日光的室内发芽。Arditti（1967）认为，兰花种子能在6~40℃之间发芽，最适为22~29℃，他建议每天给予12~18h 2 000~3 000lx 光照适于大多数兰花种子发芽。Harvais（1973）、Mukherjee 等（1974）均认为多数兰花种子最适的发芽温度为20~25℃，并推荐在夜温21℃、日温27℃、3 000lx

光照下培养。Post（1949）认为，每天16h 1 000lx光照已能满足良好发芽。

发芽时间因属而异，从几天到几周不等，播种初期种子逐渐由淡黄色转为绿色，进而相继发芽。兰属、兜兰属发芽较慢，需1个月以上。

兰花试管播种繁殖的用具、操作方法与步骤，和一般花卉的组培繁殖大体一致。

二、分株繁殖

分株繁殖适于合轴分枝的种类，在具假鳞茎的种类上普遍采用，如卡特兰属、兰属、石斛属、燕子兰属、树兰属、兜兰属、堇花兰属等。在栽培几年后，或由于假鳞茎的增多，或由于分蘖的增加，当一株多苗时便可分株。

分株简单易行，一般只要不是兰花的旺盛生长季节均可进行，比较适宜的时间是兰花的休眠期，即3~4月发新芽之前，或9~10月停止生长之后。不同种类分株方法稍有差异。

1. 兰属 兰属是兰花中假鳞茎生长最快、通常采用分株繁殖的种类。每年可从顶端假鳞茎上产生1~3个新假鳞茎，第二年再产生。一般2~3年便可分株，分株常结合换盆进行。先将全株自盆内倒出，在适当位置剪成2至多丛。分剪时每丛最少要留4个假鳞茎，才利于今后的生长，4个鳞茎中1~2个可以是无叶的后鳞茎。

2. 卡特兰属 卡特兰每年只在原有假鳞茎前端长出1个假鳞茎。假鳞茎一般6年后落叶成后鳞茎，两个假鳞茎之间有一段粗而短的根茎，在根茎中部有一个休眠芽。栽培5年以上，具5个以上假鳞茎时进行分株。按前端留3~4个、后端留2~3个的原则剪成两株。分株时注意将根茎上的休眠芽留在后段上，否则后段不易产生新的假鳞茎。不具叶的后鳞茎可割下作扦插繁殖。

卡特兰及其相似习性的种类，分株最好在能辨识根茎上的生活芽时进行。不需将植株取出，在原盆内选好位置割成两段，使仍留在原盆中生长，待翌年春季旺盛生长前才将整株取出，细心将两株根部分开栽植。

3. 兜兰属 兜兰属不具假鳞茎，其分株繁殖通常在初春或开花之后的休眠期内结合换盆进行，将生长旺盛并经2~3年栽培的苗株脱盆，用镊子或竹签轻轻地将附着在根部的培养土去掉。然后用双手分别握住一部分植株靠近根的部位，用力将苗株自然分开或用利刀由连接处的中间切断，分别栽植盆内，注意分割时要2~3株为一丛，不可单株栽植。浇水后置于室内光线较弱处养护2周左右即可按正常方法进行管理。

三、扦插繁殖

根据插穗的来源性质不同，兰科花卉可采用顶枝扦插、分蘖扦插、假鳞茎扦插和花茎扦插等。

1. 顶枝扦插 顶枝扦插适用于具有长地上茎的单轴分枝种类，如万带兰属、火焰兰属、蜘蛛兰属。剪取一定长度并带有2~3条气生根的顶枝作为插条，一般长7~10cm，带6~8片叶，过短又不带气生根者成活慢、生长差。顶枝扦插不需苗床育苗，可采后立即栽插于大盆或地中，注意防雨、遮阴并保持足够空气湿度。

2. 分蘖扦插 兰花中单轴分枝及不具假鳞茎的属，如万带兰属、火焰兰属、蜘蛛兰属及属间杂交种等，生长成熟后，尤其在将顶枝剪作插条或已生出的幼株被分割后，母株基部的休眠侧芽易萌发或分蘖，逐渐生根成为幼株。当幼株具有2~3条气生根时，从基部带根割下。一株上的几个分蘖要一次全部割下，才能促使母株再生分蘖。

3. 假鳞茎扦插 适用于具假鳞茎种类，如卡特兰属、兰属、石斛属等。剪取叶已脱落的后鳞茎作为插条，石斛属的假鳞茎细长，可剪为几段，兰属的每一后鳞茎可作一插条。用 BA 羊毛脂软膏涂于 2～3 个侧芽上有助于侧芽萌发成新假鳞茎并生根成苗。插条可扦插于盛放水藓基质的浅箱中，注意保湿，或包埋于湿润水藓中，用聚乙烯袋密封，悬室内温暖处，几周后即出芽生根，分别栽植即可。(图 17-2)

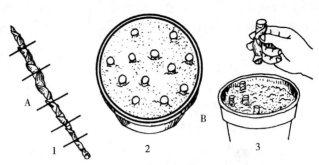

图 17-2 石斛假鳞茎扦插
A. 茎部的切取方法 B. 扦插要点
1. 尽可能把假鳞茎切成 2～3 节一段，做插条用 2. 用水苔填塞，茎条只留小部分露出 3. 切断的茎向根的一头朝下，栽插盆内

4. 花茎扦插 蝶兰属、鹤顶兰属的花茎可作为插条用于繁殖。鹤顶兰花茎的第一朵花以下还有 7 至多节，每节有一片退化叶及腋芽。在最后一朵花开过后，将花茎由基部剪下，去掉顶端有花部分，将其横放在浅箱内的水藓基质上，把两端埋入水藓中以防干燥，2～3 周后每节上能生出 1 个小植株。小植株长出 3～4 条根后，分段将各株剪下移栽盆内。

蝶兰属的花茎扦插只能在无菌试管内进行，和组培繁殖近似。培养基也用 Kundson 配方 C，在适宜条件下约 3 个月出苗生根。

许多研究指出，植物生长调节物质在兰花的扦插繁殖上有促进生根及侧芽发生的良好效果（表 17-1）。

表 17-1 植物生长调节物质在兰花扦插繁殖中的应用

植物生长调节物质	浓度及效果	资料来源
IBA	5 000mg/L 处理 *Renanopsis* 插条促进生根	Hartona, 1978
	以不同浓度处理卡特兰后鳞茎，2 000mg/L 对生根及出苗效果最好	Wittner, 1951
	对兰属绿色假鳞茎的芽和根的生长有效	Kofranek et Barstow, 1955
	100～200mg/L，对 *Dendrobium aggregatum* 假鳞茎的生根效果最好	Nagbhushan, 1982
NAA	0.000 1mol/L 处理万带兰插条 100％生根，对照只 20％～25％生根	Goh, 1983
	90mg/L 处理卡特兰杂种的假鳞茎，有 86％生根，对照只有 14％生根	Delizo, 1974
BA	750～1 000mg/L 有刺激侧芽萌生出小植株的效果	Kunisaki, 1975
	处理兜兰基部侧芽有促进其萌发的效果	Stewartet Button, 1977
	0.1～100mg/L 处理兜兰属能促进侧枝的形成	Plamee et Boesmanl, 1982

四、组培繁殖

组培繁殖现已广泛应用于卡特兰属、兰属、石斛属、蝶兰属、燕子兰属、火焰兰属、万带兰属及许多杂交种。组培苗上盆后一般 3～5 年可开花。

兰花组培繁殖的外植体可用茎尖、侧芽、幼叶尖、休眠芽或花序等分生组织，最常用的是茎尖。外植体可在不加琼脂的 Vacin 及 Went（表 17-2）液体培养基中振荡培养。有时，外植体可在几周内直接发育成小植株，为达到快速繁殖的目的，应将其取出，细心将叶全部剥去后放回原处再培养,直至形成原球茎(protocorm)。原球茎是最初形成的小假鳞茎,形态结构与一般假鳞茎相似。

表17-2　Vacin及Went培养基

成　分	含量(g)
磷酸钙 [$Ca_3(PO_4)_2$]	0.20
硝酸钾(KNO_3)	0.525
硫酸铵 [$(NH_4)_2SO_4$]	0.50
硫酸镁($MgSO_4 \cdot 7H_2O$)	0.25
磷酸二氢钾(KH_2PO_4)	0.25
酒石酸铁 [$Fe(C_4H_4O_6)_3 \cdot 2H_2O$]	0.028
硫酸锰($MnSO_4 \cdot 4H_2O$)	0.0075
蔗糖	20
琼脂	16
蒸馏水	1 000mL

原球茎被移入不含糖的Vacin及Went培养基中继续培养,能不断增殖。增殖的原球茎又可转移培养使之不断扩大。

若将原球茎转移到Yamad修改培养基Ⅰ(表17-3)中,便能分化成小植株。最后将小植株再转移到Vacin及Went固体培养基或Yamad修改培养基Ⅱ(表17-4)中使其生根。生根良好后可移栽成苗。

培养基的pH大致同播种用培养基,pH5.0~5.4较适宜。

表17-3　Yamad修改培养基Ⅰ

成分	含量(g)	成分	含量(mL)
Gaviota67*	1.5	幼椰子汁	200
胨	1.75	鲜番茄汁	10
琼脂	10.0	蒸馏水	1 000
蔗糖	15.0		

* 复合无机肥料,成分为N_{14}、K_{27}及微量元素Mo、Mn、Fe、Cu、Zn与B族维生素。

表17-4　Yamad修改培养基Ⅱ

成分	含量(g)	成分	含量(mL)
Gaviota67	2.5	幼椰子汁	250
胨	1.75	鲜番茄汁	3茶匙
琼脂	15.0	蒸馏水	750
蔗糖	15.0		

第四节　兰科花卉栽培管理

一、栽培植料

兰花,特别是附生兰类,在自然环境中根系均处于通气良好的条件下,地生兰的根也多处于质地疏松、排水通气良好、有机质丰富的土壤中。因此，栽培植料是盆栽兰花的首要条件，其组成在很大程度上影响根部的水气平衡，应重视栽培植料的选用。传统的栽培植料有壤土、黄沙泥、黑沙泥、泥炭、水藓、木炭等。另外，蕨类的根茎和叶柄、树皮、椰子壳纤维和碎砖屑、风化石、蛭石、珍珠岩等都是很好的兰花植料。附生兰类的盆栽植料以硬木炭粗粒及碎砖块为主。根细的种类，如蝶兰属、石斛属、卡特兰属、燕子兰属、鸟舌兰属及附生兰幼苗均用较细的颗粒；根粗的种类，如万带兰属、火焰兰属等采用较粗的植料。植料也可采用两种以上的材料混合而成，取长补短，效果更好。Black 推荐的几个常见属使用的基质见表 17-5。

表 17-5　常见兰花栽培属的栽培植料成分

成　分	按体积计比例
卡特兰属	
中等大小树皮块或切碎的粗紫萁纤维	1/2
活水藓	1/4
木炭屑及珍珠岩（各 1/8）	1/4
兰属	
晒干切段的蕨叶或中等粗细树皮块或切碎的粗紫萁纤维	1/2
活水藓	1/4
木炭碎块及珍珠岩（各 1/8）	1/4
齿瓣兰属、堇花兰属及属间杂种	
细树皮块或切细的紫萁纤维	1/2
活水藓	1/4
细木炭块及珍珠岩（各 1/8）	1/4
兜兰属及其他地生兰类	
中等粗细的树皮块或切碎的紫萁纤维	1/4
活水藓或泥炭	3/4
每 4.5L 加 1 杯木炭块及珍珠岩	
蝶兰属、万带兰属	
切碎的活水藓	3/4
木炭与珍珠岩	1/4

另据 Poole 及 Sheehan 1997 年推荐，附生兰类或地生兰类均可用泥炭和珍珠岩按体积各 1/2 配合作植料，效果很好。这一配方取材较方便，简便易行，需注意对忌湿的种类不宜过度浇水，以免引起根部腐烂。

二、肥水管理

（一）浇水

兰花怕涝、怕燥，盆内植料干时浇水，浇而湿，湿而尽快进入润，这是兰花浇水应掌握的基本原则。

1. 浇水量及次数　浇水量及次数应根据兰花的种类、植料、容器、植株大小等不同条件而定。注意不要将不同种类的兰花混放在一起，例如卡特兰的杂交种比兜兰的杂交种需要的光照度大、水分少、湿度低。春季来临时，不能立即增加浇水量，应根据气温回升及兰花生长情况而逐渐增加浇水量。

2. 水质　水质对兰花生长很重要，水中的可溶性盐分忌过高，浇兰用水宜软水，雨水是浇灌兰花的最佳水源。没有更好的水源时,也可用自来水,但要将自来水预先贮于水池或水缸中晾晒几天再用为宜。

3. 浇水时间 浇水时间原则上和其他花卉相同,植料表面变干时才浇。兰花植料透水性好,盆孔多,水分散失快,浇水周期比一般花卉要短,具体视当地气候、季节、植料种类及粗细和使用年限、盆的种类及大小、苗的大小及兰花的种类而定。如气温高的条件下用木炭作植料的幼苗,要早晚各浇水一次;若用椰子壳纤维作基质,每天只需浇一次。一年四季气温不同,浇水时间也应不同。如白天气温在30℃以上,夜间温度在25℃左右时,浇水则在晚上较为合理。夏季浇水应于气温下降时,冬季浇水应在气温较温和的中午前后,而且冬季可延长浇水周期。在自然环境中养兰,闷热无风的天气不宜浇水。

4. 浇水方法 浇水宜用喷壶,小苗宜喷雾,忌大水冲淋。每次连叶带根喷匀喷透,且每次浇水必浇透,不能浇半截水。另外,每次浇水时不能一次性完成,要反复浇数次,每次间隔10~20min,这样不但有利于降低盆内温度,而且还能起到清洗作用,一定程度上又增加了空气湿度,对兰花生长极为有利。

(二) 施肥

种兰的植料若为蕨类根茎或叶柄、椰子壳纤维、树皮、泥炭、木屑等,养分含量很少,不能满足兰花旺盛生长的需要,生长季节要不断补充肥料。

1. 施肥浓度 兰花施肥总的原则是宜稀不宜浓,一般盐分总浓度不高于500mg/L。兰花的根吸收肥料快,一时又不能转运或利用,高浓度肥料易伤根或使根腐烂。附生兰的自然生态环境中肥料来源少、浓度低,故更适于低浓度肥料。

2. 施肥时间 夏季生长旺季,一般浓度的肥料可10~15d施一次,低浓度的肥料5d施一次或每次浇水时做叶面喷洒。化肥施用前必须完全溶解。兰花施肥一般与浇水同时进行,先略浇一次水,隔10min后再浇施液肥,之后隔30min再浇一次水,这样肥料吸收利用效果比较好。

3. 常用肥料 缓释性肥料与速效性肥料配合使用,化肥和有机肥交替使用效果好。但应注意,有机肥必须完全发酵并加水稀释后才能使用。近年来市场上常见有多种兰花专用肥出现,可根据兰花种类选择,按照说明书使用。

4. 叶面施肥 叶面施肥是指将稀薄的液肥喷洒于叶片背面,通过叶片气孔吸收利用其中的养分。叶面施肥与根部追肥结合使用,其效果比单用一种施肥方法更好。

三、环境调节

(一) 光照与遮阳

光照是兰花栽培的重要条件,光照不足常导致不开花、生长缓慢、茎细长而不挺立及新苗或假鳞茎细弱;光照过强又会使叶片变黄或造成灼伤,甚至导致全株死亡。热带及亚热带地区常有较充足光照,通常夏季均需采取遮阳措施防止过度强烈阳光的伤害。不同属、种对光照强弱的要求不一,需区别对待。

1. 需遮阳的种类

(1) 兰属　兰属花卉除夏天外,其他季节可适应全光照,夏天需遮阳养护,降低光照度。

(2) 蝶兰属　蝶兰属每日只需用全日照40%~50%的光照8h。叶较脆弱,强光照或雨淋均易使叶受伤。

（3）卡特兰属、万带兰属、燕子兰属等　这几个属的兰花只需全光照的 40%～50%。

2. 不需遮阳的种类　兰花中不需遮阳的种类很多，如蜘蛛兰属及 *Aranthera* 必须有长时间的强光照，光照度及时数不足便不开花。火焰兰属、*Renanopsis*、*Renantanda* 等在全日照下可正常生长。

3. 遮阳方法　光照强烈、气温高的夏秋季节，兰花大多需要采取遮阳措施，以减弱光照，调节温度。目前一般采用架设遮阳网的方式来调节光照，合理的遮阳方法是分层遮阳，如用两张或三张遮阳网分层遮阳，阳光经过两层或三层黑网的阻挡，落至叶面时已变成散射光，同时也起到了降温的作用。需注意分层遮阳时，每层遮阳网之间要留有一定的空间，以利降低光照度。

（二）温度管理

温度是限制兰花自然分布及室外栽培的最重要条件。在自然或栽培环境中，温度与光照及降雨是相互联系又相互影响的，兰花栽培必须使三者协调平衡才能取得良好效果。例如，高温时必须配合较强光照与高湿度，若光照与湿度不足或低温高湿环境都是有害的。温度不适宜，兰花虽然也能生活，但生长不良甚至不开花。另外，保持一定的昼夜温差以及较低的夜温有利于兰花的花芽分化和正常开花。例如卡特兰，若昼夜温度均保持在 21℃ 以上，始终不开花。只有在一定的低夜温及一定日数短日照下才能形成花芽。昼夜温差太小或夜间温度过高，均不利于兰花的生长与发育。一般兰属在 20～35℃ 的温度条件下其营养生长最佳，−5℃ 以下易受冻害。中国兰（台湾报岁兰除外）越冬通常是在空气流通的冷房中避寒，一般最低室温为 5℃，最高室温不超过 18℃，即可保证安全越冬。

（三）通风与通气

兰花叶片背面有气孔，通过这些气孔可以排泄和散发兰花体内多余的水分。当空气相对湿度达到 80% 以上时，兰盆内若水分充足，兰花体内的水分就会经由气孔散发出来。这时通风就显得特别重要，通风可促进多余水分的散发。实践证明，通风对兰花的生长至关重要，气温高达 45℃ 时只要不断地通风，兰花仍然能够正常生长。正如俗话言："兰花不怕热，就怕闷。"

通气是指兰花植料的通透性，附生兰的气生根需要极好的通气条件是毋庸置疑的，就是地生兰也具有气生特性，要求植料有良好的透气性，栽培中应顺其性，通其理，方能掌握管理妙法。可以说，在一定程度上通气比通风更重要。

四、上　盆

1. 兰花盆　盆栽兰花一般用透气性较好的瓦盆，或专用的兰花盆。兰花盆除底部有 1 至几个排水孔以外，盆壁也有若干排水孔，排水透气性很好，不但适合栽植地生兰，更适于附生兰类生长。也可用直径 2cm 的细木条钉成各式木框、木篮种植附生兰。

2. 兰花上盆注意事项　兰花上盆应注意：①盆底垫一层瓦片、骨片、粗块木炭或碎砖块，保证排水良好；②严格小苗小盆、大苗大盆原则；③操作要细心，避免损伤根和叶；④幼苗移栽后可喷一次杀菌剂，以防菌类由伤口处侵染；⑤浅栽，茎或假鳞茎需露出土面；⑥上盆后不宜浇水过多；⑦上盆后避免阳光直射及直接雨淋；⑧盆兰最好不直接放于土面，而放置于 30～60cm 高的木制或砖砌花架上；⑨兰花在盆中生长 2～3 年满盆后，应进行换盆并分栽，以防止兰根入土并可促进通气，改善根系生育环境。

第五节 常见兰科花卉

一、兰　属

【学名】*Cymbidium*

【产地及分布】兰属植物全世界有50～70种。我国云南地区有记载的就已有33个种和变种，基本上包括了我国兰属的种和变种，其中有地生兰、附生兰和腐生兰。

【形态特征】兰属为多年生草本植物。根肉质肥大，无根毛，有共生菌。具有假鳞茎，俗称芦头，外包有叶鞘，常多个假鳞茎连在一起，成排同时存在。叶线形或剑形，革质，直立或下垂，花单生或成总状花序，花梗上着生多数苞片。花两性，具芳香。

【生态习性】兰属性喜阴，忌阳光直射，喜湿润，忌干燥，喜肥沃、富含大量腐殖质、排水良好、微酸性的沙质壤土，宜空气流通的环境。可概括为喜阴凉、耐干旱、宜通风、忌污染。

【繁殖方法】兰属以分株繁殖为主，也可无菌播种或组培繁殖。

【本属常见栽培种】兰属50余种。我国有20种及许多变种。

1. 春兰（*C. goeringii*）　春兰别名草兰、山兰、朵朵香、一茎一花。主要分布于浙江、江苏、湖北、湖南、江西、安徽、河南、陕西、甘肃、四川、云南、贵州、西藏、广东、广西、台湾等地，日本及朝鲜也有分布。在原产地春兰多生于海拔1 000～3 000m的常绿阔叶林下，土壤腐殖质含量高、土质疏松、土层厚10～20cm，pH5～5.5的地带。

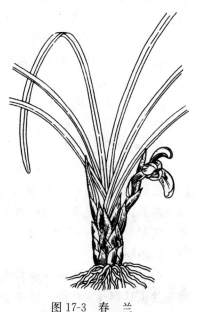

图17-3　春　兰

(1) 形态特征　春兰假鳞茎着生叶片4～6枚，丛生，叶长30～50cm，叶宽0.5～1.0cm，狭带形，薄革质，质地柔软，叶缘具细锯齿。花茎直立，高10～20cm，花单朵或偶有两朵，花径4～5cm，淡黄绿色，萼片及花瓣上常有紫褐色条纹或斑块。花期2～3月。(图17-3)

(2) 品种类型　春兰是我国兰属植物中分布最广、最常见的一种兰花，栽培历史最为悠久。根据花瓣形态特征不同，园艺上又将春兰分为梅瓣、荷瓣、水仙瓣、奇种、素心、色花、艺兰七类。

①梅瓣：萼片短圆，顶部有小尖，稍向内弯曲，基部较窄，形似梅花花瓣。花瓣短，尖端有兜，边向内弯曲；唇瓣短而硬，有时贴附于蕊柱之下。主要品种有'宋梅'、'天兴梅'、'逸品'、'方字'、'万字'、'绿英'、'集圆'、'萧山蔡梅'、'余姚第一梅'等。

②荷瓣：3枚萼片宽大，短而厚，侧萼片左右平伸，基部较窄，稍向内卷曲，类似荷花瓣。唇瓣长而宽，先端稍向内反卷。主要品种有'郑同荷'（又称'大富贵'）、'绿云'、'翠盖荷'、'张荷素'、'大魁荷'等。

③水仙瓣：3枚萼片狭长，呈三角状，基部狭，顶端稍尖，形似水仙花瓣。花瓣有兜，唇瓣柔软，大而下垂，或向后反卷，上有红色斑点。主要品种有'龙字'、'汪字'、'翠一

品'、'春一品'、'宜春仙'、'蔡仙素'、'后集圆'等。

④奇种：花朵形状奇特，不同于一般兰花的花形，这类兰花称为奇种。一般为花瓣和萼片在数目和形状上产生巨大的变异。春兰中的奇种名品很多，如'余蝴蝶'、'四喜蝴蝶'、'素蝶'等。

⑤素心：花朵颜色纯，花茎、花萼、花瓣及唇瓣均为同一颜色，无任何其他颜色的斑点或条纹。自古以来，素心均被视为珍品，若再具有梅瓣、荷瓣、水仙瓣或奇花的变异，则更为珍贵。主要品种有'杨氏素'、'老文团素'、'文团素'、'云荷素'、'常熟素'、'魁荷素'、'龙素'、'宋荷素'、'谢荷素'、'翠荷素'等。

⑥色花：花上具有鲜艳色彩的品种，统称为色花类。我国有记载的色花品种主要有'紫云岭'、'朱瞬醉'、'红露峰'、'天司晃'、'红龙字'等。近年来，我国四川、云南等地选出了许多色艳形美的色花新品种。

⑦艺兰（花叶）：艺兰主要是欣赏兰花叶片上出现的白、黄色斑纹。这种白、黄色斑纹可通过分株繁殖遗传给后代，形成以观叶为主的一类兰花品种。如果叶片出现扭曲则称为"龙"。台湾对艺兰栽培比较重视，常见品种有'富春水'、'军旗'等。

2. 春剑（*C. longibracteatum*） 春剑分布在云南、四川、贵州。叶直立、剑形，5～7片丛生，长50～70cm，宽1.2～1.5cm，叶缘粗糙，有细锯齿，中脉显著。花茎直立，高25～35cm，花2～5朵，淡黄绿色，有芳香。唇瓣端钝，反卷。花期1～3月。

春剑常见变种有春剑原变种（var. *longibracteatum*）、软叶春剑（var. *flaccidifolium*）、通海剑兰（var. *tonghaiense*）、朱砂兰（var. *rubisepalum*）、苗栗素心（var. *tortisepalum*）。

3. 蕙兰（*C. faberi*） 蕙兰在秦岭以南、南岭以北及西南广大地区均有分布。根肉质粗壮。叶5～7枚，长25～80cm，宽0.6～1.4cm，直立，叶缘具粗锯齿，叶脉明显。花茎直立，高30～80cm，有花6～9朵，淡黄绿色，花径5～6cm，有香气。花期3～5月。（图17-4）

图17-4 蕙兰

蕙兰根据花茎及鞘的颜色可分为赤壳、绿壳、赤绿壳、白绿壳等几大类，根据花形可分为荷瓣、梅瓣、水仙瓣等类型。常见栽培的传统品种有'老上海'、'极品'、'解佩梅'、'温州素'、'翠萼'、'潘绿萼'、'大一品'等。

4. 建兰（*C. ensifolium*） 建兰分布于广东、广西、福建、海南、台湾、江西、四川、云南、贵州、湖南等地，生于海拔300～400m的亚热带常绿阔叶林下。假鳞茎较小，椭圆形。叶2～6枚，长30～50cm，宽1.2～1.7cm，叶缘光滑，无锯齿，叶面有光泽。花茎直立，高25～35cm，小花5～9朵，花淡黄绿色，有芳香。花期7～10月。（图17-5）

建兰主要栽培变种和品种：彩心建兰（var.

图17-5 建兰

ensifolium），花被有紫红色斑点或斑纹。常见品种有'银边'建兰、'青梗四季兰'、'白梗四季兰'、'温州'建兰、'永安兰'等。素心建兰（var. *susin*），花淡黄绿色或绿白色，无彩色斑点或斑纹。常见品种有'金丝马尾'、'银边大贡'、'金边仁化白'、'龙岩素心'、'观音素'、'铁骨素'、'荷花素'、'永安素'、'永福素'等。

5. 墨兰（*C. sinense*） 墨兰分布于广东、广西、云南、福建、台湾、海南、湖南、四川等地，越南、缅甸也有分布。假鳞茎大，叶4~5枚，叶片丛生，剑形，叶长60~80cm，叶宽1.5~4cm，深绿色，有光泽。花茎直立、粗壮并高出叶面，着花7~20朵。花浅褐色至深褐色，芳香。花期1~3月，少数可在秋季开花。（图17-6）

图17-6 墨兰

墨兰常见栽培品种有'秋榜'、'秋香'、'小墨'、'徽州墨'、'凤尾报岁'、'立叶报岁'、'大明报岁'、'金边'墨兰、'银边'墨兰等。

6. 虎头兰（*C. hookerianum*） 虎头兰原产于东南亚的低纬度高海拔地区，现亚热带及温带地区广泛栽培。经多年杂交已选育出许多优良品种。附生兰类。假鳞茎膨大呈扁球形。叶片长带状，长30~100cm。花茎挺拔直立，每茎着花数十朵。花朵硕大，花形规整丰满，唇瓣有紫色斑点或斑块，花色丰富，色彩鲜艳。花期12月至翌年5月，是重要的年宵盆花。

7. 寒兰（*C. kanran*） 寒兰主要分布于广东、广西、福建、江西、湖南、云南、贵州、海南、台湾等地。日本及韩国也有分布。假鳞茎大。叶3~5枚，丛生，直立性强，长35~100cm，宽1~1.7cm，边缘光滑或顶部有细锯齿。花茎直挺，细而坚，小花8~12朵，花被片窄而长，黄绿色带紫色斑点，浓香。花期11月至翌年2月。

我国南方虽然有着丰富的寒兰资源，但对其栽培的重视程度及栽培历史远不及春兰和蕙兰。台湾省兰界对寒兰的栽培比较重视，叶艺寒兰品种主要有'观山'、'21世纪'、'新世纪'、'春光'、'天丽'、'双喜'等。日本兰界对寒兰的栽培也很重视，经过多年的栽培，选出了许多优良品种，并将其分为7个色系：绿花系、紫花系、红花系、白花系、桃红花系、黄花系、群花系。

8. 台兰（*C. pumilum*） 台兰别名小蜜蜂兰、蒲兰、蜂兰。主要分布于浙江、福建、广东、广西、湖北、湖南、江西、四川、云南、贵州、台湾等地。日本有栽培。植株比较矮小，叶片短而窄，假鳞茎也较小。叶片光亮，叶缘较光滑。花茎长15~30cm，直立或向斜上方生长，挺直，有花15~40朵，红褐色，无香味。花期4~5月。

台兰对栽培基质的要求不太严格，泥炭土和腐叶土做盆栽基质均可生长良好。较喜肥，肥料充足则生长健壮。越冬温度稍高于春兰和蕙兰。

9. 莲瓣兰（*C. tortisepalum*） 莲瓣兰主要分布在云南、四川和台湾等地。为地生兰。假鳞茎较小，圆球形。叶片6~7枚，线形，长40~50cm，宽0.4~0.6cm，叶缘有细锯齿。花茎直立或斜出，着花2~4朵，有红、黄、浅绿、白等色，花瓣形似莲花。具芳香。

二、蝶兰属

【学名】*Phalaenopsis*

【产地及分布】蝶兰属原产热带亚洲至澳大利亚，约40种，我国产6种，分布于云南、海南及台湾省。全部为附生兰。全属约20个原生种。其中蝴蝶兰观赏价值最高，被誉为"洋兰皇后"。

【形态特征】蝶兰属是单茎类植物，茎短。叶片肥厚多肉，绿色或带有红褐色斑块。花茎从靠近上部的叶腋间抽出，有花数朵至多朵，不同种有较大差异。花色有白、黄、粉红、红、紫红及各种复色。

【生态习性】盆栽通常用苔藓、蕨根、树皮块栽植在透气和排水良好的多孔花盆中。要求较高的空气湿度。最适合的生长温度白天25～28℃，夜间18～20℃，15℃以下根部停止吸收水分，32℃以上对生长不利。本属是栽培最普及的洋兰。

【繁殖方法】蝶兰属大多采用组培繁殖，经试管培养成幼苗移栽，经过2年左右便可开花。有些母株花期结束后，有时花梗上的腋芽也会生长发育成为子株，子株长出根时可从花梗上切下进行分株繁殖。也可利用带有腋芽的花梗进行扦插繁殖。

【本属常见栽培种】蝶兰属主要栽培种为蝴蝶兰（*Ph. amabilis*），别名蝶兰。

主要分布区域从喜马拉雅山经印度、缅甸、中国南部、马来西亚、菲律宾至澳大利亚和新几内亚。我国云南南部、西藏南部、广东南部、海南和台湾一线为该属分布北限。

(1) 形态特征　蝴蝶兰茎短而肥厚，无假鳞茎。根由节部伸出，扁平如带，长可达50cm，属附生兰类。叶片肥厚多肉，先端钝圆，干旱时易脱落，依靠绿色的根系合成养分。花茎从叶腋抽出，每茎着花10余朵。花被片6枚，形如翩翩飞舞的蝴蝶。花色丰富，有紫红、粉红、黄色、白色及复色等。花期10月至翌年2月，单株花期2～3个月。蒴果长棒状，种子极小如粉尘，无胚乳。(图17-7)

图17-7　蝴蝶兰

(2) 常见的原生种

①席氏蝴蝶兰（*Ph. schilleriana*）：席氏蝴蝶兰原产菲律宾，是红花系蝴蝶兰的原始亲本。冬春季开花，叶暗绿色，有紫色斑点，叶背紫红色。花紫红色，唇瓣有红褐色斑点。

②雷氏蝴蝶兰（*Ph. lueddemanniana*）：雷氏蝴蝶兰是白底粗筋和线条花系蝴蝶兰的亲本。叶片黄绿色，有光泽。花梗较短，开花2～7朵，花为白底布有大的紫红色斑块，具浓香。

③斯氏蝴蝶兰（*Ph. stuartiana*）：斯氏蝴蝶兰是斑点花系蝴蝶兰的原始亲本，也是多花性白底豹斑花蝴蝶兰的亲本。

④紫花蝴蝶兰（*Ph. violacea*）：紫花蝴蝶兰是荧光、奇色花蝴蝶兰的亲本。叶片宽大圆整，有光泽。花黄绿底中央有放射状红色晕，具荧光，花质厚，具浓香，花梗短。

⑤爱神蝴蝶兰（*Ph. aphrodite*）：爱神蝴蝶兰原产菲律宾、澳大利亚北部，我国台湾省也有分布。花稍小，唇瓣上有深红色的斑点。

(3) 品种类型　蝴蝶兰根据花色不同可分为红花系蝴蝶兰、黄花系蝴蝶兰、大白花系蝴蝶兰、斑点花系蝴蝶兰、线条花系蝴蝶兰、白花红唇系蝴蝶兰六种类型。根据花朵大小又可分为大花型蝴蝶兰（花径 10cm 以上）、中花型蝴蝶兰（花径 7.5～10cm）、小花型蝴蝶兰（花径 7.5cm 以下）三种类型，各类型中分别有许多品种。

（4）生态习性　蝴蝶兰喜温暖湿润环境，最适昼温 25～28℃，最适夜温 18～20℃，持续 3～6 周有利于花芽分化，对低温极敏感，15℃以下根部停止吸收水分，引起植株生理性缺水，老叶黄化脱落，久之导致死亡。栽培植料要求疏松通气，并有一定的保水能力。空气相对湿度宜保持 70%～80%，宜疏阴环境，喜通风良好，忌闷热。

（5）繁殖方法

①播种繁殖：蝴蝶兰的种子细小且无胚乳，在自然条件下播种不容易成功，必须采取组织培养无菌播种的方法才能获得大量幼苗。将种子撒播于无菌培养基上，置于温湿度适宜的环境中培养，种子可经过原球茎方式或者根状茎方式先端发芽进而成苗。这种由种子繁殖的苗称为实生苗。

②组培繁殖：组培繁殖又称为分生繁殖。蝴蝶兰的茎尖、叶片、根尖、幼嫩花茎、花茎腋芽、花茎节间等均可用作组织培养的外植体，实际生产中多以花茎腋芽、花茎节间或试管苗叶片为外植体。在无菌培养基上经过芽的诱导、原球茎诱导、丛生芽增殖诱导等过程，可培养出大量幼苗。生产上称这种苗为分生苗。

③高位芽繁殖：在适宜的条件下，蝴蝶兰花茎上的潜伏芽也会产生小苗，可将此类小苗切下另行栽植。

（6）栽培管理

① 盆具及植料：蝴蝶兰盆栽植料宜采用蕨根、粗泥炭、树皮块、珍珠岩、陶粒、水苔等通透性良好的材料。使用水苔一定要选择质量好的特级品，使用之前进行消毒处理并反复清洗 3～4 次，防止水苔腐烂变质引起烂根，并注意不要将水苔压得太紧，松散地包在苗的根部，水苔的体积约为盆体积的 1.3 倍。栽植蝴蝶兰宜用白色透明的小盆、浅盆，以利于其根系的生长和光合作用。一般以水苔为植料的盆栽一年换一次盆。换盆的最佳时期是春末夏初新根刚开始生长的时候。栽培过程中随着植株逐渐长大，也要经过几次换盆，不同苗龄的幼苗宜采用不同规格的花盆，最后成苗阶段的培育要换成 12cm 盆，再经过 4～6 个月培育便可进行催花处理做商品花生产。

② 温度管理：蝴蝶兰最适生育温度较高，白天 25～28℃，夜间 18～20℃，在长江流域以北地区栽培必须有良好的温室设备。冬季温度不能低于 15℃，否则易受冻害，甚至死亡。夏季温度不得超过 32℃，否则不但影响其正常生长，而且影响花芽分化。另外，应尽量避免温度剧烈变化，忽冷忽热对兰苗生长极为不利。

③ 浇水与施肥：蝴蝶兰盆栽植料不同，浇水间隔时间也不同。水苔吸水量大，可间隔数日浇水一次；蕨根及树皮块、陶粒等保水性能差，可每天浇水一次。生长旺盛期浇水量宜大，休眠期浇水量宜小。夏季温度高浇水量宜大，冬季温度低浇水量宜小，保持根部稍干为佳。栽培环境必须创造较高的相对空气湿度，一般保持 70%～80% 的空气湿度为宜。

营养生长期需施用含氮、磷、钾丰富的肥料（30-10-10 或 20-10-20）；生殖生长期需施含氮少而含磷、钾丰富的肥料（10-30-20）；催花处理前多喷施磷酸二氢钾叶面肥，利于花芽分化和发育。施肥以液体肥料为主，浓度 0.05%～0.1% 为宜，每周施用一次。

④通风：蝴蝶兰喜通风良好的环境，忌闷热，通风不良易引起烂苗。夏季需经常开窗通风，保持空气流通，大型温室若能将通风和降温结合起来进行则更好。冬季在保持适宜温度的前提下，可于中午进行短时间通风，或者室内安装轴流通风机，促使室内空气流动。

（7）观赏与应用　蝴蝶兰花形奇特，似翩翩起舞的蝴蝶，花枝轻盈飘逸，花瓣色彩鲜艳，花期正值春节期间，近年来已成为春节家庭美化装饰不可缺少的高档年宵盆花。同时，其花枝也是胸花、花束、花篮的上好花材。还可用于组合盆栽。

三、兜兰属

【学名】*Paphiopedilum*

【产地及分布】兜兰属全世界约有 66 种。我国产 18 种，产于西南至华南。

【形态特征】兜兰属植物茎甚短。叶根生，幼时二重叠，叶片带形或长圆状披针形，绿色或带有红褐色斑纹。花十分奇特，唇瓣呈口袋形；内轮 2 个侧生雄蕊发育，外轮 1 个退化雄蕊较大，位于 2 个发育雄蕊之上，并多少覆盖着合蕊柱；背萼极发达，有各种艳丽的花纹；2 片侧萼合生在一起。花期冬至初春。（图 17-8）

图 17-8　兜　兰

【生态习性】兜兰属植物通常用苔藓、蕨根、树皮块栽植在透气和排水良好的多孔花盆中。喜温暖、湿润和半阴环境，怕强光暴晒。绿叶品种生长适温为 12～18℃，斑叶品种生长适温为 15～25℃，能忍受的最高温度约 30℃，越冬温度 10～15℃为宜。多为地生兰。

【繁殖方法】兜兰属植物常用分株、组培和无菌播种繁殖。

【本属常见栽培种】

1. 杏黄兜兰（*P. armeniacum*）　杏黄兜兰为我国特有种，分布于云南丽江，生于岩石壁上。花茎直立，高 24～26cm；花单朵，有时开双花，杏黄色，花径 6～10cm，唇瓣为椭圆卵形的兜。

2. 海南兜兰（*P. hainanensis*）　海南兜兰分布于我国广东、海南地区，泰国、印度等地也有分布。花茎直立，花单生，紫褐色，花径 8～10cm，花瓣外侧有黑色疣点，唇瓣呈深沟状。

3. 黄花兜兰（*P. concolor*）　黄花兜兰又名同色兜兰，分布于我国广西、云南、贵州等地，缅甸、泰国、越南、柬埔寨也有分布。花茎直立，着花 1～3 朵，花径 5～7cm，浅黄色，外侧布满紫褐色斑点，唇瓣呈卵状兜。

4. 紫点兜兰（*P. godefroyae*）　紫点兜兰分布于我国广西、云南、贵州等地，缅甸、越南也有。花茎较短，着花 1～2 朵，少有 3 朵，花浅黄色，外侧布满紫红或褐色斑点。

5. 硬叶兜兰（*P. micranthum*）　硬叶兜兰为我国特有种，原产于云南南部。植株较小，叶片坚硬。花单生，花茎较长而坚挺，长 25～30cm。花大，花径 7～8cm，唇瓣呈椭圆卵形，口袋状兜，粉红色或近白色。其生态习性与杏黄兜兰极为相似。

6. 美丽兜兰（*P. insigne*）　美丽兜兰分布于我国广西、云南，泰国、印度也有。每株叶片 6～8 片，叶长 25～30cm，绿色，叶背稍浅，叶基有亮紫色斑点。花茎长 25～35cm，着花 1 朵，花径 10～13cm，花色以黄绿色为主，萼背粉红色并有紫红色斑纹。

7. 带叶兜兰（*P. hirsutissimum*）　带叶兜兰分布于我国广西、云南、贵州，缅甸、印度也有。叶片绿色，长 20～25cm，宽 3～4cm，基部有紫色密集的小斑点。花茎 25cm 左右，单花，花径 10cm，花色丰富，基色深黄绿色，上有紫色的斑点或斑纹。

8. 飘带兜兰（*P. parishii*）　飘带兜兰分布于我国西南部，缅甸、泰国也有。植株高大，叶革质，亮绿色。花茎粗壮，直立或呈拱形，长达 60cm，着花 4~6 朵，花长 12cm，宽 10cm，黄绿色并有紫褐色斑纹，下垂卷曲呈线形。

四、卡特兰属

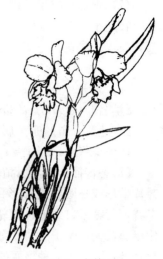

图 17-9　卡特兰

【学名】*Cattleya*

【产地及分布】卡特兰属有 60 多个种，分布于西印度群岛。

【形态特征】卡特兰属植物为多年生草本，属附生兰。植株具有 1~3 片革质厚叶。花单朵或数朵，着生于假鳞茎顶端。花萼与花瓣相似，唇瓣 3 裂，基部包围雄蕊下方，中裂片伸展而显著。（图 17-9）

【生态习性】卡特兰属植物性喜温暖、潮湿和充足的光照。根部需保持良好的透气状态，通常用蕨根、苔藓、树皮块等盆栽。生长时期需要较高的空气湿度，适当施肥和通风。冬季夜间温度要保持在 15~18℃，白天还要高一些。一年开花 1~2 次，赏花期一般为 3~4 周。

【繁殖方法】卡特兰属植物多用分株、组培和无菌播种繁殖。

【本属常见栽培种】

1. 两色卡特兰（*C. bicolor*）　两色卡特兰每个花序 5~6 朵花，花铜绿色；唇瓣玫红色。

2. 橙黄卡特兰（*C. citrina*）　橙黄卡特兰花黄绿色，大而芳香；唇瓣管状，先端圆形，橙黄色边常带白色。

3. 大花卡特兰（*C. gigas*）　大花卡特兰每花序有花 2~3 朵，花径约 30cm，淡紫色，唇瓣甚大，鲜紫色带有黄色条纹。

4. 卡特兰（*C. labiata*）　卡特兰花大而美，每花序着花 3~5 朵，紫红色，有光泽；唇瓣管状，基部黄色，先端深红色。

五、石　斛　属

图 17-10　石斛

【学名】*Dendrobium*

【产地及分布】石斛属为附生兰，有 1 400 余种，广布于热带亚洲和大洋洲。

【形态特征】石斛属植物为多年生落叶草本。茎丛生，直立，上部略呈回折状，稍偏，黄绿色，具槽纹。叶近革质，短圆形。总状花序，花大，有白色、玫红色、粉色等多种花色，顶端淡紫色。一般在落叶期开花。（图 17-10）

【生态习性】石斛属植物一般较易栽培，通常比一般热带兰更能耐高温。对水分的要求较高，也需较多的光照，特别是在生长季节。大多数热带种类冬季温度不得低于 15℃，只有少数亚热带或山地种类可耐15℃以下低温，但也不得低于10℃。

【繁殖方法】石斛属植物多用分株、组培和无菌播种繁殖。

【本属常见栽培种】

1. 石斛（*D. nobile*） 石斛产于我国广东、广西、海南、台湾、云南、贵州、湖北、四川、西藏等地，尼泊尔、不丹、锡金等国也有。假鳞茎丛生，棍状，黄色，有光泽。花序着生于二年生假鳞茎节的上部，两花一束，花径6cm，浅玫红色或白色，先端紫红色，唇瓣乳黄色，先端紫红色。

2. 鼓槌石斛（*D. chrysotoxum*） 鼓槌石斛产于我国云南省西南部，印度、缅甸、马来西亚也有。茎丛生，棒状，长12～30cm，叶片2～3枚，革质，生于茎的顶端。总状花序顶生，弯曲下垂，着花10余朵，花黄色，花径4.5cm左右，唇瓣黄色，近圆形。

3. 密花石斛（*D. densiflorum*） 密花石斛产于我国广东、广西、云南、西藏等地，尼泊尔、不丹、锡金、印度等国也有。假鳞茎丛生，长30～40cm，深绿色。总状花序生于茎顶的节上，下垂，长18～23cm，密生小花20～30朵，花径4cm左右，金黄色，唇瓣颜色较深。

除此之外，本属栽培种还有细茎石斛（*D. moniliforme*）、短唇石斛（*D. linawianum*）、美花石斛（*D. loddigesii*）、肿节石斛（*D. pendulum*）、杓唇石斛（*D. moschatum*）、流苏石斛（*D. fimbriatum*）等。

六、万带兰属

【学名】*Vanda*

【产地及分布】万带兰全属约60个原生种，为单轴类茎附生兰。广布于东半球热带和亚热带地区，是世界上栽培较多和最受欢迎的热带兰花之一。

【形态特征】万带兰有直立的茎干和发达的肉质气生根。叶片在茎的两侧排成两列，通常有扁平、圆柱和半圆柱三种形态。花序从叶腋间抽出，有花10～20朵，花期长，可开放3～8周。花萼片特别发达，尤其2枚侧萼更大，是欣赏的重点。花瓣较小，不甚显著，唇瓣更小。花色艳丽，有白、黄、粉红、紫红、茶褐和天蓝等色。杂交种甚多，并有20余个属间杂种。目前广泛栽培的多为优良的杂交品种。（图17-11）

【生态习性】万带兰要求高温、高湿和较强的阳光，适于热带地区栽培。北方需在高温温室种植，室温保持在20℃以上。

【繁殖方法】万带兰多用分株、组培和无菌播种繁殖。

图17-11 万带兰

【本属常见栽培种】

1. 棒叶万带兰（*V. teres*） 棒叶万带兰产于我国云南，印度、缅甸、泰国、锡金等国也有。叶片细长圆棍状。花大，径7～10cm，白色至粉红色；唇瓣较大，基部呈筒状。

2. 大花万带兰（*V. coerulea*） 大花万带兰产于我国云南省南部，印度、缅甸、泰国、柬埔寨也有。茎直立，高70～100cm。每花序着花7～20朵，花大，径7～10cm，淡蓝色至深蓝色，有格式网纹。

3. 散氏万带兰（*V. sanderiana*）　散氏万带兰原产菲律宾。株高 1～1.8m，叶片长 30～40cm。花序从叶腋间抽出，着花 10～15 朵，花径 7～12cm，上萼片和花瓣为乳白色、黄色和粉红色，基部有咖啡色，两枚侧萼片发达，有咖啡色网纹。

此外，还有白柱万带兰（*V. brunnea*）、叉唇万带兰（*V. cristata*）、矮万带兰（*V. pumila*）、雅美万带兰（*V. lamellata*）等。

七、其他常见兰科花卉

本节前文对兰科几个主要属的花卉进行了介绍，此外，还有一些常见的兰科花卉，其产地分布与形态特征见表 17-6。

表 17-6　其他常见兰科花卉简介

中名（别名）	属名	学名	分布	形态特征
小金蝶兰（跳舞兰）	金蝶兰属	*Oncidium varicosum*	原产危地马拉、委内瑞拉等地	假鳞茎紧密丛生，有叶 1～3 枚，椭圆状长披针形，革质。花茎直立或弯曲，有花少数至多数，有时有分枝，长可达 1.3m。花径通常 2.5cm，花鲜黄色，反面为白色；唇瓣胖胀白色，上有红色斑点。萼片上有棕红色斑点
独蒜兰	独蒜兰属	*Pleione bulbocodioides*	分布四川、云南、西藏、贵州、广西、广东、江西、湖南、湖北、安徽等地	假鳞茎圆形或圆锥形，深绿色，长 2～2.6cm。花后或开花同时长出 1 枚叶片。花单朵，有时 2 朵，淡紫色或粉红色，唇瓣上有紫红色斑点。附生兰
白芨	白芨属	*Bletilla striata*	分布江苏、安徽、江西、福建、湖北、湖南、广东、广西、四川等地	假鳞茎扁圆形，叶片 3～9 枚。总状花序，花茎高 30cm 左右，有花 3 朵以上，花径 4cm 左右，花色鲜艳，玫红至洋红。花期 4～5 月。地生兰
虾脊兰	虾脊兰属	*Calanthe discolor*	分布广东、广西、四川、贵州、江苏、安徽等地	假鳞茎不明显，叶片基生，通常 2～3 枚，长 15～25cm，宽 4～6cm。花茎直立，高 30～50cm，有花数朵至 10 余朵，花径 3.5cm；萼片及花瓣蓝紫色，唇瓣大，白色至红色。花期 5 月。地生兰
鹤顶兰	鹤顶兰属	*Phaius tankervilliae*	分布亚洲热带地区，我国南方地区也有	假鳞茎圆锥形，叶 2～6 枚，长 70cm。总状花序，长达 90cm，着花多朵，花径 7～10cm，花被外白内赭，唇瓣两侧上卷

◆ 复习思考题

1. 概述兰科花卉的总体形态特征。
2. 地生兰与附生兰在形态和习性上有何主要区别？
3. 兰花常用的繁殖方法有哪些？
4. 春兰和蝴蝶兰应如何养护管理？
5. 简述兰属花卉的形态特征及生态习性。
6. 兰科花卉有哪些常见的栽培属？各属在形态上有何主要区别？
7. 兰属中的春兰和蕙兰分别有哪些传统名品？
8. 根据花瓣形态特征，园艺上将春兰分为哪几大类型？各有何主要特征？

第十八章
仙人掌类及多浆植物

仙人掌类及多浆植物是指茎、叶具有发达的贮水组织，呈肥厚而多浆状，并在干旱环境中有长期生存能力的一类植物。由于其种类繁多、形态奇特、花色绚丽多彩，以及繁殖容易、栽培简单等特点，深受人们喜爱，成为观赏植物中重要的一大类。从植物学分类上看，这类植物主要包括仙人掌科以及番杏科、景天科、大戟科、百合科、龙舌兰科、马齿苋科、萝藦科等。

仙人掌类花卉大多原产于美洲，以墨西哥为分布中心，其他多浆植物主要原产于非洲南部及其附近的岛屿。由于海水和鸟类的传播，欧洲地中海地区及我国南海诸岛、西南和华南地区也有少量野生仙人掌类和多浆植物分布。

仙人掌类及多浆植物不耐寒、耐热、忌湿、喜阳。产地不同，其生态习性也有很大差异。一部分种类如昙花、量天尺等产于热带雨林中，要求荫蔽、潮湿及空气湿度高的环境；大多数生长在干燥、高热、多风的沙漠或半沙漠地带，这些地带全年只有三四个月雨季，其余全为旱季，这类植物大多具有耐旱、喜干、忌湿的习性；少部分多浆植物产于亚热带或温带地区的高山上，由于强烈的太阳辐射、干旱、大风及低温环境，使得这些植物披上稠密的茸毛或蜡层。也有些种类生于海边或盐碱地带，它们为适应环境也往往具有多浆的特点。

第一节　仙人掌类及多浆植物的分类

一、根据生态习性分类

根据仙人掌类及多浆植物的生态习性不同，可以将其分为沙漠型、附生型、高山及耐寒型、温带及草原型四种类型。

1. 沙漠型　沙漠型原产于炎热、干旱的沙漠、海滩荒坡等环境恶劣地区。适应排水良好、瘠薄的土壤，耐强光，如仙人掌、芦荟等。

2. 附生型　附生型原产于热带雨林，多攀缘或附生于大树、石壁上。喜温暖、湿润、通风良好的环境，如昙花、令箭荷花、蟹爪兰、孔雀珊瑚、量天尺等。

3. 高山及耐寒型　高山及耐寒型分布于海拔3 000m以上的高山，北纬53°地带，大多呈多浆肉质的莲座状，叶布满蜡质或绒毛。耐寒性强，如景天科植物。

4. 温带及草原型　温带及草原地区长年温度适中，最热月平均气温20℃左右，最冷月平均气温不低于5℃，旱生型及附生型仙人掌类及多浆植物均能适应这种环境。

二、根据形态特征分类

根据仙人掌类及多浆植物的形态特征不同，可将其分为仙人掌型、肉质茎型、观叶型、尾状植物型四种类型。

1. 仙人掌型　仙人掌型以仙人掌科植物为典型。茎粗大或肥厚，块状、球状、柱状或叶片状，肉质多浆，绿色，代替叶片进行光合作用，茎上常有棘刺或毛丝。叶一般退化或短期存在。此类型除仙人掌科外，还有大戟科的大戟属（*Euphorbia*），萝藦科的豹皮花属（*Stapelia*）、玉牛掌属（*Duvalia*）、水牛掌属（*Caralluma*）等。

2. 肉质茎型　肉质茎型除有明显的肉质地上茎外，还有正常的叶片进行光合作用，茎无棱，也不具棘刺。木本的如木棉科的猴面包树（*Adansonia digitata*），大戟科的玉树珊瑚（*Jatropha podagrica*）；草本的如菊科的仙人笔（*Kleinia articulata*）和景天科的燕子掌（*Crassula portulacea*）等。

3. 观叶型　观叶型主要由肉质叶组成，叶既具有贮水与光合功能，也是主要观赏部位。其形态多样，大小不一，或茎短而直立，或细长而匍匐。常见栽培的如景天科的翡翠景天（*Sedum marganianum*）、石莲花（*Echeveria secunda*），番杏科的生石花（*Lithops* spp.），菊科的翡翠珠（*Senecio rowleyanus*），百合科的芦荟属（*Aloe*）、十二卷属（*Haworthia*）、脂麻掌属（*Gasteria*），龙舌兰科的龙舌兰属（*Agave*）等。

4. 尾状植物型　尾状植物型具有直立地面的大型块茎，内贮丰富的水分与养料，由块茎上抽出一至多条常绿或落叶的细长藤蔓，攀缘或匍匐生长，叶亦常肉质。这种类型常见于葫芦科、西番莲科、萝藦科、葡萄科中，如葡萄科的四棱白粉藤（*Cissus quadrangularia*），西番莲科的蒴莲属（*Adenia*），百合科的大仓角殿（*Bowiea volubilis*），萝藦科的吊金钱（*Ceropegia woodii*）等。

第二节　仙人掌类及多浆植物的嫁接繁殖

仙人掌类及多浆植物常用播种、扦插（图18-1）、嫁接、分株（图18-2）繁殖，其中嫁接繁殖应用最广泛。

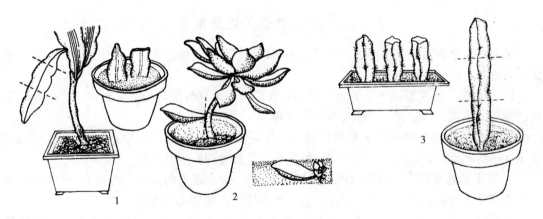

图18-1　多浆植物的扦插
1. 昙花叶插　2. 石莲花叶插　3. 仙人柱扦插

一、嫁接时间

一般家庭条件下4~9月均可进行嫁接，春天至初夏砧木生长最旺盛的时期进行效果最

图 18-2　条纹十二卷的分株
1. 全株　2. 轻扣盆　3. 分出小株　4. 小株上盆

好。选择空气干燥、温度 15～25℃ 的晴天进行嫁接成活率最高。南方高温梅雨季节不适宜嫁接，因肉质切面不易"干皮"，极易感染，导致腐烂。

二、砧木和接穗的选择

仙人掌类砧木应选择枝茎粗壮、与接穗亲和力强、繁殖容易、体茎刺少、易于嫁接操作的种类。毛鞭柱属的许多种如钝角毛鞭柱、毛花柱，天轮柱属的秘鲁天轮柱、山影拳等都是柱状仙人掌的优良砧木。毛花柱对全部仙人掌类都适合，有万能砧木之称，但它的刺太多。量天尺的亲和性也很广，特别适宜于缺少叶绿素的种类，在我国应用广泛。叶仙人掌属也是很好的砧木，对葫芦掌、蟹爪兰、仙人指等分枝低的附生型都很适应。

接穗应从品种优良且健壮的母株上切取。注意接穗的大小应与砧木切口的大小相吻合，有利于形成愈伤组织。

三、嫁接方法

仙人掌类植物嫁接常采用平接、插接、劈接、斜接等方法。

1. 平接　平接适用于柱状及球形种类。首先将砧木上端横向截断，再将棱柱边缘切成斜面（因为组织干缩后棱柱皮很硬，影响两者髓心的密接）；然后将接穗下端切平，注意砧木与接穗的切面务必平滑，髓部对齐；最后用线绑扎，用力要均匀适当，防止接穗倾斜松动或者过紧（图 18-3）。

2. 插接　插接常以量天尺、梨果仙人掌为砧木。先用利刀将砧木上端横切，再在顶端或侧面不同的部位切入，形成嫁接切口，将接穗下端两面削平并插进切口，然后用竹针插入固定接穗（图 18-4）。

3. 劈接　劈接适用于接穗为扁平叶状的种类。将砧木在适当的高度去顶，通过中心从上至下做一切口，再将扁平的接穗两侧削成楔形，插入砧木切口，用针刺固定后，绑扎牢固。一般常用此法嫁接蟹爪兰、昙花、令箭荷花等附生型仙人掌类植物。

嫁接后，放阴凉处不可浇水，以免切口腐烂。1～2 周后拆去绑扎线，用浸盆法吸水，待接穗开始生长后，移至弱光下。

4. 斜接　斜接是平接的一种变异方法。操作时将砧木与接穗分别削 45°～60° 的斜切面，使砧木与接穗的两个斜切面紧密扣合，接触严实无隙，再用仙人掌长刺或竹针插连固定。

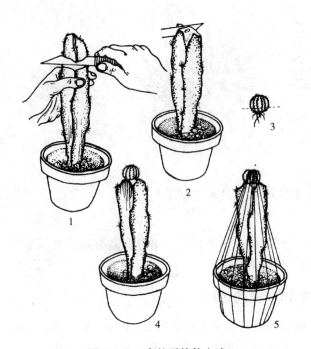
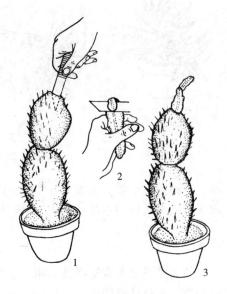

图 18-3　三角柱平接仙人球
1. 切去砧木顶部　2. 斜切三角柱棱　3. 切去接穗下部　4. 接穗接到砧木上　5. 绑扎固定

图 18-4　仙人掌插接蟹爪兰
1. 用利刀劈插裂口　2. 插穗基部两侧斜削　3. 接穗插入砧木

四、嫁接注意事项

①嫁接时，砧木和接穗均应水分充足，萎蔫者成活较难。嫁接操作时，砧木和接穗表面应干燥、无水，否则易腐烂。

②大戟属植物乳汁较多，流出过多或形成乳汁膜时嫁接不易成活。因此，嫁接前 30min 切去上部，而后在嫁接时再切一次，用棉花或草纸吸掉乳汁后将接穗接在砧木上。

③仙人掌类的嫁接操作比较简单，用较薄的刀刃将嫁接口削平即可。切口切开后要迅速接合，表面干燥后影响成活。另外，接穗接合后，再轻轻转动一下，排除接合面间的空气，使接穗与砧木紧密吻合。要特别注意将接穗与砧木的髓部对齐，然后绑扎固定。

④嫁接后，将植株放在阴凉通风处，盆土暂不浇水，伤口处切忌沾水，若用纸袋将嫁接株体罩住，可防止阳光直射，有利于提高成活率。一般经 1～2 周养护便可拆线。拆线后即可给盆土浇一次透水，最好采用浸盆法供水。随后放置在阳光充足处或半阴处进行正常养护管理。

第三节　仙人掌类及多浆植物的栽培管理

仙人掌类及多浆植物多原产于干旱、炎热及强光条件下，不耐寒冷与水湿。一般为多年生草本或木本植物，少数为一二年生草本植物。由于仙人掌类及多浆植物在原产地形成的生态适应性，栽培时不同种类需要不同的生态环境条件。因此，栽培中应注意水分、温度、光照及土壤等环境条件的调节。

一、环境调节

1. 温度调节 仙人掌类及多浆植物除少数原产于高山的种类外,大都需要较高的温度,生长期间适宜的昼温25~30℃,夜温15~20℃。夏季最高温不能超过40℃,冬季能忍耐的最低温度多在6~10℃,喜热的种类不能低于12~18℃。冬季室内温度下降到5℃时就要进行保温,早春不能过早出室,否则遇寒流会导致冻害。

2. 水分调节 仙人掌类和多浆植物在休眠期(10月到翌年3月)应节制浇水,甚至可完全不浇水,保持土壤不过分干燥即可。温度越低越应保持土壤干燥,水分过多易引起根部腐烂。生长期(春、秋)则需充足的水分,保证旺盛生长,缺水虽不影响植株生存,但干透时导致生长停止。任何时期都忌根部积水,否则会造成植株死亡。浇灌用水的pH5.5~6.9为宜。

3. 光照调节 原产于沙漠、半沙漠、草原等干热地区的仙人掌类及多浆植物,在旺盛生长季节要求阳光适宜、水分充足、气温较高的环境条件,但在盛夏强烈的直射阳光下其幼苗及成熟植株均可能被灼伤,忌阳光直射。冬季低温季节正是其休眠时期,在干燥与低光照下易安全越冬。幼苗与成年植株相比需要较低的光照。

4. 土壤调节 栽培仙人掌和多浆植物一般使用人工配制的培养土。适宜中性偏酸(pH5~7)的土壤。要求排水性及透气性良好,不过分肥沃,并不含过多的可溶性盐。附生型多浆植物的栽培基质需要有良好的排水透气性能,含丰富的有机质,并经常保持湿润状态才有利于生长。常用的培养土配制比例有:①壤土、腐殖土、粗沙、草木灰(或腐熟的骨粉)按3:3:3:1混合;②腐殖土、粗沙按7:3混合,再加少量骨粉和草木灰。

二、施 肥

种植前施足基肥,一般用腐熟的有机肥和骨粉,可放在盆的底部或磨细后混入培养土内。施用液肥时尽量稀释后施用,春季和秋季生长季内每月追肥2~3次即可,嫁接苗可一周施一次。7~8月及冬季的休眠期不要施肥。大多数仙人掌类和多浆植物根部受损伤尚未恢复时切忌施肥,以免植株腐烂。

三、换 盆

为使仙人掌类和多浆植物生长发育良好,小苗一般每年进行一次换盆,大苗可2~3年换盆一次。对一些易产生萌蘖、宜分株繁殖的种类,还可结合换盆进行分株繁殖。仙人掌类植物换盆最好是在经过休眠后即将萌动的时候,若一年换盆一次可在春季2~3月进行,生长旺盛的种类一年需换盆两次,可在春、秋进行,即3月和9月各换盆一次。

仙人掌类植物经过休眠后,初春开始生长,虽然许多种类已形成花蕾(球形者较多),移植换盆后仍可开花。有些种类在盛夏期间处于休眠状态,到秋季方可开始恢复生长。移植换盆后其生长日趋旺盛。夏、冬季节不宜换盆,因为盛夏和严冬换盆后如养护不当,会灼伤或冻伤植株。换盆前需停止浇水2~3d,待培养土稍干燥后方可进行。根部无病虫害但生长不良的植株可放在阴凉处10~20d,使其干燥后再上盆。

其他多浆植物的换盆和仙人掌类植物不同,春季、夏季至秋初生长,冬季休眠的种类主要在春季换盆;秋至春季生长,夏季休眠的种类主要在秋季换盆。

此外,多浆植物的根系不宜在空气中暴露过久,脱盆后要尽快上盆;根部扩展比仙人掌类植物快的多浆植物，如百合科、景天科、萝摩科、番杏科等多浆植物，换盆时要剪短其根系。有些块根和块茎类多浆植物根系较少，换盆时要格外小心，避免根系受损。

第四节　常见仙人掌类及多浆植物

一、仙人掌

【学名】*Opuntia dillenii*

【别名】仙桃、仙巴掌、霸王树

【科属】仙人掌科仙人掌属

【产地及分布】原产南美洲热带地区和美国、墨西哥及西印度群岛。现世界各地广泛栽培。

【形态特征】仙人掌为大型灌木状，多分枝，高可达2.5~3m。茎基部木质化，圆柱形，上部肉质，茎节扁平，倒卵形至长圆形，幼茎鲜绿色，老茎灰绿色，长20~25cm。刺座着生1~21条针刺，刺长1~3cm，黄色。叶小，早期脱落。花期夏季，单花或数朵着生于茎节上部边缘，萼片绿色，有不明显红晕，花瓣多数黄色，花茎2~8cm。浆果梨形，熟时紫红色，无刺，长5~8cm，可食。种子扁平，白色。（图18-5）

图18-5　仙人掌

【同属其他种】仙人掌属植物约有200种，常见栽培种还有黄毛掌、梨果仙人掌、仙人镜等。

(1) 黄毛掌（*O. microdasys*）　黄毛掌原产墨西哥北部。植株直立，多分枝，灌木状，高0.6~1m。茎节呈较阔的椭圆形或广椭圆形，黄绿色。刺座密被金黄色钩毛。夏季开花，花淡黄色，短漏斗形。浆果圆形，红色，果肉白色。

(2) 梨果仙人掌（*O. ficus-indica*）　梨果仙人掌又名印度无花果、仙桃、宝剑。灌木状肉质植物，高3~5m。茎节椭圆形。刺座上刺毛均早期脱落，花黄色。浆果倒卵状椭圆形，长5~9cm，先端凹入，有红、紫、黄或白色，因品种而异，可食。

(3) 仙人镜（*O. robusta*）　仙人镜为灌木或乔木状仙人掌，茎扁平、肥厚，卵形或几乎圆形。茎节淡绿色或淡蓝绿色。刺座褐色，着生淡红褐色钩毛，每个刺座上具有2~12枚白色、淡褐色或黄色刺。春末至夏季开花，花浅碗形，黄色。果实球形至卵圆形，无刺，有深红色、红色、紫色或绿色。

【生态习性】仙人掌性喜温暖干燥、阳光充足环境，较耐寒，耐干旱和半阴，耐瘠薄和盐碱，对土壤要求不严，但必须排水良好。生长适温白天24~27℃，夜晚18~21℃，冬季最低温度不低于5℃，在我国华南和西南地区可露地栽培。

【繁殖方法】仙人掌可采用播种、扦插和嫁接繁殖，以扦插繁殖为主。扦插以春夏进行最好，选取生长健壮充实的茎节或其一部分，切取晾干几天后（切口略向内收缩），插于沙床内，保持潮湿即可，不可浇大水，以免切口腐烂，20~40d生根。大批量生产常用播种法，于3~4月进行，幼苗生长缓慢，需精心管理，防止腐烂。

【栽培管理】仙人掌盆栽每1~2年换盆一次，春季换盆的初栽植株不宜立即浇水，只需喷水，使盆土稍湿润。栽植不宜过深，根颈与土面平齐。浇水水温略高于气温，浇水应掌握见干见湿的原则，过湿易腐烂，秋天控制浇水。冬季昼夜温差过大易受冻害，温室保持5~

10℃。夏季温度高于35℃时要加强遮阴，防止日灼。每月施肥一次。

【观赏与应用】仙人掌可盆栽观赏或作绿篱，也可用于环境绿化，果可食，也可用作仙人掌类植物嫁接的砧木。

二、量 天 尺

【学名】*Hylocereus undatus*
【别名】三角柱、三棱箭
【科属】仙人掌科量天尺属
【产地及分布】原产墨西哥及西印度群岛，现世界各地广为栽培。
【形态特征】量天尺为攀缘状灌木，茎有攀缘性，分节，每节长30～60cm，深绿色。茎三棱柱形，棱缘波状，刺座有1～3枚不明显的小刺，圆锥形，长0.1～0.4cm，茎上常有气生根。花大，漏斗形，外瓣黄绿色，内瓣白色，有芳香，5～9月晚间开花，时间极短，具香气。果实（又称火龙果）长圆形，长10～12cm，红色，有叶状鳞片，可食用，种子黑色。（图18-6）

图18-6 量天尺

【同属其他种】
(1) 多根量天尺（*H. polyrhizus*）　多根量天尺花长达40cm。
(2) 狭翼量天尺（*H. stenopterus*）　狭翼量天尺花筒短，花瓣细，红色。

【生态习性】量天尺为附生至半附生仙人掌类，有附生习性，利用气生根附着于树干、墙垣或其他物体上。喜温暖及空气湿润环境，耐半阴，怕低温霜雪，忌烈日暴晒。生长适温白天为21～28℃，夜间16～18℃，冬季不低于12℃。宜选择肥沃、排水良好的酸性沙壤土。

【繁殖方法】量天尺以扦插繁殖为主。温室内可全年进行，以春夏最适宜。剪取充实肥厚的基节作插条，长10～15cm，切后需晾干数天，待切口干燥后插入沙床，30～40d可生根。与其他仙人掌植物进行嫁接亲和力强，通常做砧木。

【栽培管理】量天尺栽培容易，春夏生长期必须充分浇水和喷水。每半个月施肥一次，冬季控制浇水并停止施肥。盆栽很难开花，地栽株高3～4m时才能孕蕾开花。南方露地作攀缘性围篱绿化时，需经常修剪，以利茎节分布均匀，开花更盛。栽培中过于荫蔽会引起叶状茎徒长，并影响开花。

【观赏与应用】量天尺地栽于展览温室的墙角、边地，可展示出热带雨林风光，也可作为篱笆植物。可作为砧木嫁接多种其他仙人掌科植物。果实可作水果食用。

三、金　琥

【学名】*Echinocactus grusonii*
【别名】象牙球、无极球
【科属】仙人掌科金琥属
【产地及分布】原产墨西哥中部干燥炎热的沙漠地区。
【形态特征】金琥植株呈圆球形，通常单生，球径可达1m左右，球顶部密被大面积金黄色绒毛，具棱 21～37 个，排列整齐。棱上排列整齐的刺座，刺座较大，其上着生金黄色辐射状刺 8～10 枚，刺长 3～5cm，形似象牙，故又名象牙球。花钟状，金黄色，生于球顶部。花期 4～11 月。寿命 50～60 年。（图 18-7）

【变种及同属其他种】

1. 主要变种

（1）白刺金琥（var. albispinus） 球顶端绵毛和刺均为白色。

（2）狂刺金琥（var. intertextus） 刺呈不规则弯曲。

（3）短刺金琥 大型球，直径达 1m，刺很短。

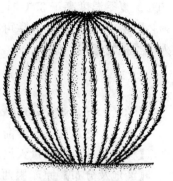

图 18-7 金琥

2. 同属其他栽培种

（1）大龙冠（E. polycephalus） 大龙冠植株球形或筒状，丛生，高 80cm，直径 25cm。刺红色或黄色，坚硬且弯曲。

（2）弁庆（E. grandis） 弁庆球大，高达 2m，径 1m，棱 40 或更多，刺粗壮，黄至红褐色。

（3）太平球（E. horizonthalonius） 太平球蓝绿色或灰绿色，有棱 7～13。刺座排列稀疏，有周刺 6～9 枚，中刺 1 枚，均为褐色。花玫红或粉红色。

【生态习性】金琥生性强健，栽培容易。喜阳光充足、适当干燥、通风良好的环境，但夏季需适当遮阴。不耐寒，耐干旱，怕积水。生长适温白天 20～25℃，夜间 10～13℃，越冬温度 5℃以上。土壤宜肥沃、疏松和含石灰质的沙质壤土。

【繁殖方法】金琥多用播种繁殖，种子易发芽。但自然情况下种子不易取得，大型植株开花时经人工授粉，可获多数种子。扦插、嫁接繁殖也较容易，但金琥不易产生小球，可在生长季节切除母株球顶部的生长点，促使滋生子球，待子球长到直径 0.8～1cm 时，即可切下扦插或嫁接。常用量天尺作砧木，用实生苗或子球作接穗进行嫁接繁殖，接后 3～4 个月可愈合成活，子球长大后又可切取扦插或用于盆栽。

【栽培管理】金琥地栽或盆栽用肥沃疏松和排水良好的沙壤土并加入干牛粪。栽培中不可过于荫蔽，否则球体徒长变长，观赏价值降低。生长季节要充分浇水，每半个月追施稀薄液肥一次。越冬温度 8～15℃，保持盆土适当干燥，温度过低，球体易发生黄斑。在良好的栽培条件下，生长很快，盆中长满须根，排水透气不良，土壤酸化（根系会分泌有机酸），每年需换盆一次，促进良好生长。

【观赏与应用】金琥球体浑圆碧绿，刺色金黄，刚硬有力，为强刺类品种的代表种，是珍贵的观赏仙人掌类植物。盆栽可长成规整的大型标本球，点缀厅堂，更显金碧辉煌，为室内盆栽植物中的佳品。大型个体适宜于地栽群植，布置专类园。

四、令箭荷花

【学名】Nopalxochia ackermannii

【别名】红花孔雀、孔雀仙人掌

【科属】仙人掌科令箭荷花属

【产地及分布】原产美洲热带地区，以墨西哥最多，我国栽培普遍，以盆栽为主。

【形态特征】令箭荷花为多年生肉质草本常绿植物，老茎基部常木质化。茎扁平多分枝，叶状，呈披针形，边缘呈波状粗锯齿形。嫩枝边缘为紫红色。刺丛生于波状齿凹处，灰白色。单花生于茎先端两侧，花大呈钟状，花被张开并翻卷，花丝、花柱弯曲，花色丰富，有紫、红、粉、黄、白等色。花期春夏季，白天开放，单花开放1～2d。(图18-8)

【同属其他种】令箭荷花属有两种，另一种是小花令箭荷花（N. phyllanthoides），着花繁密，花小。

【生态习性】令箭荷花为附生仙人掌类，附生于热带雨林中的树干。性喜温暖、湿润的气候，光照充足和通风良好的环境，但在炎热、高温、干燥的条件下要适当遮阴。生长适温为20～25℃，冬季不低于10～15℃，花期要求较高的空气湿度。有一定抗旱能力，怕积水。适宜肥沃、疏松和排水良好的酸性土壤。

图18-8　令箭荷花

【繁殖方法】令箭荷花常用扦插和嫁接繁殖。扦插繁殖3～10月均可进行，春季最好。将叶状枝于基部切取整个叶片，晾晒2d左右后插入沙床，30d可生根。嫁接繁殖可用仙人掌或量天尺等仙人掌科植物作砧木，多用劈接法嫁接。多年生老株下部萌生的枝丛多，也可用于分株繁殖，多在春季结合换盆进行。

【栽培管理】令箭荷花每2年换盆一次，以春季为好，盆土以配有有机质的沙土为宜。盛夏要进行遮阴，避免叶片因光照度过大造成危害，雨天要移入室内。春、秋两季可充分见光，光照不足不易开花。浇水以见干见湿为原则，春、秋两季充分浇水，夏季控制浇水，冬季少浇水。生长季每月追施一次液肥，现蕾后加施一次磷肥，以促使花大色艳。冬季转入中温温室越冬。

【观赏与应用】令箭荷花品种繁多，花色艳丽。以盆栽观赏为主，用来点缀客厅、书房的窗前、阳台、门廊效果很好，为色彩、姿态、香气俱佳的室内优良盆花。在温室中多采用品种搭配，可提高观赏效果。

五、昙　花

【学名】*Epiphyllum oxypetalum*

【别名】月下美人、琼花

【科属】仙人掌科昙花属

【产地及分布】原产墨西哥及加勒比海沿岸地区的热带雨林中，世界各地广泛栽培。

【形态特征】昙花为多年生半灌木状，属附生型仙人掌类植物。株高2～3m，多分枝，主茎基部木质化，圆筒形，分枝呈扁平叶状，肉质，边缘具波状圆齿。刺座生于圆齿缺刻处，幼枝有毛状刺，老枝无刺。花生于叶状枝的边缘，无梗，花大，近白色，漏斗状，有芳香，花期夏季，夜间开放，因其每朵花的开放时间仅为2～3h，故有"昙花一现"之说。也有黄、橙、粉、红、紫色的杂交品种。果实红色，种子黑色。(图18-9)

【同属其他种】

(1) 角叶昙花（*E. anguliger*）　角叶昙花茎直立，灌木状，多分枝，株高75cm。茎部分圆柱形，部分扁平，深锯齿，中绿色。花全黄色或外瓣柠檬黄、内瓣白色，花期春末夏初。

（2）矮昙花（E. pumilum） 矮昙花茎半直立或下垂，株高50cm。具有长的叶状茎，中绿色，宽3～8cm，从基部至顶端逐渐变窄。花米白色。

【生态习性】昙花喜温暖、湿润和半阴环境，耐干旱，不耐寒，忌强光暴晒。生长适温15～20℃，冬季温度不低于5℃。对土壤要求不严，喜富含腐殖质、疏松肥沃、排水良好的微酸性沙壤土。

【繁殖方法】昙花多用扦插繁殖，于5～6月选取生长健壮的叶状变态茎，剪成10～15cm的茎段，晾干切口，插入湿沙中，在18～25℃条件下，20～30d即能生根，当年或翌年即可开花。也可播种繁殖，播种苗需4～5年才能开花。

【栽培管理】昙花在我国除华南、西南个别地区和台湾可露地栽培外，其他地区多作盆栽。盆栽用土可选用2份草炭土和1份粗沙、1份炉渣的混合土。昙花具有耐旱、怕涝、喜肥、畏寒的特点，因此春季植株开始生长时，浇水的原则是盆土干透后浇一次透水，每两次浇水之间要浇施一次薄肥代替浇水。肥料以腐熟的饼肥、磷酸二铵及磷酸二氢钾为主，现蕾后停止浇肥水，花期保持盆土湿润，忌过干或过湿。花后及时修剪，去掉老枝条，并适当施1～2次氮肥。夏季是其旺盛生长期，水肥的需求量较大，要保持盆土湿润，每10d浇施一次薄肥，忌施过多氮肥。秋季浇水不宜过多，盆土略显干燥后浇水，适当减少施肥。冬季是休眠期，应控制浇水，停止施肥，使盆土略显干燥。充足的光照是促使昙花开花多的首要条件，因此温室内应保证周年光线充足，避免夏季中午前后的强光直射即可。自然条件下昙花于夜间开放，欲使白天开放便于欣赏，可采用昼夜颠倒的光照处理方法，将花蕾长5～10cm的植株白天置于完全黑暗中，天黑后至次日天明用灯光照射，这样处理7～8d，昙花可于白天8:00～9:00开花。

图18-9 昙花

【观赏与应用】昙花是珍贵的盆栽观赏花卉，其花大、姿美、色纯，开花时香气四溢，光彩夺目，非常壮观，观赏价值极高。

六、蟹 爪 兰

【学名】*Zygocactus truncactus*

【别名】圣诞仙人掌、锦上添花、螃蟹兰

【科属】仙人掌科蟹爪兰属

【产地及分布】原产巴西、墨西哥一带，我国各地均作室内盆花栽培。

【形态特征】蟹爪兰为附生型小灌木。植株常呈悬垂状，主茎圆，易木质化，分枝多，节状，叶状茎扁平多节，茎节短，长约5cm，茎节肥厚，卵圆形，鲜绿色，先端平截，边缘具粗锯齿。刺座上有刺毛。因茎节连接形状如螃蟹的副爪，故名蟹爪兰。花着生于茎节顶部刺座上，花被开张反卷，花色有淡紫、黄、红、纯白、粉红、橙和双色等。因其适值圣诞节开花，故又称之为圣诞仙人掌。（图18-10）

【栽培品种】蟹爪兰栽培品种有200多个。常见的有白花的'圣诞白'、'多塞'、'吉纳'、'雪花'，黄色的'金媚'、'圣诞火焰'、'金幻'、'剑桥'，橙色的'安特'、'弗里多'，紫色的'马多加',粉色的'卡米拉'、'麦迪斯托'和'伊娃'等。根据花期早晚,蟹爪兰又分为早生种、中生种和晚生种。

【生态习性】蟹爪兰原产南美洲巴西东部热带森林中,性喜温暖、湿润和半阴环境。不耐寒,怕烈日暴晒。最适宜的生长温度为15~25℃,夏季超过28℃,植株便处于休眠或半休眠状态,冬季室温以15~18℃为宜,温度低于15℃即有落蕾的可能。宜肥沃的腐叶土和泥炭土。

【繁殖方法】蟹爪兰主要采用扦插和嫁接繁殖。

1. 扦插繁殖 蟹爪兰扦插繁殖全年均可进行,以春、秋季为宜。剪取肥厚变态茎1~2节,待剪口稍干燥后插于沙床,插床湿度不能过大,插后3周生根。

2. 嫁接繁殖 蟹爪兰嫁接繁殖于5~6月或9~10月进行最好。砧木用量天尺或仙人掌,接穗选健壮、肥厚变态茎

图18-10　蟹爪兰

两节,下端削成鸭嘴状,用插接方法,每株砧木可接3个接穗。嫁接后放阴凉处,若接后10d接穗仍保持新鲜挺拔,即已愈合成活。

【栽培管理】蟹爪兰每年有两次旺盛生长期和两次半休眠期,需根据这一生长规律浇水施肥。春季气温升到19℃左右时,蟹爪兰进入第一次旺长期,浇水要从半个月一次、一周一次逐步过渡到3~5d浇一次,盆土要见干见湿,稍偏湿为好。同时10d左右施一次以氮为主的全素复合肥,薄肥勤施。盛夏气温达30℃以上时,植株呈半休眠状态,要停肥,少浇水,盆土见干见湿,以偏干为主。秋季进入第二个旺盛生长期,此期以生殖生长为主,水可稍多一些,盆土见干见湿,以稍湿为宜。10月上中旬应偏干一些,以利孕蕾,现蕾后仍以稍湿为主。从立秋到盛花前,可由淡到浓施以磷为主的全素复合肥,10d左右施一次。现蕾后还可向叶面喷施磷酸二氢钾液肥,促使花大色艳。冬季盛花期停肥,水也应少浇。花后施一次以氮为主的液肥,补充花期的消耗。此后一段时间不再施肥,10~15d浇一次水,以干为主。此外,因蟹爪兰喜湿润,无论是生长旺季还是半休眠期,都要常向茎叶喷水,为形成优美的株形,常设立圆形支架,以支撑枝条,使之均匀分布于架上。

【观赏与应用】蟹爪兰是冬季室内优良的观赏花卉,可供悬挂观赏。开花正逢圣诞节、元旦,株型垂挂,花色鲜艳可爱,适合于窗台、门庭入口处和展览大厅装饰。

七、落地生根

【学名】*Kalanchoe pinnata*

【别名】灯笼花、干不死、锦上添花

【科属】景天科伽蓝菜属

【产地及分布】原产南非,分布极广。

【形态特征】落地生根为多年生肉质草本植物,可长成亚灌木状。茎直立,有分枝,高可达1m,全株蓝绿色,被蜡粉。下部叶为羽状复叶,上部叶为三小叶或单叶,对生,肉质,披针状卵圆形,叶缘有圆钝齿,老叶齿隙常产生小芽(两枚对生的小叶),一触即落,且落地生根成为新植株,故得其名。花序圆锥形,花冠钟形,下垂,淡紫或橙红色,花期4~7月。果实为肉质蓇葖果。(图18-11)

【同属其他种】

(1) 宽叶落地生根（*K. daigremontiana*）　宽叶落地生根株高50～80cm。茎光滑无毛，中空，直立，灰褐色。叶对生，叶长三角形，长15～20cm，宽8～10cm，具不规则斑纹，边缘有粗齿，缺刻处长不定芽。花钟形，淡红色。

(2) 狭叶落地生根（*K. verticilata*）　狭叶落地生根茎直立，叶细，表面有凹沟及绿色斑纹，齿间生不定根。

(3) 棒叶落地生根（*K. tubiflora*）　棒叶落地生根茎不分枝。叶片3枚轮生，棒状，无柄，绿色带紫褐色斑纹，先端有齿，齿间有密生芽孢体。花红色，下垂。

(4) 玉吊钟（*K. fedtschenkoi*）　玉吊钟株高20～30cm，分枝密，最初匍匐，以后直立。叶交互对生，肉质扁平，卵形，边缘有齿，蓝或灰绿色，上有不规则的乳白、粉红、黄色斑纹。聚伞花序，小花橙红色。

图18-11　落地生根

(5) 矮生伽蓝菜（*K. pumila*）　矮生伽蓝菜株高25～40cm。叶椭圆形，淡灰绿色。花淡紫红色。

(6) 褐斑伽蓝菜（*K. tomentosa*）　褐斑伽蓝菜又名月兔耳。茎直立，多分枝。叶生枝端，匙形，密被白色绒毛，叶端具齿，缺刻处有深褐色或棕色斑。

【生态习性】落地生根喜温暖、干燥和阳光充足的环境，耐干旱，不耐寒冷和潮湿。对土壤要求不严，耐瘠薄和盐碱，适宜生长于排水良好的酸性土壤中。

【繁殖方法】落地生根可用叶插或用不定芽繁殖。叶插采用平铺法，叶面平铺湿沙上，沙土不要过湿，几天后，叶缘锯齿缺刻处即可生根、发芽，形成小植株，将其切离栽植即可成为新的植株。也可剪取枝条或将叶切成段扦插，切口阴干后插入基质，即可生根。

【栽培管理】落地生根植株适应性强，栽培管理粗放。盆栽时可用腐叶土3份和沙土1份混合作基质。浇水不宜过多，平时浇水要待干透再浇，浇水过多易引起落叶、根腐或植株死亡。施肥不能过勤，宜少施肥，否则造成旺长，并有可能造成植株腐烂，生长季每月施1～2次肥即可。生长期内要进行多次摘心。新上盆的小苗要及时摘心，促进分枝；较老植株其茎半木质化，且多弯曲不挺立，观赏价值降低，应予以短截，使其萌发新枝。盛夏需稍遮阴，其他季节都应有充足的光照，否则叶缘的色彩将消失。秋凉后要减少浇水，冬季入室后室温保持0℃以上即可安全越冬。

【观赏与应用】落地生根多盆栽观赏，是窗台绿化的好材料，若用其点缀书房、卧室，美观大方。

八、长寿花

【学名】*Kalanchoe blossfeldiana*

【别名】寿星花、圣诞伽蓝花、矮生伽蓝菜、燕子海棠

【科属】景天科伽蓝菜属

【产地及分布】原产非洲南部马达加斯加岛，我国南方各地广为栽培。

【形态特征】长寿花为多年生肉质草本植物。全株光滑无毛，株高10～30cm。叶肉质，交互对生，椭圆状长圆形，叶片上半部具圆齿或呈波状，下半部全缘，深绿色有光泽，边略

带红色。圆锥状聚伞花序，小花多，高脚碟状，花瓣4枚，花色有绯红、桃红、橙红、黄色等。花期2～5月。（图18-12）

【栽培品种】

(1)'卡罗琳'（'Caroline'）　叶小，花粉红。

(2)'西莫内'（'Simone'）　大花种，花纯白色，9月开花。

(3)'内撒利'（'Nathalie'）　花橙红色。

(4)'阿朱诺'（'Arjuno'）　花深红色。

(5)'米兰达'（'Miranda'）　大叶种，花棕红色。

(6)'武尔肯'（'Vulcan'）　四倍体，冬春开花，矮生种。

此外，还有'新加坡'（'Singapore'）、'肯尼亚山'（'Mount Kenya'）、'萨姆巴'（'Sumba'）、'知觉'（'Sensation'）和'科罗拉多'（'Coronado'）等流行品种。

图18-12　长寿花

【生态习性】长寿花习性强健，喜温暖稍湿润及阳光充足的环境，性喜肥，耐干旱，不耐寒，生长适温15～25℃，冬季室内温度需12～15℃。低于5℃，叶片发红，花期推迟。对土壤要求不严，以肥沃的沙质壤土为好。

【繁殖方法】长寿花以扦插繁殖为主，5～6月或9～10月进行扦插效果最好。剪取带叶枝条扦插。亦可用叶片扦插繁殖，将健壮充实的叶片从叶柄处剪下，待切口稍干燥后斜插或平放沙床上，可从叶片基部生根，并长出新植株。

【栽培管理】长寿花耐干旱，不需大量浇水，每隔3～4d浇一次透水，保持盆土略湿润即可，在稍湿润环境下生长较旺盛，节间不断生出淡红色气生根。过于干旱或温度偏低，生长减慢，叶片发红，花期推迟。盛夏要控制浇水，注意通风，若高温多湿，叶片易腐烂、脱落。冬季低温时和雨季也要控制浇水，以免烂根。生长期每半个月施肥一次，促其生长健壮，开花繁茂。秋季花芽形成过程中，增施1～2次磷、钾肥，则花多、色艳、花期长。为了控制植株高度，要进行1～2次摘心，促使多分枝、多开花。长寿花具有向光性，因此生长期间应注意调换花盆方向，调整光源方向，使植株受光均匀，促使枝条匀称生长。长寿花为短日照植物，可通过光周期处理调节花期，达到全年供花的目的。由于其生长较快，最好每年春天换盆一次。

【观赏与应用】长寿花植株小巧玲珑，株型紧凑，叶片翠绿，花朵密集，是冬春季理想的室内盆栽花卉。花期正逢圣诞、元旦和春节，布置窗台、书桌、案头，十分相宜。用于公共场所的花槽、橱窗和大厅等，其整体观赏效果极佳。由于名称长寿，故节日宜赠送亲朋好友，寓意大吉大利。

九、燕　子　掌

【学名】*Crassula portulacea*

【别名】翡翠木、景天树

【科属】景天科青锁龙属

【产地及分布】原产非洲南部。

【形态特征】燕子掌为灌木状多浆植物。茎粗而肉质，具明显的节，多分枝。叶肉质，卵圆形，先端急尖，基部窄，无柄，亮绿色，两叶基部不联合。花白或淡粉色，花茎约 2mm，栽培很少开花。(图 18-13)

【同属其他种】青锁龙（*C. lycopodioides*），亚灌木状，分枝不规则。叶小，浓绿色，呈鳞片状抱于茎上。花小，腋生，淡绿色。花期春夏。

【生态习性】燕子掌习性强健，喜温暖、干燥和阳光充足的环境。不耐寒，怕强光，稍耐阴。土壤以肥沃、排水良好的沙壤土为好。冬季温度不低于 7℃。

【繁殖方法】燕子掌常用扦插繁殖。在生长季节剪取肥厚充实的顶端枝条，长 8～10cm，稍晾干后插入沙床，插后约 3 周生根。也可用单叶扦插，切叶后晾干，再插入沙床，插后约 4 周生根，根长 2～3cm 时即可上盆。

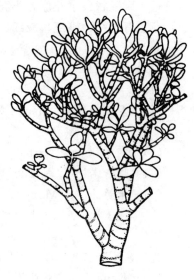

图 18-13　燕子掌

【栽培管理】燕子掌以盆栽为主，生长较快，每年春季要换盆，加入肥土，放到阳光充足处养护。每 10～15d 施一次薄肥，每 2～3d 浇水一次，做到见干见湿。盛夏高温时，燕子掌处于半休眠状态，怕强光照射灼伤叶片，应进行遮阴养护，停止施肥，注意通风，防止叶片变黄脱落。如连下大雨，要避开暴雨冲淋，以免根部积水腐烂死亡。8～10 月入秋转凉，燕子掌又开始恢复生长，需再次加强光照，拆除遮阴设备，这时水肥管理与春季相同。霜降前入温室，放在室内向阳处，停止施肥，控制浇水，基本上半个月浇一次水。冬季不耐寒，温度要保持在 7℃以上。每年整形修剪一次，在春季换盆或秋末入温室时进行，以使株形常年保持古朴典雅姿态。

【观赏与应用】燕子掌树冠挺拔秀丽，茎叶碧绿，顶生白色花朵，十分清雅别致。此外可配以盆架、加工成小型盆景，装饰茶几、案头更为诱人。

十、石 莲 花

【学名】*Echeveria glauca*

【别名】石莲掌、莲花掌、宝石花

【科属】景天科拟石莲花属

【产地及分布】原产墨西哥，世界各地均有栽培，我国栽培比较普遍。

【形态特征】石莲花为多年生肉质草本植物。茎短，具匍匐枝。叶肉质，直立，倒卵形，先端锐尖，无毛，被白粉，叶色浅绿或蓝绿，叶缘红色，排列紧密呈标准莲座状。总状花序，顶端弯曲呈蝎尾状，着花 8～24 朵，花冠红色，花瓣披针形不开张。花期 7～10 月。(图 18-14)

【品种及同属其他种】

1. 栽培品种　石莲花有 160 多个原始种，栽培变种更加数不胜数。叶片肉质化程度不一，形状有匙形、圆

图 18-14　石莲花

形、圆筒形、船形、披针形、倒披针形等，部分品种叶片被有白粉或白毛；叶色有绿、紫黑、红、褐、白等，有些叶面上还有美丽的花纹，叶尖或叶缘呈红色。根据品种不同，有总状花序、穗状花序、聚伞花序，花小型，瓶状或钟状。主要栽培品种有：

(1) '雪莲'　植株无茎或具短茎。肉质叶圆匙形，莲座状排列，叶色褐绿，被有浓厚的白粉，看起来呈白色。

(2) '红炎辉'　植株有分枝。肉质叶生于枝头，叶片披针形，被有绢毛，叶尖及上半部叶片均呈红色。

(3) '黑王子锦'　植株具短茎。肉质叶排列成标准的莲座状，叶盘直径可达20cm，叶匙形，稍厚，顶端有小尖，叶色黑紫，有黄色不规则斑纹。

(4) '锦晃星'　也称'金晃星'、'绒毛掌'。植株具细棒状茎。倒披针形肉质叶呈莲座状生于枝头，叶表面密布白色绒毛，在冷凉且阳光充足的条件下，叶缘及叶片上半部呈深红色。

2. 同属其他栽培种

(1) 绒毛掌（*E. pulvinata*）　绒毛掌为肉质草本植物。茎枝圆柱状，有分枝，密被红褐色绒毛。叶丛生于枝端，叶片肥厚，倒卵形，浓绿色，叶缘有红色绒毛。聚伞花序，花冠猩红色。

(2) 青叶莲花掌（*E. gibbiflora*）　青叶莲花掌分枝多，叶丛聚生如莲花状，叶片披针形，青绿色，叶缘有细齿。

【生态习性】石莲花喜温暖、干燥、阳光充足的环境，耐旱，不耐寒，不耐阴，要求排水良好的沙质壤土。

【繁殖方法】石莲花多用扦插繁殖，室内扦插四季均可进行，以8~10月最好，生根快，成活率高。插穗可用单叶、蘖枝或顶枝，剪取的插穗长短不限，剪口干燥后再插入沙床。插后一般20d左右生根。沙床的扦插基质不能太湿，否则剪口易发黄腐烂，根长2~3cm时上盆。亦可播种繁殖。

【栽培管理】石莲花管理简单，每年早春换盆一次。盆栽土以排水良好的泥炭土或腐叶土加粗沙。生长期以干燥环境为好，不需多浇水。盆土过湿，茎叶易徒长，观赏期缩短。冬季在低温条件下要控制浇水，水分过多根部易腐烂。盛夏高温时也不宜多浇水，可少喷些水，切忌阵雨冲淋。生长期每月施肥一次，以保持叶片青翠碧绿。施肥过多会引起茎叶徒长，2~3年生以上的植株趋向老化，应培育新苗及时更新。

【观赏与应用】石莲花叶片莲座状排列，肥厚如翠玉，姿态秀丽，形如池中莲花，观赏价值较高。盆栽可作为室内绿色装饰的佳品，常用于组合多浆植物的组合盆栽。

十一、生石花属

【学名】*Lithops*

【别名】石头花

【产地及分布】原产南非。

【形态特征】生石花属植物为多年生常绿植物，株高1~5cm。茎极短，常看不见。全株仅两枚对生叶，肥厚密接，半球形，外形酷似卵石，幼叶中央有一孔，长成后中间有一缝隙，形成倒圆锥形或圆筒形的球体，上有树枝状凹纹，有淡灰棕、蓝灰、灰绿、灰褐等颜色，生长季节由缝隙间生出一对新叶，老叶随即分离，最后枯死。花自顶部中央抽出，白色或黄色，一株通常只开 1 朵花（少有 2~3 朵），花径 3~5cm，状似小菊花，午后开放，傍晚闭合，可延续 4~6d。花后易结果实和种子。花期 4~6 月。（图 18-15）

图 18-15 生石花

【常见种】生石花属常见种有：

(1) 花纹玉（L. karasmontana） 花纹玉即卡拉斯山生石花，有两个亚种：

琥珀玉（ssp. bella）：株高 3~3.5cm。球状叶淡褐色，顶面褐黄色。

福寿玉（ssp. eberlanzii）：球体卵圆形，高 2cm，直径 1~2cm，常 20 头左右群生，球状叶淡灰青色，顶生褐绿色树枝状斑纹明显。花大，白色。

(2) 富贵玉（L. hookeri） 富贵玉即胡克氏生石花，株高 2~2.5cm，球状叶灰色，顶面褐色，花黄色。

(3) 日轮玉（L. aucampiae） 日轮玉即奥帕氏生石花，叶表面褐色，深浅不一，有深色的斑点。花黄色，直径 2.5cm。花期 9 月。

此外，还有太古玉（L. comptonii，即康普氏生石花）、古典玉（L. francisci，即弗仑氏生石花）、橄榄玉（L. olivacea，即橄榄色生石花）、曲玉（L. pseubotrunatella，即截顶生石花）等。

【生态习性】生石花喜温暖、干燥、通风、微阴环境。耐高温，但需通风良好，否则容易烂根。忌强光暴晒，忌涝，怕长期雨淋。不耐寒，生长适温 15~25℃，冬季需保持 8~10℃。

【繁殖方法】生石花多用播种繁殖。3~5 月进行播种，苗期管理切忌潮湿，以防腐烂，盆土干时，应采取浸灌的方法供水。对于生长多年的群生植株，也可分株繁殖，但繁殖系数不高。

【栽培管理】生石花用疏松、排水好的沙质土壤栽培。生长期需较多水分，每隔 3~5d 浇一次水，促使生长和开花，但不能过湿。浇水最好采用浸灌法，以防水从顶部流入叶缝，造成腐烂。生长季节每半个月施肥一次，肥水宜淡不宜浓，并注意肥液不要溅到肉质叶上，夏季高温、冬季低温及花后都要停止施肥。夏季高温时休眠或半休眠，要适当遮阴，节制浇水，加强通风，忌闷热潮湿，以防腐烂。冬季休眠期温度不低于 10℃，可不浇水，过干时喷水即可。

【观赏与应用】生石花植株小巧，形如彩石，色彩丰富，开花美丽，享有"有生命的石头"的美称，宜室内盆栽观赏，常用于小型工艺盆栽，装饰阳台、窗台、几案及书架等处，也常作此类植物的专项栽培展览，别有情趣。

十二、龙须海棠

【学名】*Mesembryanthemum spectabile*（*Lampranthus spectabilis*）

【别名】松叶菊、日中花

【科属】番杏科日中花属

【产地及分布】原产南非，世界各地多有栽培。

【形态特征】龙须海棠为多年生肉质草本植物。株高 30~50cm，茎纤细多肉质，基部木质化，分枝多，常上斜，紫褐色，通常匍匐状。绿色叶对生，细长圆锥形，肉质，具不明显的三棱，长 2.5～3cm，被白粉，基部偶带紫晕。聚伞花序单生于茎顶或叶腋，花形似菊，故又名松叶菊。花色有白、粉、橙、红、紫等，鲜有黄色。中午日照强烈时盛开，夜晚闭合，所以又称日中花。花朵大，直径约 4cm；花被一轮，由 4～5 片革质绿色萼片组成。花期 5～8 月，可连续开花不断。(图 18-16)

【同属其他种】

(1) 橙黄松叶菊 (*M. aurantiacus*)　橙黄松叶菊株高 30～40cm。花橙色，花径 6cm。

(2) 双色松叶菊 (*M. bicolor*)　双色松叶菊株高 30cm。花深红，黄心，花径 3.5cm。

(3) 霍氏松叶菊 (*M. haworthii*)　霍氏松叶菊株高 60cm。花淡紫色，花径 7cm。

图 18-16　龙须海棠

(4) 露花 (*M. cordifolium*)　露花为亚灌木。叶对生，扁平肉质，心状卵形，鲜绿色，具细乳头状突起。单花，形似菊花，紫红色。花期 7～8 月。

【生态习性】龙须海棠喜温暖、干燥和阳光充足的环境，耐炎热，不耐寒，耐干旱，忌水涝。

【繁殖方法】龙须海棠一般在春、秋季进行扦插繁殖，插穗选取健壮充实的顶端枝条，剪成 6～10cm，插入沙土或蛭石中，保持稍湿润，2～3 周生根，再经 1 周左右即可上盆。

【栽培管理】龙须海棠每年早春换盆一次，盆土宜用肥沃、疏松、排水良好的沙质土壤，并结合换盆进行一次重剪。生长期要求有充足的光照，若光照不足，会使节间伸长，柔弱纤细，枝叶易倒伏。平时保持盆土稍微偏干，避免积水，否则会造成烂根。栽培中肥水不要过大，特别是氮肥的施用量不能过多，否则会造成枝叶生长繁茂，开花稀少。每 15～20d 施一次腐熟的稀薄液肥或复合肥。夏季高温时植株处于半休眠状态，生长缓慢或停滞，应置通风凉爽处养护，防止强光暴晒，还要控制浇水，以免高温多湿引起烂根，并停止施肥，待秋凉后恢复正常管理。冬季移至室内向阳处，温度不得低于 5℃，最好能维持 10℃ 左右的室温，减少浇水。

【观赏与应用】龙须海棠花色鲜艳，开花量大，家庭可盆栽点缀阳台、窗台等处，也可作吊盆栽植，悬挂于窗前、走廊等处，具有很好的装饰效果。

十三、虎刺梅

【学名】*Euphorbia milii*

【别名】铁海棠、麒麟刺、麒麟花、叶仙人掌

【科属】大戟科大戟属

【产地及分布】原产非洲马达加斯加岛。

【形态特征】虎刺梅为多刺直立或稍攀缘性小灌木。茎黑褐色，粗壮，肉质，多棱，全株具乳汁。短刺 5 行排列于茎的纵棱上。叶着生于新枝顶端，倒卵形，全缘，无柄，叶面光滑，浓绿色。顶生聚伞花序，总花梗先端分叉，排成具长柄的二歧状聚伞花序，花黄绿色，总苞片鲜红色，极为鲜艳。花期全年。蒴果扁球形。(图 18-17)

【品种、变种及同属其他种】

1. 栽培品种　虎刺梅常见栽培品种有'大红'、'粉红洒金'、'大花'、'三色'等品种。

2. 主要变种

（1）千里红（*var. hislopii*）　株高 2m。茎粗 6cm，棱 8～10，红褐色。叶卵状披针形。花红色。

（2）白花虎刺梅（*var. alba*）　花白色。

3. 同属其他栽培种

（1）霸王鞭（*E. antiquorum*）　霸王鞭别名金刚纂，茎肉质直立，有不明显的 3～6 棱，有白色乳汁，小枝绿色，有乳头状突起的翅。叶对生，由翅边发出，倒卵形。花序杯状，每 3 枚簇生或单生于翅面陷处。

（2）光棍树（*E. tirucalli*）　光棍树茎枝光秃无叶，主茎半木质化，分枝力极强，株高可达数米。

图 18-17　虎刺梅

【生态习性】虎刺梅喜温暖、湿润和阳光充足的环境。耐高温，不耐寒，冬季温度不得低于 12℃。对土壤要求不严，耐瘠薄和干旱，怕积水。宜疏松、排水良好的腐叶土。

【繁殖方法】虎刺梅以扦插繁殖为主。整个生长期都能扦插，以 5～6 月进行最好，成活率高。选取上年成熟枝条，剪成 6～10cm 一段，以顶端枝为好。剪口有白色乳汁流出，用草木灰将伤口封住，防止乳汁外溢，然后晾 1～2d，或用温水清洗晾干后，再插入沙床，保持稍干燥，插后约 30d 可生根。

【栽培管理】虎刺梅盆栽每年春季换盆。盆栽用腐叶土、园土、河沙等量混合作培养土。虎刺梅耐旱，浇水不宜过多，盆内不宜长期湿润，春、秋两季浇水要见干见湿。夏季生长期需充足水分，可每天浇水一次，雨季防积水。冬季不干不浇水。花期控制水分，水大易引起落花烂根。生长期每隔半个月施肥一次，立秋后停止施肥。植株喜光，不怕酷暑烈日，全年都应给予充足光照。枝条不易分枝，长得很长，开花少，姿态凌乱，影响观赏，故每年必须及时修剪，使多发新枝，多开花。

【观赏与应用】虎刺梅栽培容易，开花期长，红色苞片鲜艳夺目，是深受欢迎的盆栽观赏植物。幼茎柔软，常用来绑扎孔雀等造型，成为宾馆、商场等公共场所摆设的精品，在园林中可用作刺篱等。

十四、龙舌兰

【学名】*Agave americana*

【别名】龙舌掌、番麻

【科属】龙舌兰科龙舌兰属

【产地及分布】原产墨西哥，我国各地均有栽培。

【形态特征】龙舌兰为多年生草本植物。植株高大，茎短。叶基生，自基部呈轮状互生，呈莲座状，肉质，灰绿色，狭长倒披针形，长可达 2m，宽约 20cm，端部有硬尖刺，叶缘具钩刺。圆锥花序自叶丛中抽出，高可达 7～8m，是世界上最长的花序，仅顶端生花，白色或浅黄色的铃状花多达数百朵，花后植株即枯死。花期 5～6 月。蒴果圆形或球形。（图 18-18）

【主要变种】龙舌兰主要变种有金心龙舌兰（*var. mediopicta*）、银边龙舌兰（*var. mar-*

ginata-alba)、绿边龙舌兰（var. *marginata-pallida*）和狭叶龙舌兰（var. *striata*）。

【生态习性】龙舌兰喜温暖、干燥和阳光充足环境，不耐寒，耐半阴和干旱，适应性强，对土壤要求不太严格，以疏松、肥沃和排水良好的沙质壤土为宜。生长适温白天15～25℃，晚间10～16℃，冬季不低于5℃。

【繁殖方法】龙舌兰常用分株和播种繁殖。分株结合春季换盆进行，将基部萌发的幼苗掰下，另行栽植，栽后浇水不宜多，放在半阴处，成活后再移至光线充足处。播种繁殖于4～5月室内盆播，发芽适温为20～25℃，播后14～21d发芽，幼苗生长慢，成苗后生长迅速，10年生以上老株才能开花结实。

【栽培管理】龙舌兰每2～3年换盆一次，盆土以腐叶土加粗沙混合为宜。生长期应浇透水，保持盆土稍湿润，每月施肥一次。夏季高温时增加浇水量，以保持叶片绿色柔嫩，但排水应通畅，对具白边或黄边的龙舌兰，遇烈日时，稍加遮阴。盆栽观赏要及时去除旁生蘖芽，保持株态美观。

【观赏与应用】 龙舌兰叶形美观大方，盆栽作观叶植物，也可庭院栽植，全年观赏。

图18-18 龙舌兰

十五、虎尾兰

【学名】*Sansevieria trifasciata*

【别名】千岁兰、虎皮兰、虎尾掌

【科属】龙舌兰科虎尾兰属

【产地及分布】原产非洲及亚洲南部，我国各地均有栽培。

【形态特征】虎尾兰为多年生肉质草本植物，具匍匐根状茎。叶从地下茎的顶芽抽生而出，丛生，直立，线状披针形，硬革质，基部稍呈沟状，先端急尖，暗绿色，有不规则浅绿色和深绿色相间的横向斑带，稍被白粉。花梗自叶丛中抽生，顶生散穗状花序。(图18-19)

【变种及同属其他种】

1. 主要变种

（1）金边虎尾兰（var. *laurentii*） 叶片较宽，两侧各有一条黄色条带。

（2）短叶虎尾兰（var. *hahnii*） 叶片矮小，散开成筒状。

图18-19 虎尾兰

2. 同属其他栽培种

（1）圆叶虎尾兰（*S. cylindrica*） 圆叶虎尾兰叶圆筒形稍扁平。

（2）广叶虎尾兰（*S. thyrisiflora*） 广叶虎尾兰具匍匐性，叶宽而扁平。

【生态习性】虎尾兰性喜温暖、湿润、耐干旱，耐阴，怕夏季强光暴晒。对土壤要求不严，以排水良好的沙质壤土为宜。

【繁殖方法】虎尾兰通常采用扦插和分株繁殖。

1. 扦插繁殖 虎尾兰扦插温度15℃以上即可进行，但以夏季最佳。选取成熟健壮充实的叶片自基部剪下，再将叶片剪截成若干叶段，每段长8~10cm，晾晒1~2d，待伤口干后，插于沙床中，注意叶段的方向性，切勿插反方向。具有色缘的品种，如金边虎尾兰不宜扦插繁殖，扦插后会失去色缘。

2. 分株繁殖 虎尾兰分株繁殖多在春、秋两季结合换盆进行。换盆时，切割根茎，每株带3~4片叶，待切口晾干后分别上盆，应在4~5月进行。过早分株，新芽未充分伸长，若分离则会导致生长不良。

【栽培管理】虎尾兰适应性强，管理简单，苗期浇水不可过多，否则常导致根茎腐烂。春季与秋季生长旺盛，应充分浇水，并适当追肥，每半个月施一次氮、磷结合的稀薄肥水。夏季需避免强光，应置荫棚下栽培，叶片暴晒后会出现斑点，叶色变暗发白。冬季需控制浇水，盆土宁干勿湿，否则易导致烂根枯死，同时停止追肥。换盆多在春季进行，亦可在秋季进行，一般每3~4年换盆一次即可。

【观赏与应用】虎尾兰为常见的盆栽观叶植物，叶面斑纹奇特，叶色常年碧绿，叶性直立如剑，四季可供观赏，盆栽室内装饰、温室地栽均可。

十六、芦　　荟

【学名】*Aloe vera* var. *chinensis*

【别名】油葱、草芦荟、龙角

【科属】百合科芦荟属

【产地及分布】原产印度。我国云南南部的元江地区也有野生分布。

【形态特征】芦荟为多年生肉质草本植物。茎节较短，直立。叶轮生于肉质茎上，基部抱茎，节间短，叶狭长披针形，肥厚多汁，两侧叶缘翘起，边缘有刺状齿。总状花序自叶丛中抽生，直立向上生长，小花密集，黄色，花萼绿色。花期3~4月。（图18-20）

【同属其他种】

（1）大芦荟（*A. arborescens* var. *natalensis*）　大芦荟有明显近木质地上茎，高达2m。叶线状披针形，边缘有多数齿刺。花红色。

（2）库拉索芦荟（*A. vera*）　库拉索芦荟又名美国芦荟。叶长30~70cm，宽4~15cm，厚2~5cm，先端渐尖，基部宽阔。叶呈粉绿色，布有白色斑点，随叶片的生长斑点逐渐消失，可食用。花小，黄色。

图18-20　芦荟

（3）绫锦（*A. aristata*）　绫锦无茎，叶三角状披针形，表面有白色点状斑纹。花橙红色。

此外，还有小芦荟（*A. humilis*）、金刺芦荟（*A. nobilis*）、花叶芦荟（*A. variegate*）、

龙角芦荟（A. arborescens）等。

【生态习性】芦荟习性强健，喜温暖、干燥和阳光充足环境。耐干旱和盐碱，怕积水，怕阴湿，耐高温，怕寒冷。叶片具有良好的储水功能，干旱时不会枯死，在阳光下放置2个月也不会枯死，在高温下暴晒仍能生存，只是停止生长，而在-1℃时会受冻害。生长适温白天20～22℃，夜间10～13℃，冬季温度不低于5℃。宜肥沃、疏松和排水良好的沙质壤土。

【繁殖方法】芦荟常用分株和扦插繁殖。

1. 分株繁殖 芦荟分株繁殖于3～4月换盆时进行，将母株周围密生的幼株分开盆栽，如幼株带根少或无根，可先插于沙床，生根后再盆栽。

2. 扦插繁殖 芦荟扦插于花后进行，剪取顶端茎10～15cm，待剪口晾干后再插于沙床，浇水不宜多。插后2周左右可生根。

【栽培管理】芦荟每1～2年换盆一次，在早春换盆，最好用泥盆，不宜用瓷盆和塑料盆，因为其透气性差，易烂根。盆土用腐叶土、培养土和沙等量混合，加入少量骨粉和石灰质。栽植不宜过深，刚栽时少浇水，生长期浇水可多些，但忌积水，土壤过湿会导致根部缺氧而腐烂枯死。对肥料要求不高，生长期施2～3次腐熟的稀薄液肥或淘米水，不宜施过浓的肥，通常也可以不施肥，伏天不宜施肥，以免烂根。夏季高温进入休眠期，控制浇水，保持干燥为好，并适当遮阳。秋后搬入室内养护，宜置阳光充足和通风的场所，严格控制浇水。

【观赏与应用】芦荟常盆栽观赏，有些品种可用于美容、食用和作药品。

十七、树马齿苋

【学名】*Portulaca afra*

【别名】金枝玉叶、马齿苋树

【科属】马齿苋科马齿苋属

【产地及分布】原产非洲南部。

【形态特征】树马齿苋为多年生直立肉质灌木，外形似景天科植物。茎多分枝，节间明显。叶对生，倒卵形，叶端截形，叶基楔形，长1～2cm，绿色，有光泽，肉质。花小，淡粉红至玫红色，萼片2，花瓣5。常盆栽，少见开花。（图18-21）

【生态习性】树马齿苋喜温暖、干燥和阳光充足的环境。不耐寒，耐半阴和干旱。生长适温为20～32℃。不择土壤，以排水良好的沙壤土为佳。

【繁殖方法】树马齿苋以扦插繁殖为主，生长期均

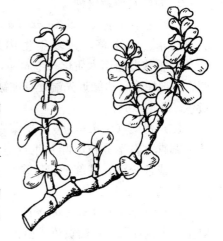

图18-21 树马齿苋

可进行，选取健壮、充实和节间较短的茎干作插穗，极易成活。

【栽培管理】树马齿苋盆栽多选用腐叶土，也可用泥炭加适量珍珠岩配制成营养土。对水分要求不高，生长期需水量稍大，浇水做到不干不浇、浇则浇透，避免盆土积水，否则会造成烂根；夏季高温季节，植株处于半休眠状态，控制浇水，保持盆土稍干燥；冬季要严格控制水分，保持土壤干燥。对肥料要求不高，生长期每半个月施用一次以氮肥为主的肥料即可，也可施用有机肥。生长较快，茎干分枝不规则，在半阴条件下，茎干虽生长旺盛，但易

徒长。生长过程中需不断修剪整形,才能保持优美的株形。

【观赏与应用】树马齿苋造型容易,多分枝,老茎苍劲,具古朴之感,适合置于客厅、卧室、阳台栽培观赏,小盆栽可置于案头欣赏。

十八、八宝景天

【学名】Sedum spectabile

【别名】蝎子草、华丽景天

【科属】景天科景天属

【产地及分布】原产中国东北及朝鲜,世界各地广为栽培。

【形态特征】八宝景天为多年生宿根草本植物。株高50~70cm,全株略被白粉,呈灰绿色。地上茎簇生,粗壮而直立。叶轮生或对生,倒卵形,肉质,具波状齿。伞房花序密集如平头状,花序直径10~13cm,花序紧凑。花期7~10月。(图18-22)

【品种及同属其他种】

1. 栽培品种

(1) '白花'八宝('Album') 花乳白色。

(2) '紫红花'八宝('Atropurpureum') 花深粉红色。

(3) '大红'八宝('Carmine') 花深红色。

2. 同属其他栽培种

(1) 堪察加景天(S. kamtschaticum) 堪察加景天别名黄轮草、麒麟草,为多年生肉质草本植物。高15~40cm,根状茎粗而木质化。茎斜伸,叶互生,倒卵形或长椭圆形,中部以上最广,先端稍圆,基部楔形,边缘近先端处有钝锯齿,无柄。聚伞花序顶生,疏松,着花5~100朵,橙黄色。花期6月。

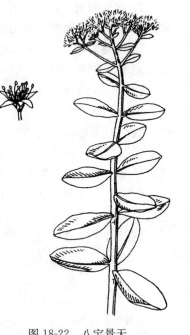

图18-22 八宝景天

(2) 费菜(S. aizoon) 费菜别名土三七,为多年生肉质草本植物。高达30~80cm,地上茎直立,不分枝。叶互生或近乎对生,广卵形至倒披针形,先端钝或稍尖,边缘具细齿,或近全缘,基部渐狭。伞房状聚伞花序顶生,无柄或近无柄。花黄色,花期6~8月。果期7~9月。

(3) 圆叶景天(S. makinoi) 圆叶景天为多年生常绿肉质草本植物,匍匐生长。叶片对生,尖端钝圆。花瓣黄色或白色。花期4~6月。

(4) 佛甲草(S. lineare) 佛甲草为多年生肉质草本植物,高10~20cm。茎初生时直立,后下垂,有分枝。三叶轮生,无柄,线形至线状披针形,阴暗处叶色绿,日照充足时为黄绿色。花瓣黄。花期5~6月。

(5) 垂盆草(S. sarmentosum) 垂盆草又名卧茎景天、爬景天,为多年生常绿肉质草本植物。匍匐生长,枝较细弱,匍匐节上生根。三叶轮生,倒披针形至长圆形。花少,黄色。花期5~7月。

(6) 凹叶景天(S. emarginatum) 凹叶景天为多年生常绿肉质草本植物。地下茎平卧，地上部茎直立。叶对生，近倒卵形，顶端微凹。小花多数，花瓣黄色。花期6~8月。

此外，还有反曲景天（S. reflexum）、六棱景天（S. sexangulare）、翡翠景天（S. marganianum）等

【生态习性】八宝景天性耐寒、耐旱，喜光，也耐轻度荫蔽，不择土壤。

【繁殖方法】八宝景天播种、扦插繁殖均可。种子细小，早春播种，浅覆土。常温下2~3周萌发，幼苗期间应严格控制浇水次数，防止猝倒及腐烂，苗高4~5cm时定植露地。扦插繁殖最为简便，且成苗快。生长季节均可进行，插条长5~8cm，扦插在沙床或沙壤土中。扦插地切忌积水，常温下20d生根。

【栽培管理】八宝景天栽培应选择排水良好的沙壤土，地形高燥向阳地段，施入适量厩肥和少量过磷酸钙，深翻土壤。株行距40cm×60cm，种植后适量浇水，夏季注意防涝。生长季节结合嫩枝扦插繁殖，修剪1~2次，使株丛低矮而紧密，延迟花期。降霜后，剪除地上部分，清除杂物，浇"冻水"，植株可安全越冬。

【观赏与应用】八宝景天植株强健，株型丰满，花色艳丽，花期长，管理粗放，开花时群体效果极佳，是布置花坛、花境和点缀草坪、岩石园的好材料，也可成片栽植作为护坡地被植物。

十九、其他常见仙人掌类及多浆植物

本节前文对一些重要的仙人掌类及多浆植物进行了介绍，此外，还有一些常见的仙人掌类及多浆植物，其形态特征见表18-1。

表18-1 其他常见仙人掌类及多浆植物简介

中名（别名）	学名	科 属	形态特征
肉黄菊	Faucaria tigrina	番杏科 肉黄菊属	叶基生，肥厚多肉，叶片菱形，呈十字形对生，鲜绿色，表面略凹下，具白色斑点；花黄色，花茎5~6cm；花期5~7月
佛手掌（宝绿）	Glottiphyllum linguiforme	番杏科 舌叶花属	叶舌形，鲜绿色，平滑有光泽，肥厚多肉，叶先端略下翻；花黄色；花期4~6月
回欢草	Anacampseros arachnoides	马齿苋科 回欢草属	叶肉质，卵形，光滑，叶先端带紫色；总状花序，有花3~4朵，花瓣5，白色具紫色条纹
佛肚树（玉树珊瑚）	Jatropha podagrica	大戟科 麻风树属	矮灌木；茎干直立，肉质，基部膨大；叶片顶生，有长柄，盾状或圆形，有裂缺；花序多分枝，花鲜红色
红雀珊瑚	Pedilanthus tithymaloides	大戟科 红雀珊瑚属	常绿肉质灌木；茎圆柱形，绿色，常左右弯曲呈之字形；叶卵形，排成两列，深绿色；花序顶生，红色
条纹十二卷	Haworthia margaritifera	百合科 十二卷属	叶基生，叶片三角状披针形，深绿色，肥厚肉质，叶片两面散布不规则排列的白色瘤状突起
水晶掌	Haworthia cymbiformis	百合科 十二卷属	肉质草本；叶基生，呈莲花状，叶片卵形，有蓝绿色条纹，叶端透明或半透明状；花小，灰白色
大花犀角	Stapelia grandiflora	萝藦科 豹皮花属	多年生肉质草本；茎四角棱状，灰绿色，直立向上，高20~30cm，粗3~4cm，基部分枝；花淡黄色

(续)

中名（别名）	学　名	科　属	形　态　特　征
吊金钱	*Ceropegia woodii*	萝藦科 吊灯花属	蔓性草本多浆植物；茎细长，匍匐或悬垂；叶对生，心形，长1~1.5cm，肉质，叶脉深凹，边缘有白色斑纹；花淡紫色，长约2cm，形似吊灯，宜悬挂观赏
绯牡丹	*Gymnocalycium mihanovichii* var. *friedrichii*	仙人掌科 裸萼球属	植株球形，8~10棱，棱顶部生有短刺；球体鲜红色、橙红或粉红色
仙人指	*Schlumbergera bridgesii*	仙人掌科 仙人指属	形似蟹爪兰，生长更繁茂，多分枝，向四周铺散下垂；茎节扁平，先端截形，两端各具尖齿。花近辐射对称，花冠漏斗形，玫红色；花期早春
山影拳（仙人山）	*Cereus* sp. f. *monst*	仙人掌科 天轮柱属	柱状茎丛生，嫩茎青粉色，后变深绿色，具褐色柔毛和刺，5~8棱；花白色
酒瓶兰	*Nolina recurvata*	龙舌兰科 酒瓶兰属	茎干直立，基部膨大，高可达10m；叶簇生茎干顶部，线形，长1m以上，宽1~2cm，粗糙；圆锥花序，小花白色
仙人笔	*Senecio articulatus*	菊科 千里光属	多年生肉质植物；株高30~60cm，茎短圆柱状，具节，粉蓝色，极似笔杆；叶交错互生，扁平，提琴状裂，叶柄与叶片等长或更长，叶与茎均被白粉；头状花序，花径1cm左右，白色带红晕；花期为冬春季节
翡翠珠	*Senecio rowleyanus*	菊科 千里光属	多年生常绿匍匐肉质草本植物；茎极细，匍匐，垂吊可达1m；叶互生，较疏，圆心形，深绿色，肥厚多汁，极似珠子，故有佛串珠、绿葡萄、绿之铃之美称；头状花序顶生，长3~4cm，呈弯钩形，花白色至浅褐色。花期12月至翌年1月
大弦月	*Senecio herreianus*	菊科 千里光属	蔓生多年生肉质草本常绿植物；茎细长，下垂；肉质叶互生，椭圆形球状，叶前端尖突，后端缩小连于叶柄，像弦月，叶上具有多条半透明的线条。头状花序，黄白色

复习思考题

1. 简述多浆植物的概念及类型。
2. 仙人掌类及多浆植物的栽培要点有哪些？
3. 仙人掌类及多浆植物的嫁接繁殖方法及注意事项有哪些？
4. 举出常见仙人掌类及多浆植物，说明它们的生态习性、繁殖方法、栽培技术要点及用途。

第十九章
湿 地 花 卉

　　湿地是指天然或人工形成的、长久或短暂性的沼泽地、泥炭地或水域地带，静止或流动的水体，包括低潮时水深不超过6m的水域，以及河湖沿岸。湿地花卉是对生长在湿地上且有一定观赏价值的植物的统称。

　　根据对水的生态要求程度，可将湿地花卉分为三种类型：水生花卉，如荷花、睡莲、王莲、芡实、水葱、再力花、大藻、凤眼莲、荇菜、慈姑、金鱼藻等；沼生花卉，如千屈菜、芦竹、芦苇等；湿生花卉，如冷水花、红蓼、虎耳草、八仙花、大叶醉鱼草等。

　　绝大多数湿地花卉喜欢光照充足、通风良好的环境，但也有能耐半阴者，如菖蒲、石菖蒲等。

　　湿地花卉一般采用播种繁殖，如荷花、香蒲、水生鸢尾等；也常采用分株繁殖，如石菖蒲、花叶芦竹等。

一、荷　花

【学名】*Nelumbo nucifera*

【别名】莲、水芙蓉、芙蕖

【科属】睡莲科莲属

【产地及分布】原产亚洲热带地区和大洋洲。据考证，我国是荷花的中心原产地。荷花在中国的自然分布极为广泛，除了西藏和青海之外，全国绝大部分地区均有分布。

【形态特征】荷花为宿根性挺水植物。根状茎横生于淤泥中，通称藕，肥大而多节，节内有多数大小不一的孔道，这是为适应水中生活形成的气腔。在藕节上环生不定根，并向上抽生叶和花。叶片由叶柄挺出水面，盾状圆形，叶面深绿色、粗糙，叶背淡绿色、光洁，叶脉隆起；叶柄圆柱状，着生于叶背中央。叶片有三种，包括钱叶、浮叶和立叶。花单生于花茎顶端，挺出水面，花径10～30cm，花有单瓣、复瓣、重瓣、重台、千瓣之分，花色有深红、粉红、白、淡绿及间色等变化。萼片4～5枚，绿色，花开后即脱落。雄蕊多数，柱头顶生，子房上位，心皮多数且分离，散生于倒圆锥形、碗形的绿色花托内。花谢后花托膨大，俗称莲蓬，上有3～30个蜂窝状的莲室，每个莲室内有一个长圆球形小尖果，俗称莲子。花期6～9月，单朵花期3～4d，多为晨开午闭。（图19-1）

【栽培类型及品种分类】

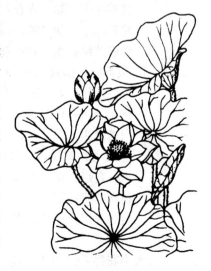

图19-1　荷花

1. 栽培类型 荷花栽培品种很多，根据用途不同分为藕莲、子莲和花莲三种类型。藕莲、子莲以食用为目的，花莲以观赏为目的。通常藕莲植株高大，根茎粗壮，长势强健，但不开花或很少开花。子莲根茎不发达、细而质劣，但开花繁密，虽为单瓣而鲜艳夺目，善结实，产量高。花莲一般根茎细而软，品质差，茎和叶均较小，长势弱，但开花多，群体花期长，花型、花色较丰富，具有较高的观赏效果。

2. 品种分类 我国观赏荷花品种资源丰富，有200多个品种，王其超等按照株型、重瓣性、花色的三级分类标准，将其分为3系5群13类28组。

(1) 中国莲系

　①大中花群

　　a. 单瓣类：瓣数12～20。

　　　红莲组：如'古代莲'。

　　　粉莲组：如'东湖红莲'。

　　　白莲组：如'东湖白莲'。

　　b. 复瓣类：瓣数21～59。

　　　粉莲组：如'唐婉'。

　　c. 重瓣类：瓣数60～190。

　　　红莲组：如'红千叶'。

　　　粉莲组：如'落霞映雪'。

　　　白莲组：如'碧莲'。

　　　洒金莲组：如'大洒锦'。

　　d. 重台类

　　　红台莲组：如'红台莲'。

　　e. 千瓣类

　　　千瓣莲组：如'千瓣莲'。

　②小花群（碗莲群）

　　a. 单瓣类：瓣数11～20。

　　　红碗莲组：如'火花'。

　　　粉碗莲组：如'童羞面'。

　　　白碗莲组：如'娃娃莲'。

　　b. 复瓣类：瓣数21～59。

　　　红碗莲组：如'案头春'。

　　　粉碗莲组：如'粉碗莲'。

　　　白碗莲组：如'星光'。

　　c. 重瓣类：瓣数60～130。

　　　红碗莲组：如'羊城碗莲'。

　　　粉碗莲组：如'小醉仙'。

　　　白碗莲组：如'白雪公主'。

(2) 美国莲系

　③大中花群

　　单瓣类。

　　　　　　黄莲组：如'黄莲花'。
　（3）中美杂交莲系
　　　④大中花群
　　　　a. 单瓣类
　　　　　　红莲组：如'红领巾'。
　　　　　　粉莲组：如'佛手莲'。
　　　　　　黄莲组：如'金凤展翅'。
　　　　　　复色莲组：如'美中红'。
　　　　b. 复瓣类
　　　　　　白莲组：如'龙飞'。
　　　　　　黄莲组：如'出水黄鹂'。
　　　⑤小花群（碗莲群）
　　　　a. 单瓣类
　　　　　　黄碗莲组：如'小金凤'。
　　　　b. 复瓣类
　　　　　　白碗莲组：如'学舞'。

【生态习性】荷花性喜强光温暖环境，炎热夏季为生长最为旺盛的时期，气温23～30℃对花蕾发育和开花特别有利。大多数品种在立秋后气温下降时转入藕生长。耐寒性很强，在我国东北南部也可于露地池塘中越冬。生长期间要求阳光充足，在强光下生长发育快，开花早，在弱光下生长发育缓慢且花朵稀，开花迟。喜肥沃的黏质土壤，宜pH6.5，尤喜磷、钾肥，而氮肥不宜过多。喜湿怕干，但立叶极怕水淹，一般以水深不超过1.5m为度，宜生长于静水或缓慢流水中。根茎走向及成藕时期有一定规律性，通常嫩叶卷曲方向即为地下根茎走向。

荷花每年春季萌芽生长，夏季高温季节开花，边开花边结实。花后生新藕，逐渐进入休眠期，地上茎叶枯黄。生育期180～200d。

【繁殖方法】荷花以分株繁殖为主。春季选取健壮的根茎，每段带有2～3节，必须以带顶芽的藕做种并保留尾节，以防种藕腐烂。将其插于缸、盆或池塘内。采用播种繁殖时，应在8～9月间采收成熟的种子，进行秋播或春播。播种前先将种子尖端外皮磨破，在准备种的盆内浸水，水深3～4cm。发芽适温为17～24℃，但播种繁殖生长缓慢，需经3年养护，才能开花结实。

【栽培管理】荷花栽培主要有两种方式，即池塘地栽和盆养荷花。

1. 池塘地栽　栽前先将池水放干，翻耕池土，施入基肥，然后灌入数厘米深的水。再将选出的种藕埋入泥中，使先端芽向下，深10～15cm，末端尾节稍露出土面，并适当加以填压，以防灌水后浮起。生长初期水位不宜过深，仅数厘米。灌水深度应随着荷花的生长发育逐渐加深，春初栽后水深10cm，夏季生长旺期水深50cm，秋季结藕期又宜浅。北方冬季冰冻前应放足池水，保持1m以上，以免池底泥土结冰，根茎可在冰下不冻泥中安全越冬。生长期间不能采收叶子，否则地下茎易发生腐烂。除在种植前进行池底泥土耕翻施入基肥外，立叶产生后，还应追肥1～2次，宜多施磷、钾肥而少施氮肥。锰对荷花生长有明显效果，在生长季节用氯化锰100倍液进行根外追肥2～3次，植株生长更茂盛。观赏栽培通常2～3年重新栽植一次，否则地下茎生长过密而影响开花。

2. 盆养荷花 盆养荷花必须每年春进行新植，否则地下茎会极为衰弱，生长不良，难于开花。盆养用盆最好是 60～80cm 口径的虎头盆，盆底装入富含有机质的肥沃土壤，并放入猪毛、羊蹄或马蹄等作基肥，上面覆盖培养土至盆深的 2/3 处，然后将种藕沿盆边摆放，每根头尾相接，同时将生长点的前端埋入土中，即所谓藏头露尾。这样可使新芽长出后在土壤中发展。由于藕鞭是水平生长的，如不埋入土中新生藕生长不良。最后在种藕上再覆素沙土，灌 6cm 深的浅水，利用日光提高土温，以利于发芽生长。荷花叶大、花大、梗长，易受风折，应注意设立支架和避风。花开过后，新的子藕继续生长，至叶枯后，可将盆水吸出，然后移入冷室或 1～5℃ 环境，保持盆土湿润即可过冬。

【观赏与应用】荷花是我国传统名花，在我国民间的应用历史悠久，不但是重要的佛教用花，而且是园林水体植物配置的重要花卉，碗莲栽植于居室、庭院则别有情趣，同时荷花还是夏季常用的切花材料。

二、睡　莲

【学名】*Nymphaea tetragona*

【别名】子午莲、水浮莲

【科属】睡莲科睡莲属

【产地及分布】中国南北各地均有分布，日本、朝鲜、印度、西伯利亚及欧洲也有分布。

【形态特征】睡莲为多年生浮水植物。地下部分具横生或直立的根茎。叶丛生，浮于水面，圆形或卵圆形，全缘，基部深裂，表面浓绿色，背面暗紫色；叶柄细长，柔软。花单生于细长花茎顶端，浮于水面，花托四角形，萼片 4 枚，花径 6cm 左右，花瓣 10 余枚，外层瓣大，中心渐小，有白色、粉色、黄色、紫红色以及浅蓝色等。雄蕊多数，柱头膨大呈放射状，花谢后逐渐卷缩沉入水中结果。聚合果海绵质球形，成熟后不规则破裂，内含圆形坚果。花期 5～9 月，花白天开放，晚上闭合。(图 19-2)

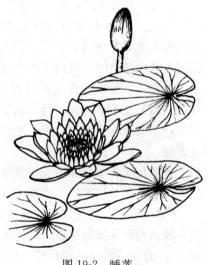

图 19-2　睡莲

【栽培类型及同属其他种】

1. 栽培类型　睡莲种间杂交及栽培品种很多。根据耐寒性可分为不耐寒性种类和耐寒性种类。我国栽培的多为耐寒性种类。

2. 同属其他栽培种　睡莲属有 40 余种，常见观赏栽培的还有蓝睡莲、香睡莲、白睡莲和块茎睡莲。

(1) 蓝睡莲（*N. caerulea*）　蓝睡莲原产非洲。叶全缘。花浅蓝色，花径 7～15cm。

(2) 香睡莲（*N. odorata*）　香睡莲原产美国东部。叶圆形或长圆形，背面紫红色。花白色，直径 4～13cm，具浓香，午前开放。有红花及大花品种，杂交种亦很多。

(3) 白睡莲（*N. alba*）　白睡莲原产欧洲及北非。根茎横生，黑色。叶圆形，幼嫩时红色。花白色，直径 10～12cm，白天开放。其变种很多。

(4) 块茎睡莲（*N. tuberosa*）　块茎睡莲原产非洲。具菠萝状块茎。叶盾形，幼嫩时绛紫色。花白色，直径 10～22cm，午后开放，花、叶均高出水面。有重瓣种及其他变种。

【生态习性】睡莲性喜阳光充足，为强光性植物，如果种植在树荫下的水池中，则生长发育不良，叶繁而花稀。适宜通风良好、水质清洁温暖的静水环境。要求富含腐殖质的黏质土壤，宜pH6～8。耐寒性种类可在不冰冻的水中越冬，不耐寒性种类应保持18～20℃水温。在水深10～80cm之间均可生长，最适水深为20～30cm。花期从夏季至秋季。

【繁殖方法】睡莲以分株繁殖为主。耐寒性种类于3～4月水温较高时进行，将根茎掘出，用刀切分为数丛另行栽植即可。也可播种繁殖，果实在水中成熟，种子易在水中流失，所以需采种时应在花后加套纱布袋。因种皮很薄，干燥即丧失发芽力，最好种子成熟即播，或贮于水中。不耐寒性种类种子10d即可发芽，耐寒性种类常需要3个月甚至1年才能发芽。

【栽培管理】睡莲在气候条件合适之地常直接栽于大型水面的池底栽植槽内，小型水池常将睡莲栽于水盆中，再将盆移置普通水池内。园林中陈设观赏常栽于普通花盆内，再将花盆放入浅水中。缸栽睡莲，先填大半缸塘泥，施少量腐熟的饼肥、人畜粪尿或鱼腥水作底肥。为了避免漂浮，栽后先灌浅水，随着茎叶的生长逐渐加水，经常保持水深20～30cm。池内栽植每年秋季应将池水放干，疏散根茎，施足基肥，然后灌水。春季保持水深20～30cm，夏季40～50cm。3～4年分栽一次，否则根茎拥挤，叶片在水面重叠覆盖，生长不良而影响开花。生育期间应保持阳光充足，通风良好，否则长势弱，易遭蚜虫危害。不耐寒性种类可将盆移入冷室越冬。

【观赏与应用】睡莲有很高的观赏价值，又能净化水体，常用于美化装饰园林水体，也适合庭院池塘或盆、缸栽植观赏，花梗挺直的品种还是良好的切花材料。

三、王　莲

【学名】*Victoria amazonica*

【别名】水玉米

【科属】睡莲科王莲属

【产地及分布】原产南美洲亚马孙河流域。

【形态特征】王莲为大型多年生浮水植物，多作一年生栽培。根状茎短而直立，着生粗壮发达的侧根。叶丛、叶形随叶龄大小而变化，初生叶漂浮水面，约第十片叶起为成熟叶片，圆形，边缘向上反卷，叶片特大，直径约2m，大的达2.5m，如一浅口大盆平铺水面，浮力特大，可承受40～50kg，童男少女可坐在叶面，如泛舟一样，为自然界一特有景观。花亦特大，开时直径约40cm，宛如一面盆，确为莲中之王；花红色，颇艳丽，开放时间与气温相关，通常于气温高、光照强的午后开放，入夜闭合；每花有花瓣数十片，雄蕊多达200枚，亦颇壮观。王莲花、叶之大，为各种植物之冠，是世界著名的观叶、观花植物，一些大型植物园、公园均建有专供王莲栽培的特别水池，但由于适生范围较窄，广大地区均难以观赏到这一特有景观，则更显其珍奇可贵。（图19-3）

【生态习性】王莲为典型的热带植物，喜

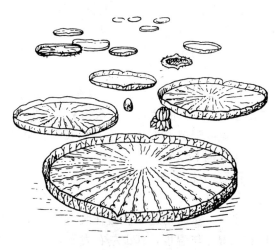

图19-3　王　莲

高温高湿,耐寒力极差。气温下降到20℃时,生长停滞;气温下降到14℃左右时,产生冷害;气温下降到8℃左右,受寒死亡。在西双版纳的正常年份,可在露地越冬并能结出种子;广州、南宁较暖年份,可在露地越冬,一般年份需保温设施方可越冬;北回归线以北的广大地区,只能在专类温室内越冬。喜肥沃深厚的塘泥,但不喜过深的水,水深以不超过1m较为适宜。种植时施足厩肥或饼肥,发叶开花期施肥1~2次,入秋后即停止施肥。王莲喜光,栽培水面应有充足阳光。人工栽培的关键是越冬防寒,冬季保持气温和水温均在20℃左右。

【繁殖方法】王莲多用播种繁殖。果熟后剖开取出种子,即放入20~30℃的温水中贮藏,不能离水,亦忌受冻。运输需将种子装入保温水中,不耐久藏,处理过的种子应及时播种。用大瓦盆盛塘泥,水深5~10cm,水温保持25~30℃,播后约半个月可发芽。幼苗伸出后,逐渐加水,保持苗的顶部有水覆盖。当幼苗发出箭叶,根系已发展时,可以从瓦盆移入水池内定植。在保持不受寒害的情况下,宿根可自然繁殖,萌发出新的叶片更换老叶,受冻害则需另行育苗,重新种植。

【栽培管理】王莲幼苗期需光照充足,幼苗定植后逐步加深水面,7~9月叶片生长旺盛期追肥1~2次,并不断去除老叶,经常换水,保持水质清洁,使水面上保持8~9片完好叶。6月初即可开花。夏季气温太高时应注意通风和遮阴,直至秋末,花后2个月左右种子成熟。

【观赏与应用】王莲叶奇花美,具有很高的观赏价值,又能净化水体,是现代大型植物园中水体或水池中的珍稀观赏花卉,环境条件许可的地区也适合庭院观赏。

四、黄菖蒲

【学名】*Iris pseudacorus*

【别名】黄花鸢尾、水生鸢尾

【科属】鸢尾科鸢尾属

【产地及分布】原产南欧、西亚及北非等地,世界各地都有引种栽培。

【形态特征】黄菖蒲是多年生湿生或挺水宿根草本植物。植株高大,根茎短粗。叶片茂密,基生,绿色,长剑形,长60~100cm,中肋明显,并具横向网状脉。花茎稍高于叶,垂瓣上部长椭圆形,基部近等宽,具褐色斑纹或无,旗瓣淡黄色,花径8cm。花期5~6月。蒴果长形,内有种子多数,种子褐色,有棱角。(图19-4)

【生态习性】黄菖蒲适应性强,喜光耐半阴,耐旱也耐湿,沙壤土及黏土都能生长,在水边栽植生长更好。生长适温15~30℃,温度降至10℃以下停止生长。北京地区冬季地上部分枯死,根茎地下越冬,极其耐寒。

【繁殖方法】黄菖蒲常采用播种和分株繁殖。播种繁殖时,可随采随播,成苗率达80%~90%。种子坚硬,播前先用温水浸泡半天,然后捞起,撒播在装有培养土的浅盆中,播后保持适宜的湿度与温度,20d左右发芽,1个月后出齐苗,即可移栽。分株繁殖在春、秋两季将根茎挖出,抖掉泥土,用快刀或

图19-4 黄菖蒲

锋利的铁锹分割，注意不要碰伤芽，每块具 2～3 个芽为宜。

【栽培管理】黄菖蒲露地栽植时，宜选择池边湿地，顺着池边带形种植，株行距 30cm×40cm，深 6～10cm。盆栽时先在盆底施基肥，再装入培养土，中间挖穴栽植，栽后覆土，保持湿润或浅水。沉水盆栽栽植同盆栽，不同之处是将盆沉入池水中，水面高出盆面 10～15cm。

栽培地点要保持通风透光，生长期保持土壤湿润。盛夏天气炎热干燥，要注意保持浅水环境。立冬以前要及时清理地面枯叶。黄菖蒲茎粗壮，生长迅速，每 1～2 年应分栽一次。要注意及时进行病虫害防治。

【观赏与应用】黄菖蒲春季叶片青翠，似剑若带，盛夏季节黄花接连不断，花开花落，别具雅趣，在园林中可丛植、盆栽、布置花境，也可栽植湿洼地、池边湖畔、石间路旁，还可作切花材料。

五、千 屈 菜

【学名】*Lythrum salicaria*

【别名】水柳

【科属】千屈菜科千屈菜属

【产地及分布】原产欧亚温带，我国南北均有野生分布，多生长在沼泽地、水旁湿地和河边、沟边。现各地广泛栽培。

【形态特征】千屈菜为多年生沼生宿根草本植物。株高约 1m，地下茎木质化，地上茎四棱形，直立生长，近地面基部木质化，多分枝。穗状花序顶生，花序长达 40cm 以上，小花密集生长，粉红色。花期 7 月初至 9 月中旬。(图 19-5)

图 19-5　千屈菜

【生态习性】千屈菜为阳性植物，喜欢强光和潮湿环境，通常在浅水中生长最好，也可露地旱栽。对土壤要求不严，极易生长，在土质肥沃的塘泥基质中花色更艳，长势强壮。喜通风好的环境，喜水湿，比较耐寒，在我国南北各地均可露地越冬。

【繁殖方法】千屈菜可采用播种、扦插、分株繁殖，以扦插、分株为主。扦插繁殖应在生长旺期 6～8 月进行，剪取 7～10cm 长的嫩枝，去掉基部 1/3 的叶片，插入底部无排水孔、装有鲜塘泥的盆中，6～10d 生根，极易成活。分株繁殖在早春或深秋进行，将母株整丛挖起，抖掉部分泥土，用快刀切取数芽为一丛另行种植。

【栽培管理】千屈菜生命力极强，选择光照充足、通风良好的环境栽植。养护管理简便，冬季剪去枯枝自然过渡。一般 2～3 年分栽一次。

盆栽时，选用直径 50cm 左右的无底洞花盆，装入盆深 2/3 的肥沃塘泥，一盆栽 5 株即可。生长期盆内保持有水，及时拔除杂草，保持水面清洁。

【观赏与应用】千屈菜枝叶秀丽，花色淡雅，开花期长，最宜水边和水池栽植，也可盆栽观赏。

六、水　　葱

【学名】*Scirpus tabernaemontani*

【别名】翠管草、冲天草、莞

【科属】莎草科藨草属

【产地及分布】原产欧亚大陆，我国南北方都有分布，野生于湖塘浅水岸边。

【形态特征】水葱为多年生草本挺水植物。株高 1~1.2m。地下具粗壮横走根状茎，地上茎直立，秆单生，圆柱形，表皮光滑，被白粉，灰绿色，茎秆中有海绵状空隙组织。叶片基生，退化为鞘状，褐色。聚伞花序顶生，淡黄褐色，下垂。小坚果倒卵形，长约 2mm。花期 6~8 月，果期 7~9 月。（图 19-6）

【主要变种】花叶水葱（var. *zebrinus*），茎秆表面白、绿色斑点相间。

【生态习性】水葱喜生长在向阳、温暖、潮湿的环境中，在自然界常生长在池塘、湖泊边的浅水处。其生性强健，适应性强，耐寒，耐阴，也耐盐碱。

图 19-6 水葱

【繁殖方法】水葱通常采用播种或分株繁殖。分株繁殖于早春萌发前进行。

【栽培管理】水葱可露地种植，也可盆栽。

1. 露地栽培 水葱生长强健，管理粗放，生长期和休眠期均需保持土壤湿润，每 3~5 年分栽一次。冬季上冻前剪除上部枯茎。

2. 盆栽 用 40cm 口径、无排水孔的大盆，装松散肥沃的壤土，下垫蹄片少许做基肥。将几段根茎均匀栽好，以保持株丛生长疏密适度，丰满悦目。初期保持盆土湿润，放通风、光照较强处。随气温上升株丛生长迅速，逐渐将盆水加满。盛夏宜放疏阴环境，保持植株翠绿。入冬休眠剪去枯茎入冷室保存。

【观赏与应用】水葱植株挺立，生长葱郁，色泽淡雅洁净，可栽于池隅、岸边，作为水景布置中的障景或背景，盆栽可以进行庭院布景装饰用。水葱是典型的观茎花卉，伴随荷花、睡莲，组成水生花坛、花境，构成优美清爽的景观。花叶水葱摆设庭院或客厅更显美观文静。水葱也是一种珍稀的插花材料，尤其是花叶水葱，用于东方式插花可凸显自然风致，格外引人入胜。

七、梭鱼草

【学名】*Pontederia cordata*

【别名】北美梭鱼草

【科属】雨久花科梭鱼草属

【产地及分布】原产北美，如今已在我国安家落户。

【形态特征】梭鱼草是多年生草本挺水植物。地下茎粗壮，黄褐色，有芽眼。株高 80~150cm。叶柄绿色，圆筒形；叶片光滑，呈橄榄色；基生叶广心形，端部渐尖。穗状花序顶生，长 5~20cm，小花密集，有花 200 朵以上，蓝紫色带黄斑点，直径约 10mm。果实初期绿色，成熟后褐色，果皮坚硬，种子椭圆形，直径 1~2mm。花果期 5~10 月。

【生态习性】梭鱼草喜温暖湿润、光照充足的环境，常栽于浅水池或塘边，适宜生育温度为 18~35℃，18℃以下生长缓慢，10℃以下停止生长。冬季应灌水或移至室内以保安全越冬。

【繁殖方法】梭鱼草采用分株和播种繁殖。分株繁殖可在春夏两季进行，自植株基部切开后分栽即可。播种繁殖一般在春季进行，种子发芽适温为25℃左右。

【栽培管理】梭鱼草可直接栽植于浅水中，或先植于缸内，再放入水池。栽培基质以肥沃塘泥为好，对水质没有特别要求，但应尽量使用清洁无污染的水。有条件的情况下可在春、秋两季各施一次腐熟的有机肥，肥料需埋入泥土中，以免扩散到水体中影响环境并降低肥效。

【观赏与应用】梭鱼草叶色翠绿，花色迷人，花期较长，可用于家庭盆栽、池栽，也可广泛用于园林美化，栽植于河道两侧、池塘四周、人工湿地，与千屈菜、花叶芦竹、水葱等相间种植，每到花开时节，串串紫花在片片绿叶的映衬下，别有一番情趣。

八、香　　蒲

【学名】*Typha angustata*

【别名】蒲菜、长苞香蒲

【科属】香蒲科香蒲属

【产地及分布】广泛分布于全国各地。

【形态特征】香蒲为多年生宿根性草本植物。株高1.4～2m，有的高达3m以上。地下具白色、粗壮匍匐的根茎，节部生许多须根。茎圆柱形，直立，质硬而中实。叶扁平带状，长超过1m，宽2～3cm，光滑无毛，基部呈长鞘抱茎。花单性，穗状花序顶生，圆柱状似蜡烛，呈灰褐色。雄花序生于上部，长10～30cm，雌花序生于下部，与雄花序等长或略长，两者中间无间隔，紧密相连。花小，无花被，有毛。果序圆柱状，褐色，内含细小种子，椭圆形。花期6～7月，果期7～8月。

【同属其他种】

（1）水烛（*T. angustifolia*）　水烛别名蒲草、水蜡烛。株高约1.5m。叶狭条形，由基部二列着生。穗状花序圆柱形，雌雄花序分离。花期5～7月。

（2）宽叶香蒲（*T. latifolia*）　宽叶香蒲株高1m。根状茎粗壮。叶片较宽，基部抱茎。花序暗褐色，圆柱状，雌雄花序相连。花期5～7月。

（3）小香蒲（*T. minima*）　小香蒲株高50～70cm。根状茎粗壮，地上茎细弱。基生叶细条形，茎生叶无叶片。穗状花序暗褐色，较短，雌雄花序分离，间隔较小。花期5～7月。（图19-7）

（4）东方香蒲（*T. orientalis*）　东方香蒲株高1m左右。根状茎粗壮，地上茎直立。叶条形，基部革质，抱茎。穗状花序暗褐色，圆柱形，雌雄花序相连。花期5～7月。（图19-8）

【生态习性】香蒲生于池塘、河滩、渠旁、潮湿多水处，常成丛、成片生长。对土壤要求不严，以含丰富有机质的塘泥最好，较耐寒。

【繁殖方法】香蒲一般采用分株繁殖。初春将老株挖起，用快刀切开，每丛带若干小芽作为繁殖材料。

【栽培管理】香蒲栽植宜选择阳光充足、通风良好、肥沃的泥塘边或浅水处。管理较粗放，长期保持土壤湿润，避免淹水过深和失水干旱。一般3～5年要重新栽植，防止根系老化，发棵不旺。

【观赏与应用】香蒲叶绿穗奇，常用于点缀园林水池、湖畔，构筑水景，宜做花境、水体背景材料，也可盆栽布置庭院。蒲棒常用作切花材料。

图 19-7　小香蒲

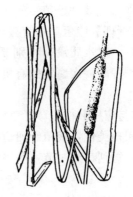

图 19-8　东方香蒲

九、再 力 花

【学名】*Thalia dealbata*

【别名】水竹芋

【科属】竹芋科再力花属

【产地及分布】原产美国南部和墨西哥，又名塔利亚。

【形态特征】再力花为多年生挺水常绿草本植物。株高2～3m，株幅2m，具根状茎。叶片呈卵状披针形，被白粉，灰绿色，革质，长约50cm，全缘，叶柄长30～60cm，叶鞘大部分闭合。花梗长，超过叶片15～40cm，花紫红色，径1.5～2cm，成对排成松散的圆锥花序，苞片常凋落。花期7～10月。

【生态习性】再力花在微碱性土壤中生长良好。喜温暖湿润、阳光充足的环境，不耐寒，耐半阴，怕干旱。生长适温20～30℃，低于10℃停止生长。冬季温度不能低于0℃，能耐短时间的－5℃低温。入冬后地上部分逐渐枯死，以根茎在泥中越冬。

【繁殖方法】再力花常采用播种和分株繁殖。种子成熟后可即采即播，一般以春播为主，播后保持湿润，发芽适宜温度16～21℃，约15d可发芽。分株是将生长过密的株丛挖出，掰开根部，选择健壮株丛分别栽植。或者以根茎分株繁殖，即初春从母株上割下带1～2个芽的根茎，栽入施足底肥的盆内，在水池中养护。

【栽培管理】再力花栽植时一般每丛10个芽，1～2丛/m²。定植前施足底肥，以花生麸、骨粉为好。室内栽培生长期保持土壤湿润，叶面上需多喷水，每月施肥一次。露天栽植，夏季高温、强光时应适当遮阴。剪除过高的生长枝和破损叶片，对过密株丛适当疏剪，以利通风透光。一般每隔2～3年分株一次。

【观赏与应用】再力花植株高大，叶片青翠，紫色的圆锥花序挺立半空，尤为动人，广泛用于湿地景观布置，群植于水池边缘或水湿低地。也可成片栽植于池塘水景中，与睡莲等浮水植物配置，形成壮阔的景观。或几株点缀于山石、驳岸处，或盆栽摆放于门口、室内等处欣赏。

十、大　　藻

【学名】*Pistia stratiotes*

【别名】大叶莲、水浮莲

【科属】 天南星科大薸属

【产地及分布】 原产我国长江流域，广布于全球热带及亚热带地区。

【形态特征】 大薸为漂浮草本植物。无直立茎，具横走茎。须根细长，悬垂于水中。叶片无柄，聚生于短缩茎上，呈莲座状，叶倒卵状楔形，长 2~10cm，叶两面被短小茸毛。叶肉组织疏松。叶背数条叶脉凸起成纵褶，叶面的脉稍隆起。佛焰苞较小，淡绿色，中部收缩，密被长柔毛。肉穗花序，花小，单性，无花被。浆果。花果期夏秋季。

【生态习性】 大薸性喜高温高湿，不耐严寒，河流、池塘、湖滨等水质肥沃的静水或缓流的水面均可生长。生长适宜温度为 20~35℃，21~28℃时分株繁殖最快，29~35℃时营养生长最适宜；温度超过 35℃或低于 18℃时分株基本停止，温度降到 14℃以下时停止生长，低于 5℃不能生存。北方栽培需在温室池水中越冬。

【繁殖方法】 大薸以分株繁殖为主。种株叶腋中的腋芽抽生匍匐茎，每株 2~10 条，当匍匐茎的先端长出新株，可行分株。温度适宜时繁殖很快，3d 即可加倍。

大薸露地静水水池放养，池中水温上升到 18℃时，将发出新叶的种苗投放到池中向阳的一侧任其漂浮生长。

【栽培管理】 生长初期，静水池中应尽量提高池面的水温。旺盛生长期植株生长迅速，分株不断增多，易造成拥挤，可淘汰弱苗，清除病苗，促进幼苗生长。温室池水中越冬，水温保持 5~10℃即可。

【观赏与应用】 大薸形态较为独特，叶形如佛祖所坐的莲花宝座，朵朵漂浮于明净的水面上，观赏价值较高。在园林中多用于绿化池塘，盛夏成片覆盖于水面上，别具情趣。根系发达，可从污水中吸收有害物质，净化水体。

十一、其他常见湿地花卉

本章前文对主要湿地花卉进行了介绍，此外，还有一些常见湿地花卉，其生物学特性、生态习性及应用见表 19-1。

表 19-1　其他常见湿地花卉简介

中名（别名）	学名	科属	生态类型	形态特征	产地与分布	习性	繁殖	栽培	应用
石菖蒲	*Acorus gramineus*	天南星科菖蒲属	挺水	株高 30~40cm，根状茎横走；叶基生，剑状条形，长 10~20cm；肉穗花序，黄绿色；花期 4~5 月	原产中国、日本、越南、印度	喜阴湿，耐寒	分株	管理粗放，注意保持土壤湿润	地被，盆栽，花坛、花境镶边
凤眼莲（水葫芦）	*Eichhornia crassipes*	雨久花科凤眼莲属	漂浮	株高 30~40cm，具匍匐状枝；叶基生，宽卵圆形或菱形，叶柄基部膨大呈囊状；短穗状花序，丁香紫或蓝紫色；花期 8~9 月	原产南美，现各地广为栽培	不耐寒，分生力极强	分株	喜温暖强光的浅水	美化水面，净化水质

(续)

中名 (别名)	学名	科属	生态 类型	形态特征	产地与分布	习性	繁殖	栽培	应用
萍蓬草	*Nuphar pumilum*	睡莲科萍蓬草属	浮水	根茎块状；叶卵形或宽卵形，纸质或近革质，叶面深绿色、有光泽，叶背紫红色、有柔毛；花鲜黄色，花期4~9月	原产北半球的温带，中国的东北、华北、华南均有分布	喜温暖湿润，较耐寒，喜阳光充足，稍耐阴	分株	盆栽时，春分前后翻盆，添加基肥	池塘美化，盆栽观赏
芡实	*Euryale ferox*	睡莲科芡属	浮水	全株具刺；叶丛生，圆形或圆状心脏形，叶巨型，直径1.2m；花单生叶腋，梗长，花瓣多数，紫色；花期7~8月	原产东南亚、俄罗斯、日本、朝鲜、印度	喜温暖气候，阳光充足环境，适应性强	自播，播种	管理粗放，初期注意除草，及时采收种子	园林水体布置
慈姑	*Sagittaria sagittifolia*	泽泻科慈姑属	挺水	株高1.2m；顶生圆锥花序，白色；花期7~9月	原产中国，广布亚热带、温带	喜光照充足的温暖环境	分球，播种	宜植于浅水处，忌连作	水边及低洼沼泽带绿化
荇菜	*Nymphoides peltatum*	龙胆科荇菜属	浮水	茎细长，圆柱形；叶小，近革质，卵圆形，基部心形，全缘或微波状，叶面草绿色、光滑，叶背带紫色；腋生聚伞花序，小花金黄色；花期6~7月	原产北半球寒温带，我国各地均有分布	性强健，适应性强，耐寒又耐热，喜静水	播种，分株	适宜静水栽培	既可点缀于园林中的水池，也可室内缸栽观赏
金鱼藻	*Ceratophyllum demersum*	金鱼藻科金鱼藻属	沉水	茎平滑细长，具短分枝；叶轮生，1~2回叉状分枝，裂片线形，缘有刺状细齿；花小；花期6~9月	全世界热带、温带地区广泛分布	喜生于湖泊、池塘的静水中，河流、水沟的流水处也有分布	分株，播种	适应性强，栽培管理粗放	净化美化水体，常用于湿地公园的水体布置，也可点缀于水族箱中

◆ **复习思考题**

1. 什么是湿地花卉？湿地花卉通常可以分哪几类？
2. 简述荷花及睡莲的繁殖技术。
3. 简述荷花品种分类方法。
4. 简述荷花池塘地栽及盆栽的栽培管理要点。
5. 简述湿地花卉在园林中的应用形式。

第二十章
香草植物与观赏草

近年来,香草植物与观赏草因其特殊的利用价值和独特的景观效果,深受人们的喜爱和关注。

香草植物是指富含香味物质,具有观赏或药用价值等属性的植物群体的统称。狭义的香草仅指一年生或多年生芳香草本植物,广义的香草还包括灌木、亚灌木芳香植物。香草植物大多原产于地中海沿岸地区,由于含醇、酮、酯、醚类等芳香化合物,枝、叶会发出怡人的香气。其根、茎、叶、花、果实及种子所含成分,可供人类作为药剂、食品、饮料、化妆品之用。

观赏草是形态美丽、色彩丰富的草本观赏植物的统称。其观赏性通常表现在形态、颜色、质地等多方面,在欧美园艺界人们称之为 ornamental grass。观赏草最初专指禾本科(Gramineae)中一些具有观赏价值的植物,包括700多属7 000多种,形成了庞大的草类家族。园林中应用的观赏草除禾本科植物外,还包括莎草科(Cyperaceae)、灯心草科(Juncaceae)、香蒲科(Typhaceae)、天南星科(Araceae)等科中一些具观赏价值的植物。它们的共同特点是:分蘖性强,多丛生,成片分布;茎秆姿态优美,叶片色泽丰富,花序多姿多彩。对环境要求粗放,管护成本低,抗性强,繁殖力强,适应面广,符合当前建设节约型园林的要求。其独特的景观效果,使其不仅成为公路、河流、山坡等处绿化美化的优良材料,而且可以广泛应用于各种园林景观的营造。

由于香草植物与观赏草是两类特殊的植物,本章从形态特征、生态习性、繁殖方法、栽培管理及用途等方面对常见的香草植物和观赏草分别加以介绍。

第一节 香草植物

香草植物不仅具有一定的观赏价值,而且由于体内含有芳香、药用、营养、色素四大成分,可以提取精油、抗氧化剂等多种成分而广泛用于食品、医药、保健、美容等行业,从而促进了香草的开发应用,如香草食用资源的开发、园林应用的开发、深加工产品的开发等,带动了香草业的快速发展。欧美发达国家香草产业发展非常迅速,香草产品早已渗透到日常生活的方方面面。由于起步较早,欧美国家及日本、韩国早已将香草植物作为经济作物种植,并广泛应用于园林观赏、庭院绿化、提炼精油、食品加工以及化妆品行业。在国内,香草产业在近些年也得到了快速发展。我国各地纷纷进行芳香植物的引种工作,芳香植物在国内很多地区均有栽培,尤其在南方地区和新疆地区的研究时间较长,栽培面积较大。现在国内从事香草植物开发的企业越来越多,新疆、浙江、北京、上海、贵州、大连等地产业发展已经具有一定基础,这些地区已经有香草植物的规模化种植,还涌现出一批专门从事香草产业开发的企业,并陆续建起了香草植物园。

香草植物种类繁多，据不完全统计，全世界有3 000多种香草植物，我国香草植物资源约有600种，分属77科192属，分布在寒带、温带和亚热带的各种植被类型区域内。目前对香草植物没有专门的分类方法，仍采用一般花卉分类方法对其进行分类，按照植物学系统分类及香草植物的栽培方式、生态习性、形态特征、用途、观赏部位等进行分类。

一、薰衣草

【学名】*Lavandula pedunculata*

【别名】香水植物、灵香草、香草、黄香草

【科属】唇形科薰衣草属

【产地及分布】原产地中海沿岸、欧洲各地及大洋洲列岛，后被广泛栽种于英国及南斯拉夫。

【形态特征】薰衣草为多年生草本植物或低矮灌木。株高20~100cm，丛生，多分枝，常见为直立生长。叶互生，椭圆形或披针形，叶缘反卷。穗状花序顶生，花形如小麦穗状，长15~25cm，细长的茎干末梢上开着小小的花朵；花冠下部筒状，上部唇形，上唇2裂，下唇3裂；花长约1.2cm，花上覆盖着星形细毛，花色有蓝、深紫、粉红、白等色，常见的为紫蓝色。花期6~8月。（图20-1）

薰衣草全株略带木头甜味的清淡香气，因花、叶和茎上的绒毛均藏有油腺，轻轻碰触油腺即破裂而释放出香味。在罗马时代就已是相当普遍的香草，因其功效最多，被称为"香草之后"。

图20-1 薰衣草

【同属其他种】薰衣草属植物有28种，除专门用于精油提炼的种类外，还有作为观赏花卉栽培的种和杂交种。目前薰衣草大致可分为5类。

1. 法国薰衣草系 法国薰衣草系（Stoechas）原产于法国南部。其花穗外形与其他种不同，每层轮生的小花外侧均有一宽大的苞片，并且层层叠叠密生在一起，总长3~5cm，顶部有数片形如兔耳的苞片，着生在近圆形至椭圆形的花穗上。大部分种花色紫红，少部分为黄绿色，如绿薰衣草（*L. viridis*）。法国薰衣草（*L. stoechas*）适宜家庭观赏，作烹饪调料。提取香精的品质不如狭叶薰衣草。

2. 真薰衣草系 真薰衣草系（Lavandula）原生于地中海西岸及北岸，是世界上栽培最多的种类。其特征是叶片全缘，细长形叶缘略反卷，密布一层细致的绒毛而呈灰白色。花穗圆筒状略呈流线型，小花轮生于花轴上。花萼呈筒状，先端有细锯齿，小花伸出萼筒开花。其主要的种有狭叶薰衣草、宽叶薰衣草和绵毛薰衣草等。

（1）狭叶薰衣草（*L. angustifolia*） 狭叶薰衣草在欧美地区称为英国薰衣草，原产于南欧。叶为常绿性，叶长2~6cm，叶宽0.4~0.6cm。花色有蓝紫、淡粉和白色等。花期6~7月。目前我国引入栽培的品种主要有'女士'（'Lady'）薰衣草、'曼斯太德'（'Munstead'）薰衣草、'玫瑰'（'Rosea'）薰衣草、'特威克尔'（'Twicker'）薰衣草等。狭叶薰衣草具有强烈的香味，是我国生产精油的主要栽培品系。

（2）宽叶薰衣草（*L. latifolia*） 宽叶薰衣草又称穗薰衣草，原产于法国和西班牙南部。叶片较狭叶薰衣草宽且大，单叶对生，呈墨绿色。其精油含量最高，是国外大田栽培较多的种。

(3) 绵毛薰衣草（*L. lanata*）　绵毛薰衣草原产于西班牙南部海拔 180m 的地方。植株大小及外形与狭叶薰衣草很像，但叶片较短，密布细长毛。

3. 杂交薰衣草系　杂交薰衣草系（Hybrids）是在原生品系的基础上，一些种类通过自然杂交，或者科研人员根据不同种的优缺点、生活习性，培育出更适合当地种植的薰衣草种。主要的种有大薰衣草和甜薰衣草等。

(1) 大薰衣草（*L. intermedia*）　大薰衣草又称杂交薰衣草，是狭叶薰衣草和宽叶薰衣草的自然杂交种。其叶形较接近狭叶薰衣草，株高 90～100cm，花茎有两支花序。花色大多为蓝紫色。

(2) 甜薰衣草（*L. heterophylla*）　甜薰衣草是狭叶薰衣草和齿叶薰衣草的杂交种。生性强健，生长快，株高可达 100cm。基部叶片边缘稍呈锯齿状，越接近开花的叶片越趋于圆滑。花为蓝紫色。花期 4～5 月。叶片味道香甜，是食用的主要种。

4. 齿叶薰衣草系　齿叶薰衣草系（Dentata）原产于法国，因其叶片边缘深裂成锯齿状而得名。齿叶薰衣草的花和法国薰衣草很像，只是每层轮生的小花彼此间较不紧密，顶端没有小花，只有和花色一样的苞叶。花色为紫红色。株高约 50cm，不耐寒，比较耐热。全草味道芬芳，除供观赏外，还可用于环境绿化，也适宜泡茶。

齿叶薰衣草系主要种类有齿叶薰衣草（*L. dentata*）和灰齿叶薰衣草（*L. demara candieans*）及其品种。

5. 羽叶薰衣草系　羽叶薰衣草系（Pterostoechas）原生地在非洲北部地中海南岸，生性特别耐热。羽叶薰衣草系的一个特点是叶片深裂成羽毛状，并且在每个侧裂脉上又继续分裂成二回羽状复叶，整个叶片呈椭圆形，叶表有一层白色的粉状物而略呈灰白色。株高约 50cm。花茎很长，花穗约 10cm，基部很容易再长一对分枝花穗而呈三叉状。小花上唇较大。另一个特点是轮生小花很明显由下向上一次开放。在众多的羽叶薰衣草系的种中，国内引种栽培最多的是羽叶薰衣草（*L. pinnata*）和蕨叶薰衣草（*L. multifida*），这两种薰衣草很相似，其主要区别是：羽叶薰衣草的植株较直立，适合盆栽，叶片的绒毛较短，二回羽状叶不明显；蕨叶薰衣草植株斜向上偏生，适合庭院美化栽培，叶片绒毛很长，二回羽状叶很明显。

【生态习性】薰衣草喜阳光充足、干燥、通风良好的环境条件，耐旱、耐寒、耐瘠薄、抗盐碱，生长适温为 15～25℃。宜微碱性至中性的排水良好的沙质土。

【繁殖方法】薰衣草可采用扦插、播种、压条、分株繁殖，主要采用扦插和播种繁殖。

1. 扦插繁殖　扦插一般在春、秋季进行，夏季嫩枝扦插也可。选择发育健壮的良种植株，选取节间短、粗壮且未抽穗的一年生半木质化枝条顶芽作插穗，于顶端 8～10cm 处截取插穗，插于水中 2h 后再扦插于土中，2～3 周生根。

2. 播种繁殖　播种繁殖一般于春季进行，温暖地区可在 3～6 月或 9～11 月进行，寒冷地区宜 4～6 月播种，温室内冬季也可播种，发芽适温为 18～24℃，2～3 周发芽。发芽后需适当光照，弱光照易徒长。种子因有较长的休眠期，播种前应浸种 12h，然后用 20～50mg/kg 赤霉素浸种 2h 再播种。薰衣草种子细小，宜育苗移栽。

【栽培管理】薰衣草为多年生草本植物或小灌木，一般能利用 10 年左右，管理粗放，易栽培，栽培场所需光照充足，通风良好。盆栽时，为预防盆土过湿可用陶盆或较小的塑料盆，不宜使用大盆，除非植株已生长到相当大小。不能忍受炎热和潮湿，若长期受淹会烂根死亡。一般5月以后需移至无阳光直射的场所，加强通风以降低环境温度，保持凉爽，才能安全越夏。

薰衣草花朵的精油含量最丰富，利用时以花朵或花序为主，为方便收获，栽培初期的一些小花序可以用大剪刀整理平，新长出的花序高度一致，有利于一次收获。有些品种高度可达90cm，也用此方法使植株矮化，促使多分枝、开花，增加收获量。花后必须进行修剪，可将植株修剪为原来的2/3，株型会较健壮，并有利于生长。修剪宜在冷凉季节进行，一般多在春天修剪，因秋天修剪会影响耐寒性。修剪时注意不要剪到木质化的部分，以免植株衰弱死亡。

收获时用剪刀剪取花序，一般以晴天10:00为最佳收割期。欲保存则需干燥备用，也可直接放在室内熏香。

【观赏与应用】薰衣草叶形及花色优美典雅，蓝紫色花序颖长秀丽，是庭院中一种新的多年生耐寒花卉，适宜花境、丛植或条植，也可盆栽观赏。全株具清淡香气，是当今全世界重要的香精原料，还具有药用价值，此外还是良好的蜜源植物。植株晾干后香气不变，花朵可做香包，放几棵干草在衣柜、书柜里，能驱虫防蛀，香味几年不散。

二、迷迭香

【学名】*Rosmarinus officinalis*

【别名】海洋之露

【科属】唇形科迷迭香属

【产地及分布】原产地中海。

【形态特征】迷迭香为多年生常绿小灌木，株型分为直立型和匍匐型两种。株高直立型1～2m、匍匐型30～60cm。叶对生、革质、狭长，形似松针，叶表深绿色，叶背银白色，叶缘稍向内反卷。茎方形，木质化。全株皆有芳香气味。春、夏季开花，花色有蓝色、紫色、白色、粉红色。经济栽培大多以直立型为主，因其生长所需的空间较小，采收也比较方便。

【栽培品种】

(1)'杂色'迷迭香　具有深绿色和黄绿色的叶片。

(2)'白色'迷迭香　花白色，有时具有淡紫色纹脉。

(3)'萨福克'迷迭香　花小，天蓝色。

(4)'塞文海'迷迭香　枝条弯曲，花紫罗兰色。

(5)'大粉红'迷迭香　花粉红色。

【生态习性】迷迭香喜温暖、阳光充足和通风良好的环境条件。生长最适温度为9～30℃，耐干旱，忌高温、高湿环境，雨季常生长不良。对土壤pH适应范围较广，pH4.5～8.7的土壤中都能生长。

【繁殖方法】迷迭香采用播种或扦插繁殖。3～4月或9月播种，发芽率较低，发芽时间长，因而多采用扦插繁殖，扦插时间为3～4月或10月。在16～20℃条件下，选取较健壮的枝条，从顶端起10～15cm处剪下，去除枝条下方约1/3的叶子，直接插在基质中，20～30d可生根。也可于3～4月压条繁殖，5月可定植。

【栽培管理】迷迭香盆栽要求栽培基质富含沙质，排水良好，可将市售栽培土、蛭石、珍珠岩按2:1:1混合使用，如果栽培基质排水不良，易因水分过多而引起根腐，并导致叶片大量脱落。不喜肥，每3个月施一次肥即可。由于其枝条生长快，需定期修剪，以维持较好的株型及生长势，而老枝木质化的速度很快，过分强修剪常导致植株无法再发芽，比较安全的做法是每次修剪时不要超过枝条长度的一半。迷迭香以利用枝叶为主，可用剪刀或直接以手折取，但必须注意伤口流出的汁液很快就会变成黏胶，很难去除，因此采收时必须戴手套并穿长袖服装。迷迭香采收后除非是立即使用，否则应迅速烘干，以免香气逸失。

【观赏与应用】迷迭香枝条的可塑性强，适合造型成姿态优雅的盆景。其芳香气味被认为有增强记忆的功效；除了烹调时作为香料外，药理上还有杀菌、抗氧化作用；提炼的精油可制造古龙水，加入洗发精可去除头皮屑；直接采两三片叶子放入口中咀嚼，具有消除口臭等作用。

三、美国薄荷

【学名】*Monarda didyma*

【别名】马薄荷、红花薄荷

【科属】唇形科美国薄荷属

【产地及分布】原产北美洲，世界各地均有栽培。

【形态特征】美国薄荷为多年生草本植物，株高100～120cm。茎直立，锐四棱形，具条纹，近无毛。叶片卵状披针形，叶质薄，对生，上面疏被长柔毛，毛渐脱落，背面仅沿脉上有长柔毛，边缘具不等大的锯齿，叶芳香。轮伞花序密集多花，形成径达6cm的头状花序，苞片红色，花萼管状，花冠紫红色。花期6～9月，果期9～10月。

【品种及同属其他种】

1. 栽培品种 美国薄荷常见栽培品种有粉色、堇紫色、白色品种。

2. 同属其他栽培种 拟美国薄荷（*M. fistulosa*），茎钝四棱形，带红色或多少具紫红色斑点，下部不分枝，无毛或仅于节上被柔毛，上部分枝，茎、枝均密被倒向白色柔毛。叶片两面均被柔毛，渐渐变稀疏，沿脉上较密。（图20-2）

【生态习性】美国薄荷生性强健，性喜凉爽、湿润、向阳的环境，耐半阴，耐寒，忌过于干燥。对土壤要求不严，喜肥沃、湿润的土壤，在土层深厚、湿润、富含有机质的林下沙质壤土中生长最好。

【繁殖方法】美国薄荷常采用分株繁殖，也可扦插、播种繁殖。分株繁殖一般于春、秋季进行，老株周围可萌生许多新芽，挖取栽植即可。扦插繁殖春、夏、秋季均可进行，剪取长5～10cm的一二年生发育充实的枝条，插入基质中，保持遮阴、湿润，30d左右即可生根。播种一般于春、秋季进行，幼苗应注意通风，间苗移栽。

【栽培管理】美国薄荷生长季应充分浇水、施肥，适当修剪。一般于5～6月份进行一次修剪，调整植株高度，形成丰满的株型，有利于植株多开花。注意施用磷、钾肥，有助于开花繁茂。

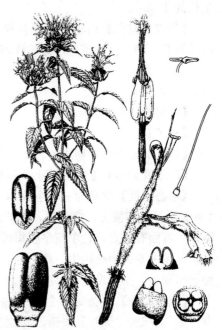

图20-2 拟美国薄荷

【观赏与应用】美国薄荷植株高大，开花整齐，园林中常作背景材料，也可供花境、坡地、林下、水边栽植。其枝叶芳香，可从幼叶中提取香精，或将其花朵取下阴干作熏香剂、茶叶、饮料，同时也有药用功效。

四、碰碰香

【学名】*Plectranthus tomentosa*

【别名】绒毛香茶菜

【科属】唇形科香茶菜属

【产地及分布】原产非洲好望角，现广泛栽培。

【形态特征】碰碰香为灌木状多年生草本植物。多分枝，蔓生，全株被有细密的白色绒毛。茎枝棕色，嫩茎绿色或具红晕。叶卵形或倒卵形，交互对生，肉质，边缘具疏齿。伞形花序，花小，花有深红、粉红及白色等。为花、叶并用植物，因触碰后可散发出令人舒适的香气而享受"碰碰香"的美称。又因其香味浓甜，颇似苹果香味，故又享有"苹果香"的美誉。

【同属其他种】香妃草（*P. coleoides*），灌木状多年生草本植物。蔓生，茎枝棕色，嫩茎绿色或具红晕。叶卵形或倒卵形，光滑，厚革质，边缘具疏齿。伞形花序，花有深红、粉白及白色等。

【生态习性】碰碰香喜阳光充足的环境，也较耐阴。喜温暖，不耐寒冷，需在温室内栽培，冬季需要 5～10℃。比较耐旱，不耐水湿，过湿则易烂根致死。喜疏松、排水良好的土壤。

【繁殖方法】碰碰香可采用播种、扦插和分株繁殖，主要采用扦插繁殖。

【栽培管理】碰碰香栽培容易。因长年在温室内栽培，要求空气流通新鲜，否则易遭介壳虫危害。比较耐旱，忌长期积水。阴天应减少或停止浇水、施肥。适度修剪可促进分枝，生长健壮。

【观赏与应用】碰碰香适宜盆栽，宜放置在高处或悬吊室内，也可于几案、书桌点缀。叶片泡茶、酒，奇香诱人，提神醒脑，清热解暑，驱避蚊虫。

五、罗　勒

【学名】*Ocimum basilicum*

【别名】兰香、九层塔、十里香

【科属】唇形科罗勒属

【产地及分布】原产热带亚洲和非洲，地中海沿岸地区和我国广泛栽培。

【形态特征】罗勒为一年生草本植物或多年生小灌木，全株有强烈的香气。株高 20～100cm。茎呈四棱形，多分枝，密被柔毛。叶互生，有柄，叶片卵形或长卵形，全缘或有粗锯齿，背面有腺点。轮伞花序簇集成间断的顶生总状花序，每一花茎一般有轮伞花序 6～10 层，每轮由 6 朵小花轮生，花白色、紫色或淡紫色。花期 7～9 月。果实为小坚果，黑褐色，种子卵圆形，小而黑色。果期 8～12 月。（图 20-3）

【栽培品种】罗勒变异性大，在栽培地中极易杂交，因此品种繁多。在众多罗勒品种中，以'甜'罗勒、'皱叶'罗勒、'灌木'罗勒、'希腊'罗勒与'紫红'罗勒较广泛为大众所采用。

(1)'甜'罗勒('Sweet Basil') 具有极佳的芳香味,非常适于厨房料理,是目前最普遍栽培的品种。株高60～90cm,有硬的分枝茎。叶片光滑,黄绿至深绿色,卵圆形,长5～7.5cm,由于叶片较大,也有人称为大叶罗勒。花白色。

(2)'皱叶'罗勒('Lettuce-leafed Basil') 株高可达60cm,叶片莴苣状,叶大而多汁,叶表面皱折,叶缘有锯齿,亮绿色。常作为料理的填充材料。

(3)'希腊'罗勒('Greek Basil') 灌木型罗勒,矮性品种,株型紧密,高15～30cm。叶片密生,叶柄较短,叶色亮绿。小花白色。具有罗勒的芳香。适于盆栽置于靠窗阳台,或作为绿篱、花坛及花园之搭配。

(4)'灌木'罗勒('Bush Basil') 株高30～40cm。属小型叶。但比'希腊'罗勒大。香味近似一般罗勒。

(5)'紫红'罗勒('Dark Opal Basil') 一年生草本

图20-3 罗勒

植物。株高约30cm,具有纤细的分枝茎。叶对生,椭圆形,全缘,长5～7cm,亮褐红紫色。花淡紫色。生长缓慢且娇弱。主要作为观赏植物及食品料理点缀用。

【生态习性】罗勒性喜温暖、湿润、光照充足的环境,较耐热,不耐旱。生性强健,生长容易,夜温若低于10℃植株不能存活。对土质无严格要求,宜排水良好、疏松肥沃、pH5.5～7.5的土壤。

【繁殖方法】罗勒可采用播种繁殖和扦插繁殖。春、秋两季播种最为合适,播种前先整地做畦,之后将种子条播在畦床上,再略微覆土与浇水进行育苗。或利用育苗盘及穴盘,以撒播或点播方式育苗,大约经过1个月后,幼苗长出两对真叶时可进行移植。一般栽培初期多用播种繁殖,以后则扦插繁殖较容易,扦插适期7月。

【栽培管理】罗勒在栽培过程中,幼苗期可喷施500倍饼肥水,每10d喷一次。定植田间后生长迅速,主茎生长到约20cm高或真叶达12片时,保留6～8片叶摘心,以促进分枝产生。罗勒不耐干旱,因此生长期需适时灌溉,采用滴灌(不易感染叶部病害)比喷灌佳。采收后,要喷施饼肥水进行持续性栽培,但不能施用过多肥料,否则会降低品质。罗勒的采收方式因利用方式不同而异,作烹调或蔬菜食用时,可直接用手采摘未抽花序的嫩心叶,如此可不断促进侧芽产生,以便日后继续采收;若为加工或萃取精油用,宜待花序抽出,开花初期采收最为适宜,此时植株含油量最多。当用于休闲香草观光园区时,则任其生长与开花,以欣赏不同罗勒品种的花色与花姿,享受其散发出来的浓郁香味。

【观赏与应用】罗勒叶色翠绿或红紫,花簇鲜艳,具有芳香气味,可作为庭院观赏栽培或用于休闲香草园栽植欣赏。鲜叶主要用于料理,叶和花可入茶,全草可入药,其精油是调配食品、医药香精的原料。

六、紫 苏

【学名】*Perilla frutescens*
【别名】赤苏、红苏、黑苏、红紫苏、皱紫苏等
【科属】唇形科紫苏属

【产地及分布】原产中国,主要分布于亚洲东部和东南部,我国南北各地区均有栽培。

【形态特征】紫苏为一年生草本植物。株高1~1.5m。茎直立,四棱形,有明显凹槽,被细毛,紫色或绿紫色,多分枝。叶对生,叶柄长3~5cm,密被长柔毛,叶片椭圆形至长卵形,顶端锐尖,边缘有锯齿,叶两面全绿或全紫,或叶面绿色,叶背紫色。轮伞花序组成偏向一侧的顶生或腋生假总状花序,花冠二唇形,紫红色或粉红色,每花有一苞片,卵圆形,花萼钟形,先端5裂。小坚果卵球形或球形,灰白色、灰褐色至深褐色。花期8~11月,果期9~12月。(图20-4)

【主要变种】紫苏的主要变种有回回苏(var. crispa),与紫苏相似,不同的是叶片常为紫色,具狭而深的锯齿,果萼较小。

图20-4 紫苏

【生态习性】紫苏性喜温暖、湿润、阳光充足的环境。较耐湿,耐涝性较强,不耐干旱,对土壤的适应性较广,宜疏松、肥沃、排水良好的土壤。

【繁殖方法】紫苏以种子繁殖为主,直播或育苗移栽。3月下旬至4月上中旬在整好的畦上进行穴播或条播,播时将种子拌上细沙,均匀撒入沟(穴)内,覆薄土,稍加镇压,浇水保湿,苗高15~20cm时进行移栽。

【栽培管理】紫苏生长繁茂,需肥量大,生长期间根据长势及时追施尿素7~8次。整个生长期要求土壤保持湿润,利于快速生长。在管理上,需及时打杈。由于紫苏的分枝力强,如果不摘除分杈枝,既消耗了养分,拖延了正品叶的生长,又减少了叶片总量而减产。打杈可与摘叶同时进行。若为采用嫩茎叶,可随时采摘。作药用的紫苏叶于秋季种子成熟时割下果穗,留下叶和梗另放阴凉处阴干后收藏。由于紫苏种子极易自然脱落和被鸟类采食,所以当种子40%~50%成熟时及时割下,在准备好的场地上晾晒数日,脱粒,晒干。

【观赏与应用】紫苏可于园林中丛植、片植于坡地、林缘、花境,或作背景材料。全株均有很高的营养价值,具有低糖、高纤维、高胡萝卜素、高矿质元素等特点,可作调味品和蔬菜。也可作药用,能促进消化液分泌及胃肠蠕动,缓解支气管痉挛等。

七、香蜂草

【学名】*Melissa officinalis*

【别名】香蜂花、薄荷香脂、蜂香脂、蜜蜂花、柠檬香水薄荷

【科属】唇形科蜜蜂花属

【产地及分布】原产温带中东地区,现遍及亚洲及地中海国家。

【形态特征】香蜂草为多年生草本植物。根系短。分枝性强,易形成丛生,茎秆呈方形。叶片对生,着生于每一茎节上,叶呈心形或宽卵形,叶缘浅锯齿状,叶脉明显。茎及叶密布细绒毛,叶片散发柠檬香。夏季开花,花色为白色或淡黄色。

【生态习性】香蜂草生性强健,具有耐热和耐水特性,全日照或半遮阴栽培均可。对土壤适应性广,栽培容易。

【繁殖方法】香蜂草以播种繁殖为主。种子极小,多于室内先行盆钵或育苗盘(穴盘)

播种育苗，亦可直接于田间播种。种子好光性，播种后不需覆土。一年生植株可采用分株或扦插繁殖。扦插以顶芽5cm长为插穗，插于干净的基质中容易成活。分株则是植株茎部接触地面的部分容易生根，切取后重新种植即可。

【栽培管理】香蜂草植株强健，栽培管理极为容易，初定植后约2周，新根长出后连续摘心2~3次，促使多分枝以增加收获量。茎部细长，枝条伸长后自然倒伏，使植株占地面积很大，栽培时株距50cm左右。收获茎叶为主，直接剪取即可，叶基很容易再发芽，若有花序出现时宜立刻摘除，因为开花结籽会使其停止生长。

【观赏与应用】香蜂草是一种十分耐寒的植物，即使在0℃以下的低温，依然绿油油的一片。很受蜜蜂喜欢，浅绿色的叶子十分漂亮，揉一揉就会闻到一股柠檬香味。可盆栽观赏。为多用途的保健植物，单独或混合其他保健药草均可使用。可开发利用的产品包括茶饮、沙拉、香蜂草醋、香蜂草加味水、鱼肉类料理、腌制料、药草枕头及香蜂草冰块等。叶片捣碎可制作防虫药膏、驱虫剂及家具油。

八、鼠尾草

【学名】*Salvia japonica*

【别名】药用鼠尾草

【科属】唇形科鼠尾草属

【产地及分布】原产地中海沿岸及南欧。分布于我国云南丽江和广西等地。

【形态特征】鼠尾草为多年生宿根草本植物。根系发达。地上部多分枝，丛生，茎基部木质化，较矮，株高30~40cm。叶对生，灰绿色，卵状，边缘有锯齿，有特别的网格状叶脉。叶柄较长，有白色细绒毛。花6~7朵成串轮生于茎顶花序上，花冠淡蓝色、白色或桃红色。香气浓烈，甜中带着微苦味。（图20-5）

【栽培品种】鼠尾草的主要栽培品种有'粉萼'鼠尾草、'黄金'鼠尾草、'三色'鼠尾草、'凤梨'鼠尾草、'樱桃'鼠尾草、'林地'鼠尾草等。

图20-5 鼠尾草

【生态习性】鼠尾草喜温暖、光照充足、通风良好的环境。生长适温15~22℃。耐旱，但不耐涝。不择土壤，特别喜石灰质丰富的土壤，宜排水良好、土质疏松的中性或微碱性土壤。

【繁殖方法】鼠尾草可采用播种、扦插、压条繁殖。播种可于春、秋两季进行，由于种子外壳比较坚硬，播种前需用40℃左右的温水浸种24h。直播或育苗移栽均可。扦插是成功率较高的繁殖方法，剪下长约10cm的枝条，在水中浸泡10min，插入基质，浇透水，置阴凉处，经1~2周便可生根。

【栽培管理】鼠尾草不耐涝，宜选不易受涝、排水良好的土壤，避免过分潮湿是栽培管理的重点。播种后需间苗1~2次，苗高15cm时定植。3~6月是其生长旺期，应经常浇水，但切忌浇水太多，否则易烂根，冬季应减少浇水。生长期每半个月施肥一次，花前增施磷、钾肥一次。花后摘除花序，仍能抽枝继续开花。叶片可随时采收，春夏之交叶片生长茂盛时采收最佳。采后干燥置于密封罐内，可随时使用。种子成熟不一致，且种子成熟后易落地，故要经常检查,见种子变褐色即收集,阴干。冬季北方需培土越冬,翌春终霜后扒土、平畦、浇水,使其萌芽生长。华南地区露地栽培无需培土覆盖。

【观赏与应用】鼠尾草花色清新悦目,花量大,花期长,植株排列紧密,整齐,适宜成片种植作地被,或作花坛、花境材料等,也可盆栽观赏。鼠尾草是药用香草中最为珍贵的一种,可提取香精油。在药效方面,除了具有防腐、抗菌、消炎的效果外,还可以安神,改善多汗症,也有美肤的效果。

九、牛 至

【学名】*Origanum vulgare*

【别名】滇香蕾、五香草、满山香

【科属】唇形科牛至属

【产地及分布】原产欧洲,非洲北部和亚洲地区均有分布,我国主要分布在华北、西北至长江以南各地。

【形态特征】牛至为多年生草本植物或半灌木,香气浓。株高25~60cm。茎直立或近基部伏地,四棱形,草绿色。叶对生,叶片细小,具柄,大多卵形或长圆状卵形,全缘或具疏齿,秋冬叶转为暗红色。花小,小穗状花序组成伞房状圆锥花序;苞片及小苞片绿色或紫红色;花萼钟状;花冠二唇形,白色或粉红至紫色,钟状,冠筒稍伸出花萼外。花期7~9月。小坚果,卵圆形,具棱角,无毛,果期10~12月,种子极小,椭圆形,黑褐色或微带红色。(图20-6)

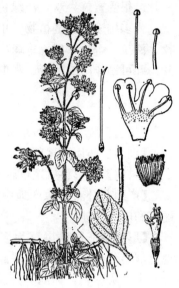

图20-6 牛至

【同属其他种】甘牛至(*O. marjorana*),别名马郁兰、花薄荷、马月兰花。多年生草本植物,多作一年生栽培。浅根系,主侧根不明显。外形像牛至,叶比牛至略大,灰绿色。花很小,比牛至大,并具匙状苞片。

【生态习性】牛至喜温暖、湿润、光照充足的环境。耐寒,耐湿,耐热,耐瘠薄。北京郊区露地种植,冬季略培土覆盖即能安全越冬。在高温多雨的夏季仍能生长,对环境适应性强。不择土壤,以排水良好、pH6~8的碱性土壤为佳。

【繁殖方法】牛至采用播种、扦插及分株繁殖。在冬季寒冷地区露地作一年生栽培时,应于春季播种。冬季于保护地栽培及温暖地区作多年生栽培时,春季或秋季播种均可。种子极细小,播种前将土壤耕耙细碎,畦面平整,播前1d将畦或苗床浇透水,第二天开浅沟直播,播后浅覆土,厚约0.2cm,或不覆土而略加镇压,10~15d萌芽出土。幼苗长至4片叶、苗高10cm左右(4~6周)时即可移植。扦插繁殖极易生根,于生长期剪取当年生充实健壮的枝条做插穗,插穗不需涂抹生根素,行距30~40cm、株距7~15cm。分株繁殖于早春或秋天进行,挖起老株,选择较粗壮并带2~3个芽的根剪切下来,即可栽植。栽植后保持土壤湿润直至新根长出。

【栽培管理】牛至若用作调味品可盆栽,或种植于园边。用作香料栽培时,宜选择较高地段,种植株行距为30cm×50cm。长势旺盛,无病虫危害,管理较粗放。种植后在小苗期注意及时除草,干旱时适时灌溉,每次采收枝条后追施氮肥。第一年要不断进行摘心,第二年高达60cm,耐寒性强,可以越冬。梅雨季节到夏季高温要注意整枝,使其通风透光。秋天最后一次采收后，将有机肥施于植株旁并培土。第三年开始可以利用其进行分株繁殖。

作调味品的鲜叶、嫩茎尖可根据需要随时采收，秋后将植株割下晒干，研末干制后储藏备用。作为提炼香精油栽培时，于植株长大后，选高温晴朗天气、无露水时收割，留茬约10cm，割后应摊开晒干，再送加工厂。

【观赏与应用】牛至适合盆栽观赏，也是庭院栽培的良好材料，可布置香草专类园。牛至含有很丰富的活性物质，每毫克叶中含抗衰老素超氧化物歧化酶187.80μg；同时具有较高含量的芳香挥发油、苦味素和单宁，以及含有防腐、消炎和祛痰、助消化等性能的某些物质。在医药、蔬食、工业香精提取领域作用非凡。

十、留 兰 香

【学名】*Mentha spicata*

【别名】香花菜、南薄荷、升阳菜、荷兰薄荷

【科属】唇形科薄荷属

【产地及分布】原产南欧、加那利群岛、马德拉群岛、俄罗斯等。我国河北、江苏、浙江、广东、广西、四川、贵州、云南等地均有栽培。

【形态特征】留兰香为多年生草本芳香植物。全株基本无毛，株高40~130cm。茎直立，绿色，呈四棱形，具槽及条纹，基部不育枝紧贴地生，呈匍匐状。叶对生，披针形至椭圆状披针形，叶无柄或近无柄，卵状长圆形，先端锐尖，基部宽楔形至近圆形，边缘具尖锐而不规则的锯齿，革质，上面绿色，下面灰绿色。轮伞花序生于茎或分枝顶端，长4~10cm，小花呈间断轮生，呈圆柱形穗状花序，花冠淡紫色。花期7~9月，果期9~10月。种子小，近圆形，褐色。（图20-7）

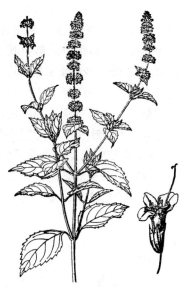

图20-7 留兰香

【同属其他种】

(1) 柠檬留兰香（*M. citrate*） 柠檬留兰香有具叶的匍匐枝。叶片侧脉4~5对，与中脉在上面微凹陷，下面明显隆起而带白色。

(2) 辣薄荷（*M. piperita*） 辣薄荷单叶对生，具短柄。苞片线状披针形。花冠白色。

(3) 唇萼薄荷（*M. pulegium*） 唇萼薄荷具发达的匍匐茎，茎带红紫色，多分枝。叶卵形或卵圆形，两面被毛。花粉红色，花期5~9月。

【生态习性】留兰香喜光照充足、温暖、湿润的环境条件，耐热、耐寒能力强，温度在30℃以上时仍能正常生长，在-20~-30℃的低温下，地下根茎仍能存活，因此在全国各地均能种植，适宜生长的温度为25~30℃，生育期间昼夜温差越大，越有利于植株体内精油的积累。需充足的光照，不宜在荫蔽条件下栽培。喜潮湿，忌水涝。对土壤要求不严，一般土壤均适合生长，尤其是沙壤土、壤土更为适宜。若土壤盐碱度过大，会导致植株矮小、生长缓慢、影响产量，土壤pH5.5~6.5为宜。

【繁殖方法】留兰香种子繁殖变异较大，生产上多采取无性繁殖。一般以地下茎作为繁殖材料，也可将匍匐茎、地上部的植株切成带2~3个节的小段作为繁殖材料，称为根茎繁殖法。根茎繁殖于早春3~4月将留兰香地下根茎挖出，选健壮、色白节密、无病虫害的新

鲜根茎，切成5～8cm的根段，摆在开好的种植沟内，沟深6～8cm，摆放时，每段根茎应首尾相接，摆好后随即覆土、压实，并浇透水。分株繁殖于早春进行，在上一年的留兰香种植圃地，待新苗长至8cm左右时，连根茎一同挖起，分株移栽。扦插繁殖于5～6月进行，选健壮的地上茎切成6cm长的小段，在苗床上扦插，生根成活后移栽。

【栽培管理】留兰香是多年生植物，为保持生长良好，最好每年更新场所，反复移植。如在同一场所连续栽植3年，则植株生长不良，耐寒力也明显减弱。喜潮湿，忌水涝，一般田间持水量在75%较有利于生长。各生育期对水分的要求不同，苗期和花期需水较多，第二茬需水较少。分枝能力很强，在栽培中应注意合理密植。为促进腋芽生长分枝，增加分枝数和叶片数，提高单位面积产油量，一般在5月中下旬前后摘顶心，摘掉顶端一片幼叶，使顶端优势削弱，促进侧枝形成。

留兰香生育期长达250d，是一种需肥较多的作物，除繁育前施足基肥外，必须适当追肥2～3次。第一次于清明前后，苗高7cm左右时，每667m²用尿素4kg，以1%～3%的浓度施于根部，以促进幼苗生长。第二次在5月上中旬，要氮、磷并施，每667m²用复合肥或硫酸铵8～10kg或饼肥25kg，以满足分枝添叶的需要。第三次在6月上旬，采取看苗施肥的方法，一般以氮为主，磷、钾相结合的方法施用。

留兰香一般每年收割两次，第一次在7月中下旬收割，此时正值开花时节，茎叶中含油量最高。第二次在寒露至霜降收割，收割后摊在地面上，晒至六七成干时集运加工。

【观赏与应用】留兰香可作地被植物，能快速铺地形成景观。嫩枝、叶常作调味香料食用，在欧洲普遍用来泡茶。也可作香精，抽出的精油是糖果、制药、牙膏中的重要香油，口香糖生产中也使用很多。药用可解表、和中、理气。

十一、神香草

【学名】*Hyssopus officinalis*

【别名】牛膝草、柳薄荷、海索草

【科属】唇形科神香草属

【产地及分布】原产欧洲。

【形态特征】神香草为多年生草本或半常绿灌木，通常无毛。株高30～120cm。茎基部木质化，多分枝，钝四棱形。叶无柄，对生，线形或披针形，两端急尖，全缘，略肉质，两面多数油腺。顶生穗状轮伞花序，常偏向于一侧，小花6～15朵；花冠通常青紫色，也有玫瑰色或白色。萼片三角形，带绵毛。花期6～9月。小坚果呈长卵状三棱形，平滑、褐色，先端圆，具腺点。果期8～9月。种子千粒重0.4g。全株含芳香油，具有宜人的芳香。(图20-8)

【同属其他种】硬尖神香草（*H.cuspidatus*）为半灌木，根状茎木质。茎高30～60cm。叶条形，顶端锐尖。具长约2mm的刺状尖头。

【生态习性】神香草喜冷凉、全日照或半日照、通风良好的环境。耐旱，忌水湿。耐寒，生长适温15～25℃。对土壤适应范围较广，以排水良好的沙质壤土或土质深厚的壤

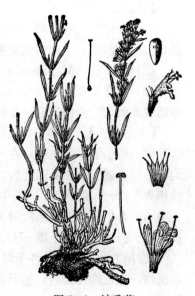

图20-8 神香草

土为佳。

【繁殖方法】神香草可采用播种、扦插、分株、压条繁殖,生产中常用扦插和压条繁殖。播种于春季气温达到20℃左右时进行,早春3~5月将种子直播于露地,每穴2~3粒,播种深度0.3~0.5cm。扦插宜在春末进行,选取越冬的茎蔓作插穗,1个月左右可生根。盆栽分株结合换盆进行。压条在春、夏、秋三季均可进行。

【栽培管理】神香草幼苗株高6~8cm时即可定植,田间种植可双行定植,株距20~30cm。生长期间2~3个月施肥一次,浇水充足,但忌积水,积水易导致烂根死亡。若以采叶为目的,长到30cm左右可陆续采摘嫩茎叶(一次采叶量不得超过整株的1/4);若以采花为目的,第一年只能收获一次,从第二年开始,每年7月下旬和8月下旬各收获一次,一旦栽植成功,可连续收获4~5年。

【观赏与应用】神香草在欧洲从古时起就有栽培,作为香味蔬菜很受欢迎,在印度作为药用植物被人熟知,在热带各地海拔高的地方作为香味料种植。园林中用于岩石园、宿根花坛或丛植、片植、庭院种植观赏。作为芳香植物,其精油是制造名贵香精香料的重要原料。作为药用,是祛痰剂、发汗剂、刺激剂、健胃剂等多种内服药剂的重要原料。花穗与茶还可制成花草茶。

十二、洋甘菊

【学名】*Matricaria recutita*

【别名】母菊

【科属】菊科母菊属

【产地及分布】原产欧洲和印度。我国新疆北部和西部主产。

【形态特征】洋甘菊为一年生草本植物。全株无毛,有香气。株高30~50cm。茎直立,有沟纹,上部多分枝。下部叶矩圆形或倒披针形,二至三回羽状全裂,裂片细条形,无柄,基部稍扩大,顶端具短尖头。上部叶卵形或长圆形。头状花序异型,顶生或腋生,直径1.5~2cm。外层花冠舌状,白色;内层花冠筒状,黄色。花期4~5月。瘦果极小,长圆形或倒卵形。种子细小,1g种子有10 000多粒。果期5~7月。

【同属其他种】德国洋甘菊(*M. chamomilia*),植株较洋甘菊稍小,茎高约30cm。花中心黄色,花瓣白色,看似雏菊类。

【生态习性】洋甘菊喜温暖、湿润和阳光充足的环境。耐寒性较强,耐半阴。宜疏松、肥沃和排水良好的壤土。在长江流域冬季基生叶常绿。

【繁殖方法】洋甘菊常用播种、分株和扦插繁殖。播种繁殖于9月进行,发芽适温15~18℃,播后7~10d发芽,发芽整齐。分株繁殖以根茎分株方式进行,秋季分株好于春季,开花早而繁盛。扦插繁殖于开花前剪取顶端嫩枝,长5~7cm,插后10~12d生根。

【栽培管理】洋甘菊幼苗期温度不宜过高,以13~16℃为宜,否则易徒长患病。播种繁殖注意及时间苗,苗高10cm时定植。生长期每月施肥一次,控制用量,否则花期推迟。花后剪除地上部,有利于基生叶的萌发。

【观赏与应用】洋甘菊开花繁茂,花瓣洁白、平展,具香气。花茎挺拔。适用于花坛、花境和建筑物前栽植,翠绿有光,自然飘逸。切花或盆栽点缀阳台、窗台,观赏期长,更感风姿雅韵,清晰明朗。洋甘菊精油是非常流行的保健和药物制品,有帮助睡眠的功效,缓解病人发炎和疼痛症状,缓解由神经性皮肤瘙痒引起的失眠。茎叶可用以入药和制茶。

十三、夜来香

【学名】*Telosma cordata*

【别名】夜香花、夜兰香、夜香藤

【科属】萝藦科夜来香属

【产地及分布】原产南美，我国分布于云南、广西、广东和台湾等地。

【形态特征】夜来香为藤状灌木。根系较发达，侧根多。茎蔓生，圆形，折伤时有少许乳汁溢出；分枝力强，无卷须；嫩茎浅绿色、被柔毛，老茎灰褐色、无毛、有皮孔。单叶对生，长卵圆至宽卵形，顶端短渐尖，基部深心形，仅脉上具微毛，绿色。聚伞花序腋生，花多至30朵，总花梗短、被毛，花浅黄绿色。花期5～10月。花开时有清香味，夜间香更浓。果实为蓇葖果，披针状圆柱形，顶部渐尖，果期10～12月。种子宽卵形，顶端具白色绢质种毛。(图20-9)

图20-9 夜来香

【同属其他种】华南夜来香（*T. cathayensis*），藤状灌木，幼嫩部分被微毛。叶对生，顶端渐尖，基部宽楔形或圆形。伞形聚伞花序腋生，有花5～7朵，花冠淡青白色，有白兰花香味。

【生态习性】夜来香喜温暖、湿润、阳光充足、通风良好的环境。耐旱，耐瘠薄，但不耐涝。不耐寒，冬季温度不低于5℃，生长适温为18～28℃。对土壤要求不严，一般中性、微酸性或微碱性的疏松肥沃沙壤土均能生长良好。

【繁殖方法】夜来香采用扦插、压条、分株繁殖均可，一般多采用扦插繁殖。在冬、春季节选半木质化、生长健壮的茎蔓，剪成具3～5节的茎段作插条，在苗床育苗或直接插于大田。压条繁殖只适用于近地面基部侧枝较多的植株。夜来香结果少，一般不用播种繁殖。

【栽培管理】夜来香春夏季栽植，选择排水良好的地块，施足基肥后做高畦，在畦中开穴，栽植幼苗，以后保持土壤湿润即可。幼苗长至1m时搭架引蔓，引蔓时每株留主蔓2～3条，多余的摘除。每年3月上旬清园后，重施一次促梢肥，以后每隔20～30d每667m^2淋施复合肥水溶液15kg或腐熟农家肥500kg，覆土盖肥，切勿偏施氮肥。当40%～50%的小花含苞待放、少数花开放时采摘整个花序。一般每天摘一次，已开放的花朵要摘除，以免影响其他花蕾，降低品质，失去商品价值。

【观赏与应用】夜来香枝条细长，花浓香，在南方多用来布置庭院，种植于窗前、塘边和亭畔。新鲜的花和花蕾可作为半野生蔬菜。具清肝明目的功效，可治疗目赤肿痛、麻疹上眼、角膜斑翳等。

十四、九里香

【学名】*Murraya paniculata*

【别名】千里香、月橘、山黄皮

【科属】芸香科九里香属

【产地及分布】原产印度和马来西亚等热带及亚热带地区，我国南部及西南地区栽培较多,华东及华北地区多作温室盆栽。

【形态特征】九里香为常绿灌木或小乔木。株高可达 4m 以上,侧枝多直立向上生长,枝叶稠密,小枝无毛,嫩枝略有毛。奇数羽状复叶,互生,叶轴不具翅,小叶 3~9 枚,与米兰近似,但比米兰稍大、卵形、倒卵形至近菱形,全缘革质。聚伞花序顶生或生于枝条上部的叶腋内,花大而少,白色,极芳香,扩散性强。花期 7~11 月。果肉质,红色,卵形或球形,果实 11 月至次年春节成熟,内含 1~2 粒种子。

【同属其他种】

(1) 豆叶九里香（*M. euchrestifolia*） 豆叶九里香树皮光滑,黑色。小枝圆形,几无毛。奇数羽状复叶互生,小叶长圆状披针形。伞房花序顶生,多花,花瓣 4,白色。果球形,淡红色,具腺点,种子 1 粒。花期 7~8 月,果期 12 月。

(2) 广西九里香（*M. kwangsiensis*） 广西九里香为灌木,高约 1m。小枝浑圆,初时密被柔毛,后无毛。奇数羽状复叶互生,有时为偶数。小叶 7~10,近革质,先端稍尖而略呈圆头,边缘有细小而疏的钝锯齿。圆锥花序顶生,浆果圆球形,黑色,光亮,有腺点。花期 9 月,果期 11~12 月。

【生态习性】九里香性喜温暖、湿润气候和比较充足的光照,耐旱、不耐寒,忌涝,生长适温 20~32℃。对土壤要求不严,适于土层深厚、肥沃及排水良好的酸性土壤。

【繁殖方法】九里香可采用播种、扦插或压条繁殖。播种繁殖于 2~6 月采成熟的红果取出种子,随即播种,约 30d 发芽。扦插可在 4~6 月进行,选取 2 年生健壮枝条为插穗,剪除下部叶片,插于苗床或盆中,保持土壤湿润,置阴凉处,50d 左右可生根长叶。压条繁殖将接近地面的母株枝条压入土内,使其萌发新根,然后剪断,成为独立生活的新植株。

【栽培管理】九里香性喜温暖潮湿的气候,冬季畏寒怕旱,南方可露地越冬,北方只能盆栽,冬季移进室内。发芽力强,生长势旺,极耐修剪,一般绿化栽培均易于管理。欲使九里香开花多,要注意两条:一是施肥应注意氮、磷、钾配合施用,不能单施氮肥;开花孕蕾前多施磷、钾肥,有利于多开花、花香浓。如氮肥过多,会使枝叶徒长,影响开花。二是孕蕾前应适当控制浇水,利于孕蕾。孕蕾后及开花期则应正常浇水,正常施肥。盆栽九里香在上盆前应施用充足的基肥,一般以含磷、钾的迟效性肥料做基肥。

【观赏与应用】九里香四季常青,树形端正,花浓香而持久,色洁白而美丽,是亚热带地区优良地栽芳香花卉,南方地区可做绿篱、花坛材料。北方地区常于室内盆栽观赏。全株入药,能活血散瘀,行气活络。花可提取芳香油。

十五、香　　茅

【学名】*Cymbopogon citratus*

【别名】柠檬草、柠檬香茅、香茅草

【科属】禾本科香茅属

【产地及分布】原产亚洲亚热带地区。

【形态特征】香茅为多年生草本植物,株高 20~120cm。茎秆粗壮,植株簇生,直立。叶片尖细狭长,叶缘具有细锯齿,叶色为绿色,叶舌厚实。顶生总状花序排列成圆锥花序,小穗成对生长,小花的花色为绿色,颖果。花期 10 月至翌年 4 月。

【同属其他种】香茅属植物为禾本科植物中唯一在叶片中含有特殊香气的属。同属其他种主要有蜿蜒香茅、锡兰香茅、爪哇香茅和马丁香茅。

(1) 蜿蜒香茅（*C. flexuosus*） 蜿蜒香茅又称东印度香茅、曲序香茅。有两种形态：一种茎秆呈苹果绿至白色，另一种为红色茎秆。茎秆节间常见蜡粉。

(2) 锡兰香茅（*C. nardus*） 锡兰香茅又名亚香茅。叶鞘呈暗红色，上面密生细刚毛。

(3) 爪哇香茅（*C. winterianus*） 爪哇香茅又名枫茅，叶鞘宽大，基部内面呈橘红色。

(4) 马丁香茅（*C. martini*） 马丁香茅又名鲁沙香茅，叶鞘短于节间，平滑无毛。

【生态习性】香茅为阳性植物，喜温暖、阳光充足的气候条件。根系发达，比较耐干旱，耐寒力差，在22～30℃条件下生长良好，不耐涝，忌土内积水。对土壤的适应性较强，沙土、黏土和贫瘠的土壤都可以生长，更适宜肥沃、疏松、表土深厚、排水良好的偏酸性土壤。

【繁殖方法】香茅以分株繁殖为主，也可播种繁殖。分株一般在春季3～4月进行，选择生长健壮、无病虫害的一二年生植株进行分株。在常规栽培中，香茅结实很少见，播种繁殖多用于育种和第一次繁殖。

【栽培管理】香茅栽植应选择地势较高、阳光充足的地块。生长期间保持土壤湿润，不能缺水，雨季必须注意及时排水，做到土内无积水。生长前期对氮素养分的需求量较大，应及时追施氮肥，夏秋两季高温时节每隔15～20d追施肥料一次，后期应多施钾肥，利于增加植株的香气。

香茅主要用于提取香茅油。采收根据植株生长状况，第一年可以割叶2～3次，第二年4～5次。首次割叶是在定植成活后6个月。割叶应在叶片与叶鞘交界处以上3～5cm处下刀，割叶时不能将株丛扭转，雨天和早晨露水未干时不能割叶。

【观赏与应用】香茅茎秆粗壮，叶片潇洒，盆栽可作室内绿化装饰，地栽主要用于庭院绿化，也可用于花境种植。全草均可入药，提取香茅油可做各种化妆品和其他工业原料。

十六、香叶天竺葵

【学名】*Pelargonium graveolens*

【别名】洋玫瑰、香叶、香艾

【科属】牻牛儿苗科天竺葵属

【产地及分布】原产非洲南部，我国各地庭院均有栽培。

【形态特征】香叶天竺葵为多年生草本植物。株高60～70cm。茎直立，基部木质化，茎枝均被长绒毛，枝叶有浓烈芳香气味。单叶对生，叶片宽心脏形至近圆形，5～7掌状深裂，裂片再分裂为小裂片，边缘有不规则的羽状齿裂，具浅锯齿，叶柄长超过叶片。伞形花序与叶对生，花茎长，花较小，花瓣红或淡紫色。花期4～6月。

【同属其他种】天竺葵属常见栽培的香草植物还有苹果天竺葵（*P. ordoratissimum*），叶片较小，圆形，有苹果味。花期从早春到秋末，花白色，花瓣上有两个小红点。

【生态习性】香叶天竺葵喜温暖、有阳光、空气新鲜的环境。不耐低温，温带地区冬季必须在温室内培养。夏季怕高温酷暑。生长适温18～25℃。喜阳光，但夏季宜半阴环境。性耐旱，忌水湿。宜疏松、肥沃和透水性良好的土壤。耐弱碱土，不喜酸性土。

【繁殖方法】香叶天竺葵通常采用扦插繁殖。扦插在春、秋季进行，插穗采取一年生发育健壮的成熟新梢，长15cm左右，留顶叶1～2枚。插后15～20d生根，40～50d后即可移栽。

【栽培管理】香叶天竺葵生长迅速，幼苗长到 10~15cm 时，可进行摘心打顶，促进植株萌发侧枝。花谢后及时剪除残花，以利于集中养分，促使不断萌发新枝，继续孕蕾开花。香叶天竺葵是一种耐旱植物，在生长过程中以干润为好，如浇水过多，枝叶徒长，开花少。盆土过湿易烂根。一般春、秋两季是其生长旺期，浇水要适量。夏季半休眠，适当控制水分，冬季移入室内，每 15~20d 浇水一次。由于其生长繁茂，开花时间长，需要较多养分。新芽萌发后，可施磷、钾含量较多的肥料，促进新枝花芽分化。春、秋旺盛生长时期每 15~20d 施一次肥料，7~8 月为半休眠期，停止施肥。盆栽花卉每年换盆一次，及时剔除老根，换盆 3~4 月进行。一般生长 3~4 年的老枝需要及时进行更新。

【观赏与应用】香叶天竺葵株型端庄典雅，姿态飘逸豪放，香叶翡翠光亮，花朵颜色亮丽，花期长，花、叶兼赏，在园林中可用于花坛及花境，还可植于岩石园，盆栽可点缀客厅、居室、会场及其他公共场所。茎叶含芳香油，用以调制香精，作食品、香皂和牙膏等的添加剂，是一种价值高、用途广的香料植物。干叶还可用于芳香疗法。

十七、马 鞭 草

【学名】*Verbena officinalis*
【别名】龙牙草、铁马鞭草、风颈草
【科属】马鞭草科马鞭草属
【产地及分布】原产南欧、亚洲温带地区。
【形态特征】马鞭草为多年生草本植物。通常株高 30~80cm。茎多分枝，暗绿色直立，茎上部方形，老后下部近圆形。叶对生，卵圆形至短圆形或长圆状披针形，两面有粗毛，边缘有粗锯齿或缺刻，茎生叶无柄，多数 3 深裂，有时羽裂，裂片边缘有不整齐的锯齿。穗状花序顶生或腋生，花小，花冠淡紫色或蓝色，花小密集，长的花茎类似马鞭而得名。花期 6~9 月，果期 7~11 月。（图 20-10）

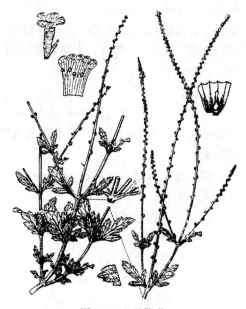

图 20-10 马鞭草

【同属其他种】柳叶马鞭草（*V. bonariensis*），多年生直立草本植物。株高 100~150cm。茎方形，粗糙，棱上被粗短毛。叶十字对生，披针形至长椭圆状披针形，边缘有尖缺刻，近基部全缘。穗状花序呈伞房状，花冠紫红色或淡紫色。

【生态习性】马鞭草喜肥，喜湿润，怕涝，不耐干旱，较耐寒。一般土壤均可生长，以土层深厚、肥沃的壤土及沙壤土长势健壮，低洼易涝地不宜种植。

【繁殖方法】马鞭草采用播种或扦插繁殖，播种于 4 月下旬至 5 月上旬进行，选择土层较厚的壤土或沙壤土为种植地。整地做畦，开沟条播。扦插于春季最适。

【栽培管理】马鞭草应选择光照充足、肥沃且排水良好的土壤，土壤干旱时应及时浇水，以保证植株正常生长的需要，夏天每 2~3d 浇水一次，多雨季节要注意田间排水，雨后及时松土，防止表土板结影响植株生长。除草是田间管理的经常性工作，防止草荒是提高产量的有效措施之一。因此，要做到见草即除，做到田间无杂草。叶片随时可摘，干燥处理后保存。

【观赏与应用】马鞭草可作花境背景。性微寒、味苦。以干净的地上全草入药，具有清热解毒、活血散瘀、利尿消肿的功效。

十八、百 里 香

【学名】*Thymus mongolicus*

【别名】麝香草、千里香、地椒、地姜

【科属】唇形科百里香属

【产地及分布】原产非洲北部、欧洲及亚洲温带，我国多产于黄河以北地区，特别是西北地区。

【形态特征】百里香为常绿半灌木。茎多数，匍匐状，随处生根，下部木质化，红棕色，营养枝被短柔毛。花枝直上，高3～15cm，上部密被倒或稍平展柔毛，下部毛稀疏。叶对生，每分枝2～4对，细小，长椭圆形或卵形，全缘或疏生细齿，先端钝或稍尖，基部楔形，两面无毛，被腺点。头状花序。花萼钟形，花小，紫红色至粉红色。花期7～8月。小坚果椭圆形，位于宿萼的底部。（图20-11）

图20-11 百里香

【同属其他种】

（1）阔叶百里香（*T. pulegioides*） 阔叶百里香为常绿亚灌木，耐寒，北方寒冷地区表现为宿根。叶较宽，花粉紫色。

（2）柠檬百里香（*T. critriodorus*） 柠檬百里香为常绿亚灌木，性喜温暖。有柠檬香味，花淡紫色。

（3）浓香百里香（*T. odoratissimus*） 浓香百里香枝条长而松散，叶有柑橘甜味，花粉色，花萼紫色。

（4）光亮百里香（*T. nitidus*） 光亮百里香叶狭窄，鲜绿色，花淡紫色。

（5）银斑百里香（*T. vulgaris*） 银斑百里香叶呈斑驳银灰色，有温和的百里香味道。

【生态习性】百里香喜凉爽气候，耐寒，北方可越冬，半日照或全日照均适应。生育适温为20～25℃，喜干燥环境，对土壤要求不高，在排水良好的石灰质土壤中生长良好。

【繁殖方法】百里香可采用播种、扦插、分株繁殖。播种繁殖4月或9月进行，因种子细小，以撒播较佳，可先将介质充分浇湿，再将种子均匀撒在上面。幼苗长出4～6枚真叶时，可先移至较小的容器（如穴植盘），等植株根系发展较佳时，再移至10cm盆中定植。扦插繁殖于5～7月进行，取顶芽作插穗，3～5节为宜，注意不要取到已木质化的枝条，发根能力较差。分株在4～5月或11月进行。

【栽培管理】百里香栽培环境要求光线充足，否则植株徒长。对土质要求不高，需排水良好，盆栽可使用泥炭藓或栽培土混合珍珠岩使用。夏季高温可将植株稍微修剪，以利通风，并放在阴凉处越夏。施肥以有机肥作基肥，春、秋生长旺盛时，以花宝1 000倍液每7～10d浇灌一次，夏季植株较弱，不施肥。栽培中应注意排水，雨后要及时松土，防止表土板结影响植株的生长。除草是田间管理的经常性工作，防止草荒是提高产量的有效措施之一。要做到见草即除，做到田间无杂草。开花前可随时剪取枝叶利用，开花结籽后植株易死亡。如果采收的枝叶较多，可干燥保存。

【观赏与应用】百里香常作为花境、花坛边缘材料，也可配置于岩石园、香料园。茎、叶有香味，可提取香精供药用。

第二节　观　赏　草

观赏草是指具有极高生态价值和观赏价值的一类单子叶多年生草本植物。因其适应性强，观赏价值高，现已被广泛应用于公园、庭院、绿地及室内绿化等。

观赏草一般茎秆姿态优美、叶色丰富多彩、花序五彩缤纷、植株摇曳生姿，在外形上多呈直立形态，风格豪放，与灌木有相似之处，但其质感柔和，灵动飘逸，可以软化灌木的直硬感，再加上草类特有的自然色调和景观特质，经设计师的巧妙配置，可创造出有形有色、动静相融、多姿多彩的园林景观。

观赏草种类繁多，形态各异，从粗犷野趣到优雅整齐，从叶色丰富到花序多样，从形体高大到低矮小巧，从陆生、湿生到水生，不一而足。当前园林中应用的观赏草除了禾本科植物外，还有莎草科、灯心草科、香蒲科、蓼科、花蔺科、天南星科、百合科、木贼科、鸢尾科等一些属、种中具有很高观赏价值的植物。

生产实践中，常根据不同特性对观赏草进行分类，如按其对温度的反应分为冷季型观赏草（如蓝羊茅、针茅等）与暖季型观赏草（如狼尾草、芒、芦竹等），按观赏部位可分为观花型观赏草（如蒲苇、狼尾草等）与观叶型观赏草（如血草、蓝羊茅等）。

观赏草不仅观赏价值高，而且对环境的适应性非常广泛，既耐旱、耐寒，又耐涝、耐热，既喜阳光、又耐荫蔽。大多数观赏草能在恶劣的环境下生长，其栽植养护管理比较简单。

观赏草栽植前一般要进行草种选择，首先要了解当地的气候条件，其次要了解草种的起源、产地以及草种的生态适应性。对这些因素进行综合考虑之后，选择适应当地环境、生长良好、景观优美的观赏草进行种植。

大多数观赏草繁殖简便，既可进行播种繁殖，也可进行营养繁殖。播种繁殖常需进行移栽，大面积种植时也可不移栽，但要做好土壤处理工作，以防杂草造成危害。许多观赏草可通过分割地下茎或匍匐茎的方法繁殖。栽植时间一般在春季或初夏。

观赏草生长迅速，抗逆性强，管理粗放，一般不需进行特殊的养护管理。大多数观赏草都喜欢光照，最好每天有 3~5h 的直射光。观赏草一般对水、肥和土壤无特殊要求。很多观赏草都较耐旱，仅需在幼苗期浇水，但要注意避免积水。观赏草一般不需要施肥，除非种植在特别贫瘠的沙土上。肥料尤其是氮肥过多反而导致植株徒长，茎秆细弱松散，影响观赏效果。通常每年覆盖 3~5cm 堆肥即可保证其生长良好。一般观赏草也较少修剪，有些观赏草为维持较好的景观效果，一年需要修剪一次。修剪时间以早春为佳，这样还可欣赏到霜露和冰雪在叶片上的景致，形成一道独特的风景。多数观赏草生长一段时间后需进行更新，可在生长季来临前通过分株和移植方式进行更新。

由于观赏草枝叶较硬、质地比较粗糙、水分含量较低，因此少有病虫感染，在生长过程中，基本可以不喷施农药。比较常见的病害是锈病。锈病会在观赏草叶片上产生橘黄色斑，尤其在湿润且白天温暖、夜间冷凉的条件下会迅速蔓延。虽然锈病对观赏草无致命威胁，但会影响其观赏价值。预防措施是定期分株，避免观赏草生长过于密集，用蛇形管浇水，尽量减少叶片湿润。如发现叶片有锈斑、发黄或发褐时需尽快剪除，如整株发生感染，应剪掉地上部分数厘米以上的所有叶片。

观赏草虫害主要有蚜虫、粉蚧等，危害其叶片和茎部。蚜虫喜欢啃食新叶，由于观赏草生长迅速，因此一般不会造成太大危害。粉蚧啃食叶和茎的交接处，使植株矮化变形，影响观赏草的生长和美观。如在观赏草上发现虫害要及时挖出受害株并进行彻底销毁。受害严重时可用速蚧杀1 000倍液、速扑杀1 000~1 500倍液每隔5~7d喷洒一次，连续用药2~3次，就能将其全部杀除。但是观赏草一般不进行喷药，因为喷药导致叶片湿润，易出现烂叶或感染等其他问题。此外，鼠类、兔子等食草动物对观赏草也会产生危害。

观赏草既可单株种植或丛植，又可行植或成片种植，不仅能在土壤中栽培，也可以栽培在容器中以装饰房间或庭院。因此，观赏草深受园林设计师的青睐，已开发出多种园林应用形式，如盆栽、花坛、花境、道路绿化、水景岩石配置、作地被等。

一、狼 尾 草

【学名】*Pennisetum alopecuroides*

【别名】大狗尾草、尿草、光明草

【科属】禾本科狼尾草属

【适应地区】东北、西北、华北、华中、华南等我国大部分地区。

【形态特征】狼尾草为多年生草本植物。株高80~140cm。茎秆丛生，粗糙坚韧，株型丰满。叶片条形，长15~50cm，宽2~6mm，叶色春季淡绿，夏季深绿，秋季变为金黄色。穗状圆锥花序长5~20cm，直立或呈弧形，形似狼尾，小穗具紫色刚毛。开花期花序突出叶片以上，如喷泉状，具有极佳的观赏价值。花期7~10月。

【生态习性】狼尾草喜寒冷湿润气候。喜光，耐轻度遮阴，耐高温，喜湿亦耐旱，在北京地区依靠自然降水可健康生长。抗寒性强，成株在北京地区露地可安全越冬。生长期白天温度20~30℃、夜间温度18~19℃最佳，生长期的平均温度若低于18℃，生长势会缓慢；若低于16℃，生长可能停止。抗逆性强，几乎没有病虫危害。适应性广，对土壤要求不严，耐轻微碱性，耐沙土，亦耐贫瘠土壤。耐水淹性良好。抗病虫害能力强。宜选择肥沃、稍湿润的沙地栽培。北京地区3月下旬返青，7月中上旬始花，9月下旬开始枯黄。

【繁殖方法】狼尾草采用播种和分株繁殖。结实率高，采种容易，适合用种子直播，种子发芽适温22~25℃。2~3月将种子均匀撒入整好的土地上，盖一层细土，约2d就可发芽。若温度低于20℃，会出现发芽延迟的现象。分株繁殖可于春、秋季进行，将基部丛生小苗带根挖起，切成数丛，按株行距15cm×10cm开穴栽种，覆土浇水。

【栽培管理】狼尾草生性强健，萌发力强，容易栽培，耐粗放管理，少有病虫害。因幼苗生长较慢，故苗期管理应精细。出苗后或移栽初期要定期浇水，及时拔除杂草。幼苗定植后可减少浇水量。虽然狼尾草对水肥要求不高，但水分和肥料仍是栽培管理的关键，水肥不足时很容易生长不良。幼苗期可以在土面施基肥，生长期适时追肥，一般每年进行2~3次追肥为宜。要选择光线充足的地方，可使植株健壮，基部丛生小苗数量较多，叶片着色较佳。有些品种幼苗期叶片为绿色，约8片叶之后叶片主脉就会显现明显的紫色。

【观赏与应用】狼尾草可单株种植作为园林中的点缀植物，亦可片植，还可成排种植形成优美的边界屏障。也可用于公路护坡、河岸护堤和水土保持等。目前已培育出多种庭园观赏品种，利用其不同的高度及叶色，可以作为绿缘植物或背景植物。与草花配置时，不仅视觉上有高低层次效果，也可将草花衬托得更加出色。

二、拂子茅

【学名】*Calamagrostis epigeios*

【别名】怀绒草、山拂草、水茅草

【科属】禾本科拂子茅属

【适应地区】我国大部分地区。

【形态特征】拂子茅为多年生草本植物。具根状茎，秆直立，平滑无毛或花序下稍粗糙，高45～100cm，径2～3mm。叶片扁平或边缘内卷，长15～27cm，宽4～8mm，早春叶片绿色或淡青铜色；叶鞘平滑或稍粗糙，叶舌膜质，长5～9mm，长圆形，先端易破裂。圆锥花序圆筒形，挺直紧凑，初花期淡绿色，后变为淡紫色，秋季变为黄色。花果期6～10月。

【生态习性】拂子茅喜湿润环境，自然条件下多生于水分条件良好的农田、河边、灌木丛及林缘。耐寒、耐高温、耐强湿，较耐旱。不择土壤，常生长在轻度至中度盐渍化的土壤中。在北京地区可正常越冬越夏。

【繁殖方法】拂子茅采用播种和分株扩繁。播种繁殖的最佳时间是早春，此时种植容易扎根，温度回升即可抽枝。种植前要除掉种植区的所有杂草，不用进行精细整地，疏松土壤即可。施肥不要过多。种植株距一般应等于成熟植株的株高，在1m左右。分株移栽时要注意保护根颈，将根均匀展开，放于事先挖好的穴中，填土掩埋根系后灌水，水浸泡数分钟后，再将穴填满土浇水，在植株周围加3～5cm覆盖物，不要紧挨根颈，保证空气流通以防烂颈。

【栽培管理】拂子茅栽培简单，管理粗放，对水肥要求不高。在北京地区栽培，干旱年份春季和入冬前浇水灌溉即可，其他季节不需灌溉。

【观赏与应用】拂子茅主要观赏部位为花序，花序紧凑并高于叶面，进入冬季仍有观赏价值，因此被认为是最好的中型观赏草，孤植效果好，也可丛植、群植或盆栽种植。最佳观赏期为8月至冬季，尤其秋冬季节效果更突出。根茎顽强，抗盐碱，是固土护岸的良好材料。

三、蒲 苇

【学名】*Cortaderia selloana*

【科属】禾本科蒲苇属

【适应地区】我国华北、华中、华南、华东及东北地区。

【形态特征】蒲苇为多年生草本植物。植株高大粗壮，成熟植株高2～2.5m，冠幅2m左右，株丛紧密。叶聚生于基部，叶色深绿，叶片质硬，极狭，长约1m，宽约2cm，下垂，边缘具尖锐细齿；叶舌为一圈密生柔毛。雌雄异株，圆锥花序大型，长50～100cm，银白色至粉红色，小花密集；雌花序较宽大，雄花序较狭窄；雌花序硕大，显著突出于茎秆之上，花穗初呈淡鹅黄色，1周左右逐渐变为银白色，具丝状柔毛，有光泽，小穗轴节处密生绢丝状毛，柔软飘逸；雄穗呈宽塔形，疏弱，无毛。颖质薄，细长，白色，外稃顶端延伸成长而细的芒。夏末秋初开花，可一直延续到冬季。

【生态习性】蒲苇喜开阔、光照充足、温暖湿润的气候，具一定耐寒性，亦稍耐阴。在强光下叶色深，株丛大，容易矮化。抗逆性强，性强健，适应性广，耐热，耐病虫，栽培管理粗放，且成型较快。在温暖地区，一旦定植后几乎不需要养护。对土壤要求不严，但在肥沃疏松、土层深厚的土壤中生长良好。不耐积水，在高温多雨季节要注意排水。

【繁殖方法】蒲苇采用播种和分株繁殖。播种繁殖于9月中旬到10月上旬进行，花序散开、种子成熟时选取饱满的花穗及时采收，随采随播，新鲜种子发芽率高。播种前应将土壤整平，浇透水再均匀下种，播后无需覆土，只要保持土壤湿润，10d后种子即可发芽。分株繁殖北方应于晚春或初夏进行，秋季分株难以成活。3～4月间将整株蒲苇从田间挖出，尽量少伤根系，去掉泥土，从中间将其劈开分成单株。分株时注意每株应尽量多带根，分株后将其叶去掉1/3，及时种植并灌足水。1个月后缓苗结束，即可进入正常的栽培管理，到秋季每丛可达10株左右，并可于当年开花。气候温暖的地区秋季分株可在花后进行，最晚在冰冻来临前1个月结束，这样蒲苇植株才有充足的恢复时间，有利于越冬。

【栽培管理】蒲苇采用播种繁殖，苗期可适当喷2～3次叶面肥以促进其生长。苗期较长，一般约需2个月，发芽后40d左右，可将幼苗分栽一次，这样既扩大了幼苗的生长空间，部分伤根还能刺激须根的发育，有利于萌蘖。苗高5cm以上便可定植。分株繁殖的植株在次年春季进入旺盛生长期时可施2～3次复合肥，至夏秋便郁郁葱葱。病虫害较少，秋季开花时有钻心虫蛀食花序，导致花序变黑、花期变短，直接影响观赏效果。可用甲敌粉粉剂撒于花序，能起到较好的预防和治疗效果。在北京地区不能露地越冬，应在初冬将根系挖出，保存在室内。

【观赏与应用】蒲苇植株高大，花穗长而美丽，适宜单株种植在中等规模园林绿地中作点缀或背景，或用于花坛、花境、滨水景观等，入秋赏其银白色羽状穗的圆锥花序。也可用作干花。

四、'斑叶'芒

【学名】*Miscanthus sinensis* 'Zebrinus'

【科属】禾本科芒属

【适应地区】我国华北、华中、华南、华东及东北地区。

【形态特征】'斑叶'芒为多年生草本植物，丛生状。植株整齐，株形挺拔。叶片绿色条形，长20～40cm，宽6～10mm，下面疏生柔毛并被白粉，其上分布有不规则的黄白色环状斑，斑纹横截叶片；叶鞘长于节间，鞘口有长柔毛；可形成高达2.4m的松散拱形的株丛，生长时间较长的还可形成宽至数米的冠幅。圆锐花序呈扇形，长15～40cm，小穗成对着生，含1朵两性花和1朵不育花，具芒，芒长8～10mm，膝屈，基盘有白至淡黄褐色丝状毛。北京地区9月中旬开花，南京地区8月中旬开花，花色初为红色，秋季转为银白色。

【生态习性】'斑叶'芒喜光，耐轻度荫蔽，抗性强。耐高温干旱，也耐涝。不择土壤，耐瘠薄土壤，但最适宜在湿润、排水良好的土壤中种植。对气候适应性较强，耐寒性强，北方地区可露地越冬。北京地区4月上旬返青，9月下旬开花，11月上旬枯黄，全年青绿期约220d。南京地区3月下旬返青，8月中旬孕穗，花期长达3个月，12月中旬枯黄，全年青绿期约260d。'斑叶芒'叶片斑纹的产生受温度影响，春季斑纹明显，但早春气温较低时往往没有斑纹，温度过高时其斑纹会减弱以至枯黄。

【繁殖方法】'斑叶'芒以分株繁殖为主，春季为最佳繁殖季节。南京地区4月初进行分株移栽，移栽初期适量浇水，及时防除杂草，1个多月后即可缓苗，进入旺盛生长期，当年即可开花。

【栽培管理】'斑叶'芒抗逆性强，栽培简便，管理粗放。春季生长旺盛期施入适量复合肥2~3次，可使其生长更为健壮。气候干旱时适量灌水，保证其正常生长。因株形松散，生长后期需要固定支撑，增强观赏效果。种植时应选择光线充足的地方，可使植株生长健壮，基部分蘖的小苗数目增多，叶片色泽亮丽，叶片斑纹更明显。冬末早春应对其重剪。病虫害少，干旱时注意防治红蜘蛛，发生时用专用杀螨剂防治。

【观赏与应用】'斑叶'芒为理想的孤植点缀植物，无论是植株还是花序，都非常引人注目，尤其是叶片具有斑马状斑纹，花序呈扇形，适于在水边、湖畔、假山单株点缀或成片种植，或作为背景、镶边材料，效果独特，也可用于花坛、花境、岩石园等，可独立成景。最佳观赏期5~11月。

五、蓝 羊 茅

【学名】*Festuca ovina* var. *glauca*

【别名】银羊茅

【科属】禾本科羊茅属

【适应地区】我国东北、华北、西北、华中等地区。

【形态特征】蓝羊茅为多年生草本植物。茎秆密集丛生，株高15~30cm，株丛直径40cm左右，直立平滑。叶片内卷几成针状或毛发状，呈蓝色或蓝绿色，具银白霜，春、秋季节为蓝色，接收光照越强，其蓝色越深。圆锥花序长5~15cm，抽出后很快变为枯黄色，初期开花。开花期5月。

【栽培品种】蓝羊茅栽培品种众多，不同品种色彩各异，株高也不尽相同。

(1) '蓝色伊利伽'('Elijah Blue') 蓝色纯正，夏季为银蓝色，冬季更绿。冠幅是株高的2倍，形成约30cm高的圆垫。

(2) '迷你'('minima') 株高仅10cm。

(3) '蓝灰'('Caesia') 株高30cm，叶子较'蓝色伊利伽'细。

(4) '铜之蓝'('Azurit') 株高30cm，偏于蓝色，银色较少。

(5) '哈尔茨'('Harz') 呈现深暗的蓝色。

(6) '米尔布'('Meerblau') 叶片蓝绿色。

【生态习性】蓝羊茅喜光照充足、干燥的条件，全日照或部分荫蔽长势良好。耐寒性强，在北京地区可露地越冬。根系强壮，耐旱，但干旱条件下叶片颜色变浅，不耐热，在持续炎热、干旱时应适当浇水。适应性强，抗病性强，耐瘠薄土壤，稍耐盐碱，喜中性或弱酸性疏松、排水良好的土壤，忌低洼积水。在黏重、排水不良的土壤上生长，植株中间易枯死，影响景观效果。南京地区越夏困难，出现夏季休眠乃至部分植株枯死现象。北京地区3月中旬返青，11月中旬枯黄，全年青绿期约240d。

【繁殖方法】蓝羊茅采用播种和分株繁殖。播种可于每年春季或秋季进行，播种前将土地整平，施适量基肥，在土壤潮湿时将种子均匀撒播，而后覆薄土，1周左右种子即可萌发。苗期注意保持水分，不宜过度干旱，并及时防除杂草。分株最好在春、秋季生长旺盛时进行，将成熟的植株挖出，从根部分成若干个株丛，栽入土中，及时浇水保持土壤湿润，直至植株成活。

【栽培管理】蓝羊茅栽培简便，土壤肥力不宜过高，否则会导致叶片蓝色降低而绿色增强，降低观赏效果。每年春季应将株丛中枯黄的叶片清理出去。蓝羊茅15～23cm高时，植株低矮、密集、垫状丛生，冠幅与高度相当。随着株龄增长，植株逐渐向外扩张，中心部位死亡，剩下一个蓝色的圆环继续向外扩展，最终各自形成独立的株丛。为避免出现这种现象，通常2～3年就应挖出植株进行分株，以保持其旺盛的活力，更好地展现其植株的蓝色。

【观赏与应用】蓝羊茅可用作花坛、花境镶边材料等，其突出的颜色可以和花坛、花境形成鲜明的对比，还可用作道路两侧的镶边材料。也可盆栽或成片种植。最佳观赏期为4～6月和9～11月。

六、远东芨芨草

【学名】*Achnatherum extremiorientale*
【科属】禾本科芨芨草属
【适应地区】我国东北、华北、西北及安徽等地。
【形态特征】远东芨芨草为多年生草本植物。须根细韧。株高150～180cm。秆直立，光滑，疏丛生，秆径3～3.5mm，具3～4节，基部具鳞芽。叶鞘较松弛，平滑，长于节间或上部短于节间；叶舌长约1mm，截平，上缘常齿裂；叶片扁平或边缘稍内卷，深绿色，长达50cm，宽5～10mm；上面及边缘微粗糙，下面平滑。圆锥花序疏散，长20～40cm，分枝细长，基部裸露，中部以上疏生小穗，成熟后水平开展；小穗矩圆状披针形，长6～9mm，草绿色，成熟时变为紫色，含1小花；颖膜质，长圆状披针形，先端尖，平滑，具3脉；外稃长5～7mm，顶端具不明显2微齿，背部密被白色柔毛，芒长约2cm，一回膝屈，芒柱扭转且具短微毛；内稃背部圆形，无脊，具2脉，脉间被柔毛；花药黄色，长4～5mm，顶端具微毛。颖果纺锤形，长约4mm。花果期7～9月。

【生态习性】远东芨芨草喜光，稍耐荫蔽，半遮阴条件下也能正常生长。适应性强，较湿润的林下、林间和较干燥的山坡、草地均可生长。不择土壤，在黏土至沙壤土上均可生长。根系强大，耐干旱、耐盐碱、耐践踏。耐寒性强，华北地区露地栽培可安全越冬。东北地区4月下旬开始返青，7～8月开花，种子8月下旬至9月成熟。

【繁殖方法】远东芨芨草采用播种或分株繁殖。播种可于春、秋季进行，播前整地，均匀播种，播后覆薄土，并注意保持土壤湿润，直至种子萌发。幼苗期要注意浇水，防止过度干旱。分株繁殖一般在春季进行，于3～4月挖出成熟植株，分成若干丛，栽于土中，浇水保持湿润，直至成活。

【栽培管理】远东芨芨草抗逆性强，养护简便，管理粗放，对水肥要求低。植株较高而茎秆细，容易倒伏，栽培时宜密植，以形成紧密的丛生茎秆相互支撑。

【观赏与应用】远东芨芨草主要作为园林中的点缀植物，以单株或几株丛植观赏效果最好，也可与其他观赏草和草花配置成花境，观赏效果亦佳。最佳观赏期6～11月。

七、'红叶'白茅

【学名】*Imperata cylindrica* 'Red Baron'
【别名】血草、日本血草
【科属】禾本科白茅属
【适应地区】中国、日本和朝鲜。

【形态特征】'红叶'白茅为多年生草本植物。株高30～50cm，具有发达的地下根茎，蔓延扩展能力强。秆直立，叶丛生，剑形，长10～16cm，宽5～8mm，质地柔软，叶缘平滑；新叶基部绿色，顶部呈血红色，后红色逐渐向基部扩展，颜色加深呈深血红色。圆锥花序，小穗银白色，花期夏末。冬季休眠，颜色变浅至枯萎。

【生态习性】'红叶'白茅喜温暖湿润的气候，喜光，在有斑驳光照处也可生长。耐热，耐旱，耐贫瘠，喜湿润、肥沃、排水良好的土壤。抗病虫害力强。耐寒性差。北京地区3月中旬返青，11月上旬枯黄，全年青绿期约230d。南京地区3月中旬返青，12月上旬枯黄，青绿期约260d。

【繁殖方法】'红叶'白茅多采用播种和分株繁殖。播种繁殖多在春季进行，3～4月整地后均匀播种，覆薄土，及时灌水保持土壤湿润，直至出苗。苗期应注意水分供应。分株繁殖主要是依靠发达的根茎，一般于春季进行分株，挖出植株，分成若干丛栽于土中，株行距30～40cm，移栽后浇透水。

【栽培管理】'红叶'白茅喜湿润环境，栽培中不宜长时间干旱，干旱季节注意适时补充水分。越冬前浇越冬水，春季浇返青水。冬季休眠枯萎，几乎没有观赏价值，可将地上部分剪掉，只留地下根茎越冬。地下根茎扩展能力强，一旦定植形成群落，很难去除，被认为具有入侵性，室外栽植时应控制种植范围或注意隔离。对肥料需求量低，可在种植2年后施入适量复合肥，使其生长更为健壮。

【观赏与应用】'红叶'白茅叶片红绿色，且有季相变化，观赏价值很高，既可以成片种植，利用其热烈的红色和飘逸的身姿，形成整齐、壮观、极富动感的色块景观；可与金黄色、绿色的观赏草组合在一起，形成各种形状的色带；或与其他观赏草搭配，利用色彩、高度的差异及花序的变化，营造富有韵律的花境；还可作为半湿生植物种植在水边，其鲜艳的红色表现力极强，在水的映衬下光影效果尤为俏丽。还可盆栽观赏。

八、大 油 芒

【学名】*Spodiopogon sibiricus*
【别名】大荻、山黄管
【科属】禾本科大油芒属
【适应地区】我国东北、华北、西北、华东、华中等地区。

【形态特征】大油芒为多年生草本植物。具质地坚硬、密被鳞状苞片的长根状茎。秆直立，通常单一，高100～150cm。株型周正。根茎长而粗壮，茎秆密集，直立丛生。叶鞘大多长于节间，无毛或上部生柔毛，鞘口具长柔毛；叶舌干膜质，截平，长1～2mm；叶片线状披针形，平展，亮绿色，秋季变为紫红色，长15～30cm（顶生者较短），宽8～15mm，顶端长渐尖，基部渐狭，中脉粗壮隆起，两面贴生柔毛或基部被疣基柔毛。圆锥花序大，呈长圆形，长15～20cm，宽1～3cm，主轴无毛，腋间生柔毛；分枝近轮生，下部裸露，上部单纯或具2小枝。夏天为绿色，秋天变为亮紫色。颖果长圆状披针形，棕栗色，长约2mm。花果期7～10月。

【生态习性】大油芒喜光，耐轻度遮阴，喜疏松肥沃土壤，耐寒性强，在北京地区可露地越冬。再生性强，抗病虫害能力强，耐旱性好，北京地区自然降水条件下可正常生长。对土壤要求不严，在干旱贫瘠的土壤上也能生长良好，在黏重土壤中生长速度慢。耐盐碱性差。东北4月初开始发芽，7月抽穗开花，8月中旬种子成熟。

【繁殖方法】大油芒多采用播种和分株繁殖。播种繁殖时，温度对发芽具有显著影响，20℃下发芽率最高，预冷处理可以提高发芽势，使发芽整齐。分株繁殖宜于春季进行。

【栽培管理】大油芒抗逆性强，病虫害少，栽培简便，管理粗放。对水肥要求低，在种植后的第一个生长季要充分灌溉，以形成发达的根系。根系形成后，除非十分干旱，一般无需进行灌溉。每年冬末或早春应剪除老茎秆，使新生芽免受遮蔽，保持较快生长。因茎秆密集且丛生，每2~3年应进行一次分株，以维持其旺盛的生命力，防止植株过老而从中心死亡。

【观赏与应用】大油芒花序茂盛丛生，突出于茎叶之上，适宜在园林中作丛植点缀，也可以成片种植，作背景和屏障。

九、丽色画眉草

【学名】*Eragrostis spectabilis*

【别名】星星草、蚊子草

【科属】禾本科画眉草属

【适应地区】我国华北、华东、华中、华南等地区。

【形态特征】丽色画眉草为一年生草本植物。秆密簇丛生，直立或基部膝曲，高30~60cm，径1.5~2.5mm，光滑，冠幅50cm左右。叶片线形，绿色，粗糙，长30~50cm，宽4~8mm。圆锥花序开展，开花初期淡绿色，后期变为紫红色；小穗两侧压扁，有数个至多数小花，小花常呈覆瓦状排列；小穗轴常之字形曲折，逐渐断落或延续而不折断；颖不等长，通常短于第一小花，具1脉，膜质，披针形，先端渐尖。颖果长圆形，长约1mm。花果期6~10月。

【生态习性】丽色画眉草喜温暖气候和向阳环境。喜光，全光照至轻度荫蔽条件下生长良好。对气候和土壤要求不严，耐贫瘠，抗干旱，适应性强，在疏松肥沃、排水良好的沙壤土上生长最好。种子很小但数量多，靠风传播。南京地区3月下旬返青，8月下旬开花，11月中旬枯黄，全年绿色期约230d。

【繁殖方法】丽色画眉草采用播种和分株扩繁。播种繁殖时，3~4月播种，在整好的地上，按行距20~25cm开沟，条播，播后盖土。播种后及苗期应注意浇水保湿，防止幼苗干旱。分株扩繁可在早春或秋末进行。

【栽培管理】丽色画眉草幼苗期要注意拔除杂草，适量追肥1~2次，肥料以有机肥为主。持续干旱条件下注意浇水。北京地区依靠自然降水可正常生长。秋季植株进入休眠期，颜色枯黄，失去观赏价值，此时应注意及时剪掉地上部分，并将花序收集处理，避免形成自繁苗。

【观赏与应用】丽色画眉草主要作为园林中的点缀植物，以单株种植观赏效果最好，也可片植或作为色块种植，亦可用于花带、花境配置。最佳观赏期5~11月。丽色画眉草为优质饲草和水保兼用型植物，适宜在公路、护坡等处种植。

十、花叶芦竹

【学名】*Arundo donax* var. *variegata*

【别名】斑叶芦竹、彩叶芦竹

【科属】禾本科芦竹属

【适应地区】我国华北、华东、华中、华南等地区。

【形态特征】花叶芦竹为多年生宿根草本植物。根部粗而多结。茎秆挺直，高 1~3m，有节，茎部粗壮近木质化。叶互生，排成两列，弯垂，具淡黄色平行于叶脉的条纹，叶宽 1~3.5cm。圆锥花序，长 10~40cm，形似毛帚；小穗通常 4~7 个小花。花期 8~10 月。

原种芦竹（A. donax），多年生草本植物，具发达根状茎。秆粗大直立，高 3~6m，坚韧。叶片扁平，长 30~50cm，宽 3~5cm，上面与边缘微粗糙，基部白色，抱茎。圆锥花序极大型，长 30~60cm，宽 3~6cm，初期粉红色，秋末变为银白色；小穗长 10~12mm，含 2~4 小花。

【生态习性】芦竹喜温暖湿润、光照充足的环境。地下根茎扩繁速度较慢，环境入侵风险低。耐水湿，较耐寒。在北方需保护越冬，或在入冬前将其移到室内，春季再移至室外。南京地区 3 月初返青，8 月初开花，11 月下旬枯黄。全年绿期约 260d。

【繁殖方法】芦竹采用分株和扦插繁殖。分株繁殖可于早春用铁锹沿植物四周切成若干丛，每丛含 4~5 个芽，然后移植。扦插繁殖可于春季将茎秆剪成若干节，每节长 20~30cm，每个插穗都要有节，将插穗立即插入湿润的土壤中，栽植后应保持土壤潮湿。30d 左右节部萌发出白色嫩根，然后定植。

【栽培管理】芦竹生长旺盛，管理粗放。生长季节需及时清除杂草，以免与植株争夺养分，同时注意保持湿度，不宜过度干旱。炎热夏季气温过高时，需给叶面喷水，防止叶片受到日灼。生长旺季追肥 1~2 次，以提高植物的生长发育能力和观赏价值。

【观赏与应用】花叶芦竹主要观赏部位是叶片，常作为水景园背景材料，其亮丽的色彩和优美的株形非常适宜做盆景，可盆栽用于庭院观赏，也可点缀于桥、亭、榭四周。花序可作切花。

第三节　其他常见香草植物和观赏草

本章前两节介绍了重要的香草植物和观赏草种类，此外，还有一些常见的香草植物和观赏草，其形态特征见表 20-1、表 20-2。

表 20-1　其他常见香草植物简介

中　名	学　名	科属	形　态　特　征
欧芹	*Petroselinum crispum*	伞形花科 欧芹属	二年生草本植物，株高 30~100cm。叶子呈深绿色，极有光泽。一般分平叶和卷叶种：卷叶种叶面卷曲皱缩，花小、白色、伞形花序；平叶种又称意大利欧芹，多用在调理食品上，风味类似原始芹菜
小地榆	*Sanguisorba minor*	蔷薇科 地榆属	株高 30~45cm，无毛。基生叶为羽状复叶，有小叶 3~12 对，叶柄光滑，小叶片宽卵形或近圆形，顶端圆钝，基部心形，边缘有多数粗大圆钝的锯齿，两面绿色，无毛，有短柄；茎生叶较少，与基生叶相似。头状花序近球形，直径 0.3~0.7cm，萼片 4 枚，长倒卵形，紫红色，覆瓦状排列，如花瓣状，成熟时萼片脱落。花期 6~9 月

中名	学名	科属	形态特征
香水草	*Heliotropium arborescens*	紫草科 天芥菜属	多年生亚灌木，株高45cm，全株具甜香味。花紫色繁密，花期春季至秋季
麝香锦葵	*Malva moschata*	锦葵科 锦葵属	多年生草本植物，高约80cm。茎和叶多毛，叶互生，长2～8cm，宽2～8cm，掌状深裂，有5～7个圆裂片；花丛生于叶腋，花直径3.2～5cm，花瓣5，粉红色，具有与众不同的麝香味。果实圆盘形，直径3～6mm，每个果实内有10～16个种子
香叶棉杉菊	*Santolina rosmarinifolia*	菊科 银香菊属	多年生常绿亚灌木，株高可达60cm。叶具浅裂，灰白色，叶上具细毛，有较浓的芳香气味。花期夏季，蒴果长圆形

表20-2 其他常见观赏草简介

中名	学名	科属	形态特征
柳枝稷	*Panicum virgatum*	禾本科 黍属	多年生草本，根茎被鳞片。秆直立，丛生，质较坚硬，高1～2m。叶片线形，绿色，秋季变为红色，长20～40cm，宽约5mm，顶端长尖，两面无毛或上面基部具长柔毛。圆锥花序绿色，种子成熟时变为黄色，开展，长20～30cm，分枝粗糙，疏生小枝与小穗；小穗椭圆形，顶端尖，绿色或带紫色。花果期6～10月
荻	*Triarrhena sacchariflora*	禾本科 荻属	多年生草本。秆直立，高1～1.5m，径约5mm，具10多节，节生柔毛。叶舌短，具纤毛；叶片扁平，宽线形，长20～50cm，宽5～18mm，除上面基部密生柔毛外，两面无毛，边缘锯齿状粗糙，基部常收缩成柄，顶端长渐尖，中脉白色，粗壮。圆锥花序疏展成伞房状，长10～20cm，宽10cm。颖果长圆形，长1.5mm。花果期8～10月
芦苇	*Phragmites australis*	禾本科 芦苇属	多年生草本，具粗壮根状茎，秆直立，高1～3m。叶舌边缘密生短纤毛，叶片条状披针形，长30cm，宽2cm，无毛，顶端长渐尖成丝形。圆锥花序顶生，长10～40cm，紫色，微垂头，分枝斜上或微伸展，下部枝腋间具白色柔毛。颖果披针形，顶端有宿存花柱。花果期8～12月
丽蚌草	*Arrhenatherum elatius* var. *tuberosum* 'Variegatum'	禾本科 燕麦草属	多年生草本。株高20～30cm，丛生状。叶线状披针形，叶面有白色纵纹，叶缘黄白色。圆锥花序具长梗，长约50cm，有分枝。花期6～7月

◆复习思考题

1. 简述香草植物及观赏草的概念及作用。
2. 简述一般香草植物对环境条件的要求及栽培管理要点。
3. 举出几种常见香草植物，说明它们的生态习性、繁殖方法、栽培要点及用途。
4. 举出几种常见观赏草，说明它们的生态习性、栽培要点及用途。

第二十一章
草坪与地被植物

随着园林绿化事业的发展和人们对园林欣赏水平的提高，草坪和地被植物已成为现代园林建设中不可缺少的组成部分，在绿化美化城市、保护和改善生态环境、为人们创造优美的生活环境和提供舒适的运动、休闲及游乐场所方面发挥着不可替代的作用。

草坪是自人类诞生起就在身边的绿色植被，从远古起就与人类结下了不解之缘，对人类社会的发展起到了重要作用。目前，草坪已经深入人类的生产和生活，成为衡量城市园林绿化水平的重要标志之一。与草坪一样，地被植物也具有覆盖地面、涵养水分、保护生态环境等功能。与草坪相比，地被植物具有种类繁多、抗逆性强、管理粗放、可营造出变化丰富的多种生态景观、易于造型修饰成模纹图案等诸多优点，因此近年来地被植物在园林绿化中的应用更加广泛。

第一节 草 坪

一、草坪的分类及品质评定

（一）草坪的分类

草坪与人类的生产和生活有着广泛而密切的联系，对人类赖以生存的环境起着美化、保护和改善的作用，堪称"文明生活的象征，游览休假的乐园，生态环境的卫士，运动健儿的摇篮"。当前，草坪已经成为建设人类物质文明和精神文明的一个组成部分。草坪具有极其丰富的表现形式，既可以单独种植，形成开阔、平坦的景观，也可以与树木、花卉等以适当的形式配置，形成色彩缤纷、疏密有致的自然景观。因此，依据不同的分类标准可将草坪划分为不同的种类。

1. 按照植被组成分类 按照植被组成，草坪可分为单一草坪、混合草坪、混播草坪和缀花草坪。

（1）单一草坪 单一草坪是指由某一个品种的草坪草构成的草坪，如由杂交狗牙根品种'老鹰草'（'Tifeagle'）构成的草坪。因仅选用一个品种建成草坪，草坪草的遗传背景完全一致，因此草坪外观均一，颜色一致，不存在种间或品种间的竞争问题。然而，同一品种对环境的适应能力较差。如有病虫害发生或逆境胁迫，会造成草坪大面积死亡甚至全军覆没，这也是单一草坪的不足之处。单一草坪常见于热带和亚热带地区，如细叶结缕草、杂交狗牙根、假俭草等建植的草坪多为单一草坪。而在我国北方，只有某些特殊用途的草坪，如高尔夫球场果岭草坪多由匍匐翦股颖的某一品种建植成单一草坪。

（2）混合草坪 混合草坪是指由同一草坪草种中的几个品种构成的草坪，如由草地早熟禾的三个品种'午夜'（'Midnight'）、'橄榄球'（'Rugby'）和'巴润'（'Baron'）按一定比例混合播种建成的草坪。由于是同种草坪草，在总体特性上有其一致性，容易获得较为均一的外观。但不同的品种在对环境的适应性上又有一定差异，草坪整体的抗逆性较强，因此能弥补单一草坪的不足。混合草坪是草坪中养护管理相对粗放、草坪品质相对较高的实用草坪类型。实践证明，草地早熟禾三个以上品种或高羊茅三个以上品种形成的混合草坪，均具有抗逆性强、品质较高的特点。

（3）混播草坪 混播草坪是指两种以上草坪草种混合播种构成的草坪，如草地早熟禾与多年生黑麦草混播形成的草坪。混播草坪常见于温带地区。由于是不同的草坪草种，遗传背景复杂，对环境条件的要求也有很大的差异，因此，混播草坪不仅适应环境的能力较强，还可以根据需要达到加快形成草坪、延长草坪使用年限、提高草坪耐践踏性、延长草坪绿色期等要求。但是，不同草坪草种的形态、生长特性等存在较大差异，因此混播草坪不易获得外观均一的草坪。所以在选择混播的草坪草种及其配比时，需考虑草坪草外观的一致性、种间亲和性、草坪草功能和特性的互补性等因素。

（4）缀花草坪 缀花草坪是指以草坪为背景，其上疏密有致地种植一些多年生观花地被植物，如马蔺、剪夏罗、紫花地丁等草本植物，其种植数量一般不超过草坪总面积的1/3，分布有疏有密，自然交错，使草坪绿中有艳，时花时草，别具情趣。

2. 按照草坪功能分类 草坪具有多种功能，归纳起来主要体现在三个方面，即绿化美化环境、提供运动场所和保护生态环境。根据草坪功能，可将草坪分为观赏与休闲草坪、运动草坪和生态草坪。

（1）观赏与休闲草坪 观赏与休闲草坪的主要功能是绿化美化环境，为人们提供休闲、观赏、野餐等娱乐活动的场所，通常建植在公园、学校、工厂、住宅区、商业区和城市中心广场等处，是管理相对粗放的一类草坪。这类草坪可以创造出宁静安逸的感觉与安宁祥和的气氛，满足现代都市人舒缓身心、回归自然的渴望。一般选用质地纤细、叶色怡人、可形成优美景观的草坪草来建植，如草地早熟禾、多年生黑麦草、高羊茅、普通狗牙根、沟叶结缕草、细叶结缕草等。

（2）运动草坪 运动草坪的主要功能是为各项体育运动提供场所，通常建植在足球场、草地网球场、赛马场、高尔夫球场等地，是管理较为精细的一类草坪。这类草坪可以有效防止和减轻运动伤害，增强观众的观赏兴趣，提高运动员的竞技水平。一般选用耐践踏、耐修剪、再生性强的草坪草来建植。根据运动项目对草坪的要求不同，可以选择草地早熟禾、高羊茅、匍匐翦股颖、结缕草、杂交狗牙根、海滨雀稗等。

（3）生态草坪 生态草坪的主要功能是保持水土，通常建植在机场、高速路两侧、河湖水库堤岸边的平地或坡地上，是管理较为粗放的一类草坪。这类草坪可以有效地固着表层土壤，防止水土流失，还可以起到吸收机动车排放的有毒有害气体、抑制和吸附灰尘、降低噪声的作用。一般选用根系发达、抗逆性强、管理粗放的草坪草种来建植，如高羊茅、野牛草、结缕草、普通狗牙根、巴哈雀稗、弯叶画眉草等。

（二）草坪的品质评定

草坪的品质是草坪实用功能的综合表现。不同用途的草坪所应具备的品质有所不同，但构成草坪品质的基本因素是一致的，即密度、质地、颜色、盖度、均一性等。

1. 密度 密度是指单位面积上草坪植株个体或枝条的数量，是表明草坪植株的密集程度的指标，也是草坪草对各种条件适应能力的尺度。一般用目测法或样方法在草坪建植后密度稳定时进行测定。

2. 质地 质地是对叶宽与触感的量度。一般测量不同植株着生部位相同的成熟叶片的最宽处，以1.5～3.3mm为优。

3. 颜色 草坪颜色的质量及纯净度是表征草坪总体生长状况的指标之一。一般要求草坪颜色深绿，同时色泽纯净均匀。方法是测定叶绿素的含量或应用比色卡、叶绿素仪等进行测定，也可目测。

4. 盖度 盖度是指建坪草种覆盖地面的面积与草坪总面积的百分比。杂草、病害、虫害造成的斑块等视同裸地。采用目测法或针刺法测定。

5. 均一性 均一性是指草坪外观均匀一致的程度，是对草坪颜色、密度、盖度、质地、组成成分等项目整齐度的总体评价。高品质草坪应密度均匀，无裸露地，杂草、病虫污点极少，生育型一致。测定方法有目测法和样方法。

在具体评定时，必须结合不同利用目的所要求的草坪特性来评定，如运动草坪需评定耐践踏性、弹性、光滑性和再生性等。

二、草坪草的分类及常见草坪草

（一）草坪草的分类

草坪草种类繁多，特性各异，对其进行分类，有助于根据建坪目的和用途正确合理地选择草坪草种。在生产实际中，常依其适宜的气候条件与地域分布将草坪草分为冷季型草坪草和暖季型草坪草两类。

1. 冷季型草坪草 冷季型草坪草最适生长温度为15～25℃，主要分布于我国华北、东北、西北等地区，耐寒性强，耐热性弱，春、秋季生长旺盛，夏季生长缓慢。常见的冷季型草坪草种有早熟禾属、黑麦草属、羊茅属和翦股颖属的草坪草。

2. 暖季型草坪草 暖季型草坪草最适生长温度为25～35℃，主要分布于我国长江流域及江南地区，耐热，不耐寒，夏季生长旺盛，春、秋季生长缓慢，冬季处于休眠状态。常见的暖季型草坪草种有结缕草属、野牛草属、狗牙根属、画眉草属、地毯草属、假俭草属、钝叶草属和雀稗属的草坪草。

（二）常见草坪草及其特点

生产中常用的草坪草主要是禾本科草坪草，不同草坪草在形态特征、生态习性及用途等方面各有不同。

草地早熟禾

【学名】*Poa pratensis*

【科属】禾本科早熟禾属

【识别特征】疏丛型；幼叶对折；叶片光滑，中脉明显，叶尖船形；叶舌膜质，极短；无叶耳。

【常见品种】'午夜'（'Midnight'）、'蓝月'（'Bluemoon'）、'伊克利'（'Eclipse'）、'哥来德'（'Glade'）、'橄榄球'（'Rugby'）、'新哥来德'（'Nuglade'）、'巴润'（'Baron'）、'自由神'（'Freedom'）、'康尼'（'Conni'）、'优异'（'Merit'）、'纳苏'（'Nassau'）等。

【生态习性】冷季型草坪草，是温带地区应用最广泛的草坪草种。耐寒，耐践踏，绿色期长，耐旱性和耐热性稍弱。出苗慢，成坪较慢，苗期易受杂草危害。成坪后要求中等以上的养护管理水平。

【用途】可用于建植住宅区、公园、足球场、高尔夫球道和发球台草坪等。

粗茎早熟禾

【学名】*Poa trivialis*

【科属】禾本科早熟禾属

【识别特征】幼叶对折;叶片光滑,中脉明显,叶尖船形;叶舌膜质,长 2~6mm,尖锐或有缺刻;无叶耳。

【常见品种】'达萨斯'('Dasas')、'塞博'('Sabre')、'塞博二号'('Sabre Ⅱ')、'激光'('Laser')、'激光二号'('Laser Ⅱ')、'冬令营'('Winterplay')、'手枪'('Colt')、'黑马'('Darkhorse')等。

【生态习性】冷季型草坪草,耐阴性强,是所有冷季型草坪草中最耐阴的草种之一。根系浅,耐践踏性和耐旱性差,耐热性也较差。耐潮湿,不耐酸碱。

【用途】适于气候凉爽的房前屋后、树下种植。也常用于亚热带地区的草坪交播。

多年生黑麦草

【学名】*Lolium perenne*

【科属】禾本科黑麦草属

【识别特征】丛生型;叶鞘基部深红色;幼叶对折;叶片光滑,叶脉明显,中脉突出,叶尖锐尖,叶背有光泽;叶舌膜质,较短;叶耳短,未充分发展。

【常见品种】'夜影'('Evening Shade')、'曼哈顿'('Manhattan')、'德比'('Derby')、'首相'('Premier')、'博士草'('Ph. D')、'匹克威'('Pickwick')、'全星'('All Star')、'托亚'('Taya')、'费加罗'('Figaro')等。

【生态习性】冷季型草坪草,发芽出苗快,成坪迅速。较耐寒,耐旱性较弱,持久性差。

【用途】主要用于交播和混播组合中的先锋草种,少单独种植。

高羊茅

【学名】*Festuca arundinacea*

【科属】禾本科羊茅属

【识别特征】丛生型;幼叶卷曲;叶片宽 5mm 以上,较硬,表面光滑,边缘稍粗糙,叶脉明显,无突出中脉,叶尖锐尖;叶舌膜质,较短;叶耳短,有疏毛。

【常见品种】'猎狗'('Houndog')、'猎狗5号'('Houndog 5')、'爱瑞'('Arid')、'凌志'('Barlexus')、'交战'('Crossfire')、'交战Ⅱ代'('Crossfire Ⅱ')、'维加斯'('Vegas')、'千年盛世'('Millennium')、'盆景'('Bonsai')、'可奇思'('Cochise')等。

【生态习性】冷季型草坪草,发芽出苗快,成坪迅速。根系发达,生长强健,抗逆性强。耐旱,耐寒,耐高温,耐践踏,耐粗放管理。修剪高度一般在 2.5cm 以上。

【用途】常用作公园、住宅区、足球场、高尔夫球场高草区、水土保持地等处的草坪。

紫羊茅

【学名】*Festuca rubra*

【科属】禾本科羊茅属

【识别特征】丛生型;有短根茎;幼叶对折;叶片宽 1.5~3mm;叶舌膜质,长 0.1~0.4mm,截平;无叶耳。

【常见品种】'林荫'('Shadeway')、'旗帜'('Banner')、'巴绿'('Bargreen')、'马克'('Marker')、'派尼尔'('Pernnille')、'绿洲'('Oasis')等。

【生态习性】冷季型草坪草，耐阴性强，垂直生长速度较慢。耐寒性强，耐践踏性强，耐热性差，适于在冷凉地区生长。抗旱性强，适应较干旱的沙壤，不能在水渍地或盐碱地上生长。

【用途】在寒冷潮湿地区常与草地早熟禾混播，以提高建坪速度。

匍匐翦股颖

【学名】*Agrostis stolonifera*

【科属】禾本科翦股颖属

【识别特征】匍匐型，有发达的匍匐茎；幼叶卷曲；叶片宽 2～3mm；叶舌膜质，长 0.6～3mm，有缺刻或全缘；无叶耳。

【常见品种】'攀可斯'（'Penncross'）、'帕特'（'Putter'）、'开拓'（'Cato'）、'宾州鹰'（'Penneagle'）、'眼镜蛇'（'Cobra'）、'攀威'（'Pennway'）、'攀A4'（'Penn A-4'）、'攀A1'（'Penn A-1'）等。

【生态习性】冷季型草坪草，抗寒、耐热，较耐阴和耐盐碱。耐低强度修剪，匍匐茎生长快，侵占性强。根系稠密，分布较浅，春季返青慢，对紧实土壤的适应性很差。抗病虫能力较差，要求管理精细。

【用途】主要用于建植高尔夫球场果岭草坪、球道草坪、草地保龄球场草坪、草地网球场草坪等。

日本结缕草

【学名】*Zoysia japonica*

【科属】禾本科结缕草属

【识别特征】匍匐型、根茎型；幼叶卷曲；叶片革质，较硬，表面光滑但有疏毛；叶尖锐尖；叶舌绒毛状，长 0.05～0.25mm；无叶耳。

【常见品种】'梅耶'（'Meyer'）、'绿宝石'（'Emerald'）、'旅行者'（'Traveler'）、'顶峰'（'Zenith'）、'凯丝'（'Cathy'）等。

【生态习性】暖季型草坪草，抗逆性强，抗寒、耐热，抗旱性特别强，耐践踏，耐盐碱。抗病虫害能力强，杂草难以侵入成熟草坪中。生长缓慢，管理粗放。绿期短，发芽出苗慢，成坪缓慢，苗期易受杂草危害。

【用途】可用于足球场、水土保持地、机场和高尔夫球场球道等地建植草坪。

沟叶结缕草

【学名】*Zoysia matrella*

【科属】禾本科结缕草属

【识别特征】具发达匍匐茎和根茎；幼叶卷曲；叶片平展，宽 2.5mm，表面具稀疏绒毛，边缘向内卷曲成沟状；叶舌绒毛状，长 0.05～0.25mm；无叶耳；叶枕宽且连续，具长绒毛。

【常见品种】'克什米尔'（'Cashmere'）、'钻石'（'Diamond'）、'皇冠'（'Royal'）、'佐罗'（'Zorro'）等。

【生态习性】暖季型草坪草，分布在我国黄河流域以南地区。耐热，耐践踏性强，耐粗放管理，多行营养繁殖。耐寒性不及日本结缕草。

【用途】常用于建植公园、游乐园、庭院草坪以及固土护坡草坪。

狗牙根

【学名】*Cynodon dactylon*

【科属】禾本科狗牙根属

【识别特征】匍匐型、根茎型；幼叶对折；叶片扁平线形，表面光滑或疏生细小柔毛，先端渐尖，边缘有细齿；叶舌绒毛状，长2~5mm；无叶耳。

【常见品种】'优3号'（'U-3'）、'金字塔'（'Pyramid'）、'普通'（'Common'）等。

【生态习性】暖季型草坪草，再生性好，极耐热，耐践踏，耐低修剪，抗旱性强，耐粗放管理。耐阴性较弱，有一定耐寒性。

【用途】常用于住宅区、街道、公园、机场、水土保持地、高尔夫球场高草区等地建植草坪。

杂交狗牙根

【学名】*C. dactylon*×*C. transvaalensis*

【科属】禾本科狗牙根属

【识别特征】匍匐型、根茎型；幼叶对折；叶片扁平，宽1~3mm，表面光滑或疏生细小柔毛，先端渐尖，边缘有细齿；叶舌绒毛状，长1~3mm；无叶耳。

【常见品种】'天堂草'（'Tiflawn'）、'天堂草328'（'Tifgreen'或'Tifton328'）、'天堂草419'（'Tifway'或'Tifton419'）、'矮天堂'（'Tifdwarf'）、'老鹰草'（'Tifeagle'）、'桂冠'（'Champion'）等。

【生态习性】暖季型草坪草，由普通狗牙根与非洲狗牙根杂交而成，以营养繁殖为主。再生性好，耐热，耐践踏，耐低修剪，耐寒性较差。要求中等以上的管理水平。

【用途】常用于足球场、高尔夫球场球道和果岭等处建植草坪。

三、草坪的建植与管理

草坪用途不同，对质量要求也不同，因此需采取适当的方法来建植和养护管理草坪。

(一) 观赏与休闲草坪

观赏与休闲草坪主要用于绿化美化环境，为人们提供休闲娱乐场地。有些草坪对质量的要求较高，需进行精细的建植与管理，如某些仅供观赏、游人不能入内的装饰性草坪，有的则对草坪质量要求不高，如建植在学校、公园、广场及医院等处，供人们休息、娱乐的草坪。

1. 观赏与休闲草坪的建植 草坪的建植大体包括四个环节，即坪床准备、草坪草种选择、种植和种植后的管理。建坪前应先对建坪地进行必要的调查和测定，制定合理的草坪建植方案。

(1) 坪床准备 首先对建坪地进行清理，清除坪床表土20cm以内的树枝、树桩、石块、塑料等妨碍种子出苗和草坪草定植的杂物以及杂草。杂草的清除可采取物理方法或化学方法。物理方法即用手工或土壤翻耕机具，在翻挖土壤的同时清除杂草。化学方法一般是使用非选择性除草剂如草甘膦、茅草枯等，在播种前7~10d将其喷洒在坪床杂草上。也可使用土壤熏蒸剂如溴甲烷、棉隆和威百亩等对土壤进行处理，以杀死土壤中的杂草种子、害虫卵及病原菌等。

根据设计要求，对坪床进行粗平整，挖掉突起部分和填平低洼部分，应注意填土的沉陷问题，同时要使地面有一定的排水坡度，以利草坪建成后的地表排水。如需要，可以设置喷灌系统，在表层土壤以下50～100cm之间挖管沟并埋设管道。

根据场地土壤物理性状及肥力状况，施入泥炭、石灰、沙等土壤改良剂和有机肥或高磷、高钾、低氮复合肥做基肥，然后人工翻耕或用旋耕机进行旋耕，深度在10～20cm之间，以改善土壤的通透性，提高持水能力，并使施在坪床表面的基肥和土壤改良剂与土壤混合均匀。如果旋耕后坪床土壤过于疏松，可进行轻微镇压。再对坪床进行细平整，平滑土表，准备播种。

（2）草坪草种选择　选择适宜当地气候与土壤条件的草坪草种是建坪成败的关键。选择建坪草种时，首先要了解当地的气候和土壤条件，确定所用草坪草类型如冷季型草坪草或暖季型草坪草，然后根据草坪用途、品质要求、建坪成本、管理水平等因素综合考虑，确定最适宜的草坪草种或品种组合。

冷季型草坪草多采用混播方法建坪，即将两种或两种以上的草坪草种子按一定比例混合播种建坪，如20%多年生黑麦草＋50%草地早熟禾＋30%紫羊茅，混播形成的草坪具有更强的适应性和抗逆性，但坪面色泽、质地难以均一。暖季型草坪草由于竞争力强，多采用单播方法建坪，草坪外观均一。生产实践中也常采用同一草种内的多个品种混合建植草坪，这样形成的草坪外观较均一，对环境的适应能力也有所提高。

（3）种植　不同类型的草坪草其最佳种植时间也不同，冷季型草坪草适宜的播种时间是春季和夏末，暖季型草坪草则在春末和初夏。如果在秋季播种，必须注意给草坪草幼苗在冬季来临前提供充分的生长发育时间。播种量则因草坪草种而异，常用草坪草的播种量如表21-1所示。

表21-1　常见草坪草的播种量

草　种	单播种量（g/m²）	
	正常	密度加大
草地早熟禾	10～12	20
多年生黑麦草	20～25	35
高羊茅	25～30	40
紫羊茅	10～12	20
匍匐翦股颖	5～7	10
狗牙根	10～12	15
结缕草	15～20	25

①播种建坪：草坪草播种应在无风情况下进行，不同草种分别播种。可将建坪地块划分成若干个小区，在平行和垂直两个方向上交叉播种，使种子均匀地覆盖在坪床上。播种后轻轻耙平或覆土厚0.5～1cm，然后对坪床进行镇压，保证种子与土壤接触紧密。

草坪播种后，有条件的情况下可用无纺布、稻草等进行覆盖，防止土壤水分过度蒸发和大雨将种子冲走，造成出苗不均匀。

②营养繁殖建坪：除了种子直播，也可采用营养繁殖方法，即铺草皮卷、草皮块、撒播匍匐茎等方法来建植草坪。

③铺草皮卷建坪：铺草皮卷建坪成本最高，适用于所有草坪草，可在一年中任何有效时期铺植，铺草见绿，快速、高效地形成草坪，尤其适用于需在短期内投入使用的草坪。在草皮生产基地，以起草皮机将草皮铲起，一般草皮卷长50～150cm、宽30～150cm为宜，厚为2cm左右。高质量的草皮卷要求质地均一，无病虫害，无杂草侵入，操作时能牢固地结

在一起，铺植后 1~2 周即能生根，管理省力。草皮卷应在生根前浇透水，最好能即起即铺，铺前进行必要的坪床整理，铺后滚压、浇水。

④铺草皮块建坪：草皮块是指由草坪或草皮卷中切取的块状或圆柱状的材料，一般直径 5cm、厚 2~5cm，带土栽植，并注意浇水保湿。主要适用于扩展性强的草坪草种，如钝叶草、地毯草等。

⑤匍匐茎撒播建坪：匍匐茎撒播主要用于匍匐茎发达的草坪草如匍匐翦股颖、狗牙根和结缕草等。将具 2~4 个茎节的匍匐茎均匀地撒播在湿润的土表，然后覆盖 1~2cm 厚的细沙，滚压后浇水，可很快成坪。

(4) 种植后的管理

①浇水：播种后，浇水应少量多次，保持土壤湿润。随着新草坪的发育，逐渐减少灌水次数，增加每次的灌水量。种子萌发出苗后逐渐撤掉覆盖物。

②除杂草：新坪建立后，由于草坪草尚幼嫩，竞争力较弱，杂草极易侵入。幼苗对除草剂较敏感，因此最好不要施用除草剂，而以人工方法清除杂草。

③修剪：草坪草长到一定高度时应进行修剪，首次修剪一般在植株达到 5cm 高时进行。剪草机的刀片一定要锋利，以防将幼苗连根拔起。为避免修剪对幼苗的过度伤害，应在草坪草上无露水时进行，最好是在叶子不发生膨胀的下午进行修剪，并避免使用过重的修剪机械。

④施肥：新建草坪如在种植前已施足基肥，则无需再施肥。如幼苗呈现缺素症状，可适当施入缓效化肥，肥料的撒施应在叶子完全干燥时进行。新建草坪因根系营养体尚很弱小，宜薄肥勤施。

2. 观赏与休闲草坪的管理

(1) 浇水　草坪浇水应在蒸发量大于降雨量的干旱季节进行，冬季草坪休眠，土壤封冻后无需浇水。为提高水的利用率，在一天中早晨和傍晚是浇水的最佳时间，但晚上浇水不利于草坪草的干燥，易引发病害。

根据草坪管理实践经验，通常在草坪草生长季的干旱期，为保持草坪色泽亮绿及正常生长发育，每周需浇水 1~2 次，每周的灌溉量应为 25~40mm。在炎热干旱的条件下，旺盛生长的草坪草每周需浇水 3~4 次，每周的灌溉量应为 50~60mm 或更多。草坪需水量的大小在很大程度上决定于种植草坪草土壤的质地。

草坪浇水可采用漫灌、喷灌、滴灌等多种方式，可根据养护管理水平以及设备条件采用不同的方式。

(2) 施肥　冷季型草坪草适宜的施肥时间是春季和秋季，晚秋施肥可使根系更加发达，且有利于次年春季草坪草的返青。暖季型草坪草最重要的施肥时间是春末，第二次施肥宜安排在夏季。

值得注意的是，当出现不利于草坪草生长的环境条件或病害时不宜施肥；施肥浓度应适当，且施肥后需及时浇水，否则会引起草坪"灼伤"；施肥计划的制订应以土壤养分测定结果和经验为根据。

(3) 修剪　草坪修剪应遵循 1/3 原则，即每次剪掉的叶片部分不应超过叶片总长度的 1/3。在生长季，当草坪草的高度达到需要保留的高度的 1.5 倍时就应进行修剪。对于新建草坪的首次修剪，可以在草坪草高度达到需保留高度的 2 倍时进行。

草坪修剪应避免每次从同一地点开始、往同一方向进行修剪，以免草坪形成"纹理"现象。还应注意,修剪刀片应锋利,避免在雨后进行修剪。

(4) 杂草防治　草坪杂草防治的主要措施有机械除草(包括定期修剪、手工拔除、建坪前的坪床旋耕等)和化学除草(即采用除草剂防除杂草)。常用的草坪除草剂有选择性除草剂(2,4-D丁酯、二甲四氯、麦草畏)和非选择性除草剂(草甘膦、百草枯等)。

此外,草坪还应定期进行打孔通气、梳草、表施细土、补播等操作,可根据对草坪的品质要求采取相应的管理措施。

(二) 足球场草坪

足球场草坪不仅是足球运动的舞台,而且可以为运动的安全性、舒适性提供保障,减少运动伤害,增强观众欣赏的兴趣。与观赏与休闲草坪相比,足球场草坪的建造较复杂,要求也极为严格,尤其是在坪床准备上。

1. 足球场草坪坪床准备　足球场坪床一般分为三层。最上层是厚为30~40cm的根系层。其下是过滤层,由粒径为0.25~1mm的粗沙和粒径5~10mm的细砾两层组成,总厚度为10~15cm,其作用是阻止营养土层的细粒物质随水流进入排水系统而流失。过滤层下是厚度为25~30cm的排水层,是由粒径5~10cm的碎石构成的大孔隙层。排水层下布设排水管道,一般用有孔PVC波纹管。除了地下排水系统,还应设地表排水,即在坪床表面平坦的前提下,形成中间高、四周低0.3%~0.5%的龟背式排水坡度。

根系层是草坪草赖以生存的物质基础,也是根系伸展的空间,因此土壤一定要肥沃,以pH5.5~7.0的轻沙壤土为宜。如果建坪地土壤不合乎要求,则要进行土壤改良,加入土壤改良剂或客土改良,为草坪草的正常生长发育提供良好的基础。

2. 足球场草坪草的选择　足球场草坪要求所选草种耐践踏性强,耐修剪,再生性好,根系发达,生长旺盛,绿色期长。我国北方以高羊茅、草地早熟禾、多年生黑麦草等混播建坪,或以结缕草建坪;南方则多以杂交狗牙根、沟叶结缕草、地毯草等建坪。

足球场草坪多用播种建植,常用草坪草的播种量如表21-1所示。

3. 足球场草坪修剪与养护　足球场草坪的修剪高度一般为2~3cm,在夏季,冷季型草坪草可提高至4cm。为保证品质,足球场草坪除修剪、施肥和浇水外,还需定期进行打孔通气、表施土壤、滚压等管理措施。

为使足球场草坪在冬季仍呈现绿色,可在秋季用多年生黑麦草或粗茎早熟禾交播。气候寒冷、冬季来临早的地区应在8月交播,而冬季较温暖的地区可在10月交播。交播前应用垂直刈割机清除枯草层,交播后表施肥土并进行镇压。交播难以成功的地方,可采用加热保暖或喷施着色剂等措施使足球场草坪在冬季保持青绿。

(三) 高尔夫球场草坪

高尔夫球是目前全世界颇为流行的一种高雅球类运动。高尔夫球场风景优美,碧草如茵。标准球场设18个球洞,每个球洞由发球台、球道、果岭、高草区、沙坑及水面障碍等组成,总占地面积在60hm^{2}以上。

1. 果岭　果岭是高尔夫球场球洞中最重要的部分,对草坪质量的要求极为严格,是球场中管理最为精细的部分。所选草坪草种除适应当地气候条件、抵抗当地主要病虫害外,还要求耐低修剪、叶片直立生长、质地细腻、生长均一、再生力强。目前使用较多的是冷季型草坪草中的匍匐翦股颖、暖季型草坪草中的杂交狗牙根和海滨雀稗。匍匐翦股颖多采用播种法,播量为10~15g/m^2;杂交狗牙根和海滨雀稗多采用营养繁殖法。

生长季的果岭草坪需每天修剪(雨天除外),修剪高度为3~7mm。修剪方向要经常变化,以免草坪产生纹理,影响推球。

2. 球道 球道面积大,对其草坪质量要求比果岭要低得多。选择草坪草种时,应考虑草坪草的适应性与抗性、草坪养护水平、坪观质量和使用性能等。一般可选用冷季型草坪草中的匍匐翦股颖,或草地早熟禾、多年生黑麦草与紫羊茅等进行混播,暖季型草坪草中的狗牙根、结缕草、海滨雀稗等应用也很广泛。

球道草坪修剪高度一般在 1.5~3.0cm,最好在 2.5cm 以下。修剪频率因草坪草种及季节而异,一般每周 2~4 次。

3. 发球台 发球台是球手开球的区域,其草坪管理要求低于果岭而高于球道。高质量的发球台草坪应坪面光滑、平整、均一,有一定的弹性、密度和硬实度,草坪草较耐低修剪。冷季型草坪草中的草地早熟禾、匍匐翦股颖和暖季型草坪草中的杂交狗牙根在发球台应用最为广泛。

发球台草坪修剪高度一般在 1~2.5cm,匍匐翦股颖和狗牙根等适于低修剪的草种,其修剪高度可保持在 1~1.5cm。生长季节可 2~3d 修剪一次。

4. 高草区 高草区位于果岭、发球台及球道外围,是修剪高度较高、管理较粗放的草坪区域。其功能是用以惩罚球手过失击球,增加打球难度。所选草种要求耐旱、耐粗放管理,成坪迅速,根系发达,生长旺盛,具有很好的防风固沙及水土保持能力。冷季型草坪草中的草地早熟禾、多年生黑麦草、高羊茅等较适宜在高草区内混播建坪。暖季型草坪草中的普通狗牙根、沟叶结缕草、巴哈雀稗等在高草区建植中广泛使用,其中尤以播种繁殖的普通狗牙根应用最普遍。靠近球道的高草区修剪高度为 4~8cm,从中将球击出的难度不大;离球道较远的高草区修剪高度为 8~13cm 或者不修剪,以增加从中将球击出的难度。

第二节 园林地被植物

随着我国园林绿化事业的不断发展,地被植物已被广泛应用于环境的绿化美化,尤其是在园林植物配置中,其艳丽的花果和丰富的色彩能起到画龙点睛的作用。地被植物与草坪植物的区别在于,一般草坪植物只能表现单调的绿色或黄褐色,而地被植物除了绿色以外,还有红色、蓝色、紫色、银色、铜色以及金色等多种色彩,可观花、观叶、观果,通过合理的配置可以营造出多层次、多季相、多色彩、多质感的立体景观。此外,地被植物种类繁多,不仅包括多年生低矮草本植物,还有一些适应性较强的低矮、丛生或匍匐型灌木和藤本植物以及矮生竹类等。

一、园林地被植物的选择标准

我国园林地被植物资源极为丰富,种类繁多,千姿百态。从形态的角度分析,很多植物都可作为地被植物应用,各地区应根据当地的气候、土壤等条件选择适宜本地生长的地被植物。优良地被植物一般具备以下特点:

(1) 植株低矮,高度一般不超过 1m 地被植物的重要特征是低矮,某些矮灌木类在自然条件下生长可高于 1m,这些种类应具备耐修剪和生长慢的特点,可通过人工修剪将其高度控制在 1m 以下。草本植物最好是多年生植物,如果是一二年生草本植物,则应具有极强的自播能力。

(2) 花色丰富,持续时间长或枝叶观赏性好 作为人工选择栽培的园林地被植物,应具备较高的观赏性，如具有良好的叶、花、果和植株形态等，观赏期较长，能在较长时间内保持较好的景观效果。

（3）生长迅速，覆盖力强，繁殖容易　地被植物通常栽培面积较大，应具有较强的扩展力，生长快，地面覆盖度大，能够自繁或人工繁殖简单方便，成活率高。

（4）整个生育期适宜露地栽培，抗逆性强，管理粗放，无毒、无异味　整个生育期都在露地栽培的多年生地被植物，自然更新能力强，一次种植，多年观赏。地被植物应具有较强的抗病虫害、抗旱能力，不易滋生杂草，养护管理简单粗放，不需要经常修剪和精心护理即可保持优美景观。此外，地被植物必须无毒、无异味，不会对人类健康产生危害。

上述标准是优良地被植物应具备的最基本的特点，在实际选择地被植物时，应根据栽培地的实际情况提出具体要求，如具有相应的抗逆性（耐阴、耐盐碱、耐践踏、抗污染等）、不同的观赏价值（如观花、观叶、观果等）、不同的经济价值（如药用、食用、作香料、油料、饲料等）。此外，还要保证所选择的地被植物能够控制和管理，即没有生物入侵危险，不会泛滥成灾。

二、园林地被植物的分类

园林地被植物种类繁多，分类方法不一。一般可按观赏特性和生物学特性分类。

（一）按观赏特性分类

1. 常绿地被植物　常绿地被植物四季常青，如沙地柏、石菖蒲等。一般在春季交替换叶，无明显的休眠期。主要在黄河以南地区栽培，冬季寒冷地区在室外露地越冬困难。

2. 观叶地被植物　观叶地被植物是叶色美丽、叶形独特、观叶期较长的低矮植物，如马蹄金、沿阶草、绵毛水苏、紫叶酢浆草等。

3. 观花地被植物　观花地被植物一般花期较长，花色艳丽，如剪夏罗、红花酢浆草、紫茉莉等。

4. 观果地被植物　观果地被植物一般果实鲜艳、富有特色，如蛇莓、朱砂根等。

（二）按生物学特性分类

1. 草本地被植物　草本地被植物是指多年生低矮草本植物及自播能力极强的一二年生草本植物。应用很广泛，如紫茉莉、剪夏罗、白车轴草、沿阶草、马蹄金、蛇莓、紫叶酢浆草等。

2. 矮灌木地被植物　矮灌木枝叶茂密、丛生性强，是优良的地被植物，如火棘、沙地柏、六月雪、铺地柏、富贵草等。

3. 矮生竹类地被植物　矮生竹类茎秆低矮，耐阴性强，养护管理粗放，已开始在园林中用作地被植物，如菲白竹、鹅毛竹、阔叶箬竹、菲黄竹等。

4. 藤本地被植物　藤本植物一般多作垂直绿化应用，具有耐阴性强、蔓生或攀缘的特点，用作地被植物效果甚佳。如马兜铃、活血丹、络石、扶芳藤、常春藤、五叶地锦等。

5. 蕨类地被植物　蕨类植物是园林绿地的优良耐阴地被材料，耐阴耐湿性强，如翠云草、井栏边草、线蕨、石韦等。

三、常用地被植物及其特点

（一）草本地被植物

紫茉莉

【学名】 *Mirabilis jalapa*

【别名】 夜来香、胭脂花、夜饭花

【科属】 紫茉莉科紫茉莉属

【产地及分布】 原产美洲热带，我国南北各地都有栽培应用。

【形态特征】 紫茉莉为一年生草本植物。高可达 1m。茎直立，圆柱形，多分枝，节稍膨大。叶片卵形或卵状三角形，长 3～15cm，宽 2～9cm，顶端渐尖，基部截形或心形，全缘，叶脉隆起。花常数朵簇生枝端；花被紫红色、黄色、白色或杂色，高脚碟状，筒部长 2～6cm，檐部直径 2.5～3cm，5 浅裂；花午后开放，有香气，次日午前凋萎。瘦果球形，黑色，表面具皱纹；种子胚乳白粉质。花期 6～10 月，果期 8～11。（图 21-1）

图 21-1　紫茉莉

【生态习性】 紫茉莉喜温暖湿润、通风良好的环境，耐半阴。不耐寒，冬季地上部分枯死。适应性强，对土壤要求不严，喜土层深厚、疏松肥沃的壤土，微酸及微碱性土壤均能生长。

【繁殖方法】 紫茉莉一般采用播种繁殖，可春播，也能自播繁衍。3～4 月露地直播，10～15d 可出苗。

【栽培管理】 紫茉莉苗长出 3～4 片真叶时移栽定植，株距 50～80cm，移栽后注意适当遮阴与浇水。生性强健，适应性强，养护管理粗放，生长期间适当施肥、浇水即可。自播能力极强，种植一年后往往自成群落。夏季在略有庇荫处生长更佳，酷暑烈日下往往有脱叶现象。江南地区地下部分可安全越冬，翌年春季续发长出新的植株。华北地区多作一年生栽培。

【观赏与应用】 紫茉莉为观花地被植物，可布置花坛、花境或片植于路边、林缘或建筑物周围。既可与常绿观叶地被如沿阶草等配置，也可与二月兰等观花地被配置应用，达到四季常绿、三季有花的效果。

剪夏罗

【学名】 *Lychnis coronata*

【别名】 剪金花、剪春罗、剪红罗、雄黄花

【科属】 石竹科剪秋罗属

【产地及分布】 原产江苏、浙江、江西和四川峨眉山等地，主要分布于长江流域地区。

【形态特征】 剪夏罗为多年生草本植物，高 50～90cm。茎单生，稀疏丛生，直立。叶对生，长 8～15cm，宽 2～5cm，基部楔形，顶端渐尖，边缘具缘毛。二歧聚伞花序生于茎顶部或叶腋，花 1～5 朵；花瓣 5，橙红色至朱砂色，顶端齿状浅裂；花萼长筒形。蒴果长椭圆形，顶端 5 浅裂。花期 6～8 月，果期 8～9 月。（图 21-2）

【生态习性】 剪夏罗喜阳光充足、温暖湿润的环境。稍耐阴，较耐寒、耐热、耐旱性强。适宜生长于肥沃疏松、排水良好的土壤中。

【繁殖方法】 剪夏罗多采用扦插和分株繁殖。扦插繁殖于 5～6 月进行，一般 25～30d 才能生根，生根后 2 个月可移栽定植。分株多在早春或秋季进行。

【栽培管理】剪夏罗抗逆性强，养护管理简单粗放，注意适时浇水、施肥即可。适宜种植在阳光充足处，庇荫处种植开花较少，植株易倒伏。

【观赏与应用】剪夏罗花美色艳，是优良的喜光观花地被植物，适宜片植于草坪上、疏林下或林缘，也可布置花坛、花境或点缀岩石园。

白车轴草

【学名】*Trifolium repens*

【别名】白三叶、白花三叶草

【科属】豆科车轴草属

【产地及分布】原产欧洲。我国东北、华北、华东、西南均有引种，世界各地广泛栽培。

图 21-2　剪夏罗

【形态特征】白车轴草为多年生匍匐草本植物，高 10～30cm。具匍匐茎。掌状三出复叶，叶柄长 10～30cm；小叶倒卵形至近圆形，先端圆或凹，基部宽楔形，下面有毛，边缘有细锯齿，中部有倒 V 形淡色斑，三枚小叶的倒 V 形淡色斑连接，几乎形成一个等边三角形；托叶卵状披针形，先端尖，基部抱茎。头状花序球形，具花 10 朵以上；花萼深钟状；花冠白色、乳黄色或淡红色，旗瓣椭圆形。荚果长圆形，种子 3～4 粒。花期 5～9 月，果期 8～10 月。（图 21-3）

【生态习性】白车轴草喜温凉、湿润的气候，最适生长温度为 16～25℃。喜光，亦稍耐阴。耐寒，耐热，耐践踏，再生性好。对土壤要求不高，耐贫瘠，耐酸性强，pH4.5 的土壤仍能生长，除盐碱土外，排水良好的各种土壤均可生长。

【繁殖方法】白车轴草多采用播种繁殖。一般春季播种，播种深度 1～2cm 为宜。播后保持土壤湿润，1 周左右即可出苗。

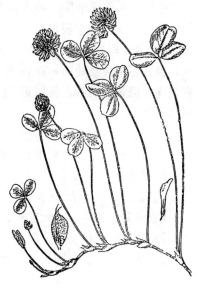

图 21-3　白车轴草

【栽培管理】白车轴草对土壤水分要求较高，在土壤干旱时应进行灌溉。易发生虫害，主要害虫为叶蝉、地老虎等，平时应注意观察，一旦发现，及时进行防治。

【观赏与应用】白车轴草是良好的观花观叶地被植物，可作为堤岸防护草种、草坪装饰，也可用作广场、疏林草地的大面积景观地被。

沿阶草

【学名】*Ophiopogon japonicus*

【别名】麦冬、麦门冬、书带草

【科属】百合科沿阶草属

【产地及分布】原产我国华南、西南、华中等地，生于海拔2 000m 以下的山坡阴湿处、林下或溪旁。日本、越南、印度也有分布。各地广泛栽培。

【形态特征】沿阶草为多年生草本植物。根较粗，中间或近末端常膨大成椭圆形或纺锤形小块根。具地下走茎，茎不明显。叶基生成丛，线形，边缘具细锯齿。总状花序顶生，具几朵至十几朵小花；花小，淡紫色，略下垂；花被片6，常稍下垂而不展开；花茎短于叶丛；花柱长约4mm，较粗，基部宽阔，向上渐狭。种子球形。花期5～8月，果期8～9月。（图21-4）

【生态习性】沿阶草喜温暖湿润、荫蔽的环境，不耐高温，稍耐寒，冬季-10℃的低温植株不会受冻害，但生长发育受到抑制。喜生于疏松、肥沃、排水良好的中性或微碱性壤土或沙质壤土，亦能耐瘠薄的土壤，在过沙、过黏或酸性土壤中生长不良。

【繁殖方法】沿阶草多进行分株繁殖。选健壮、无病虫且未抽嫩叶的植株作种苗，于4月上旬将母株挖起，敲去泥土，剪下块根和须根，并切去部分老根茎，同时将叶片剪去1/3左右，再分成单株。种植前种苗用清水浸10～15min，使之吸足水分以利生根。

【栽培管理】沿阶草苗期要求阴湿条件，应适当遮阴，并注意增施肥料，加快其生长，使其尽早覆盖地面。在强烈阳光下，叶片发黄，对生长发育不利。在阴湿处生长叶面有光泽，但过于荫蔽，易引起地上部分徒长，亦不利于生长发育。整个生长季节应注意浇水。

【观赏与应用】沿阶草是优良耐阴湿观叶地被植物，四季常绿，适应性广，宜作小径、台阶等镶边材料，或片植于林下阴湿处，也可栽植于树穴、点缀假山岩壁等。

图21-4 沿阶草

马蹄金

【学名】*Dichondra repens*

【别名】金钱草、小元宝草、铜钱草、落地金钱

【科属】旋花科马蹄金属

【产地及分布】我国长江以南各地及台湾省均有分布。生于海拔1 300～1 980m的山坡草地、路旁或沟边。

【形态特征】马蹄金为多年生匍匐小草本植物。茎细长，被灰色短柔毛，节上生根。叶肾形至圆形，直径4～25mm，先端宽圆形或微缺，基部阔心形，叶面微被毛，背面贴生短柔毛，具长叶柄。花单生叶腋；花冠钟状，黄色，深5裂，裂片长圆状披针形。蒴果近球形，小，膜质。花期4～5月，果期6～7月。（图21-5）

【生态习性】马蹄金喜温暖湿润气候，喜光亦耐半阴。在炎热和高湿的夏季表现良好，蔓延迅速，侵入性极强。耐高温，也能耐一定的低温，华东地区露地栽培能安全越冬，在华北地区不能露地越冬。对土壤要求不严，但喜肥沃湿润土壤，土壤贫瘠则生长不良、覆盖度下降。耐干旱，耐轻微践踏。

【繁殖方法】马蹄金可采用播种和分株繁殖。播种繁殖

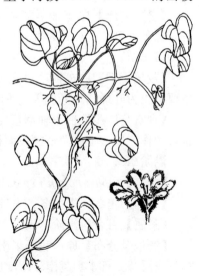

图21-5 马蹄金

以3～5月为宜，播种量为 5～8g/m²，播前灌足底水，然后将种子均匀撒播，覆土1～1.5cm。播种后及苗期应及时清除杂草。分株繁殖3～9月均可，先在坪床上施基肥，浇水后精细整地，然后采用1∶8的比例进行分栽，分栽时将草皮撕成5cm×5cm大小的草块，贴在地面上，稍覆土压实，及时灌水，一般经过2个月左右即可全部覆盖地面。在新草块没有全面覆盖地面期间必须及时拔除杂草。

【栽培管理】马蹄金喜氮肥，日常管理中可结合下雨和浇水适量追施氮肥。施肥时应选用溶解性好的肥料，最好先溶解再用喷雾器喷洒，或施肥后立即大量浇水，将落在叶片上的肥料冲到土壤中，防止烧苗。生长2～3年后，由于根茎密集絮结在一起，容易造成土壤板结，影响透气和渗水，可根据情况进行打孔或划破草皮等措施。

【观赏与应用】马蹄金植株低矮，覆盖率高，四季常绿，抗逆性强，是优良的耐阴湿观叶地被植物，可作花坛、花境的底色植物或作大面积草坪种植，也可用于坡地、路边等处的固土护坡材料。

蛇莓

【学名】*Duchesnea indica*

【别名】蛇泡草、龙吐珠、鸡冠果、野杨梅、三点红

【科属】蔷薇科蛇莓属

【产地及分布】原产于辽宁以南各地区，阿富汗、日本、印度、印度尼西亚等也有分布。生于山坡、河岸、草地等潮湿的地方，海拔1800m以下。

【形态特征】蛇莓为多年生草本植物。根茎粗壮，具匍匐茎。全株被柔毛。小叶倒卵形至菱状长圆形，先端圆钝，边缘有钝锯齿。花单生于叶腋，直径1.5～2.5cm；花瓣倒卵形，黄色，先端圆钝；花托在果期膨大，鲜红色，有光泽。瘦果卵状球形，暗红色，着生于膨大的球形花托上。花期5～7月，果期8～10月。（图21-6）

【生态习性】蛇莓喜阳光充足、温暖湿润的环境。耐寒、耐旱、耐半阴、耐贫瘠，不耐践踏。对土壤要求不严，以肥沃、疏松湿润的沙质壤土为好。

【繁殖方法】蛇莓采用播种和分株繁殖。播种可在春季进行，精细整地后将种子均匀撒播于露地苗床上，播后保持土壤湿润。分株繁殖是其匍匐茎节处着土后可萌生新根形成新植株，将幼小新植株另行栽植，按30cm×30cm株行距种植即可。

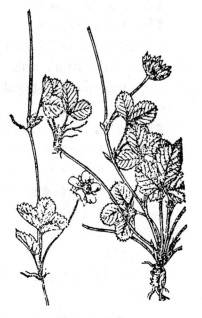

图21-6 蛇莓

【栽培管理】蛇莓栽培管理简单粗放。种植或分栽前应施足基肥，生长季注意适时浇水、施肥，防除杂草。

【观赏与应用】蛇莓植株低矮，枝叶茂密，具有春季返青早、耐阴、绿色期长等特点，是优良的观花、观果、观叶地被植物。可布置花境、岩石园或片植于林缘，也可在水边种植。

草本地被植物种类繁多，形态各异，应用广泛，管理简单粗放。除了上述介绍的几种，尚有多种草本地被植物可供选择应用，如一二年生观花草本地被植物二月兰（*Orychophragmus violaceus*）、半支莲（*Portulaca grandiflora*）、孔雀草（*Tagetes patula*）等，多年生观花观叶地被植物如红花酢浆草（*Oxalis corymbosa*）、石蒜（*Lycoris* radiata)、垂盆草（*Sedum sarmentosum*）、虎耳草（*Saxifraga stolonifera*）、八宝（*Hylotelephium erythrostictum*）、毛茛（*Ranunculus japonicus*）、地黄（*Rehmannia glutinosa*）、萱草（*Hemerocallis fulva*）、鸢尾（*Iris tectorum*）、葱兰（*Zephyranthes candida*）、常夏石竹（*Dianthus plumarius*）、白芨（*Bletilla striata*）、紫花地丁（*Viola philippica*）等，多年生观叶地被植物如'紫叶'酢浆草（*Oxalis triangularis* 'Purpurea'）、天胡荽（*Hydrocotyle sibthorpioides*）、鱼腥草（*Houttuynia cordata*）、过路黄（*Lysimachia christinae*）、绵毛水苏（*Stachys lanata*）、紫竹梅（*Setcreasea purpurea*）、蓝羊茅（*Festuca ovina* var. *glauca*）、石菖蒲（*Acorus gramineus*）等。应用时可根据当地气候、土壤情况及对园林配置效果的要求加以选择。

（二）矮生灌木地被植物

火棘

【学名】*Pyracantha fortuneana*

【别名】火把果、救军粮

【科属】蔷薇科火棘属

【产地及分布】原产欧洲南部及小亚细亚。我国陕西、江苏、浙江、湖南、云南、四川、上海等地均有分布，生于山地、丘陵地阳坡灌丛草地及河沟路旁，海拔500～2 800m。

【形态特征】火棘为常绿灌木，高可达3m。侧枝短，先端成刺状，嫩枝外被锈色短柔毛，老枝暗褐色，无毛。叶片倒卵形，长1.5～6cm，宽0.5～2cm，先端圆钝或微凹，基部楔形，边缘有钝锯齿。复伞房花序由多花组成，花瓣白色，近圆形；萼筒钟状，萼片三角卵形，先端钝。果实近球形，橘红色至深红色，经久不落。花期3～5月，果期8～11月。（图21-7）

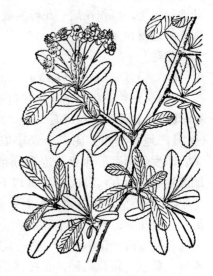

图21-7 火棘

【生态习性】火棘喜温暖湿润、通风良好、阳光充足、日照时间长的环境，最适生长温度20～30℃。耐寒性强，在-16℃仍能正常生长，并能安全越冬。耐瘠薄，对土壤要求不严，但喜生于土层深厚、疏松肥沃、排水良好、pH5.5～7.3的土壤。适应性强，耐干旱，耐修剪，喜萌发，作绿篱具有优势。黄河以南地区可露地种植。

【繁殖方法】火棘采用播种和扦插繁殖均可。10～12月采收果实，及时除去果肉，将种子冲洗干净，晒干备用。翌年3月上旬，将种子和细沙一起均匀地撒播苗床上，覆盖细土，浇足水，10d左右开始出苗，视苗床湿度进行水分管理。扦插可在早春或夏季进行。早春扦插一般在2月下旬至3月上旬，选取一二年生的健康丰满枝条剪成15～20cm的插条扦插。夏季扦插一般在6月中旬至7月上旬，选取一年生半木质化的带叶嫩枝，剪成12～15cm的插条扦插。

【栽培管理】火棘根系较浅，需带土移栽，少伤根系才能成活。一般管理较粗放。苗期注意浇水，雨季要注意排水。果后追肥，可促进果实早日鲜红且经久不落。火棘植株较高，耐修剪，应重剪其主枝及骨干枝条，以控制其高度和增大树冠。

【观赏与应用】火棘树形优美，春夏有繁花，秋冬有红果，是一种极好的春夏观花、秋冬观果的地被植物。可在庭院中或路边做绿篱，或在园林中丛植、孤植草地边缘。也适合栽植于山坡上作为护坡材料。

叉子圆柏

【学名】*Sabina vulgaris*

【别名】新疆圆柏、沙地柏

【科属】柏科圆柏属

【产地及分布】主要分布于我国西北天山、祁连山等干旱贫瘠环境中，各地有栽培。

【形态特征】叉子圆柏为匍匐灌木，高不及1m。枝密，斜上展，小枝细，径约1mm，近圆形。鳞叶交叉对生，相互紧贴，先端钝或稍尖，背面中部有明显的椭圆形腺体；刺形叶常生于幼龄树上，雌雄异株；球果熟时呈暗褐紫色，被白粉。种子1~4粒。（图21-8）

【生态习性】叉子圆柏喜凉爽干燥的气候，喜光，耐寒、耐旱、耐瘠薄，对土壤要求不严，不耐涝。适应性强，生长较快。

【繁殖方法】叉子圆柏多进行扦插繁殖。选三年生粗壮枝作插穗，长30cm，尽量随采随插，插前浸水或埋入湿沙中可提高成活率。

【栽培管理】叉子圆柏抗性强，耐瘠薄，无病虫，不用施肥，管理粗放，具有良好的环保优势。扦插后需遮光50%~80%，待根系长出后，再逐步移去遮光网。冬季植株进入休眠或半休眠期后，要将瘦弱、病虫、枯死、过密等枝条剪掉。

【观赏与应用】叉子圆柏匍匐有姿，是良好的常绿地被植物。可配置于草坪、花坛、山石、林下，能丰富绿化层次，增加观赏美感。也常植于坡地作为观赏及护坡植物。

图21-8 叉子圆柏

六月雪

【学名】*Serissa japonica*

【别名】白马骨、满天星

【科属】茜草科六月雪属

【产地及分布】原产我国江南各地，从江苏到广东都有野生分布。日本也有分布。多野生于山林之间、溪边岩畔。

【形态特征】六月雪为常绿或半常绿丛生小灌木。株高不足1m，分枝多而稠密。嫩枝绿色有微毛，揉之有臭味；老茎褐色，有明显的皱纹。叶对生或成簇生于小枝上，长椭圆形或长椭圆状披针形，长0.7~1.5 cm。花小，密生于小枝顶端，花白色带红晕或淡粉紫色，单生或多朵簇生；花冠长约7mm，漏斗状，有柔毛；花萼绿色，上有裂齿，质地坚硬。小核果近球形。花期6~7月。（图21-9）

【生态习性】六月雪为常绿丛生小灌木。性喜温暖湿润的气候条件，喜阳光，也较耐阴。耐旱力强，对土壤要求不严，最喜疏松肥沃、排水良好的土壤，中性及微酸性尤宜。抗寒力不强，冬季越冬

图21-9 六月雪

需在0℃以上，在华南地区终年常绿。萌芽力、分蘖力较强，耐修剪，亦易造型。

【繁殖方法】六月雪以扦插繁殖为主。可于2~3月扦插休眠枝，或在6~7月扦插半成熟枝，扦插后注意浇水，保持苗床湿润，并搭棚遮阴。

【栽培管理】夏季高温干燥时，六月雪植株应放于荫棚下，切勿长期放在强烈阳光下暴晒，除每天浇水外，早晚应用清水淋洒叶片及附近地面，以降温并增加空气湿度，及时剥除主干及根部萌发出的新枝，修剪花后萌发的突出树冠外的枝条，以保持树形。

【观赏与应用】六月雪在南方可在园林中成片栽植，使之形成灌木丛，夏日遥望洁白如雪，给人以清凉幽雅之感。也常用于整形盆栽观赏或制作树桩盆景。

另外，可用作地被植物的矮生灌木类植物还有铺地柏（*Sabina procumbens*）、'金叶'小檗（*Berberis thunbergii* 'Aurea'）、富贵草（*Pachysandra terminalis*）、朱砂根（*Ardisia crenata*）、地菍（*Melastoma dodecandrum*）、'紫叶'小檗（*Berberis thunbergii* 'Atropurpurea'）、八仙花（*Hydrangea macrophylla*）、金丝桃（*Hypericum monogynum*）、栀子花（*Gardenia jasminoides*）、八角金盘（*Fatsia japonica*）、红花檵木（*Loropetalum chinense* var. *rubrum*）、'龟甲'冬青（*Ilex crenata* 'Convexa'）、阔叶十大功劳（*Mahonia bealei*）等。

（三）矮生竹类地被植物

鹅毛竹

【学名】*Shibataea chinensis*

【别名】倭竹、小竹

【科属】禾本科倭竹属

【产地及分布】分布于江苏、安徽、江西、福建等地，生于山坡或林缘，亦可生于林下。

【形态特征】鹅毛竹为矮小竹类。秆直立，纤细，高60~100cm；径2~3mm，中空极小或近于实心；表面光滑无毛，淡绿色或稍带紫色；每节分枝3~6枚，分枝大部分等长，通常有2节，仅上部一节生叶。叶片纸质，幼时质薄，鲜绿色，老熟后变为厚纸质乃至稍呈革质，卵状披针形，长6~10cm，宽1~2.5cm，基部较宽且两侧不对称，先端渐尖，叶缘有小锯齿。笋期5~6月。（图21-10）

图21-10 鹅毛竹

【生态习性】鹅毛竹喜温暖、湿润环境，耐阴。浅根性，在疏松、肥沃、排水良好的沙质壤土中生长良好。

【繁殖方法】鹅毛竹可采用分株繁殖或竹鞭繁殖。常于春、秋季进行，挖取竹鞭带土移栽繁殖，注意及时浇水并对竹根进行保护，防止竹鞭干燥。

【栽培管理】鹅毛竹耐粗放管理，喜肥，耐阴湿环境，干旱季节应及时浇水。病虫害极少。

【观赏与应用】鹅毛竹秆矮小密生，叶大而茂，叶片卵形，形似鹅毛，作地被观赏尤佳。也适宜作绿篱、庭园配景、点缀山石或盆栽。

菲白竹

【学名】*Sasa fortunei*

【科属】禾本科赤竹属

【产地及分布】原产日本。我国江苏、浙江、上海等地有引种栽培。

【形态特征】菲白竹为矮小竹类，株高10～30cm，节间细而短小。秆圆筒形，直径1～2mm；秆环平或微隆起，秆箨宿存；秆不分枝或每节仅分1枝，小枝具4～7枚叶。叶片短小，披针形，长6～15cm，宽8～14mm，先端渐尖，基部宽楔形或近圆形，两面均具白色柔毛，叶面通常有浅黄色或近白色纵条纹。笋期4～5月。（图21-11）

【生态习性】菲白竹喜温暖阴湿的气候环境。耐旱、耐寒，适应性强。对土壤要求不严，在疏松肥沃、排水良好的微酸性沙壤土中生长最佳。

【繁殖方法】菲白竹常采用分株繁殖。一般在深秋或入冬前进行，分株后应精心养护，加强浇水和管理，确保成活。

【栽培管理】菲白竹管理粗放，病虫害少。忌夏日高温及烈日暴晒，注意及时浇水及防除杂草。

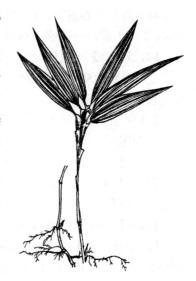

图21-11 菲白竹

【观赏与应用】菲白竹是优良的耐阴湿彩叶地被竹，可作绿篱栽培，也可配置于假山旁、岩石园中，或片植于疏林下、道路旁，或大面积植于坡地以固土护坡。

矮生竹类中还有阔叶箬竹（*Indocalamus latifolius*）、菲黄竹（*Sasa auricoma*）等也可作为地被植物应用。

（四）藤本地被植物

马兜铃

【学名】*Aristolochia debilis*

【别名】兜铃根、独行根、青木香、臭铃铛

【科属】马兜铃科马兜铃属

【产地及分布】分布于长江流域以南地区，广东、广西常有栽培，生于海拔200～1 500m的山谷、沟边、路旁阴湿处及山坡灌丛中。

【形态特征】马兜铃为草质藤本植物。茎柔弱，暗紫色或绿色，具纵沟。叶互生，纸质，卵状三角形、长圆状卵形或戟形，顶端钝圆或短渐尖，基部心形，叶脉5～7。花单生或2朵聚生于叶腋，花被筒基部膨大呈球形，上部成喇叭形，中间缢缩，外面淡黄绿色，内有紫色斑及条纹。蒴果近球形。花期7～8月，果期9～10月。（图21-12）

【生态习性】马兜铃喜冷凉湿润的气候，喜光，稍耐阴。耐寒、耐旱，忌过于潮湿。适应性强，不择土壤，喜生于湿润而肥沃的沙质壤土或腐殖质壤土中。

【繁殖方法】马兜铃采用播种和分根繁殖。播种以秋播为佳，果实由绿变黄时分批采摘，采收后立即播种，或将种子埋于湿沙中放阴凉处保存，于翌春播种。播种后覆土轻压，加盖稻草以保持苗床湿润，出苗后除去覆盖物。分根繁殖可

图21-12 马兜铃

于深秋至次年早春进行，选生长健壮、无病虫害、茎粗 0.5～1cm 的根条作种根，截取 5～10cm 长的小段，按行株距 30cm×25cm 定植在整好的畦面上，浇水保墒，以利成活。

【栽培管理】马兜铃幼苗期需适当灌水，但不宜过分潮湿与荫蔽。及时防除杂草。主要虫害是马兜铃凤蝶，严重时可将叶子吃光。冬季应清理田园，消灭越冬蛹，4～9 月发现凤蝶幼虫危害时及时防治。

【观赏与应用】马兜铃可片植于林缘或草地，亦可用于攀缘低矮栅栏作垂直绿化材料。

活血丹

【学名】*Glechoma longituba*

【别名】佛耳草、连钱草、金钱草、金钱菊、金钱薄荷、破铜钱、遍地香

【科属】唇形科活血丹属

【产地及分布】我国除青海、甘肃、新疆及西藏以外的各地均有分布，生于林缘、疏林下、草地中、溪边等阴湿处，海拔 50～2 000m。朝鲜及俄罗斯远东地区也有分布。

【形态特征】活血丹为多年生匍匐草本植物，高 10～20cm。茎四棱形，基部常呈淡紫红色。叶地生，叶片心形或近肾形，先端圆钝，基部心形，边缘具圆齿，两面被柔毛；叶柄长。轮伞花序，2～6 朵花轮生于叶腋；花冠唇形，淡蓝、蓝色至紫色，花萼长 9～11mm。成熟小坚果深褐色，长圆状卵形。花期 4～5 月，果期 5～6 月。（图 21-13）

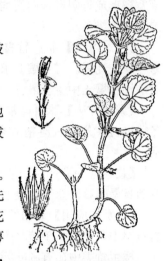

图 21-13 活血丹

【生态习性】活血丹喜温暖湿润的环境。较耐寒，耐半阴，但在全光照下也能生长。夏季高温干旱时，叶片边缘常发生枯焦。适应性强，不择土壤，以疏松、肥沃、排水良好的沙质壤土为佳。

【繁殖方法】活血丹采用扦插繁殖。3～4 月将匍匐茎剪下，每 3～4 节剪成一段作插条，扦插在浅沟内，插条入土 2～3 节，插后盖一层薄土轻轻压实，然后浇水。扦插后经常淋水保苗，促使生根成活。

【栽培管理】活血丹适应性强，管理简单粗放，生长旺盛季节可施肥 1～2 次。适当遮阴有利于植株生长，夏季高温干旱季节及时浇水，雨季及时排水。

【观赏与应用】活血丹叶形优美，生长迅速且平整，覆盖地面效果好，适合作封闭性观赏草坪，也可种植于建筑物阴面或作林下耐阴湿地被植物。

此外，藤本植物中的络石（*Trachelospermum jasminoides*）、扶芳藤（*Euonymus fortunei*）、常春藤（*Hedera nepalensis* var. *sinensis*）、五叶地锦（*Parthenocissus quinquefolia*）、金银花（*Lonicera japonica*）、小蔓长春花（*Vinca minor*）、茑萝（*Quamoclit pennata*）、小冠花（*Coronilla varia*）等也可作地被植物。

（五）蕨类地被植物

翠云草

【学名】*Selaginella uncinata*

【别名】蓝地柏、绿绒草、龙须、蓝草、剑柏、回生草、还魂草

【科属】卷柏科卷柏属

【产地及分布】原产我国中部、西南和南部地区。分布于海拔 50～1 200m 的山谷林下，

多生长在腐殖质土壤或溪边阴湿杂草中，以及岩洞内、湿石上或石缝中。

【形态特征】翠云草为多年生中型伏地蔓生蕨类。主茎伏地蔓生，极细软，长约1m，分枝疏生，节处有不定根。叶卵形，二列疏生，叶面有翠蓝绿色荧光，背面深绿色；多回分叉；营养叶二型，背腹各二列，腹叶长卵形，背叶矩圆形，全缘，向两侧平展。孢子囊穗四棱形，孢子叶一型，卵状三角形，边缘全缘，四列呈覆瓦状排列。（图21-14）

【生态习性】翠云草喜温暖湿润的半阴环境，忌阳光直射。温度20℃左右时生长良好，越冬温度在5℃以上。耐潮湿，喜疏松肥沃、排水良好的土壤。

【繁殖方法】翠云草采用分株、扦插和孢子繁殖。分株在3～4月进行，将母株分成数丛，种植在富含腐殖质、疏松肥沃的土壤中，种植后保持土壤湿润并注意遮阴。扦插于5～6月进行，将茎枝扦于沙床上，保持湿润，并注意遮阴，约15d即可生根。

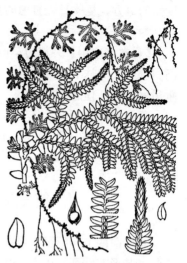

图21-14　翠云草

【栽培管理】翠云草喜半阴，盛夏注意遮阴，避免烈日直射，光线强会使其蓝绿色消失而影响观赏性。喜湿润，生长期要注意喷水，保持较高的空气湿度。

【观赏与应用】翠云草姿态秀丽，蓝绿色的荧光使人赏心悦目，在南方是极好的耐阴湿地被植物，适宜片植于林下，或点缀假山石、布置岩石园等，也可种于水景边湿地。北方地区可盆栽观赏。

井栏边草

【学名】*Pteris multifida*

【别名】凤尾草、乌脚鸡、井栏草、井口边草、石长生、金鸡尾、百脚草

【科属】凤尾蕨科凤尾蕨属

【产地与分布】原产我国和日本，广泛分布于我国长江以南地区。朝鲜、菲律宾、越南也有。常生于阴湿墙脚、井边及石灰岩缝隙或灌丛下，海拔1 000m以下。

【形态特征】井栏边草为多年生草本植物。株高30～70cm。根状茎短而直立，先端被黑褐色条状披针形鳞片。叶多数，密而簇生，具不育叶和孢子叶两种类型：不育叶卵状长圆形，一回羽状，羽片通常3对，对生，斜向上，无柄；孢子叶有较长的柄，羽片4～6对，狭线形，仅不育部分具锯齿。孢子囊沿叶边细线状排列。（图21-15）

【生态习性】井栏边草喜温暖湿润和半阴环境，在肥沃湿润、排水良好的碱性土壤中生长最佳，忌积水，适应性强。

【繁殖方法】井栏边草一般采用分株繁殖，常于春、秋季进行，分株后要注重遮阴保湿。也可用孢子繁殖，将成熟的孢子收集起来，撒在肥沃、排水良好的土壤中，置于阴湿处，不久即可萌发，待苗长至一定程度时分栽。

【栽培管理】井栏边草喜阴湿，宜栽植在荫蔽、空气湿

图21-15　井栏边草

度高的地方，夏季日光直射时间过长会造成叶片卷曲，叶尖枯黄。生长期应经常喷水，保持较高的空气湿度。

【观赏与应用】井栏边草叶丛细柔，秀丽多姿，是优良的观叶地被植物。适宜在郁闭度高、湿度大的林下成片布置，或种植于阴湿的林缘岩下、石缝或墙根、屋角等处，也是室内垂吊盆栽观叶佳品。

蕨类植物中可用作地被植物的还有贯众（Cyrtomium fortunei）、线蕨（Colysis elliptica）、石韦（Pyrrosia lingua）、紫萁（Osmunda japonica）、里白（Diplopterygium glaucum）、芒萁（Dicranopteris pedata）、渐尖毛蕨（Cyclosorus acuminatus）等。

第三节 其他常见草坪草和地被植物

本章前两节介绍了重要的草坪草和地被植物种类，此处，还有一些常见的草坪草和地被植物，其形态特征、生态习性和应用见表21-2、表21-3。

表21-2 其他常见草坪草简介

草种名称	科属	识别特征	生态习性	应用
巴哈雀稗（Paspalum notatum）	禾本科雀稗属	匍匐型，幼叶旋转，叶舌短而膜质，叶枕宽，无叶耳，叶缘疏生柔毛	叶片宽，根系分布广而深，极耐旱，不耐寒，耐贫瘠的沙土，耐粗放管理	固土护坡草坪
海滨雀稗（Paspalum vaginatum）	禾本科雀稗属	匍匐型，幼叶旋转，叶舌长而膜质，叶缘疏生柔毛并向内卷曲	分布于热带和亚热带地区，耐热、耐水淹、耐旱，极耐盐碱，耐强度低修剪，不耐寒	高尔夫球场果岭和球道
细叶结缕草（Zoysia tenuifolia）	禾本科结缕草属	匍匐型，幼叶旋转，叶舌纤毛状，无叶耳，叶枕具毛，叶片宽0.5~2.0mm，边缘向内卷曲至重叠	耐寒性弱于沟叶结缕草，适宜在热带和亚热带地区生长，需定期修剪以保持平整，多行营养繁殖	观赏草坪，花坛草坪，固土护坡草坪等
野牛草（Buchloe dactyloides）	禾本科野牛草属	匍匐型，幼叶旋转，叶片线形，灰绿，叶尖锐尖，叶舌绒毛状，无叶耳	耐热、耐寒，极抗旱，抗病虫害，抗逆性极强，耐粗放管理，绿期短，耐践踏性较弱	厂矿环保绿化，固土护坡草坪
地毯草（Axonopus affinis）	禾本科地毯草属	匍匐型，幼叶对折，叶舌毛簇状，长约1mm，无叶耳，叶片宽4~8mm，边缘近叶尖处生有短毛	适宜于温暖湿润的热带和亚热带气候，喜生于贫瘠、湿润的酸性土壤中，不耐寒，不耐践踏，耐阴性强	路边草坪、固土护坡草坪
假俭草（Eremochloa ophiuroides）	禾本科蜈蚣草属	匍匐型，幼叶对折，叶舌短，膜质，顶端有短毛，无叶耳，叶片扁平，宽3~5mm，边缘有绒毛	喜炎热湿润的气候，较耐阴，喜酸性土壤，根系少而浅，抗旱性差，耐践踏性较弱，生长缓慢，养护管理粗放	街道、公园等管理粗放的绿化草坪
钝叶草（Stenotaphrum secundatum）	禾本科钝叶草属	匍匐型，幼叶对折，叶舌短，呈毛簇状，无叶耳，叶片扁平，宽4~10mm，两面光滑，叶尖钝	适宜于热带气候，蔓生能力强，建坪快，耐践踏能力强，耐阴性强，再生性好，耐粗放管理	居住区、商业区和工业区绿化草坪
铺地狼尾草（Pennisetum clandestinum）	禾本科狼尾草属	匍匐型，幼叶对折，叶舌毛簇状，长2mm，无叶耳，叶片扁平，具龙骨状突起，叶两面疏生绒毛	喜高温多湿气候，质地中等细致，扩展性强，长势强健，在低修剪条件下能形成致密有弹性的草坪，耐粗放管理	固土护坡草坪，管理粗放的绿化草坪

表 21-3　其他常见地被植物简介

名称	科属	分布	主要形态特征	习性	繁殖	应用
红花酢浆草 (*Oxalis corymbosa*)	酢浆草科 酢浆草属	原产美洲，现长江流域广为栽培	常绿或半常绿多年生草本，植株丛生，高 20～30cm；全株疏生柔毛；具鳞茎；掌状三出复叶，小叶倒心形，全缘；花瓣 5，玫红色或粉红色；花期 4～9 月	喜阳光充足、湿润环境，耐寒，耐旱，耐半阴	分株	观花观叶地被植物，可布置花坛、花境，或片植于林缘、草地
虎耳草 (*Saxifraga stolonifera*)	虎耳草科 虎耳草属	我国秦岭以南各地有分布	多年生常绿草本，株高 15cm，茎匍匐；叶数枚基生，叶片圆形或肾形，基部心形，上面绿色带白色网状脉纹，边缘浅裂，两面具白色伏毛；圆锥花序顶生，花白色，花期 6～10 月	耐阴湿，耐寒，不耐旱，不耐高温，忌阳光直射	分株	耐阴湿观花观叶地被植物，可片植于常绿树林下或建筑物阴面
八宝 (*Hylotelephium erythrostictum*)	景天科 八宝属	我国东北、华东地区有分布	多年生肉质草本，株高 40～80cm；茎直立，不分枝；叶卵状长圆形，淡绿或灰绿色，边缘有波状锯齿；聚伞花序顶生，花瓣白色或粉色；花期 9～10 月	喜光也耐半阴，耐寒，耐旱，不择土壤	分株、扦插	观叶观花地被植物，可布置花坛、花境或路边，或片植于疏林下
毛茛 (*Ranunculus japonicus*)	毛茛科 毛茛属	我国东北至华南地区有分布	多年生草本，株高 30～60cm，茎直立，全株具毛；基生叶单叶，掌状 3 深裂，茎生叶最上部线形，无柄；聚伞花序，花数朵，花瓣 5，黄色；花期 4～5 月	喜光，耐湿、耐旱、耐寒，喜沙壤土，可自播	播种、分株	耐湿观花观叶地被植物，可植于疏林下或点缀于草坪中
地黄 (*Rehmannia glutinosa*)	玄参科 地黄属	国内各地及国外均有栽培	多年生草本，株高 10～30cm，茎紫红色；基生叶莲座状，叶椭圆形，基部渐狭成长柄，叶缘具齿；总状花序顶生或单生叶腋，花大，花冠筒微弯，花冠 5 裂片，内面黄紫色，外面紫红色，两面被长柔毛；花期 4～7 月	喜温暖气候，较耐寒，耐旱，喜光，亦较耐阴，喜疏松、肥沃沙质壤土	播种、分株	观花地被植物，可布置庭院、花境，或片植于疏林下
'紫叶'酢浆草 (*Oxalis triangularis* 'Purpurea')	酢浆草科 酢浆草属	原产美洲，现长江以南地区广为栽培	多年生草本，株高 15～30cm；叶丛生，具长柄，掌状 3 小叶复叶，紫红色，白天张开，夜晚闭合下垂；伞形花序，花瓣 5，花淡红色；花期 4～11 月	喜阳光充足、温暖湿润环境，耐旱，稍耐阴	分株	喜光观叶地被植物，可布置花坛、花境或片植于草坪中
天胡荽 (*Hydrocotyle sibthorpioides*)	伞形科 天胡荽属	我国长江流域以南有分布	多年生草本，株高 5～10cm，具匍匐茎；叶互生，叶片常 5 裂片，每裂片再 2～3 浅裂；伞形花序单生于节上，与叶对生，花瓣绿白色；花期 4～5 月	喜湿润，不耐寒，不耐旱，自播繁殖能力强	播种、扦插	耐阴湿观叶地被植物，可片植于疏林下或作阴湿处花境的底色
鱼腥草 (*Houttuynia cordata*)	三白草科 蕺菜属	原产亚洲东部，我国长江以南有分布	多年生草本，株高 20～50cm；全株有鱼腥味；茎上部直立，下部伏地，节处生根；叶互生，阔卵形，薄纸质；穗状花序顶生或与叶对生，基部有 4 枚白色花瓣状苞片，花小，无花被；花期 5～7 月	喜温暖、湿润、半阴环境，适应性强，喜肥沃土壤	扦插、分株	耐阴湿观叶地被植物，可片植于林缘或林下，或在阴湿地布置花境

(续)

名称	科属	分布	主要形态特征	习性	繁殖	应用
过路黄 (Lysimachia christinae)	报春花科珍珠菜属	我国西北、华中、西南有分布	多年生草本，株高5～15cm，具匍匐茎；叶对生，卵圆形，基部浅心形；花单生于叶腋，花黄色，花瓣5；花期5～7月	喜光，耐半阴，耐旱、耐热，抗逆性强	扦插	耐阴湿观叶地被植物，可植于疏林下
绵毛水苏 (Stachys lanata)	唇形科水苏属	原产亚洲西南，我国长三角地区引种	多年生草本，株高20～40cm，全株被白色绵毛；叶对生，基生叶长匙形，茎上部叶长椭圆形；轮伞花序，花紫色或粉色；花期6～7月	喜光，稍耐阴，耐旱、耐热，不耐湿，忌排水不良土壤	分株	观叶地被植物，可布置花坛、花境或片植于草坪中及疏林下
紫竹梅 (Setcreasea purpurea)	鸭跖草科紫竹梅属	原产墨西哥，我国各地有栽培	多年生草本，株高20～30cm；茎紫褐色，初时直立，后匍匐地面；叶披针形或长圆形，紫红色，叶背具细绒毛；聚伞花序短缩成头状花序，花瓣淡紫色；花期5～11月	喜温暖湿润环境，耐旱、耐湿，稍耐阴，喜肥沃土壤	分株、扦插	观叶地被植物，可布置花坛或作镶边材料，也可片植于草坪或林缘
铺地柏 (Sabina procumbens)	柏科圆柏属	原产日本，我国南北各地栽培	常绿匍匐状小灌木，株高50～80cm；茎贴地面生长，枝梢及小枝向上伸；刺叶，3叶轮生，线状披针形，叶腹面有2条白色气孔带，叶背面基部有2个白色斑点	喜光，耐寒、耐旱，忌水湿，喜干燥肥沃的沙土	扦插	木本地被植物，可片植于草坪中，也可布置在坡地或岩石园中
'金叶'小檗 (Berberis thunbergii 'Aurea')	小檗科小檗属	我国南北各地有栽培	落叶灌木，株高1～2m；茎直立丛生，有针刺；叶倒卵形，有季相变化，从春到秋由嫩黄色到金黄色再转为橙黄色至橙红色，秋末冬初叶色绯红	喜温暖湿润环境，喜光，耐寒、耐旱，耐盐碱，抗污染	扦插	木本观叶地被植物，可布置花境或林缘，或片植于路边、坡地
富贵草 (Pachysandra terminalis)	黄杨科富贵草属	我国西北及长江流域有分布	常绿亚灌木，株高20～40cm；地上茎肉质，直立，绿色；叶片菱状卵形，革质，有光泽，边缘中部以上有锯齿；穗状花序顶生，花小，白色；花期4～5月	喜阴湿环境，耐寒、耐旱，耐盐碱，极耐阴	扦插	耐阴湿木本观叶地被植物，适合种植于林下或阴湿处
地菍 (Melastoma dodecandrum)	野牡丹科野牡丹属	我国长江以南各地有分布	匍匐状落叶小灌木，株高15～20cm，茎匍匐；叶对生，卵形或椭圆形，基出脉3～5条；聚伞花序，1～3朵生于枝端，花瓣5，淡紫色或粉红色；花期6～8月	喜温暖湿润环境，喜光，耐半阴，耐旱，耐贫瘠	播种、分株	木本观花地被植物，可片植于草坪中、林缘、路边或疏林下
阔叶箬竹 (Indocalamus latifolius)	禾本科箬竹属	华东、华中、西南及山东有分布	灌木状竹类，秆高1m；节下具淡黄色粉质毛环，秆箨宿存，质坚硬；箨鞘外面有棕色小刺毛；箨舌截平，箨叶小，条状披针形；叶片大，长圆形，下面近基部有粗毛；笋期4～5月	喜温暖湿润环境，喜光，耐半阴，耐旱，不择土壤	分株、竹鞭繁殖	常植于疏林下、林缘、路边，也可植于坡地固土护坡

(续)

名称	科属	分布	主要形态特征	习性	繁殖	应用
扶芳藤 (*Euonymus fortunei*)	卫矛科卫矛属	我国南北各地有栽培	常绿攀缘藤本；枝上有细根，小枝绿色，圆柱形；叶对生，革质，宽椭圆形至长圆状倒卵形，边缘疏生钝锯齿	喜阴湿环境，耐寒，耐旱，耐盐碱，抗污染	扦插	可在广场、坡地丛植或片植，或作垂直绿化材料
络石 (*Trachelospermum jasminoides*)	夹竹桃科络石属	我国黄河以南地区有分布	常绿藤本；茎圆柱形，老枝红褐色；单叶对生，革质，长椭圆形；聚伞花序顶生或腋生，花冠白色，高脚杯形，芳香；花期4～6月	喜温暖湿润环境，耐半阴，耐寒，耐旱，耐贫瘠	扦插	耐阴湿地被植物，可片植林下、点缀假山，或攀缘墙壁、花架等
贯众 (*Cyrtomium fortunei*)	鳞毛蕨科贯众属	华北、西北和长江以南有分布	多年生蕨类，株高25～50cm；叶簇生，单数一回羽裂，叶片阔披针形，叶柄基部密生褐色大鳞片，羽片镰状披针形，基部一侧耳状突起	耐寒，耐阴湿，不择土壤，自繁能力强	分株、孢子繁殖	耐阴湿地被植物，可片植于林下或建筑物背面阴湿处

◈ **复习思考题**

1. 简述冷季型草坪草和暖季型草坪草的特征。
2. 简述草地早熟禾、多年生黑麦草、高羊茅、日本结缕草、野牛草、普通狗牙根的生态习性及用途。
3. 绿地草坪建植的四个环节是什么？简述绿地草坪建植与管理方法。
4. 不同的运动场草坪各有何不同要求？养护工作应注意哪些问题？
5. 优良的园林地被植物应具备哪些特点？
6. 园林地被植物按生物学特性分为哪几类？每种类型列举两种，并简述其形态特征及生态习性。

附录一
花卉学名索引

A

Abelmoschus manihot 198
Achillea millefolium 238
A. plarmica 238
A. sibirica 238
Achnatherum extremiorientale 424
Aconitum chinensis 238
Acorus gramineus 399, 444
Adenophora tetraphylla 238
Adiantum capillus-junonis 321
A. capillus-veneris 321
A. caudatum 321
A. flabellulatum 321
A. formosum 321
A. pedatum 321
Aechmea bracteata 338
A. chantinii 338
A. fasciata 338
Aeschynanthus radicans 345
Agapanthus africanus 279
Agave americana 382
Ageratum conyzoides 197
Aglaonema commutatum 324
A. costatum 324
A. modestum 324
A. pictum 324
Agrostis stolonifera 433
Albizzia julibrissin 318
Allium giganteum 279
Alocasia × *amazonica* 329
A. macrorrhiza 328
A. sanderiana 328

Aloe arborescens 385
A. arborescens var. *natalensis* 384
A. aristata 384
A. humilis 384
A. nobilis 384
A. variegate 384
A. vera 384
A. vera var. *chinensis* 384
Alstroemeria aurantiaca 271
A. haemantha 271
A. ligta 271
A. pulchella 271
Alternanthera bettzickiana 174
Alyssum saxatilis 238
Ammobium alatum 198
Anacampseros arachnoides 387
Anemone cathayensis 279
Anthemis tinctoria 238
Anthurium andraeanum 233
A. crystallinum 233
A. pedato-radiatum 234
A. scherzerianum 233
Antirrhinum majus 192
Aquilegia hybrida 238
A. yabeana 238
Ardisia crenata 308, 446
A. hortorum 308
A. japonica 308
Argemone mexicana 198
Aristolochia debilis 447
Arrhenatherum elatius var. *tuberosum* 'Variegatum' 428

附录一　花卉学名索引

Arundo donax 427
A. donax var. *variegata* 426
Asparagus asparagoides 330
A. falcatus 330
A. myrioeladus 330
A. setaceus 330
A. sprengeri 330
Aspidistra elatior 345
Aster ageratoides 203
A. alpinus 203
A. novae-angliae 203
A. novi-belgii 202
A. tataricus 203
Astilbe chinensis 238
Axonopus affinis 450

B

Begonia argenteo-guttata 212
B. boliviensis 457
B. coccinea 212
B. dregei 457
B. elatior 212，221
B. masoniana 457
B. metallica 212
B. president-carnot 212
B. rex 457
B. semperflorens 212
B. tuberhybrida 456
Belamcanda chinensis 238
Bellis integrifolia 182
B. perennis 182
B. sylvestris 182
Berberis thunbergii 'Aurea' 446，452
B. thunbergii 'Atropurpurea' 446
Bletilla striata 364
Bougainvillea spectabilis 303
Brassica oleracea var. *acephala* f. *tricolor* 173
Buchloe dactyloides 450

C

Caladiun bicolor 325
Calamagrostis epigeios 421
Calanthe discolor 364
Calathea lancifolia 341
C. leopardina 341
C. makoyana 341
C. roseopicta 341
C. zebrina 341
Calceolaria biflora 188
C. herbeohybrida 188
C. integrifolia 188
C. mexicana 188
C. scabiosaefolia 188
Calendula officinalis 178
Callispidia guttata 319
Callistemon rigidus 319
Callistephus chinensis 196
Camellia chrysantha 297
C. japonica 296
C. reticulata 297
C. sasanqua 297
Campanula medium 197
Campsis grandiflora 289
C. radicans 290
Canna edulis 249
C. flaccida 249
C. generalis 248
C. indica 249
C. iridiflora 249
C. orchioides 248
Capsicus frutescens var. *cerasiforme* 198
Carthamus tinctorius 198
Catharanthus roseus 190
Cattleya bicolor 362
C. citrina 362
C. gigas 362
C. labiata 362
Celosia cristata 172
Centaurea macrocephala 238
Ceratophyllum demersum 400
Cercis chinensis 318

Cereus sp. f. *monst* 388
Ceropegia woodii 366，388
Chamaedorea cataractarum 335
Ch. elegans 335
Ch. erumpens 335
Chimonanthus campanulatus 285
Ch. gramatus 285
Ch. nitens 285
Ch. praecox 285
Ch. salicifolius 285
Ch. zhejiangensis 285
Chlorophytum bichetii 331
Ch. comosum 331
Chrysalidocarpus lutescens 337
Chrysanthemum carinatum 197
Cineraria cruenta 187
Clematis florida 290
C. lanuginosa 292
C. patens 292
C. vilicella 292
Clivia caulescens 220
C. gardenii 220
C. miniata 219
C. mirabilis 220
C. nobilis 220
Codiaeum variegatum 345
Coleus blumei 174
C. pumilus 175
C. thyrsoideus 175
Colysis elliptica 450
Consolida ajacis 198
Convallaria majalis 278
Cordyline fruticosa 334
Coreopsis basalis 212
C. grandiflora 211
C. lanceolata 212
C. tinctoria 212
C. verticillata 212
Coronilla varia 448
Cortaderia selloana 421

Cosmos bipinnatus 198
Crassula lycopodioides 378
C. portulacea 366，377
Crinum asiaticum 238
Crocus sativus 280
Curcuma alismatifolia 277
Cycas revoluta 318
Cyclamen africanum 252
C. coum 252
C. europaeum 252
C. hederifolium 252
C. graecum 252
C. libanoticum 252
C. persicum 251
Cyclosorus acuminatus 450
Cymbidium ensifolium 357
C. faberi 357
C. goeringii 356
C. hookerianum 358
C. kanran 358
C. longibracteatum 357
C. pumilum 358
C. sinense 358
C. tortisepalum 358
Cymbopogon citratus 415
C. flexuosus 416
C. martini 416
C. nardus 416
C. winterianus 416
Cynodon dactylon 434
C. transvaalensis 434
Cyrtomium fortunei 450，453

D

Dahlia pinnata 246
Daphne acutiloba 307
D. aurantiaca 307
D. genkwa 307
D. odora 307
D. odora 'Aureo Marginata' 306
D. papyracea 307

D. retusa 307
Datura metel 197
Delonix regia 318
Delphinium cheilanthum 237
D. elatum 237
D. grandiflorum 237
D. likiangense 237
D. tatsienense 237
Dendranthema×morifolium 214
D. indicum 214
D. vestitum 214
D. zawadskii 214
Dendrobenthamia japonica var. *chinensis* 319
Dendrobium chrysotoxum 363
D. densiflorum 363
D. fimbriatum 363
D. linawianum 363
D. loddigesii 363
D. moniliforme 363
D. moschatum 363
D. nobile 363
D. pendulum 363
Dianthus barbatus 180
D. caryophyllus 180，226
D. chinensis 180
D. deltoides 180
D. latifolius 180
D. plumarius 180
D. superbus 180
Dicentra spectabilis 238
Dichondra repens 442
Dicranopteris pedata 450
Dieffenbachia picta 425
Digitalis lutea 186
D. purpurea 186
Diplopterygium glaucum 450
Dizygotheca elegantissima 345
Dracaena concinna 332
D. fragrans 332

D. godseffiana 332
D. reflexa 332
D. sanderiana 332，333
Duchesnea indica 443

E

Echeveria gibbiflora 379
E. glauca 378
E. pulvinata 379
Echinacea purpurea 238
Echinocactus grusonii 371
E. horizonthalonius 371
E. grandis 371
E. polycephalus 371
Eichhornia crassipes 399
Emilia sagittata 198
Epiphyllum anguliger 373
E. oxypetalum 373
E. pumilum 374
Epipremnum aurnum 327
Eragrostis spectabilis 426
Eremochloa ophiuroides 450
Erythrina indica 318
Eupatorium japonicum 238
Euonymus fortunei 448，453
Euphorbia antiquorum 382
E. marginata 197
E. milii 381
E. pulcherrima 299
E. tirucalli 382
Eustoma grandiflorum 231
Euryale ferox 400
Exochorda racemosa 319

F

Fatsia joponica 446
Faucaria tigrina 387
Festuca arundinacea 432
F. ovina var. *glauca* 423，444
F. rubra 432
Ficus elastica 319

Fittonia verschaffeltii 345
Freesia armstrongii 273
F. refracta 273
Fritillaria thrnbergii 278
Fuchsia albacoccinea 309
F. fulgens 309
F. hybrida 309
F. magellanica 309

G

Gaillardia pulchella 197
Galanthus nivalis 297
Gardenia jasminoides 286，446
Gazania pinnata 185
G. rigens 184
G. uniflora 185
Gerbera jamesonii 228
Gilia tricolor 197
Gladiolus hybridus 267
Glechoma longituba 448
Gloriosa superba 279
Glottiphyllum linguiforme 387
Gomphrena globosa 182
Guzmania conifera 339
G. lingulata 339
G. sanguinea 339
Gymnocalycium mihanovichii var. *friedrichii* 388
Gypsophila paniculata 230

H

Haemanthus multiflorus 279
Haworthia cymbiformis 387
H. margaritifera 387
Hedera helix 345
H. nepalensis var. *sinensis* 319，448
Helianthus annuus var. *nanus flore-pleno* 197
Helichrysum bracteatum 194
Heliotropium aborescens 428
Hemerocallis citrina 208
H. flava 208，444

H. fulva 208
H. hybridus 207
H. middendorfii 208
H. minor 208
Hibiscus rosa-sinensis 305
H. syriacus 306
Hippeastrum auticum 253
H. reginae 253
H. reticulatum 254
H. vittatum 253
Hosta crispula 211
H. lancifolia 210
H. plantaginea 210
H. sieboldiana 211
H. undulata 211
H. ventricosa 210
Houttuynia cordata 444，451
Hoya carnosa 345
Hyacinthus orientalis 243
Hydrangea macrophylla 300，446
Hydrocotyle sibthorpioides 444，451
Hylocereus polyrhizus 371
H. stenopterus 371
H. undatus 371
Hylotelephium erythrostictum 444，450
Hymenocallis americana 249
H. calathina 249
H. speciosa 249
Hypericum monogynum 318，446
Hyssopus cuspidatus 412
H. officinalis 412

I

Ilex crenata 'Convexa' 446
Impatiens balsamina 198
I. hawkerii 205，222
I. holstii 204
Imperata cylindrica 'Red Baron' 424
Indocalamus latifolius 447，452
Iris ensata 202
I. germanica 201

I. japonica 201
I. kaempferi 202
I. laevigata 202
I. pallida 201
I. pseudacorus 394
I. reticulata 275
I. sanguinea 202
I. sibirica 202
I. tectorum 201，444
I. tingitana 275
I. xiphioides 275
I. xiphium 274
Ixiolirion tartaricum 279

J

Jasminum floridum 288
J. mesnyi 288
J. nudiflorum 288
J. sambac 228，302
Jatropha podagrica 366，387

K

Kalanchoe blossfeldiana 376
K. daigremontiana 376
K. fedtschenkoi 376
K. pinnata 375
K. pumila 376
K. tomentosa 376
K. tubiflora 376
K. verticilata 376
Kerria japonica 319
Kniphofia uvaria 209

L

Lagersteroemia indica 319
Lampranthus spectabilis 380
Lathyrus odoratus 195
Lavandula angustifolia 402
L. demaracandieans 403
L. dentata 403
L. heterophylla 403
L. intermedia 403
L. lanata 403
L. latifolia 402
L. multifida 403
L. pedunculata 402
L. pinnata 403
L. stoechas 402
L. viridis 402
Liatris spicata 236
Ligustrum lucidum 319
Lilium amabile 260
L. bulbiferum 260
L. candidum 261
L. cernuum 260
L. chalcedonicum 261
L. davidii 260
L. hansonii 261
L. henryi 261
L. lancifolium 260
L. martagon 260，261
L. pensylvanicum 260
L. pumilum 260
L. regale 261
L. tsingtauense 260
Linum perenne 238
Liriodendron tulipifera 318
Lithops aucampiae 380
L. comptonii 380
L. francisci 380
L. hookeri 380
L. karasmontana 380
L. olivacea 380
L. pseubotruncatella 380
Lolium perenne 432
Lonicera japonica 448
Loropetalum chinense var. *rubrum* 446
Lupinus polyphyllus 205
Lychnis coronata 440
Lycoris aurea 251
L. chinensis 251
L. longituba 251
L. radiata 250，443

L. squamigera 251
Lygodium japonicum 345
Lysimachia christinae 444，452
Lythrum salicaria 395

M

Magnolia grandiflora 318
M. soulangeana 318
Manglietia fordiana 318
Mahonia bealei 446
Malus halliana 319
Malva moschata 428
M. sylvestris 197
Maranta bicolor 342
Matricaria chamomilia 413
M. recutita 413
Matthiola incana 193
Melastoma dodecandrum 446，452
Melissa officinalis 408
Mentha citrate 411
M. piperita 411
M. pulegium 411
M. spicata 411
Mesembryanthemum aurantiacus 381
M. bicolor 381
M. cordifolium 381
M. haworthii 381
M. spectabile 380
Mirabilis jalapa 440
Miscanthus sinensis 'Zebrinus' 422
Monarda didyma 405
M. fistulosa 405
Monstera deliciosa 326
M. friedrichsthalii 326
Morus alba 'Tortuosa' 317
Mucuna sempervirens 319
Murraya euchrestifolia 415
M. kwangsiensis 415
M. paniculata 414
Muscari botryoides 279
Myosotis sylvatica 197

N

Narcissus cyclamineus 246
N. incomparabilis 245
N. jonquilla 246
N. poeticus 245
N. pseudo-narcissus 245
N. tazetta 245
N. tazetta var. *chinensis* 258
Nelumbo nucifera 389
Neottopteris nidus 323
Nephrolepis acuminata 322
N. biserrata 322
N. cordifolia 322
N. exaltata 322
Nicotiana alata 198
Nolina recurvata 388
Nopalxochia ackermannii 372
N. phyllanthoides 373
Nuphar pumilum 400
Nymphaea alba 392
N. caerulea 392
N. odorata 392
N. tetragona 392
N. tuberosa 392
Nymphoides peltatum 400

O

Ocimum basilicum 406
Oenothera odarata 198
Oncidium varicosum 364
Ophiopogon japonicus 441
Opuntia dillenii 370
O. ficus-indica 370
O. microdasys 370
O. robusta 370
Origanum marjorana 409
O. vulgare 409
Ornithogalum caudatum 279
Orychophragmus violaceus 197，443
Osmanthus fragrans 318
Osmunda japonica 450

Oxalis corymbosa 443, 451
O. triangularis 'Purpurea' 444, 451

P

Pachira macrocarpa 343
Pachysantra terminalis 446, 452
Paeonia delavayi 282
P. lutea 282
P. jishanensis 282
P. lactiflora 199
P. ludlowii 282
P. ostii 282
P. rockii 282
P. suffruticosa 281
P. suffruticosa var. *spontanea* 282
Panicum virgatum 428
Parthenocissus quinquefolia 448
Papaver nudicaule 183
P. orientale 184
P. rhoeas 183
Paphiopedilum armeniacum 361
P. concolor 361
P. godefroyae 361
P. hainanensis 361
P. hirsutissimum 361
P. insignne 361
P. micranthum 361
P. parishii 362
Paspalum notatum 450
P. vaginatum 450
Pedilanthus tithmaloides 387
Pelargonium domesticum 225
P. graveolens 225, 416
P. hortorum 224
P. ordoratissimum 225, 416
P. peltatum 225
P. zonale 225
Pennisetum alopecuroides 420
P. clandestinum 450
Penstemon barbatus 238
Peperomia argyreia 344

P. caperata 344
P. clusiifolia 344
P. maymorata 344
P. obtusifolia 344
P. sanderii 344
Perilla frutescens 407
Petroselinus crispum 427
Petunia axillaris 169
P. hybrida 168
P. violacea 169
Phaius tankervilliae 364
Phalaenopsis amabilis 359
Ph. aphrodite 359
Ph. lueddemanniana 359
Ph. schilleriana 359
Ph. stuartiana 359
Ph. violacea 359
Philodendron bipinnatifidum 328
Ph. erubescens 'Green Emerald' 328
Ph. imbe 328
Ph. melanochrysum 328
Ph. panduraeforme 328
Ph. pedatum 328
Ph. selloum 328
Phlox drummondii 178
Ph. paniculata 179, 203
Ph. subulata 179
Phoenix roebelenii 336
Phragmites australis 428
Physostegia virginiana 206
Pilea cadierei 345
Pistia stratiotes 398
Platycerium bifurcatum 323
P. wandae 323
Platycodon grandiflorum 239
Plectranthus coleoides 406
P. tomentosa 406
Pleione bulbocodioides 364
Poa pratensis 431
P. trivialis 432

Polemonium coeruleum 239
Polianthes tuberosa 276
Pontederia cordata 396
Portulaca afra 181，385
P. grandiflora 181，443
Potentilla chinensis 239
Primula kewensis 189
P. malacoides 189
P. obconica 189
P. sinensis 189
P. vulgaris 189
Prunus mume 283
P. triloba 318
Pteris multifida 449
Pulsatilla chinensis 239
Punica granatum 286
Pyracantha fortuneana 444
Pyrrosia lingua 450

Q

Quamoclit pennata 198，448

R

Ranunculus asiaticus 445
R. joponicus 444，451
Rehmannia glutinosa 444，451
Reseda odorata 198
Rhapis excelsa 335
Rh. humilis 336
Rhododendron calendulaceum 294
Rh. indicum 294
Rh. japonicum 294
Rh. kaempferi 294
Rh. kiusianum 294
Rh. mariesii 294
Rh. mucronatum 294
Rh. obtusum 294
Rh. occidentale 294
Rh. pulchrum 294
Rh. simsii 293
Rosa centifolia 311
R. chinensis 311

R. damascena 311
R. foetida 311
R. gallica 311
R. gigantea 311
R. hybrida 310
R. moschata 311
R. multiflora 311
R. odorata 311
R. rugosa 311
R. wichuraiana 311
Rosmarinus officinallis 404

S

Sabina procumbens 445，452
S. vulgaris 445
Sagittaria sagittifolia 400
Saintpaulia ionantha 223
Salix leucopithecia 315
S. matsudana 'Tortuosa' 316
Salvia coccinea 168
S. farinacea 168
S. splendens 167
S. japonica 168，409
Sanguisorba minor 427
Sansevieria cylindrica 383
S. thyrisiflora 383
S. trifasicata 383
Santolina rosmarinifolia 428
Saponaria officinalis 239
Sasa auricoma 447
S. fortunei 446
Saxifraga stolonifera 444，450
Scabiosa superba 239
S. tschiliensis 239
Schefflera octophylla 345
Schizanthus gracilis 185
S. pinnatus 185
S. retusus 185
Schlumbergera bridgesii 388
Scilla peruviana 279
Scindapsus aureus 327

Scirpus tabernaemontani 395
Sedum aizoon 386
S. emarginatum 386
S. kamtschaticum 386
S. lineare 386
S. makinoi 386
S. marganianum 366，387
S. reflexum 387
S. sarmentosum 386，444
S. sexangulare 387
S. spectabile 386
Selaginella uncinata 448
Senecio articulatus 388
S. herreianus 388
S. rowleyanus 366，388
Serissa japonica 445
Setcreasea purpurea 444，452
Shibataea chinensis 446
Silybum marianum 198
Sinningia speciosa 254
Solidago canadensis 239
Spathiphyllum cannifolium 'Sensation' 329
S. floribundum 329
Spilanthes oleracea 197
Spiraea thunbergii 319
Spodiopogon sibiricus 425
Stachys lanata 444，452
Stapelia grandiflora 387
Stenotaphrum secundatum 450
Strelitzia augusta 235
S. nicolai 235
S. parvifolia 235
S. reginae 235
Stromanthe sanguinea 342
Syngonium podophyllum 345

T

Tagetes erecta 170
T. lucida 170
T. patula 170，443

T. tenuifolia 170
Telosma cathayensis 414
T. cordata 414
Thalia dealbata 398
Thalictrum aquilegifolium 239
Thymus critriodorus 418
T. mongolicus 418
T. nitidus 418
T. odoratissimus 418
T. pulegioides 418
T. vulgaris 418
Tigridia pavonia 279
Tillandsia caputemedusae 340
T. cyanea 340
T. flabellata 340
Torenia fournieri 171
Trachelospermum jasminoides 448，453
Tradescantia reflexa 239
Triarrhena sacchariflora 428
Trifolium repens 441
Tritonia crocata 279
Trollius chinensis 239
Tropaeolum majus 191
T. minus 191
T. peltophorum 192
T. peregrinum 192
T. polyphyllum 192
Tulipa gesneriana 240
Typha angustata 397
T. angusrifolia 397
T. latifolia 397
T. minima 397
T. orientalis 397

V

Vanda brunnea 364
V. coerulea 363
V. cristata 364
V. lamellata 364
V. pumila 364
V. sanderiana 364

V. teres 363
Verbascum thapsus 198
Verbena bonariensis 177, 417
V. canadensis 176
V. hybrida 176
V. officinalis 177, 417
V. rigida 176
V. tenera 177
Veronica linariifolia 239
Viburnum macrocephalum 319
Victoria amazonica 393
Vinca minor 448
Viola cornuta 171
V. odorata 171
V. pedata 171
V. philippica 444
V. tricolor var. *hortensis* 171

W

Wisteria floribunda 289
W. sinensis 288

Y

Yucca aloifolia 287
Y. filamentosa 287
Y. gloriosa 287

Z

Zantedeschia aethiopica 269
Z. albo-maculata 269
Z. elliottiana 269
Z. hybrida 269
Z. rehmannii 269
Zebrina pendula 345
Zephyranthes candida 250, 444
Z. grandiflora 250
Zygocactus truncactus 374
Zinnia elegans 177
Zoysia japonica 433
Z. matrella 433
Z. tenuifolia 450

附 录 二
花卉中名笔画索引

一画
一串红　167
一品红　299
一点缨　198

二画
二月兰　197
二乔玉兰　318
丁香水仙　246
八仙花　300
八角金盘　446
八宝　451
八宝景天　386
九州杜鹃　294
九里香　414

三画
三色介代花　197
三脉紫菀　203
大马士革蔷薇　311
大龙冠　372
大叶鹤望兰　235
大花三色堇　171
大花万带兰　363
大花飞燕草　237
大花卡特兰　362
大花矢车菊　238
大花金鸡菊　211
大花美人蕉　248
大花黄牡丹　282
大花葱　279
大花萱草　207
大花犀角　387
大花蓝盆花　239

大芦荟　384
大苞萱草　208
大丽花　246
大岩桐　254
大油芒　425
大弦月　388
大咪头果子蔓　339
大薰衣草　403
大藻　398
万寿菊　170
小叶秋海棠　257
小叶鹤望兰　235
小地榆　427
小花令箭荷花　373
小旱金莲　191
小芦荟　384
小纹草　175
小花仙客来　252
小苍兰　273
小金蝶兰　364
小香蒲　397
小冠花　448
小黄花菜　208
小蛾蝶花　185
小蔓长春花　448
山丹　260
山茶花　296
山蜡梅　285
山影拳　388
千手丝兰　287
千日红　182
千叶蓍　238

千屈菜　395
川百合　260
广玉兰　318
广东万年青　324
广叶虎尾兰　383
广西九里香　415
飞燕草　198
马丁香茅　416
马兜铃　447
马蹄纹天竺葵　225
马蹄金　442
马蹄莲　269
马鞭草　417
叉子圆柏　445
叉唇万带兰　364
女贞　319

四画

王百合　261
王百枝莲　253
王莲　393
井栏边草　449
天人菊　197
天门冬　330
天竺葵　224
天胡荽　451
天鹅绒竹芋　341
云南山茶　297
云南黄馨　288
木莲　318
木绣球　319
木犀草　198
木槿　306
五叶地锦　448
五色苋　174
五色椒　198
五裂叶旱金莲　192
五裂喜林芋　328
太古玉　380
太平球　372
日本山杜鹃　294

日本杜鹃　294
日本结缕草　433
日轮玉　380
中国水仙　258
中国石蒜　251
巴哈雀稗　450
少女石竹　180
水飞蓟　198
水鬼蕉　249
水烛　397
水葱　396
水晶花烛　231
水晶掌　387
牛至　410
毛叶铁线莲　292
毛地黄　186
毛华菊　214
毛茛　451
毛萼口红花　345
毛蕊花　198
长心叶喜林芋　328
长寿花　376
长春花　190
长筒石蒜　251
长筒倒挂金钟　210
爪哇万年青　324
爪哇香茅　416
反曲景天　387
月季　311
勿忘草　197
风信子　243
风铃草　197
凤仙花　198
凤尾兰　287
凤眼莲　399
凤凰木　318
乌头　238
乌足堇菜　171
六棱景天　387
六月雪　445

文竹　330
文殊兰　238
火炬花　209
火棘　444
火鹤花　231
巴哈雀稗　450
双色松叶菊　381
孔雀木　345
孔雀草　170
孔雀竹芋　341

五画

玉吊钟　376
玉蝉花　202
玉簪　210
古典玉　380
巨花蔷薇　311
甘牛至　410
石韦　450
石竹　180
石竹梅　180
石纹椒草　344
石岩杜鹃　294
石莲花　378
石菖蒲　399
石斛　363
石蒜　250
石榴　286
石碱花　239
龙舌兰　382
龙角芦荟　384
'龙'柳　316
龙须海棠　380
'龙'桑　317
东方香蒲　397
卡特兰　362
北美杜鹃　294
北美鹅掌楸　318
叶子花　303
凹叶景天　386
凹叶瑞香　307

四季报春　189
四季秋海棠　212
四照花　319
仙人指　388
仙人笔　388
仙人掌　370
仙人镜　370
仙客来　251
仙客来水仙　246
白车轴草　441
白头翁　239
白芨　364
白花百合　261
白花杜鹃　294
白花曼陀罗　197
白纹草　331
白柱万带兰　364
白萼倒挂金钟　310
白鹃梅　319
白睡莲　392
白瑞香　307
丘园报春　189
瓜叶菊　187
瓜栗　342
丛生彩叶草　175
丛生福禄考　179
令箭荷花　372
印度橡皮树　319
鸟巢蕨　323
半支莲　181
汉森百合　261
尼古拉鹤望兰　235
对生鹿角蕨　323
加尔亚顿百合　261
加拿大一枝黄花　239
加拿大美女樱　176
弁庆　372
台兰　358
丝兰　287

六画

芒萁　450
再力花　398
地中海仙客来　252
地中海绵枣儿　279
地黄　451
地苍　452
地毯草　450
芍药　199
西方杜鹃　294
西瓜皮椒草　344
西伯利亚鸢尾　202
西南蜡梅　285
西班牙鸢尾　274
百子莲　279
百日草　177
百叶蔷薇　311
百合　259
百合竹　332
百两金　308
百里香　418
过路黄　452
有茎君子兰　220
灰齿叶薰衣草　403
光叶蔷薇　311
光亮百里香　418
光萼荷　338
光棍树　382
尖叶肾蕨　322
尖裂蛾蝶花　185
尖瓣瑞香　307
曲玉　380
吊兰　331
吊竹梅　345
吊金钱　388
团叶铁线蕨　321
回欢草　387
肉黄菊　387
网纹百枝莲　253
网纹草　345
网脉鸢尾　275

网球花　279
朱顶红　253
朱砂根　308
朱蕉　334
竹节秋海棠　213
华北蓝盆花　239
华北耧斗菜　238
华南夜来香　414
全缘叶雏菊　182
合欢　318
合果芋　345
多叶旱金莲　192
多年生黑麦草　432
多孔龟背竹　326
多花紫藤　289
多花蔷薇　311
多根量天尺　371
冰岛罂粟　183
异味蔷薇　311
羽叶勋章菊　185
羽叶喜林芋　328
羽叶薰衣草　403
羽衣甘蓝　173
羽扇豆　205
观音兰　279
红口水仙　245
红千层　319
红六出花　271
'红叶'白茅　424
红叶果子蔓　339
红边椒草　344
红色龙血树　332
红花　198
红花小苍兰　273
红花马蹄莲　269
红花钓钟柳　238
红花酢浆草　451
红花鼠尾草　168
红花檵木　446
红苞光萼荷　338

红苞喜林芋　328
红雀珊瑚　387
杂交狗牙根　433
杂种耧斗菜　238

七画

麦秆菊　194
块茎睡莲　392
扶芳藤　453
扶桑　305
报春花　189
拟美国薄荷　405
芫花　307
芡实　400
花毛茛　255
花叶万年青　324
花叶芋　324
花叶竹芋　342
花叶芦竹　426
花叶芦荟　384
花纹玉　380
花环菊　197
花葱　239
花烟草　198
花烛　231
花菖蒲　202
芦竹　427
芦苇　428
芦荟　384
苏铁　318
杜鹃花　293
杏黄兜兰　361
杓唇石斛　363
杨山牡丹　282
豆叶九里香　415
豆瓣绿　344
两色卡特兰　362
丽色画眉草　426
丽江翠雀花　237
丽格海棠　213，221
丽蚌草　428

远东芨芨草　424
旱金莲　191
里白　450
牡丹　281
何氏凤仙　204
佛手掌　387
佛甲草　386
佛肚树　387
近东罂粟　184
希腊仙客来　252
'龟甲'冬青　446
龟背竹　326
角叶昙花　373
角堇　171
条纹十二卷　387
迎春　288
卵叶天门冬　330
库拉索芦荟　384
冷水花　345
沟叶结缕草　433
君子兰　219
鸡冠花　172

八画

青叶莲花掌　379
青岛百合　260
青锁龙　378
玫瑰　311
现代月季　310
茉莉花　288，302
苹果天竺葵　225，416
英国鸢尾　275
茑萝　198，448
林地雏菊　182
松虫草叶蒲包花　188
直立美女樱　176
拂子茅　421
郁金香　240
刺桐　318
奇异君子兰　220
欧芹　427

欧洲水仙　244
欧洲仙客来　252
欧洲报春　189
转子莲　292
轮叶沙参　238
轮叶金鸡菊　212
软叶刺葵　336
鸢尾　201
鸢尾花美人蕉　249
鸢尾蒜　279
非洲仙客来　252
非洲菊　228
非洲紫罗兰　223
虎头兰　358
虎皮花　279
虎耳草　451
虎尾兰　383
虎刺梅　381
虎眼万年青　279
歧叶铁兰　340
齿叶薰衣草　403
肾蕨　322
果子蔓　339
昙花　373
岩生庭荠　238
明星水仙　245
罗勒　405
垂丝海棠　319
垂花百合　260
垂盆草　386
垂笑君子兰　220
委陵菜　239
'金叶'小檗　452
'金边'瑞香　306
金丝桃　318，446
金花茶　297
金鸡菊　212
金刺芦荟　384
金鱼草　192
金鱼藻　400

金盏菊　178
金莲花　239
金银花　448
金琥　371
肿节石斛　363
狗牙根　433
忽地笑　251
鱼腥草　451
变叶木　345
夜来香　414
卷丹　260
单花勋章菊　185
法国水仙　245
法国蔷薇　311
法国薰衣草　402
波叶玉簪　211
波斯菊　198
波缘玉簪　211
沿阶草　441
泽兰　238
建兰　357
贯众　453
线蕨　450
细叶万寿菊　170
细叶君子兰　220
细叶美女樱　177
细叶结缕草　450
细叶婆婆纳　239
细茎石斛　363
细斑粗肋草　324

九画

春兰　356
春羽　328
春剑　357
春黄菊　238
玻利维亚秋海棠　257
珊瑚秋海棠　213
珍珠花　319
带叶兜兰　361
草地早熟禾　431

荠菜　400
茶梅　297
柳叶马鞭草　417
柳叶蜡梅　285
柳枝稷　428
栀子花　286
柠檬百里香　418
柠檬留兰香　411
树马齿苋　181，385
南欧铁线莲　292
韭兰　250
勋章菊　184
星叶百合　260
星点龙血树　332
虾衣花　319
虾脊兰　364
钝叶草　450
香水月季　311
香水草　428
香石竹　180，226
香龙血树　332
香叶万寿菊　170
香叶天竺葵　225，416
香叶棉杉菊　428
香妃草　405
香茅　415
香待霄草　198
香根鸢尾　201
香堇　171
香蒲　397
香睡莲　392
香蜂草　408
香豌豆　195
重瓣矮向日葵　197
盾叶天竺葵　225
盾叶旱金莲　192
须苞石竹　180
匍匐翦股颖　433
狭叶玉簪　210
狭叶金鸡菊　212

狭叶落地生根　376
狭叶薰衣草　402
狭翼量天尺　371
独蒜兰　364
姜荷花　277
美人蕉　249
美女樱　176
美叶芋　328
美叶光萼荷　338
美花石斛　363
美丽六出花　271
美丽铁线蕨　321
美丽兜兰　361
美丽孤挺花　253
美国凌霄　289
美国紫菀　203
美国薄荷　405
迷迭香　404
洒金秋海棠　213
活血丹　448
浓香百里香　418
洋甘菊　413
洋桔梗　231
洋常春藤　345
突托蜡梅　285
神香草　412
绒毛掌　379
绒叶喜林芋　328
络石　453
费菜　386

十画

珠薯　238
莲瓣兰　358
荷包牡丹　238
荷兰菊　202
荷花　389
荻　428
桂花　318
桂圆花　197
桔梗　239

夏威夷椰子　335
夏堇　171
唇花翠雀花　237
唇萼薄荷　411
圆叶玉簪　211
圆叶虎尾兰　383
圆叶景天　386
圆叶椒草　344
圆盖肾蕨　322
铃兰　278
铁十字秋海棠　257
铁兰　340
铁线莲　289
铁线蕨　321
倒挂金钟　309
皋月杜鹃　294
射干　238
豹纹竹芋　341
爱神蝴蝶兰　359
留兰香　411
皱叶椒草　344
皱叶蒲包花　188
狼尾草　420
高大肾蕨　322
高山紫菀　203
高羊茅　432
高翠雀花　237
席氏蝴蝶兰　359
唐松草　239
唐菖蒲　267
粉萼鼠尾草　168
凌霄　289
浙贝母　278
浙江蜡梅　285
酒瓶兰　388
海芋　328
海金沙　345
海南兜兰　361
海滨雀稗　450
流苏石斛　363

宽叶香蒲　397
宽叶落地生根　376
宽叶薰衣草　402
宾夕法尼亚百合　260
扇叶铁线蕨　321
袖珍椰子　335

十一画

球兰　345
球根鸢尾　274
球根秋海棠　255
黄毛掌　370
黄六出花　271
黄花马蹄莲　269
黄花毛地黄　186
黄花美人蕉　249
黄花兜兰　361
黄花菜　208
黄花萱草　208
黄牡丹　282
黄菖蒲　202，394
黄蜀葵　198
菲白竹　446
菲黄竹　447
菊花　214
萍蓬草　400
梅花　283
梭鱼草　396
雪花莲　279
探春　288
常春油麻藤　319
常春藤　319，448
常夏石竹　180，444
野牛草　450
野菊　214
晚香玉　276
蛇目菊　212
蛇莓　443
蛇鞭菊　236
银叶铁兰　340
银边富贵竹　332，333

银边翠　197
银芽柳　315
银苞芋　329
银苞菊　198
银星马蹄莲　269
银星秋海棠　213
银莲花　279
银斑百里香　418
甜薰衣草　403
梨果仙人掌　370
假龙头花　206
假俭草　450
彩叶草　174
彩色马蹄莲　269
彩虹竹芋　341
鹿角蕨　323
鹿葱　251
康定翠雀花　237
剪夏罗　440
粗茎早熟禾　432
宿根福禄考　179，203
密花石斛　363
渐尖毛蕨　450
绫锦　384
绯牡丹　388
绵毛水苏　452
绵毛薰衣草　403
'绿巨人'　329
绿萝　327
绿薰衣草　402

十二画

琴叶喜林芋　328
斑叶万年青　324
'斑叶'芒　422
堪察加景天　386
斯氏蝴蝶兰　359
散氏万带兰　363
散尾葵　337
葱兰　250
葡萄风信子　279

落地生根　375
落新妇　238
萱草　208
朝鲜百合　260
棒叶万带兰　363
棒叶落地生根　376
棕竹　335
棣棠　319
硬叶兜兰　361
硬尖神香草　412
雅美万带兰　364
'紫叶'小檗　446
'紫叶'酢浆草　451
紫竹梅　452
紫羊茅　432
紫花地丁　171
紫花野菊　214
紫花蝴蝶兰　359
紫苏　407
紫牡丹　282
紫条六出花　271
紫茉莉　440
紫松果菊　238
紫罗兰　193
紫金牛　308
紫荆　318
紫点兜兰　361
紫背竹芋　342
紫箕　450
紫菀　203
紫斑牡丹　282
紫萼　210
紫薇　319
紫藤　288
紫露草　239
掌叶花烛　234
掌叶铁线蕨　321
量天尺　371
喇叭水仙　245
黑叶芋　329

铺地柏 452
铺地狼尾草 450
短唇石斛 363
短筒倒挂金钟 309
鹅毛竹 446
鹅掌柴 345
智利蒲包花 188
番红花 280
腋花矮牵牛 169
富贵玉 380
富贵草 452
阔叶十大功劳 446
阔叶百里香 418
阔叶箬竹 447,452
湖北百合 261
寒兰 358

十三画

瑞香 307
鼓槌石斛 363
蓍草 238
蓝亚麻 238
蓝羊茅 423
蓝花水鬼蕉 249
蓝睡莲 392
蓟罂粟 198
蓬莱松 330
蒲包花 188
蒲苇 421
榆叶梅 318
雷氏蝴蝶兰 359
碰碰香 405
虞美人 183
睡莲 392
蛾蝶花 185
锡兰香茅 416
锦绣杜鹃 294
锦葵 197
锥花丝石竹 230
矮万带兰 364
矮生伽蓝菜 376

矮牡丹 282
矮牵牛 169
矮昙花 374
矮棕竹 336
鼠尾草 168,409
雏菊 182
新几内亚凤仙 205,222
意大利美人蕉 248
慈姑 400
满山红 294
溪荪 202
福禄考 178

十四画

嘉兰 279
翠云草 448
翡翠珠 388
翡翠景天 387
蜡梅 285
蜘蛛兰 249
蜘蛛抱蛋 345
蜿蜒香茅 416
辣薄荷 411
褐斑伽蓝菜 376
翠云草 448
翠菊 196

十五画

璎珞椰子 335
蕙兰 357
蕉藕 249
蕨叶薰衣草 403
橄榄玉 380
飘带兜兰 362
撞羽矮牵牛 169
蝶瓣天竺葵 225
蝴蝶兰 359
蝴蝶花 201
墨兰 358
墨西哥蒲包花 188
黎巴嫩仙客来 252
稷山牡丹 282

箭羽竹芋　341
德国鸢尾　201
德国洋甘菊　413
鹤顶兰　364
鹤望兰　235

十六画
燕子花　202
燕子掌　377
橙黄卡特兰　362
橙黄松叶菊　381
橙黄瑞香　307
霍氏松叶菊　381
蟆叶秋海棠　257

十七画
薰衣草　402

十八画
鞭叶铁线蕨　321
藏报春　189
瞿麦　180
镰叶天门冬　330

十九画
藿香蓟　197
蟹爪兰　374

二十画
鳞茎百合　260

二十一画
霸王鞭　382
露花　381
麝香锦葵　428
麝香蔷薇　311

主要参考文献

艾铁民.2004.药用植物学［M］.北京：北京大学医学出版社.
包满珠.2003.花卉学［M］.第2版.北京：中国农业出版社.
包志毅.2004.世界园林乔灌木［M］.北京：中国林业出版社.
北京林业大学园林系花卉教研组.1995.花卉学［M］.北京：中国林业出版社.
曹春英.2001.花卉栽培［M］.北京：中国农业出版社.
曹家树，秦岭.2004.园艺植物种质资源学［M］.北京：中国农业出版社.
曹恒生，唐燕平.1997.花卉病虫害防治［M］.合肥：安徽科学技术出版社.
陈俊愉.2001.中国花卉品种分类学［M］.北京：中国林业出版社.
陈俊愉，程绪珂.1990.中国花经［M］.上海：上海文化出版社.
陈俊愉，刘师汉.1983.园林花卉［M］.上海：上海科学技术出版社.
陈有民.1990.园林树木学［M］.北京：中国林业出版社.
陈元镇.2002.花卉无土栽培的基质与营养液［J］.福建农业学报（2）：66-69.
陈跃华，秦魁杰.2002.园林苗圃与花圃［M］.北京：中国林业出版社.
陈佐忠，刘金.2006.城市绿化植物手册［M］.北京：化学工业出版社.
成海钟.2000.切花栽培手册［M］.北京：中国农业出版社.
储博彦，赵玉芬.2006.大花萱草品种介绍及栽培管理技术［J］.河北林业科技（5）：60-61.
董保华.1996.汉拉英花卉及观赏树木名称［M］.北京：中国农业出版社.
董丽.2003.园林花卉应用设计［M］.北京：中国林业出版社.
付玉兰.2010.水培花卉［M］.合肥：安徽科学技术出版社.
傅玉兰.2001花卉学［M］.北京：中国农业出版社.
高鹤，刘建秀，郭爱桂.2008.南京地区观赏草的适应性和利用价值初步评价［J］.草业科学，25（8）：131-138.
郭维明，毛龙生.2001.观赏园艺概论［M］.北京：中国农业出版社.
郭世荣.2003.无土栽培学［M］.北京：中国农业出版社.
国重正昭.1993.百合［M］.东京：株式会社诚文堂新光社.
何济钦，唐振缁.2006.园林花卉900种［M］.北京：中国建筑工业出版社.
胡林，边秀举，阳新玲.2001.草坪科学与管理［M］.北京：中国农业大学出版社.
胡叔良，赖明洲.1999.高尔夫球场及运动场草坪设计建植与管理［M］.北京：中国林业出版社.
胡绪岚.1996.切花保鲜新技术［M］.北京：中国农业出版社.
胡中华，刘师汉.1995.草坪与地被植物［M］.北京：中国林业出版社.
胡兆熹.1994.农业企业经营管理学［M］.北京：中国农业出版社.
黄芳.2009.我在美景中飘逸——四种芒属观赏草推介［J］.南方农业，3（10）：19-21.
黄智明.1995.珍奇花卉栽培［M］.广州：广东科技出版社.
贾军，卓丽环.2009.中国节庆的花俗文化［C］//周武忠，邢定康.旅游学研究：第4辑.南京：东南大学出版社.369-373.
江胜德，包志毅.2004.园林苗木生产［M］.北京：中国林业出版社.
江泽慧.2008.中国花卉产业发展30年回顾与展望［J］.中国花卉园艺（13）：9-11.

江泽慧.2011.努力转变产业发展方式,开创现代花卉业发展新局面[J].中国花卉园艺(9):9-13.
金波.2000.中国名花[M].北京:中国农业大学出版社.
金波.2000.常用花卉图谱[M].北京:中国农业大学出版社.
荆其敏,张丽安.2001.城市绿化空间赏析[M].北京:科学出版社.
孔海燕.2008.世界花卉业发展现状[J].中国花卉园艺(19):15.
莱斯利·布雷姆尼斯.2007.药用植物[M].北京:中国友谊出版公司.
劳动和社会保障部教材办公室.2004.花卉应用[M].北京:中国劳动社会保障出版社.
李光晨,范双喜.2001.园艺植物栽培学[M].北京:中国农业大学出版社.
李红伟,张金政,张启翔.2005.福禄考属植物及其主要栽培种的园艺学研究进展[J].园艺学报(5):954-959.
李尚志.1989.花卉病害与防治[M].北京:中国林业出版社.
李秀玲,刘君,杨志民.2010.九种观赏草在南京地区的适应性评价[J].中国草地学报,32(3):76-81,87.
梁树友.1999.高尔夫球场建造与草坪管理[M].北京:中国农业大学出版社.
林慧君.2005.香草花园[M].上海:上海文化出版社.
林侨生.2002.观叶植物原色图谱[M].北京:中国农业出版社.
林志棠.1996.室内观叶植物及装饰[M].北京:中国林业出版社.
刘兵.2007.缓控释肥料的研究进展[J].安徽农业科学(8):151-152.
刘方农,彭世逞,刘连仁.2007.芳香植物鉴赏与栽培[M].上海:上海科技文献出版社.
刘燕.2003.园林花卉学[M].北京:中国林业出版社.
龙秀文,林杉.2004.施氮量和CAU31系列控释肥对矮牵牛生长和观赏品质的影响[J].河北农业大学学报(5):27-31.
龙雅宜.1994.切花生产技术[M].北京:金盾出版社.
龙雅宜.1999.百合——球根花卉之王[M].北京:金盾出版社.
楼炉焕.2000.观赏树木学[M].北京:中国农业出版社.
卢思聪.1994.中国兰与洋兰[M].北京:金盾出版社.
绿生活杂志编辑部.2001.仙人掌与多肉植物[M].北京:中国农业出版社.
毛春英.1998.园林植物栽培技术[M].北京:中国林业出版社.
毛洪玉.2005.园林花卉学[M].北京:化学工业出版社.
彭增盛.1994.云南花卉栽培[M].昆明:云南科学技术出版社.
朴永吉,赵书青,刘仁英.2007.关于观赏草及其园林应用形式的研究[J].技术与市场(园林工程)(3):54-57.
谯德惠.2012.2011年全国花卉统计数据分析[J].中国花卉园艺(17):31-34.
施振周,刘祖祺.1999.园林花木栽培新技术[M].北京:中国农业出版社.
舒迎澜.1993.古代花卉[M].北京:中国农业出版社.
宋希强,钟云芳,张启翔.2004.浅析观赏草在园林中的运用[J].中国园林(3):32-36.
苏付保.2004.园林苗木生产技术[M].北京:中国林业出版社.
孙吉雄.2003.草坪学[M].第2版.北京:中国农业大学出版社.
孙可群.1985.花卉及观赏树木栽培手册[M].北京:中国林业出版社.
孙彦,周禾,杨青川.2001.草坪实用技术手册[M].北京:化学工业出版社.
谭小勇,付建峰.2007.蒲苇[J].园林(11):52-53.
陶莉.2006.浅谈观赏草在园林设计中的应用[J].山西林业(4):31-32.
王红飞,王正辉.2005.缓/控释肥料的新进展及特性评价[J].广东化工(8):91-95.
王华芳.1998.花卉无土栽培[M].北京:金盾出版社.
王莲英,秦魁杰.2011.花卉学[M].第2版.北京:中国林业出版社.
王路昌.2004.现代绿饰花艺[M].上海:上海科学技术出版社.

王新民，介晓磊，侯彦林．2003．中国控释肥料的现状与发展前景［J］．土壤通报（6）：81-84．
王意成．2007．多浆花卉栽培指南［M］．南京：江苏科学技术出版社．
王意成．2007．观叶植物栽培指南［M］．南京：江苏科学技术出版社．
王意成．2001．仙人掌类及多浆植物养护与欣赏［M］．南京：江苏科学技术出版社．
王意成，王翔．2004．仙人掌类［M］．北京：中国林业出版社．
王羽梅．2008．中国芳香植物［M］．北京：科学出版社．
闻铭，等．2000．中国花文化辞典［M］．合肥：黄山书社．
翁国盛，赵利群．2006．花卉无土栽培技术［J］．陕西林业科技（2）：105-107．
吴玲．2007．地被植物与景观［M］．北京：中国林业出版社．
吴泽民．2003．园林树木栽培学［M］．北京：中国农业出版社．
武菊英．2008．观赏草及其在园林景观中的应用［M］．北京：中国林业出版社．
武菊英，滕文军，王庆海．2005．狼尾草的生物学特性及在园林中的应用［J］．中国园林（12）：57-59．
武菊英，滕文军，袁小环．2008．适宜北京地区的观赏草评价与应用［J］．中国园林（12）：21-24．
谢国文．2006．园林花卉学［M］．北京：中国农业科学技术出版社．
邢禹贤．2002．新编无土栽培原理与技术［M］．北京：中国农业出版社．
徐冬梅．2009．论观赏草的特性及其在园林景观中的应用［J］．江西林业科技（1）：62-64．
徐泽荣，张刚，黄建梅．2005．四川主要野生观赏草［J］．四川草原（7）：45-49．
严学兵，马进，蔡建国．2007．中国名优行道树生产技术［M］．北京：中国农业出版社．
杨先芬．2002．工厂化花卉生产［M］．北京：中国农业出版社．
余树勋．1997．花卉词典［M］．北京：中国农业出版社．
余树勋．2004．美丽多变的观叶玉簪品种［J］．中国花卉盆景（1）：2-3．
俞仲铬．1994．球根花卉和室内观叶植物［M］．上海：上海科学技术出版社．
张福墁．2003．设施园艺学［M］．北京：中国农业大学出版社．
张金政，孙国峰，龙雅宜，等．2003．宿根福禄考的系列新品种［J］．园艺学报（6）：765-766．
张若蕙．1994．浙江珍稀濒危植物［M］．杭州：浙江科学技术出版社．
张天麟．2005．园林树木1200种［M］．北京：中国建筑工业出版社．
赵天荣，蔡建岗，施永泰．2009．观赏草的观赏特性与养护技术研究进展［J］．草原与草坪（4）：77-80．
赵祥云．1996．花卉学［M］．北京：中国建筑工业出版社．
赵祥云．1999．百合［M］．北京：中国农业出版社．
赵祥云．2005．鲜切花百合生产原理及实用技术［M］．北京：中国林业出版社．
赵祥云．1999．花坛设计与施工［M］．北京：中国农业出版社．
浙江省林业局．2002．浙江林业自然资源：湿地卷［M］．北京：中国农业科学技术出版社．
钟荣辉，徐晔春．2009．芳香花卉［M］．汕头：汕头大学出版社．
周寿荣．1996．草坪地被与人类环境［M］．成都：四川科学技术出版社．
周武忠．1999．花与中国文化［M］．北京：中国农业出版社．
周学青．1994．鲜切花栽培和保鲜技术［M］．上海：上海科学技术出版社．
David H Trinklein，丰会民，张志国．2008．观赏草［J］．南方农业：园林花卉版，2（8）：71-73．

图书在版编目（CIP）数据

花卉学/付玉兰主编.—北京：中国农业出版社，
2013.2（2016.11重印）
 普通高等教育农业部"十二五"规划教材
 全国高等农林院校"十二五"规划教材
 ISBN 978-7-109-17574-7

Ⅰ.①花… Ⅱ.①付… Ⅲ.①花卉－观赏园艺－高等
学校－教材 Ⅳ.①S68

中国版本图书馆 CIP 数据核字（2013）第 005830 号

中国农业出版社出版
（北京市朝阳区农展馆北路2号）
（邮政编码100125）
策划编辑　戴碧霞
文字编辑　戴碧霞

北京中兴印刷有限公司印刷　新华书店北京发行所发行
2013年5月第1版　2016年11月北京第2次印刷

开本：787mm×1092mm 1/16　印张：31.25
字数：766千字
定价：54.00元（含光盘）

（凡本版图书出现印刷、装订错误，请向出版社发行部调换）